FLORIAN LANG

Basiswissen Physiologie

Unter redaktioneller Mitwirkung von

C. Bauer, N. Bierbaumer, H. K. Biesalski, W. Clauss,
U. Boutelier, R. Greger, G. Gros, H. L. Haas,
H. Hatt, J. Hescheler, W. Jänig, A. Kurz,
W. Kuschinski, F. Lehmann-Horn, G. Pfitzer,
P. Persson, P. Ruppersberg, H.-G. Schaible, I. Schulz,
O. Strauss, M. Wiederholt, K. Voigt, E. Zeissberger,
H.-G. Zimmer

Mit 183 überwiegend farbigen Abbildungen
und 43 Tabellen

Springer

PROFESSOR DR. MED. FLORIAN LANG
Universität Tübingen
Institut für Physiologie
Gmelinstraße 5
72076 Tübingen

Die Deutsche Bibliothek – CIP-Einheitsaufnahme

Lang, Florian:
Basiswissen Physiologie / Florian Lang. - Berlin ; Heidelberg ; New York ;
Barcelona ; Hongkong ; London ; Mailand ; Paris ; Singapur ; Tokio :
Springer, 2000
    ISBN 3-540-66692-3

ISBN 3-540-66692-3 Springer-Verlag Berlin Heidelberg New York

Springer-Verlag ist ein Unternehmen der Fachverlagsgruppe BertelsmannSpringer.
© Springer-Verlag Berlin Heidelberg 2000
Printed in Germany

Herstellung: Margot Weichhold
Umschlaggestaltung: de'blik, Berlin
Zeichnungen: BITmap, Mannheim
Satz, Druck, Binden: Konrad Triltsch, Print und digitale Medien GmbH, 97070 Würzburg

Gedruckt auf säurefreiem Papier   SPIN: 10718825   15/3135/we   5 4 3 2 1 0

Vorwort

Wissen und Verständnis der Funktionen des Körpers, wie sie im Studium der Physiologie vermittelt werden, sind unverzichtbare Voraussetzungen für sinnvolles ärztliches Handeln. Wie die Funktionen im gesunden Körper folgen auch die Mechanismen, welche von der Krankheitsursache zu den für Patient und Arzt sichtbaren Veränderungen im erkrankten Körper führen, den Gesetzen der Physiologie. Das vorliegende Buch setzt sich zum Ziel, diese Gesetze zu vermitteln.

Im Ziel stimmt das Buch mit den ausgezeichneten Standardlehrbüchern der Physiologie überein. Dabei konzentriert sich das vorliegende Buch jedoch auf das sogenannte Basiswissen, also den für jeden Medizinstudenten unverzichtbaren Anteil der Physiologie. Gerade zu Beginn des Physiologiestudiums und zur Prüfungsvorbereitung ist eine Darstellung des Basiswissens besonders wertvoll. Insbesondere wurde darauf geachtet, daß alle Inhalte des Gegenstandskataloges hinreichend berücksichtigt werden. Die Vertiefung des Wissens durch Vorlesung und Studium ausführlicher Standardlehrbücher wird freilich ausdrücklich empfohlen.

Dieses Buch ist in erster Linie für Studenten und Fachvertreter der Medizin und Zahnmedizin geschrieben. Aber auch für Studenten anderer Fachdisziplinen, wie Psychologie oder Biologie kann dieses Buch einen kurzen, übersichtlichen Einblick in die Physiologie des Menschen vermitteln.

Die Abfassung des Buches durch einen Autor gewährleistet eine einheitliche Didaktik. Um zudem eine fachlich einwandfreie Darstellung zu gewährleisten, wurden die einzelnen Kapitel von herausragenden Vertretern der jeweiligen Fachgebiete überarbeitet. Diesen Kollegen bin ich für die sorgfältige Prüfung der Texte zu besonderem Dank verpflichtet.

Bei der Arbeit an diesem Buch wurde ich ferner von Dr. med. Undine Lang unterstützt, von den Studenten cand. med. Dominic Hartl, Michael Mühlstädt und Karl Lang sowie von Frau Ursula Schuller (MEDILEARN), die wertvolle didaktische und inhaltliche Hinweise lieferten und den Text auf vollständige und angemessene Abdeckung des Gegenstandskataloges überprüften. Frau Bärbel Bittermann danke ich für die geschickte Anfertigung der Abbildungen, Frau Tanja Loch für vielfältige wertvolle Hilfe bei Erstellung des Manuskrip-

tes. Schließlich möchte ich für die enthusiastische Unterstüt-
zung durch die Mitarbeiter des Springer-Verlages danken,
allen voran Frau Anne C. Repnow, Frau Daniela Elsasser, Frau
Dr. Petra Segräfe und Frau Margot Weichhold.

Tübingen, den 6. 2. 2000   Florian Lang

Redaktionelle Mitarbeiter

KAPITEL

CHRISTIAN BAUER,
Zürich

Blut

NIELS BIERBAUMER,
Tübingen

Integrative Leistungen
des Gehirns

HANS K. BIESALSKI,
Stuttgart

Ernährung

WOLFGANG CLAUSS,
Giessen

Ernährung, Verdauung

URS BOUTELIER,
Zürich

Leistungsphysiologie

RAINER GREGER,
Freiburg

Wasser und Elektrolyt-
haushalt

GEROLF GROS,
Hannover

Atmung

HELMUT L. HAAS,
Düsseldorf

Sensomotorik

HANNS HATT,
Bochum

Geruch-Geschmack

JÜRGEN HESCHELER,
Köln

Physiologie der Zelle

WILFRIED JÄNIG,
Kiel

Vegetatives Nervensystem

ARMIN KURZ,
Regensburg

Niere

WOLFGANG KUSCHINSKI,
Heidelberg

Liquor und Bluthirn-
schranke

Frank Lehmann-Horn, Ulm	Muskulatur
Gabriele Pfitzer, Köln	Ernährung, Verdauung
Pontus Persson, Berlin	Kreislauf
Peter Ruppersberg, Tübingen	Gleichgewichtssinn Gehör und Phonation
Hans-Georg Schaible, Jena	Somatoviszerale Sensibilität
Irene Schulz, Homburg	Hormone
Olaf Strauss, Berlin	Sehen
Michael Wiederholt, Berlin	Sehen
Karlheinz Voigt, Marburg	Hormone
Eugen Zeissberger, Giessen	Energie- und Wärmehaushalt
Heinz-Gerd Zimmer, Leipzig	Herz

Inhaltsverzeichnis

Der Körper ist eine Gemeinschaft von Zellen, die unterschiedlich spezialisierte Leistungen für die „Allgemeinheit" erbringen und ihrerseits darauf angewiesen sind, daß die „Allgemeinheit" Grundvoraussetzungen für ihr Überleben gewährleistet.

Die Grundvoraussetzungen sind zunächst, daß genügend Substrate für die Energieversorgung bereitstehen, Abfallprodukte des Stoffwechsels abtransportiert werden und daß die Flüssigkeit, welche die Zellen umgibt, eine hinreichend konstante Zusammensetzung und Temperatur aufweist. Schließlich muß dafür gesorgt werden, daß schädliche Substanzen oder Organismen ferngehalten werden.

Die Aufnahme von Substraten geschieht über den Darm, ihre Umwandlung und teilweise Speicherung in der Leber und die Aufnahme von Sauerstoff durch die Atmung. Der Transport von Substraten und O_2 zu den verschiedenen Zellen ist Aufgabe des Blutes, das vom Herzen über die Gefäße des Kreislaufes an die verschiedenen Zellen transportiert wird. Im Stoffwechsel produziertes CO_2 wird wieder abgeatmet, Stoffwechselendprodukte durch die Leber über den Darm und durch die Niere ausgeschieden. Die Niere übernimmt ferner die Aufgabe, die Elektrolytzusammensetzung des Extrazellulärraums zu regulieren. Unerwünschte Fremdstoffe und Fremdorganismen werden durch das Immunsystem bekämpft. Die genannten Leistungen werden durch Zellen des Nervensystems und hormonproduzierende Zellen aufeinander abgestimmt. Darüber hinaus gewinnt das Nervensystem über Sinnesorgane Informationen aus der Umwelt und kann umgekehrt über Steuerung von Muskelkontraktionen Einfluß auf die Umwelt nehmen. Die Weiter-

gabe des genetischen Materials an Nachkommen ist schließlich eine Funktion der Reproduktionsorgane.

Die geschilderten Aufgaben erfordern eine völlig unterschiedliche Spezialisierung der Zellen. Trotz dieser Spezialisierung sind die Grundbedürfnisse der Zellen gleich geblieben. Darüberhinaus werden von verschiedensten Zellen gleiche Elemente eingesetzt, um ganz unterschiedliche Leistungen zu erbringen. Daher weisen die Zellen trotz ihrer Spezialisierung untereinander ein hohes Maß an funktioneller Ähnlichkeit auf. Aufgabe dieses ersten Kapitels ist es zunächst, diese gemeinsamen Eigenschaften zu erläutern. Im weiteren Verlauf sollen dann einige grundlegende Eigenschaften von sog. erregbaren Zellen (Nervenzellen und Muskelzellen) dargestellt werden.

1.1 Funktionelle Kompartimentierung der Zellen

Zellmembran. Die Zellen werden durch eine Zellmembran (Plasmamembran) umgeben, die aus einer Lipiddoppelschicht besteht und das Passieren weitgehend aller polaren Substanzen, also von Elektrolyten und gut wasserlöslichen organischen Substanzen verhindert (s. Abb. 1.1). In diese Lipiddoppelschicht ist eine Reihe von Transportproteinen eingelagert, die das Durchtreten jeweils spezifischer Elektrolyte oder organischer Substrate zulassen (s. Abb. 1.2). Darüber hinaus enthält die Zellmembran u.a. Rezeptormoleküle, an die Signalstoffe von außen binden und dadurch intrazelluläre Reaktionen auslösen.

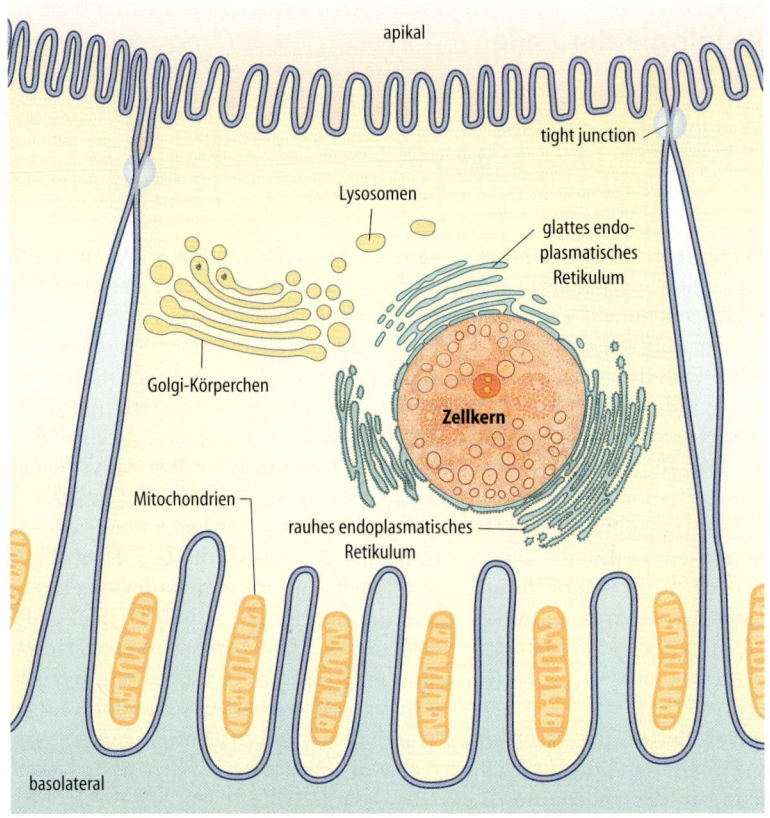

apikal

tight junction

Lysosomen

glattes endo-
plasmatisches
Retikulum

Golgi-Körperchen

Zellkern

Mitochondrien

rauhes endoplasmatisches
Retikulum

basolateral

Abb. 1.1. Aufbau einer Zelle. Gezeigt ist die Struktur einer Epithelzelle

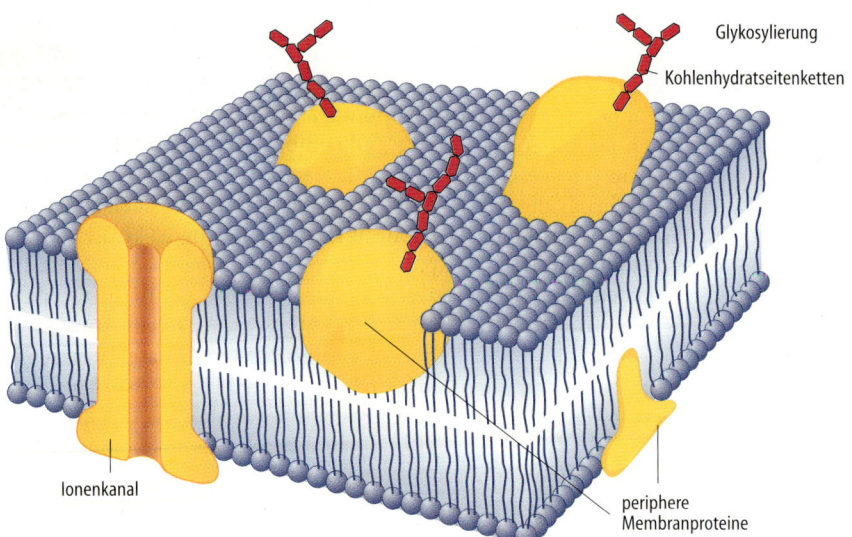

Glykosylierung

Kohlenhydratseitenketten

Ionenkanal

periphere
Membranproteine

Abb. 1.2. Die Zellmembran mit eingebauten Proteinen

Zytosol. Im Zellinneren befindet sich das Zytosol, der eigentliche Lösungsraum der Zelle. Es enthält u.a. die Enzyme für mehrere Stoffwechselvorgänge. Durch die hohe Proteinkonzentration und die Strukturierung durch das Zytoskelett (s. unten) weist das Zytosol eine gallertige Konsistenz auf.

Organellen. Die Zelle enhält verschiedene Organellen, deren Innenraum vom Zytosol durch eine oder zwei Membranen abgetrennt ist und die jeweils spezifische Funktionen für die Zelle erfüllen.

- Im Zellkern befindet sich die genetische Information, die für die Proteinsynthese abgelesen wird (Transkription).
- Der Zellkern wird vom endoplasmatischen Retikulum umgeben. Das rauhe endoplasmatische Retikulum ist mit Ribosomen besetzt, die für die Proteinsynthese erforderlich sind (Translation). Das glatte endoplasmatische Retikulum enthält keine Ribosomen.
- Ein Teil der Proteine wird zum Golgi-Apparat transportiert, der Proteine u.a. glykosyliert, bevor sie in die Membran eingebaut oder in den Extrazellulärraum abgegeben werden.
- Proteine werden u.a. in sogenannten Lysosomen abgebaut, die in ihrem Inneren proteinabbauende Enzyme (Proteasen) speichern.
- Lysosomen und endoplasmatisches Retikulum speichern Kalziumionen und geben sie bei entsprechender Aktivierung der Zelle in das Zytosol ab. Auf diese Weise werden kalziumabhängige Proteine aktiviert.
- Mitochondrien sind für die Synthese von energiereichen Phosphaten, wie v.a. Adenosintriphosphat (ATP) verantwortlich. Sie enthalten u.a. die Enzyme des Zitratzyklus, der Atmungskette und der Fettsäureoxidation.

Die verschiedenen Organellen erfüllen somit ganz unterschiedliche biochemische Aufgaben. Die Kompartimentierung durch die Membranen gewährleistet dabei einen geordneten Ablauf der jeweiligen Funktionen. So können gleichzeitig in den Lysosomen Proteine abgebaut und im rauhen endoplasmatischen Retikulum andere Proteine aufgebaut werden.

Zytoskelett. Die Zellen enthalten ein Zytoskelett aus Aktinfilamenten, Mikrotubuli, Mikrofilamenten und Intermediärfilamenten, das für Form und Bewegung von Zellen und von Organellen innerhalb der Zellen bedeutsam ist. Die Kontraktion von Muskeln wird durch das Zusammenspiel von Aktin und Myosin (s. Kap. 1.9) bewerkstelligt. In ähnlicher Weise bewegt das Protein Dynein die Mikrotubuli, z. B. bei der Bewegung von Zilien. Darüber hinaus spielen Elemente des Zytoskeletts eine wesentliche Rolle in der Regulation des Zellstoffwechsels. Unter anderem wird über das Zytoskelett eine Formveränderung der Zelle registriert.

1.2 Transportprozesse

Transportprozesse vermitteln die zelluläre Aufnahme oder Abgabe von Wasser und gelösten Stoffen, wie Ionen, Substraten und Stoffwechselprodukten. Damit ist jede Zelle auf die Tätigkeit von Transportprozessen angewiesen. Darüber hinaus gibt es im Körper spezialisierte Epithelzellen, deren zentrale Aufgabe der Transport von Wasser und gelösten Teilen aus einem Körperkompartiment in ein anderes ist. An dieser Stelle sollen allgemeine Gesetzmäßigkeiten von Transportprozessen erläutert werden (s. Tabelle 1.1).

Wassertransport. Mit wenigen Ausnahmen sind Zellmembranen frei permeabel für Wasser. Das Wasser überquert die Zellmembran zum größten Teil über spezialisierte „Wasserkanäle" (Aquaporine) sowie über Transportproteine für gelöste Teilchen (z. B. Glukosetransporter). Der Transport von Wasser wird durch einen hydrostatischen (Δp) und einen effektiven osmoti-

Tabelle 1.1. Transportprozesse Formeln

Wassertransport:	$Jv = Lp \cdot A \, (\Delta p - \Delta \pi)$
Solvent drag:	$J_i^s = (1 - \sigma_i) \cdot c_i \cdot Jv$
Diffusion:	$J_i^d = D \cdot A \cdot \Delta c / \Delta x$ **(Fick'sches Diffusionsgesetz)**
	$J_i^d = P \cdot A \cdot \Delta c_i$
sättigbarer Transport:	$J_i = c_i \cdot J_{i,max} / (K_{i,1/2} + c_i)$
Diffusion geladener Teilchen:	$J_i^d = - P\,A \,(\Delta c_i + (z \cdot F)/(R \cdot T) \cdot \Delta E \cdot c_i)$
Durch Diffusion geladener Teilchen erzeugter Strom:	$I = g \cdot \Delta E$
Gleichgewichtspotential:	$E = -(R \cdot T)/(z_i \cdot F) \ln (c_1/c_2)$ (Nernst'sche Gleichung)
	oder: $E = -61 \, mV \, \lg (c_1/c_2)$

Jv = Wasserfluß [m^3/s]
J_i = Substanztransportrate [mol/s]
Δp = hydrostatischer Druckgradient [Pa]
$\Delta \pi$ = effektiver osmotischer Druckgradient = $R\,T\,\Sigma\,\sigma\,\Delta c$ [Pa]
Lp = hydraulische Leitfähigkeit [m $\cdot$ s^{-1} $\cdot$ Pa^{-1}]
A = Fläche des Epithels bzw. der Zellmembran [m^2]
Δc_i = Konzentrationsdifferenz zwischen den Kompartimenten [mol/m^3]
σ = Reflexionskoeffizient
R = Gaskonstante [8,3 Joule $\cdot$ K^{-1} $\cdot$ mol^{-1}]
T = absolute Temperatur [0 K]
Δx = Diffusionsstrecke [m]
D = Diffusionskoeffizient [m^2/s]
$P = D/\Delta x$ = Permeabilität P [m/s]
z_i = Ladung eines diffundierenden Teilchens
F = Faraday- Konstante [~ 10^5 Cb/mol]
c_1, c_2 = Konzentrationen der Substanz zu beiden Seiten der Membran [mol/m^3]
$J_{i,max}$ = maximale Transportrate [mol/s]
$K_{i,1/2}$ = Substratkonzentration, bei der Transportrate halbmaximal ist [mol/m^3]
ΔE = Potentialdifferenz zwischen beiden Kompartimenten [V]
I = Strom [Cb/s]
g = Leitfähigkeit [Cb $\cdot$ s^{-1} $\cdot$ V^{-1}]
E = Gleichgewichtspotential für ein Ion [V]

schen ($\Delta \pi$) Druckgradienten getrieben (s. Tabelle 1.1). Der effektive osmotische Gradient ist von der osmolalen Konzentrationsdifferenz zwischen den Kompartimenten und den Reflektionskoeffizienten jedes einzelnen Teilchens abhängig (s. Tabelle 1.1). Maßgebend für den osmotischen Druckgradienten ist die Osmolalität, d.h. die Zahl der Teilchen pro Wassermasse (mol/kg H$_2$O). Die Osmolarität beschreibt die gelösten Teilchen pro Volumen (mol/l). Eine Konzentrationsdifferenz von 1 mmol/kg Wasser bei völliger Impermeabilität der gelösten Teilchen erzeugt einen osmotischen Druckgradienten von etwa 2,2 kPa (s. Tabelle 1.1). Makromoleküle wie Proteine üben einen etwas größeren osmotischen Druck aus als ihrer Konzentration entspricht. Der von ihnen erzeugte osmotische Druck wird kolloidosmotischer oder onkotischer Druck genannt.

Solvent drag. Im Strom transportierten Wassers können gelöste Teichen mitgerissen werden (solvent drag). Die Menge (mol) an gelösten Teilchen, die pro Zeiteinheit über solvent drag transportiert wird, steigt mit dem Wasserfluß und der Teilchenkonzentration (s. Tabelle 1.1).

Diffusion. Gelöste Teilchen diffundieren von Orten höherer Konzentration zu Orten geringerer Konzentration. Die Menge ungeladener Teilchen, die pro Zeiteinheit durch Diffusion transportiert wird, steigt proportional zur Konzentrationsdifferenz der Teilchen und der Diffusionsfläche und nimmt proportional zur Diffusionsstrecke ab.

Diffusion geladener Teilchen. Geladene Teilchen (Ionen) werden zusätzlich durch einen elektrischen Gradienten getrieben, d.h. eine Potentialdifferenz über die Zellmembran bzw. das Epithel. Chemischer und elektrischer Gradient können sich gegenseitig aufheben und ein elektrochemisches Gleichgewicht schaffen. Die Potentialdifferenz (ΔE), welche benötigt wird, um ein solches Gleichgewicht herzustellen, ist bei 37 °C:

$$\Delta E = -61\ mV \cdot z^{-1} \cdot lg\ (c_1/c_2)$$

Dabei ist z die Ladung, c_1 und c_2 die Konzentration des jeweiligen Teilchens zu beiden Seiten der Membran. Wenn zum Beispiel die zytosolische K^+-Konzentration (c_1) das 30fache der extrazellulären K^+-Konzentration (c_2) ist ($lg\ (c_1/c_2) \approx 1,5$), besteht bei etwa -90 mV (innen negativ) ein Diffusionsgleichgewicht für K^+ über die Zellmembran.

Unterscheiden sich chemischer und elektrischer Gradient, dann diffundieren die Teilchen in die Richtung des überwiegenden Gradienten.

Erleichterte Diffusion. Wird die Diffusion über spezifische Transportmoleküle (Carrier) vermittelt, dann spricht man von erleichterter Diffusion.

Nichtionische Diffusion (nonionic diffusion). Ist die undissoziierte (ungeladene) Form einer schwachen Säure oder Base lipidlöslich, dann kann diese Form die Membran ohne Vermittlung von Carriern überwinden. Für den Transport ist dann die Konzentrationsdifferenz der ungeladenen Teilchen maßgebend, die neben der Konzentration an Säure bzw. Base auch vom pH zu beiden Seiten der Membran abhängt. Auch Gase (CO_2, NH_3, O_2) können carrierunabhängig über die Zellmembran diffundieren, soweit sie eine hinreichende Lipidlöslichkeit aufweisen. Andererseits wird vermutet, daß Gase (insbesondere das gut wasserlösliche CO_2) auch durch Kanäle die Zellmembran passieren können.

Aktiver Transport. Durch aktiven Transport können Teilchen auch gegen ihr elektrochemisches Gefälle transportiert werden. Dazu ist der Einsatz von Energie erforderlich. Primär aktive Transportprozesse werden durch chemische Energie in Form von ATP getrieben. Die wichtigste Ionenpumpe ist die Na^+/K^+-ATPase, welche unter Verbrauch von Energie Na^+ aus der Zelle und im Austausch dazu K^+ in die Zelle transportiert. Da sie jeweils 3 Na^+ gegen zwei K^+ austauscht, verschiebt sie positive Ladung nach außen, sie ist also elektrogen. Die Na^+/K^+-ATPase ist verantwortlich für die niedrigen Na^+-Konzentrationen und hohen K^+-Konzentrationen in der Zelle. Weitere wichtige Transport-ATPasen sind die H^+-ATPase, H^+/K^+-ATPase und die Ca^{++}-ATPase (Abb. 1.3). Wegen der hohen Energie, die beim Abbau von ATP frei wird, können primär aktive Transportprozesse in der Regel hohe Konzentrationsgradienten überwinden. Der Energieverbrauch durch aktive Transportprozesse ist erheblich. Bei einer „ruhenden" Zelle verbraucht die Na^+/K^+-ATPase im Mittel etwa ein Drittel der gesamten Energie. Da die aktiven Pumpen durch Abkühlung gehemmt werden, kann der Energieverbrauch durch Herabsetzung der Körper- oder Organtemperatur massiv gedrosselt werden.

ATP-produzierender H^+-Transport in Mitochondrien. In Mitochondrien wird der Transport über eine ATPase zur Energiegewinnung eingesetzt. Die Atmungskette schleust H^+ aus dem Innenraum der Mitochondrien aus und erzeugt damit ein steiles elektrochemisches Gefälle für H^+ über die innere Mitochondrienmembran. Durch „Rückwertslaufen" einer H^+-ATPase wird der Gradient zur ATP-Produktion genutzt.

Sekundär aktive Transportprozesse. Eine Reihe von Transportprozessen setzen nicht ATP, sondern den elektrochemischen Gradienten anderer Teilchen ein, um Teilchen gegen ihren Gradienten zu transportieren. Da die Zelle relativ geringe Na^+-Konzentra-

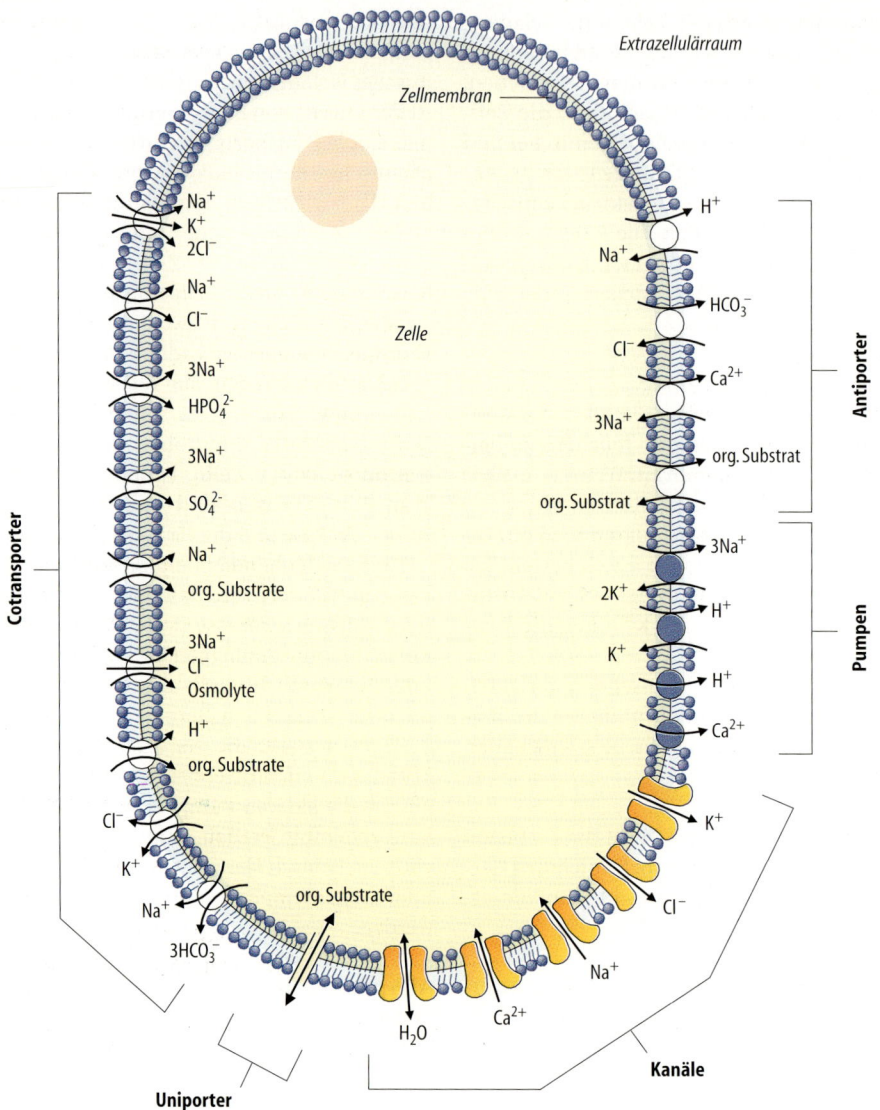

Extrazellulärraum

Zellmembran

Zelle

Cotransporter

Na⁺
K⁺
2Cl⁻

Na⁺
Cl⁻

3Na⁺
HPO₄²⁻

3Na⁺
SO₄²⁻

Na⁺
org. Substrate

3Na⁺
Cl⁻
Osmolyte

H⁺
org. Substrate

Cl⁻
K⁺
Na⁺
3HCO₃⁻

Uniporter

org. Substrate

H₂O

Ca²⁺

Antiporter

H⁺
Na⁺
HCO₃⁻
Cl⁻
Ca²⁺
3Na⁺
org. Substrat
org. Substrat

Pumpen

3Na⁺
2K⁺
H⁺
K⁺
H⁺
Ca²⁺

Kanäle

K⁺
Cl⁻
Na⁺

Abb. 1.3. Transportprozesse der Zellmembran: Transportiert werden anorganische Ionen oder organische Substanzen („org. Substrate" wie Glukose, Aminosäuren, organische Säuren, organische Kationen). Die Transportprozesse können in Cotransporter, Antiporter (Austauscher), Pumpen (ATPasen), Uniporter oder Kanäle eingeteilt werden

tionen aufweist und im Inneren negativ ist (s. oben), besteht ein steiles elektrochemisches Gefälle für Na⁺ vom Extrazellulärraum in die Zelle. Der steile Na⁺-Gradient wird von vielen Transportsystemen benutzt, um andere Teilchen gegen ihr elektrochemisches Gefälle zu transportieren. Einige

sekundär aktive Transportprozesse sind in Abb. 1.3 zusammengestellt.

Sättigbarkeit von Transportprozessen. Transport über spezifische Transportprozesse ist prinzipiell sättigbar, die Transportrate kann also nicht beliebig gesteigert werden, sondern erreicht bei hohen Substratkonzentrationen einen maximalen Wert (J_{max}). Bei niedrigen Substratkonzentrationen arbeitet der Carrier submaximal, wobei neben der Substratkonzentration die Affinität des Substrates für das Transportprotein über die Transportrate entscheidet (s. Tabelle 1.1). Bei sehr niedrigen Substratkonzentrationen nimmt die Transportrate annähernd linear proportional mit der Substratkonzentration zu.

Endozytose, Exozytose. Zellen können Wasser und darin gelöste Teilchen (z. B. Proteine) auch aufnehmen, indem sie ihre Plasmamembran einstülpen und den Inhalt in zytosolische Bläschen (Vesikel) einverleiben (Endozytose, s. Abb. 1.4). Die endozytotischen Vesikel können mit Lysosomen fusionieren und der Inhalt (z. B. aufgenommene Proteine) durch lysosomale Enzyme abgebaut werden. Umgekehrt kann der Inhalt intrazellulärer Vesikel durch Fusion mit der Zellmembran nach außen entleert werden (Exozytose, s. Abb. 1.4). Durch luminale Endozytose und basolaterale Exozytose können Proteine Epithelzellen durchqueren.

Axonaler Transport. Nervenzellen weisen Ausläufer (Axone) auf, die über einen Meter lang werden können. Der Zellkern einer Nervenzelle liegt im Zellkörper (Soma). Die Proteinsynthese ist damit auf diesen Bereich beschränkt und zelluläre Proteine müssen von dort in die Axone transportiert werden.

Die Axone verfügen tatsächlich über mehrere effiziente Mechanismen des Stofftransports über die weiten Strecken innerhalb eines Axons.

- Der schnelle anterograde axonale Transport (400 mm/Tag) bewegt Vesikel in Richtung der Axonterminalen. Er wird durch myosinartige Zytoskelettbestandteile angetrieben.
- Der langsame anterograde axonale Transport (1 mm/Tag) wird wahrscheinlich durch Polymerisierung von Zytoskelettbestandteilen selbst hervorgerufen. Der langsame axonale Transport bestimmt die Geschwindigkeit, mit der ein abgeschnittener peripherer Nerv wieder in Richtung Peripherie wächst.
- Der retrograde axonale Transport (300 mm/Tag) schafft proteinhaltige Vesikel in Richtung Zellkörper. Er transportiert u.a. den Nerve growth factor (NGF), der für das Überleben von Neuronen erforderlich ist. Über den retrograden axonalen Transport peripherer Nerven können jedoch auch Krankheitserreger (z. B. Herpes- und Polio-Viren) und ihre Toxine (z. B. Tetanustoxin) in das zentrale Nervensystem gelangen.

1.3 Die Entstehung des Zellmembranpotentials

Die Na^+/K^+-ATPase in der Zellmembran transportiert unter Verbrauch von ATP Na^+-

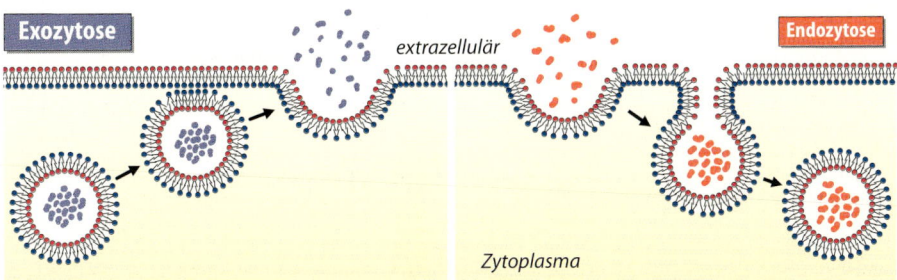

Abb. 1.4. Endozytose/Exozytose. Ein Makromolekül (z. B. ein Protein) kann durch Exozytose in den Extrazellulärraum abgegeben oder durch Endozytose (Phagozytose, Pinozytose) aus dem Extrazellulärraum in die Zelle aufgenommen werden (nach Dudel aus Schmidt et al. 2000)

Ionen aus der und K$^+$-Ionen in die Zelle. Folglich ist die intrazelluläre K$^+$-Konzentration etwa 30mal höher und die intrazelluläre Na$^+$-Konzentration etwa 10mal geringer als die entsprechenden extrazellulären Ionenkonzentrationen (s. Abb. 1.5). Der jeweilige chemische Gradient treibt demnach K$^+$ aus der Zelle und Na$^+$ in die Zelle. Nun ist die Zellmembran der meisten Zellen in Ruhe für Na$^+$ schlecht und für K$^+$ sehr gut permeabel. Im Gegensatz zu Na$^+$ kann also K$^+$ seinem chemischen Gradienten folgen. Die Diffusion von K$^+$ erzeugt eine innen negative Potentialdifferenz über die Zellmembran. Das innen negative Potential hält das positiv geladene K$^+$ zurück,

und es entsteht ein Gleichgewicht zwischen chemischem und elektrischem Gradienten von K$^+$. Ist die Zellmembran ausschließlich für K$^+$ permeabel, dann erreicht die Potentialdifferenz über die Zellmembran das K$^+$-Gleichgewichtspotential (s. Kap. 1.2):

$$E_K = -61 \, mV \cdot lg \, [K^+]_i / [K^+]_e$$

wobei $[K^+]_i$ und $[K^+]_e$ die wirksamen Konzentrationen (Aktivitäten) in der intrazellulären bzw. extrazellulären Flüssigkeit sind.

Durch Wechselwirkung der Ionen untereinander sind die Aktivitäten zu beiden Seiten der Mem-

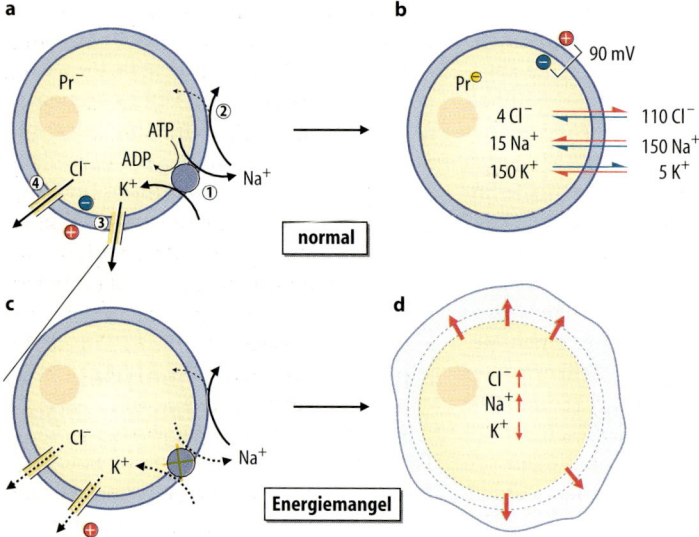

Abb. 1.5. Aufbau des Zellmembranpotentiales: Durch die Na$^+$/K$^+$-ATPase wird Na$^+$ im Austausch gegen K$^+$ aus der Zelle gepumpt (a,1). Die Zelle ist normalerweise für Na$^+$ schlecht (a,2), für K$^+$ gut (a,3) permeabel. K$^+$ diffundiert, seinem chemischen Gradienten folgend, nach außen und erzeugt damit eine außen positive und innen negative Potentialdifferenz über die Zellmembran (a,3). Das Potential erzeugt einen elektrischen Gradienten (rot), der im Gleichgewicht den chemischen Gradienten für K$^+$ (blau) aufhebt (b). Damit kommt die Nettodiffusion von K$^+$ zum Stillstand. Das Zellmembranpotential treibt Cl$^-$ aus der Zelle (a,4), bis der chemische Gradient den elektrischen Gradienten in etwa aufhebt (b). Damit kommt auch die Cl$^-$-Nettodiffusion zum Stillstand. Die niedrigere intrazelluläre Cl$^-$-Konzentration wird durch negative Ladungen intrazellulärer Proteine kompensiert, sodaß intra- und extrazellulär Elektroneutralität herrscht. Für Na$^+$ zeigen sowohl chemischer (blau) als auch elektrischer (rot) Gradient in die Zelle (b). Wegen der geringen Permeabilität der Zellmembran für Na$^+$ fließt jedoch trotzdem nur wenig Na$^+$ in die Zelle. Dieses Na$^+$ kann durch die Na$^+$/K$^+$-ATPase wieder zurücktransportiert werden. Bei Hemmung der Na$^+$/K$^+$-ATPase (z.B. Energiemangel) akkumuliert die Zelle jedoch selbst bei langsamem Na$^+$-Einstrom Na$^+$ und verliert K$^+$ (c). Das Sinken des chemischen Gradienten für K$^+$ führt zur Depolarisation und folgender Zunahme der intrazellulären Cl$^-$-Konzentration. Letztlich droht durch zelluläre Aufnahme von NaCl Zellschwellung und nekrotischer Zelltod (d)

bran etwas geringer als die Konzentrationen (mol/l bzw. mol/kg Wasser), der Fehler bei Verwendung der Konzentrationen ist jedoch gering.

Das Potential ist auf der Zellseite negativ, da positiv geladenes K^+ die Zelle verlassen hat. Die Potentialdifferenz (E_M) über eine Zellmembran, die ausschließlich für K^+ permeabel ist, wird automatisch den Wert von E_K erreichen. Ist nämlich E_M positiver als E_K, dann wird K^+ seinem elektrochemischen Gefälle folgend die Zelle verlassen und E_M solange polarisieren (negativieren), bis E_K erreicht wird. Ist E_M negativer als E_K, dann wird K^+ durch das elektrochemische Gefälle in die Zelle getrieben und E_M wird solange depolarisiert, bis wiederum E_K erreicht ist. Der Strom I, der im Ungleichgewicht fließt (s. Tabelle 1.1), ist eine Funktion der Differenz von $E_M - E_K$ und der Leitfähigkeit der Membran für K^+ (g_K):

$$I = g_K \cdot (E_M - E_K)$$

Ist die Zellmembran für mehr als ein Ion permeabel, so bestimmen die Leitfähigkeiten (g_n) und Gleichgewichtspotentiale (E_n) aller Ionen (n) das Zellmembranpotential:

$$E_M = \Sigma \, g_n \cdot E_n/g_t$$

wobei g_t die Gesamtleitfähigkeit der Zellmembran (für alle Ionen) ist.

In unserem Beispiel (Abb. 1.5) ist $E_K \approx -90$ mV und $E_{Na} \approx +60$ mV. Ist die Zellmembran zu 90% für K^+ ($g_K/g_t = 0,9$) und zu 10% für Na^+ leitfähig ($g_{Na}/g_t = 0,1$), dann stellt sich ein Zellmembranpotential von -75 mV ein [0,9 · (-90 mV) + 0,1 · ($+60$ mV)]. Wird durch Zunahme von g_{Na} die Zellmembran gleichermaßen für Na^+ und K^+ leitfähig (g_{Na}/g_t und g_K/g_t jeweils 0,5), dann depolarisiert die Zelle auf -15 mV [0,5 · (-90 mV) + 0,5 · ($+60$ mV)].

Neben den Ionenkanälen, die den passiven Durchtritt von einzelnen Ionen vermitteln, tragen auch elektrogene Transportprozesse zu Leitfähigkeit und Membranpotential bei (z. B. $Na^+(HCO_3^-)_3$-Cotransport, s. Abb. 1.3).

Schließlich kann die Zellmembran durch elektrogene Pumpen beeinflußt werden. Da die Na^+/K^+-ATPase 3 Na^+-Ionen gegen zwei K^+-Ionen austauscht, erzeugt ihre Tätigkeit einen Strom, der die Membran hyperpolarisiert. Das Membranpotential wird demnach negativer als das aus den Leitfähigkeiten und Gleichgewichtspotentialen errechnete Potential E_M (s. oben).

Extrazelluläre K^+-Konzentration, K^+-Kanäle und Membranpotential. In den meisten unstimulierten Zellen ist g_K größer als die Summe der Leitfähigkeiten für die anderen Ionen und das Membranpotential ist nahe dem K^+-Gleichgewichtspotential. Die Leitfähigkeit der K^+-Kanäle hängt jedoch von der K^+-Konzentration ab, eine Abnahme der intra- und extrazellulären K^+-Konzentration mindert die K^+-Leitfähigkeit. Eine Abnahme der extrazellulären K^+-Konzentration verändert das Zellmembranpotential durch Zunahme der E_K und durch Abnahme der g_K. Eine Zunahme von E_K hyperpolarisiert, eine Abnahme von g_K depolarisiert die Zelle. Der Nettoeffekt einer Herabsetzung der extrazellulären K^+ Konzentration auf das Zellmembranpotential hängt von der Zahl und den Eigenschaften der jeweiligen K^+-Kanäle ab. Im allgemeinen überwiegt der Einfluß auf E_K, wenn die Zellmembran eine hohe K^+-Leitfähigkeit aufweist (g_K/g_t nahe bei 1). Wenn g_K niedrig und damit der Einfluß von K^+ auf das Membranpotential gering ist, dann überwiegt die weitere Abnahme der K^+-Leitfähigkeit und die Zelle depolarisiert (s. Kap. 17.3).

1.4 Die Entstehung des Aktionspotentials

Die Leitfähigkeit von Ionenkanälen ist häufig eine Funktion des Zellmembranpotentials.

Potentialabhängigkeit von K^+-Kanälen. K^+-Kanäle reagieren unterschiedlich auf

Änderungen des Membranpotentials. Die sogenannten einwärtsgleichrichtenden K^+-Kanäle werden bei Depolarisation verschlossen, eine Eigenschaft, die den K^+-Ausstrom bei Depolarisation unterbindet. Auswärtsgleichrichtende K^+-Kanäle leiten hingegen bei Depolarisation besonders gut, begünstigen also den K^+-Ausstrom. Eine dritte Gruppe von K^+-Kanälen wird durch das Membranpotential wenig beeinflußt.

Potentialabhängigkeit von Na^+-Kanälen.
Auch unter den Na^+-Kanälen gibt es Kanäle, deren Leitfähigkeit nur geringfügig vom Zellmembranpotential beeinflußt wird, wie etwa der epitheliale Na^+-Kanal. Der Na^+-Kanal in den sogenannten erregbaren Zellen (z. B. Herz, Muskeln, Nervenzellen) weist hingegen eine hohe Spannungsabhängigkeit auf. Der spannungsabhängige Na^+-Kanal ist bei einem Membranpotential von −90 mV (Ruhemembranpotential) weitgehend verschlossen. Durch Depolarisation wird er schlagartig geöffnet (aktiviert) und binnen einer Millisekunde wieder verschlossen (inaktiviert). Er bleibt dann inaktiviert, solange die Zelle depolarisiert ist. Bei einer Repolarisation der Zelle bleibt der Kanal zunächst verschlossen, er wird jedoch wieder aktivierbar, d.h. er wird durch eine erneute Depolarisation wieder geöffnet (s. Abb. 1.6).

Aktionspotential.
Die Eigenschaft der spannungsabhängigen Na^+-Kanäle ist wichtige Voraussetzung für die schnelle Depolarisation einer erregbaren Zelle während eines sogenannten Aktionspotentials (s. Abb. 1.7). Wird die Zellmembran bis zur Schwelle der Na^+-Kanäle depolarisiert, dann führt die Öffnung dieser Kanäle zu einem lawinenartigen Einstrom von Na^+ in die erregbare Zelle und damit zu einer schlagartigen weiteren Depolarisation, die zu einem völligen Potentialverlust oder sogar zu einer Potentialumkehr (Zelle positiv) führen kann. In den Neuronen dauert diese Depolarisation wegen der sofortigen Inaktivierung der Na^+-Kanäle nur etwa eine Millisekunde. Im Herzen werden durch die Depolarisation die einwärtsgleichrichtenden K^+-Kanäle verschlossen und spannungsabhängige Ca^{++}-Kanäle geöffnet. Die Unterbindung des repolarisierenden K^+-Ausstroms sowie der Na^+-und Ca^{++}-Einstrom halten die Depolarisation dann für einige hundert Millisekunden aufrecht. Erst die verzögerte Aktivierung von K^+-Kanälen und die verzögerte Inaktivierung von Ca^{++}-Kanälen leitet dann die Repolarisation ein. Unmittelbar nach dem Aktionspotential hyperpolarisiert die Zellmembran (*Nachpotential*) wegen der noch anhaltenden Aktivierung der K^+-Kanäle und der Transporttä-

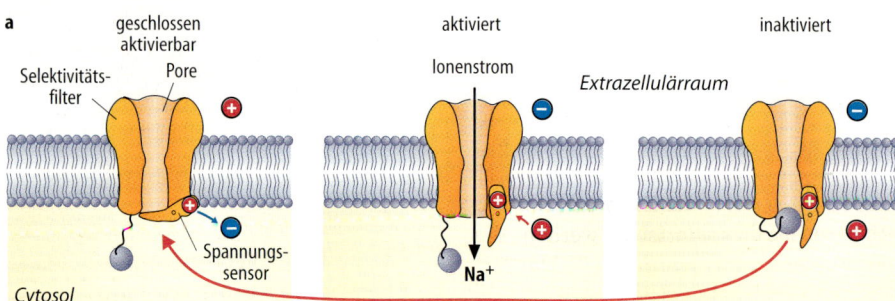

Abb. 1.6. Aktivierung und Inaktivierung des spannungsabhängigen Na^+-Kanales in erregbaren Zellen: In Ruhe (links) hält das außen positive Zellmembranpotential den Kanal verschlossen, da das elektrische Feld eine positive Ladung im Verschlußmechanismus (Gate) zur Zellinnenseite drängt (*blauer Pfeil*). Bei Depolarisation (Mitte) fällt die Wirkung des elektrischen Feldes weg und das Gate öffnet sich (*roter Pfeil*). Na^+ strömt durch den geöffneten Kanal in die Zelle. Innerhalb einer Millisekunde wird die nun frei zugängliche Öffnung des Kanals durch einen „Ball" verschlossen und damit „inaktiviert" (rechts). Erst bei Repolarisation gibt der Ball die Öffnung wieder frei und der Kanal kann erneut aktiviert werden (links) (nach Koester, aus Kandel et al. 1991)

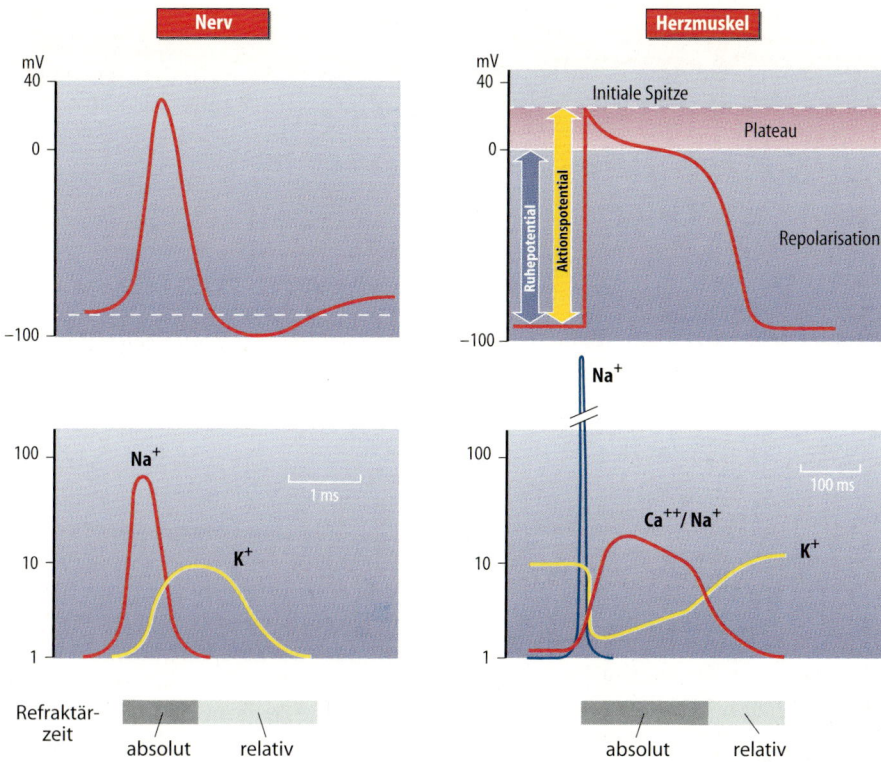

Abb. 1.7. Aktionspotentiale (oben) und zugrunde liegende Ionenströme (unten) im Nerven (links) und Herzmuskel (rechts). Die absoluten Ströme sind von Zelle zu Zelle sehr verschieden. Gezeigt sind daher relative Ströme (im logarithmischen Maßstab). Ferner sind absolute und relative Refraktärzeit angegeben (nach Schmidt et al. 2000)

tigkeit der elektrogenen Na^+/K^+-ATPase, die das eingeströmte Na^+ wieder aus der Zelle pumpt (s. Kap. 1.2). Durch die schnelle Inaktivierung der Na^+-Kanäle fließt freilich pro Aktionspotential nur sehr wenig Na^+ in die Zelle.

Refraktärität. Unmittelbar nach dem Aktionspotential kann die Zellmembran nur schwer erneut depolarisiert werden, die Zelle ist nur schwer (*relative Refraktärität*) oder gar nicht (*absolute Refraktärität*) erregbar.

Frequenzmodulation. Das Aktionspotential der Nervenzelle (s. Abb. 1.8) folgt dem *Alles-oder-nichts-Gesetz*, d.h. bei Erreichen der Schwelle kommt es zur vollständigen Depolarisation unabhängig von der Reiz-

stärke bzw. vom Rezeptorpotential. Wird die Zelle durch einen starken Reiz depolarisiert, dann kommt es aber zu einer höheren Frequenz der Aktionspotentiale (s. Abb. 1.9): Wirkt ein stark depolarisierender Reiz auf die Zelle ein, dann wird die Schwelle der Na^+-Kanäle schnell erreicht und es kommt sehr schnell zum Auftreten des Aktionspotentials. Nach Inaktivierung der Na^+-Kanäle und folgender Repolarisation kommt es bei anhaltend starkem depolarisierendem Strom erneut zu schneller Depolarisation bis zur Schwelle. Auf diese Weise wird die Amplitude des Rezeptorpotentials in eine Frequenz der Aktionspotentiale übersetzt (Transformation des Reizes oder Kodierung in Frequenzen).

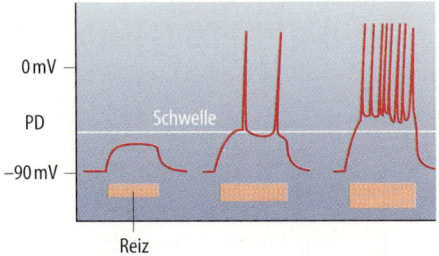

Abb. 1.9. Einfluß des Rezeptorpotentials auf die Aktionspotentialfrequenz. Bei unterschwelligem Reiz (links) kommt kein Aktionspotential zustande. Bei gerade überschwelligem Reiz ist die Aktionspotentialfrequenz gering, bei deutlich überschwelligem Reiz hoch

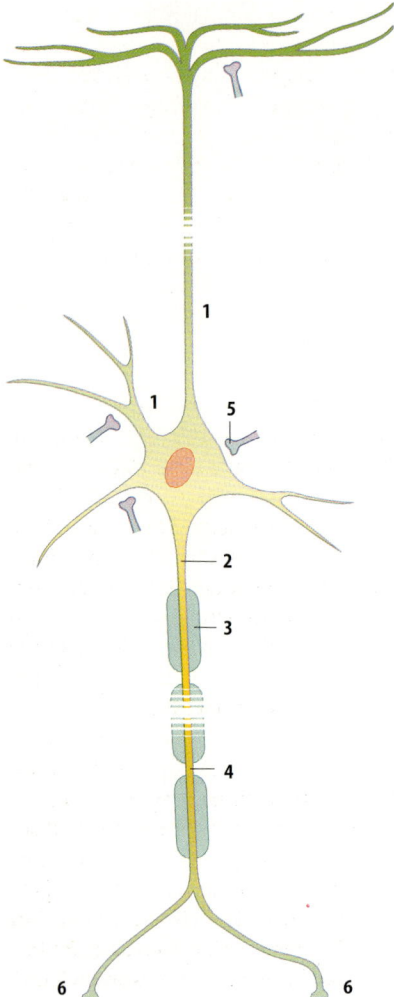

Abb. 1.8. Strukturelemente eines Neurons. Über Synapsen (5) an Zellkörper und Dendriten (1) erhält das Neuron Informationen von Rezeptoren und anderen Neuronen. Über sein Axon (2) leitet es seine Erregungen zu anderen Neuronen, zu Muskelzellen etc., wo es die Erregung über Nervenendigungen (6) weitergibt. Myelinisierte Axone sind von Myelinscheiden (3) umgeben, die durch Ranvier'sche Schnürringe (4) unterbrochen sind

1.5 Fortleitung des Aktionspotentials

Die Erregung peripherer Rezeptoren muß möglichst getreu bis zum Rückenmark und von dort zum Muskel weitergeleitet werden. Die Amplitude des Rezeptorpotentials kann über diese weite Strecke nicht unverfälscht weitergegeben werden. Daher wird die Amplitude des Rezeptorpotentials in die Frequenz von Aktionspotentialen übersetzt (Abb. 1.9). Die Frequenz der im Rückenmark ankommenden Aktionspotentiale ist die gleiche wie die Frequenz der Aktionspotentiale im Rezeptor, da normalerweise kein Aktionspotential auf dem Weg vom Rezeptor zum Rückenmark verschwindet. Die *Frequenzmodulation* der Information ermöglicht somit eine getreue Weiterleitung der Information (analoge Kodierung).

Elektrotonische Ausbreitung des Aktionspotentials. Die Öffnung von Na^+-Kanälen und die durch den Na^+-Einstrom erzeugte Depolarisation schafft eine Potentialdifferenz zwischen der depolarisierten (erregten) Membran und benachbarten unerregten Membranabschnitten. Diese Potentialdifferenz führt zu einem Strom innerhalb und außerhalb der Zelle, der auch die benachbarten Membranabschnitte depolarisiert (s. Abb. 1.10). Erreicht die Depolarisation am vormals unerregten Membranabschnitt die Schwelle für die Na^+-Kanäle, dann kommt es auch an dieser Stelle zur Entwicklung eines Aktionspotentials und auf diese Weise breitet sich das Aktionspo-

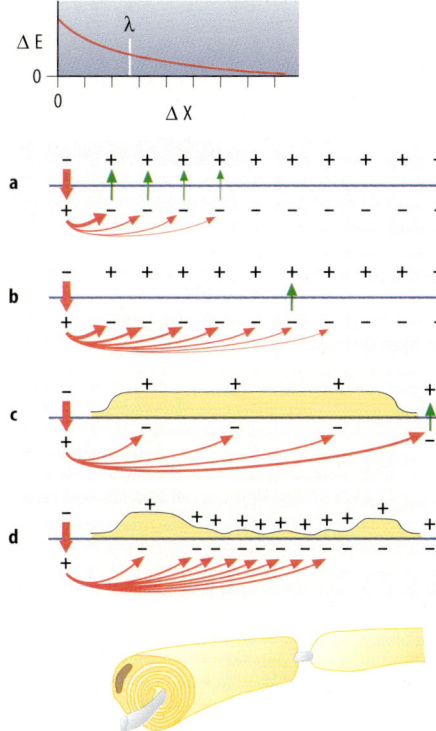

Abb. 1.10. Fortleitung eines Aktionspotentials: Der Na^+-Einstrom (rot) depolarisiert den erregten Membranabschnitt. Die Depolarisation erzeugt eine Potentialdifferenz zu den angrenzenden Membranabschnitten, die auf diese Weise ebenfalls depolarisiert werden. Bei kontinuierlicher Ausbreitung (**a**) bewirkt die Depolarisation der angrenzenden Membranabschnitte einen K^+-Ausstrom (grün), der den Strom teilweise kurzschließt und damit die Ausbreitung behindert. Durch Zwischenschalten eines impermeablen Membranabschnittes (**b**) kann die Ausbreitung beschleunigt werden. Allerdings muß der Na^+-Einstrom ausreichend sein, um die Ladung des impermeablen Membranabschnittes umzupolen und den nächsten permeablen Membranabschnitt bis zur Schwelle zu depolarisieren. Durch Myelinisierung (**c**) wird die Kapazität des impermeablen Membranabschnittes herabgesetzt und damit ermöglicht, daß ein größerer Abschnitt übersprungen werden kann. Nimmt bei demyelinisierenden Erkrankungen (z. B. multiple Sklerose) die Myelinscheidendicke ab (**d**), dann reicht der Na^+-Strom wegen der Zunahme der Membrankapazität nicht mehr aus, die gesamte impermeable Membran zu depolarisieren und das Aktionspotential wird nicht mehr weitergeleitet.
Oben: Der Abfall des Potentiales ΔE entlang der Nervenfaserlänge ΔX. Er folgt der Funktion: $E_x = E_0 \cdot e^{-x/\lambda}$, wobei λ die Längskonstante der Membran ist

tential über die gesamte Zellmembran aus. Zur Depolarisation der unerregten Membran muß deren Ladung herabgesetzt werden. Die Menge an Ladung, die bis zum Erreichen der Schwelle verschoben werden muß (ΔQ), hängt vom erforderlichen Ausmaß an Depolarisation (ΔV), von der Membranfläche (F) und der spezifischen Kapazität der Membran (C = ca. 1 mF/cm^2) ab:

$$\Delta Q = F \cdot C \cdot \Delta V$$

Je geringer ΔQ, desto schneller und stärker wird die Membran depolarisiert. Ein Maß für die Geschwindigkeit, mit der die Membran depolarisiert wird, ist die Membranzeitkonstante. Bei einem Axon ist die Fläche das Produkt von Umfang ($2\pi r$) und Länge des zu depolarisierenden Axonabschnittes. Bei der Menge an erforderlichem Strom muß noch berücksichtigt werden, daß bei Depolarisation ein K^+-Ausstrom einsetzt, der die weitere Depolarisation behindert. Daher muß vor allem bei langsamer Depolarisation sehr viel mehr Strom eingesetzt werden, als für die Entladung der Membran erforderlich wäre. Der während der Millisekunde eines Aktionspotentials erzeugte Einstrom ist somit nicht in der Lage, ein größeres Membranstück zu depolarisieren. Ein Maß für die Länge des Membranstückes, das bis zur Schwelle depolarisiert werden kann, ist die Membranlängskonstante (s. Abb. 1.10).

Der depolarisierende Strom muß vom erregten zum unerregten Membranabschnitt den Zytoplasmawiderstand überwinden, der v.a. bei dünnen Axonen nicht unerheblich ist. Der Zytoplasmawiderstand (R) ist eine Funktion der Querschnittsfläche (πr^2) des Axons (R ~ πr^2). Da die Membranfläche und damit die Membrankapazität mit dem Radius und nicht mit seinem Quadrat zunimmt, *steigt die Leitungsgeschwindigkeit mit der Zunahme des Durchmessers.*

Die saltatorische Erregungsfortleitung.
Die bloße Zunahme des Durchmessers ermöglicht nur eine bescheidene Zunahme der Leitungsgeschwindigkeit (z. B. im Riesenaxon des Tintenfisches). Während der Evolution ist jedoch ein Mechanismus entwickelt worden, der eine sehr viel schnellere Fortleitung zuläßt:

- Bei der saltatorischen Fortleitung werden große Membranabschnitte übersprungen, die weder K^+- noch Na^+-Kanäle aufweisen und deren Potential daher passiv dem Potential der angrenzenden aktiven Membranabschnitte folgt. Bei Depolarisation eines erregbaren Membranabschnittes werden sie durch die intrazellulären Ströme depolarisiert. Die passiven Membranabschnitte verzögern die Depolarisation nicht durch K^+-Ausstrom, sind jedoch andererseits auch nicht in der Lage, selbst ein Aktionspotential auszubilden. Erst der nächste erregbare Membranabschnitt verfügt über Na^+-Kanäle und kann wieder ein aktives Aktionspotential erzeugen. Durch Überspringen des unerregbaren Nervenfaserabschnittes wird erheblich Zeit gewonnen.

- Nun ist die Länge des übersprungenen Membranabschnittes begrenzt. Um die Depolarisation über diese Membranabschnitte zu leiten, müssen auch diese Abschnitte depolarisiert werden, d.h. die Ladung der Membran muß aufgehoben werden. Die Menge an Ladung, die zur Depolarisation des passiven Membranabschnittes verschoben werden muß, ist natürlich umso größer, je länger der passive Membranabschnitt ist. Wenn der passive Membranabschnitt zu lang ist, dann reicht die Menge an Na^+, die während eines Aktionspotentials in die Zelle strömt, nicht aus, um die passive Membran soweit zu depolarisieren, bis die Schwelle der nächsten aktiven Membran erreicht wird. In diesem Fall wird das Aktionspotential nicht weitergeleitet (s. Abb. 1.10).

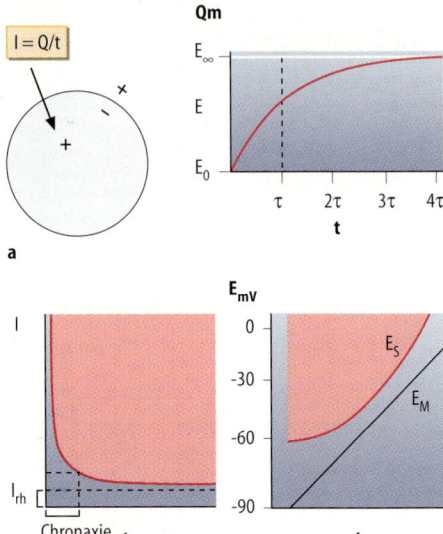

a

b

Abb. 1.11. Zusammenhang von Reizintensität und Reizdauer überschwelliger Reize (rot). **Oben:** Ein depolarisierender Strom (I = Q/t) muß die Ladung einer Membran (Qm) erst abbauen und benötigt dazu Zeit: Die Änderung des Potentials mit der Zeit folgt einer exponentiellen Funktion: $E = E_\infty \cdot (1-e^{-t/\tau})$, wobei τ die Zeitkonstante der Membran ist. **Unten links:** Einmaliger, konstanter Reiz: Ein Reiz muß die Membran bis zur Schwelle depolarisieren, wozu sie entladen werden muß. Die dazu erforderliche Ladungsmenge ist das Produkt der Nettoreizstromstärke $(I - I_{rh})$ und der Zeit t. I_{rh} (Rheobasenstrom) entspricht dem repolarisierenden K^+-Strom an der Schwelle. Ist der Reizstrom I geringer als I_{rh}, dann wird auch bei langem Reiz keine Erregung ausgelöst. Die Chronaxie (Chr) ist diejenige Reizdauer, die bei $I = 2 \cdot I_{rh}$ gerade noch eine Erregung auslöst. **Unten rechts:** Langsam ansteigender Reiz. Bei Applikation unterschwelliger Reize führt die Depolarisation der Membran zur Aktivierung weniger Na^+-Kanäle, die in der Folge inaktiviert werden. Die Inaktivierung der Na^+-Kanäle mindert die Erregbarkeit der Membran und die Schwelle zur Auslösung eines Aktionspotentials (E_s) depolarisiert. Daher kann das Membranpotential (E_m) langsam bis auf 0 mV depolarisiert werden, ohne daß ein Aktionspotential ausgelöst wird

Funktion der Myelinscheiden. Je geringer die spezifische Kapazität eines passiven Membranabschnitts ist, desto länger kann dieser Abschnitt sein, ohne daß die Weiterleitung des Aktionspotentials gefährdet ist. Der Bau von schnelleitenden Nervenfasern zielt daher auf eine möglichst geringe spezifische Kapazität der passiven Membranabschnitte ab. Die Kapazität eines Kondensators nimmt mit dem Abstand der Kondensatorplatten ab. Darüber hinaus wird er herabgesetzt, wenn sich zwischen den beiden Platten (Dielektrikum) nichtpolarisierbares Material (z. B. Lipide) befindet. Die schnelleitenden Nervenfasern verfügen über *Myelinscheiden.* Die Myelinscheiden sind lipidreiche Ausläufer von Schwann'schen Zellen oder von Gliazellen, die sich mehrfach um die Axone der Neurone wickeln. Damit ist erreicht, daß der „Kondensatorabstand" groß und das Dielektrikum apolar ist. Die myelinisierten Nervenfasern weisen also eine sehr geringe spezifische Kapazität auf. Darüber hinaus unterbinden sie repolarisierende K^+-Ströme an den umwickelten Membranabschnitten (Isolierung).

Ranvier'sche Schnürringe. Die Myelinscheiden verdünnen sich periodisch an den sogenannten Ranvier'schen Schnürringen oder Knoten. Dort verfügt die Membran über eine hohe Konzentration an Na^+- und K^+-Kanälen und ist damit erregbar. Die Erregung springt somit von einem Ranvier'schen Schnürring zum andern. Normalerweise ist die Myelinisierung stärker, als für das Springen von einem Ranvier'schen Schnürring zum nächsten erforderlich wäre. In der Regel erlaubt das Verhältnis von Na^+-Einstrom und spezifischer Kapazität das Überspringen von zwei Ranvier'schen Schnürringen. Der unerregbare Membranabschnitt zwischen zwei Ranvier'schen Schnürringen wird Internodium genannt.

Nervenfaserklassen. Je nach Myelinisierungsgrad und Funktion werden die verschiedenen Nervenfasern in Klassen eingeteilt (s. Tabelle 1.2). Besonders schnelleitende Nervenfasern werden vor allem in der Motorik eingesetzt, während die Nervenfasern für Wärme und teilweise für Schmerz, sowie die postganglionären vegetativen Nervenfasern unmyelinisiert sind und daher langsam leiten. Periphere Nerven sind häufig gemischt, sie enthalten schnelle und langsame Nervenfasern.

Künstliche Reizung von Rezeptoren und Nerven. Rezeptoren, Nervenzellen und Nervenfasern lassen sich auch künstlich durch Applikation von Strom reizen. Bei einer bipolaren Reizung von Nerven werden die beiden Pole (die positiv geladene Anode und die negativ geladene Kathode) eines Reizgerätes in die Nähe des Nerven gebracht (z. B. durch leitenden Kontakt mit der Haut über dem Nerven). Der Nerv wird über der Anode hyperpolarisiert und über der Kathode depolarisiert. Die Erregung des Nerven geht dabei von der Kathode aus. Bei einer unipolaren Erregung wird eine kleinflächige, dicht am Nerven gelegene Kathode und eine großflächige, entfernt vom Nerven gelegene, Anode verwendet. Die Stromdichte über der Kathode ist damit sehr viel höher als die Stromdichte unter der Anode. Der Nerv wird durch die Kathode depolarisiert. Bei Verwendung von extrazellulären Elektroden dient nur ein Bruchteil des Stroms der Depolarisation der Zellmembran. Die Stromstärke muß daher um Größenordnungen höher sein als der Strom über die Zellmembran.

Wird eine Nervenzellmembran durch einen überschwelligen Reizstrom (I) bis zur Schwelle entladen, dann muß dazu eine bestimmte Ladungsmenge verschoben werden (ΔQ). Darüber hinaus muß der Reizstrom den repolarisierenden K^+-Ausstrom (I_K) überwinden (s. Kap. 1,5). Zwischen der applizierten Stromstärke (I) und der Zeit (t), die benötigt wird, um eine Erregung auszulösen, ergibt sich daher folgender (vereinfachter) Zusammenhang:

$$(I - I_K) \cdot t = \Delta Q$$

Ein Strom, der den repolarisierenden K^+-Ausstrom I_K nicht übersteigt, erzeugt auch bei langer Stromapplikation keine Erregung. Bei Strömen über I_K tritt die Erregung umso früher ein, je größer I ist (Abb. 1.11).

Tabelle 1.2. Die verschiedenen Klassen von Nervenfasern (nach Erlanger und Gasser sowie Lloyd und Hunt). Die angegebenen Werte für die Nervenleitungsgeschwindigkeit (NLG) wurden an der Katze bestimmt. Beim Menschen sind die NLG der entsprechenden Fasern etwa um 25 % geringer

	Faser-gruppe	Durch-messer (µm)	NLG (m/s)	Efferent	Afferent	Faser-gruppe	Durch-messer (µm)	NLG (m/s)
Mye-lini-siert	A α	10–20	60–120	motorisch zur Skelett-muskulatur (motorische Einheiten)	primäre Muskel-spindel-afferenzen	Ia	12–20	70–120
					Afferenzen von Sehnen-organen	Ib		
	β	7–15	40–90		sekundäre Muskelspin-delafferen-zen, Mecha-noafferenzen der Haut	II	7–12	40–70
	γ	4–8	30–50	statische und dynamische Efferenzen zur intrafusa-len Spindel-muskulatur				
	δ	2–5	10–30		dünne myeli-nisierte Me-chanoafferen-zen, Thermo-afferenzen, nozizeptive Afferenzen aus Haut, Tiefensensi-bilität	III	2–7	10–40
	B	1–3	5–20	präganglio-näre vegeta-tive Fasern	Chemoafferen-zen, viszerale Afferenzen			
Nicht-mye-lini-siert	C	0,5–1,5	0,5–2	postganglio-näre vegeta-tive Fasern: efferente Fasern zu Herzgefäßen usw.	nichtmyelini-sierte mecha-nothermo- und chemosensible Afferenzen aus Haut und tie-fer gelegenen Strukturen	IV	0,5–1,5	0,5–2

Der Strom, der bei langdauernder Reizung gerade noch eine Erregung auslöst, wird als *Rheobase* bezeichnet. Die Zeit, die bei doppeltem Rheobasenstrom benötigt wird, eine Erregung auszulösen, nennt man *Chronaxie*. Rheobase und Chronaxie sind wichtige Kenngrößen einer erregbaren Zelle (s. Abb. 1.11). Bei unterschwelliger Depolarisation wird ein Teil der Na^+-Kanäle aktiviert und wieder inaktiviert, ohne daß ein Aktionspotential ausgelöst wurde. Diese Na^+-Kanäle können bei einer weiteren Depolarisation nicht mehr aktiviert werden. Durch die Abnahme der erregbaren Na^+ Kanäle muß die Zellmembran zur Aktivierung genügender Na^+-Kanäle stärker depolarisiert werden, d.h. die Schwelle für die Auslösung eines Aktionspotentials depolarisiert. Eine geringfügige weitere Depolarisation aktiviert und inaktiviert weitere Na^+-Kanäle und verursacht eine weitere Depolarisation der Erregungsschwelle. Auf diese Weise kann ein langsam *einschleichender Strom* die Zelle völlig depolarisieren, ohne daß je ein Aktionspotential auftritt. Bei einem *Wechselstrom* (>10 kHz) wird die Membran abwechselnd depolarisiert und hyperpolarisiert. Bei einem hochfrequenten Wechselstrom (> 500 kHz) ist der Wechsel so schnell, daß die Menge an Ladung nicht ausreicht, um bis zur Schwelle zu depolarisieren. Damit können hochfrequente Wechselströme zur Erwärmung des Gewebes eingesetzt werden, ohne daß eine Aktivierung erregbarer Zellen auftritt.

1.6 Erregungsübertragung, Neurotransmitter

Die Information zwischen zwei Neuronen kann durch direkte elektrische Verbindungen oder über Ausschüttung eines Transmitters (chemische Synapse) erfolgen.

Elektrische Synapsen. Bestimmte Kanalproteine in der Zellmembran (sog. Connexine) bilden mit entsprechenden Kanalproteinen von Nachbarzellen einen Kanalkomplex, der den Durchtritt von Ionen und ungeladenen kleinen Teilchen von Zelle zu Zelle ermöglicht. Bei Depolarisation einer Zelle A, die über eine elektrische Synapse mit einer Zelle B verbunden ist, entsteht ein elektrisches Gefälle an der elektrischen Synapse, die Kationen in die Zelle B und Anionen in die Zelle A treibt. Der Strom depolarisiert Zelle B und bremst die Depolarisation in Zelle A. Auch nicht-erregbare Zellen (z. B. Epithelien) verfügen über interzelluläre Verbindungskanäle (sog. gap junctions), die durch Connexine gebildet werden.

Chemische Synapsen. Im Nervensystem spielen elektrische Synapsen eine untergeordnete Rolle. Bei weitem häufiger und bedeutsamer sind chemische Synapsen. Abbildung 1.12 zeigt die zellulären Mechanismen synaptischer Transmission von einem Neuron (sog. präsynaptisches Neuron) auf ein zweites Neuron (sog. postsynaptisches Neuron). Bei Erregung des präsynaptischen Neurons wandert ein Aktionspotential dem Axon entlang bis zur Synapse. Dort führt die Depolarisation zu einer Aktivierung spannungsabhängiger Ca^{++}-Kanäle. Ca^{++} strömt durch diese Kanäle in die Nervenendigung und vermittelt die Fusion von transmitterhaltigen Vesikeln mit der präsynaptischen Zellmembran. Die Vesikel entleeren sich in den synaptischen Spalt. Auf diese Weise steigt im synaptischen Spalt die Transmitterkonzentration deutlich an und der Transmitter bindet an Rezeptoren der postsynaptischen Membran. Durch Bindung des Transmitters werden direkt oder unter Vermittlung von G-Proteinen Ionenkanäle der postsynaptischen Membran aktiviert oder inaktiviert und damit das Zellmembranpotential des postsynaptischen Neurons verändert (ligandengesteuerte Kanäle bzw. rezeptormodulierte Kanäle).

Exzitatorisches postsynaptisches Potential. Werden durch den Neurotransmitter unspezifische Kationenkanäle geöffnet, dann strömt in erster Linie Na^+ in die Zelle und depolarisiert die postsynaptische Zellmembran (Abb. 1.13). Da sich K^+ im Gegensatz zu Na^+ bei unerregter Zellmembran nahe seinem elektrochemischen Gleichgewicht befindet, ist für einen K^+-Ausstrom nur eine geringe treibende Kraft vorhanden. Der depolarisierende Na^+-Ein-

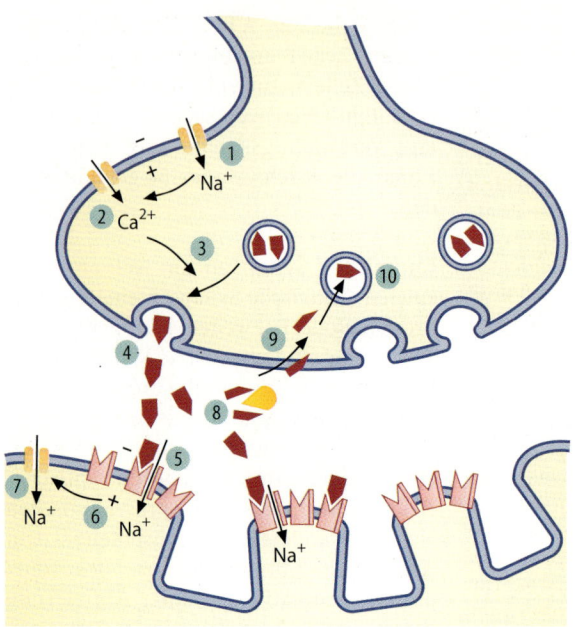

Abb. 1.12. Chemische Erregungsübertragung am Beispiel der muskulären Endplatte (Transmitter Acetylcholin, ACH): Das in der Nervenendigung ankommende Aktionspotential aktiviert Na^+-Kanäle (*1*), wodurch die Zellmembran weiter depolarisiert wird. Die Depolarisation öffnet spannungsabhängige Ca^{++}-Kanäle (*2*), Ca^{++} vermittelt die Verschmelzung ACH-haltiger Vesikel mit der präsynaptischen Membran (*3*). ACH wird in den Spalt ausgeschüttet (*4*) und bindet an ACH-Rezeptoren (*5*) der postsynaptischen Membran, unspezifische Kationenkanäle, die bei Bindung von ACH öffnen. Der folgende Na^+-Einstrom depolarisiert die postsynaptische Membran und durch elektrotonische Ausbreitung (*6*) die benachbarte postsynaptische Membran, wodurch dort spannungsabhängige Na^+-Kanäle geöffnet werden (*7*). Die Erregung wird durch Spaltung von ACH durch die Acetylcholinesterase (*8*) beendet. Die Spaltprodukte Essigsäure und Cholin werden z. T. wieder in die Nervenendigung aufgenommen (*9*) und zu ACH gekoppelt, das dann wieder in die Vesikel transportiert wird (*10*)

strom erzeugt das sogenannte *exzitatorische postsynaptische Potential* (*EPSP*). Das Ausmaß des EPSP kann von 0,1 mV bis zu 10 mV betragen. Bei hinreichender Depolarisation des postsynaptischen Neurons wird die Schwelle von Na^+-Kanälen zu Beginn des Axons (sogenannter Axonhügel) erreicht und es entsteht dort ein Aktionspotential, das zu der Nervenendigung des postsynaptischen Neurons weitergeleitet wird. In einigen wenigen Neuronen wird ein EPSP nicht durch Aktivierung von Kationenkanälen sondern durch Hemmung von K^+-Kanälen ausgelöst.

Inhibitorisches postsynaptisches Potential. Werden durch den Neurotransmitter K^+-Kanäle aktiviert, dann kommt es zu einer Hyperpolarisation der postsynaptischen Membran und es entsteht ein sogenanntes *inhibitorisches postsynaptisches Potential* (*IPSP*). Ist die Aktivierung der K^+-Kanäle stark genug, dann verhindert das IPSP die Aktivierung der spannungsabhängigen Na^+-Kanäle am Axonhügel und unterbindet damit eine Erregung des Neurons (Abb. 1.13). Auch die Aktivierung von Cl^--Kanälen führt zur Herabsetzung der Erregbarkeit des Neurons (Abb. 1.13). Das Gleichgewichtspotential für Cl^- liegt in der Regel bei etwa – 75 mV. Werden also Cl^--Kanäle einer unerregten Zelle aktiviert, dann strömt Cl^- aus der Zelle heraus und depolarisiert die Zellmembran. Die Depolarisation ist

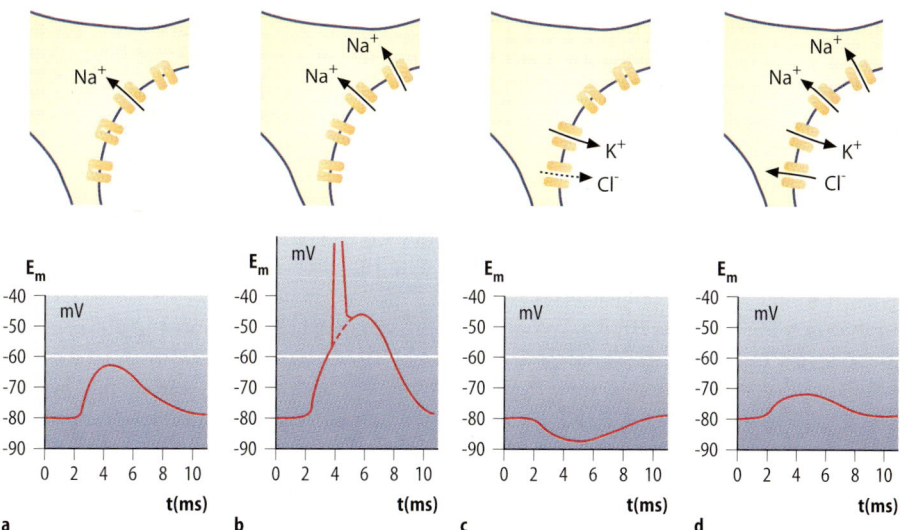

Abb. 1.13. Exzitatorische (EPSP) und inhibitorische (IPSP) postsynaptische Potentiale:
a: Unterschwelliges EPSP; **b:** Summation zweier unterschwelliger EPSP und damit Auslösung eines Aktionspotentials; **c:** IPSP; **d:** Unterbindung eines Aktionspotentials durch ein IPSP trotz gleichzeitiger Auslösung von zwei EPSP's

jedoch ohne Belang, da sie maximal auf -75 mV erfolgt, ein Wert weit negativer als die Erregungsschwelle des Neuron (ca. -50 mV). Ist das Neuron jedoch durch ein EPSP unter -75 mV depolarisiert, dann strömt Cl^- in die Zelle und hyperpolarisiert die Membran, behindert also wie ein K^+-Ausstrom die weitere Depolarisation und damit die Auslösung von Aktionspotentialen.

Zeitliche und räumliche Summation. Zur Auslösung eines Aktionspotentials kann ein einzelner Reiz (bzw. ein einzelnes exzitatorisches postsynaptisches Potential) führen, wenn er stark genug ist, wenn er also die Zelle bis zur Schwelle depolarisieren kann. Auch ein unterschwelliger Reiz kann einige Na^+-Kanäle öffnen. Wenn die Zahl der Na^+-Kanäle jedoch klein ist, dann reicht der zusätzliche depolarisierende Strom durch diese Kanäle nicht aus, eine hinreichende Zahl weiterer Na^+-Kanäle zu aktivieren und damit ein Aktionspotential auszulösen. Die Depolarisation bleibt lokal, wird aber nicht als Aktionspotential weitergeleitet. Fällt ein unterschwelliger Reiz zeitlich mit einem zweiten unterschwelligen Reiz zusammen, dann kann sich die Wirkung beider Reize zu einem überschwelligen Reiz summieren (zeitliche Summation). Treffen Erregungen aus verschiedenen Synapsen auf ein Neuron und führt ihr Zusammentreffen zu einer Erregung, spricht man von einer räumlichen Summation.

Metabotrope Rezeptoren. Ein präsynaptisches Neuron kann auf ein postsynaptisches Neuron nicht nur über Auslösung von EPSP's oder IPSP's wirken. Vielmehr können Neurotransmitter über sogenannte metabotrope Rezeptoren die intrazelluläre Signaltransduktion beeinflussen, wie etwa die Bildung von intrazellulären Botenstoffen (z. B. $InsP_3$ oder cAMP), die Aktivierung von Proteinkinasen oder die Bildung von NO (s. Kap. 21.2). Durch die intrazellulären Signalwege kann eine Vielzahl von zellulären Funktionen beeinflußt werden, die letztlich in gesteigerte oder herabgesetzte Erregbarkeit münden.

Der wichtigste zentralnervöse Neurotransmitter Glutamat kann z. B. über den sogenannten AMPA-Rezeptor (s. Tabelle 1.2) einen Na^+- und K^+- permeablen Kationenkanal öffnen und damit die Zellmembran depolarisieren sowie über den sogenannten NMDA-Rezeptor einen Na^+-, K^+- und Ca^{++}-permeablen Kationenkanal öffnen und damit neben der Depolarisation die zytosolische Ca^{++}-Konzentration steigern (ligandengesteuerte Kanäle, Abb. 1.14). Der NMDA-Kanal wird bei polarisierter Membran durch Mg^{++} blockiert, das jedoch bei Depolarisation aus dem Kanal gedrängt wird und damit die Kanalöffnung freigibt. Glutamat kann den NMDA-Kanal also nur öffnen und einen Ca^{++}-Einstrom veranlassen, wenn die Zelle depolarisiert ist, wenn also etwa gleichzeitig der AMPA-Rezeptor aktiviert ist. Die Wirkung kann also nur eintreten, wenn zwei unterschiedliche Erregungen gleichzeitig auf ein Neuron einwirken, ein wichtiger Mechanismus neuronaler Informationsverarbeitung. Das durch den NMDA-Rezeptor in die postsynaptische Zelle gelangte Ca^{++} kann über Auslösung einer zellulären Signalkaskade die Empfindlichkeit des postsynaptischen Neurons über einen längeren Zeitraum steigern (sog. *Langzeitpotenzierung*) oder herabsetzen (sog. *Langzeitdepression*).

Langzeitpotenzierung und Langzeitdepression sind wichtige zelluläre Mechanismen der Gedächtnisbildung. Unter anderem kann Ca^{++} im postsynaptischen Neuron eine NO-Synthase aktivieren. Das NO kann im postsynaptischen Neuron über Aktivierung der Guanylylzyklase und folgende Aktivierung der cGMP-abhängigen G-Kinase den AMPA-Rezeptor phosphorylieren und damit dessen Empfindlichkeit herabsetzen. NO kann ferner in das präsynaptische Neuron diffundieren und dort über Modulation des Ca^{++}-Transports die Transmitterausschüttung beeinflussen.

Präsynaptische Hemmung. Die synaptische Übertragung kann durch axoaxonale Synapsen modifiziert werden, d.h. Synapsen an den Axonen anderer Nervenzellen. Durch die präsynaptische Hemmung wird die Ausschüttung des Transmitters aus der präsynaptischen Nervenendigung herabgesetzt. Meist wird die Herabsetzung durch Aktivierung eines unspezifischen Kationenkanals erreicht, der die Nervenendigung vordepolarisiert und damit einen Teil der spannungsabhängigen Na^+-Kanäle inaktiviert. Dadurch stehen weniger aktivierbare Na^+-Kanäle zur Verfügung, ein ankommendes Aktionspotential wird gedämpft und damit die Aktivierung der spannungsabhängigen Ca^{++}-Kanäle und der Ca^{++}-Einstrom herabgesetzt. Eine Minderung des Ca^{++}-Einstroms kann auch durch cAMP-vermittelte Hemmung der spannungsabhängigen Ca^{++}-Kanäle erreicht werden.

Präsynaptische Bahnung. Umgekehrt kann die Transmitterausschüttung gesteigert wer-

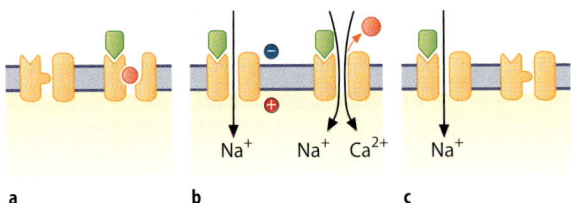

Abb. 1.14. Kooperation von NMDA- und nicht-NMDA-Rezeptoren: Glutamat (grün) kann bei polarisierter Membran den NMDA-Rezeptor nicht aktivieren, da der NMDA-Rezeptor durch Mg^{++} (rot) verstopft ist (**a**). Bei gleichzeitiger Aktivierung des Nicht-NMDA-Rezeptors (AMPA-Rezeptor) wird die Zellmembran depolarisiert, wodurch Mg^{++} aus dem NMDA-Kanal gedrängt wird und Glutamat den NMDA-Kanal öffnen kann (**b**). Folge ist u.a. ein Einstrom von Ca^{++}. Aktivierung des nicht-NMDA-Rezeptors allein hat nur Depolarisation, nicht jedoch Zunahme der intrazellulären Ca^{++}-Konzentration zur Folge (**c**)

den (sog. Bahnung, s. Kap. 1.7), etwa durch Aktivierung der spannungsabhängigen Ca^{++}-Kanäle oder durch Hemmung von K^+-Kanälen mit folgender Verlängerung des Aktionspotentials.

Die Neurotransmitter. Bei den chemischen Synapsen kommt eine Vielzahl unterschiedlicher Neurotransmitter zum Einsatz, die jeweils über verschiedene Rezeptoren ihre Wirkungen auf die postsynaptischen Neurone ausüben. Einige Neurotransmitter sind Aminosäuren (z. B. Glutamat) oder werden aus Aminosäuren gebildet (z. B. Noradrenalin). Acetylcholin wird durch Verknüpfung von Acetat aus Acetyl-Coenzym A mit dem Amin Cholin synthetisiert. Darüberhinaus werden einige Peptide als Neurotransmitter eingesetzt (Neuropeptide). Die Neuropeptide werden im Zellkörper synthetisiert und durch axonalen Transport in großen, dichten Vesikeln zur Nervenendigung gebracht. Die übrigen Neurotransmitter werden in der Nervenendigung selbst synthetisiert, die dazu erforderlichen Enzyme müssen jedoch wie die Neuropeptide im Zellkörper gebildet werden. Abb. 1.15 stellt die wichtigsten Neurotransmitter, Tabelle 1.3 die von ihnen aktivierten Rezeptoren, sowie ihre physiologische Bedeutung zusammen.

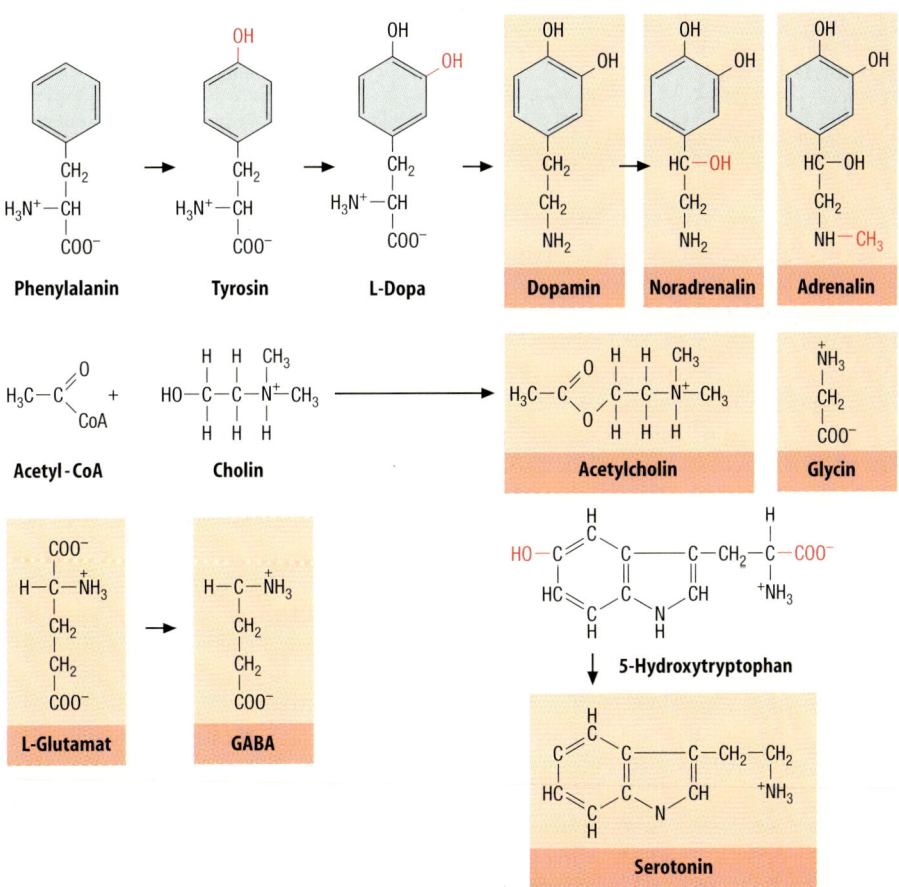

Abb. 1.15. Die wichtigsten Neurotransmitter und ihre Vorstufen

Tabelle 1.3. Wichtige Neurotransmitter (Beispiele von Rezeptoren, regulierten Strömen an der Zellmembran und physiologischer Bedeutung)

Transmitter	Rezeptor	Strom	Bedeutung
Acetylcholin	Endplatte	$I_{Na,K}$	Muskelkontraktion
	nikotinisch	$I_{Na,K}$	veg. Ganglien
	muskarinisch	I_K, I_{Ca}	Parasympathikus
(Nor)adrenalin	α_1	I_{Ca}	Sympathikus
	β	$-I_K$	Sympathikus
ATP	purinerg	$I_{Na,Ca}$	veg. Nervensystem
Glyzin		I_{Cl}	Hemmung α-Motoneurone
Dopamin	D_2	I_K	Basalganglien
GABA	$GABA_A$	I_{Cl}	Hemmer ZNS
	$GABA_B$	$I_K, -I_{Ca}$	Hemmer ZNS
Glutamat	AMPA*	$I_{Na,K}$	Stimulator ZNS
	NMDA**	$I_{Na,Ca}$	Stimulator ZNS
Serotonin	$5HT_1$	I_K	Schlaf
Substanz P		$-I_K$	Schmerz
Endorphine	μ, δ	I_K	Schmerzhemmung

* AMPA-Rezeptor wird so genannt, weil er besonders gut durch α-Amino-3-hydroxy-5-methyl-4-isoxalone-propionic-acid aktiviert wird. Da er auch Kainat bindet, wird er auch A/K-Rezeptor (AMPA/Kainat) genannt.
** NMDA-Rezeptor wird so genannt, weil er besonders gut durch N-methyl-D-Aspartat aktiviert wird

1.7 Erregungsverarbeitung, neuronale Verschaltung

Die Aufgaben des menschlichen Nervensystems werden von mindestens 100 Milliarden Neuronen wahrgenommen. Jedes dieser Neurone ist von Tausenden von Synapsen übersät, die über hemmende und fördernde Einflüsse ihre Aktivität steuern. Auf ein Neuron konvergiert somit der Einfluß einer großen Zahl von anderen Neuronen. Umgekehrt beeinflußt das Neuron über eine ähnliche Vielzahl von Axonkollateralen die Aktivität anderer Neurone. Konvergenz und Divergenz von Erregungen sind wichtige Voraussetzungen für die Informationsverarbeitung im zentralen Nervensystem.

Bahnung. Die Konvergenz von Erregungen ist Voraussetzung für die räumliche Bahnung. Ein an sich unterschwelliges EPSP einer Synapse kann ein Aktionspotential auslösen, wenn es mit den EPSP's anderer Synapsen zusammenfällt. Die Summation unterschwelliger EPSP's führt somit zur Erregung des Neurons.

Hemmung. Die Auslösung eines Aktionspotentials durch ein EPSP kann umgekehrt durch gleichzeitiges Auftreten von IPSP's unterbunden werden. Hemmungen spielen bei der neuronalen Informationsverarbeitung eine mindestens ebenso bedeutsame Rolle, wie Stimulationen. Die neuronale Hemmung wird häufig durch spezialisierte, zwischengeschaltete Neurone (Interneurone) vermittelt. Über Aktivierung hemmender Interneurone können Neurone ihre eigene Hemmung veranlassen. Dabei spricht man von *Rückwärtshemmung*. Bei der *Vorwärtshemmung* wird das Interneuron nicht durch das gehemmte, sondern durch ein anderes Neuron aktiviert. Bei der *lateralen Hemmung* hemmt ein Neuron – wiederum über Interneurone – benachbarte Neurone. Die laterale Hemmung er-

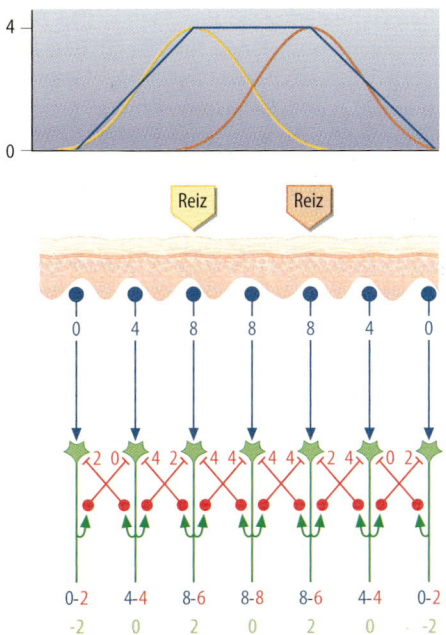

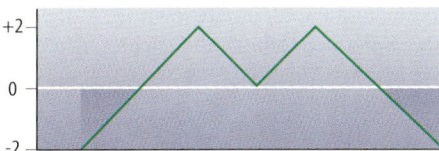

Abb. 1.16. Kontrastierung durch laterale Hemmung. Zwei Reize (gelb und braun) treffen auf eine Reihe von Rezeptoren. Durch ihre Überlagerung sind sie durch die Rezeptoren (blau) nicht mehr getrennt erkennbar. Die Rezeptoren aktivieren Neurone (grün), die über Interneurone (rot) jeweils ihre Nachbarneurone hemmen. Dabei ist die Hemmung der Nachbarn umso stärker, je stärker das Neuron erregt wird (im Zahlenbeispiel hemmt jedes Interneuron mit der Hälfte der Wirkung des Rezeptors) Durch die laterale Hemmung werden wieder zwei Reize erkennbar

möglicht die Kontrastierung eines Reizes (Abb. 1.16).

Rezeptives Feld. Mehrere Rezeptoren können auf ein Neuron konvergieren und dieses gemeinsam erregen. Das von diesen Rezeptoren versorgte Areal bezeichnet man dann als rezeptives Feld. Hemmt dieses Neuron durch laterale Hemmung die Nachbarneurone, dann führen Reize im rezeptiven Feld zur Hemmung der Weiterleitung

von Reizen in den benachbarten Arealen (s. auch Retina, Kap. 5.3).

Wahrnehmung. Die neuronale Verarbeitung erschöpft sich keineswegs nur in der Feststellung, daß ein bestimmter Rezeptor gereizt wurde. Die wesentliche Aufgabe besteht letztlich darin, den Reiz zu interpretieren und seine Bedeutung für eigenes Handeln festzulegen. Die Interpretation einer Empfindung führt zur Wahrnehmung. Auf dem Weg vom Reiz zur Empfindung und Wahrnehmung spielen subjektive Faktoren eine wesentliche Rolle.

1.8 Die Funktionen von Gliazellen

Im zentralen Nervensystem sind die Neurone von den weitaus zahlreicheren Gliazellen umgeben. Man unterscheidet je nach Struktur und Funktion Astroglia, Oligodendroglia und Mikroglia. Die Oligodendrogliazellen bilden die *Myelinscheiden* der zentralen Neurone, die Schwann'schen Zellen die Myelinscheiden peripherer Neurone. Astroglia und Mikroglia sind ferner zur *Phagozytose* befähigt (Abb. 1.17).

Regulation der extrazellulären K^+-Konzentration. Wichtigste Aufgabe der Gliazellen ist die Kontrolle des extrazellulären Milieus. Der Extrazellulärraum beträgt weniger als 25 % des Gehirnvolumens. Wenn die Zellen z. B. bei einer Salve von Aktionspotentialen nur 1 % ihres K^+ abgeben, dann verdoppelt sich die extrazelluläre K^+-Konzentration und das K^+-Gleichgewichtspotential nimmt um 18 mV ab. Die Gliazellen nehmen jedoch normalerweise bei Anstieg der extrazellulären K^+-Konzentration K^+ aus dem Extrazellulärraum auf und halten damit die extrazelluläre K^+-Konzentration niedrig. Zum Teil geben sie das K^+ wieder an anderer Stelle mit niedriger extrazellulärer K^+-Konzentration ab (*spatial buffering*). Versagen die Gliazellen, dann führt der An-

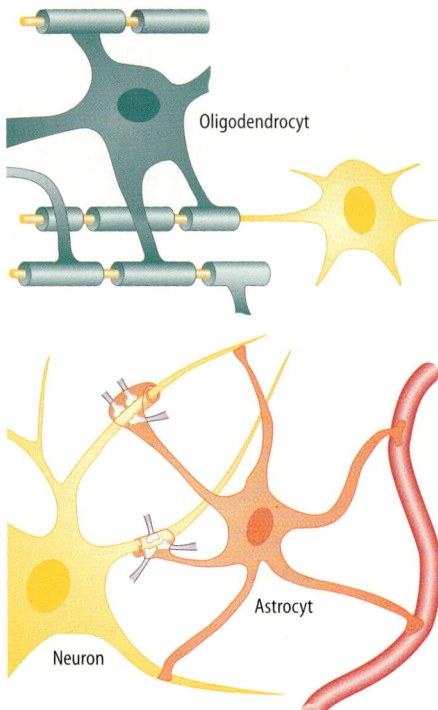

Abb. 1.17. Gliazellen: Oligodendrozyt mit Myelinscheiden und Astrozyt mit Kontakten zu einem Neuron und einem Gefäß

stieg der extrazellulären K^+-Konzentration zur Aktivierung von Nachbarneuronen, die dabei wiederum K^+ verlieren. Auf diese Weise kann sich eine Erregung ausbreiten, wie etwa bei der Epilepsie.

Regulation von Konzentrationen an Ca^{++}, H^+ und Neurotransmittern. Gliazellen sind auch in der Lage, die extrazelluläre Ca^{++}-Konzentration und den extrazellulären pH zu regulieren. Schließlich verhindern sie, daß Neurotransmitter aus einer Synapse zu anderen Neuronen diffundieren, nehmen Transmitter auf und bauen sie wieder in ihre Vorstufen ab. Neurotransmitter können umgekehrt die Funktion von Gliazellen modulieren.

Rolle bei der Hirnentwicklung. Gliazellen spielen ferner eine entscheidende Rolle bei

der Gehirnentwicklung, wo sie das Auswachsen von Axonen und Dendriten fördern. Umgekehrt hemmen sie im erwachsenen Gehirn das Aussprossen von Axonen und Dendriten.

1.9 Kontraktilität

Muskelzellen sind für die Durchführung von Bewegungen oder die Erzeugung mechanischen Drucks oder Spannung spezialisiert. Je nach Eigenschaften und Aufgaben unterscheidet man quergestreifte Muskulatur, die zur Durchführung willkürlicher Bewegungen eingesetzt wird, Herzmuskulatur, die das Blut durch den Kreislauf pumpt und glatte Muskulatur, die Blutgefäße und Hohlorgane umschließt, wie z. B. Magen-Darm-Kanal, Harnleiter und Blase, Uterus, Samenleiter, Bronchien etc. Ferner regulieren glatte Muskeln im Auge die Linsenkrümmung und Pupillenweite sowie im Mittelohr das Spiel der Gehörknöchelchen. Die verschiedenen Muskelklassen weisen einige gemeinsame Prinzipien auf, die im folgenden beschrieben werden sollen.

Aktinfilamente. Die Muskelzelle kontrahiert durch Interaktion von Aktin- und Myosinfilamenten. Einzelne, kugelige (globuläre) Aktinmoleküle (G-Aktin) werden entlang langgestreckten, fadenförmigen Tropomyosin-Molekülen perlschnurartig aneinander geheftet und bilden auf diese Weise die etwa 6 nm dicken Aktinfilamente (F-Aktin, s. Abb. 1.18). Dabei sind jeweils zwei Aktinketten miteinander verschlungen (s. Abb. 1.18). Die Aktinfilamente sind durch senkrecht verlaufendes α-Aktinin miteinander verbunden (sog. Z-Streifen). An die Tropomyosinmoleküle lagern sich in der quergestreiften und der Herzmuskulatur jeweils im Abstand von 40 nm Troponinmoleküle an, die für die Regulation der Muskelkontraktion bedeutsam sind (s. unten).

Myosinfilamente. Die Myosinfilamente sind mit 12 nm wesentlich dicker als die Ak-

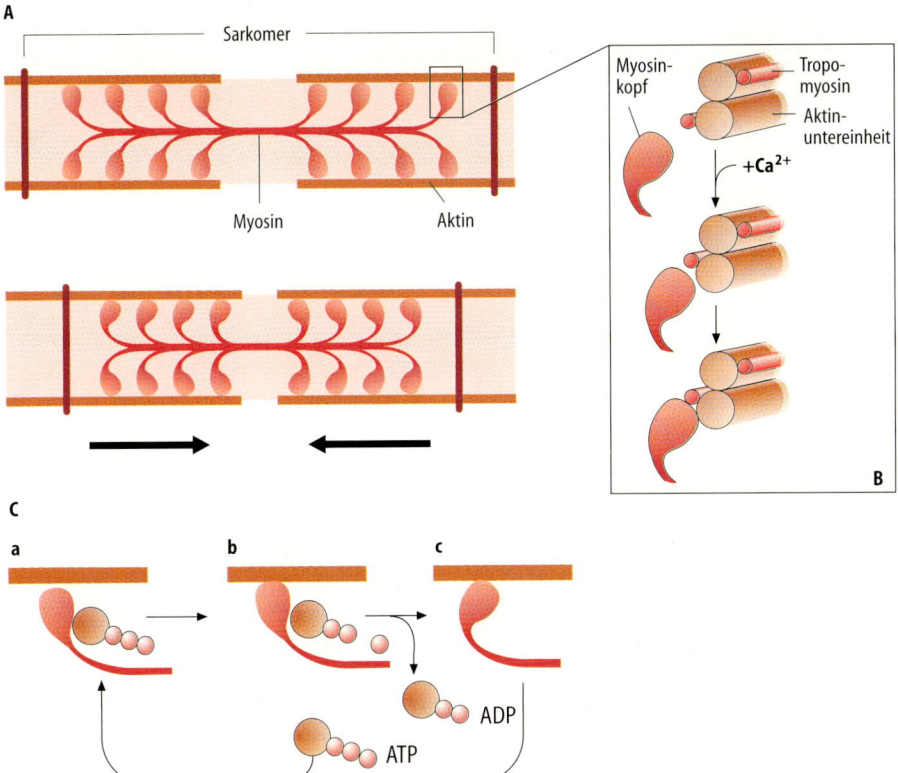

Abb. 1.18. Kontraktionszyklus eines Muskels: Das Ineinanderschieben von Aktinfilamenten und Myosin wird durch Abknicken von Myosinköpfchen erzielt (**A**). Voraussetzung für die Bindung von Myosin an Aktin ist, daß Ca^{++} durch Verlagerung von Tropomyosin die Bindungsstellen für Myosin am Aktinfilament freilegt (**B**). Myosin bindet ATP (**C_a**). Nach Abspaltung eines Phosphates bindet nun Myosin an Aktin (**C_b**) und in der Folge knickt das Köpfchen ab (45°) und ADP wird freigesetzt (**C_c**). Durch erneute Bindung von ATP kann sich Myosin vom Aktin lösen, sich aufrichten (90°) und die nächste Bindungsstelle aufsuchen. Durch eine Serie solcher „Ruderschläge" bewegt sich Myosin am Aktin entlang (nach Rüegg aus Schmidt et al. 2000)

tinfilamente. Sie bestehen wiederum aus mehreren miteinander verschlungenen Proteinketten. An den jeweiligen Enden sind die Myosinfilamente jeweils zu den sogenannten Myosinköpfchen verdickt, die an Myosinhälsen hängen. Die Myosinköpfchen können ATP binden und zu ADP spalten. Die Myosinköpfchen binden bei der Muskelkontraktion an die Aktinfilamente (s. unten). Im Ruhezustand werden die Bindungsstellen am Aktin des quergestreiften Muskels durch das Tropomyosin verlegt.

Kontraktionszyklus in Skelett- und Herzmuskel. Die Muskelkontraktion wird durch einen Anstieg der zytosolischen Ca^{++}-Konzentration ausgelöst. Ca^{++} bindet an Troponin, das sich von der Bindung an Tropomyosin löst, eine daraus folgende Verschiebung des Tropomyosins legt dann an den Aktinfilamenten Bindungsstellen für die Myosinköpfchen frei (s. Abb. 1.18). Durch das Freilegen der Myosinbindungsstellen am Aktin kann Myosin unter Mg^{++}-abhängiger Spaltung eines gebundenen ATP (ATPase) an das Aktinfilament binden und unter Abgabe von Phosphat und ADP um 45° abknicken. Durch diesen Knick wird das Myosin um etwa 10–20 nm am Aktinfilament entlang verschoben. Das am Aktin haftende Myosinköpfchen löst sich nun unter erneuter Bindung von ATP vom Aktinfilament, bildet mit dem Myosinhals wieder einen Winkel von 90° und haftet an eine um 10–20 nm weiter gelegene Bindungsstelle. Durch eine Vielzahl solcher Zyklen schiebt sich das Myosin allmählich am Aktinmolekül entlang und erzeugt damit ein Ineinanderschieben der Myosin- und Aktinfilamente. Der Muskel kann sich auf diese Weise auf etwa die Hälfte der Ruhelänge verkürzen.

Kontraktur. Nimmt das ATP bei gesteigerter intrazellulärer Ca^{++}-Konzentration ab, dann kann die Bindung zwischen Myosin und Aktin nicht mehr gelöst werden und der Muskel verharrt im kontrahierten Zustand (Wegfall der „Weichmacherwirkung" von ATP). Auf diese Weise entsteht z. B. die Kontraktur des Herzmuskels bei Unterbrechung der Blutversorgung oder die Totenstarre der Skelettmuskulatur.

Kontraktionszyklus im glatten Muskel. Während im quergestreiften Muskel und Herzmuskel die Aktin- und Myosinfilamente (Verhältnis 2:1) dicht gepackt aneinander liegen und durch das geordnete Nebeneinander die Streifung der Muskulatur bewirken, sind die kontraktilen Elemente im glatten Muskel weniger geordnet und daher fehlt auch die Streifung. Es überwiegen bei weitem die Aktinfilamente (18:1). Sie überkreuzen sich und bilden auf diese Weise die sog. dense bodies. Bei Aktivierung des glatten Muskels bindet Ca^{++} gemeinsam mit Calmodulin an Caldesmon, ein Protein, das – ähnlich wie das Tropomyosin im quergestreiften Muskel – die Bindungsstelle für Myosin am Aktinmolekül verlegt. Der Ca^{++}-Calmodulinkomplex aktiviert eine Proteinkinase, die Caldesmon phosphoryliert. Damit wird die Bindungsstelle für Myosin freigegeben. Darüber hinaus aktiviert Ca^{++}-Calmodulin eine Kinase, die unter ATP-Verbrauch das Myosin im Übergangsbereich zwischen Myosinköpfchen und Hals phosphoryliert (sog. myosin light chain kinase). Damit wird ein ähnlicher Zyklus wie im quergestreiften Muskel ausgelöst. Die Kontraktion im glatten Muskel verläuft wesentlich langsamer als im Skelettmuskel, verbraucht aber dafür auch weniger Energie.

Depolarisation, Ca^{++} und die Regulation der Kontraktionskraft. Die Muskelkontraktion ist eine Funktion der intrazellulären Ca^{++}-Konzentration: Je höher die zytosolische Ca^{++}-Konzentration, desto mehr Aktinbindungsstellen werden frei und desto stärker ist die Kontraktionskraft. Die Erregung wird in der Regel durch eine Depolarisation der Zellmembran ausgelöst, die zu einer Öffnung von Spannungs-sensitiven Ca^{++}-Kanälen führt. Im Skelettmuskel spielt jedoch die Freisetzung von Ca^{++} aus intrazellulären Speichern eine weitaus größere Rolle als der Ca^{++}-Einstrom von außen (s. Abb. 1.19). Die Öffnung der Ca^{++}-Kanäle in der Zellmembran aktiviert Ca^{++}-Kanäle (sog. Ryanodin-Rezeptoren) der intrazellulären Speicher (sarkoplasmatisches Retikulum). Dadurch werden diese Speicher entleert und die Ca^{++}-Konzentration schlagartig von ca. 0,1 bis auf 10 mmol/l gesteigert. Die Depolarisation (Aktionspotential) ist nur kurz, und es können demnach mehrere Aktionspotentiale bereits vor Einsetzen der Kontraktion auftreten und eine stufenweise Zunahme der intrazellulären Ca^{++}-Konzentration bewirken. Die Frequenz der Aktionspotentiale entscheidet dabei über intrazelluläre Ca^{++}-Konzentration und Kontraktionskraft (sog. Tetanisierung des Muskels, s. Abb. 1.20). Auch im Herzmuskel wird Ca^{++} aus intrazellulären Speichern freigesetzt. Im Herzen spielt jedoch der Ca^{++}-Einstrom von außen eine wesentlich größere Rolle als im Skelettmuskel und extrazellulärer Ca^{++}-Entzug führt nach wenigen Schlägen zum Herzstillstand. Beim Herzen ist ferner das Aktionspotential lang und läßt keine Tetanisierung zu.

Erschlaffung. Bei Repolarisation der Zellmembran sinkt die zytosolische Ca^{++}-Kon-

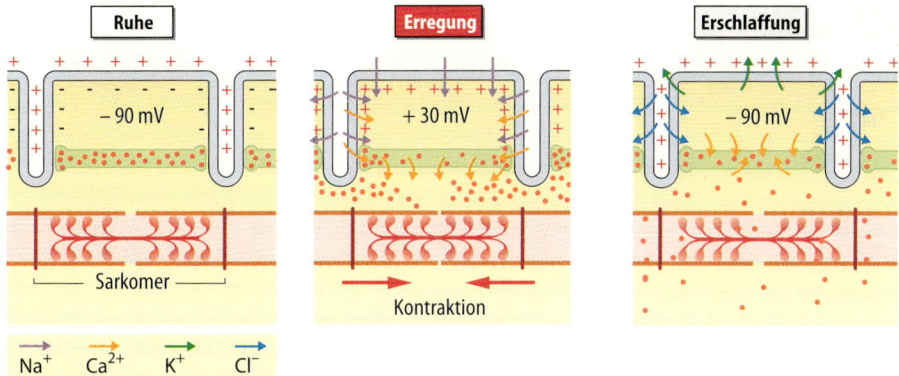

Abb. 1.19. Freisetzung von Ca^{++} im Skelettmuskel durch Depolarisation: In Ruhe ist die Zellmembran polarisiert (innen negativ) und die Speicher des sarkoplasmatischen Retikulums speichern Ca^{++} (rot). Bei Erregung wird die Zellmembran durch Öffnung von Na$^+$-Kanälen und folgenden Na$^+$-Einstrom (*lila Pfeile*) depolarisiert. Dadurch öffnen spannungsabhängige Ca^{++}-Kanäle (*orange Pfeile*). In der Folge werden Ca^{++}-Kanäle in der Membran des sarkoplasmatischen Retikulums geöffnet (*orange Pfeile*). Ca^{++} strömt in das Zytosol und löst die Muskelkontraktion aus. Die Erschlaffung wird durch Repolarisation der Zellmembran eingeleitet. Dabei strömt Cl$^-$ ein (*blaue Pfeile*) und K$^+$ aus (*grüne Pfeile*) und Ca^{++} wird wieder in die Speicher gepumpt (*orange Pfeile*) (nach Rüegg aus Schmidt et al. 2000)

zentration wieder schnell ab, da Ca^{++}-Pumpen Ca^{++} zurück in die Speicher und Na$^+$/Ca^{++}-Austauscher sowie Ca^{++}-Pumpen Ca^{++} in den Extrazellulärraum transportieren. Damit wird der Kontraktionszyklus unterbrochen und der Muskel erschlafft.

Fortleitung der Depolarisation. Die Depolarisation breitet sich beim Skelettmuskel blitzartig über die gesamte Muskelfaser aus, ergreift jedoch keine benachbarten Muskelfasern. Im Gegensatz dazu sind Herzmuskelfasern über gut leitende interzelluläre Kanäle (gap junctions) miteinander verbunden und eine Depolarisation breitet sich daher schnell über benachbarte Muskelfasern aus. Bei den glatten Muskeln gibt es sowohl Muskelfasern, die miteinander über gap junctions verbunden sind und damit eine elektrische Einheit bilden (single unit, z. B. Magen-Darm-Kanal, Ureter, Uterus) als auch Muskelfasern, die voneinander isoliert sind (sog. Multi-unit-Fasern, z. B. Bronchien, Gefäße).

Depolarisationsunabhängige Regulation der Kontraktion. Im glatten Muskel kann das intrazelluläre Ca^{++} durch eine Reihe von Hormonen bzw. Mediatoren auch ohne Depolarisation über Öffnung rezeptoroperierter Ca^{++}-Kanäle oder Freisetzung von zellulärem Ca^{++} über Inositoltrisphosphat gesteigert werden. Auch im Herzen werden intrazelluläres Ca^{++} und Kontraktionskraft durch Hormone bzw. Neurotransmitter reguliert.

Regulation der Muskelkontraktion durch Nerven. Der Skelettmuskel wird normalerweise über Nerven depolarisiert und damit eine Kontraktion ausgelöst. Auch die Multiunit-Muskelfasern der glatten Muskulatur werden hauptsächlich durch den Einfluß von Nerven depolarisiert. Ihre Aktivität wird direkt über das Nervensystem reguliert. Bei Denervierung werden sie zunächst stillgelegt. Die denervierte Muskulatur verändert jedoch ihre Sensibilität gegenüber Nervenreizen. Während normalerweise weniger als 1% der Fläche eines Skelettmuskels Rezeptoren für den Neurotransmitter Acetylcholin aufweisen, breiten sich beim denervierten Skelettmuskel Acetylcholinrezeptoren über die gesamte Zellmembran aus. Für eine

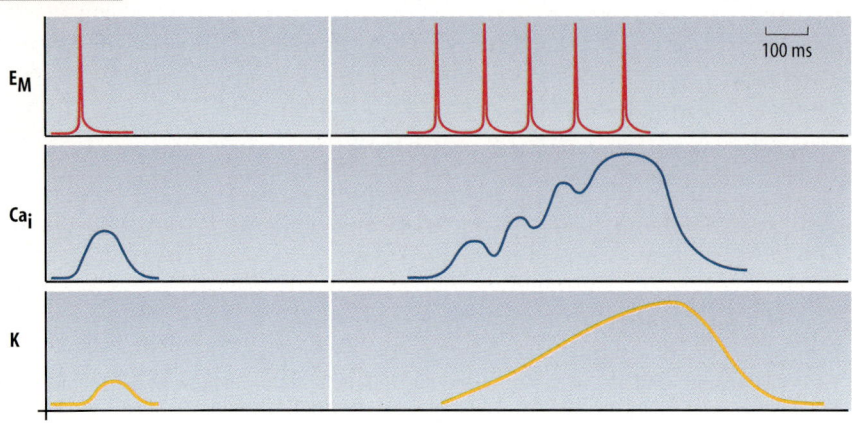

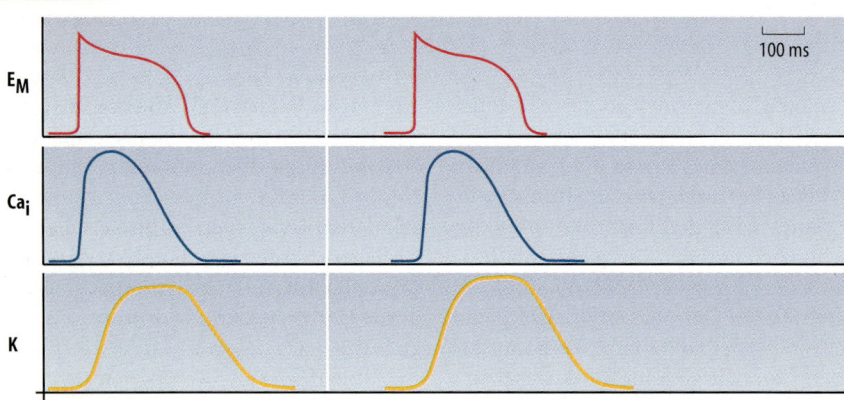

Abb. 1.20. Beziehung zwischen Aktionspotential (E_M = Zellmembranpotential) und Muskelkontraktion (K = Kontraktionskraft) eines Skelettmuskels (oben) und eines Herzmuskels (unten). Beim Skelettmuskel löst ein einzelnes Aktionspotential nur eine geringe Zunahme der intrazellulären Ca^{++}-Konzentration (Ca_i) und Kontraktion aus. Durch hochfrequente Reizung des Muskels steigen Ca_i und Kontraktionskraft an (sog. tetanische Reizung). Im Herzen erfolgt die Kontraktion bereits während des Aktionspotentials und eine tetanische Reizung des Herzmuskels ist nicht möglich

Erregung des Muskels ist jedoch ein erneuter Kontakt mit einer Nervenendigung erforderlich (s. Kap. 2.2). Auch denervierte glatte Muskeln steigern ihre Rezeptorendichte für Mediatoren und Hormone und können somit leichter erregt werden.

Automatie. Das Herz und die meisten glatten Muskeln (single unit) benötigen für ihre Aktivität keine Innervation. Statt dessen depolarisieren einige der Zellen automatisch in einem bestimmten Rhythmus (Automatie), und depolarisieren über die Gap junctions die Nachbarzellen. Auf diese Weise breitet sich die Erregung über alle miteinander verbundenen Zellen aus. Das Nervensystem wirkt lediglich modulierend auf die Aktivität der Zellen ein, es beeinflußt die Frequenz der Depolarisationen, die Geschwindigkeit der Erregungsausbreitung und die Intensität der Kontraktion. Auch Mediatoren und Hormone können die Erregung der Muskeln beeinflussen, etwa über Änderung des Zellmembranpotentials oder der Ca^{++}-Transportsysteme.

Beziehung zwischen Kraft und Vordehnung des Muskels.

Die bei der Muskelkontraktion erzeugte Kraft ist keine Konstante, sondern hängt in entscheidender Weise von der Vordehnung ab. Der Muskel entwickelt bei mittlerer Vordehnung die größte Kraft (s. Abb. 1.21). Bei stärkerer Vordehnung kann nur ein Teil der Myosinköpfchen an Aktin binden, bei starker Muskelverkürzung überlappen sich die Aktinfilamente teilweise und behindern die weitere Kontraktion. Darüber hinaus fördert Vordehnung des Muskels den Ca^{++}-Einstrom und steigert über Zunahme der Ca^{++}-Affinität von Troponin C die Wirkung von Ca^{++} auf die kontraktilen Elemente, Wirkungen, die bei zu geringer Vordehnung des Muskels ausbleiben.

Ruhedehnungskurve.

Bei passiver Dehnung des Muskels nimmt die Muskelspannung durch Dehnung elastischer Elemente (Titin) zu. Der Zusammenhang zwischen Länge und Spannung eines ruhenden Muskels wird durch die Ruhedehnungskurve dargestellt (s. Abb. 1.22). Während der Muskelkontraktion addieren sich die passive Spannung und die aktiv erzeugte Kraft des Muskels (s. Abb. 1.22).

Kontraktionsformen.

Die Muskelkontraktion kann je nach mechanischen Randbedingungen unterschiedlich ablaufen (s. Abb. 1.22):

- Bei der *isometrischen Kontraktion* bleibt die Länge des Muskels gleich, der Muskel entwickelt jedoch ein Maximum an Kraft. Äußere Arbeit (Kraft × Weg) wird bei einer rein isometrischen Muskelkontraktion nicht geleistet. Der isometrischen Muskelkontraktion entspricht in etwa die isovolumetrische Kontraktion muskulärer Hohlorgane, wie etwa des Herzens. Allerdings nimmt das Herz bei der isovolumetrischen Kontraktion eine kugelige Form ein und trotz gleichbleibendem Volumen verkürzen sich einige Muskelfasern.

- Bei der *isotonen Muskelkontraktion* verkürzt sich der Muskel gegen eine gleichbleibende Kraft (Last). Bei einer isobaren

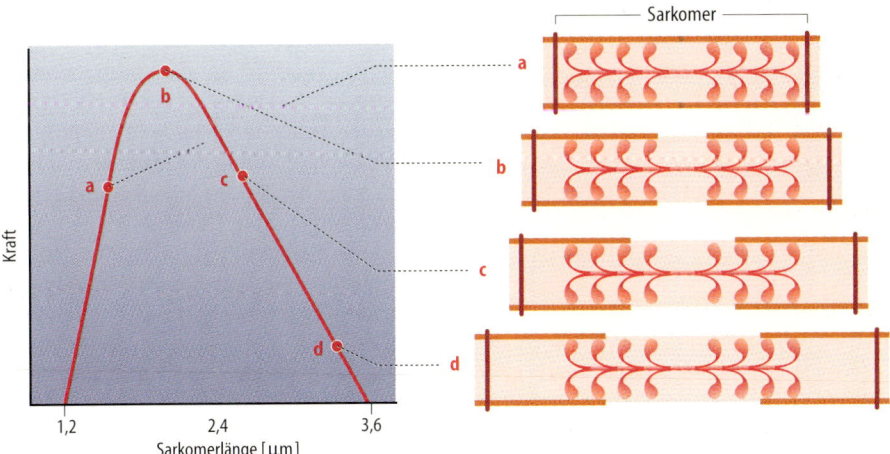

Abb. 1.21. Abhängigkeit der Muskelkraft von der Vordehnung: Bei geringer Vordehnung wird die Muskelkraft durch Ineinanderschieben der Aktinfilamente behindert (**a**). Bei zu starker Vordehnung ist der Kontakt zwischen Aktin und Myosin herabgesetzt und die Kontraktionskraft nimmt gleichermaßen ab (**c, d**) (nach Ghez aus Kandel et al. 1991)

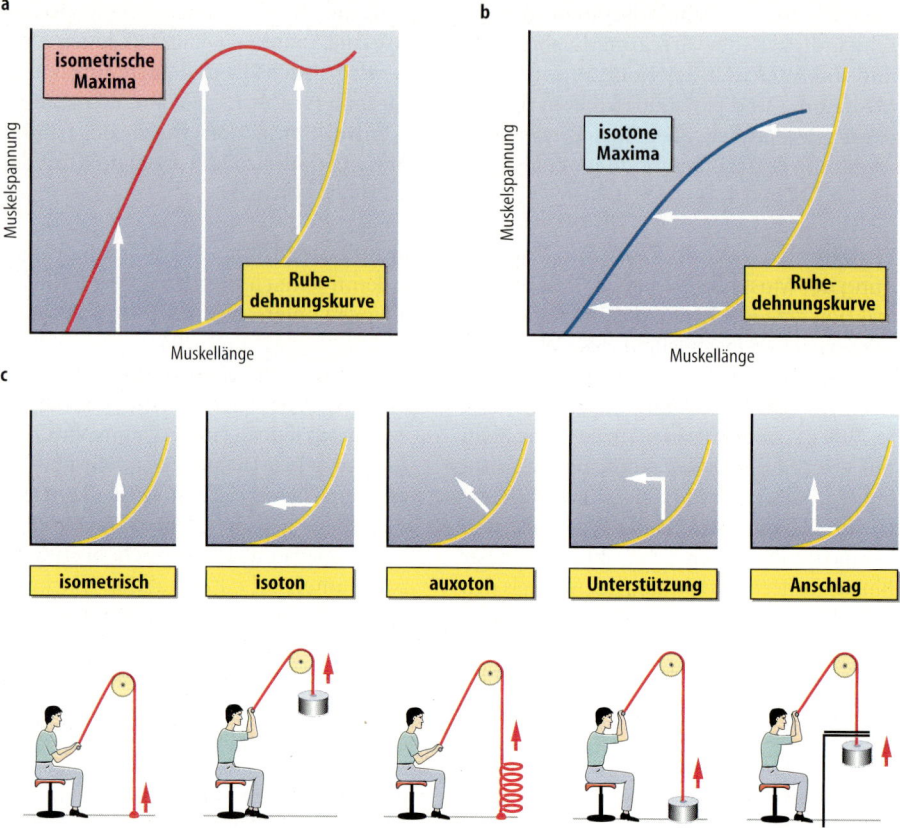

Abb. 1.22. Druck-Volumendiagramm eines Muskels. Isometrische (**a**) und isotone (**b**) Kontraktion des Muskels in Abhängigkeit von der Vordehnung. **c**: Die verschiedenen Kontraktionsformen des Muskels

Kontraktion des Herzens bleibt der Druck konstant, gegen den Volumen ausgeworfen wird. In aller Regel ändern sich jedoch bei einer Muskelverkürzung auch die Kraft bzw. der Druck, gegen den kontrahiert wird. Bei der Verkürzung eines Skelettmuskels ändern sich z. B. die Hebel am Gelenk und damit die Kraft selbst bei konstanter Last. Bei der Kontraktion des Herzmuskels wird Blut in die Aorta ausgeworfen, somit steigt der Druck in der Aorta und damit der Druck, gegen den das Herz das Blut auswerfen muß.

- Nimmt während der Muskelverkürzung die Kraft zu, gegen die kontrahiert werden muß, dann nennt man die Muskelkontraktion *auxoton*. Die Kontraktion des

Herzmuskels ist in der Auswurfphase auxoton.

- Bei der *Anschlagszuckung* ist nur eine begrenzte Verkürzung des Muskels möglich. Die zunächst isotone oder auxotone Kontraktion geht dann in eine isometrische (isovolumetrische) Muskelzuckung über.
- Umgekehrt besteht die *Unterstützungszuckung* aus einer initialen isometrischen Muskelzuckung, gefolgt von einer isotonen bzw. auxotonen Kontration. Eine Unterstützungszuckung wird z. B. bei Heben eines Gewichtes durchgeführt, wobei zunächst der Muskel isometrisch angespannt werden muß, bis er die – für das Heben des Gewichtes – erforderliche Kraft erreicht hat.

Plastische Dehnung. Wird ein glatter Muskel gedehnt, dann nimmt wie im Herz- und Skelettmuskel die Spannung zu. Allerdings nimmt die Spannung bei anhaltender Dehnung wieder ab, der Muskel „gewöhnt" sich also an seine neue Länge.

Kontraktionsgeschwindigkeit. Die Geschwindigkeit einer Muskelkontraktion hängt zunächst von der Geschwindigkeit der intrazellulären Ca^{++}-Konzentrationszunahme ab. Sie ist umso schneller, je größer die zellulären Speicher sind und je dichter sie die kontraktilen Elemente umgeben. Die Zunahme der Ca^{++}-Konzentration und damit die Geschwindigkeit der Kontraktion kann durch Hormone bzw. Mediatoren gesteigert werden, wie etwa durch Noradrenalin am Herzen. Die Geschwindigkeit einer Muskelkontraktion hängt ferner von der Frequenz des Kontraktionszyklus ab. Eine hohe ATPase-Aktivität am Myosin beschleunigt den Zyklus. Skelettmuskeln, die für die Durchführung schneller Bewegungen spezialisiert sind (z. B. Augenmuskeln), weisen höhere Myosin-ATPase-Aktivität auf als langsame Haltemuskeln (z. B. M. soleus der Wade). Die Kontraktionsgeschwindigkeit hängt schließlich von der Last ab, gegen die der Muskel kontrahieren muß (**Hill'sches Gesetz**). Bei lastfreier Kontraktion (L = 0) erreicht die Verkürzungsgeschwindigkeit ihr Maximum (V_{max}). Ist die Last mit der maximalen Kraft des Muskels identisch (L_{max}), dann geht die Verkürzungsgeschwindigkeit gegen null (isometrische Kontraktion). Ist die Last größer als L_{max}, dann wird der Muskel trotz Anspannung gedehnt (s. Abb. 1.23).

Wärmebildung von Muskeln. Bei der Muskelkontraktion wird chemische Energie in mechanische Energie umgewandelt. Dabei gehen mindestens zwei Drittel der einge-

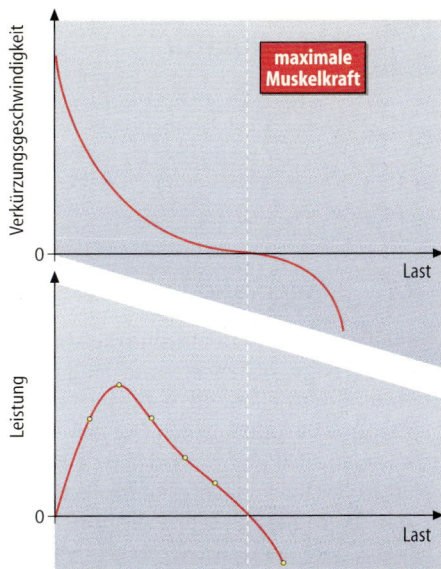

Abb. 1.23. Verkürzungsgeschwindigkeit (oben) und Muskelleistung (unten) als Funktion der Last. Die Verkürzungsgeschwindigkeit ist bei kleiner Last am größten, allerdings wird dabei keine Leistung erbracht. Ist die Last so groß wie die maximale Muskelkraft (V_{max}), gehen Verkürzungsgeschwindigkeit und Leistung gegen null. Ist die Last größer als V_{max}, dann werden Verkürzungsgeschwindigkeit und Leistung sogar negativ (d.h. der Muskel wird von der Last gedehnt) (nach Hescheler und Hirche aus Deetjen und Speckmann 1999)

setzten Energie als Wärme verloren. Die **Aktivierungswärme** entsteht durch die Umwandlung von ATP in mechanische Energie, die **Erschlaffungswärme** durch das Freiwerden der mechanischen Energie bei Dehnung elastischer Elemente des Muskels, und die **Erholungswärme** durch die chemischen Umsätze zur Herstellung des urspünglichen Zustandes. Bei anhaltender isometrischer Kontraktion wird der Kontraktionszyklus ständig durchlaufen und es werden somit ständig große Mengen Wärme freigesetzt (*Erhaltungswärme*).

2.1 Innervation des Muskels

Einheit des Skelettmuskels sind die Muskelfasern, riesige, bis zu 150 mm lange und 0,1 mm dicke Zellen, die vollgepackt sind mit Aktin-Myosinfilamenten. Die Bewegung der Skelettmuskulatur wird durch Motoneurone des Rückenmarks kontrolliert. Die Axone dieser Neurone verzweigen sich, sodaß ein Motoneuron in der Regel mehrere Muskelfasern innerviert. Das Motoneuron und die Gesamtheit der von ihm versorgten Muskelfasern wird motorische Einheit genannt. Bei Erregung des Motoneurons werden alle Muskelfasern der motorischen Einheit gleichzeitig erregt.

2.2 Motorische Endplatte

Die Übertragung einer Erregung von der Nervenendigung auf den Muskel geschieht in der motorischen Endplatte (s. Abb. 1.12). Kurz vor dem Muskel endet die Myelinscheide, der Nerv verzweigt sich mehrfach und bildet mehrere enge Verbindungen mit der Muskelzellmembran. Die Übertragung an der Endplatte entspricht der synaptischen Übertragung erregender Nerven (s. Kap. 1).

Mechanismen der Erregungsübertragung. Erreicht ein Aktionspotential die Nervenendigungen, kommt es zur Öffnung spannungsabhängiger Ca^{++}-Kanäle, Ca^{++} strömt ein und vermittelt die Verschmelzung acetylcholinhaltiger präsynaptischer Vesikel mit der präsynaptischen Membran. Dadurch wird Acetylcholin in den synaptischen Spalt ausgeschüttet. Acetylcholin bindet an Rezeptoren der postsynaptischen Membran und löst dadurch einen unspezifischen Kationenstrom aus. Der Einstrom von Na^+ depolarisiert die postsynaptische Membran (*Endplattenpotential*) und durch elektrotonische Ausbreitung auch die unmittelbar angrenzenden Membranabschnitte. Wird dort die Schwelle erreicht, dann kommt es zur Ausbildung eines Aktionspotentials, das sich schnell über die gesamte Muskelzellmembran ausbreitet. Im synaptischen Spalt wirkt eine Acetylcholinesterase, die durch Spaltung des Acetylcholin in Essigsäure und Cholin dessen Wirkung binnen weniger Millisekunden beendet. Essigsäure und Cholin werden in die präsynaptische Nervenendigung aufgenommen, wieder zu Acetylcholin verestert und als solches in den Vesikeln gespeichert. Acetylcholin kann auch durch eine im Blut vorkommende Cholinesterase gespalten und damit inaktiviert werden.

Ein Vesikel enthält etwa 10^4-Acetylcholin-Moleküle. Die Ausschüttung eines Vesikels erzeugt eine meßbare Depolarisation (*Miniaturendplattenpotential*), die allerdings kein Aktionspotential auslösen kann.

Beeinflussung der Übertragung durch Pharmaka und Gifte. Eine Reihe von Substanzen kann die synaptische Übertragung an der motorischen Endplatte unterbinden bzw. verstärken.

Das vom Bakterium *Clostridium botulinum* gebildete Botulinustoxin unterbindet die Fusion der Vesikel mit der präsynaptischen Membran und damit die Acetylcholinausschüttung. Das Gift des indianischen Pfeilgiftes *Curare* (d-Tubocurarin) verdrängt Acetylcholin kompetitiv vom Rezeptor, ohne selbst den Rezeptor zu aktivieren.

Beide Substanzen hemmen somit die neuromuskuläre Übertragung und lösen Lähmungen aus.

Succinylcholin aktiviert wie Acetylcholin den Acetylcholinrezeptor, kann aber durch die Acetylcholinesterase der Endplatte nicht inaktiviert werden. Es erzeugt somit im Bereich der Endplatte eine Dauerdepolarisation, wodurch die spannungsabhängigen Na^+-Kanäle inaktiviert werden und sich kein Aktionspotential mehr ausbilden kann. Curare und Succinylcholin werden in der Anästhesie zur Muskelrelaxation eingesetzt. Die Acetylcholinesterase kann durch *Physostigmin* und *Prostigmin* gehemmt und damit die Acetylcholinwirkung verstärkt werden. Überdosierung der Acetylcholinesterasehemmer führt jedoch wie bei Succinylcholin zu Dauerdepolarisation und Lähmung.

Myasthenie. Die Myasthenia gravis ist die wichtigste Störung der neuromuskulären Übertragung. Die Erkrankung wird durch Antikörper (Autoantikörper) gegen die Acetylcholinrezeptoren ausgelöst, die Acetylcholin vom Rezeptor verdrängen. Um dennoch eine hinreichende Kontraktion des Muskels zu erzielen, muß der Patient relativ viel mehr Acetylcholin ausschütten, der erhöhte Verbrauch von Acetylcholin führt schließlich zur vorzeitigen Erschöpfung der betroffenen Muskeln. Bei dieser Erkrankung werden Acetylcholinesterasehemmer zur Steigerung der neuromuskulären Übertragung eingesetzt.

Myasthenisches Syndrom Eaton-Lambert. Bei dieser Erkrankung werden Antikörper gegen die spannungsabhängigen Ca^{++}-Kanäle in der präsynaptischen Nervenendigung gebildet, was zur Folge hat, daß weniger Ca^{++} einströmt, weniger Acetylcholin ausgeschüttet wird, und die Muskelkontraktion wegen Abnahme der postsynaptischen Aktionspotentialfrequenz abgeschwächt ist. Im Gegensatz zur Myasthenie nimmt die Kontraktionskraft mit der Aktivierung des Muskels zu.

Denervierung. Normalerweise findet man muskuläre Acetylcholinrezeptoren nur in der postsynaptischen Membran der Endplatte, die weniger als 1% der Muskelmembranfläche einnimmt. Bei Denervierung werden jedoch Acetylcholinrezeptoren über die gesamte Muskelzelloberfläche verteilt. Dadurch besteht die Chance, daß Kollateralen benachbarter Nervenfasern durch Aussprossen auf eine acetylcholinempfindliche Membran stoßen und eine erneute neuromuskuläre Verbindung herstellen können.

2.3 Erregung des Muskels

Mechanismen der Ca^{++}-Freisetzung. Das an der postsynaptischen Membran entstandene Aktionspotential muß nun möglichst schnell über die Muskelfaser fortgeleitet werden, um überall eine Zunahme der zytosolischen Ca^{++}-Konzentration zu bewirken. Dabei muß gewährleistet sein, daß alle kontraktilen Elemente einer gesteigerten Ca^{++}-Konzentration ausgesetzt werden. Das Aktionspotential wird über *transversale Tubuli* in die Tiefe der Zelle weitergeleitet. Dort steht die Membran über die sog. terminalen Zisternen in engem Kontakt mit dem *sarkoplasmatischen Retikulum*, das über die *longitudinalen Tubuli* ein Netz von miteinander kommunizierenden Ca^{++}-Speichern bildet. Bei Ankunft eines Aktionspotentials werden Ladungsverschiebungen (positiv geladene Aminosäuren) in spannungsabhängigen Ca^{++}-Kanälen (L-Typ-Ca^{++}-Kanälen) induziert. Ohne daß Ca^{++} in die Zelle einströmen muß, werden durch Protein-Protein-Interaktion Ca^{++}-Kanäle im sarkoplasmatischen Retikulum aktiviert und Ca^{++} wird so aus dem sarkoplasmatischen Retikulum freigesetzt. Die Ca^{++}-Kanäle in der Zellmembran werden u.a. durch Dihydropyridine beeinflußt und daher auch als Dihydropyridinrezeptoren bezeichnet. Die Ca^{++}-Kanäle im sarkoplasmatischen Retikulum können auch durch die Substanz Ryanodin aktiviert werden, man nennt sie daher auch Ryanodinrezeptoren.

Bedeutung der Cl⁻-Kanäle für die Repolarisation. Die engen longitudinalen Tubuli des sarkoplasmatischen Retikulums weisen ein sehr geringes Volumen auf. Bei einem repolarisierenden K^+-Ausstrom steigt die intratubuläre K^+-Konzentration daher sehr schnell an, das K^+-Gleichgewichtspotential sinkt ab und die Repolarisation wird erschwert. Ein Anstieg der extrazellulären K^+-Konzentration um 10 mmol/l von 5 auf 15 mmol/l K^+ bedeutet ja eine Abnahme des K^+-Gleichgewichtspotentials um etwa 30 mV (s. Kap. 1.3). Daher erfordert die Repolarisation in den longitudinalen Tubuli auch die Aktivierung von Cl⁻-Kanälen. Der repolarisierende Cl⁻-Strom von den Tubuli in die Zelle senkt zwar die tubuläre Cl⁻-Konzentration, ein Absinken der extrazellulären Cl⁻-Konzentration um 10 mmol/l von 110 mmol/l auf 100 mmol/l ändert das Gleichgewichtspotential jedoch um weniger als 3 mV.

Genetische Defekte von Ionenkanälen.
- Ein genetischer Defekt der Cl⁻-Kanäle führt zur *Myotonie*. Bei dieser Erkrankung ist die Repolarisation gestört und einer Depolarisation folgen Salven weiterer Aktionspotentiale (*Myotonia Thomsen oder Becker*).
- Mehrere genetische Defekte des Na^+-Kanals sind bekannt. Bei der *Paramyotonie* führt die Mutation zu einer verzögerten Inaktivierung des Na^+-Kanals bei Kälte, die Patienten leiden unter Muskelsteifigkeit, wenn die Muskeltemperatur absinkt.
- Bei der *periodischen hyperkaliämischen Lähmung* führt die Mutation des Na^+-Kanals zu persistierendem Na^+-Einstrom mit anhaltender, ausgeprägter Depolarisation, zellulären K^+-Verlusten mit Hyperkaliämie und beeinträchtigter Repolarisation, die über Inaktivierung von nicht mutierten Na^+-Kanälen zur Lähmung führen kann.

- Ein genetischer Defekt des Ryanodinrezeptors führt zur *malignen Hyperthermie*: Bei dieser Erkrankung wird der Ryanodinrezeptor durch Halothan aktiviert, das bei Narkosen eingesetzt wird. Patienten mit diesem Ionenkanaldefekt reagieren auf Anästhetika wie Halothan mit massiver Aktivierung der Muskulatur, die u.a. zur Temperatursteigerung führt.

2.4 Elektromyographie

Die elektrischen Eigenschaften eines Muskels lassen sich in der Klinik durch Elektromyographie erfassen (s. Abb. 2.1). Dabei wird die Potentialdifferenz zwischen Elektroden auf der Hautoberfläche über dem Muskel und einer Referenzelektrode (transkutane Elektromyographie) abgegriffen. Alternativ wird eine Nadelelektrode in den Muskel eingestochen.

Bedeutung der Amplitude. Die *Amplitude* der intramuskulär aber extrazellulär gemessenen Potentialänderungen ist mit etwa 1 mV sehr viel kleiner als die Amplitude eines Aktionspotentials (ca. 100 mV). Die Amplitude der Potentialänderungen steigt mit der Zahl gleichzeitig depolarisierender Muskelfasern in unmittelbarer Nähe der Elektrode. Da die Muskelfasern einer motorischen Einheit gleichzeitig depolarisieren, zeigt die Amplitude somit an, wieviele Muskelfasern einer motorischen Einheit in unmittelbarer Nähe zur Elektrode liegen.

Bedeutung der Frequenz. Die Kontraktionsstärke nimmt mit der *Frequenz* der Potentialänderungen zu. Da unterschiedliche motorische Einheiten in der Regel nicht gleichzeitig kontrahieren, nimmt die gemessene Aktionspotentialfrequenz bei gleichzeitiger Aktivierung benachbarter motorischer Einheiten zu. Die bei maximaler Kontraktion des Muskels erreichte Frequenz hängt somit von der Zahl der moto-

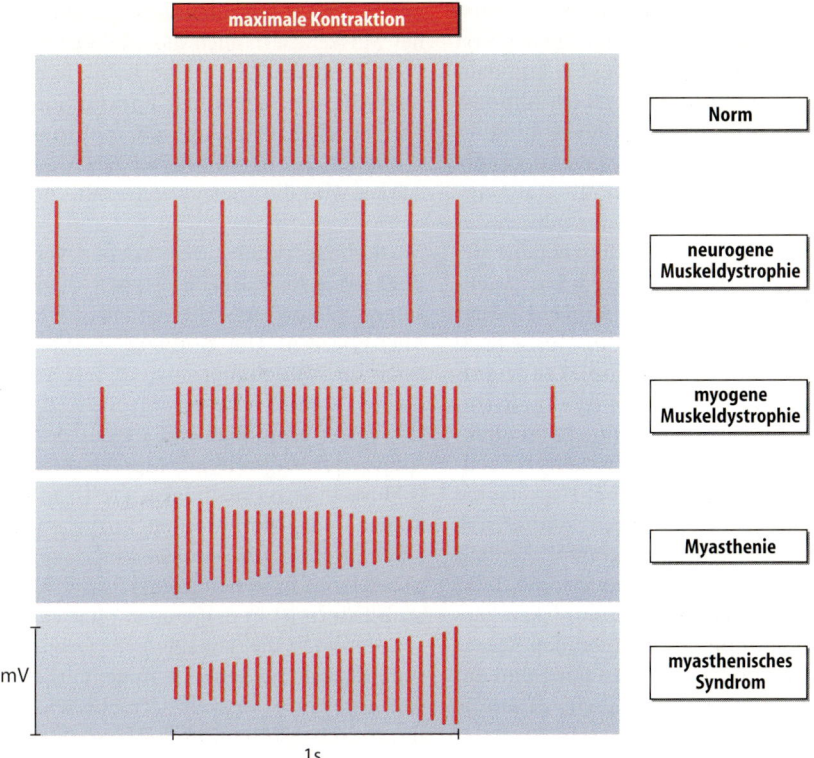

Abb. 2.1. Elektromyogramm. Stark schematisierte Bilder normaler und pathologischer Registrierungen vor, während und nach maximaler Muskelkontraktion. Bei neurogener Muskeldystrophie ist die maximale Frequenz herabgesetzt, da die Zahl der motorischen Einheiten in Elektrodennähe durch Untergang von Motoneuronen reduziert ist. Bei myogener Muskeldystrophie ist die gemessene Amplitude herabgesetzt, da die motorischen Einheiten durch Muskelfaseruntergang kleiner geworden sind. Bei Myasthenia gravis fallen bei anhaltender Aktivierung zunehmend Muskelfasern einer motorischen Einheit aus, und die Amplitude nimmt ab. Beim myasthenischen Syndrom wird die Aktivierung der Muskelfasern bei anhaltender Kontraktion besser und die Amplitude steigt entsprechend

rischen Einheiten ab, deren Muskelfasern im Bereich der Nadelelektrode liegen.

Unterscheidung von muskulären und neuronalen Funktionsausfällen. Die Elektromyographie wird v.a. zur Unterscheidung muskulärer und neuronaler Funktionsausfälle eingesetzt. Bei Untergang von einigen Muskelfasern einer motorischen Einheit nimmt die Amplitude der Potentialänderungen ab, da nun weniger Muskelfasern gleichzeitig depolarisieren. Bei Untergang von Neuronen fallen alle betroffenen motorischen Einheiten aus. Die denervierten Muskelfasern werden dann durch Kollate-

ralen benachbarter Motoneurone innerviert. Die jeweiligen motorischen Einheiten werden somit größer. Bei teilweisem Untergang von Motoneuronen wird im betroffenen Muskel somit die Frequenz der Potentialänderungen geringer, die Amplitude jedoch größer.

2.5 Muskelmechanik

Grundsätzliche mechanische Eigenschaften von Muskeln wurden bereits in Kapitel 1 beschrieben.

Tetanische Muskelkontraktion. Die Muskelzuckung tritt beim Skelettmuskel erst mit erheblicher Verzögerung ein und dauert auch wesentlich länger als ein Aktionspotential (s. Abb. 1.20). Damit ist die Frequenz von Einzelzuckungen begrenzt (< 5 Hz). Die Kontraktionskraft einer einzelnen Muskelfaser kann jedoch durch Zunahme der Aktionspotentialfrequenz gesteigert werden. Bei höheren Aktionspotentialfrequenzen (> 20 Hz) kommt es zu einer anhaltenden Kontraktion der Muskelfaser (sog. *tetanische Kontraktion*). Die tetanische Kontraktion (Tetanus) ist ein physiologischer Vorgang und darf nicht mit *Tetanie* verwechselt werden, die gesteigerte neuromuskuläre Erregbarkeit bei Hypokapnie und Hypokalzämie (s. Kap. 17.6 und 17.5). Ferner wird der Wundstarrkrampf ebenfalls *Tetanus* genannt, bei dem durch das Tetanustoxin des Wundstarrkrampf-Erregers die Ausschüttung des hemmenden Transmitters Glyzin unterbunden wird und auf diese Weise lebensbedrohliche Krämpfe ausgelöst werden.

Regulation der Muskelkraft. Für die Kontraktionskraft eines Skelettmuskels spielt neben der Aktionspotentialfrequenz einzelner Muskelfasern auch die Zahl der innervierten Muskelfasern eine Rolle: Je mehr Muskelfasern sich an der Kontraktion beteiligen (Rekrutierung von motorischen Einheiten mit deren Muskelfasern), desto stärker wird die Kontraktionskraft.

Muskelfasertypen. Der Körper verfügt über zweierlei Muskelfasertypen, die langsamen S (slow) und die schnellen F (fast) Muskelfasern. Die S-Muskelfasern sind reich an Mitochondrien und mit einem dichten Kapillarnetz versorgt. Sie sind relativ schwer ermüdbar und eignen sich besonders für langdauernde Muskelarbeit. Die F-Muskelfasern sind hingegen reich an Glykogen und glykolytischen Enzymen. Sie sind vor allem für schnelle, kurzdauernde Muskelkontraktionen geeignet. Der Anteil an F-Fasern ist in denjenigen Muskeln besonders hoch, die schnelle Zielbewegungen durchführen müssen (z. B. Augenmuskeln). Der Anteil an S-Muskelfasern überwiegt in der Haltemuskulatur (z. B. M. soleus). Ein intermediärer Muskelfasertyp verfügt über eine große Menge an Mitochondrien und glykolytischen Enzymen.

3.1   Organisation motorischer Leistungen

Menschliches und tierisches Verhalten äußert sich letztlich in Muskelkontraktionen, die Bewegungen erzeugen oder verhindern. Die Muskulatur steht unter der Kontrolle des Nervensystems, das in vielfätiger Weise auf äußere oder innere Reize reagiert. Auch ohne Bewegung ist die Motorik aktiv, die dosierte Kontraktion antagonistischer Muskeln unterhält einen Muskeltonus, der Voraussetzung ist für Körperhaltung und aufrechtes Stehen (Stützmotorik). Aufgepfropft auf die Stützmotorik entstehen Bewegungen, welche durch innere oder äußere Reize ausgelöst werden. Die einfachste motorische Aktion ist der motorische Reflex, eine in der Regel einfache, stereotype Bewegung auf einen Reiz.

Im Gegensatz zu den Reflexen erfordern Automatismen keinen äußeren Reiz. Sie sind angeborene oder erlernte Bewegungsabfolgen, die entweder völlig automatisch sind (z. B. Atmung) oder durch innere oder äußere Reize ausgelöst werden. Die sogenannte Willkurmotorik kann sich einzelner Automatismen bedienen. Während der Durchführung werden die Automatismen jedoch einem motorischen Plan untergeordnet, der bewußt entworfen wird. Ziel- und stützmotorische Leistungen werden in der Folge kurz in der Übersicht getrennt dargestellt. Allerdings muß betont werden, daß eine solche Trennung künstlich sein muß, werden doch die beiden Leistungen meist gleichzeitig erbracht und erfordern den Einsatz z.T. gleicher Elemente der motorischen Steuerung.

Von der Bewegungsabsicht zur Bewegung. Stark vereinfacht läßt sich die Sequenz der Ereignisse bei der Durchführung von Zielbewegungen folgendermaßen darstellen:

- Die *Motivation*, eine Bewegung durchzuführen, entsteht in sogenannten Motivationsarealen, wenig definierten kortikalen und subkortikalen Strukturen v.a. des limbischen Systems (s. Kap. 10.7).
- Die Motivationsareale aktivieren *Assoziationsareale* des Kortex, in denen ein Bewegungsplan, eine Strategie festgelegt wird.
- Von den Assoziationsarealen aus werden die geeigneten Bewegungsprogramme in *prämotorischem Kortex, Basalganglien und Kleinhirn* abgerufen.
- Basalganglien und Kleinhirn aktivieren über den *Thalamus* den motorischen Kortex, der über verschiedene deszendierende motorische Bahnen letztlich die α-Motoneurone des Rückenmarks ansteuert.

Wenn wir wegen der Unaufmerksamkeit eines Fußgangers mit dem Fahrrad stürzen, entsteht in den Motivationsarealen das Bedürfnis, den Fußgänger zu beschimpfen. Die Motivationsareale werden dabei durch Schmerzafferenzen aus dem aufgeschürften Knie aktiviert. Nun muß im Assoziationskortex (v.a. in den Sprachzentren) ein Plan erstellt werden, welche Worte den eigenen Gefühlen am ehesten Rechnung tragen. In Basalganglien und Kleinhirn werden die zur Artikulation erforderlichen Bewegungsprogramme abgerufen und über den Thalamus dem motorischen Kortex zugespielt. Von dort aus werden die α-Motoneurone der für die Artikulation erforderlichen Muskeln in einer, dem Bewegungsprogramm entsprechenden, zeitlichen Abfolge aktiviert.

Die Aktivierung von kortikalen Neuronen vor der Durchführung einer Bewegung erzeugt ein sogenanntes „kortikales Bereitschaftspotential". Auf jeder Ebene wird das zielmotorische Programm durch Afferenzen aus der Peripherie und aus dem Nervensystem selbst modifiziert und damit den äußeren und inneren Verhältnissen angepaßt.

Auf diese Weise können wir auch dann noch sprechen, wenn der Mund voll oder unsere Lippen angeschwollen sind. Ein Tennisspieler kann einen bestimmten Schlag auch noch im Liegen durchführen, auch wenn die Bewegung jetzt in ganz anderer Weise ablaufen muß als im Stehen.

Stützmotorik. Auch ohne Durchführung zielmotorischer Bewegungen werden Länge und Spannung der Muskeln ständig kontrolliert. Die gleichzeitige Aktivierung von Agonisten und Antagonisten unterhält einen Muskeltonus, der passive Bewegungen von Muskeln und Gelenken verhindert bzw. behindert. Eine funktionierende Stützmotorik ist Voraussetzung für Stehen und Sitzen. Ohne intakte Stützmotorik ist schließlich keine erfolgreiche Zielmotorik möglich, u.a. weil die zielmotorischen Bewegungen die Erhaltung des Gleichgewichts gefährden würden.

3.2 Die motorische Einheit

Die motorische Einheit besteht aus einem α-Motoneuron und allen von ihm innervierten Muskelfasern. Die α-Motoneurone sind die letzte Instanz bzw. *gemeinsame Endstrecke*, über die alle Einflüsse des Nervensystems auf die Muskulatur wirken müssen. Die α-Motoneurone stehen unter dem Einfluß von Afferenzen aus dem gleichen Muskel, Afferenzen und Interneuronen des gleichen Rückenmarkssegmentes, Neuronen aus anderen Rückenmarksegmenten sowie supraspinalen Neuronen, wie z. B. Neuronen aus dem Motorkortex. Das Axon des α-Motoneurons bildet in der Regel mehrere Kollateralen, welche jeweils eine Muskelfaser innervieren. Das Aktionspotential des α-Motoneurons breitet sich über alle Kollateralen aus und erreicht alle Muskelfasern der motorischen Einheit praktisch gleichzeitig. Die Muskelfasern einer motorischen Einheit liegen nicht direkt nebeneinander, sondern sind über einen größeren Querschnitt verteilt. Damit wird erreicht, daß die synchrone Kontraktion der Fasern einer motorischen Einheit über einen größeren Querschnitt des Muskels verteilt wird.

Größe motorischer Einheiten. Die Zahl der durch ein α-Motoneuron innervierten Muskelfasern ist nicht einheitlich. Bei Muskeln, die für die Feinmotorik eingesetzt werden (z. B. Muskulatur des Daumens, der Lippen, der Augenlider), ist sie klein. In diesen Muskeln ist also die Zahl der α-Motoneurone, welche für die Innervation dieser Muskeln eingesetzt werden, relativ groß, und damit kann die neuronale Kontrolle der Bewegung dieser Muskeln besonders fein abgestimmt werden. Bei Muskeln, welche vorwiegend Haltearbeit leisten müssen (z. B. Wadenmuskulatur), ist dagegen die Zahl der Muskelfasern pro α-Motoneuron groß.

Renshaw-Hemmung. Kollateralen des Axons von α-Motoneuronen zweigen bereits im Rückenmark ab und enden an den sogenannten Renshaw-Zellen. Diese Zellen sind inhibitorische Neurone, deren Axone zur Population derjenigen α-Motoneurone zurückkehren, durch die sie aktiviert werden. Über die Renshaw-Zellen hemmt das α-Motoneuron sich selbst. Die Renshaw-Zellen bewirken somit eine negative Rückkopplung der α-Motoneuronaktivität. Darüber hinaus hemmen Renshaw-Zellen andere Interneurone, welche antagonistische Muskeln hemmen. Damit fördern die Renshaw-Zellen die Aktivität dieser Muskeln. Transmitter der Renshaw-Zellen ist Glyzin. Das Gift Strychnin verdrängt Glyzin vom Rezeptor und löst so Muskelkrämpfe aus.

3.3 Motorische Reflexe

Die Aktivität der α-Motoneurone wird durch Reflexe ständig modifiziert. Die Reflexe werden durch Dehnung der Muskeln (Muskeldehnungsreflex), durch Dehnung der Sehnen und durch Reizung von Afferenzen in Haut und Eingeweiden ausgelöst. Zu einem Reflex gehören jeweils ein oder mehrere Rezeptoren, ein afferenter Schenkel, eine Umschaltung („Reflexzentrum"), ein efferenter Schenkel und ein Effektor (bei motorischen Reflexen der Muskel).

Muskeldehnungsreflex (Eigenreflex). Die Dehnung des Muskels beim Muskeldehnungsreflex wird durch spezialisierte, von Bindegewebe umgebene Rezeptoren, die sogenannten *Muskelspindeln* gemessen (s. Abb. 3.1). Die Muskelspindeln weisen kontraktile Elemente auf (sog. intrafusale Muskulatur), die von Nervenendigungen umschlungen werden. Die nichtrezeptorische Arbeitsmuskulatur wird auch als extrafusale Muskulatur bezeichnet. Die Muskelspindeln werden bei Dehnung des Muskels

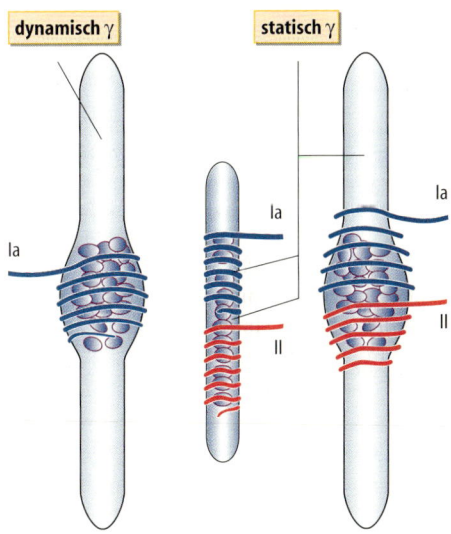

Abb. 3.1. Aufbau und Innervation verschiedener Muskelspindeln. Links und rechts Kernsackfasern, Mitte Kernkettenfasern

mitgedehnt und damit erregt. Muskelspindeln messen somit die Muskellänge. Es gibt zwei Typen von intrafusalen Muskelspindelfasern, die Kernsackfasern und die Kernkettenfasern. Die Kernsackfasern sind meist langsam adaptierende Fasern (Proportional-differential-Fühler bzw. PD-Fühler, s. Kap. 4.1). Die Muskelspindeln sind über den Querschnitt des Muskels verstreut. Im mittleren Bereich der Muskelspindeln enden Ia-Fasern (primäre Afferenzen) und Gruppe-II-Fasern (sekundäre Afferenzen) von sensiblen Neuronen, deren Zellkörper in den Spinalganglien sitzen. Die afferenten Ia-Fasern aktivieren α-Motoneurone des gleichen Muskels. Damit wird bei Dehnung eines Muskels die Kontraktion dieses Muskels ausgelöst und der Muskel wieder auf die ursprüngliche Länge („Sollwert") zurückgeführt. Der Muskeldehnungsreflex arbeitet somit wie ein Regelkreis. Da die beteiligten Nervenfasern stark myelinisiert sind, ist die Latenzzeit bis zur Kontraktion des Muskels gering. Ein in der Klinik häufig untersuchter Muskeldehnungsreflex ist der sogenannte *Patellarsehnenreflex* (s. Abb. 3.2): Durch Beklopfen der Patellarsehne wird der M. quadriceps gedehnt und damit dessen Kontraktion ausgelöst. Die Latenz des Patellarsehnenreflexes beträgt etwa 30 ms. Man bezeichnet die durch Beklopfen der Sehne (T = tendon) ausgelösten Reflexe im übrigen auch als T-Reflexe. Die Bezeichnung Sehnenreflexe ist allerdings etwas unglücklich, da Auslöser der Muskelkontraktion nicht die Dehnung der Sehne sondern die des Muskels ist.

γ-Motoneurone. Die Muskelspindeln verfügen wie die übrigen Muskelfasern über kontraktile Elemente. Sie werden durch sogenannte γ-Motoneurone innerviert, welche die Länge bzw. Empfindlichkeit der Muskelspindeln verstellen (s. Abb. 3.3). Man unterscheidet demnach die durch die γ-Motoneurone innervierte Muskulatur der Muskelspindeln (intrafusale Muskulatur, s. oben) und die durch die α-Motoneurone innervierten übrigen Muskelfasern (extra-

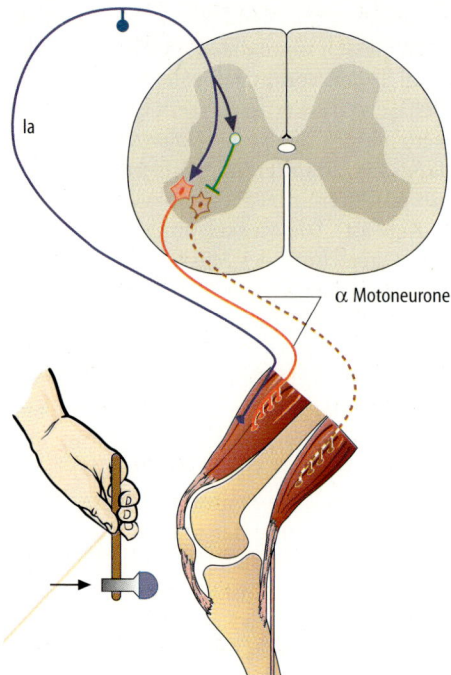

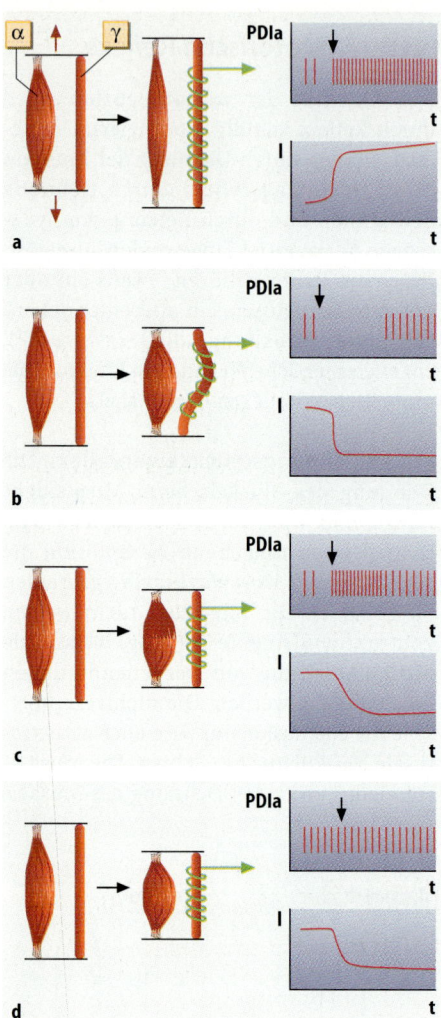

Abb. 3.2. Muskeldehnungsreflex am Beispiel des sog. Patellarsehnenreflexes. Afferenzen (blau) des gedehnten Muskels (M. quadriceps femoris) werden im Rückenmark auf Motoneurone (rot) desselben Muskels umgeschaltet. Gleichzeitig werden über hemmende Interneurone (grün) die Motoneurone (braun) des Antagonisten (M. biceps femoris) gehemmt

Abb. 3.3. Erregung von Muskelspindeln bei passiver Dehnung des Muskels (a), bei Stimulation und Kontraktion der extrafusalen Muskulatur über α-Motoneurone (b), bei Stimulation und Kontraktion der intrafusalen Muskulatur durch γ-Motoneurone (c), sowie bei Koaktivierung von α- und γ-Motoneuronen (d). Gezeigt sind jeweils rechts die Aktionspotentiale (PD_{Ia}) in den Ia-Muskelspindelafferenzen (oben) und die Muskellänge (l)

fusale Muskulatur, s. oben). Bei einer langsamen Zielbewegung werden die γ-Motoneurone gemeinsam mit α-Motoneuronen innerviert. Damit wird verhindert, daß der Muskeldehnungsreflex einer Längenänderung des Muskels entgegenwirkt. Bei einer sehr schnellen Bewegung (ballistische Bewegung) ist die gleichzeitige Innervation der γ-Motoneurone nicht erforderlich, da die Rückkopplung erst nach Abschluß der Bewegung einsetzt. Eine Aktivierung der γ-Motoneurone löst eine Muskelkontraktion aus, da die Kontraktion der intrafusalen Muskulatur eine Dehnung der sensiblen Areale der Muskelspindeln und damit über Ia-Fasern eine Stimulation der α-Motoneurone nach sich zieht. Von dieser Möglichkeit wird jedoch bei der Steuerung der Motorik

normalerweise kein Gebrauch gemacht, sondern α- und γ-Motoneurone werden gleichzeitig aktiviert (α-γ-Coaktivierung).

Weitere Verschaltungen des Muskeldehnungsreflexes. Der Muskeldehnungsreflex weist nur eine einzige Synapse im Rückenmark auf (monosynaptischer Reflexbogen, Transmitter Glutamat). Kollateralen der afferenten Ia-Fasern enden aber auch an Interneuronen des Rückenmarks, die α-Motoneurone antagonistischer Muskeln am gleichen Gelenk hemmen (Abb. 3.2). Schließlich werden die Afferenzen der Muskelspindeln zu supraspinalen Neuronen geleitet.

Sekundäre Muskelspindelafferenzen.
Gruppe-II-Fasern aktivieren wie die primären Muskelspindelafferenzen die α-Motoneurone desjenigen Muskels, in dem die Muskelspindel liegt. Darüber hinaus aktivieren sie jedoch u.a. Interneurone, welche α-Motoneurone von Flexoren der gleichen Extremität stimulieren, unabhängig davon, ob die von Gruppe-II-Fasern innervierte Muskelspindel in einem Extensor oder einem Flexor liegt.

Variabilität der Reflexantwort. Sie ist bei Dehnung eines Muskels ausgesprochen groß, da die Wirkung der Afferenz aus den Muskelspindeln davon abhängt, in welchem Ausmaß andere fördernde oder hemmende Einflüsse auf das α-Motoneuron einwirken. In der Klinik spricht man bei gesteigerter Reflexantwort von *Hyperreflexie*, bei herabgesetzter oder ausbleibender Reflexantwort von **Hypo- bzw. Areflexie**. Bei letzterer wird versucht, die Reflexantwort durch Aktivierung der Motorik zu steigern, z. B. indem man den Patienten auffordert, zu gähnen oder seine Hände vor der Brust ineinanderzuhacken und fest auseinanderzuziehen (sogenannter *Jendrassik'scher Handgriff*).

H-Reflex. Eigenreflexe können statt durch Beklopfen der Sehnen (T-Reflex) auch durch elektrische Reizung des Nerven ausgelöst werden (sogenannter H-Reflex, nach

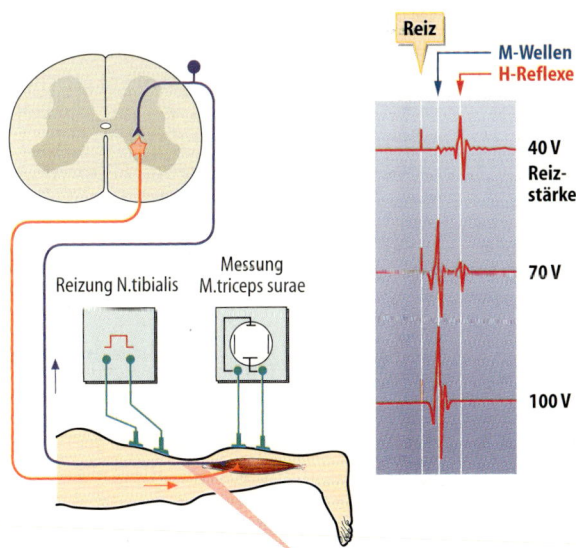

Abb. 3.4. Hoffmann-Reflex (H-Reflex): Bei geringer elektrischer Reizung eines Nerven werden ausschließlich Ia-Fasern erregt. Über die entsprechende α-Motoneuronenpopulation gelangt die Erregung zum zugehörenden Muskel und erzeugt dort einen Ausschlag im EMG (blau). Bei zunehmender Reizstärke werden auch die α-Motoaxone aktiviert, wodurch im EMG früher ein Ausschlag (M-Welle) sichtbar ist. Bei sehr hoher Reizstärke entsteht im EMG nur noch die M-Welle, da die α-Motoneurone durch die direkte elektrische Reizung refraktär sind und den H-Reflex nicht mehr leiten können (Kollision der Aktionspotentiale) (nach Wiesendanger aus Schmidt et al. 2000)

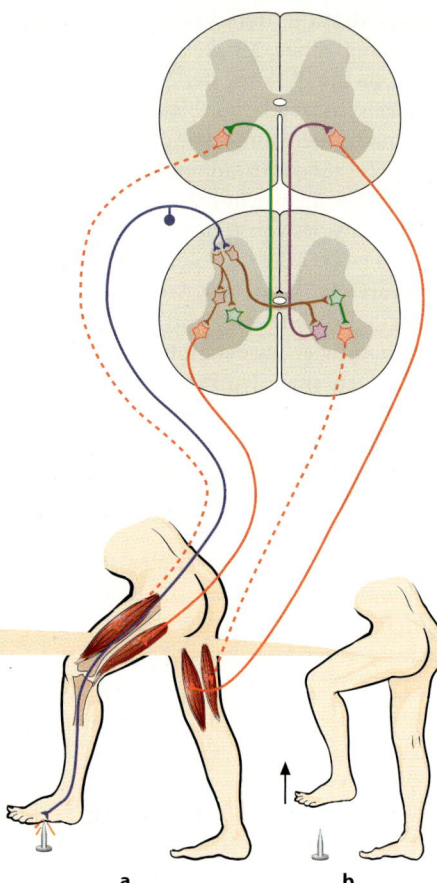

über ihre Axone antidrom erregt werden und von den Ia-Fasern nicht mehr orthodrom aktiviert werden können (Kollision der Erregungen).

Sehnenrezeptoren. Im Gegensatz zur Dehnung des Muskels, führt Dehnung einer Sehne zur Hemmung der α-Motoneurone dieses Muskels (*autogene Hemmung*). Die Hemmung wird durch die *Golgi-Sehnenorgane* ausgelöst, nicht adaptierende Nervenendigungen, die in Kollagenfasern gepackt sind. Sie werden durch Ib-Fasern innerviert (s. Tab. 1.2). Bei Dehnung der Sehne bzw. bei Zug auf die Kollagenfasern werden die Nervenendigungen komprimiert und auf diese Weise erregt. Die Rezeptoren liegen an der Grenze zwischen Muskel und Sehne und messen die Spannung des Muskels, nicht seine Länge. Der durch sie ausgelöste Reflex wirkt einer übersteigerten Muskelspannung entgegen, welche zu Sehnen- oder Muskelrissen führen könnte. Die Ib-Afferenzen enden an spinalen Interneuronen, welche die α-Motoneurone des gespannten Muskels und seiner Agonisten hemmen. Gleichzeitig fördern die Afferenzen über Interneurone die Aktivität der Antagonisten am gleichen Gelenk. Darüber hinaus werden Muskeln anderer Gelenke beeinflußt, wobei bevorzugt Extensoren gefördert und Flexoren gehemmt werden. Schließlich werden auch Kollateralen der Afferenzen aus den Sehnenorganen zu supraspinalen Neuronen weitergeleitet.

Fremdreflexe. Bei den Fremdreflexen stammt die Afferenz nicht aus dem Muskel, sondern aus der Haut oder von den Eingeweiden. Als Auslöser von Fremdreflexen spielen vor allem Schmerzafferenzen eine Rolle. Über langsam leitende Fasern (Gruppe III und IV) werden diese Afferenzen auf Interneurone des Rückenmarks übertragen. Über eine Kette von Interneuronen (polysynaptisch) werden dann die Flexoren stimuliert und die Extensoren gehemmt. Tritt man beispielsweise mit dem linken Fuß auf einen Nagel, dann wird über

Abb. 3.5. Verschaltung des Beuge- und gekreuzten Streckreflexes. Bei Treten auf einen Nagel werden die Beuger des verletzten Beines stimuliert und die Strecker gehemmt. Kontralateral werden Strecker stimuliert und Beuger gehemmt (hemmende Interneurone grün, stimulierende Interneurone braun). Damit wird erreicht, daß der Fuß vom Nagel abgehoben wird (**b**)

Hoffmann). Bei geringer Reizstärke werden zunächst ausschließlich bzw. vorwiegend die Ia-Afferenzen überschwellig erregt und die folgende Muskelkontraktion (bzw. Aktivierung im Elektromyogramm) ist in erster Linie Folge der Aktivierung von α-Motoneuronen durch die Ia-Afferenzen (s. Abb. 3.4). Mit zunehmender Reizstärke werden auch die Axone der α-Motoneurone direkt erregt und es tritt eine M-Welle auf (Gruppe-II-Fasern). Schließlich verschwindet der H-Reflex, da die α-Motoneurone die Schmerzrezeptoren der Fußsohle ein Fremdreflex ausgelöst (s. Abb. 3.5). Die Aktivierung der Beuger des linken Beines zieht die Extremität von der Schadensquelle zurück. Gleichzeitig werden die Extensoren der gegenüberliegenden Extremität aktiviert (gekreuzter Streckreflex). Die beiden anderen Extremitäten (in unserem Beispiel die Arme) werden gleichfalls an der ipsilateralen Seite gebeugt und an der kontralateralen Seite gestreckt (doppelt gekreuzter Streckreflex).

3.4   Spinale Motorik

Rückenmarksautomatismen. Über Ketten von Interneuronen und sogenannte propriospinale Bahnen sind die verschiedenen Segmente des Rückenmarks miteinander verbunden. Spinale Neuronenverbände sind beim Tier sogar in der Lage, einfache koordinierte Bewegungen aller vier Extremitäten durchzuführen, wie etwa einfache Gehbewegungen (Rückenmarksautomatismen). Beim neugeborenen Menschen können solche Gehbewegungen noch durch Berührung der Fußsohle ausgelöst werden. Die Rückenmarksautomatismen unterstützen auch beim Erwachsenen die Durchführung von Bewegungen. Allerdings kann beim Erwachsenen nach Durchtrennung des Rückenmarks (Querschnittsläsion) der abgetrennte Anteil des Rückenmarks keine Gehbewegungen mehr auslösen.

Rückenmarksdurchtrennung. Hier kommt es zunächst zu einem spinalen Schock der abgetrennten Neurone. Die Aktivität der α-Motoneurone erlischt, Reflexe (motorische oder vegetative) sind nicht auslösbar. Erst nach etwa vier bis sechs Wochen bilden sich wieder Reflexe aus. Diese Reflexe werden dann in den folgenden Wochen bis Monaten stärker und es entwickelt sich schließlich eine Hyperreflexie der Beugemuskulatur. Diese Entwicklung ist zum Teil Folge einer Neubildung von Synapsen zwischen spinalen Neuronen, welche die Synapsen mit

deszendierenden Bahnen ersetzen. Die Aktivität eines α-Motoneurons wird damit zunehmend von Einflüssen aus dem Rückenmark und der Peripherie diktiert.

3.5   Hirnstamm

Neurone im Hirnstamm spielen bei der Stützmotorik und bei der Durchführung programmgesteuerter Automatismen eine wesentliche Rolle. Ihre deszendierenden Bahnen beeinflussen vorwiegend über Interneurone die Aktivität von α-Motoneuronen. Wesentliche Bahnen sind die rubrospinalen, die vestibulospinalen, sowie die lateralen und medialen retikulospinalen Bahnen.

Stützmotorik. Vor allem die vestibulospinalen und medialen retikulospinalen Bahnen dienen der Stützmotorik, also der Aufrechterhaltung des Gleichgewichts. Sie stimulieren vorwiegend die Antigravitätsmuskeln, das sind diejenigen Muskeln, die der Schwerkraft entgegenwirken. Beim Menschen sind dies die Strecker der Beine und die Beuger der Arme. Die rubrospinalen und die lateralen retikulospinalen Bahnen haben andererseits eine eher hemmende Wirkung auf die Antigravitätsmuskulatur. Den Neuronen im Hirnstamm kommt bei der stützmotorischen Absicherung von zielmotorischen Bewegungen eine wichtige Aufgabe zu. Durch sogenannte posturale Synergien gewährleisten sie die Erhaltung des Gleichgewichts bei der Durchführung zielmotorischer Bewegungen.

Automatismen. Darüber hinaus verfügt der Hirnstamm über einfache Programmbausteine, wie Gehen (Lokomotion), Kauen, Schmatzen. Sie können bei der Durchführung zielmotorischer Bewegungen vom Großhirn abgerufen und sinnvoll in eine motorische Handlung eingebaut werden.

Ischämie. Bei Ischämie werden die viel empfindlicheren Neurone der Großhirnrinde schneller geschädigt als die Neurone des Hirnstamms. Nach einem Kreislaufstillstand kann daher die Großhirnrinde zerstört sein und die Neurone des Hirnstamms überleben (*apallisches Syndrom*). Bei einem solchen Großhirntod überwiegt typischerweise der Einfluß auf die Antigravitätsmuskeln und der Patient liegt mit gestreckten Beinen und gebeugten Armen im Bett. Das ist vor allem dann der Fall, wenn auch die Neurone des Nucleus ruber zugrunde gegangen sind, welche eher eine hemmende Wirkung auf die Antigravitätsmuskeln ausüben. Bisweilen können Automatismen, wie Kauen und Schmatzen auftreten, die sich nun der Kontrolle durch die frontale und temporale Großhirnrinde entziehen. Der Mensch ist im Gegensatz zum Tier jedoch nicht fähig, mit intaktem Hirnstamm und Rückenmark zu gehen.

Halte- und Stellreflexe. Nach Dezerebrierung können in Tieren einige Halte- und Stellreflexe ausgelöst werden, die normalerweise von kortikalen Efferenzen überdeckt werden: Mit den Stellreflexen wird versucht, den Kopf senkrecht zu stellen. Bei Beugung des Kopfes (Dehnung der Nackenmuskulatur) werden die vorderen Extremitäten gebeugt und die hinteren Extremitäten gestreckt, bei Strecken des Kopfes werden die vorderen Extremitäten gestreckt und die hinteren Extremitäten gebeugt. Wird der Kopf auf eine Seite gedreht, dann werden die Extremitäten auf dieser Seite gebeugt, wird bei fixiertem Kopf der Rumpf auf eine Seite gedreht, dann werden die Extremitäten auf dieser Seite gestreckt (s. Abb. 3.6).

3.6 Motorische Kortexareale

Motorkortex. Der Motorkortex in der Area 4 des Gyrus praecentralis (s. Abb. 3.7) ist letzte Instanz bei der Durchführung von Willkürbewegungen. Axone von Neuronen im Motorkortex ziehen teilweise direkt zu Motorneuronen der Hirnnervenkerne und des Rückenmarks. Durch Reizungen im Gyrus praecentralis lassen sich demnach einzelne Bewegungen auslösen. Dabei ist der Motorkortex streng somatotopisch gegliedert (*Homunculus,* s. Abb. 3.7). Da Finger und Mund besonders vielfältige und fein abgestufte Bewegungen durchführen, ist die Zahl der Neurone, die Bewegungen in diesen Bereichen kontrollieren, besonders groß. Diese Areale nehmen also einen großen Teil des Gyrus praecentralis ein. Der Motorkortex projiziert nicht nur zum Rückenmark, sondern u.a. auch zu Striatum, Thalamus, Nucleus ruber, Pons, Formatio reticularis und unterer Olive. Ferner ist der Motorkortex über Kommissurenfasern durch den Balken mit der gegenüberliegenden Seite und durch Assoziationsfasern mit anderen Kortexarealen verbunden (s. auch Kap. 10.1).

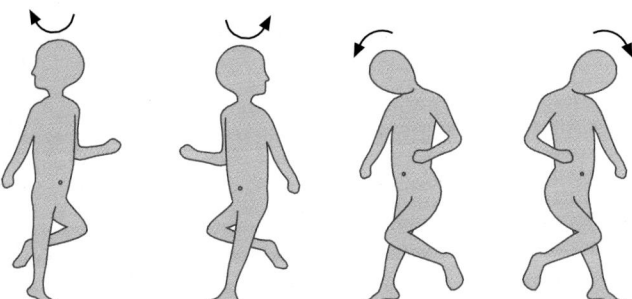

Abb. 3.6. Stellreflexe: Bei Linksdrehen und bei Linksbeugen des Kopfes werden die linken Extremitäten gestreckt und die rechten gebeugt. Bei Rechtsdrehen und bei Rechtsbeugen des Kopfes werden die rechten Extremitäten gestreckt und die linken gebeugt

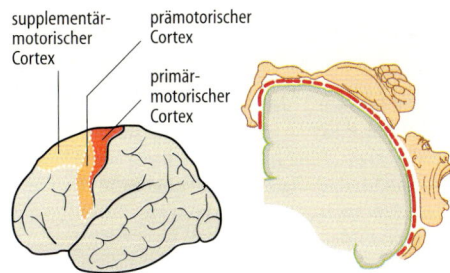

supplementär-
motorischer
Cortex

prämotorischer
Cortex

primär-
motorischer
Cortex

Abb. 3.7. Strukturelle Organisation des somatomotorischen Kortex. Links: Lage von motorischen
Kortexarealen (Gyrus praecentralis, supplementär-
motorischer Kortex und praemotorischer Kortex).
Rechts: Somatotopische Gliederung des Gyrus praecentralis (sog. Homunculus) (nach Penfield und Rasmussen 1950)

Weitere für die Motorik wichtige Kortex-areale.

Vor dem Gyrus praecentralis liegt
der praemotorische Kortex und der supple-
mentär motorische Kortex (Area 6 und 8,
Abb. 3.7), deren Mitwirkung bei der Durchführung komplizierterer Bewegungen erforderlich ist. Der supplementärmotorische
Kortex wird etwa bei komplexen Fingerbe-
wegungen (z. B. Klavierspielen) eingesetzt,
der praemotorische Kortex zur Koordination von Rumpfmuskulatur, proximaler und
distaler Muskulatur bei Orientierung des
Körpers zu einem Zielobjekt. Auch Neurone
des somatosensorischen Kortex im Gyrus
postcentralis (Area 1, 2, 3) werden bei Bewegungen aktiviert. Ihre Beteiligung ist vor
allem für die räumliche Organisation von
Bewegungen erforderlich.

Efferenzen der motorischen Kortexareale.

Neurone aus Motorkortex und angrenzenden kortikalen Arealen bilden mit ihren
Axonen *kortikospinale und kortikobulbäre
Bahnen,* die über die Capsula interna somatotopisch geordnet zu Hirnstamm, Medulla
oblongata und Rückenmark ziehen. Die
meisten dieser Fasern weisen vielfältige
Kollateralen auf. Ein großer Teil der Bahnen
aus den motorischen Kortexarealen beeinflußt die Motorik indirekt, etwa über Aktivierung von Neuronen im Nucleus ruber
und der Formatio reticularis. Etwa 90 % der
zum Rückenmark ziehenden Fasern kreuzen in der Medulla oblongata auf die Gegenseite, wo sie als Tractus corticospinalis lateralis zu Interneuronen und Motoneuronen des Rückenmarks ziehen. Etwa 10 % erreichen ungekreuzt über den Tractus corticospinalis ventralis die Neurone im Rückenmark. Tractus corticospinalis lateralis und
ventralis bilden die *Pyramidenbahn.* Die
monosynaptischen Verbindungen zwischen
Pyramidenzellen des Motorkortex und den
α-Motoneuronen sind vor allem für *feine
Zielbewegungen* bedeutsam, da das Signal
unverfälscht weitergegeben wird (sog. Kor-
tikomotoneuronales [CM] System). Eine
große Zahl von Efferenzen erreichen jedoch
zunächst Interneurone, welche die Moto-
neuronenaktivität modulieren. Schließlich
beeinflussen einige Fasern über Interneurone des Hinterhorns und Kollateralen zu
den Nuclei gracilis und cuneatus die Weiterleitung sensorischer Signale (s. Kap. 4.2). Die
Pyramidenbahn aktiviert mit der rubrospinalen Bahn und dem Tractus reticulospinalis lateralis vorwiegend die Beuger des Beines und die Strecker des Armes. Dem
gegenüber fördern Tractus reticulospinalis
medialis und vestibulospinalis vorwiegend
die sog. Antigravitätsmuskeln, d. h. die Beuger der Arme und die Strecker der Beine.

Unterbrechung motorischer Bahnen.

Ein
isolierter Ausfall der Pyramidenbahn ist
sehr selten. Er zieht lediglich eine Einschränkung der Feinbeweglichkeit v. a. der
Finger nach sich. Sehr viel häufiger ist ein
Ausfall mehrerer kortikaler Efferenzen z. B.
bei einer Schädigung im Motorkortex oder
im Bereich der Capsula interna (z. B. durch
Blutungen oder Ischämie im Bereich der Arteria cerebri media). Dabei fallen neben der
Pyramidenbahn weitere Verbindungen des
Motorkortex, wie z. B. zum Nucleus ruber
und zur medullären Formatio reticularis
aus. Folge ist eine herabgesetzte Aktivität
dieser Bahnen. Die vestibulospinalen und
medialen retikulospinalen Bahnen sind weniger betroffen, da sie unter einem stärkeren Einfluß z. B. aus dem Kleinhirn stehen.

Eine Unterbrechung der Weiterleitung im Bereich der Capsula interna hat daher letztlich ein Überwiegen der Strecker des Beines und der Beuger des Armes zur Folge. Zunächst kommt es jedoch zu einem *spinalen Schock* durch Wegfall supraspinaler Innervation von α-Motoneuronen (s. Kap. 3.4). Im spinalen Schock ist die Muskulatur schlaff und es sind keine Reflexe auslösbar. Die partielle „Denervierung" der α-Motoneurone zieht jedoch eine Steigerung der Empfindlichkeit dieser Neurone nach sich und die ausgefallenen Nervenendigungen supraspinaler Neurone werden durch Synapsen aus Neuronen des Rückenmarks ersetzt. Damit gewinnen die Reflexe einen stärkeren Einfluß auf die α-Motoneuronenaktivität. Folge ist die *Hyperreflexie.*

Zudem kommt es zur *Spastik.*

* Die Aktivität der α-Motoneurone steht nach Ausfall deszendierender Bahnen vor allem unter dem Einfluß der Muskelspindeln und Sehnenorgane. Dehnung der Muskelspindeln stimuliert über einen monosynaptischen Reflexbogen die α-Motoneurone des gleichen Muskels, der gesteigerte Einfluß der Muskelspindeln äußert sich somit in einer massiven Kontraktion bei Dehnung. Die Muskelspindeln reagieren jedoch überwiegend phasisch, d.h. bei langsamer oder anhaltender Dehnung läßt die Erregung wieder nach.

* Damit gewinnt der Einfluß der Sehnenorgane das Übergewicht. Bei Dehnung hemmen die Sehnenorgane die Muskelkontraktion. Unter anderem durch ihren Einfluß gibt der Muskel bei langsamer bzw. langanhaltender Dehnung nach (*Taschenmesserphänomen*).

* Das Überwiegen der Extensoren führt bei Bestreichen der Fußsohle zur Dorsalflexion, anstatt der beim Gesunden üblichen Plantarflexion. Dieses sog. *Babinski'sche Zeichen*, ist beim Neugeborenen normal, beim Erwachsenen wird es als Hinweis auf eine Pyramidenbahnläsion gewertet. Tatsächlich sind Spastik und das Babinski'sche Zeichen Folge einer Läsion mehrerer kortikofugaler Bahnen inklusive der Pyramidenbahn.

Bisweilen wird die Pyramidenbahn den sog. extrapyramidalen motorischen Systemen gegenübergestellt. Eine solche Einteilung berücksichtigt nicht, daß die Pyramidenbahn mit den anderen motorischen Strukturen eine funktionelle Einheit bildet.

3.7 Kleinhirn

Dem Kleinhirn kommt sowohl bei der Durchführung zielmotorischer Bewegungen als auch bei der Kontrolle der Stützmotorik eine entscheidende Rolle zu. Seine Afferenzen erhält das Kleinhirn aus der Peripherie (u.a. von Muskelspindeln), dem Hirnstamm und der Großhirnrinde. Die Afferenzen konvergieren letztlich auf die Purkinjezellen (s. Abb. 3.8), deren Axone die einzigen Efferenzen aus der Kleinhirnrinde darstellen (Transmitter GABA). Die Afferenzen erreichen die Kleinhirnneurone über Moosfasern und Kletterfasern (Transmitter Aspartat und Glutamat). Die Kletterfasern erregen direkt die Purkinjezellen, die Moosfasern erregen Körnerzellen, die über die Parallelfasern Purkinjezellen und hemmende Interneurone des Kleinhirns (Stern-, Korb- und Golgizellen) erregen. Über vorgelagerte Kerne beeinflussen die Purkinjefasern die übrigen Elemente der Motorik. Die Purkinjezellen und die Kleinhirnkerne sind streng somatotopisch organisiert, die Muskulatur des Kopfes ist in den hinteren, die der Beine in den vorderen Anteilen der Kerne repräsentiert.

Bedeutung des Kleinhirns für Stützmotorik und Gleichgewichtserhaltung. Diese Aufgabe wird im wesentlichen vom sogenannten Vestibulocerebellum (Lobus flocculonodularis, Vermis, paravermale Anteile) wahrgenommen. Diese Anteile erhalten u.a. Einflüsse von den Muskelspindeln der Haltemuskulatur, den Gleichgewichtsorganen und dem Auge (vom Corpus geniculatum laterale und von der primären Sehrinde).

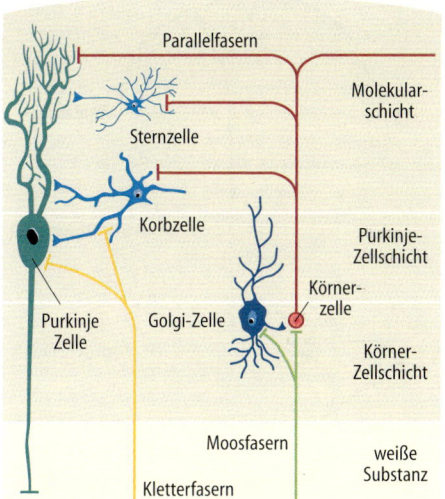

Parallelfasern
Molekular-schicht
Sternzelle
Korbzelle
Purkinje-Zellschicht
Körner-zelle
Purkinje Zelle
Golgi-Zelle
Körner-Zellschicht
Moosfasern
weiße Substanz
Kletterfasern

welt. Kenntnis dieser Informationen erlaubt die Voraussage, ob der Körper im Gleichgewicht ist. Soll bei Bewegungen des Kopfes das Bild auf der Netzhaut stehen bleiben, dann müssen die Augenmuskeln das Auge entsprechend mitbewegen. Das Kleinhirn errechnet mit Hilfe der Signale aus den Gleichgewichtsorganen und des Bewegungsapparates das jeweils erforderliche Ausmaß an Augenbewegungen. Sollte trotz entsprechender Augenbewegung das Bild auf der Netzhaut wandern, dann entsteht in uns der Eindruck, daß sich unsere Umgebung bewegt.

Abb. 3.8. Feinbau des Kleinhirns. Die einzigen efferenten Zellen des Kleinhirns sind die Purkinjezellen. Ihre Axone wirken über GABA hemmend auf Neurone in den Nuclei dentatus, nodosus, emboliformis, fastigii und vestibularis lateralis. Die Purkinjezellen werden über afferente Fasern aus der unteren Olive (Kletterfasern), den Raphekernen und dem Locus coeruleus, sowie von Interneuronen der Kleinhirnrinde (Korbzellen und Sternzellen) innerviert. Die Sternzellen stehen wiederum unter dem Einfluß von Körnerzellen, die von pontinen Neuronen über sogenannten Moosfasern aktiviert werden. Weitere Interneurone, die sogenannten Golgi-Zellen, werden von Körnerzellen und von Moosfasern innerviert und beeinflussen ihrerseits die Körnerzellen. Ansammlungen von Körner- und Purkinjezellen bilden die Körnerzellschicht und Purkinjezellschicht der Kleinhirnrinde. Die Dendritenbäume der Purkinjezellen reichen in die Molekularschicht, in der auch die Korb- und Sternzellen zu finden sind

Die Efferenzen laufen über die Nuclei fastigii und vestibulares (s. Abb. 3.9) zu den stützmotorischen Neuronen des Hirnstamms und den Augenmuskelkernen. Das Kleinhirn hat die Aufgabe, die genannten Afferenzen miteinander zu verrechnen. Die Länge der Nackenmuskulatur stellt dabei die Beziehung zwischen Rumpf und Kopf fest, die Aktivität der Gleichgewichtsorgane die Stellung des Kopfes zur Schwerkraft. Die Bilder auf der Netzhaut des Auges signalisieren die Beziehung des Kopfes zur Um-

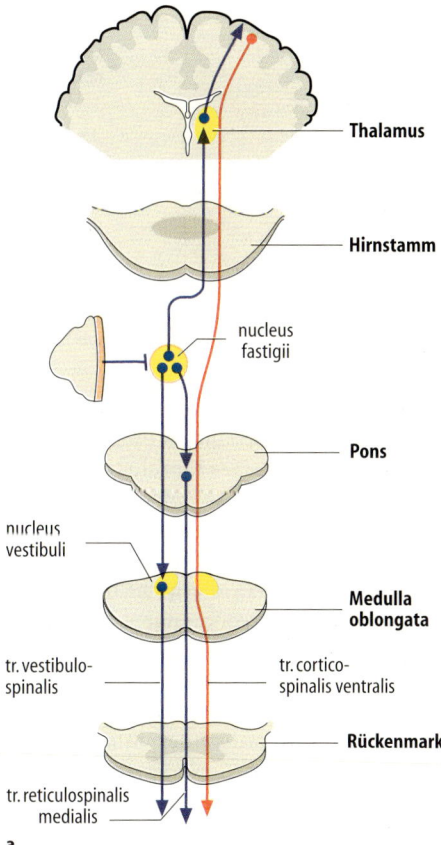

Thalamus

Hirnstamm

nucleus fastigii

Pons

nucleus vestibuli

Medulla oblongata

tr. vestibulo-spinalis

tr. cortico-spinalis ventralis

Rückenmark

tr. reticulospinalis medialis

a

Abb. 3.9. Verschaltungen des Kleinhirns. a: Verschaltung des Vestibulocerebellum *(Fortsetzung nächste Seite)*

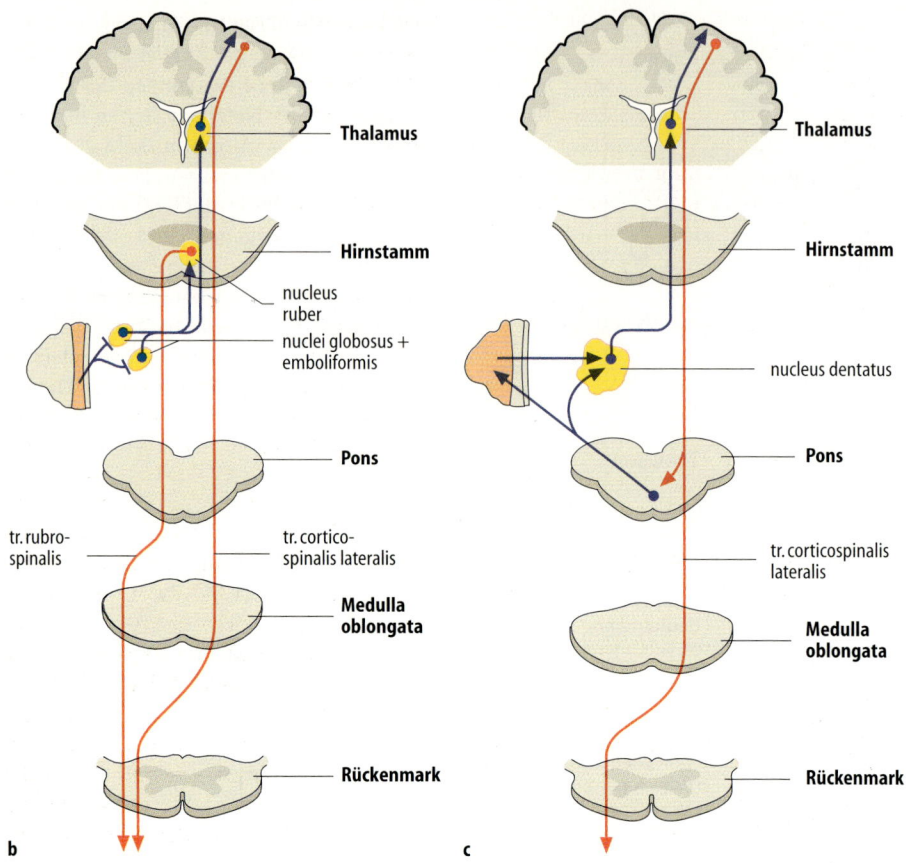

Abb. 3.9 *(Fortsetzung).* **b:** Verschaltung des Spinocerebellum, **c:** Verschaltung des Pontocerebellum

Läsionen des Vestibulocerebellum. Hier kommt es zu massiver Einschränkung des Gleichgewichts. Die Patienten leiden unter Schwindel, Übelkeit und Erbrechen. Die Augenmuskeln führen Pendelbewegungen durch (*Nystagmus*), die nicht durch entsprechende Kopfbewegungen begründet sind. Demnach wandert das Bild auf der Netzhaut und die Patienten haben den Eindruck, daß sich der Raum dreht. Die mangelhafte Koordination der Stützmotorik führt zu torkelndem Gang, zur Rumpf- und Gangataxie (*zerebelläre Ataxie*).

Die Bedeutung des Kleinhirns für die Zielmotorik. Das sogenannte Spinocerebellum (Vermis und mediale Anteile der Hemisphä-ren) sowie das sogenannte Cerebrocerebellum (Pontocerebellum, Hemisphären) stehen vorwiegend im Dienste der Zielmotorik. Dabei fällt dem Kleinhirn die Aufgabe zu, Programme zur Durchführung zielmotorischer Bewegungen bereitzustellen (Cerebrocerebellum) und die Durchführung dieser Programme zu kontrollieren (Spinocerebellum). Über pontine Kerne und die untere Olive gelangt die Bewegungsstrategie des Assoziationskortex zum Cerebrocerebellum. Dort werden bestimmte Programme abgerufen und über Nucleus dentatus und Thalamus dem Motorkortex zugespielt. Die Efferenzen vom Motorkortex zum Rückenmark geben Kollateralen ab (Efferenzkopie), welche über die untere

Olive dem Spinocerebellum zugespielt werden. Das Spinocerebellum erhält ferner eine Rückmeldung von sensorischen Afferenzen aus der Peripherie. Die Programme der Kleinhirnhemisphären lassen sich durch die Rückkopplung ständig modifizieren und perfektionieren. Damit spielen die Kleinhirnhemisphären eine entscheidende Rolle beim Erlernen motorischer Leistungen.

Läsionen in Spinocerebellum und Cerebrocerebellum. Sie haben massive Störungen der Zielmotorik zur Folge.

- Bei zielgerichteten Bewegungen entsteht ein *Intentionstremor:* Versucht ein kleinhirngeschädigter Patient ein Glas zu ergreifen, dann zittert seine Hand umso mehr, je näher sie sich dem Glas nähert.
- Darüber hinaus ist der Patient nicht in der Lage, bei Zielbewegungen die richtige Kraft einzusetzen und das richtige Ausmaß der erforderlichen Bewegung abzuschätzen (*Dysmetrie*).
- Bei der Durchführung einer komplexen Bewegung ist dem Patienten nicht mehr die zeitlich richtig gestaffelte Kontraktion mehrerer Muskelgruppen möglich (*Dyssynergie*).
- Der Patient ist ferner nicht in der Lage, eine Muskelkontraktion schnell zu stoppen, wenn der Widerstand plötzlich nachläßt (*Reboundphänomen*).
- Er kann antagonistische Muskelbewegungen nicht schnell hintereinander ausführen (*Adiadochokinese*).
- Schnell wechselnde Bewegungen bereiten ihm große Schwierigkeiten. So ist seine Sprache verwaschen, langsam, zerhackt und monoton (*skandierende Sprache, Dysarthrie*).

3.8 Basalganglien

Die Basalganglien sind eine Gruppe von Neuronen, welche bei der Planung und Programmierung der Zielmotorik beteiligt sind. Sie bestehen aus dem Striatum, das sich aus dem Putamen und dem Nucleus caudatus zusammensetzt, sowie aus der Pars externa und interna des Pallidum, dem Nucleus subthalamicus und der Substantia nigra (Pars compacta und Pars reticularis).

Verschaltung der Basalganglien. Das Striatum erhält erregende Eingänge aus weiten Gebieten der Großhirnrinde, v.a. aus dem Assoziationskortex (Transmitter vorwiegend Glutamat). Die Neurone im Striatum stehen ferner unter dem Einfluß von cholinergen Interneuronen (s. Abb. 3.10). Die Efferenzen des Striatum sind vorwiegend GABAerg und hemmen Neurone in Pallidum (Pars interna und externa) und Substantia nigra (sowohl Pars compacta als auch Pars reticulata). Die Neurone in der Pars externa des Pallidum hemmen über den Transmitter GABA Neurone im Nucleus subthalamicus, die ihrerseits Neurone in der Pars interna des Pallidum erregen. Die Neurone der Pars interna des Pallidum hemmen über GABA Neurone im Thalamus. Die Neurone in der Pars reticularis der Substantia nigra hemmen ebenfalls über GABA Neurone im Thalamus. Damit beeinflussen Neurone im Striatum den Thalamus auf drei Wegen:

1. Über Pars externa des Pallidum, Nucleus subthalamicus und Pars interna des Pallidum hemmen Neurone im Striatum die Aktivität im Thalamus.
2. Über Pars interna des Pallidum fördern die Neurone im Striatum die Aktivität im Thalamus.
3. Über Pars reticularis der Substantia nigra fördern die Neurone im Striatum die Aktivität im Thalamus.

Die Neurone in der Substantia nigra haben über den Transmitter Dopamin sowohl hemmenden, als auch fördernden Einfluß auf das Striatum. Gehemmt werden die Neurone, welche über Weg 1 die Aktivität des Thalamus hemmen. Gefördert werden die Neurone, welche über die Wege 2 und 3 den Thalamus fördern (s. Abb. 3.10).

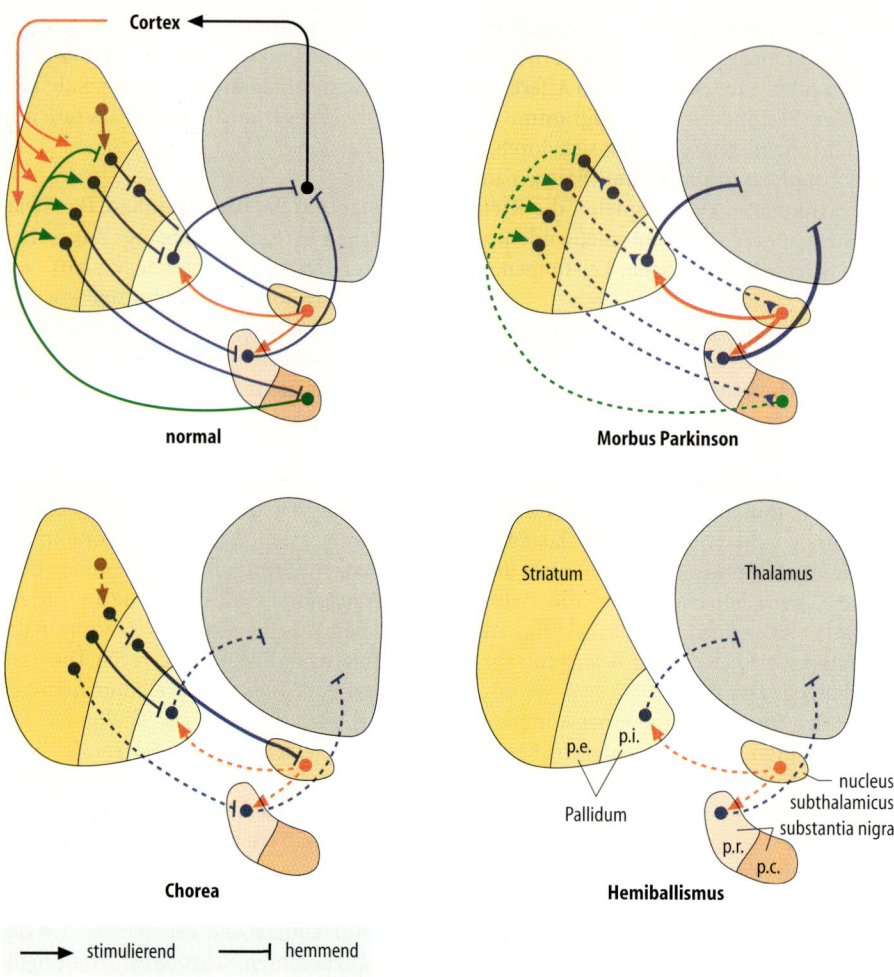

Cortex

normal

Morbus Parkinson

Striatum

Thalamus

p.e. p.i.

Pallidum

nucleus subthalamicus

substantia nigra

p.r.

p.c.

Chorea

Hemiballismus

→ stimulierend ⊣ hemmend

Abb. 3.10. Verschaltungen der Basalganglien bei intaktem Gehirn, bei Morbus Parkinson, Chorea und Hemiballismus. GABAerge (hemmende) Neurone sind blau, dopaminerge (hemmend und stimulierend) sind grün, glutamaterge (stimulierend) rot und cholinerge (stimulierend) braun eingezeichnet. p.e.=pars externa, p. i. = pars interna, p. r. = pars reticularis, p. c. = pars compacta

Morbus Parkinson. Eine häufige Störung der Basalganglien ist der Morbus Parkinson. Er ist Folge eines Untergangs von dopaminergen Neuronen in der Pars compacta der Substantia nigra. Damit wird die Bahn über Weg 3 enthemmt (s. Abb. 3.10) und die Erregung über die Wege 2 und 3 unterdrückt. Damit steht der Thalamus unter einer tonischen Hemmung und die Patienten haben große Mühe, eine Bewegung durchzuführen (Hypokinesie, Akinesie).

Darüber hinaus ist der Muskeltonus gesteigert und die Muskulatur setzt jeder passiven Bewegung Widerstand entgegen (Rigor). Das Zusammentreffen von Rigor und Hypokinesie wird auch als hyperton-hypokinetisches Syndrom bezeichnet. Die tonische Kontraktion der Gesichtsmuskulatur führt zur mimischen Starre. Schließlich kommt es zu einem Tremor, der durch alternierende Innervation von Antagonisten charakterisiert ist. Im Gegensatz zum Tremor bei Läsionen des Kleinhirns tritt er hauptsächlich in Ruhe auf (Ruhetremor), verschwindet allerdings z. B. im Schlaf. Vegetative Störungen der Patienten, wie etwa gesteigerte Aktivität der Speichel- und Talgdrüsen (Salbengesicht), sowie Veränderungen der Psyche, sind auf den Ausfall weiterer dopaminerge Verbindungen zurückzuführen. Die Symptome können durch Zufuhr von L-Dopa, der Vorstufe von Dopamin vorübergehend gebessert werden. Dopamin selbst kann die Blut-Hirn-Schranke nicht überschreiten und ist daher wirkungslos. Acetylcholinantagonisten hemmen den stimulierenden Einfluß der cholinergen Interneurone und Glutamatantagonisten den stimulierenden Einfluß des Kortex. Beide Substanzklassen werden zur Therapie des Morbus Parkinson eingesetzt. Schließlich versucht man durch Hemmstoffe der Monoaminoxidase den Abbau von Dopamin zu mindern und durch Einsatz von antioxidativ wirksamen Substanzen den Untergang der Zellen in der Substantia nigra hinauszuzögern.

Hyperkinesien. Ein Untergang von Neuronen in den Basalganglien führt über den Wegfall der Hemmung des Thalamus zum Auftreten von unwillkürlichen Bewegungen. Ein Untergang von Neuronen im Striatum führt zur Chorea (groteske, verrenkende Bewegungen), ein Untergang des Nucleus subthalamicus zum Hemiballismus (plötzliche, schleudernde Bewegungen). Der Muskeltonus zwischen den Bewegungen ist eher niedrig (sog. hypoton-hyperkinetisches Syndrom).

Mechanische, thermische und chemische Reize werden von Rezeptoren in der Haut (Oberflächensensibilität), dem Bewegungsapparat (Tiefensensibilität) und den Organen (viszerale Sensibilität) in Potentialänderungen übersetzt (s. Kap. 4.1). Dabei vermittelt der Bau des Rezeptors und die Ausstattung seiner Zellmembran mit bestimmten Ionenkanälen neben anderen Eigenschaften (z. B. Empfindlichkeit, Adaptation) die Spezifität des Rezeptors (s. Kap. 4.1). In einer ersten Einteilung lassen sich Mechanorezeptoren, Thermorezeptoren, chemische Rezeptoren und Nozizeptoren unterscheiden. In der Haut bilden Mechanorezeptoren die periphere Grundlage für den Tastsinn, Thermorezeptoren den Temperatursinn und Nozizeptoren den Schmerz. Gemeinsam vermitteln sie die Oberflächensensibilität. Mechanorezeptoren, Thermorezeptoren und Nozizeptoren gibt es jedoch auch im Bewegungsapparat und in den Organen. Die Aufnahme und Verarbeitung visueller (s. Kap. 5) und akustischer (s. Kap. 7) Sinneswahrnehmungen, sowie Gleichgewicht (s. Kap. 6) Geschmack (s. Kap. 8.1) und Geruch (s. Kap. 8.2) werden an anderer Stelle besprochen.

4.1   Rezeptoren

Rezeptorpotential. Eine Änderung des Potentials der Rezeptoren oder Nervenendigungen tritt dann auf, wenn ein äußerer Reiz (chemisch, thermisch, mechanisch, optisch) zu einer *Aktivierung oder Inaktivierung eines Ionenkanals* führt. Je nach Rezeptor sind die zellulären Mechanismen der Regulation sensorischer Ionenkanäle ganz verschieden. Das Ergebnis ist meist eine Depolarisation der Zelle. Bei den Photorezeptoren kommt es hingegen bei Lichteinfall zu einer Hyperpolarisation (s. Kap. 5.3). Die Potentialänderung wird in der Regel durch die Aktivierung von unspezifischen Kationenkanälen hervorgerufen, durch die Na^+, seinem steilen elektrochemischen Gefälle folgend, in die Zelle strömt (Ausnahme: Photorezeptor, s. Kap. 5.3). Der Einstrom von Na^+ erzeugt einen Generatorstrom, der die Zelle depolarisiert (*Rezeptorpotential*). Die Umwandlung eines äußeren Reizes (z. B. mechanischer Reiz) in eine Potentialänderung (Generatorpotential oder Sensorpotential) der Rezeptorzelle nennt man *Transduktion*. Ein überschwelliges Generatorpotential erzeugt eine Sequenz von Aktionspotentialen.

Einfluß der Reizstärke. Die Intensität des Reizes bestimmt die *Amplitude* der Depolarisation. Führt etwa ein mechanischer Reiz zur Aktivierung von mechanosensitiven Ionenkanälen, dann werden umso mehr Ionenkanäle geöffnet, je stärker der mechanische Reiz ist. Folglich fällt die Depolarisation des Rezeptors umso stärker aus (Amplitude der Depolarisation), je größer der Reiz ist. Die Empfindung ist jedoch keine reine Abbildung des Rezeptorpotentials, sondern auch eine Funktion der Reizweiterleitung und -verarbeitung im Nervensystem. Die Beziehung zwischen physikalischen Reizparametern und Empfindungsintensitäten wird in der Psychophysik beschrieben. Dabei ist ein Rezeptor umso empfindlicher, je kleiner die Reizintensität ist, die gerade noch ausreicht, um eine Empfindung auszulösen (*Reizschwelle*, I_{Ro}). Ferner ist von belang, ob ein Unterschied zwischen zwei Reizen verschiedener Intensität festgestellt werden kann oder ob beide Reize fälschlicherweise als gleich stark empfunden werden (*Unterschiedsschwelle*). Die *Empfindung* (E) nimmt in der Regel nicht linear-proportional mit der Intensität (I_R) eines Reizes zu, sondern ist im mittleren Bereich in etwa eine Funktion des Logarithmus der Reizstärke (E = log I_R/I_{Ro}, *Weber-Fechner'sches Gesetz*). Der Unterschied an Lärmempfindung ist zum Beispiel zwischen einem und zwei Motorrädern genau so groß wie zwischen zwei und vier Motorrädern. Über einen weiteren Bereich gilt die *Stevens'sche Potenzfunktion*:

$$E = (I_R - I_{Ro})^n,$$

wobei n in Abhängigkeit von der Reizart Werte zwischen 0,33 und 3,5 annehmen kann.

Einfluß der Reizmodalität. Die Rezeptoren sind nicht gegenüber verschiedenen mechanischen, thermischen, chemischen oder optischen Reizen gleichermaßen empfindlich, sondern sind in der Regel auf bestimmte Reize spezialisiert. Diese Reize nennt man die *adäquaten Reize* für den jeweiligen Rezeptor. Die Spezifität der Rezeptoren ist Voraussetzung für die Unterscheidung verschiedener *Sinnesmodalitäten*, wie Sehen, unterschiedlicher mechanischer Reize, Wärme, Kälte, Schmerz etc. (s. Tab. 4.1). Der Rezeptor ist zwar durchaus in der Lage, auch auf inadäquate Reize zu reagieren, die Reizintensität muß jedoch vielfach höher sein als bei Angebot eines adäquaten Reizes. Jeder weiß, daß ein Schlag auf das Auge zu Lichtempfindungen (man sieht Sterne) führt, das Auge kann aber mit seiner Empfindlichkeit auf mechanische Reize mit Mechanorezeptoren nicht konkurrieren. Wird ein Rezeptor jedoch inadäquat gereizt, so ist der Reiz für das Nervensystem von einem adäquaten Reiz nicht mehr zu unterscheiden. Die Sterne bei einem Schlag auf das Auge sind von echten Sternen nicht zu unterscheiden. Die Spezifität eines Reizes kann im übrigen durch Strukturen unterstützt (oder erst ermöglicht) werden, die den entsprechenden Reiz an den richtigen Rezeptor leiten (Auge, Ohr).

Zeitliches und räumliches Auflösungsvermögen. Neben der Sinnesmodalität und Intensität eines Reizes erhält das Nervensystem auch Informationen über sein zeitliches Auftreten und bei gleichzeitiger Erregung mehrerer Rezeptoren auch über seine räumliche Ausbreitung. Zeitliches und räumliches Auflösungsvermögen sind wesentliche Voraussetzungen für die adäquate Bewertung eines Reizes.

Differentialfühler–Proportionalfühler. Meist setzen Rezeptoren bei anhaltender Reizung ihre Empfindlichkeit herab, sie gewöhnen sich an die gesteigerte Reizintensität (*Adaptation*). Im Extremfall nimmt die Erregung bei anhaltendem Reiz allmählich wieder auf das Ausgangsniveau ab. Die Rezeptoren reagieren somit nur auf Änderungen der Reizintensität, nicht auf die Reizintensität selbst, man nennt sie daher *Differentialfühler* oder phasische Fühler (s. Abb. 4.1). Bei Rezeptoren, die nicht adaptieren, ist die Erregung stets proportional der Reizstärke, man nennt sie daher *Proportionalfühler* oder tonische Fühler. Meist haben Fühler eine phasische und eine tonische Komponente, d.h. bei plötzlichem Anstieg der Reizstärke auf einen höheren konstanten Wert nimmt die Erregung zunächst überschiessend zu und sinkt dann auf einen Wert ab, der höher ist, als der Ausgangswert. Diese Rezeptoren nennt man Proportional-Differentialfühler (*PD-Fühler*).

Primäre und sekundäre Rezeptorzellen. Damit der Reiz auch im Nervensystem wahrgenommen werden kann, muß er weitergeleitet werden. Sogenannte *primäre Rezeptorzellen* leiten die Erregung selbst in Richtung des zentralen Nervensystems. Dabei führt die Depolarisation bei Erreichen der Schwelle für spannungsabhängige Na^+-Kanäle zur Ausbildung eines Aktionspotentials, das dann weitergeleitet wird (s. Kap.

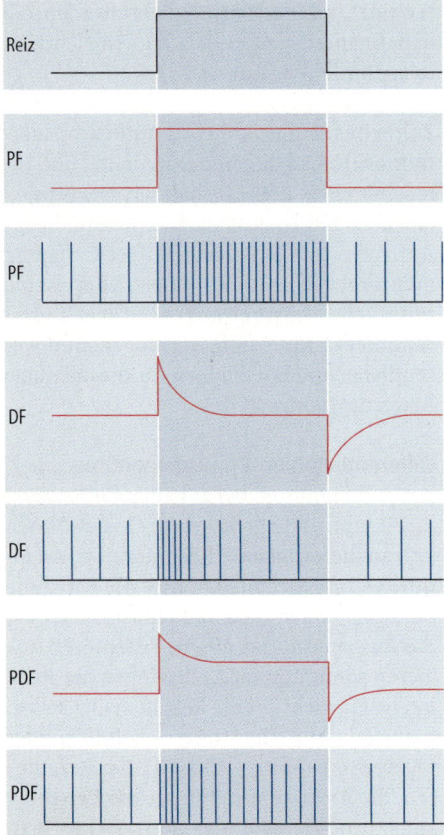

Reiz

PF

PF

DF

DF

PDF

PDF

Abb. 4.1. Verhalten von Proportionalfühlern (*PF*), Differentialfühlern (*DF*) und Proportional-Differentialfühlern (*PDF*) bei einem Rechteckreiz (schwarz). Gezeigt ist jeweils grob schematisch das Rezeptorpotential (rot) und die Aktionspotentiale (blau)

zielt. Es werden schnell adaptierende (FA = fast adapting) von langsam adaptierenden (SA = slowly adapting) Rezeptoren unterschieden (s. Differentialfühler und Proportionalfühler, s. Abb. 4.1). Darüber hinaus unterscheiden sich die Rezeptoren bzw. ihre Verschaltung im zentralen Nervensystem in der *Größe ihrer rezeptiven Felder* (I oder II), d.h. in der Größe des Hautareals, dessen Reizung Aktionspotentiale in der versorgenden Nervenfaser auslöst. Kleine, scharf begrenzte rezeptive Felder garantieren eine hohe räumliche Auflösung mechanischer Reize (FA I bzw. SA I). Große rezeptive Felder erlauben nur eine grobe räumliche Zuordnung des Reizes (FA II bzw. SA II). Die Größe des rezeptiven Feldes kann ermittelt werden, indem zwei Punkte auf der Hautoberfläche gereizt werden. Werden sie als getrennt erkannt, gehören sie zu unterschiedlichen Feldern. Bei kleinem rezeptiven Feld können z. B. zwei 5 mm voneinander entfernte mechanische Reize als noch getrennt wahrgenommen werden. Die „Zweipunkt-Schwelle" hängt neben dem

1.4). *Sekundäre Rezeptorzellen* schütten bei Depolarisation einen Transmitter aus, der eine folgende Nervenzelle erregt (s. Kap. 1.6).

Tastsinn. Der Tastsinn wird durch jeweils spezialisierte Strukturen vermittelt, welche die Nervenendigungen umgeben und wie Filter nur einen Teil der mechanischen Deformierungen übertragen (s. Abb. 4.2 und Tabelle 4.1). Durch diese Strukturen und die Eigenschaften der jeweiligen Nervenendigungen wird die *Selektivität* der „Rezeptoren" für bestimmte mechanische Reize er-

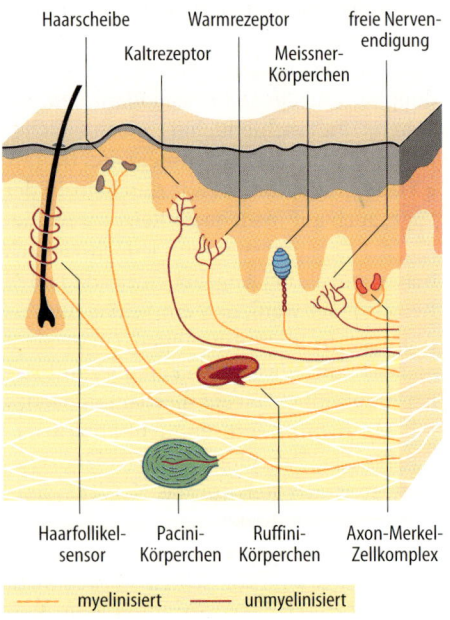

Abb. 4.2. Rezeptoren in der Haut

Tabelle 4.1. Somatosensorische Rezeptoren der Haut

Rezeptor	wichtigster Reiz	Adaptation	Nerv	Weiterleitung
Mechanorezeptoren Haut				
Merkel	Druck (fein)	SA I	II	lemniscal
Ruffini	Scherkräfte, Druck	SA II	II	lemniscal
Meissner	Vibration (niederfrequent)	FA I	II	lemniscal
Pacini	Vibration (hochfrequent)	FA II	II	lemniscal
Haarfollikel	Haarbewegungen	FA I	II	lemniscal
freie Nervenendigungen	Druck (grob)	schnell	III	extralemniscal
Thermorezeptoren Haut				
freie Nervenendigungen	Kälte (15–35 °C)	mittel	III	extralemniscal
freie Nervenendigungen	Wärme (30–45 °C)	mittel	IV	extralemniscal
Schmerzrezeptoren (Haut, Tiefe, viszeral)				
freie Nervenendigungen	starke mechanische, thermische Reize, H^+, K^+	langsam	III	lemniscal
	Mediatoren, etc.	langsam	IV	extralemniscal
Tiefensensibilität				
Gelenkrezeptoren	Gelenkkapseldehnung	FA und SA	II,III	lemniscal
Golgi-Sehnenorgane	Muskelspannung	langsam, PD	Ib	lemniscal
Muskelspindeln Kernsack	Muskellänge	langsam, PD	Ia	lemniscal
Muskelspindeln Kernketten	Muskellänge	langsam	Ia,II	lemniscal
Viszerale Sensibilität				
Mechanorezeptoren	Wandspannung von Hohlorganen	FA und SA	III,IV	extralemniscal
Chemorezeptoren	H^+, CO_2, O_2, K^+, Osmolarität, Glukose, Mediatoren	SA	III,IV	extralemniscal

(SA I = langsam [slow] adaptierend, kleines, scharf begrenztes rezeptives Feld, SA II = langsam adaptierend, großes, unscharf begrenztes rezeptives Feld, FA I = schnell [fast] adaptierend, kleines, scharf begrenztes rezeptives Feld, FA II = schnell adaptierend, großes, unscharf begrenztes rezeptives Feld, PD = Proportionaldifferentialfühler)

Rezeptortyp auch von der Dichte der Rezeptoren ab. Sie ist z. B. an den Fingerspitzen oder an den Lippen wesentlich höher als am Rücken oder an den Waden. Im einzelnen werden folgende Mechanorezeptoren unterschieden (s. Abb. 4.2, Tabelle 4.1):

- Die *Merkel-Zellen* sind Gruppen von ca. 40 spezialisierten Epithelzellen. Ihre Nervenendigungen sind langsam adaptierend und für senkrecht auf die Haut wirkende Kräfte besonders empfindlich, ihre rezeptiven Felder sind klein (SA I). Sie vermitteln in erster Linie die Empfindung für Berührung und Druck.
- Die *Ruffini-Körperchen* enthalten einen von einer Bindegewebskapsel umgebenen flüssigkeitsgefüllten Raum. Ihre Nervenendigungen sind langsam adaptierend,

ihre rezeptiven Felder groß (SA II). Ihre Nervenendigungen werden am stärksten bei Einwirken von Scherkräften gereizt. Sie vermitteln die Empfindung von Spannung, Berührung und Druck.

- Die *Meissner-Körperchen* sind, von einer Bindegewebskapsel umgebene, scheibenförmige Schwann'sche Zellen, in die schnell adaptierende Nervenendigungen münden. Sie werden durch (niederfrequente) Vibrationen am besten gereizt. Ihre rezeptiven Felder sind klein (FA I). Sie vermitteln die Empfindung von Berührung und Vibration (s. Abb. 4.3).
- Die *Pacini-Körperchen* bestehen aus mehreren Schichten von äußeren Bindegewebszellen und inneren Schwann'schen Zellen. Ihre Nervenendigungen adaptieren extrem schnell, die Pacini-Körperchen sprechen daher auf hochfrequente Vibrationen am besten an, ihre rezeptiven Felder sind groß (SA II). Sie vermitteln die Empfindung von Berührung und Vibration (s. Abb. 4.3).
- Die *Haarfollikel-Rezeptoren* umgeben die Haarfollikel und werden bei Bewegung der Haare gereizt. Die Haarfollikel sind schnell adaptierend, sie nehmen die Bewegung eines einzelnen Haares wahr (FA I).
- *Freie Nervenendigungen* ohne umgebende Strukturen können gleichfalls durch mechanische Reize erregt werden. Sie sind schnell adaptierend und vermitteln grobe Berührungsempfindung.

Die Ansprechbarkeit der Rezeptoren wird durch den anatomischen Bau entscheidend beeinflußt. So reagiert nach Entfernen der Korpuskeln von den Pacini-Körperchen der Rezeptorrest tonisch.

Temperatursinn. Temperaturfühler an der Hautoberfläche sind wahrscheinlich freie Nervenendigungen (s. Tabelle 4.1). Ausgehend von einer Indifferenztemperatur von 30 °C führt Abkühlung zu einer Erregung von Kaltrezeptoren, Erwärmung zur Aktivierung von Warmrezeptoren. Bei Erwär-

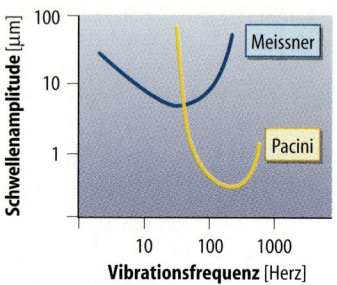

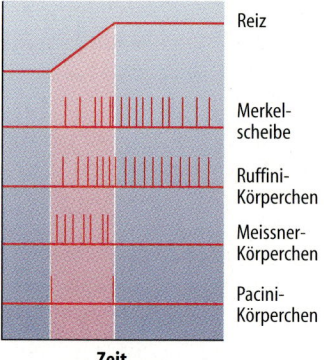

Abb. 4.3. Vibrationsempfindlichkeit von Mechanorezeptoren. Oben: Frequenzabhängigkeit der Wahrnehmungsschwelle von Meissner- und Pacini-Körperchen (am Affen). Unten: Aktionspotentiale in verschiedenen Mechanorezeptoren bei einem rampenförmigen Reiz

mung über 40° sinkt jedoch die Aktivität der Warmrezeptoren und bei Abkühlung unter 20 °C die Aktivität der Kaltrezeptoren wieder ab (s. Abb. 4.4). Bei Erhitzen über 45 °C kommt es paradoxerweise zu einer Aktivierung der Kaltrezeptoren. Die Temperaturfühler sind klassische PD-Fühler, die bei Änderungen der Temperatur zunächst überschießend reagieren (s. Abb. 4.4). Die Kaltrezeptoren liegen in der Haut oberflächlicher als die Warmrezeptoren. Wird eine große Hautfläche erwärmt oder abgekühlt, dann wird die Temperaturänderung schneller wahrgenommen als bei Erwärmung oder Abkühlen einer kleinen Hautfläche.

Schmerz. Schmerzreize können durch freie Nervenendigungen in Haut, Bewegungsapparat, inneren Organen und Gefäßen wahr-

statische Entladungsfrequenz
[Impulse/s]

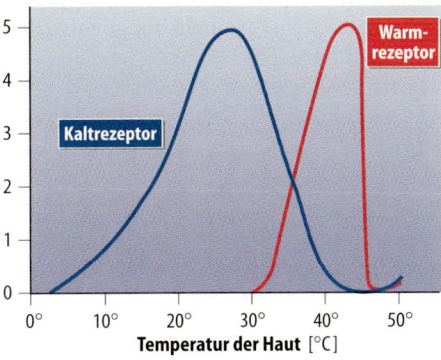

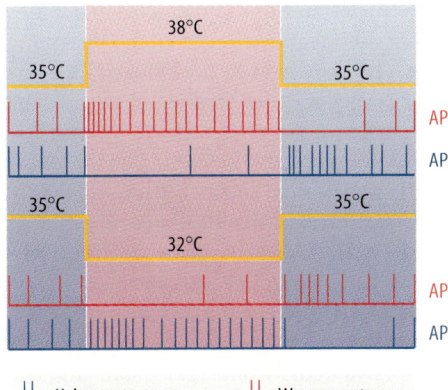

|| Kaltrezeptoren || Warmrezeptoren

Abb. 4.4. Aktivität von Kaltrezeptoren (blau) und Warmrezeptoren (rot) in Abhängigkeit von der Temperatur. Oben: Erregung bei unterschiedlicher Dauertemperatur. Unten: Ansprechen auf einen plötzlichen Temperatursprung

genommen werden. Sie können durch hohe Reizintensitäten (Dehnung, Temperatur) sowie bei *Gewebsläsionen* ausgelöst werden. Die Schmerzempfindung kann zeitlich und räumlich gut (heller, erster Schmerz) oder schlecht (dumpfer, zweiter Schmerz) definiert werden. Dabei ist der zweite Schmerz deutlich unangenehmer. Reizung mechanosensibler Nozizeptoren in der Haut (z. B. Nadelstich) lösen zunächst hellen Schmerz aus, während Gewebsläsionen und Reizung von Nozizeptoren in Bewegungsapparat und Organen meist a priori dumpfen Schmerz hervorrufen. Bei den Rezeptoren lassen sich A-Mechanorezeptoren, A-poly-modale Rezeptoren (beide markhaltige Fasern) und C-polymodale Rezeptoren (nichtmarkhaltige Fasern) unterscheiden. In der Haut ist die Dichte von Nozizeptoren besonders groß. Bei Sensibilisierung sinkt die Erregungsschwelle von Nozizeptoren in den nichtnoxischen Bereich, sodaß sonst nicht noxische Reize Schmerzen auslösen können (*Allodynie*). Die Sensibilisierung kann ferner die Antwort auf noxische Reize verstärken (*Hyperalgesie*).

Die gesteigerte Reizung von Nozizeptoren bei Gewebsläsionen ist komplex. Nekrotische Zellen setzen K^+ und intrazelluläre Proteine frei. K^+ reizt die Nozizeptoren, die Proteine und bei Hautläsionen eindringende Erreger lösen eine Entzündung aus. Folge ist die Freisetzung einer Vielzahl von schmerzauslösenden Mediatoren, wie Leukotrienen, Histamin, Prostaglandin E_2 und Bradykinin. Leukotriene, Prostaglandin E_2 und Histamin sensibilisieren die Nozizeptoren. Es treten Hyperalgesie und Allodynie auf. Histamine lösen ferner Juckreiz aus. Histamin, Prostaglandin E_2 und Bradykinin wirken zudem vasodilatatorisch und steigern die Gefäßpermeabilität. Folge ist die Bildung eines lokalen Ödems, der Gewebsdruck steigt und erregt die sensibilisierten Nozizeptoren. Durch die Gewebsläsion wird ferner die Blutgerinnung aktiviert, und damit die Ausschüttung von Bradykinin und Serotonin. Durch Gefäßverschluß kommt es zur Ischämie, ein Ansteigen der extrazellulären Konzentrationen von K^+ und H^+ führt wiederum zur Aktivierung der Nozizeptoren. Die Nozizeptoren geben bei Reizung die Peptide *Substanz P* (SP) und Calcitonin gene related peptide (*CGRP*) ab, die unter anderem die Entzündung fördern sowie Vasodilatation und Gefäßpermeabilitätssteigerung bewirken (neurogene Entzündung). Auf diese Weise entsteht ein Circulus vitiosus. Durch Kollateralen der Schmerzafferenzen werden Motorik beeinflußt, vegetative *Begleitreaktionen* ausgelöst (Sympathikusaktivierung) und die psychische Komponente des Schmerzerlebens hervorgerufen.

Migräne. Das Gehirngewebe ist schmerzunempfindlich. Allerdings können Schmerzen in den Gefäßen und der Dura entstehen. Vasokonstriktion (durch Serotonin) gefolgt von Vasodilatation sind wahrscheinlich für Migräneanfälle verantwortlich, heftige Kopfschmerzen mit neuronalen Ausfällen durch Mangeldurchblutung des Gehirns.

Tiefensensibilität. Dehnungsrezeptoren in Muskeln (Muskelspindeln, Sehnen, Sehnenorganen) und Gelenkkapseln vermitteln Informationen über die Funktion des Bewegungsapparates bzw. die Stellung der Gelenke. Sie spielen eine entscheidende Rolle bei der Kontrolle von Muskeltonus und Bewegung. Die Funktion von Muskelspindeln und Sehnenrezeptoren wird an anderer Stelle ausgeführt (s. Kap. 3.3). In den *Gelenkkapseln* und perikapsulären Faszien liegen schnell (FA) oder langsam (SA) adaptierende Mechanorezeptoren, die v.a. bei Extremstellungen der Gelenke aktiviert werden.

Viszerale Sensibilität. Mechanorezeptoren in der Wand verschiedener Hohlorgane (Blase, Magen, Darm, Herz etc.) werden bei passiver Dehnung und bei Kontraktion der Muskulatur gereizt. Die Rezeptoren werden somit bei zunehmender Wandspannung erregt. Viszerale Chemorezeptoren liefern Informationen über Konzentrationen an H^+, K^+, CO_2, O_2, Glukose und Osmolarität.

4.2 Zentralnervöse neuronale Grundlagen somatoviszeraler Sensibilität

Die Afferenzen aus Mechanorezeptoren der Haut und aus Rezeptoren der Tiefensensibilität treten im medialen Teil, die übrigen Afferenzen im lateralen Teil der Hinterwurzel in das Rückenmark ein (s. Abb. 4.2). Die Afferenzen dienen teilweise der synaptischen Aktivierung oder Hemmung von α-Motoneuronen und vegetativen Neuronen im Rückenmark. Andererseits leiten Kollateralen der Afferenzen über Hinterstrangbahnen oder Vorderseitenstrangbahnen die Information zu Hirnstamm, Thalamus und Großhirnrinde. Informationen über den Bewegungsapparat werden ferner über spinozerebelläre Bahnen zum Kleinhirn weitergeleitet (s. Abb. 4.5).

Hinterstrangbahn (lemniscale Bahn). Afferenzen aus Mechanorezeptoren der Haut und aus Rezeptoren der Tiefensensibilität werden z.T. ohne Umschaltung über die Hinterstrangbahnen der gleichen Seite zu den Nuclei cuneatus und gracilis in der Medulla oblongata weitergeleitet. Die Axone der Neurone dieser Kerne kreuzen im Lemniscus medialis der Medulla oblongata zur Gegenseite und ziehen dann zum ventrobasalen Komplex des Thalamus. Von dort wird die Erregung zum somatosensorischen Kortex im Gyrus postcentralis (Areae 1, 2, 3) weitergeleitet. Viele der Neurone in den Nuclei gracilis und cuneatus sowie im Thalamus werden bereits durch eine einzige Afferenz erregt (sog. Relaiskerne), es findet also sehr wenig Konvergenz statt und die Afferenzen werden weitgehend unverfälscht weitergegeben. Durch kollaterale Hemmung wird freilich eine Kontrastierung erreicht. Die Afferenzen sind im Verlauf der Hinterstrangbahn streng somatotopisch gegliedert. Afferenzen aus der unteren Körperhälfte liegen in der Hinterstrangbahn medial und projizieren zum Nucleus gracilis, Afferenzen aus der oberen Körperhälfte liegen lateral und projizieren zum Nucleus cuneatus. Ein kleiner Teil der Mechanorezeption (Haarfollikelrezeptoren) wird über den spinozervikalen Trakt weitergeleitet, der im Halsmark umgeschaltet wird und sich dann der lemniscalen Bahn anschließt.

Vorderseitenstrangbahn (Tractus spinoreticularis und Tractus spinothalamicus). Afferenzen aus einem Teil der Mechanorezeptoren, Temperaturfühler und Nozizeptoren steigen ohne Umschaltung über den sogenannten Lissauer Trakt ein bis zwei Rücken-

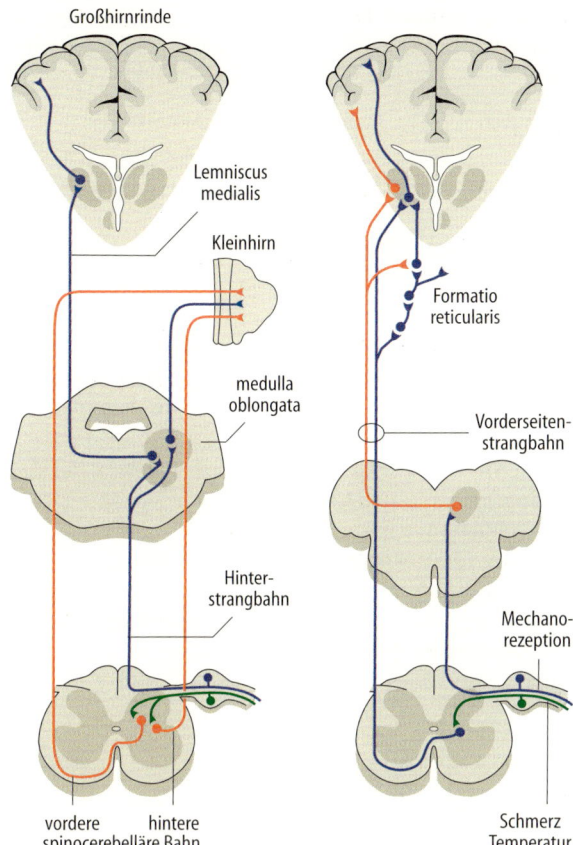

Großhirnrinde

Lemniscus
medialis

Kleinhirn

medulla
oblongata

Hinter-
strangbahn

vordere   hintere
spinocerebelläre Bahn

Formatio
reticularis

Vorderseiten-
strangbahn

Mechano-
rezeption

Schmerz
Temperatur

Abb. 4.5. Somatosensorische
Bahnen. Verlauf der spinozerebel-
lären Bahnen und Hinterstrangbahnen (links), sowie der Vorderseitenstrangbahnen (rechts)

marksegmente auf oder ab und werden
dann im Hinterhorn umgeschalten (s. Abb.
4.5). Die Axone der zweiten Neurone kreuzen auf die Gegenseite und ziehen dann
über den Vorderseitenstrang nach oben. Ein
Teil des Vorderseitenstrangs schließt sich in
der Medulla oblongata der lemniscalen
Bahn an und projeziert teilweise zum ventrobasalen Komplex, teilweise zum posterioren Kern des Thalamus (Mechanorezeption, heller Schmerz). Die neospinothalamische Bahn vermittelt die Weiterleitung des
hellen Schmerzes. Die übrigen Afferenzen
werden über die spinoretikuläre Bahn
weitergeleitet. Durch mehrfache Umschaltung, Konvergenz und Divergenz in spino-
retikulärer und z. T. in spinothalamischer
Bahn geht die zeitliche und räumliche

Schärfe der Afferenzen verloren, die Afferenzen der Thermorezeptoren können daher schlecht lokalisiert werden. Durch Verbindungen zu Formatio reticularis, Hypothalamus (Tractus spinohypothalamicus)
und limbischem System üben sie jedoch einen besonders intensiven Einfluß auf Motorik, vegetative Funktionen und Emotionen aus.

Thalamus. Der Thalamus ist die wichtigste
Umschaltstelle zwischen subkortikalen
Strukturen und der Großhirnrinde. Er wird
als „Tor zum Bewußtsein" bezeichnet. Außer dem Geruchsinn werden alle sensorischen Afferenzen in jeweils spezifischen
Kerngebieten des Thalamus umgeschalten
(s. Tabelle 4.2 und Abb. 4.6). Darüber hinaus

Tabelle 4.2. Die wichtigsten Kernareale im Thalamus und ihre Verbindungen

Kerne	Afferenzen	Projektionen	Funktion
Nucleus ventralis anterior	Basalganglien	Motorkortex	Motorik
Nucleus ventralis lateralis	Kleinhirn	Motorkortex	Motorik
Nucleus ventroposterior medialis	Somatosensorischer Kortex	Trigeminuskerne	Somatosensorik Gesicht
Nucleus ventroposterior lateralis	Lemniscus medialis	Somatosensorischer Kortex	Somatosensorik Körper
Corpus geniculatum laterale	Nervus opticus	Sehrinde	Gesichtsinn
Corpus geniculatum mediale	untere Vierhügel	Hörrinde	Gehör
Pulvinar, Nucleus lateralis posterior	obere Vierhügel, temporale, parietale, occipitale Rinde	temporale, parietale, occipitale Rinde	Integration sensorischer Information
Nucleus anterior	Corpora mammillaria	Gyrus cinguli	Emotionen
Nucleus dorsomedialis	Corpora amygdaloidea, Hypothalamus	präfrontale Rinde	Emotionen
Nucleus dorsolateralis	Gyrus cinguli	Gyrus cinguli	Emotionen
Centrum medianum, intralaminare Kerne etc.	Formatio reticularis Tractus spinothalamicus, Globus pallidus, Kortex	Basalganglien, Kortex	Emotionen, Vigilanz, Bewußtsein

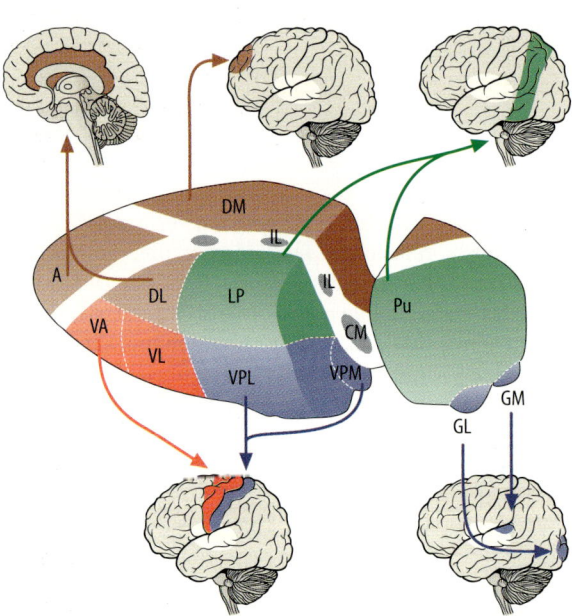

Abb. 4.6. Die Kerne des Thalamus und ihre Verbindungen (s. Tabelle 14.1). *A* = Nucleus anterior, *CM* = Centrum medianum, *DM* und *DL* = Nucleus dorsomedialis und dorsolateralis, *GM* und *GL* = Geniculatum mediale und laterale, *IL* = intralaminare Kerne, *LP* = Nucleus lateralis posterior, *Pu* = Pulvinar, *VA* und *VL* = Nuclei ventroanterioris und ventrolateralis, *VPM* und *VPL* = Nuclei ventroposterior medialis und lateralis (nach Kelly aus Kandel et al. 1991)

ist der Thalamus wichtigste Umschaltstelle zwischen verschiedenen Anteilen der Großhirnrinde. Die *spezifischen thalamokortikalen Systeme* dienen jeweils spezifischen Leistungen. Die spezifischen somatosensorischen Afferenzen aus der lemniscalen Bahn werden im ventrobasalen Komplex (Nucleus ventralis posterior) umgeschalten, die Afferenzen aus dem Auge im Corpus geniculatum laterale und die Afferenzen aus dem Ohr im Corpus geniculatum mediale. Diese spezifischen Bahnen sind jeweils somatotopisch fein gegliedert und vermitteln ein getreues Abbild der Sinneseindrücke. Sie projizieren hauptsächlich in die jeweils spezifischen Kortexareale, wie primärer somatosensorischer Kortex, primäre Sehrinde und primäre Hörrinde. Die Nuclei ventralis anterior und ventralis lateralis dienen der Durchführung von Zielmotorik (s. Kap. 3). Der Pulvinar thalami ist wichtige Umschaltstelle für integrative Leistungen des Gehirns, wie etwa die Sprache (s. Kap. 10.6). Er projiziert zu verschiedenen Assoziationsarealen der Großhirnrinde (s. Kap. 10.1). Demgegenüber vermittelt das sogenannte *generalisierte thalamokortikale System* wenig spezifische Erregungen. Zu diesem System gehört die Massa intermedia, und die Nuclei centromedianus, parafascicularis, anteroventralis und anterodorsalis. Es wird u.a. aus der Formatio reticularis aktiviert (sog. aufsteigendes retikuläres aktivierendes System ARAS) und ist für Vigilanz, Schlaf-Wach-Rhythmus und für die Regulation von Emotionen und Motivation bedeutsam. Ohne hinreichende Aktivierung des generalisierten thalamokortikalen Systems ist eine bewußte Wahrnehmung von spezifischen Sinneseindrücken nicht möglich. Ausschaltung des generalisierten thalamokortikalen Systems führt zur *Bewußtlosigkeit*.

Großhirnrinde. Neurone des Thalamus projizieren zum primären somatosensorischen Kortex im Gyrus postcentralis. Der Gyrus postcentralis ist streng somatotopisch gegliedert. An seiner Oberfläche läßt sich ein Homunculus abbilden. Dabei nehmen Finger, Mundregion und Zunge jeweils besonders große Areale ein, da diese Körperteile besonders viele (kleine, eng umgrenzte) rezeptive Felder aufweisen. Parallel zur somatotopischen Gliederung liegt auch eine Gliederung nach Sinnesmodalitäten vor (Abb. 4.7). Neurone, die Afferenzen gleicher Modalität aus der gleichen Körper-

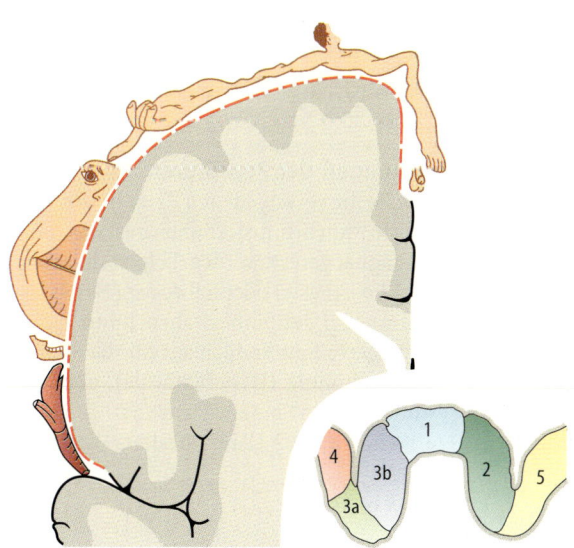

Abb. 4.7. Topographische Organisation der sensorischen Rinde. Homunculus und Aufteilung nach Modalitäten: Area 1: Mechanorezeption Haut FA; Area 2: Gelenke; Area 3a: Muskel, 3b: Mechanorezeption Haut SA, FA (nach Penfield und Rasmussen 1950)

region erhalten und verarbeiten, sind in Säulen übereinander angeordnet. Neurone unterschiedlicher Modalität, jedoch gleicher Körperregion liegen nebeneinander auf gleicher Höhe. Aus dem primären Kortex werden die Informationen in sekundäre sensorische Hirnareale (v.a. im Parietallappen) überspielt, wo eine Analyse der Sinneseindrücke vorgenommen wird. Hier werden die verschiedenen Modalitäten integriert und die Gesamtheit der Sinneseindrücke interpretiert. Auf diese Weise entstehen Wiedererkennen und Verstehen von Sinneseindrücken (s. Kap. 10.6). Der Parietallappen erzeugt v.a. eine räumliche Dimension. Der Körper als räumliche Struktur wird in den äußeren Raum eingeordnet. Hierbei spielt die Integration visueller, propriozeptiver und somästhetischer Information eine Rolle.

Efferente Kontrolle von Afferenzen. Die Weiterleitung der Sinneseindrücke kann an jeder Umschaltstelle modifiziert werden. Über deszendierende Bahnen beeinflußt beispielsweise der Kortex die Weiterleitung im Thalamus und die Weiterleitung der Afferenzen in den Nuclei gracilis und cuneatus, also der ersten Umschaltstelle der lemniscalen Bahn. Die deszendierenden Bahnen können zur *Kontrastverschärfung* beitragen. Besondere Bedeutung erlangen Mechanismen, die eine *Weiterleitung von Schmerzafferenzen hemmen* (s. Abb. 4.8). Durch deszendierende Bahnen aus dem Kortex kann die Weiterleitung im Thalamus unterbunden sowie Neurone im zentralen Höhlengrau und in den Nuclei raphé erregt werden. Deszendierende Bahnen aus diesen Kernen aktivieren über Serotonin und Noradrenalin Interneurone im Rückenmark, die durch Ausschüttung u.a. von Endorphinen (Encephalinen) die Umschaltung von Schmerzafferenzen im Rückenmark unterbinden. Morphine wirken u.a. über eine Hyperpolarisation und damit Hemmung der Transmitterausschüttung.

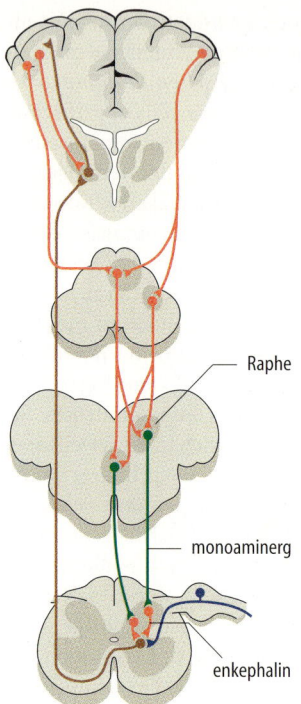

Raphe

monoaminerg

enkephalin

Abb. 4.8. Deszendierende Bahnen zur Schmerzhemmung

4.3 Störungen der somato-viszeralen Sensibilität

Die Sinneswahrnehmung und Erregungsweiterleitung kann auf verschiedenen Ebenen gestört sein:

Störungen der Rezeptoren. Rezeptoren, welche die verschiedenen Reize in der Peripherie wahrnehmen, können ausfallen oder inadäquat gereizt werden. Folgen sind völliger (Anästhesie) oder teilweiser (Hypästhesie) Ausfall der Sinneswahrnehmung, eine gesteigerte Empfindlichkeit für die Sinneswahrnehmung (Hyperästhesie), oder das Auftreten von Sinneswahrnehmungen ohne adäquaten Reiz (Parästhesien, Dysästhesien).

Unterbrechung der Nervenleitung. Läsionen in *peripheren Nerven* oder *Spinalnerven* können gleichfalls An-, Hyp-, Hyper-, Para- und Dysästhesien hervorrufen. Ausfälle an peripheren Nerven unterscheiden sich von Ausfällen an Spinalnerven durch die Topographie der Störungen (s. Abb. 4.9). Durch Überlappung von Innervationsgebieten kommt es bei Ausfall eines Spinal-

nerven lediglich zu Hypästhesie des betroffenen Dermatoms. Bei Unterbrechung der Nervenleitung durch eine Schädigung oder Durchschneidung des Nerven kann es auch zu Schmerzen kommen. Diese entstehen durch Erregungsbildung an der verletzten Stelle und/oder im Zellkörper der verletzten Hinterwurzelganglienzelle (neuropathischer Schmerz).

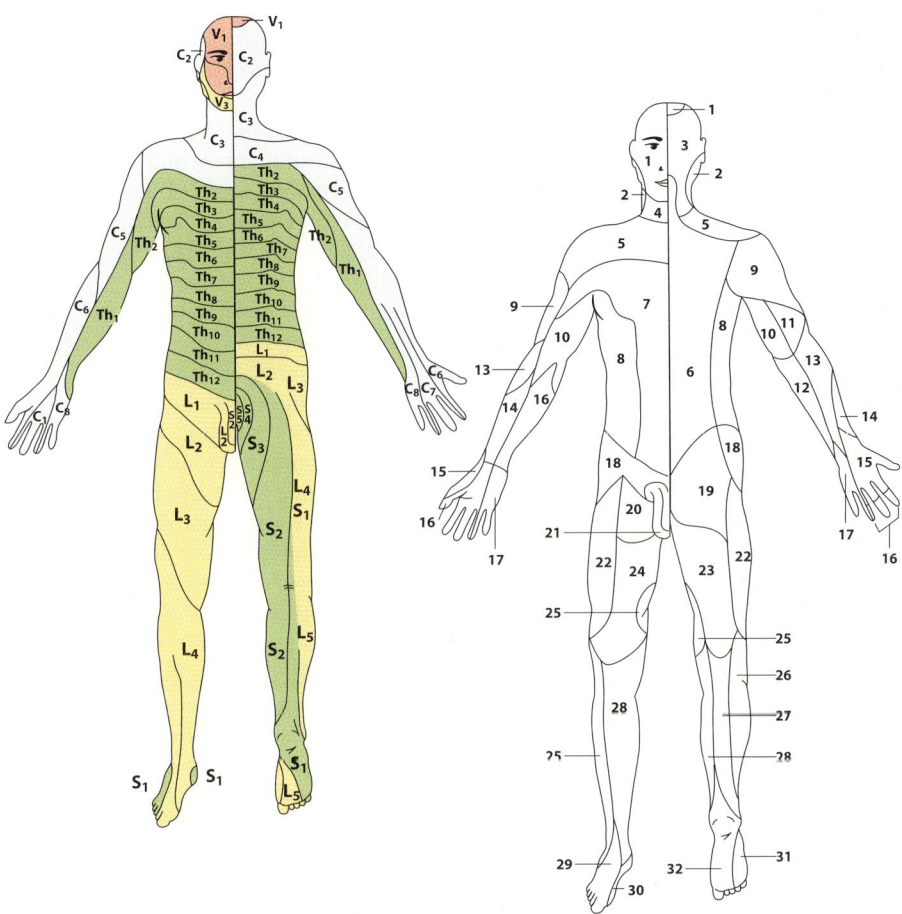

Abb. 4.9. Dermatome (links) und Innervationsgebiete (rechts): *1.* N. trigeminus, *2.* N. auricularis magnus, *3.* Nn. occipitales maior et minor, *4.* N. cutaneus colli, *5.* Nn. supraclaviculares, *6.* Rr. dorsales N. spin., *7.* Rr. ventrales N. intercost., *8.* Rr. laterales N. intercost., *9.* N. cutaneus brachii lateralis, *10.* N. cutaneus brachii medialis, *11.* N. cutaneus brachii posterior, *12.* N. cutaneus antebrachii medialis, *13.* N. cutaneus anterachii posterior, *14.* N. cutaneus antebrachii lateralis, *15.* R. superficialis Nn. radialis, *16.* Nn. digitales Nn. mediani, *17.* Rr. manus Nn. ulnaris, *18.* N. iliohypogastricus, *19.* Nn. clunium, *20.* N. genitofemoralis, *21.* N. ilioinguinalis, *22.* N. cutaneus femoris lateralis, *23.* N. cutaneus femoris posterior, *24.* N. femoralis, *25.* N. obturatorius, *26.* N. cutaneus surae lateralis, *27.* N. suralis, *28.* N. saphenus, *29.* N. peroneus superficialis, *30.* N. tibialis, *31.* N. plantaris lateralis, *32.* N. plantaris medialis

Unterbrechung von Rückenmarksbahnen.

- Bei einer *Halbseitenläsion* ist die Tiefensensibilität und die feine (epikritische) Oberflächensensibilität auf der Seite der Läsion (ipsilateral), Temperatur, grobe Mechanorezeption und Schmerz auf der anderen Seite (kontralateral) in Mitleidenschaft gezogen (dissoziierte Empfindungsstörung). Auf der ipsilateralen Seite sind im übrigen die deszendierenden motorischen Bahnen unterbunden (sog. Brown-Sequard-Syndrom).

- Eine Unterbrechung der Leitung in den *Hinterstrangbahnen* unterbindet die Vibrationsempfindung und mindert die Fähigkeit, mechanische Reize räumlich und zeitlich exakt zu definieren und ihre Intensität richtig einzuschätzen. Ferner ist die Tiefensensibilität aufgehoben. Dadurch ist vor allem die Information aus den Muskelspindeln in Mitleidenschaft gezogen und mit ihr die Kontrolle der Muskeltätigkeit und des Gleichgewichts. Folge ist u.a. Ataxie. Bei einer Läsion innerhalb der Hinterstrangbahnen spielt die topographische Ordnung der Bahnen eine Rolle. Im zervikalen Rückenmark sind die zervikalen Bahnen (c) am meisten lateral, während die sakralen Bahnen (s) medial liegen.

- Eine Läsion im *Vorderseitenstrang* führt zum Ausfall von Druck, Schmerz und Temperatur. Es können An-, Hyp-, Hyper-, Para- und Dysästhesien auftreten. Bei Bewegungen der Wirbelsäule können durch Reizung der lädierten Afferenzen entsprechende Sinneswahrnehmungen auftreten (*Lhermitte-Zeichen*).

Läsionen im Kortex. Bei *Läsionen im somatosensorischen Kortex* sind räumliches und zeitliches Auflösungsvermögen von Empfindungen, Stellungs- und Bewegungssinn aufgehoben, die Einschätzung der Intensität beeinträchtigt. Bei *Läsionen in assoziativen Bahnen* oder Rindenabschnitten kommt es zu gestörter Verarbeitung von Sinneswahrnehmungen. Folgen sind u.a. Astereognosie (Unfähigkeit, Gegenstände durch Betasten zu erkennen) Topagnosie (Verlust räumlicher Wahrnehmung), Körperschemastörungen, Lagesinnstörungen, Auslöschphänomen (Ignorieren eines von zwei gleichzeitig angebotenen Reizen) und Hemineglekt (Ignorieren der kontralateralen Körperhälfte und des Umfeldes dieser Seite).

Gesteigerte Schmerzwahrnehmung. Mehrere Mechanismen können Schmerzen auslösen oder verstärken:

- Wiederholte noxische Reize oder Entzündungsmediatoren (s. Kap. 4.1) senken die Schmerzschwelle, sodaß sonst unterschwellige Reize Schmerz auslösen können (Allodynie), und steigern die Schmerzempfindung bei noxischen Reizen (Hyperalgesie). Ursachen sind die Sensibilisierung der Nozizeptoren, die Rekrutierung sogenannter „schlafender" Nozizeptoren und die verstärkte zentrale Weiterleitung von Schmerzafferenzen.

- Schmerzafferenzen aus Organen und von der Hautoberfläche werden z.T. im Rückenmark vermascht, das heißt die Afferenzen konvergieren auf gleiche Neurone im Rückenmark. Die Erregung von Nozizeptoren in einem Organ steigert damit die Schmerzempfindlichkeit derjenigen Hautareale, deren Afferenzen im gleichen Rückenmarksegment umgeschaltet werden (übertragener Schmerz, s. Abb. 4.10). Bei einem Herzinfarkt, z. B., strahlen die Schmerzen in die linke Schulter und den linken Arm aus (sog. *Head'sche Zonen*).

- Beim *projizierten Schmerz* entsteht die Schmerzempfindung nicht am Nozizeptor, sondern der Nerv selbst wird gereizt, etwa durch Quetschung des Nervus ulnaris im Sulcus ulnaris oder durch Kompression der Hinterwurzel bei Bandscheibenvorfall. Die Wahrnehmung wird dann in das Innervationsgebiet des Nerven projiziert. Eine besondere Form des projizierten Schmerzes ist der Phantomschmerz einer amputierten Gliedmaße. Die Afferenzen werden im Rückenmark umgeschaltet und über den Vordersei-

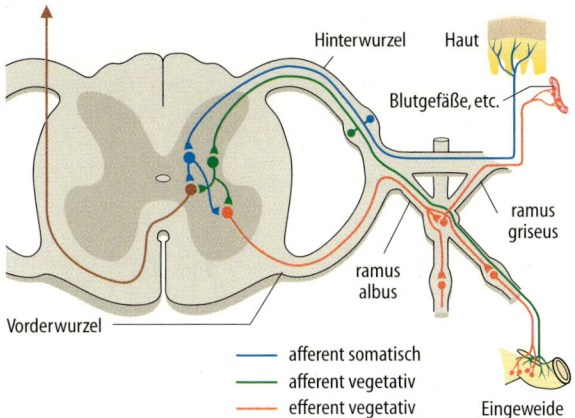

Hinterwurzel Haut

Blutgefäße, etc.

ramus
griseus

ramus
albus

Vorderwurzel

— afferent somatisch
— afferent vegetativ
— efferent vegetativ   Eingeweide

Abb. 4.10. Vermaschung ~~viszera-ler~~ (blau) und vegetativer (grün) Afferenzen. Die Konversion der Afferenzen im Hinterhorn führt zu einer Projektion viszeraler Schmerzen auf die Haut und zur Beeinflussung vegetativer Efferenzen (rot) durch Afferenzen aus der Haut

somatischer

tenstrang zum Thalamus und von dort zur somatosensorischen Rinde geleitet.

- Möglicherweise durch Versagen der deszendierenden Hemmung können Läsionen im Thalamus massive Schmerzzustände nach sich ziehen (Thalamussyndrom).

Schmerzbekämpfung. Schmerzen lassen sich auf mehreren Ebenen bekämpfen: Entzündung und Aktivierung der Rezeptoren lassen sich u.a. durch Abkühlen der verletzten Stelle und Prostaglandinsynthesehemmer unterbinden, Schmerzweiterleitung durch Abkühlen und Na$^+$-Kanalblocker (Lokalanästhetika). Prostaglandine wirken darüber hinaus offenbar auch im zentralen Nervensystem. Die deszendierenden Systeme zur Hemmung der Weiterleitung von nozizeptiven Afferenzen können wahr-

scheinlich durch Elektroakupunktur und transkutane Nervenstimulation aktiviert werden. Die Endorphinrezeptoren u.a. in Rückenmark und Hirnstamm werden durch Morphin und verwandte Pharmaka aktiviert. Die Weiterleitung im Thalamus wird durch Narkose und Alkohol unterbunden. Durch psychologische Behandlungsmethoden können endogene Schmerzhemmechanismen gefördert werden. Bisweilen wurde versucht, die Schmerzweiterleitung durch neurochirurgische Eingriffe zu unterbinden.

Analgesie. Fehlende Weiterleitung von Schmerz durch pharmakologische Intervention oder sehr seltene angeborene Analgesie unterbindet die warnende Funktion von Schmerzen. Die unterlassene Beseitigung der Schmerzursache kann dabei lebensbedrohlich sein.

Das Auge ist in der Lage, elektromagnetische Wellen mit einer Wellenlänge von 400–750 nm aufzunehmen und Bilder von Objekten zu entwerfen, von denen diese Strahlen ausgehen. Die unterschiedliche spektrale Empfindlichkeit verschiedener Rezeptoren des Auges erlaubt die Wahrnehmung von Farben, die präzise Abbildung von äußeren Objekten auf der Retina die Wahrnehmung von Gestalt.

5.1 Abbildender Apparat des Auges

Brechung von Lichtstrahlen im Auge. Der optische Apparat des Auges (s. Abb. 5.1)

dient der scharfen Abbildung von Objekten auf der Netzhaut. Dazu müssen Lichtstrahlen, die von einem Punkt eines Objektes ausgehen, an den Grenzflächen des abbildenden Apparates in der Weise gebrochen werden, daß sie sich wieder in einem Punkt auf der Netzhaut treffen. Lichtstrahlen werden dann gebrochen, wenn sie schräg auf eine Trennfläche zwischen zwei Medien mit unterschiedlichem Brechungsindex auftreffen (s. Abb. 5.2). Die Brechung ist umso stärker, je schräger das Licht einfällt und je größer das Verhältnis der Brechungsindizes ist. Treffen parallele Strahlen (von einem Punkt in weiter Entfernung) auf eine kugelige Trennfläche (Linse), dann bleibt der in der Mitte senkrecht auf die Linse treffende

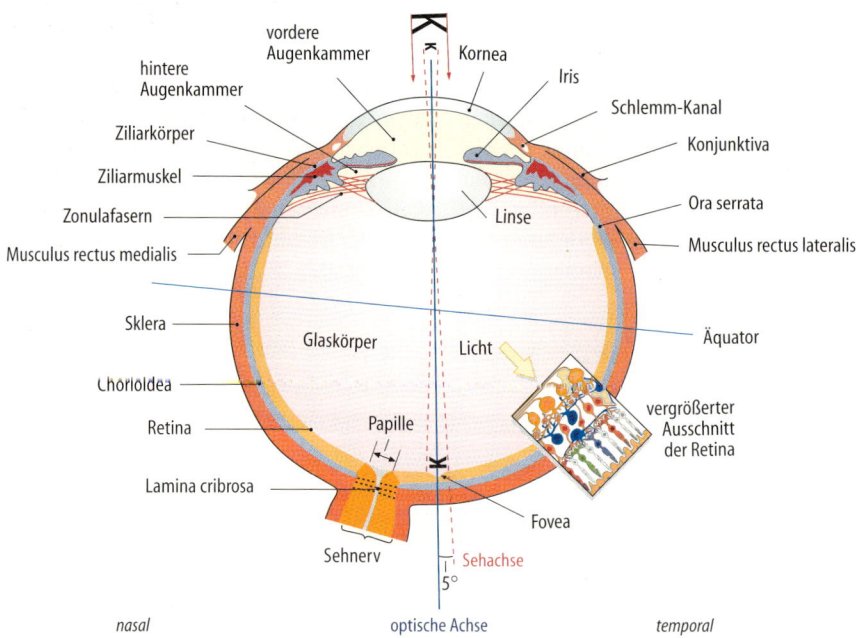

Abb. 5.1. Das Auge

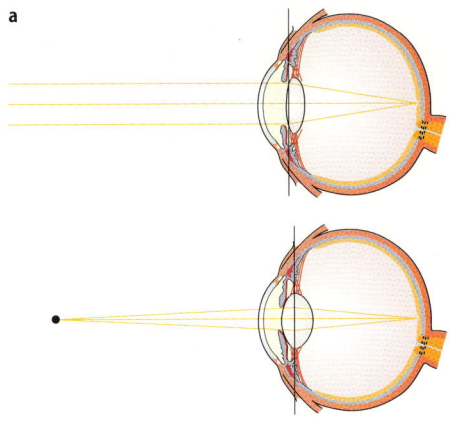

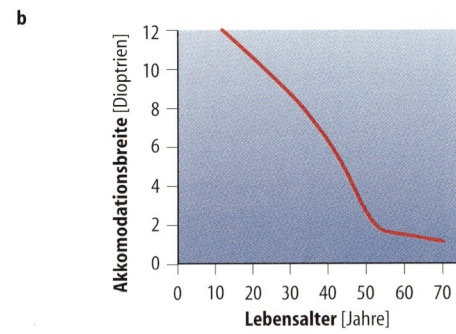

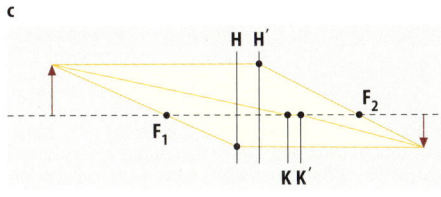

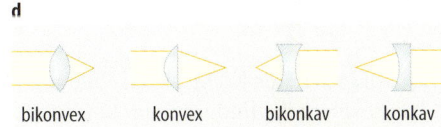

bikonvex   konvex   bikonkav   konkav

Abb. 5.2. Lichtbrechung im Auge und an optischen Linsen. **a** Brechung an flacher (oben) und stark gekrümmter (unten) Linse. **b** Akkommodationsbreite in Abhängigkeit vom Alter. **c** Strahlengang im Auge (F_1, F_2 = vorderer und hinterer Brennpunkt, H_1, H_2 = vordere und hintere Hauptebene, K_1, K_2 = vorderer und hinterer Knotenpunkt). **d** Strahlengang in optischen Linsen

Strahl ungebrochen. Je peripherer die Strahlen auf die Linse auftreffen, desto schräger treffen sie auf die Trennfläche und desto stärker werden sie gebrochen. Auf diese Weise werden die parallel einfallenden Strahlen hinter der Linse in einem Punkt vereint. Je kleiner der Radius der Linse ist, desto stärker werden die seitlich einfallenden Strahlen gebrochen und desto dichter liegt der Vereinigungspunkt hinter der Linse, desto kürzer ist also die sogenannte Brennweite (f). Je kürzer die Brennweite einer Linse, desto größer ihre *Brechkraft*: Sie wird in Dioptrien (D) angegeben: D = 1/f. Die Gesamtbrechkraft des Auges beträgt etwa 58 Dioptrien (dpt, s. unten).

Aufgabe der Augenlinse. Im Vergleich zu Luft (= 1) ist der Brechungsindex der Kornea etwa 1,38, der des Kammerwassers etwa 1,34 und der der Linse etwa 1,41. Strahlen, die in das Auge einfallen, werden vor allem an der Kornea gebrochen (ca. 49 dpt). Da die Kornea jedoch an der Rückseite in gleicher Richtung gewölbt ist (konvex/konkave Linse) und das Kammerwasser eine geringere Brechkraft aufweist, geht ein Teil der Brechkraft wieder verloren. Obwohl die Augenlinse als bikonvexe Linse eine stärkere Brechung erzielen sollte als die konvex/konkave Kornea (s. Abb. 5.2), erreicht sie nicht deren Brechkraft. Sie weist ja einen nur geringfügig größeren Brechungsindex als die angrenzenden Medien auf. Beim fernadaptierten Auge (x = ∞) erreicht die Linse ca. 19 dpt. Die besondere physiologische Bedeutung der Linse liegt jedoch in ihrer Fähigkeit, ihre Krümmung und damit ihre Brechkraft um bis zu 14 dpt zu steigern (*Akkommodation*): Damit können normalsichtige Kinder Objekte scharf auf der Retina abbilden, die nur etwa 7 cm (x = 0,07) vom Auge entfernt sind. Die Akkommodationsbreite bei Kindern ist demnach 14 Dioptrien (1/Nahpunkt [m] – 1/Fernpunkt [m] = 1/0,07 – 1/∞ = 14 – 0). Im Alter nimmt freilich die Akkommodationsbreite ab (s. Abb. 5.2). Die Linse wird bei Fernakkommodation durch Zug der am Linsenäquator ansetzenden Zonulafasern abgeflacht. Bei Kontraktion des Musculus ciliaris (über parasympathische Fasern) wird der Zug der Zonulafasern herabgesetzt, die Linse zieht sich aufgrund ihrer elastischen Eigenschaften zusammen und die Linsenkrümmung nimmt zu.

Refraktionsanomalien. Bei den Refraktionsanomalien werden betrachtete Objekte nicht scharf auf der Netzhaut abgebildet (s. Abb. 5.3).

- Bei der **Myopie** (Kurzsichtigkeit) ist entweder die Brechkraft des Auges zu groß (Brechungsmyopie, selten) oder der Augenbulbus ist für die Brechkraft zu lang (Achsenmyopie). Parallel einfallende Strahlen vereinigen sich vor der Netzhaut und weit entfernte Gegenstände können nicht scharf gesehen werden. Die Anomalie kann durch eine Zerstreuungslinse korrigiert werden.
- Bei der **Hyperopie** (Weitsichtigkeit) ist entweder der Augenbulbus zu kurz (Achsenhyperopie) oder die Brechkraft des Auges zu gering (Brechungshyperopie). Folge ist, daß Strahlen, welche von nahen Punkten ausgehen, nicht mehr vor der Netzhaut vereinigt werden können, also nahe Gegenstände unscharf gesehen werden. Die Anomalie kann durch eine Sammellinse korrigiert werden.
- Mit dem Alter schwindet die Elastizität der Linse und der Ziliarmuskel atrophiert. Dadurch nimmt die maximale Krümmung bei Nahakkomodation ab. Folge ist die **Presbyopie** (Altersweitsichtigkeit), die Unfähigkeit, nahe Objekte scharf zu sehen. Die Akkomodationsbreite nimmt auf weniger als zwei Dioptrien ab. Die Betrachtung naher Objekte erfordert somit die Verwendung einer Sammellinse, die jedoch bei Betrachtung ferner Objekte wieder abgelegt werden muß.
- Bei **Astigmatismus** weicht die Augenoberfläche von der Kugelform ab. Beim regulären Astigmatismus unterscheiden sich die Krümmungsradien von horizontaler und vertikaler Achse, ein aufrechtes

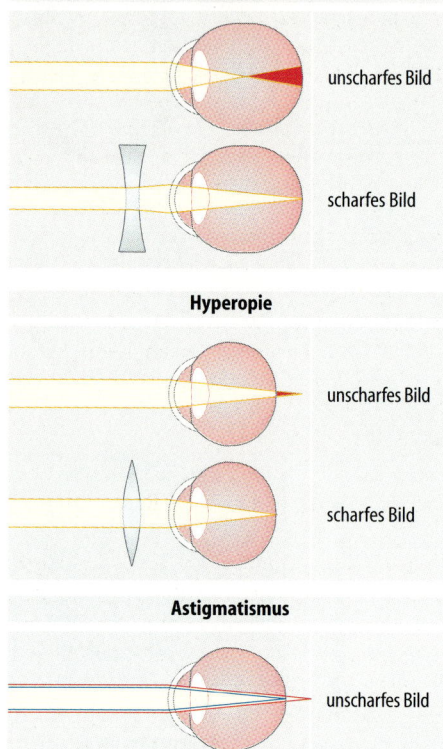

Abb. 5.3. Brechung von Lichtstrahlen bei Kurzsichtigkeit (Myopie), bei Weitsichtigkeit (Hypermetropie) und Astigmatismus, jeweils vor und nach Korrektur mit entsprechender Linse

Quadrat wird als Rechteck abgebildet. Er kann durch Zylinderlinsen korrigiert werden. Ein geringfügiger (< 0,5 Dioptrien) regulärer Astigmatismus mit größerer Brechkraft in vertikaler Richtung ist normal. Beim schiefen Astigmatismus stehen die unterschiedlichen Achsen schräg zueinander. Beim irregulären Astigmatismus ist die Hornhautoberfläche unregelmäßig, z. B. als Folge von Hornhautnarben. Er kann nur durch Kontaktschalen behoben werden.

Die erforderliche Korrektur (in dpt) eines Refraktionsfehlers errechnet sich aus dem Kehrwert des Fernpunktes FP [in m]: K = 1/FP. Liegt der Fernpunkt eines Patienten mit Myopie bei 2 m, dann benötigt er eine Zerstreuungslinse von –0,5 Dioptrien. Der Fernpunkt ist bei Hyperopie nur mit einer Sammellinse feststellbar. Bei einer Linse mit der Brennweite f gilt: K = 1/f – 1/FP. Ist bei einem Patienten mit Hyperopie der Fernpunkt mit einer Sammellinse von + 2 dpt (f = 0.5 m) 4 m, dann ist RF + 1,75 dpt.

Sphärische und chromatische Aberration. Die bei sphärischen Linsen beobachtete stärkere Brechung im Randbereich der Linse (sphärische Aberration) und stärkere Brechung der kurzwelligen Strahlen (chromatische Aberration) spielen beim menschlichen Auge keine relevante Rolle.

Katarakt. Die Transparenz von Kornea und Linse wird normalerweise durch Regulation des Wassergehaltes aufrecht erhalten. Das Korneaepithel ist auf Sauerstoffzufuhr von außen angewiesen. Bei Schluß der Augenlider sinkt der Sauerstoffpartialdruck ab, der Transport ist beeinträchtigt und die Transparenz der Kornea nimmt ab. Nach Öffnen der Augen am Morgen sieht man daher nicht sofort deutlich. Bei verschiedenen Erkrankungen (v.a. Diabetes mellitus) und im Alter kann der Wassergehalt der Linse verändert sein und die Transparenz der Linse abnehmen (Katarakt, grauer Star).

5.2 Kammerwasser

Das Kammerwasser wird durch ein Epithel in den Ziliarfortsätzen gebildet, fließt in die vordere Augenkammer und gelangt über das Trabekelwerk des Kammerwinkels in den Schlemm-Kanal. Der Augeninnendruck (ca. 10–20 mmHg) ist das Ergebnis des Gleichgewichtes von Kammerwasserproduktion (ca. 3 ml/min) in den Ziliarfortsätzen und Kammerwasserabfluß in den Schlemm-Kanal.

Glaukom. Eine Steigerung des Augeninnendruckes kann Folge gesteigerter Kammerwasserproduktion (selten) oder beeinträchtigten Abflusses (häufig) sein. Ein gesteigerter Innendruck ist wiederum der wichtigste Risikofaktor für das Auftreten eines Glaukoms, einer Optikusneuropathie, die freilich auch bei normalem Augeninnendruck auftreten kann. Bei Erweiterung der Pupille (s. Kap. 5.8) wird der Schlemm-Kanal teilweise verlegt und der Abfluß beeinträchtigt. Pupillenerweiterung (z. B. durch Verabreichung von Atropin) kann daher einen Glaukomanfall auslösen.

5.3 Retina

Die Retina ist Teil des Gehirns. In ihr erfolgt nicht nur die Umwandlung von Licht in Änderungen des Membranpotentials der Photorezeptoren, sondern bereits eine erste neuronale Verarbeitung der optischen Information. Mit dem Augenspiegel läßt sich die Retina beurteilen. Erkennbar ist dabei vor allem die Papilla nervi optici mit dem Nervus opticus und den aus- bzw. eintretenden Gefäßen (s. Abb. 5.4) sowie die Fovea centralis bzw. Macula lutea (gelber Fleck).

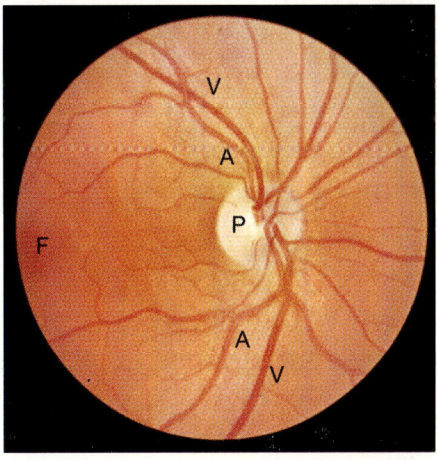

Abb. 5.4. Photographie des Augenhintergrundes (rechtes Auge): *A* Äste der A. centralis retinae, *V* Äste der Vv. centralis retinae, *P* Papilla nervi optici, *F* Fovea centralis (aus Leydhecker u. Grehn 1993)

Aufbau der Retina. Die Retina ist von einem Pigmentepithel ausgekleidet (s. Abb. 5.5). In das Pigmentepithel ragen die lichtempfindlichen „Außenglieder" der Photorezeptoren. Sie werden ständig erneuert und die Reste von den Pigmentepithelzellen phagozytiert. Bei eingeschränkter Phagozytosefähigkeit der Pigmentzellen kommt es zum Untergang der Photorezeptoren (sog. Retinitis pigmentosa). Die „Innenglieder" der Photorezeptoren stehen in synaptischer Verbindung mit den Bipolarzellen, die auf der anderen Seite mit den Ganglienzellen verknüpft sind. Amakrine Zellen und Horizontalzellen bilden Querverknüpfungen zwischen Photorezeptoren, Bipolarzellen und Ganglienzellen. Durch die Verschaltung werden rezeptive Felder geschaffen (s. unten, s. Abb. 5.5). Der überwiegende Teil der Ganglienzellen (80 %) hat relativ kleine rezeptive Felder und reagiert bei anhaltendem Lichtreiz tonisch (β-Ganglienzellen), ein kleiner Teil weist große rezeptive Felder auf (α- oder γ-Ganglienzellen) und reagiert z.T. phasisch (α-Ganglienzellen). Die Axone der Ganglienzellen vereinigen sich in der Papille zum Nervus opticus. Da in der Papille keine Photorezeptoren sind, kann dort kein Licht wahrgenommen werden (blinder Fleck). Zwischen den neuronalen Zellen liegen noch die retinalen Gliazellen (Müller-Zellen).

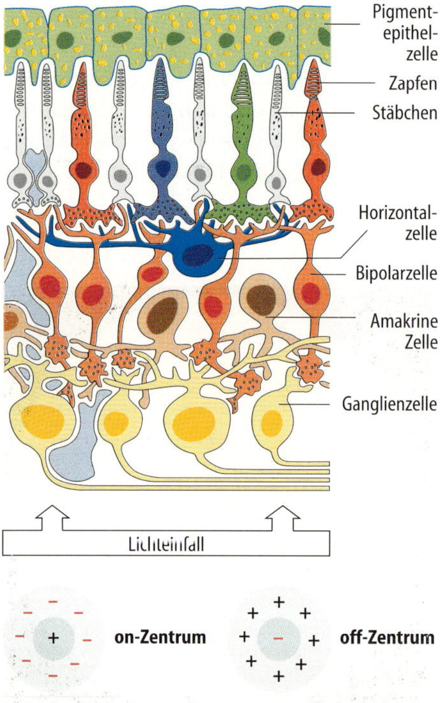

Photorezeptoren. Rezeptoren der Retina (Netzhaut) sind die Stäbchen (ca. 120 Mio.) und drei verschiedene Typen von Zäpfchen (ca. 6 Mio.). Die Zäpfchen vermitteln das Farbensehen. Die Farbstoffe der Blau-, Grün- und Rotzapfen weisen jeweils unterschiedliche spektrale Empfindlichkeit auf (s. Abb. 5.6). Die Zäpfchen benötigen wegen ihrer hohen Schwelle Tageslicht (photopisches Sehen). Dabei ist die Empfindlichkeit der Zapfen unterschiedlich (s. Abb. 5.6). Ihre

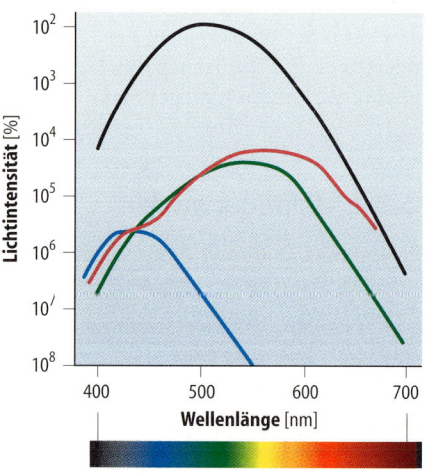

Abb. 5.5. Aufbau der Retina (oben) und rezeptive Felder (unten). Gelb: Ganglienzellen, braun: Amakrine Zellen, blau: Horizontalzellen, rosa: Bipolarzellen, grau: Stäbchen, rot, grün, blau: Zapfen (nach Grüsser und Grüsser-Cornehls aus Schmidt et al. 2000)

Abb. 5.6. Spektrale Empfindlichkeit unterschiedlicher Zapfen (blau, grün, rot) und der Stäbchen (schwarz). Angegeben ist die Schwellenlichtintensität in % der absoluten Schwelle. Beachte den logarithmischen Maßstab der Ordinate

Empfindlichkeit ist bei etwa 500 nm (grün/blau) am größten. Da die Rotzapfen die geringste Empfindlichkeit aufweisen, verschwinden bei Dämmerung zuerst die Rotfarben und bei Dunkelheit wirkt alles bläulich. Bei geringer Leuchtstärke (Mondlicht) wird das Sehen durch die wesentlich empfindlicheren Stäbchen vermittelt (skotopisches Sehen). Die Stäbchen können jedoch keine Farben erkennen (Schwarz/Weiß-Sehen). Zäpfchen sind ferner wesentlich schneller als die Stäbchen, d.h. bei kurzdauernden Lichtblitzen werden sie schneller erregt. Die Fovea centralis enthält ausschließlich Zäpfchen, jedoch keine Stäbchen. Bei Tag weist die Fovea die größte Sehschärfe auf (Visus, s. unten), bei geringer Leuchtstärke ist sie jedoch wegen der relativ geringen Empfindlichkeit der Zäpfchen annähernd blind. Im Bereich um die Fovea ist die Konzentration an Stäbchen am größten. In der Netzhautperipherie nimmt die Rezeptorendichte insgesamt allmählich ab. Dabei werden fast nur Stäbchen eingesetzt.

Transduktionsprozeß. In den Membranscheibchen des Außengliedes der Stäbchen sind Rhodopsinmoleküle eingebaut, Membranproteine, die den Chromophor 11-cis-Retinal enthalten. Bei Einfall von Licht wandelt sich 11-cis-Retinal in All-trans-Retinal um, das Rhodopsinmolekül aktiviert das G-Protein Transducin, das wiederum eine cGMP spaltende Phosphodiesterase stimuliert (s. Abb. 5.7). Die Konzentration an

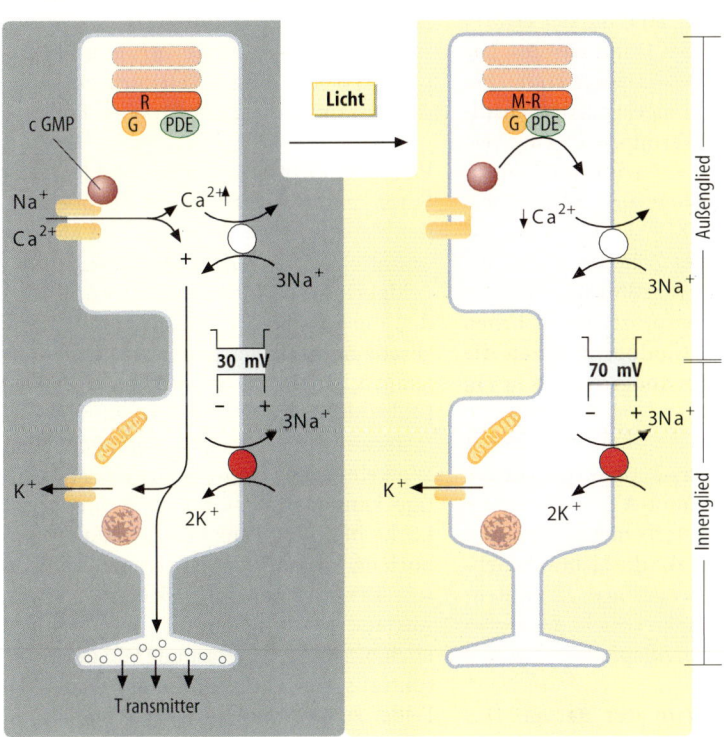

Abb. 5.7. Zelluläre Mechanismen der Photorezeption. Durch Licht wird Rhodopsin (*R*) umgelagert (*M-R*), und aktiviert über ein G-Protein (*G*) eine Phosphodiesterase, die cGMP zu GMP abbaut. Damit wird ein cGMP-aktivierter Kationenkanal gehemmt, der im Dunkeln die Zellmembran depolarisiert und so die Transmitterausschüttung stimuliert

cGMP sinkt und dadurch wird ein Na^+- und Ca^{++}-permeabler Kationenkanal geschlossen, der in Dunkelheit durch cGMP offengehalten wird (depolarisierender Dunkelstrom). Der Verschluß des Kationenkanals führt zur Hyperpolarisation, da nun der Einfluß der ständig offenen K^+-Kanäle überwiegt. Die Hyperpolarisation hemmt wiederum die Ausschüttung von Neurotransmittern. Ein Rhodopsinmolekül kann viele Transducinmoleküle, und eine Phosphodiesterase viele cGMP spalten. Letztlich kann ein Photon den Einstrom von einer Million Kationen hemmen. Der Transduktionsmechanismus dient somit als mächtiger Signalverstärker. Bei Hemmung der Kationenkanäle sinkt auch die intrazelluläre Ca^{++}-Konzentration. Damit wird eine Ca^{++}-empfindliche Guanylatzyklase enthemmt und cGMP gebildet. Bei Unterbrechung des Lichteinfalls kommt es daher wieder zu schneller Zunahme der cGMP-Konzentration und des Dunkelstroms. Die Zunahme der Ca^{++}-Konzentration bei Lichteinfall mindert umgekehrt die Sensitivität des Rezeptors (Verminderung des Verstärkungsfaktors). Ca^{++} wird durch einen Na^+/Ca^{++}-Austauscher (im Außenglied), Na^+ durch eine Na^+/K^+-ATPase (im Innenglied) wieder aus der Zelle transportiert. Der Transduktionsprozeß in Zäpfchen ist mit dem Transduktionsprozeß der Stäbchen vergleichbar, statt Rhodopsin setzen die Zäpfchen jedoch ein anderes Protein ein (Zapfenopsine).

Nachtblindheit. 11-cis-Retinal entsteht aus Vitamin A. Bei Vitamin-A-Mangel ist die Bildung des Sehfarbstoffs in Stäbchen und Zäpfchen eingeschränkt, die Lichtwahrnehmung ist vor allem bei geringer Lichtintensität eingeschränkt, man spricht daher von Nachtblindheit (*Hemeralopie*).

Signalverarbeitung in der Retina. Das Membranpotential der *Photorezeptoren* reguliert die Ausschüttung von Neurotransmittern, welche die folgenden *Bipolarzellen* beeinflußt. Ein Teil der Bipolarzellen wird bei Lichteinfall depolarisiert (On-Bipolarzellen), der andere Teil hyperpolarisiert (sog. Off-Bipolarzellen). Über Transmitter beeinflussen die Bipolarzellen wiederum das Membranpotential der *Ganglienzellen*. Eine Depolarisation der Ganglienzellen führt zur Ausbildung von Aktionspotentialen, die über die Axone der Ganglienzellen weitergeleitet werden. Die Photorezeptoren, Bipolarzellen und Ganglienzellen werden durch Horizontalzellen und amakrine Zellen verknüpft. Diese Verknüpfungen dienen der Bildung von *rezeptiven Feldern*. Ein rezeptives Feld ist das gesamte Areal, von dem aus eine Ganglienzelle erregt oder gehemmt werden kann. Bei den On-Zentrumfeldern wird die Ganglienzelle durch Beleuchtung des Feldzentrums erregt und durch Beleuchtung der Feldperipherie gehemmt. Bei Off-Zentrumfeldern wirkt Beleuchtung des Zentrums hemmend, und Beleuchtung der Peripherie erregend. Durch die antagonistischen Wirkungen von Zentrum und Peripherie entsteht eine kollaterale Hemmung, die zur Kontrastierung beiträgt (s. Kap. 1.7).

Visus. Die kleinsten rezeptiven Felder in der Fovea centralis bestehen aus einem einzelnen Zapfen im Feldzentrum und aus den unmittelbar benachbarten Zapfen in der Feldperipherie. Die räumliche Auflösung, d.h. die Fähigkeit zwei getrennte Punkte gerade noch als getrennt wahrnehmen zu können, hängt von der Größe der rezeptiven Felder ab. Sie ist in der Fovea centralis normalerweise etwa 5 µm, das entspricht einer Winkelminute (= 1/60°). Der Normalsichtige kann damit eine etwa 3 mm breite Lücke in einem Ring (sog. Landolt-Ring) noch im Abstand von 10 m erkennen (Visus = 1). Erkennt man die Lücke erst in einem Abstand von 5 m, dann ist der Visus nur noch 0,5. Mit der Entfernung von der Fovea centralis nimmt die Größe der rezeptiven Felder zu. Die *räumliche Auflösung* nimmt demnach in der Netzhautperipherie ab (s. Abb. 5.8). Ferner werden bei geringer Leuchtstärke mehr Photorezeptoren im rezeptiven Feldzentrum zusammengespannt.

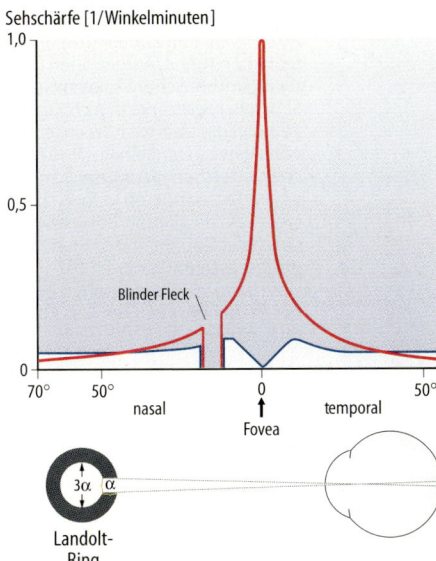

Abb. 5.8. Sehschärfe in Abhängigkeit vom Abstand von der Fovea bei photopischem Sehen (Zäpfchen, rot) und bei skotopischem Sehen (Stäbchen, blau). Darunter der Landoltring zur Bestimmung der Sehschärfe

Damit summieren sich zwar die Erregungen der Photorezeptoren und die Lichtempfindlichkeit wird gesteigert, die räumliche Auflösung nimmt jedoch ab.

Dunkeladaptation. Durch Einsatz mehrerer Mechanismen ist das Auge in der Lage, Bilder ganz unterschiedlicher Leuchtstärken zu verarbeiten.

- Der Lichteinfall auf die Retina wird durch die *Pupillenweite* reguliert. Bei großer Leuchtstärke wird binnen Bruchteilen einer Sekunde die Pupille verengt und bei geringer Leuchtstärke die Pupille gleichermaßen schnell vergrößert. Die Pupillenfläche und damit die Menge einfallenden Lichtes kann auf diese Weise um den Faktor von etwa 20 verändert werden. Die Muskeln, welche die Pupillenweite regulieren, stehen unter der Kontrolle der Retina (s. unten).
- Bei Dunkelheit wird 11-cis-Retinal nicht verbraucht und steht damit einer Photo-

reaktion zur Verfügung. Durch die stärkere Verfügbarkeit von 11-cis-Retinal wird die Photoempfindlichkeit der Rezeptoren gesteigert (*photochemische Adaptation*). Die Zapfen adaptieren schnell und erreichen ca. 10 min nach Blendung ihre maximale Empfindlichkeit. Die Stäbchen benötigen 15–20 min, erreichen jedoch letztlich eine wesentlich größere Empfindlichkeit. Der Übergang von Stäbchensehen in Zäpfchensehen erzeugt einen Knick in der Adaptationskurve (sog. *Kohlrausch'scher Knick*, s. Abb. 5.9). Da die Stäbchen ihre größte spektrale Empfindlichkeit bei 500 nm aufweisen, werden sie durch grün/blaues Licht auch am meisten geblendet. Durch Verwendung von gelbem oder rotem Licht z. B. im Straßenverkehr kann somit die Blendung der Stäbchen herabgesetzt werden.

- Die Adaptation wird schließlich teilweise durch *Anpassung neuronaler Verschaltung* an die Leuchtstärke erzielt. Über dopaminerge amakrine Zellen hemmen Zapfen bei großer Leuchtstärke die Weiterleitung der Erregung aus den Stäbchen. Darüber hinaus wird die Verschaltung der rezeptiven Felder der Helligkeit angepaßt. Bei geringer Leuchtstärke nimmt das Zentrum des rezeptiven Feldes auf Kosten der Peripherie zu. Folge ist neben einer Zunahme der Empfindlichkeit eine Abnahme der räumlichen Auflösung (s. oben).

Perimetrie. Zur Prüfung der Funktionsfähigkeit der verschiedenen Netzhautareale wird das Gesichtsfeld bestimmt (s. Abb. 5.10). Dazu fixiert die untersuchte Person mit einem Auge das Zentrum des halbkugelförmigen Perimeters, und es werden an verschiedenen Punkten Lichtreize angeboten. Die Ergebnisse werden in eine Karte eingetragen. Bei Läsionen in einem Netzhautareal wird der Lichtreiz in dem entsprechenden Bereich des Gesichtsfeldes nicht wahrgenommen (*Skotom*). Lichtreize, die auf die Macula nervi optici treffen, werden auch vom Normalsichtigen nicht wahr-

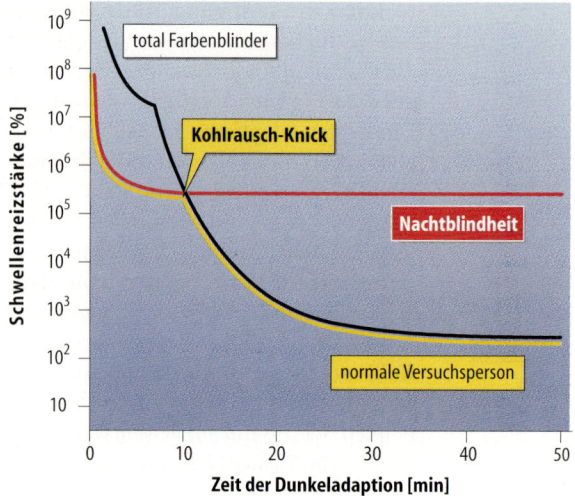

Abb. 5.9. Dunkeladaptation. Adaptation von Zapfen (rot) und Stäbchen (grau). Aufgetragen ist (in logarithmischer Skala!) die Schwellenreizstärke in Abhängigkeit von der Zeit nach Wechsel von Licht zu Dunkelheit. Die Stäbchen erreichen niedrigere Schwellenwerte, adaptieren jedoch langsamer als die Zapfen. Bei weißem Licht (das Zapfen und Stäbchen erregt) entsteht dadurch bei Übergang von Zapfensehen in das Stäbchensehen der sog. Kohlrausch'sche Knick

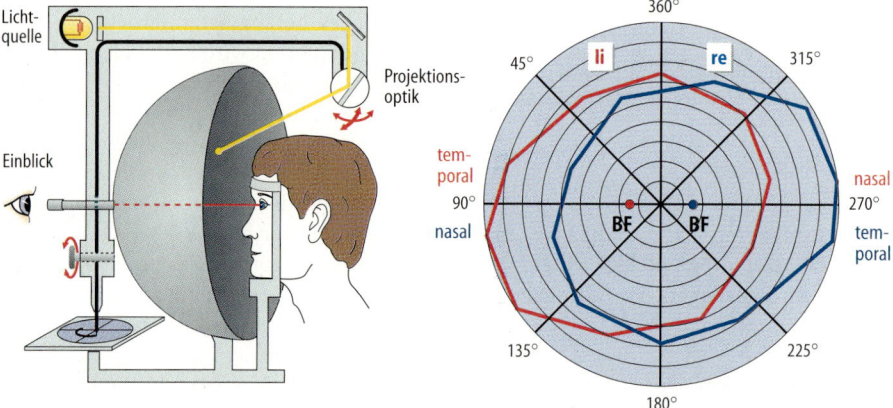

Abb. 5.10. Gesichtsfeld. Links: Bestimmung des Gesichtsfeldes, Rechts: Gesichtsfeld des linken (rot) und des rechten (blau) Auges bei einem Gesunden. *BF* = blinder Fleck (nach Grüsser und Grüsser-Cornehls aus Schmidt et al. 2000)

genommen (*blinder Fleck*, etwa 15° temporal vom Fixationspunkt (s. Abb. 5.10).

Elektroretinogramm. Bei Belichtung der Retina können zwischen der Kornea und einer indifferenten Elektrode an der Stirn Potentialschwankungen abgegriffen werden (Elektroretinogramm). Kurze Belichtung löst zunächst eine a-Welle durch die Potentialänderung an den Rezeptoren aus, gefolgt von einer b-Welle durch Erregung der nachgeschalteten Zellen und einer c-Welle durch

Potentialänderungen über das Pigmentepithel. Bei Löschen des Lichtes entsteht eine d-Welle durch Erregungsumkehr. Bei Erkrankungen der Retina können frühzeitig Veränderungen des Elektroretinogramms auftreten. Durch das in der Retina erzeugte Potential wirkt das Auge wie ein Dipol. Mit den Augen bewegt sich der Dipol und durch Abgreifen der Potentialdifferenz zwischen den beiden Schläfen lassen sich daher Augenbewegungen verfolgen.

5.4 Sehbahn

Verlauf der Sehbahn. Die Informationen aus beiden Augen werden über die Sehbahn zur Sehrinde weitergeleitet (s. Abb 5.11). Dabei kreuzen im *Chiasma opticum* die Sehnerven aus den nasalen Hälften der Retina, während die Nerven aus den temporalen Anteilen ungekreuzt weiterlaufen. Nach dem Chiasma opticum laufen die Axone als Tractus opticus weiter. Ein Teil der Fasern (v.a. aus γ-Ganglienzellen und α-Ganglienzellen) projeziert zu den *Colliculi superiores* und die *praetectale Region*. Die Kerne dienen der Steuerung der Augenbewegungen, vor allem zur Erreichung fovealer Abbildung interessierender Objekte. Der größte Teil der Fasern projeziert jedoch in das *Corpus geniculatum laterale* des Thalamus. Dort liegen die Umschaltneurone der α-Ganglienzellen ventral und die Umschaltneurone der β-Ganglienzellen dorsal. Darüber hinaus sind die Neurone retinotopisch organisiert, d.h. benachbarte retinale Ganglienzellen projizieren zu benachbarten Neuronen im Corpus geniculatum laterale. Die Weiterleitung im Corpus geniculatum laterale wird durch laterale Hemmung, Afferenzen aus dem Hirnstamm und Projektionen aus der Sehrinde beeinflußt. Auf diese Weise wird weitere Kontrastierung und Selektion der Afferenzen erzielt. Vom Corpus geniculatum gelangen die Afferenzen über die *Radiatio optica* zur Sehrinde im Occipitallappen. Auch die Radiatio optica ist streng retinotop organisiert. Afferenzen aus dem linken Gesichtsfeld (nasale Retinahälfte linkes Auge und laterale Retinahälfte rechtes Auge) gelangen über die Radiatio optica in die Sehrinde der rechten Hemisphäre und das rechte Gesichtsfeld wird in der linken Sehrinde abgebildet. Foveal abgebildete Gegenstände werden in die Sehrinden beider Hemisphären projiziert.

Läsionen der Sehbahn (s. Abb. 5.11).

- Eine Läsion im temporalen Bereich der Retina des linken Auges führt zu einem Gesichtsfeldausfall dieses Auges auf der rechten Seite.
- Eine Unterbrechung des Sehnerven des linken Auges hat den Ausfall des gesamten Gesichtsfeldes zur Folge.
- Eine Unterbrechung der Leitung im Chiasma opticum betrifft v.a. die kreuzenden Fasern, bei beiden Augen ist der laterale Anteil des Gesichtsfeldes ausgefallen ("Scheuklappenblindheit").
- Eine Unterbrechung des Tractus opticus links hat in beiden Augen den Ausfall der rechten Gesichtsfeldhälfte zur Folge.

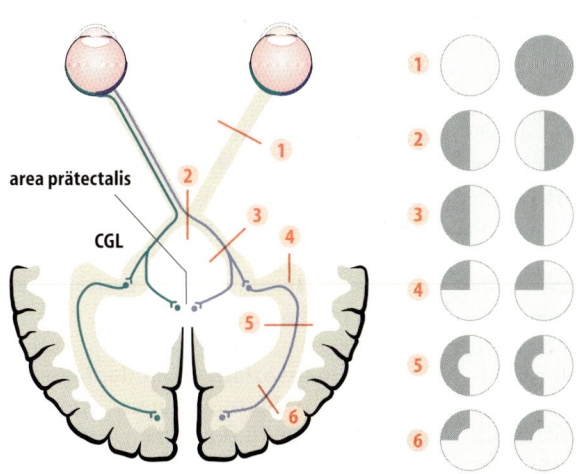

area prätectalis

CGL

Abb. 5.11. Die Sehbahn (links) und Gesichtsfeldausfälle (rechts) bei Läsionen der Sehbahn. Beachte, daß die Afferenzen zur Area prätectalis vor dem Corpus geniculatum laterale abzweigen. Läsionen im Corpus geniculatum und nachgeschalteten Neuronen beeinträchtigen daher nicht die Pupillenreaktion

- Unterbrechungen in der Radiatio optica und in der primären Sehrinde führen zu weiteren charakteristischen, von der Lokalisation abhängigen Gesichtsfeldausfällen.

5.5 Zentrale Verarbeitung visueller Informationen

Aufgaben zentraler Informationsverarbeitung. Jeweils getrennte Neurone in der *primären Sehrinde* (Area 17) analysieren Gestalt, Farbe und Bewegung von abgebildeten Objekten. Für die Wahrnehmung von Gestalt und Farbe werden v.a. die Afferenzen aus den β-Ganglienzellen herangezogen, für die Aufdeckung von Bewegungen die Information aus den phasischen α-Ganglienzellen.

- Neurone, welche *Bewegung* wahrnehmen, reagieren z. B. nur auf Objekte, die sich in eine Richtung bewegen (z. B. von links nach rechts), während sie auf andere Bewegungen (z. B. von oben nach unten) nicht reagieren (*Richtungsspezifität*).
- Bei der Wahrnehmung von *Farbe* wird das Erregungsniveau eines rezeptiven Feldes mit dem anderer rezeptiver Felder verglichen. Damit ist eine Farbe auch bei unterschiedlicher Tönung der Beleuchtung noch erkennbar. Neben dem Farbton wird die Farbsättigung (bzw. der Anteil an Graustufen) und die Helligkeit analysiert.
- Einzelne Neurone, welche die *Gestalt* wahrnehmen, reagieren z. B. immer dann, wenn zwei übereinander liegende rezeptive Felder gleichzeitig aktiviert werden. Die gleichen Neurone werden durch gleichzeitige Aktivierung nebeneinander liegender Neurone nicht erregt (*Orientierungsspezifität*).

Bewegungen und stereoskopischer Eindruck wird durch Ganglienzellen des sog. *magnozellulären Systems* wahrgenommen, die ihre Afferenzen hauptsächlich von Bipolarzellen der Stäbchen beziehen. Farbe und Orientierungsspezifität wird durch Ganglienzellen des *parvozellulären Systems* erfaßt, die hauptsächlich aus Bipolarzellen der Zapfen gespeist werden.

Die Neurone, welche die jeweils gleichen Eigenschaften der wahrgenommenen Objekte analysieren, sind in Säulen übereinander angeordnet. Die Säulen für die verschiedenen Eigenschaften (Orientierung, Richtung, Farbe) aus einem definierten Netzhautareal liegen wiederum nebeneinander und bilden eine sogenannte *Hyperkolumne*, in der die Information über alle Eigenschaften der in diesem Netzhautareal abgebildeten Objekte verarbeitet werden.

Assoziative Hirnareale. Die Interpretation der visuellen Information erfordert den Einsatz assoziativer Hirnrindenareale. Informationen über Gestalt und Farbe werden zunächst in die *Area 18* des Occipitallappens (V1, V2, V3, V4) überspielt. Von dort wird die Information an die *Areae 20 und 21* des unteren Temporallappens weitergegeben. Dort findet man Neurone, die nur bei visueller Wahrnehmung von Gesichtern aktiviert werden. Andere Neurone sprechen nur auf Hände an. Es werden auf diese Weise visuelle Informationen als bestimmte Objekte erkannt. Geschriebenes Wort wird von der Area 18 in die *Area 39* des Parietallappens überspielt und dort erkannt. Bewegungsinformation wird von der Area 18 in die *Area 19* (V5) auf der medialen Seite des Temporallappens übertragen und gelangt schließlich in das *frontale Augenfeld* (Area 8). Die Area 8 steuert u.a. die Augenbewegungen und damit die visuelle Aufmerksamkeit.

Ausfall der primären Sehrinde. Er führt zur Unfähigkeit, visuelle Reize wahrzunehmen, obgleich Retina und z. B. Pupillenreflexe intakt sind (*Rindenblindheit*). Eine Reihe von Störungen können die Weiterverarbeitung der visuellen Information in Assoziationsarealen unterbinden.

Läsionen in assoziativen Rindenfeldern. Läsionen in occipitotemporalen Assoziationsfeldern führen zur Unfähigkeit,
- Objekte (*Objektagnosie*),

- Gesichter und mimische Ausdrucksformen (*Prosopagnosie*) und
- Farben zu sehen (*Achromatopsie*).

Läsionen im hinteren Anteil des Temporallappens haben eher allgemeine Ausfälle, Läsionen in vorderen Anteilen des Temporallappens spezifischere Ausfälle zur Folge. Läsionen in den occipitoparietalen Assoziationsfeldern können zu *Hemineglect* führen, dem Ignorieren von Wahrnehmungen aus einer Raumhälfte. Er ist bei Läsionen der rechten Hemisphäre (Ignorieren von Objekten auf der linken Seite) stärker ausgeprägt als bei Läsionen auf der linken Hemisphäre, da die rechte Hemisphäre für die räumliche Orientierung dominierend ist. Bei Läsionen im occipitoparietalen Lappen sind die Patienten zudem unfähig, Bewegungen von Objekten wahrzunehmen (*Akinetopsie*).

Läsionen in visuellen Assoziationsfeldern führen ferner zu fehlerhafter räumlicher und dreidimensionaler Wahrnehmung, Objekte werden verzerrt (*Dysmorphopsie, Metamorphopsie*) als zu klein (*Mikropsie*) oder zu groß (*Makropsie*) wahrgenommen. Andere Läsionen führen zur *Asynthesie* (Unfähigkeit, verschiedene Eigenschaften eines Objektes zu kombinieren).

Bei Unterbrechung der Verbindung von der Sehrinde zur Area 39 kann der Patient nicht mehr lesen (*Alexie*).

5.6 Farbensehen

Die Fähigkeit, Farben zu sehen, ist an die unterschiedliche spektrale Empfindlichkeit der Zäpfchen gebunden. Licht verschiedener Wellenlänge im sichtbaren Bereich von 400–750 nm wird von den verschiedenen Zapfentypen unterschiedlich gut wahrgenommen (s. Abb. 5.6). Unterschiede in der Erregung der verschiedenen Zapfentypen zeigen somit die jeweilige Farbe an. Dieser Vergleich wird in der Retina vorgenommen und die spektrale Eigenschaft des einfallenden Lichtes somit analysiert. Im Ergebnis können Farbtüchtige anhand von Farbton, Helligkeit und Sättigung ca. 10 Millionen unterschiedliche Farben unterscheiden. Dabei kann der Eindruck einer bestimmten Farbe durch verschiedenste Kombinationen an Licht unterschiedlicher Wellenlänge erzeugt werden.

Subtraktive Farbenmischung. Sie entsteht, wenn Licht auf eine Mischung von zwei Farben fällt oder durch zwei Filter unterschiedlicher spektraler Absorption geleitet wird. Durch Mischen von Blau und Gelb entsteht dadurch die Farbe Grün, durch Mischen von Grün und Rot entsteht Braun.

Additive Farbenmischung. Sie entsteht, wenn Lichtstrahlen unterschiedlicher Wellenlänge auf eine Fläche einfallen. Ein grüner Lichtstrahl und ein roter Lichtstrahl ergeben auf diese Weise den Eindruck von gelbem Licht. Treffen rote, grüne und blaue Strahlen zusammen, dann entsteht die Farbe Weiß.

Farbenkonstanz. Offenbar sind wir in der Lage, bunte Gegenstände bei Kunstlicht (fast) so wie bei natürlichem Sonnenlicht wahrzunehmen, obgleich die spektrale Eigenschaft der Farben durch die unterschiedliche spektrale Eigenschaft der Beleuchtung verfälscht sein sollte. Eine Ursache für diese Farbkonstanz ist die Adaptation der jeweils am stärksten beanspruchten Zapfen.

Farbenblindheit. Mutationen der Gene für die Farbstoffe der Blau-, Grün- und Rotzapfen beeinträchtigen das Farbensehen. Ein teilweiser bzw. völliger Ausfall der jeweiligen Farbstoffe führt zur Rotschwäche (Protanomalie) bzw. Rotblindheit (*Protanopie*), Grünschwäche (Deuteranomalie) bzw. Grünblindheit (*Deuteranopie*) oder Blauschwäche (Tritanomalie) bzw. Blaublindheit (*Tritanopie*). Da die Gene für den Rot- und Grünfarbstoff auf dem X-Chromosom liegen, sind sehr viel mehr Männer als Frauen von einer Rot-Grün-Blindheit betroffen. Bei Ausfall aller Zäpfchen fehlt nicht nur der Farbensinn, sondern auch die Sehschärfe ist massiv eingeschränkt, da der Patient nur noch mit den Stäbchen sehen kann (*Stäbchenmonochromasie*). Die Farbentüchtigkeit kann mit Tafeln getestet werden, in denen die Zahlen nur mit Hilfe der entsprechenden Zäpfchen richtig erkannt werden.

5.7 Binokulares Sehen

Wegen des Augenabstandes ist das Bild auf beiden Netzhäuten nicht identisch (Querdisparation). In der primären Sehrinde werden die Bilder aus beiden Augen verrechnet, sodaß ein dreidimensionales Bild entsteht.

Horopterkreis. Normalerweise wird das jeweils interessierende Objekt in beiden Augen foveal abgebildet. In der primären Sehrinde decken sich Bilder dieses Objektes weitgehend. Diejenigen Punkte des Gesichtsfeldes, die auf korrespondierenden Netzhautarealen abgebildet werden, bilden einen Kreis, der durch das foveal abgebildete Objekt und die Knotenpunkte der beiden Augen geht (Horopterkreis, s. Abb. 5.12). Die Bilder aus den korrespondierenden Netzhautarealen beider Augen werden in die gleichen Areale der Sehrinde projiziert. Objekte, die außerhalb des Horopterkreises liegen, werden auf nicht korrespondierende (disparate) Netzhautareale abgebildet und daher in verschiedene Areale der Sehrinde projiziert. Folglich werden sie doppelt gesehen. Allerdings werden Punkte geringfügig oberhalb und unterhalb des Horopterkreises noch nicht doppelt gesehen, der Horopterkreis ist daher eigentlich ein Band.

Tiefenschärfe. Die unscharfe binokulare Abbildung von Objekten vor und hinter dem Horopterkreis vermittelt einen Eindruck von Tiefenschärfe. Mit ihrer Hilfe kann abgeschätzt werden, in welcher Entfernung sich ein abgebildetes Objekt befindet. Unabhängig von binokularem Sehen können Entfernungen durch Vergleich des Bildes mit der angenommenen Größe von Objekten, durch Schattenbildung, Bewe-

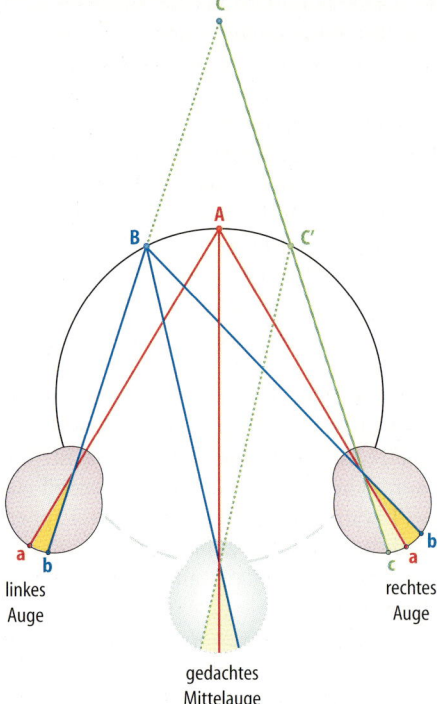

Abb. 5.12. Horopterkreis. Strahlen von den Objekten *A*, *B*, *C* erzeugen in den Augen die Abbilder *a*, *b*, *c*. Bei Fixierung eines Objektes (*A*) werden Objekte, die auf dem zu *A* gehörenden Horopterkreis (z. B. *B*) liegen, auf analogen Punkten der Retina abgebildet (d.h. *b* ist in beiden Augen x° rechts von *a*). Objekte, die außerhalb des Horopterkreises liegen (z. B. *C*) werden in beiden Augen jedoch an unterschiedlichen Stellen abgebildet (im linken Auge fällt *c* mit *b* zusammen, im rechten Auge ist es links von *a*). Dadurch werden Doppelbilder erzeugt, wie im (gedachten) Mittelauge deutlich wird

gungen der Objektbilder bei Bewegung des Betrachters etc. abgeschätzt werden. Durch gezielte Manipulation dieser Informationen kann das Gehirn getäuscht werden (optische Täuschungen).

Schielen. Bei Fehlfunktion der Augenmuskeln werden äußere Objekte nicht auf korrespondierenden Netzhautarealen abgebildet und es entstehen Doppelbilder (*Schielen, Strabismus*). Zur Vermeidung von Doppelbildern kann die Afferenz aus einem Auge in der Sehrinde unterdrückt werden.

Bei angeborenem Schielen unterbleibt wegen der anhaltenden Unterdrückung des Bildes aus dem „schwachen Auge" die entsprechende Entwicklung der Sehrinde und die Sehkraft des Auges bleibt eingeschränkt (*Schielamblyopie*). Deshalb muß eine Schielbehandlung möglichst frühzeitig begonnen werden und vor dem 6./7. Lebensjahr abgeschlossen sein.

5.8 Pupillenmotorik

Beleuchtung. Die Afferenzen aus der Retina dienen nicht nur der Wahrnehmung in der Sehrinde, sondern regulieren auch die Pupillenweite. Die Afferenzen aus der Retina gelangen aus dem Tractus opticus zur Area praetectalis des Mittelhirns (Abb. 5.11) und von dort über *parasympathische Innervation* (Edinger-Westphal-Kern, Nervus oculomotorius und Ganglion ciliare) zum Sphincter pupillae (Abb. 9.1). Belichtung führt zur Aktivierung, Dunkelheit zur Hemmung des Sphincter pupillae. Im Dunkeln sind die Pupillen demnach weit. Wird ein Auge beleuchtet, dann wird nicht nur die Pupille dieses Auges (**direkte Reaktion**), sondern auch des anderen Auges (*konsensuelle Reaktion*) verengt. Ist ein Auge blind, dann bleiben bei Beleuchtung dieses Auges beide Pupillen erweitert. Bei Beleuchtung des gesunden Auges reagiert jedoch auch die Pupille des blinden Auges durch konsensuelle Reaktion.

Nahakkommodation. Die Pupillenweite wird nicht nur bei zunehmender Leuchtstärke, sondern auch bei Nahakkommodation verengt. Bei Läsionen im Bereich der Area praetectalis bleiben die Pupillen bei Beleuchtung weit, werden jedoch noch durch Nahakkommodation verengt (*Licht-Nah-Dissoziation*).

Aktivierung des Sympathikus. Der Sympathikus stimuliert über Hypothalamus, ziliospinales Zentrum des Rückenmarks und Ganglion cervicale superius den M. dilatator pupillae. Bei massiver Sympathikusaktivierung bleibt die Pupille auch unter Lichteinfluß erweitert. Bei Läsion des Ganglion cervicale superius ist die Pupille verengt (Miosis). Gleichzeitig ist durch Wegfall der entsprechenden sympathischen Innervation die Lidspalte schmal (Ptose) und der Augapfel eingesunken (Enophthalmus), man spricht von einem *Horner-Syndrom*.

5.9 Okulomotorik

Durch Bewegungen der Augen wird erreicht, daß die jeweils interessierenden äußeren Objekte foveal abgebildet werden.

Vergenzbewegungen. Sie werden eingesetzt, um die Augenachsen bei Fixierung von Objekten in der Nähe (Konvergenz) oder in der Ferne (Divergenz) beidseitig foveal abbilden zu können. Die Konvergenz ist normalerweise mit einer stärkeren Krümmung der Augenlinse und einer Verengung der Pupille verknüpft.

Folgebewegungen. Sie dienen der vorübergehenden Fixierung eines bewegten Objektes in der Fovea. Die Folgebewegungen können eine Geschwindigkeit von bis zu 100°/sec erreichen.

Sakkaden. Sie sind schnellere Augenbewegungen (bis zu 700°/sec), die normalerweise ein neues Objekt in der Fovea abbilden sollen.

Optokinetischer Nystagmus. Er wird eingesetzt, um stabile Bilder auf der Netzhaut zu halten, während sich die Umwelt relativ zum Betrachter bewegt. Betrachtet man beispielsweise eine Landschaft aus einem fahrenden Zug, dann wird ein Objekt (z. B. eine Kuh) in der Landschaft foveal abgebildet und durch eine Folgebewegung ihr Bild auf der Netzhaut stabilisiert. Vor maximaler Auslenkung der Augen wird durch eine Sakkade in Fahrtrichtung des Zuges ein neues Objekt (z. B. ein Baum) foveal abgebildet und erneut durch Folgebewegung stabilisiert. Die Richtung des Nystagmus wird nach der schnellen Komponente benannt, also nach der Richtung, in die sich die Person bewegt.

Drehnystagmus. Bei Drehen des Kopfes wird durch Reizung des Gleichgewichtsorgans ein Nystagmus ausgelöst, der normalerweise erreicht, daß trotz Drehen des Kopfes die unbewegte Umgebung auf der Netzhaut stabil abgebildet wird. Dabei werden, wie beim optokinetischen Nystagmus, durch Sakkaden jeweils neue Objekte foveal abgebildet. Bei Reizung des Gleichgewichtsorgans ohne Drehen des Kopfes wird ein inadäquater optokinetischer Nystagmus ausgelöst. Folglich wandert das Bild auf der Netzhaut und es entsteht der Eindruck, daß sich die Umgebung dreht (s. Kap. 6.4).

Augenrotationen. Torsionale Augenbewegungen werden zur Stabilisierung der Netzhautbilder bei Neigen des Kopfes benötigt.

Äußere Augenmuskeln. Die Augenbewegungen werden durch die Augenmuskeln durchgeführt (s. Abb. 5.13). Die Musculi recti medialis und lateralis bewegen die Augen in der Horizontalebene nach innen (Adduktion) bzw. nach außen (Abduktion). Die Musculi rectus superior und obliquus inferior heben die Augen, die Musculi recti inferior und obliquus superior senken die Au-

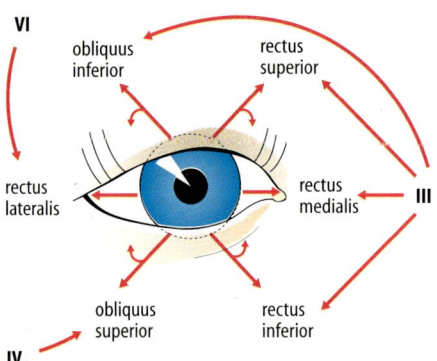

Abb. 5.13. Zugrichtung und Innervation (Hirnnerven *III*, *IV*, *VI*) der Augenmuskeln

gen. Darüber hinaus haben die Musculi recti und obliqui superior und inferior noch rotierende, adduzierende und/oder abduzierende Wirkungen (s. Abb. 5.13).

Innervation der Augenmuskeln. Sie wird durch den Nervus oculomotorius (Musculi recti superior, inferior und medialis, Musculus obliquus inferior), Nervus trochlearis (Musculus obliquus superior) und Nervus abducens (Musculus rectus lateralis) vermittelt.

Steuerung der Augenmotorik. Sie wird von mehreren Hirnarealen gewährleistet:
- Die *Colliculi superiores* vermitteln in erster Linie die Anpassung der Augenbewegungen an die Netzhautbilder. Darüber hinaus erhalten sie akustische und somatosensorische Afferenzen. Über die parapontine retikuläre Formation und den rostralen interstitiellen Kern des medialen longitudinalen Fazikels beeinflussen sie die Augenmuskelkerne. Sie ermöglichen über Sakkaden die Fixierung neuer Objekte. Sie vermitteln somit die foveale Abbildung von interessierenden Objekten, die optisch (zunächst in der Netzhautperipherie) akustisch oder somatosensorisch wahrgenommen wurden.
- Über *Vestibulariskerne* und die *parapontine retikuläre Formation* beeinflussen das Gleichgewichtsorgan und das Kleinhirn die Augenmotorik.
- Über Prätektum und Colliculi superiores steuert das *frontale Augenfeld* (Area 8) die Augenbewegungen, um die foveale Abbildung interessierender Objekte zu erzielen.
- *Parietotemporale Assoziationsareale* wirken bei der Steuerung von Folgebewegungen und des optokinetischen Nystagmus mit.

Störungen der Augenmotorik. Sie treten bei Fehlfunktion der Augenmuskeln, der Nerven oder der steuernden Hirnstrukturen auf. Folge ist je nach Läsion Schielen oder fehlerhafte Augenbewegungen (z. B. Nystagmus, s. Kap. 6.4).

6.1 Bau der Gleichgewichts- organe

Das Gleichgewichtsorgan besteht aus *knöchernen Hohlräumen* im Felsenbein, dem Sacculus, dem Utriculus und den jeweils senkrecht aufeinander stehenden Bogengängen (s. Abb. 6.1). Sacculus und Utriculus sind auf die Wahrnehmung von Linearbeschleunigungen wie die Schwerkraft, die Bogengänge auf die Wahrnehmung von Drehbewegungen spezialisiert. In den Hohlräumen sind ein Perilymphraum und ein Endolymphraum enthalten, die mit den entsprechenden Räumen der Cochlea des Hörorgans in Verbindung stehen.

Perilymphe. Die mit einem Epithel ausgekleideten knöchernen Hohlräume Sacculus, Utriculus und die Bogengänge sind mit Perilymphe gefüllt, einer in ihrer Zusammensetzung typischen extrazellulären Flüssigkeit. Der Perilymphraum steht über den Ductus perilymphaticus mit dem Subarachnoidalraum in Verbindung.

Endolymphe. Im Perilymphschlauch ist ein zweiter, häutiger Schlauch aufgehängt, der Endolymphe enthält. Die Endolymphe weist im Gegensatz zur Perilymphe niedrige Na^+- und hohe K^+-Konzentrationen auf, wie sie sonst für intrazelluläre Flüssigkeiten typisch sind. Die Endolymphe wird durch ein Epithel der Stria vascularis sezerniert, das auf der Blutseite Na^+/K^+-ATPase und Na^+-K^+-$2\,Cl^-$-Cotransporter und auf der luminalen Seite K^+-Kanäle einsetzt. Das lumenpositive Potential treibt Cl^- parazellulär in das Lumen. Die Endolymphe wird im endolymphatischen Sack am Ende des endolymphatischen Gangs passiv resorbiert.

Cupulae und Otolithenmembranen. In den Endolymphschlauch der drei Bogengänge und des Utriculus und Sacculus ragt je eine gallertige Masse, die Cupulae der Bogengänge und die mit Ca^{++}-Salzen beschwerten Otolithenmembranen des Sacculus und des Utriculus. In die gallertige Masse ragen feine Härchen (Zilien) der Sinneszellen (Haarzellen). Jede Haarzelle hat ein besonders langes Kinozilium und mehrere kürzere Stereozilien.

6.2 Reizaufnahme und Erregung im Gleichgewichtsorgan

Scherkräfte, die auf die gallertigen Massen einwirken, führen zu einem Abknicken der Zilien. Die mechanische Deformierung führt über mechanosensitive Ionenkanäle zu einer Beeinflussung des Membranpotentials der *Rezeptoren*. Bei Knicken in Richtung des Kinozilium kommt es zur Öffnung der Kanäle, K^+ strömt aus der K^+-reichen Endolymphe in die Haarzelle und depolarisiert die Zelle. Bei Knicken in die andere Richtung werden die Kanäle geschlossen und die Zelle hyperpolarisiert. Die Haarzellen stehen in großflächiger (Rezeptortyp I) oder kleinflächiger (Rezeptortyp II) synaptischer Verbindung zu *Nervenendigungen* (s. Abb. 6.1). In Abhängigkeit vom Membranpotential schütten die Haarzellen Glutamat aus, das die Nervenendigungen depolarisiert und damit postsynaptische Aktionspotentiale auslöst. Bei fehlenden Scherkräften ist die Zellmembran der Rezeptoren mäßig depolarisiert und die Aktionspotentialfrequenz nimmt einen mittleren Wert

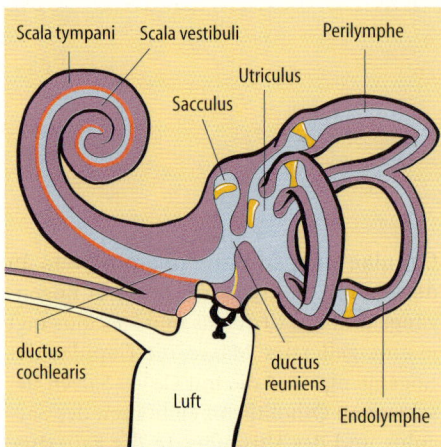

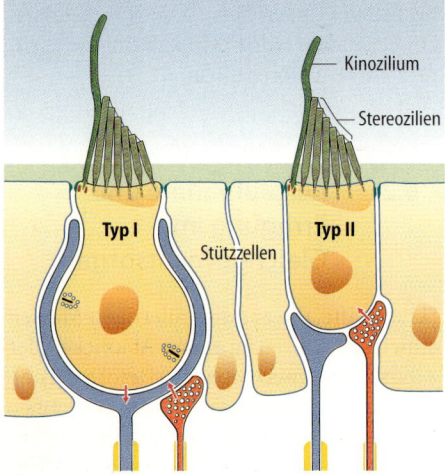

Abb. 6.1. Bau des Innenohrs und Gleichgewichtsorgans (oben) und der Haarzellen im Gleichgewichtsorgan (unten)

ihrer Trägheit zurück und es entsteht eine
Relativbewegung zwischen Endolymphe
und der knöchernen Hülle der Bogengänge.
Durch diese Relativbewegung wirken Scherkräfte auf die Cupulae der Bogengänge.
Richtung und Intensität der Scherkräfte
hängen davon ab, in welchem Ausmaß Richtung der Drehbewegung und Richtung des
jeweiligen Bogengangs übereinstimmen.
Bei anhaltender Drehbewegung mit konstanter Geschwindigkeit wird die Endolymphe allmählich beschleunigt und erreicht
schließlich die gleiche Geschwindigkeit wie
die knöcherne Hülle. Die Relativbewegung
verschwindet und die Erregung der Haarzellen kehrt auf den Ruhewert zurück. Bei
plötzlicher Unterbrechung der Drehbewegung dreht sich die Endolymphe zunächst
weiter. Folge ist eine umgekehrte Relativbewegung und Beeinflussung der Haarzellen.
Die Bogengänge registrieren somit nicht die
Drehbewegung, sondern die Drehbeschleu-
nigung.

Erregung in Sacculus und Utriculus. Durch
die Einlagerung der Ca^{++}-Salze sind die
Otolithen schwerer als umgebende Endolymphe. Die Otholithenmembran des Sacculus steht bei aufrechtem Kopf senkrecht
und wird durch die Schwerkraft nach unten
gezogen. Die dabei entstehende Scherkraft
erregt die Rezeptoren. Die Otholithenmembran des Utriculus liegt bei aufrechtem
Kopf waagrecht, unterliegt demnach keiner
Schwerkraft. Erst bei Neigen des Kopfes entsteht eine Scherkraft und erregt die Rezeptoren. Die Kombination der Afferenzen aus
Sacculus und Utriculus erlaubt die Bestimmung jeder Stellung des Kopfes in Bezug
zur Schwerkraft.

Efferenzen. Durch efferente Nervenendigungen wird die Empfindlichkeit der Rezeptoren bzw. die Übertragung auf die Nervenendigungen beeinflußt. Je nach Typ der
Rezeptoren, sind die Efferenzen mit der
Nervenendigung (Typ I) oder dem Rezeptor selbst (Typ II) synaptisch verbunden.

ein. Bei Depolarisation (Bewegung in Richtung Kinozilium) nimmt die Aktionspotentialfrequenz bis auf das Doppelte zu, bei
Hyperpolarisation (Bewegung in Richtung
Stereozilien) bis gegen null ab. Die Aktionspotentialfrequenz enthält also Informationen über *Intensität und Richtung der Drehbewegung.*

**Erregung der Rezeptoren in den Bogen-
gängen.** Bei Drehbewegungen des Kopfes
bleibt die Endolymphe zunächst aufgrund

6.3 Verschaltungen des Gleichgewichtssinns

Neuronale Verbindungen der Gleichgewichtsorgane. Die afferenten Nervenfasern aus den Gleichgewichtsorganen erreichen über die Pars vestibularis des Nervus vestibulocochlearis (VIII) die vier Vestibulariskerne (Nucleus superior, inferior, medialis und lateralis). Diese Kerne erhalten nicht nur Informationen aus den Haarzellen des Gleichgewichtsorgans, sondern auch Afferenzen aus den Muskelspindeln v.a.der Haltemuskulatur sowie der Gelenke etc. Damit erhalten sie Informationen u.a. über die Stellung des Kopfes zum Körper. Axone von Neuronen der Vestibulariskerne projizieren zu verschiedenen Strukturen, die der Wahrnehmung und Erhaltung des Gleichgewichtes dienen:

- zu γ-Motoneuronen v.a. der Haltemuskulatur (Tractus vestibulospinalis) für die reflektorische Gleichgewichtserhaltung
- zur Formatio reticularis zur Kontrolle der Stützmotorik
- zum Kleinhirn (Vestibulocerebellum) zur vestibulären Informationsverarbeitung (s. Kap. 3.7)
- zu den Augenmuskelkernen für die Kontrolle der Augenbewegungen (Nystagmus)
- über basale Thalamuskerne zum insulären Kortex und auch zum Gyrus postcentralis zur bewußten Wahrnehmung des Gleichgewichts
- zum Hypothalamus zur Beeinflussung vegetativer Funktionen durch das Gleichgewicht.

Bedeutung extravestibulärer Afferenzen. Für die Erhaltung des Gleichgewichts ist die Information aus den Gleichgewichtsorganen zwar bedeutsam, jedoch keineswegs hinreichend. Bei Nicken mit dem Kopf werden die Gleichgewichtsorgane gleichermaßen aktiviert, wie bei Fallen des Körpers nach vorne. Die richtige Einschätzung der Afferenzen aus den Gleichgewichtsorganen in Hinblick auf die Gleichgewichtserhaltung erfordert weitere Informationen, wie die Stellung und Spannung der Muskulatur (v.a. der Nacken-, Rumpf und Beinmuskulatur), sowie das Netzhautbild in Relation zur Augenmuskeltätigkeit. Nur die korrekte Einrechnung der verschiedenen Informationen vermittelt das Gleichgewichtsgefühl.

6.4 Störungen des Gleichgewichtssinns

Schädigung der Bogengänge und Maculaorgane. Die Haarzellen der Bogengänge können durch vielfältige Ursachen geschädigt werden, wie etwa Ischämie oder Innenohrinfektionen. Bei einseitigem Ausfall der Gleichgewichtsorgane sind die Afferenzen aus den Gleichgewichtsorganen asymmetrisch und es treten Schwindelanfälle auf. In der Folge entsteht ein Nystagmus und damit wandern umgebende Objekte auf der Netzhaut (der Raum dreht sich). Verbindungen zum Hypothalamus lösen über Beeinflussung des vegetativen Nervensystems Übelkeit und Erbrechen aus. Die Störungen werden bei Ausfall eines Gleichgewichtsorgans jedoch in der Regel innerhalb von Wochen kompensiert.

Kalorische Reizung. Eine Täuschung der Bogengänge tritt bei plötzlicher Abkühlung oder Erwärmung auf. Wird etwa durch Eindringen von kaltem Wasser in den Gehörgang die Endolymphe teilweise abgekühlt, dann ändern sich Volumen und Dichte der Flüssigkeit und es werden so Endolymphbewegungen ausgelöst. Taucher können bei Riß des Trommelfells auf diese Weise völlig ihre Orientierung verlieren und letztlich ertrinken.

Schädigung des Kleinhirns. Wie an anderer Stelle ausgeführt wird (s. Kap. 3.7), zieht eine Schädigung des Kleinhirns auch die Gleichgewichtserhaltung in Mitleidenschaft. Folge ist die typische Standunsicherheit bei zerebellärer Ataxie.

Kinetosen. Bei den sogenannten Kinetosen (z. B. Seekrankheit) liegt eine Diskrepanz zwischen der Erregung des Gleichgewichtsorgans und der scheinbar unbewegten Umgebung vor (das Innere eines schlingernden Schiffes). Diese Diskrepanz führt wie Fehlinformationen aus dem Gleichgewichtsorgan zu Schwindel, Übelkeit und Erbrechen.

6.5 Prüfung des Gleichgewichtssinns

Postrotatorischer Nystagmus. Wie in Kapitel 5.9 erläutert wurde, dient der optokinetische Nystagmus der Erzeugung von stabilen Bildern auf der Netzhaut. Bei Drehen des Kopfes löst die Aktivierung der Bogengänge entsprechende Augenbewegungen aus, wieder mit dem Ziel, während der Kopfbewegungen ein stabiles Bild auf der Netzhaut zu erhalten (vestibulärer Nystagmus). Die Informationen werden von Neuronen in Nucleus vestibularis und Kleinhirn ver-rechnet. Über die Nervi oculomotorius, trochlearis und abducens beeinflussen sie wiederum die Augenmuskeln (s. Kap. 5.9). Bei der Testung des Drehnystagmus setzt der Arzt dem Probanden eine stark vergrößernde konvexe Brille auf (Frenzelbrille), damit der Proband keine Objekte mehr fixieren, der Arzt aber die Augenbewegungen des Patienten beobachten kann. Der Patient wird auf einem Drehstuhl gedreht und die Drehung dann abrupt gestoppt. Durch die Trägheit der Endolymphe werden die Rezeptoren der Bogengänge erregt und es entsteht ein sogenannter *postrotatorischer Nystagmus.*

Kalorischer Nystagmus. Die Wirkung einer Temperaturänderung auf die Endolymphe (s. Kap. 6.4) kann diagnostisch genutzt werden. Der äußere Gehörgang wird mit warmem (44 °C) oder kaltem (30 °C) Wasser gespült und damit die Bogengänge erwärmt bzw. abgekühlt. Durch die Reizung des Gleichgewichtsorgans tritt Nystagmus auf.

7.1 Maßzahlen für Schallintensität

Schallwellen sind Druckwellen, die sich in Luft mit einer Geschwindigkeit von etwa 330 m/Sekunde ausbreiten.

Schalldruckpegel (Dezibel, dB). Bei der Quantifizierung des Schalldruckes (p) bzw. der Schallenergie (E ~ p^2) verwendet man ein relatives logarithmisches Maß. Eingesetzt wird der Schalldruck im Verhältnis zu einem Bezugsschalldruck. Bei einem *Bezugsschalldruck* p_0 von 2×10^{-5} N/m² erhält man die Werte in Bel SPL (sound pressure level):

$$SPL = lg\ p^2/p_0^2 \quad oder \quad SPL = 2\ lg\ p_x/p_0\ [B]$$

Eine Zunahme der Schallintensität (E) um 1 B (10 dB) entspricht somit jeweils einer Zunahme des Schalldruckquadrates (p^2) um den Faktor 10. Ein Dezibel ist ein Zehntel Bel (SPL = 10 lg E_x/E_0 [dB]).

Bei zwei Lärmquellen addiert sich die Schallenergie, nicht der Schalldruck. Erzeugt ein Motorrad z. B. einen Lärm von 6 B (60 dB), dann erzeugen zehn solche Motorräder einen Lärm von 7 Bel (70 dB) [E_2 = lg $10E_1$], zwei Motorräder einen Lärm von 63 dB.

Phon. Die Empfindlichkeit des Hörorgans ist nicht für alle Frequenzen gleich. Vielmehr ist die Empfindlichkeit zwischen 2000 und 5000 Hertz am höchsten und nimmt zu tieferen und höheren Frequenzen ab (s. Abb 7.1). Töne von weniger als 20 Hertz und höher als 16 000 Hertz werden normalerweise nicht mehr gehört. Um Lautstärken von Tönen unterschiedlicher Frequenzen vergleichen zu können, wurde die Phon-Skala eingeführt. Töne mit gleicher Phon-

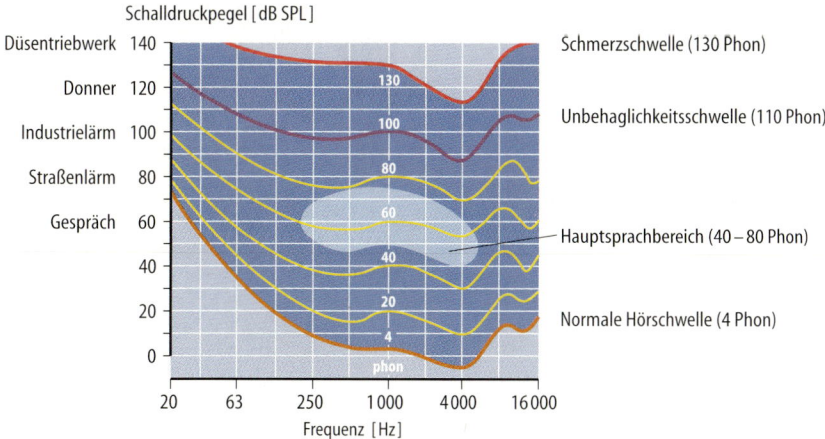

Abb. 7.1. Hörkurven in dB (*SPL*) und Phon. Eingezeichnet sind u.a. der Hauptsprachbereich, die Hörschwelle, die Unbehaglichkeitsschwelle und die Schmerzschwelle (nach Zenner aus Schmidt et al. 2000)

zahl (Isophone) werden gleich laut empfunden. Bei 1000 Hertz sind die Werte für Phon und Dezibel identisch (s. Abb. 7.1). Bei sehr hohen (z. B. 10 000 Hertz) oder niederen (z. B. 100 Hertz) Frequenzen müssen die Töne jedoch wesentlich größere Schalldrücke aufweisen, um gleich laut empfunden zu werden, wie Töne von 1000 Hertz.

Sone. Schließlich können Töne noch in einer Lautheitskala eingestuft werden: Deren Einheit sone gibt an, um wieviel lauter ein Ton empfunden wird als ein anderer. Bezugspunkt (1 sone) ist ein Ton von 40 Phon. Ein doppelt so laut empfundener Ton ist 2 sone, ein dreimal so laut empfundener Ton 3 sone, etc.

Hörschwellen. 4 Phon entspricht der normalen *unteren Hörschwelle*. Dazu sind je nach Frequenz unterschiedlich viel dB erforderlich (s. Abb. 7.1). Zwei Töne gleicher Frequenz werden im Bereich von 40 Phon normalerweise als unterschiedlich laut erkannt, wenn sie sich um etwa 1 dB unterscheiden (*Unterschiedsschwelle*). Töne gleicher Lautstärke werden im Bereich von 1000 Hertz normalerweise als unterschiedlich hoch erkannt, wenn sie sich in ihrer Frequenz um 3 Hertz unterscheiden (*Frequenzunterschiedsschwelle*). Allerdings ist die Leistungsfähigkeit bei anderen Lautstärken oder Frequenzen weniger hoch. Die *Unbehaglichkeitsschwelle* liegt normalerweise bei 110 Phon, die Schmerzschwelle bei 130 Phon.

7.2 Bau und Funktion von Außen- und Mittelohr

Außenohr. Die Form der *Ohrmuscheln* ist geeignet, Schallwellen zu sammeln und durch den äußeren Gehörgang dem Trommelfell zuzuleiten. Das Trommelfell grenzt das Mittelohr vom äußeren Gehörgang ab. Das Mittelohr ist eine mit Schleimhaut ausgekleidete, mit Luft gefüllte Höhle, die über die Tuba Eustachii mit dem Nasenraum verbunden ist (Abb. 7.2). Im Mittelohr wird ständig Luft absorbiert, die durch die Tuba Eustachii nachströmt. Bei Verstopfung der Tuba Eustachii sinkt der Druck und das Trommelfell wird nach innen gezogen.

Mittelohr. Die Schallwellen werden vom *Trommelfell* über die Gehörknöchelchen *Hammer, Amboß* und *Steigbügel* auf das *Foramen ovale* übertragen (Abb. 7.2). Die Fläche des Trommelfells ist wesentlich größer als die Fläche des Foramen ovale, die Schallenergie wird somit auf eine kleinere Fläche konzentriert und damit die Druckschwankungen größer. Der Übertragungsapparat im Mittelohr wirkt als Impedanzwandler zwischen der umgebenden Luft und der Flüssigkeit des Innenohrs: Ohne ihn würden 98 % der Schallenergie reflektiert, das entspricht annähernd 20 dB. Da die Flüssigkeit des Innenohrs nicht komprimiert werden kann und die knöcherne Hülle unnachgiebig ist, kann eine Einbuchtung des Foramen ovale nur bei gleichzeitiger Ausbuchtung des Foramen rotundum erfolgen. Das Trommelfell schirmt das Foramen rotundum normalerweise gegen äußere Schallwellen

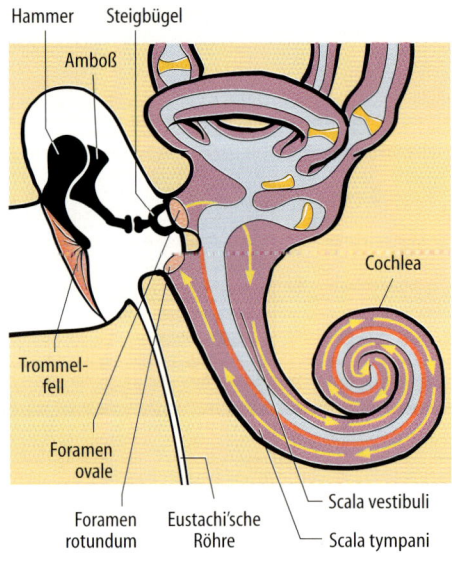

Abb. 7.2. Bau von Mittelohr und Innenohr (nach Zenner aus Schmidt et al. 2000)

ab und leitet die Schallenergie spezifisch auf das Foramen ovale. Auf diese Weise entsteht eine Flüssigkeitsbewegung im Innenohr vom Foramen ovale zum Foramen rotundum. Die Schallwellenübertragung in Trommelfell und Gehörknöchelchen wird durch Muskeln beeinflußt: Der Musculus tensor tympani spannt das Trommelfell, der Musculus stapedius kippt den Steigbügel. Anspannung der Muskeln dämpft die Übertragung durch die Gehörknöchelchen und ist daher ein Schutzmechanismus für das Innenohr. Ausfall der Muskeln (z. B. des M. stapedius bei Unterbrechung der Innervation durch den Nervus facialis) kann zu gesteigerter Geräuschempfindlichkeit führen (Hyperakusis).

Knochenleitung. Schallwellen können auch auf den Schädelknochen übertragen werden und auf diese Weise Flüssigkeitsbewegungen im Innenohr erzeugen (Knochenleitung). Dazu ist freilich eine größere Schallenergie erforderlich.

7.3 Bau und Funktion des Innenohrs

Das Innenohr ist ein schneckenförmig gewundener knöcherner Hohlraum, der mit einem Epithel ausgekleidet ist. Das Lumen ist durch zwei Membranen (Reissner'sche Membran und Basilarmembran) in drei Kompartimente unterteilt, die mit Perilymphe gefüllten Scala vestibuli und Scala tympani und die mit Endolymphe gefüllte Scala media (Abb. 7.3). Die Scala vestibuli und die Scala tympani sind an der Spitze der Schnecke durch eine Öffnung (Helicotrema) miteinander verbunden. Die Scala vestibuli reicht vom Foramen ovale bis zum Helicotrema, die Scala tympani vom Helicotrema bis zum Foramen rotundum.

Perilymphe-Endolymphe. Wie bereits in Kapitel 6.1 erläutert, weist die Perilymphe eine typische extrazelluläre Zusammensetzung, die Endolymphe mit ca. 150 mmol/l

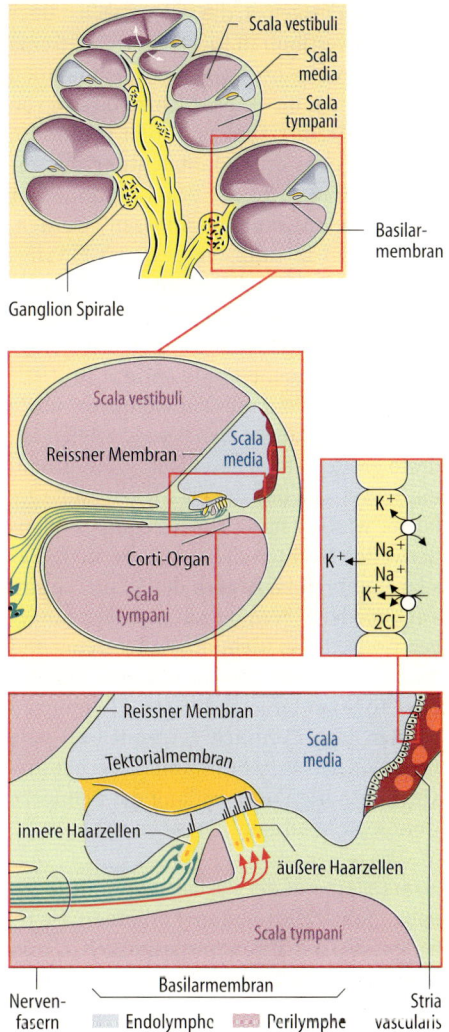

Abb. 7.3. Querschnitt durch die Kochlea mit Darstellung des Cortiorgans und der Transportprozesse in der Stria vascularis

K^+-Konzentration eine eher intrazelluläre Zusammensetzung auf. Die Endolymphe wird von Epithelzellen der Stria vascularis gebildet. Die K^+-Sekretion wird durch einen luminalen K^+-Kanal und antiluminalen Na^+-K^+-$2Cl^-$-Cotransport und Na^+/K^+-ATPase bewerkstelligt.

Wanderwellen. Durch die Schwingung des Foramen ovale werden im Innenohr Wanderwellen ausgelöst, die sich zunächst über die Scala vestibuli in Richtung Helicotrema ausbreiten (s. Abb. 7.3). Die Wellen können nun entweder bis zum Helicotrema und von dort wieder bis zum Foramen rotundum wandern, oder durch Einbuchtung der Basilarmembran von der Scala vestibuli zur Scala tympani „kurzgeschlossen" werden. Im ersten Fall muß die gesamte Flüssigkeitssäule von Scala vestibuli und Scala tympani verschoben, im zweiten Fall die Basilarmembran gedehnt werden. Die Steifigkeit der Basilarmembran nimmt in Richtung Helicotrema um den Faktor 10^4 ab. Je höher die Frequenz der Wanderwellen ist, desto größer ist die Beschleunigungsarbeit, die bei Verschieben der Flüssigkeitssäule geleistet werden muß. Hochfrequente Wanderwellen buchten daher v.a. die steife Basilarmembran zu Beginn der Schnecke ein. Töne niederer Frequenzen wandern hingegen v.a. weiter in Richtung Helicotrema und buchten die dort weiche Basilarmembran ein. Töne unterschiedlicher Frequenzen werden also räumlich getrennt und jede Frequenz hat einen bestimmten Ort der maximalen Auslenkung entlang der Schnecke (tonotope Abbildung, Ortsprinzip).

Haarzellen. Auf der Basilarmembran sitzen neben Stützzellen äußere und innere Haarzellen, die mit ihren Sinneshaaren z.T. in eine gallertige Tektorialmembran eintauchen (Abb. 7.3). Durch Ausbuchtung der kochleären Trennwand mit Basilarmembran und Corti'schem Organ an einer frequenzabhängigen Stelle werden Stereozilien durch die Scherbewegungen der Tektorialmembran gestaucht. Auf diese Weise werden mechanosensitive Kationenkanäle geöffnet. Wegen der hohen K^+-Konzentration der Endolymphe strömt K^+ bei Öffnung der K^+-Kanäle in die Haarzellen ein und depolarisiert diese Zellen. Folge ist eine Öffnung spannungsabhängiger Ca^{++}-Kanäle in den inneren Haarzellen. Die äußeren Haarzellen können durch Kontraktionen Schwingungen verstärken und auf diese Weise die Empfindlichkeit des Gehörs steigern. Anderseits schütten die inneren Haarzellen Glutamat aus, das die anliegenden Nervenendigungen depolarisiert und Aktionspotentiale auslöst. Die Nervenendigungen gehören zu den bipolaren Neuronen im Ganglion spirale, die ihre Erregung an die Nuclei cochleares weiterleiten.

Otoakustische Emissionen. Die Kontraktionen der äußeren Haarzellen können selbst Schwingungen der Basilarmembran erzeugen, die über Foramen ovale, Gehörknöchelchen und Trommelfell nach außen abgegeben werden (sog. otoakustische Emissionen).

7.4 Zentrale Verarbeitung akustischer Infomation

Verschaltungen der Hörbahn. Die Afferenzen der bipolaren Neurone des Ganglion spirale werden in den Nuclei cochleares der Medulla oblongata umgeschalten. Von dort werden die Afferenzen zu Oliven, lateralem Schleifenkern, unteren Vierhügeln, Corpora geniculata medialia und primärer Hörrinde weitergeleitet (s. Abb. 7.4). Von dort bestehen Verbindungen zu verschiedenen Assoziationsarealen. Von den unteren Vierhügeln bestehen u.a. Verbindungen zur Motorik, v.a. zur Augenmotorik (über die oberen Vierhügel, s. Kap. 5.9). Der Nucleus cochlearis ventralis projiziert auf die Oliven beider Seiten. Die Afferenzen aus jedem Ohr werden somit auf die Hörbahn beider Seiten übertragen. Bei Ausfall einer Hörrinde kann man daher noch mit beiden Ohren hören.

Zentrale Tonanalyse. Grundeigenschaften eines Tons sind Amplitude und Fequenz. Die *Amplitude* wird durch die Aktionspotentialfrequenz der Afferenzen kodiert. Die *Frequenz* bestimmt den Ort der maximalen Basilarmembranauslenkung im Corti'schen Organ, also diejenigen afferenten Nervenfasern, die am stärksten erregt werden. Durch laterale Hemmung (s. Kap. 1.7) wird eine

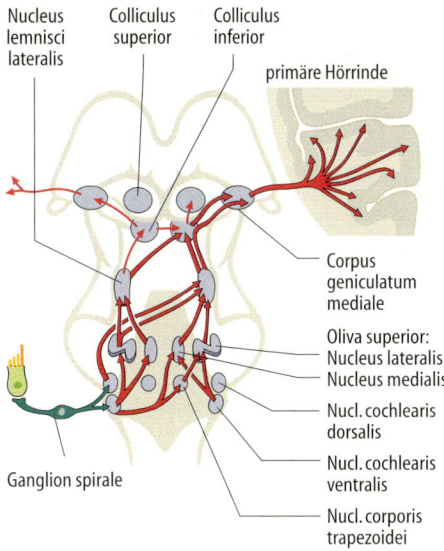

Nucleus lemnisci lateralis

Colliculus superior

Colliculus inferior

primäre Hörrinde

Corpus geniculatum mediale

Oliva superior:
Nucleus lateralis
Nucleus medialis

Nucl. cochlearis dorsalis

Nucl. cochlearis ventralis

Ganglion spirale

Nucl. corporis trapezoidei

Abb. 7.4. Verschaltungen der Hörbahn

Kontrastierung erreicht. Die Organisation im Nucleus cochlearis ist noch streng ***tonotop***, d.h. Töne ähnlicher Frequenzen erregen jeweils benachbarte Neurone. Die tonotope Organisation weicht auf den folgenden Stationen zunehmend einer komplexeren Organisation. So werden einige Neurone im Corpus geniculatum mediale nur durch gleichzeitiges Angebot von Tönen bestimmter unterschiedlicher Frequenzen erregt. Andere Neurone sprechen nur auf bestimmte kurze Sequenzen unterschiedlicher Tonfrequenzen an. Diese Neurone sprechen somit auf bestimmte Geräusche an. Dennoch ist eine tonotope Organisation als Teil anderer Ordnungsprinzipien bis zur primären Hörrinde nachweisbar.

Erkennen akustischer Information. Sie ist eine Leistung der assoziativen Rindenfelder, wie dem sensorischen Sprachzentrum (s. Kap. 10.6). Die Entwicklung dieser Hirnareale ist in hohem Maße von ihrer Beanspruchung abhängig. Die ***Sprachentwicklung***, die ja Voraussetzung für eine normale geistige Entwicklung ist, wird bei angeborener Taubheit oder Schwerhörigkeit verzögert,

wenn nicht rechtzeitig therapeutisch eingegriffen wird.

Adaptation. Die Wahrnehmung von Amplitude und Frequenz kann nach Adaptation bzw. Ermüdung verändert sein. Laute Beschallung eines Ohrs mit 400 Hertz mindert die Empfindlichkeit der gereizten Haarzellen bzw. nachfolgenden Neurone in diesem Bereich. Ein folgender Ton von 400 Hertz wird leiser, ein Ton von 420 Hertz höher empfunden als der gleiche Ton vor der Beschallung.

Richtungshören. Die Schallaufnahme durch beide Ohren ermöglicht die Lokalisierung von Schallquellen im Raum. Liegt die Schallquelle genau in der Mitte zwischen beiden Ohren, dann erreichen die Schallwellen beide Ohren gleichzeitig. Liegt die Schallquelle auf einer Seite, so wird das gleichseitige Ohr schneller erregt. Im Gehirn erfolgt ein Zeitvergleich der Wahrnehmung von beiden Ohren und damit kann ermittelt werden, auf welcher Seite die Schallquelle liegt. Neben dem Vergleich der Laufzeiten werden auch auch Intensitätsunterschiede und Frequenzverzerrungen zum Richtungs- und Entfernungshören eingesetzt. Unter optimalen Bedingungen kann das Ohr einen Winkel von 3° erkennen.

7.5 Schwerhörigkeit

Schalleitungsschwerhörigkeit. Zerreißen des Trommelfells, Läsion der Gehörknöchelchen oder Immobilisierung des Übertragungsapparates etwa durch eine eitrige Mittelohrentzündung dämpfen die Übertragung auf das Foramen ovale. Bei einem Loch im Trommelfell sollte zudem das Foramen rotundum nicht mehr hinreichend abgeschirmt sein. Folge ist eine Schalleitungsschwerhörigkeit. Während die Luftleitung eingeschränkt ist, bleibt die Knochenleitung normal, oder ist sogar durch die Immobilisierung der Gehörknöchelchen und die Sensibilisierung der Haarzellen etwas verbessert (s. Abb. 7.5).

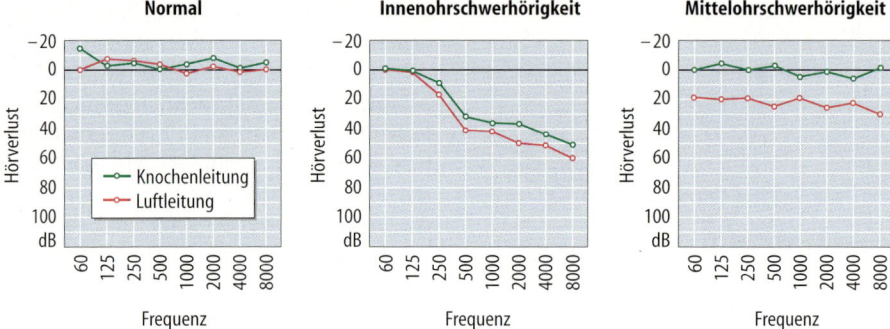

Abb. 7.5. Hörkurve eines gesunden Probanden, und jeweils eines Patienten mit Innenohrschwerhörigkeit und Schalleitungsschwerhörigkeit (Mittelohrschwerhörigkeit). Eingetragen ist jeweils die Schwelle der Knochenleitung in dB (grün) und der Luftleitung (rot) bei unterschiedlichen Wellenlängen des Probanden im Vergleich mit dem Normalwert (= Hörverlust in dB)

Innenohrschwerhörigkeit. Die Haarzellen können durch chronische oder kurzfristig massive Schallbelastung und Ischämie geschädigt werden. In Abhängigkeit von der lebenslangen Schallbelastung nimmt im Alter die Empfindlichkeit vor allem für hohe Frequenzen ab (Altersschwerhörigkeit bzw. *Presbyakusis*). Wegen ihres hohen Glykogengehaltes und ihrer Fähigkeit zur Glykolyse können die Haarzellen freilich kurzfristige Ischämiephasen überleben. Haarzellen werden ferner durch bestimmte, über die Stria vascularis in der Endolymphe akkumulierte, Pharmaka geschädigt, z. B. durch die als Antibiotika verwendeten Aminoglykoside. Folge ist eine Innenohrschwerhörigkeit, die das Hörvermögen einschränkt, unabhängig davon, ob der Schall über Luft- oder Knochenleitung zur Cochlea gelangt. Dabei ist nicht nur die Hörschwelle herabgesetzt, sondern durch die Schädigung der äußeren Haarzellen auch die aktive Komponente der Basilarmembranauslenkung. Auf diese Weise ist die Diskriminierung verschieden hoher Töne erschwert (eingeschränkte Frequenzselektivität, s. Abb. 7.6). Durch permanente Schädigung der Haarzellen kann schließlich eine Geräuschempfindung auftreten (*Tinnitus*). Bei der Altersschwerhörigkeit spielt neben Schädigung der Haarzellen auch eine *Versteifung der Basilarmembran* und damit

eine gestörte Mikromechanik eine Rolle. Innenohrschwerhörigkeit kann auch Folge einer gestörten *Endolymphsekretion* sein. Schleifendiuretika hemmen bei Überdosierung nicht nur den renalen, sondern auch den auditorischen Na^+-K^+-$2\,Cl$-Cotransport. Darüber hinaus sind (seltene) genetische Defekte des luminalen K^+-Kanals bekannt. Auch eine gestörte Resorption von Endolymphe führt zu Schwerhörigkeit und Schwindel (Morbus Menière). Eine Resorptionsstörung buchtet den Endolymphraum aus und verzerrt damit die Beziehung von Haarzellen und Tektorialmembran (Endolymphhydrops).

7.6 Hörprüfungen

Schwabach'scher Test. Zur orientierenden Hörprüfung kann die Wahrnehmung eines allmählich leiser werdenden Tons einer Stimmgabel herangezogen werden. Dieser wird vom kranken Ohr bereits nicht mehr wahrgenommen, wenn der gesunde Untersucher ihn noch sicher hört (Schwabach'scher Test).

Weber'scher Versuch. Wird bei einseitigem Hörverlust der Ton einer auf die Mitte der Stirn aufgesetzten Stimmgabel auf dem erkrankten Ohr besser gehört als auf dem

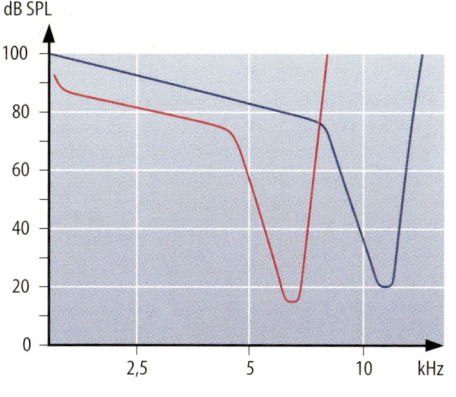

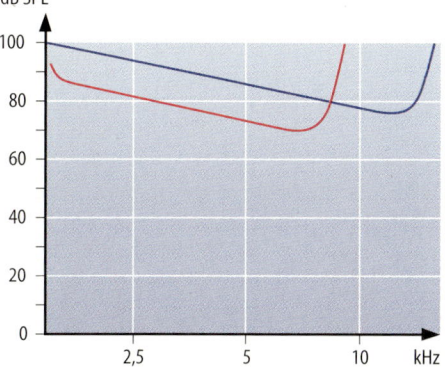

Abb. 7.6. Tuningkurven von Hörnervenfasern bei normalem (oben) und geschädigtem (unten) Innenohr. Erregung von zwei verschiedenen Hörnervenfasern durch unterschiedliche Frequenzen. Bei Innenohrschwerhörigkeit nimmt die Empfindlichkeit vor allem in dem spezifischen Frequenzbereich ab. Damit geht die Frequenzselektivität verloren. Ein angebotener Ton wird von beiden Fasern nur schwer unterschieden. Reine Tonverstärkung kann dabei das Defizit nicht aufheben

gesunden Ohr, dann kann es sich nur um eine Schalleitungsschwerhörigkeit handeln (Weber'scher Versuch). Normalerweise, nicht jedoch bei Schalleitungsschwerhörigkeit, wird über Luftleitung besser gehört als über Knochenleitung.

Rinne'scher Versuch. Setzt man eine Stimmgabel solange auf den Warzenfortsatz, bis der Ton nicht mehr gehört wird, dann wird der Ton normalerweise, nicht jedoch bei Schalleitungsschwerhörigkeit,

erneut gehört, wenn die Stimmgabel vor das Ohr gehalten wird (Rinne'scher Versuch).

Sprachaudiometrie. Hier werden normierte Wörter über Tonband angeboten. Bei Innenohrschwerhörigkeit kann wegen der eingeschränkten Frequenzselektivität auch bei Steigerung der Lautstärke kein vollständiges Wortverständnis erreicht werden.

Tonschwellenaudiometrie. Hier werden langsam lauter werdende Töne unterschiedlicher Frequenz über die linke oder rechte Muschel eines Kopfhörers (Schalleitung) bzw. über einen auf dem linken oder rechten Mastoid aufgesetzten Transducer (Knochenleitung) angeboten. Der Untersuchte muß angeben, wann er den Ton hört. Die Abweichungen von der jeweils normalen Hörschwelle werden auf eine Karte eingetragen (s. Abb. 7.5). Bei Schalleitungsschwerhörigkeit ist die Luftleitung, bei Innenohrschwerhörigkeit (Schallempfindungsschwerhörigkeit) zusätzlich die Knochenleitung eingeschränkt.

Evozierte Potentiale. Durch Messung evozierter Potentiale im EEG (s. Kap. 10.2) kann die Weiterleitung im Hirnstamm erfaßt werden (Brain stem evoked response audiometry bzw. Hirnstammaudiometrie).

Mikrophonpotential, Hörnervenaktionspotential. Durch eine Elektrode am Foramen rotundum lassen sich (im Vergleich zu einer indifferenten Elektrode) Summenpotentiale der Rezeptoren (kochleares Mikrophonpotential, CM) und der Hörnervenfasern (kochleares Hörnerven-Summenaktionspotential, CAP) ableiten (s. Abb. 7.7).

Trommelfellimpedanz. Die mechanischen Eigenschaften des Übertragungsapparates im Mittelohr können durch Trommelfellimpedanzmessung erfaßt werden.

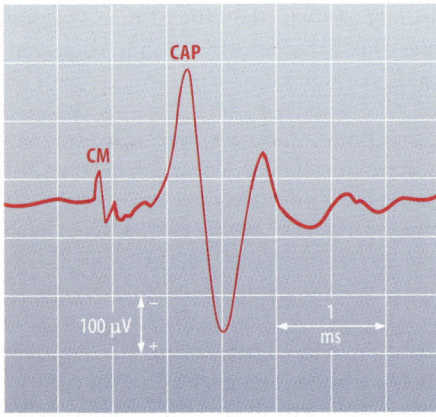

Abb. 7.7. Potentiale, die über eine Elektrode am Foramen rotundum (im Vergleich zu einer indifferenten Elektrode) abgegriffen werden können. Ein kurzes Schallereignis erzeugt zunächst ein kochleares Mikrophonpotential (*CM*), gefolgt von einem kochlearen Summenaktionspotential (*CAP*) des Hörnerven (nach Zenner aus Schmidt et al. 2000)

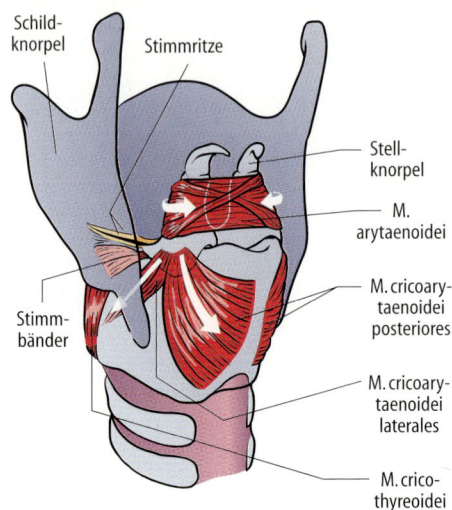

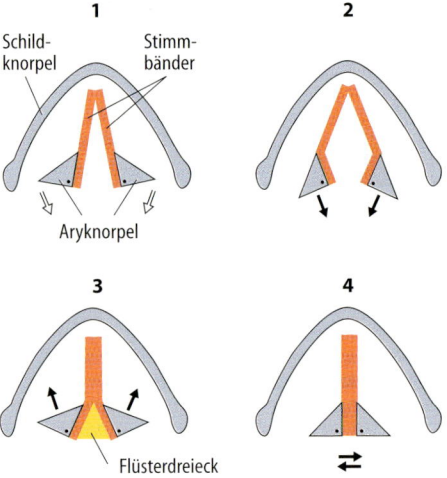

Abb. 7.8. Kehlkopf (oben) und Stellung der Stimmbänder (rechts) in Ruhestellung (*1*) beim Atmen (*2*), Flüstern (*3*) und völligem Verschluß (*4*)

7.7 Sprechen

Im Kehlkopf (s. Abb. 7.8) wird während der Phonation (Stimmbildung) ausgeatmete Luft durch einen Schlitz zwischen den Stimmbändern gepresst und Schwingungen unterschiedlicher Frequenzen erzeugt. Durch Modifikation in Mund-Nasen-Rachenraum (Ansatzrohr) entsteht die Artikulation.

Phonation. Zur Phonation wird zunächst bei geschlossener Stimmritze ein Druck von bis zu 2 kPa (20 cm H_2O) aufgebaut. Der Druck drängt die Stimmbänder auseinander und Luft wird durchgeblasen. Durch die hohe Strömungsgeschwindigkeit entsteht ein Unterdruck zwischen den Stimmbändern, die dann – wie ein offener Fensterflügel im Wind – sich periodisch öffnen und schliessen. Auf diese Weise entstehen Klanggemische, deren *Grundfrequenz* von der Spannung der Stimmbänder und der Druckdifferenz über die Stimmbänder abhängt. Die Grundfrequenz stimmt mit der Frequenz von Öffnen und Schliessen der Stimmbänder überein. Beim *Flüstern* werden die Stimmbänder nicht vollkommen verschlossen, sondern belassen eine kleine, permanente Öffnung (Flüsterdreieck).

Artikulation. Das durch die Stimmritze erzeugte Klanggemisch wird durch die Form und damit Eigenfrequenz der Lufträume und die Art der Strömungswiderstände in charakteristischer Weise modifiziert. Je nach Stellung der Zunge und des Mundes entstehen die Vokale a, e, i, o, u, die sich durch die jeweiligen Obertöne (Formanten) unterscheiden. Durch Erzeugung von unterschiedlichen Widerständen an Gaumen, Zähnen oder Lippen entstehen die Konsonanten, das sind Reibelaute (w, f, s, j, sch), Plosionslaute (b, p, d, t, g, k) oder nasale Laute (m, n, ng). Sie sind durch das zeitliche Muster und die Zusammensetzung der gleichzeitig erzeugten Frequenzen unterscheidbar.

Sprachstörungen. Bei einer *Lähmung des Nervus recurrens* aus dem Nervus vagus fällt die Innervation der Kehlkopfmuskulatur aus. Die erschlafften Stimmbänder bilden eine kleine Öffnung. Dabei ist einerseits nur Flüstersprache möglich, andererseits ist die Atmung behindert. Nach *Entfernung des Kehlkopfes* (z. B. bei Entfernung eines Tumors) fällt die Phonation aus. Die Patienten können lernen, Luft in den Ösphagus zu verschlucken und während des Ablassens zu artikulieren. Damit können sie sich noch mitteilen (*Ösophagusersatzsprache*). Statt Einsetzen des Ösophagus kann ein Grundgeräusch durch einen Tongenerator erzeugt werden. Bei Ausfall des *Nervus hypoglossus (XII)* sind die Zungenmuskeln und bei Ausfall des *Nervus facialis* die Lippenmuskeln gelähmt. Dabei kommt es zu entsprechender Beeinträchtigung der Artikulation. Sprache ist schließlich eine Leistung, die den Einsatz mehrerer assoziativer Hirnareale erfordert. Durch Läsionen dieser Hirnareale treten unterschiedliche Formen von *Aphasien* auf, wie später ausgeführt wird (s. Kap. 10.6).

8.1   Geschmack

Der Geschmack dient in erster Linie der Prüfung zugeführter Nahrung.

Geschmacksrezeptoren. Geschmacksrezeptoren (s. Abb. 8.1) v.a. am Zungengrund und -rand, aber auch am Gaumen und im Rachen vermitteln die *Modalitäten* süß, sauer, salzig und bitter. Darüber hinaus könnte es Rezeptoren für metallischen Geschmack und Glutamat geben. Bei zunehmender Konzentration an Geschmacksstoffen entsteht zunächst eine unspezifische *Geschmacksempfindung* und erst dann die spezifische Wahrnehmung der Geschmacksmodalität. Bei hohen Konzentrationen kann sich die Geschmacksmodalität ändern.

- Rezeptorzellen für sauer werden durch Blockierung von K^+-Kanälen durch H^+-Ionen depolarisiert und damit erregt.
- Salzig wird v.a. über Na^+-Kanäle vermittelt, durch die Kationen eines Salzes einströmen und damit die Zellmembran depolarisieren.
- Süßmoleküle werden an Rezeptoren gebunden, die über G-Proteine die Adenylatzyklase aktivieren. *cAMP* führt über Hemmung von K^+-Kanälen zur Depolarisation.
- Bittere Stoffe aktivieren wiederum über einen Rezeptor und ein G-Protein eine Phospholipase C. Die Bildung von 1,4,5-Inositoltrisphosphat führt dann zur zellulären Freisetzung von Ca^{++} und zur Aktivierung von Ca^{++}-Kanälen.

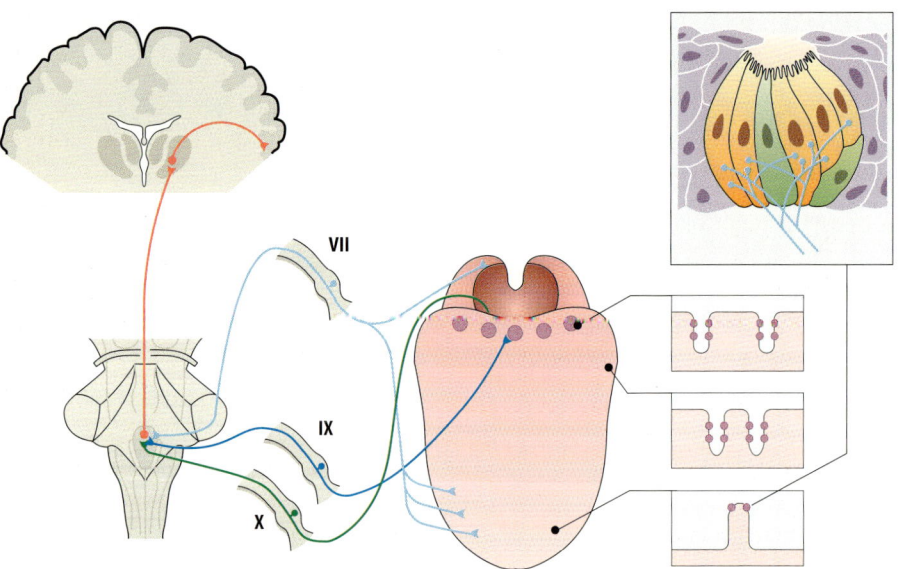

Abb. 8.1. Geschmacksrezeptoren und Weiterleitung der gustatorischen Information (nach Hatt aus Schmidt et al. 2000)

Man ging früher davon aus, daß Rezeptoren für süß an der Zungenspitze, für sauer und salzig am Zungenrand und für bitter am Zungengrund lokalisiert sind. Allerdings findet man in den genannten Bereichen Rezeptoren für alle Geschmacksmodalitäten.

Zentrale Verschaltung des Geschmackssinns. Bei Reizung schütten die Rezeptoren Transmitter aus, die afferente Nervenendigungen depolarisieren und auf diese Weise die Frequenz der Aktionspotentiale steigern. Die Afferenzen aus der Zunge werden über die Nerven facialis (VII) und glossopharyngeus (IX), die Afferenzen aus Gaumen und Rachen über die Nerven trigeminus (V) und vagus (X) zum Nucleus solitarius weitergeleitet. Nach Umschaltung gelangen Afferenzen einerseits zum Hypothalamus und limbischen System, und andererseits über den Nucleus ventralis posteriomedialis des Thalamus zur primären Geschmacksrinde im Bereich der Insel und zum Gyrus postcentralis.

Störungen der Geschmacksempfindung. Die Geschmacksrezeptoren können genetisch defekt sowie durch Bestrahlung und einige Pharmaka (z. B. Lokalanästhetika, Kokain, Penicillamin, Streptomycin) in ihrer Empfindlichkeit herabgesetzt oder ganz ausgeschaltet werden. Bei Diabetes mellitus ist die Süßempfindung, bei Aldosteronmangel die Salzigempfindung herabgesetzt. Die Weiterleitung in den Nerven kann durch Traumen, Tumore und Entzündungen unterbrochen werden. Die Chorda tympani des N. facialis ist z. B. bei Schädelfrakturen, Entzündungen, Verletzungen und Operationen am Ohr gefährdet, der N. glossopharyngeus bei Tonsillektomie. Die zentrale Weiterleitung und Verarbeitung kann durch Tumore, Ischämie und Epilepsie gestört sein. Folgen sind verminderter (*Hypoguesie*) oder fehlender (*Aguesie*) Geschmackssinn. Darüber hinaus kann die Geschmacksempfindlichkeit gesteigert sein (*Hyperguesie*) und es können inadäquate (*Parague-sie*) oder unangenehme (*Dysguesie*) Geschmacksempfindungen auftreten.

8.2 Geruch

Der Geruch dient der Wahrnehmung von Nahrung, Feinden, Verwandten und möglichen Paarungspartnern. Darüber hinaus unterstützt er den Geschmackssinn bei der Prüfung aufgenommener Nahrung.

Geruchsrezeptoren. Bipolare Sinneszellen in der Riechschleimhaut am Dach der Nasenhöhle (Abb. 8.2) vermitteln etwa 10 000 unterscheidbare Düfte der *Duftklassen* blumig, ätherisch, moschusartig, kampferartig, faulig, minzeartig, und stechend. Die Sinneszellen haben nur eine Lebensdauer von etwa einem Monat und werden ständig aus Basalzellen des Riechepithels nachgebildet. Die Duftstoffe binden an jeweils spezifische Rezeptoren, die über G-Proteine u.a. die *Adenylatzyklase* (z. B. blumig) aktivieren. cAMP aktiviert unspezifische Kationen-Kanäle und Inositoltrisphosphat steigert intrazelluläres Ca^{++}, das wiederum Cl^--Kanäle aktivieren kann. Durch Depolarisation der Zellmembran werden Aktionspotentiale ausgelöst. Neben den eigentlichen Geruchsrezeptoren können auch *freie Nervenendigungen des Nervus trigeminus* durch Geruchsstoffe (u.a. stechend) erregt werden.

Geruchsschwellen. Bei steigender Konzentration von Duftstoffen wird zunächst die *Wahrnehmungsschwelle* erreicht und dann die *Erkennungsschwelle*. Die *Unterschiedsschwelle* beschreibt die Konzentrationsunterschiede, die benötigt werden, um zwei Konzentrationen des gleichen Duftstoffes als unterschiedlich zu erkennen. Bei einer Absolutschwelle für einige Duftstoffe von 10^7 Molekülen/ml Luft ist der Geruchssinn wesentlich empfindlicher als der Geschmackssinn (10^{16} Moleküle/ml).

Zentrale Verschaltung des Geruchssinns. Die Axone der Riechzellen gelangen über

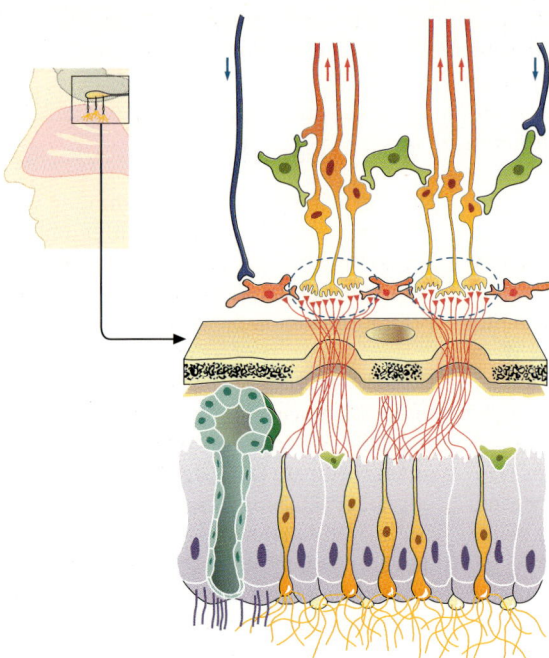

Öffnungen der Lamina cribrosa zu Mitralzellen des Bulbus olfactorius. Dabei konvergieren viele Rezeptoren auf eine Mitralzelle. Von dort gelangt die Empfindung über den Tractus olfactorius zum primären olfaktorischen Kortex, zu Hypothalamus, Corpora amygdaloidea und über Thalamus zur Großhirnrinde (Frontallappen und Insel).

Störungen der Geruchswahrnehmung.

- Der Geruchssinn wird durch Zirkulationsstörungen außer Gefecht gesetzt, wie bei infektiösem oder allergischem Schnupfen, Nasenmißbildungen, Fremdkörpern, Tumoren, Hämatomen oder Abszessen (*konduktive Hyposmie*).
- Die Empfindlichkeit der Sinneszellen wird durch Östrogene gesteigert und nimmt im Alter ab.
- Die Rezeptoren können genetisch defekt sein oder durch einige Pharmaka (z. B. Kokain, Morphin) und Toxine (z. B. Zementstaub, Blei, Cadmium, Zyanid, Chlorverbindungen) zerstört werden.
- Die Axone der Sinneszellen können bei Frakturen im Bereich der Lamina cribrosa abgerissen werden.
- Neurodegenerative Erkankungen (Morbus Alzheimer, Morbus Parkinson), Entzündungen, Tumore, Alkohol, Epilepsie und Schizophrenie beeinträchtigen die zentrale Verarbeitung der Geruchsempfindungen.

Folgen der Störungen sind verminderter (*Hyposmie*) oder fehlender (*Anosmie*) Geruchssinn, gesteigerte (*Hyperosmie*), inadäquate (*Parosmie*) oder unangenehme (*Kakosmie*) Geruchsempfindung.

Das vegetative Nervensystem dient in erster Linie der Regulation des „inneren Milieus" und der Anpassung von Organleistungen an den jeweiligen Bedarf. Seine Tätigkeit entzieht sich weitgehend der bewußten Kontrolle durch das somatische Nervensystem.

9.1   Peripheres vegetatives Nervensystem

Strukturelle Organisation. Das periphere vegetative Nervensystem umfaßt das sympathische und parasympathische Nervensystem sowie das Darmnervensystem. Vom Rückenmark aus erreichen sympathische und parasympathische Nervensysteme die Zielorgane jeweils über zwei Neurone. Der Zellkörper des ersten Neurons sitzt in der intermediären Zone des Rückenmarks (s. Abb. 9.1) oder in Kernen der Hirnnerven III, VII, IX oder X. Sein Axon verläßt das Rückenmark über die Vorderwurzel und innerviert ein zweites Neuron, dessen Axon dann das Zielorgan innerviert. Das erste Neuron wird *präganglionäres Neuron*, das zweite Neuron *postganglionäres Neuron* genannt. Die Zellkörper der präganglionären Neurone des sympathischen Nervensystems sitzen im thorakalen und lumbalen Rückenmark (*thorakolumbales System*), die Zellkörper der präganglionären Neurone des parasympathischen Nervensystems im Hirnstamm und im Sakralmark (*kraniosakrales System*). Ansammlungen an Zellkörpern postganglionärer vegetativer Neurone nennt man Ganglien. Die sympathischen Ganglien sind zum größten Teil perlschnurartig vor der Wirbelsäule angeordnet (Grenzstrangganglien), beim Sympathikus sind die Axone der präganglionären Neu-

rone daher meist kurz, die Axone der postganglionären Neurone lang. Die präganglionären Axone sind zum Teil, die postganglionären Axone nicht myelinisiert. Die parasympathischen Ganglien liegen in der Nähe oder sogar innerhalb der Zielorgane. Beim Parasympathikus sind also die Axone der präganglionären Neurone in der Regel lang, die Neurone der postganglionären Neurone kurz (Abb. 9.1). Die Nervenendigungen der postganglionären Axone bilden *Varikositäten*, transmitterfreisetzende Auftreibungen in den Zielorganen.

Konvergenz und Divergenz in den vegetativen Ganglien. Ein einzelnes präganglionäres Neuron aktiviert in aller Regel eine Vielzahl von postganglionären Neuronen (Divergenz). Umgekehrt konvergieren in der Regel mehrere präganglionäre Neurone auf ein einzelnes postganglionäres Neuron. Die von einem präganglionären Neuron aktivierten postganglionären Neurone üben meist gleichartige Funktionen aus, wie etwa die Regulation von Schweißdrüsen oder die Stimulation von glatten Gefäßmuskelzellen. Die präganglionären und dazugehörenden postganglionären Neurone sind die Endstrecke des vegetativen Nervensystems.

Nebennierenmark. Das Nebennierenmark wird durch Zellen gebildet, die sympathischen Ganglienzellen entsprechen (Homologie). Wie die Ganglienzellen werden sie von präganglionären sympathischen Axonen innerviert, welche die Ausschüttung der Transmitter stimulieren. Die Nebennierenmarkzellen bilden jedoch keine Axone mit denen sie die Zielorgane erreichen, sondern schütten ihre Transmitter (die Katechola-

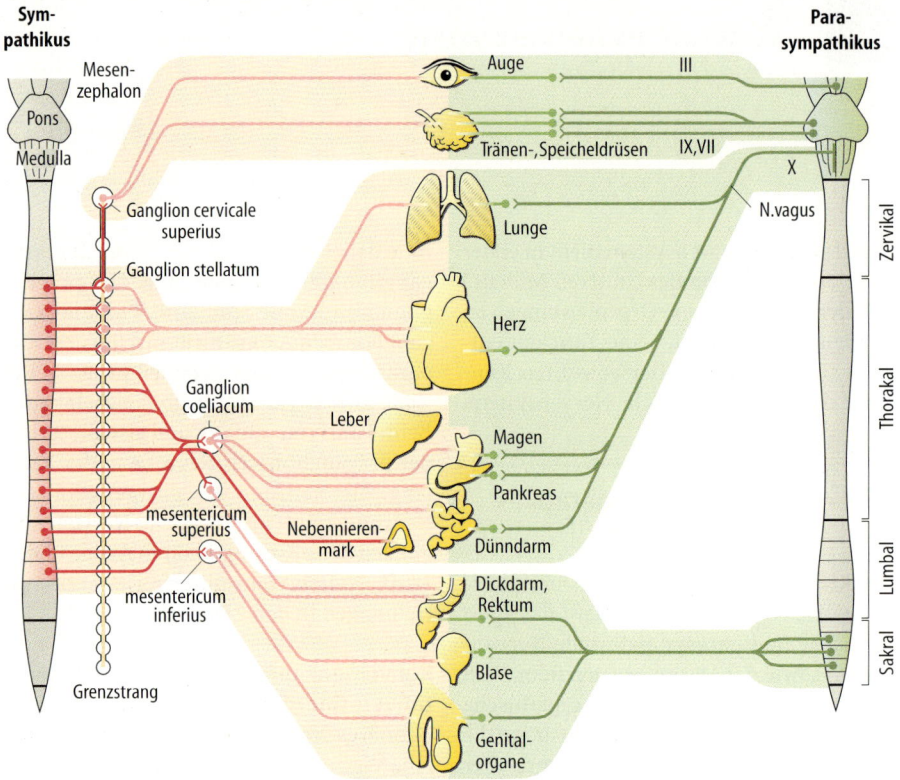

Abb. 9.1. Strukturelle Organisation des vegetativen Nervensystems. Präganglionäre sympathische Fasern (rot), postganglionäre sympathische Fasern (rosarot), präganglionäre parasympathische Fasern (grün), postganglionäre parasympathische Fasern (blau) und Ganglien (gelb) (nach Jänig aus Schmidt et al. 2000)

mine Adrenalin und Noradrenalin, s. unten) in die Blutbahn aus. Die im Nebennierenmark ausgeschütteten Katecholamine wirken somit wie Hormone (endokrin, s. Kap. 21) und erreichen auch Zellen, die nicht durch Fasern des vegetativen Nervensystems innerviert werden. Damit spielen sie vor allem bei der Regulation des Stoffwechsels (s. unten) eine wesentliche Rolle. Die ins Blut ausgeschütteten Katecholamine können andererseits im Gegensatz zu den vegetativen Nervenfasern nicht spezifisch einzelne Organfunktionen stimulieren, ohne die Funktion anderer Organe zu beeinflussen. Katecholamine aus dem Nebennierenmark werden vor allem bei Notfallsituationen ausgeschüttet, wie z. B. bei Blutverlust, Unterkühlung, Hypoglykämie,

Hypoxie, Verbrennungen und schwerer körperlicher oder psychischer Belastung.

Viszerale Afferenzen. In den vegetativen Nerven (v.a. N. vagus und Nn. splanchnici) befinden sich auch viszerale afferente Fasern. Die Zellkörper der spinalen viszeralen afferenten Nervenfasern liegen in den Spinalganglien, die Zellkörper der viszeralen afferenten Nervenfasern von Hirnnerven in entsprechenden Ganglien dieser Nerven. Die viszeralen Afferenzen tragen Informationen aus Druck-, Volumen- und Chemorezeptoren der Organe zu Rückenmark und Hirnstamm. Auf diese Weise wird das zentrale Nervensystem über Dehnung von Lunge, Herz, Gefäßen, Magen-Darm-Kanal, Harnblase und Genitalorganen, die O_2- und

CO_2-Konzentration im Blut, die Osmolarität in der Leber sowie die Glukosekonzentration im Magen-Darm-Kanal informiert. Viszerale Schmerzen werden ausschließlich durch spinale Nervenfasern vermittelt.

Darmnervensystem. Das Darmnervensystem umfaßt etwa die gleiche Zahl (10^8) an Neuronen wie das Rückenmark. Die Zellkörper liegen zum größten Teil in den Plexus myentericus (Auerbach) und submucosus (Meissner). Afferente Neurone weisen rezeptive Neuriten auf, efferente Neurone regulieren bzw. steuern Motorik, epithelialen Transport (Sekretion und Resorption) und Hormonausschüttung in der Darmwand (s. Tabelle 9.1). Afferente und efferente Neurone sind über hemmende und fördernde Interneurone miteinander verknüpft. Als Transmitter dienen Acetylcholin, Serotonin, Stickoxid (NO), ATP und eine Reihe von Peptiden (u.a. VIP, Substanz P und Somatostatin). Sympathische und parasympathische Nerven üben meist nur einen modulierenden Einfluß auf das Darmnervensystem aus und sind für die koordinierte Funktion des Darms (z. B. Propulsionsbewegungen, s. Kap. 18.2) nicht erforderlich. Die Motorik zu Beginn (Schlucken) und Ende (Defäkation) des Magendarmtraktes erfordert freilich die Koordination von Darmnervensystem, Sympathikus, Parasympathikus und somatischem Nervensystem, wie in Kap. 18.2 näher ausgeführt wird (s. auch Tabelle 9.1). Über Beeinflussung der Blutgefäße regulieren sympathische Nervenfasern ferner die Durchblutung des Magendarmtraktes.

Wirkungen des Sympathikus. Die Wirkungen des Sympathikus sind in Tabelle 9.1. zusammengefaßt. Die Gesamtheit der Wirkungen wird nur in einer Notfallsituation ausgelöst, wenn also beispielsweise bei Flucht vor einer Raubkatze das gesamte sympathische Nervensystem aktiviert wird. In einer solchen Notfallsituation sind alle in Tabelle 9.1 gezeigten Wirkungen sinnvoll:

- Die *Stimulation des Herzens* und die Vasokonstriktion peripherer Gefäße (v.a. Haut, Darm, Niere) soll ein Absinken des Blutdruckes verhindern, wenn die massive Muskeltätigkeit eine entsprechende Durchblutung erfordert.
- Die Dilatation der Gefäße in Herz und Muskeln dient der gesteigerten Durchblutung dieser in der Notfallsituation entscheidenden Organe.
- Die Dilatation der arteriellen Lebergefäße kompensiert die herabgesetzte Durchblutung aus dem Pfortadergebiet durch die Vasokonstriktion der Darmgefäße.
- Die *Hemmung der Darm- und Blasenmuskulatur* und die Aktivierung der Sphinkteren verhindert die in dieser Situation nicht mögliche Miktion und Defäkation.
- Die *Hemmung der Uterusmuskulatur* macht die Einleitung einer Geburt unmöglich.
- Durch *Hemmung der Bronchialmuskulatur* wird der Atemwegswiderstand herabgesetzt, und damit die erforderliche Steigerung des Atemzeitvolumens erleichtert.
- Die *Stimulation der Schweißsekretion* kühlt die Haut ab und ermöglicht daher eine Wärmeabgabe mit relativ geringer Hautdurchblutung.
- Die *Stimulation der Glykogenolyse und der Lipolyse* stellt die erforderlichen Energiesubstrate bereit.
- Auch die Wirkung des Sympathikus auf die *Ausschüttung von Hormonen* ist in einer Notfallsituation sinnvoll, wie etwa die Hemmung der Ausschüttung des blutzuckersenkenden Insulins aus den B-Zellen des Pankreas (s. Kap. 21.7) oder des vasodilatatorisch wirkenden Histamins aus den Monozyten und Gewebsmakrophagen (s. Kap. 12.3).
- Die Stimulation der *Mm. arrectores pilorum* ist wohl der – beim Menschen kaum mehr erfolgreiche – Versuch, durch Aufstellen der Haare einen etwaigen Kampfgegner einzuschüchtern.
- Der Sympathikus erweitert die Pupillen, weite, lichtstarre Pupillen sind ein dia-

Tabelle 9.1. Wirkungen von Sympathikus und Parasympathikus auf einzelne Organfunktionen (in runden Klammern die vorwiegend verantwortlichen Rezeptoren, in eckigen Klammern jeweils + = Stimulation, – = Hemmung der Muskelkontraktion, Drüsensekretion, etc., * im Herzen Zunahme von Frequenz, Kontraktionskraft, Überleitungsgeschwindigkeit)

Funktion	Sympathikus	Parasympathikus
Muskelaktivität (-Kontraktion)		
Herzmuskel*	$+ (\beta_1)$	–
Arterien in Herz, Leber	$– (\beta_2)$	0
Arterien in Haut, Niere, Darm, Gehirn; Venen	$+ (\alpha_1)$	0
Arterien in Skelettmuskel	$+ (\alpha_1) – (\beta_2, ACh)$	0
Arterien, Penis, Klitoris, Schamlippen	$+ (\alpha_1)$	–
Sphinkteren (Darm, Blase)	$+ (\alpha_1)$	–
alle anderen Muskeln in Darm, Blase	$– (\beta_2, \alpha_2)$	+
Bronchialmuskulatur	$– (\beta_2)$	+
Sphincter pupillae (Auge)	0	+
Dilatator pupillae (Auge)	$+ (\alpha_1)$	0
Musculus tarsalis (Oberlidheber)	$+ (\alpha_1)$	0
Musculus ciliaris	0	+
M. orbitalis	$+ (\alpha_1)$	0
Arrectores pilorum (Haut)	$+ (\alpha_1)$	0
innere Geschlechtsorgane (Mann)	$+ (\alpha_1)$	0
Uterus	$– (\beta_2)$	0
Drüsensekretion		
Schweißdrüsen	$+ (ACh)$	0
Speicheldrüsen	$+ (\alpha_1)$	+
alle anderen Drüsen (Tränen, Bronchial, Verdauung)	0/–	+
Ausschüttung von Hormonen		
Glukagon, Kalzitonin, Parathormon, Renin, Somatostatin, Gastrin, Melatonin	$+ (\beta)$	+/0
Somatotropin, Kortikotropin, Thyrotropin, Histamin	$+ (\alpha)$	+/0
Somatotropin, Insulin, Thyroxin	$– (\beta)$	+/0
Prolaktin	$– (\alpha)$	+/0
Sonstige Wirkungen		
Abbau von Leberglykogen	$+ (\alpha_1, \beta_2)$	0
Abbau von Muskelglykogen	$+ (\beta_2)$	0
Mobilisierung von Fett (Lipolyse)	$+ (\beta_2)$	0
Mobilisierung von Leukozyten (Leukozytose)	$+ (\beta_1)$	0
Thrombozytenaggregation	$+ (\alpha_2)$	0
zelluläre K^+-Aufnahme	$+ (\beta_2)$	0
zelluläre K^+-Abgabe	$+ (\alpha_1)$	0

gnostisch wertvolles Indiz für massive Aktivierung des Sympathikus (z. B. im Blutverlustschock, s. Kap. 14.6).

- Weitere Wirkungen des Sympathikus sind *Mobilisierung von Leukozyten, Begünstigung der Thrombozytenaggregation und Stimulation der Speicheldrüsen.*

Es muß nochmals betont werden, daß die Gesamtheit der Wirkungen nur in seltenen Notfallsituationen ausgelöst wird. Normalerweise arbeitet das vegetative Nervensystem nicht synchron, sondern die einzelnen vegetativen Nervenfasern regulieren die jeweiligen Organfunktionen weitgehend unabhängig voneinander. So kann beispielsweise ein Lichteinfall in das Auge eine parasympathisch vermittelte Pupillenverengung auslösen und gleichzeitig eine Zunahme der Körpertemperatur über sympathische Nervenfasern die Schweißsekretion stimulieren. Die Fähigkeit des vegetativen Nervensystems, organspezifisch zu regulieren, ist ein wesentlicher Vorteil gegenüber den Hormonen, bei deren Ausschüttung jeweils die gesamte Palette der hormonspezifischen Wirkungen ausgelöst wird.

Wirkungen des Parasympathikus. Reizung der jeweiligen parasympathischen Fasern mindert die Herzfrequenz und indirekt die Herzkraft (s. Kap. 13.8), stimuliert die Bronchialmuskulatur, hemmt die Sphinkteren des Darms und fördert die Motilität der übrigen Darm- und Blasenmuskulatur. Er stimuliert die Sekretionstätigkeit von Tränendrüsen, Speicheldrüsen, Bronchialdrüsen und Drüsen des Verdauungstraktes. Er verengt die Pupillen. Über parasympathische Nerven werden schließlich die Gefäße in Penis, Klitoris und den Schamlippen dilatiert (s. Kap. 9.2).

Zusammenwirken von Sympathikus und Parasympathikus. Die Wirkungen sympathischer und parasympathischer Fasern sind vielfach antagonistisch. Die Organfunktion hängt von der jeweiligen Summe sympathischer und parasympathischer Ak-

tivierung ab. Meist wird bei der vegetativen Regulation einer Organfunktion die Aktivierung der jeweiligen sympathischen Fasern von einer Inaktivierung der parasympathischen Fasern begleitet (und umgekehrt). Eine Aktivierung der sympathischen Nervenfasern zum Herzen führt beispielsweise zu einer Zunahme der Herzfrequenz, die durch gleichzeitige Abnahme der Aktivität parasympathischer Nervenfasern unterstützt wird (*synergistische Regulation*).

Spontanaktivität. Viele postganglionäre vegetative Neurone sind bereits normalerweise aktiv und unterhalten damit ein mittleres Aktivitätsniveau (z. B. in Vasokonstriktorneuronen zur Regulation des Gefäßmuskeltonus) der jeweiligen Zielorgane. In Abhängigkeit von der Aktivität der präganglionären Neurone kann die Aktivität der postganglionären Neurone und damit die jeweilige Funktion der Zielzellen gedrosselt oder gesteigert werden. Über Abnahme der Aktivität sympathischer Nervenfasern kann also z. B. Vasodilatation und durch Zunahme der Aktivität Vasokonstriktion ausgelöst werden.

Transmitter. Der Transmitter des präganglionären Neurons ist bei Sympathikus und Parasympathikus *Acetylcholin*. Das postganglionäre Neuron setzt beim Parasympathikus gleichfalls Acetylcholin frei, beim Sympathikus in aller Regel Noradrenalin. Nur die sympathische Stimulation der Schweißdrüsen und möglicherweise die sympathisch vermittelte Vasodilatation von Muskelgefäßen wird durch Acetylcholin erzeugt. Zellen im Nierenmark schütten Adrenalin (80 %) und Noradrenalin (20 %) in das Blut aus. Im Blut ist die Noradrenalinkonzentration jedoch normalerweise wesentlich höher als die Adrenalinkonzentration, da auch das in den Nervenendigungen freigesetzte Noradrenalin teilweise ins Blut gelangt. Neben Acetylcholin, Noradrenalin und Adrenalin werden durch vegetative Nervenendigungen noch weitere Mediatoren freigesetzt (NANC = **n**ichtadrenerge nichtcholinerge Transmitter), wie u.a. *Adenosintriphosphat* (ATP), Stickoxid (NO), *vasoaktives intestinales Peptid* (VIP) und *Neuropeptid Y* (NPY). Die NANC-Mediatoren tragen zur Wirkung der vegetativen Nerven bei.

- So wirkt Stickoxid (NO) u.a. erschlaffend auf die glatte Muskulatur des Darms und der Blutgefäße des erektilen Gewebes,
- Adenosintriphosphat (ATP) und vasoaktives intestinales Peptid (VIP) wirken vasodilatierend und stimulieren die Sekretion in verschiedenen Epithelien und
- Neuropeptid Y (NPY) soll die Wirkung von Noradrenalin auf Gefäße und Herz verstärken.

Acetylcholinrezeptoren. Die Acetylcholinrezeptoren an den Ganglienzellen unterscheiden sich von den Acetylcholinrezeptoren an den Zielzellen des parasympathischen Nervensystems. Die Acetylcholinrezeptoren der Ganglienzellen und der Nebennierenmarkzellen können durch Nikotin aktiviert und durch quarternäre Ammoniumverbindungen (Ganglienblocker) blockiert werden. Die cholinergen Rezeptoren in den Zielzellen des Parasympathikus werden durch Muscarin (ein Gift aus dem Fliegenpilz) und Pilocarpin aktiviert und durch Atropin (ein Gift aus der Tollkirsche) blockiert. Acetylcholin wirkt über nikotinische Rezeptoren direkt (ligandengesteuert) auf Ionenkanäle und über muskarinische Rezeptoren und unterschiedliche intrazelluläre Signalwege auf verschiedene zelluläre Effektoren (s. Kap. 21.2).

Adrenozeptoren. Auch die Adrenozeptoren sind nicht einheitlich, sondern lassen sich in zwei Klassen (α und β) einteilen, die jeweils mehrere Subtypen umfassen. Die Rezeptoren weisen unterschiedliche Affinitäten für aktivierende (Agonisten) und blockierende (Antagonisten) Substanzen auf.
Ein *α-Adrenozeptor* bindet z. B. Noradrenalin besser als Adrenalin und Adrenalin besser als die synthetische Substanz Isoprote-

renol (ein β-Adrenorezeptoragonist), ein β-Adrenozeptor bindet umgekehrt Isoproterenol besser als Adrenalin und Adrenalin besser als Noradrenalin. Die verschiedenen Rezeptortypen koppeln ferner an unterschiedliche intrazelluläre Mechanismen (s. Kap. 21.2) und vermitteln unterschiedliche Wirkungen von Noradrenalin und Adrenalin (s. Tabelle 9.1). Eine Reihe von Funktionen werden gleichzeitig durch α- und β-Rezeptoren beeinflußt, wobei die Wirkungen jeweils antagonistisch sein können. So wird die Gefäßkontraktion über α-Adrenozeptoren gefördert und durch β-Adrenozeptoren gehemmt. In der Klinik wird eine Vielzahl spezifischer Agonisten und Antagonisten eingesetzt, welche die jeweils gewünschte Wirkung im Körper erzielen, ohne die Gesamtheit der übrigen Wirkungen des Sympathikus auszulösen.

Präsynaptische und extrasynaptische Rezeptoren. α- und β-Adrenozeptoren findet man nicht nur in den Membranen der Zielzellen, sondern auch in den präsynaptischen Membranen von Nervenendigungen. Aktivierung der präsynaptischen α_2-Rezeptoren hemmt, Aktivierung der präsynaptischen β-Rezeptoren stimuliert die Ausschüttung von Noradrenalin. Über α_2-Rezeptoren wird ferner die Ausschüttung von Acetylcholin gehemmt. Schließlich findet man α- und β-Rezeptoren auch außerhalb der Synapsen. Aktiviert werden die extrasynaptischen Rezeptoren durch Katecholamine aus dem Nebennierenmark und durch Noradrenalin, das aus den Synapsen diffundiert.

9.2 Vegetatives Nervensystem in Rückenmark und Hirnstamm

Die Zellkörper der präganglionären Neurone liegen in der intermediären Zone des thorakolumbalen und sakralen Rückenmarks. Sie steuern die Aktivität der postganglionären Neurone. Die Aktivität der präganglionären Neurone wird durch Afferenzen aus dem jeweiligen Rückenmarkssegment und durch deszendierende Bahnen v.a. aus der Medulla oblongata reguliert.

Gegenseitige Beeinflussung von vegetativem und somatischem Nervensystem. Jedes Rückenmarkssegment erhält viszerale und somatische Afferenzen und beeinflußt Organe, Haut und Muskulatur efferent über vegetative und somatische Efferenzen. Das von einem Rückenmarkssegment afferent innervierte Hautareal nennt man Dermatom. Wie bereits in Kapitel 4.3 (Abb. 4.10) erläutert wurde, konvergieren viszerale und somatische Afferenzen im Rückenmark z.T. auf die gleichen Neurone. Das Erregungsniveau dieser Neurone wird also sowohl durch viszerale als auch durch somatische Afferenzen beeinflußt. Beispielsweise konvergieren viszerale Afferenzen aus dem Herzen und somatische Afferenzen aus der Haut von linkem Arm und linker Schulter auf die gleichen Neurone im Zervikalmark. Für die weitere neuronale Verarbeitung ist nicht mehr erkennbar, ob ein gesteigertes Erregungsniveau dieser Neurone auf viszerale oder somatische Afferenzen zurückzuführen ist. Bei einem Herzinfarkt, beispielsweise, wird das Erregungsniveau durch nozizeptive Afferenzen vom Herzen gesteigert. Folge ist gesteigerte Berührungsempfindlichkeit (Hyperästhesie) und Schmerzempfindlichkeit (Hyperalgesie) im linken Arm und in der linken Schulter (übertragener Schmerz). Durch Beeinflussung efferenter Neurone im gleichen Rückenmarksegment kommt es u.a. zur Vasodilatation im jeweiligen Dermatom (viszerokutaner Reflex) und zu gesteigertem Tonus der von dem jeweiligen Rückenmarksegment versorgten Muskulatur. Umgekehrt kann über Reizung somatischer Afferenzen ein gewisser Einfluß auf die vom gleichen Segment innervierten Organe genommen werden (kutiviszeraler Reflex).

Medulla oblongata in der Regulation vegetativer Funktionen. Die präganglionären sympathischen und parasympathischen Neurone stehen unter dem ständigen Einfluß aus Neuronen der Medulla oblongata. Eine wichtige Schaltstelle in der Medulla oblongata ist der Nucleus tractus solitarii, in den alle viszeralen Afferenzen des N. vagus von Herz, Lunge und Magendarmtrakt projizieren. Über Kerne des Hirnstamms beeinflußt er die präganglionären Neurone. Der Nucleus tractus solitarii hat reziproke Verbindungen zu limbischem System und Hypothalamus (s. Abb. 9.2), der die Ausschüttung hypophysärer Hormone kontrolliert (s. Kap. 9.3). Besondere, für die Steuerung der präganglionären Neurone wichtige Kerngebiete liegen in der Medulla oblongata (Nuclei raphé [serotoninerg], rostrale ventrolaterale Medulla oblongata) und in der Pons (noradrenerg). Neurone in der Medulla oblongata sind für die homöostatische Regulation des arteriellen Blutdrucks (s. Kap. 14.5), der Atmung (s. Kap. 15.7) und des Magendarmtraktes (s. Kap. 18.2) verantwortlich.

Vegetative Reflexe. Die präganglionären Neurone stehen unter dem Einfluß viszeraler Afferenzen des gleichen Rückenmarksegments. Diese Afferenzen werden im Rückenmark umgeschaltet, wobei mindestens ein Interneuron zwischen dem afferenten Neuron und dem präganglionären Neuron zwischengeschaltet ist. Der gesamte Reflexbogen benötigt somit inklusive der Synapse zwischen präganglionärem und postganglionärem Neuron mindestens drei Synapsen. Über entsprechende Reflexe greift das vegetative Nervensystem in die Regulation verschiedenster Funktionen ein, wie bei den entsprechenden einzelnen Organfunktionen erläutert wird. Insbesondere bei der Regulation von Herzfunktion (s. Kap. 13.8) und Blutdruck (s. Kap. 14.5) spielt das vegetative Nervensystem eine entscheidende Rolle. Auch die Pupillenmotorik (s. Kap. 5.8) und der geordnete Ablauf der Darmmotorik zu Beginn (Schlucken, Erbrechen) und Ende (Defäkation) des Magendarmkanals erfordert die aktive Beteiligung des vegeta-

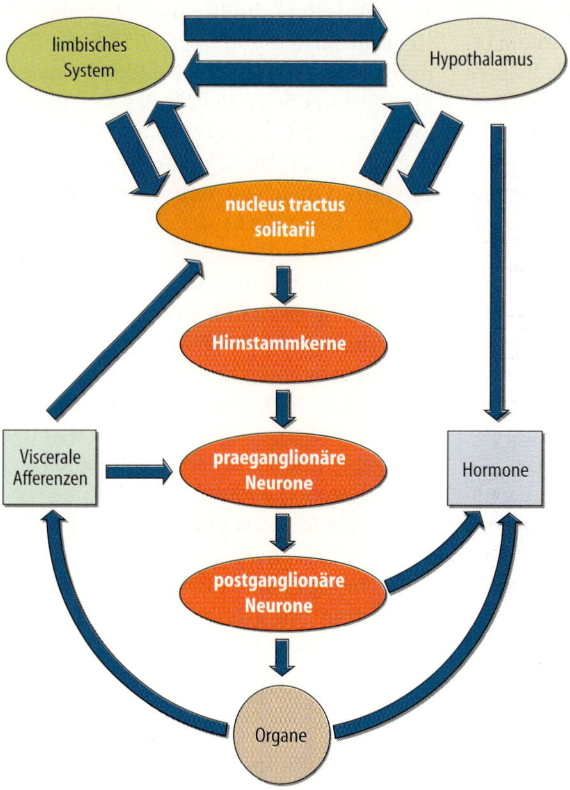

Abb. 9.2. Verschaltungen des vegetativen Nervensystems

Diagram labels:
- limbisches System
- Hypothalamus
- nucleus tractus solitarii
- Hirnstammkerne
- Viscerale Afferenzen
- praeganglionäre Neurone
- Hormone
- postganglionäre Neurone
- Organe

tiven Nervensystems (s. Kap. 18.2). Im folgenden sollen die Miktion und die Sexualreflexe besprochen werden.

Miktion. Eine Entleerung der Blase wird durch die netzförmige Blasenwandmuskulatur (M. detrusor vesicae) bewirkt, die an der Harnröhre ansetzt und bei Kontraktion eine Verkürzung der Harnröhre und eine Öffnung des inneren Blasensphinkters hervorruft. Eine vorzeitige Entleerung wird durch Kontraktion des inneren und äußeren Blasensphinkters verhindert. Die Blasenwandmuskulatur wird durch den Parasympathikus (2.–4. Sakralsegment), der innere Blasensphinkter durch den Sympathikus (1.–2. Lumbalsegment) und der äußere Blasensphinkter somatomotorisch (N. pudendus aus S3 und S4) innerviert (s. Abb. 9.3). Die Dehnung der Blasenwand wird durch viszerale afferente Nervenfasern zum

Rückenmark geleitet, die umgeschaltet werden auf Interneurone, die einerseits zu parasympathischen Neuronen, andererseits zu pontinen Neuronen projizieren. Diese pontinen Neurone stehen zusätzlich unter dem Einfluß von Hypothalamus und Großhirn. Normalerweise wird bei einem Blasenvolumen von über 200 ml die Schwelle der pontinen Neurone erreicht, die dann über Aktivierung der präganglionären parasympathischen Neurone in S2-S4 die Kontraktion der Blasenmuskulatur auslösen. Die Kontraktion der Blasenmuskulatur führt zu einer Spannungszunahme der Blasenwand und steigert damit weiter den afferenten Zustrom. Darüber hinaus werden die präganglionären parasympathischen Neurone durch Afferenzen aus der Harnröhrenwand stimuliert, die bei Eintritt des Harns in die Harnröhre aktiviert werden. Gleichzeitig werden zentrale hemmende Einflüsse unter-

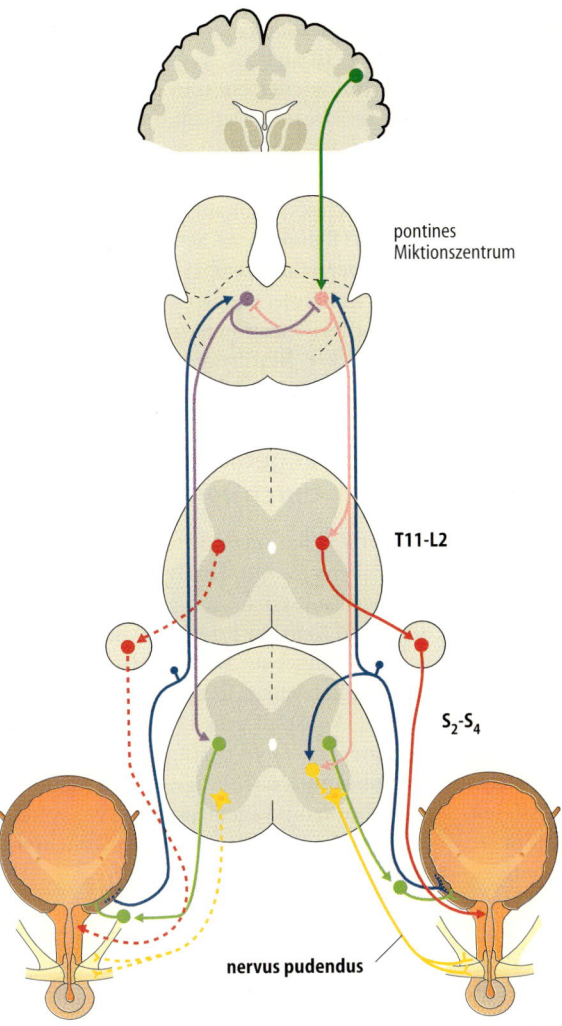

Abb. 9.3. Die Verschaltungen des Miktionsreflexes. Afferenzen von Dehnungsrezeptoren der Blasenwand (blau), sympathische (rot), parasympathische (grün) und somatische (gelb) Efferenzen sowie deszendierende Kontrolle (lila, rosa und dunkelgrün). Unterbrochene Pfeile bedeuten herabgesetzte Aktivität von Efferenzen. Links: Miktion; Rechts: Kontinenz (nach Jänig aus Schmidt et al. 2000)

pontines Miktionszentrum

T11-L2

S_2-S_4

nervus pudendus

drückt. Damit kommt es nach Einsetzen des Harnflusses zu einer zunehmenden Kontraktion der Blasenmuskulatur, die eine schnelle Entleerung der Blase ermöglicht. Bei Blasenentzündung sind die Afferenzen in der Blasenwand sensibilisiert und Blasenkontraktionen setzen bereits bei geringfügiger Füllung ein. Folge ist häufiges Wasserlassen (Polakisurie).

Männliche Genitalreflexe. Beim Mann ist die Erektion des Gliedes Folge einer Dilatation der Arterien der Corpora cavernosa und des Corpus spongiosum urethrae, die durch parasympathische Neurone aus S2 – S4 ausgelöst wird. Transmitter der postganglionären Neurone ist neben Acetylcholin Stickoxid (NO). Darüber hinaus kann die Erektion auch psychogen über sympathische Innervation aus dem Thorakolumbalmark ausgelöst werden. Die Erektion wird durch Afferenzen gefördert, welche v.a. von der Glans penis über den N. pudendus zum Sakralmark laufen. Die Emission, d.h. der Übertritt von Samenflüssigkeit und Prostatasekret in die Urethra wird durch sympathische Efferenzen ausgelöst, welche die Kontraktionen von Epididymis, Ductus deferens, Vesicula seminalis und Prostata stimulieren. Zur Ejakulation kommt es durch Kontraktionen der über den N. pudendus somatisch innervierten Mm. bulbo- und ischiocavernosi sowie der Beckenbodenmuskulatur. Emission und Ejakulation werden v.a. durch Reiben des Penis ausgelöst, wobei die Afferenzen über den N. dorsalis penis (durch den N. pudendus) zum Rückenmark laufen. Während Emission und Ejakulation tritt beim Mann Orgasmus auf. Nach dem Orgasmus folgt die Rückbildungsphase mit einer Refraktärzeit von weniger als einer Stunde bis mehreren Stunden.

Weibliche Genitalreflexe. Bei der Frau kommt es bei Erregung zum Zurückweichen und Auseinanderklaffen der Labia maiora, zum Anschwellen von Klitoris, Labia minora, Vagina und Uterus. Die zugrundeliegende Vasodilatation wird durch parasympathische Neurone aus dem Sakralmark und sympathische Neurone aus dem Lumbalmark ausgelöst. Die erregenden Afferenzen werden aus Klitoris, Labia minora etc. über den N. pudendus zum Sakralmark geleitet. Während des Orgasmus kommt es zur mehrfachen Kontraktion der orgastischen Manschette der Vagina und zu Kontraktionen des Uterus, welche durch sympathische Innervation vermittelt wird. Im Gegensatz zum Mann kann die Frau mehrere Orgasmen hintereinander erleben. Danach folgt die Rückbildungsphase. Wurde der Orgasmus nicht erreicht, ist die Rückbildungsphase langsamer.

Rückenmarksdurchtrennung. Sie führt durch Wegfall der deszendierenden Bahnen zunächst zum spinalen Schock mit Erliegen vegetativer Aktivität unterhalb der Läsion. Der Ausfall sympathischer Innervation der Gefäße führt zum Blutdruckabfall und die vegetativen Reflexe sind erloschen. Insbesondere der Blasenentleerungsreflex ist aufgehoben, und die Blase muß mit Kathetern entleert werden. Erst nach Wochen bis Monaten stellt sich die vegetative neuronale Aktivität wieder ein und die segmentalen Reflexe (Miktion, Defäkation) treten wieder auf. Die Blasenentleerung kann dann bei entsprechender Dehnung der Blasenwand z. B. durch Klopfen auf die Blase ausgelöst werden (Reflexblase). Schließlich kommt es zur Hyperreflexie, wobei z. B. bei Auslösung des Blasenentleerungsreflexes auch andere vegetative Reaktionen ausgelöst werden können (z. B. Blutdruckanstieg).

9.3 Vegetative Steuerung durch den Hypothalamus

Bei der Regulation und Steuerung des inneren Milieus nimmt der Hypothalamus eine zentrale Rolle ein (s. Abb. 9.4). Auf der einen Seite sind Neurone im Hypothalamus in Regelkreise eingebaut, welche verschiedene vegetative Parameter des Körpers (z. B. Temperatur) konstant halten (Homöostase). Auf der anderen Seite verfügen Neurone des Hypothalamus über Programme, welche Somatomotorik, vegetatives Nervensystem und Hormone einem jeweiligen Verhaltensmuster (z. B. Wut) anpassen.

Allgemeine Rolle des Hypothalamus in der Steuerung des vegetativen Nervensystems und des Endokriniums. Eine Aufgabe des Hypothalamus ist die Anpassung des Kreislaufes, der Atmung und des Gastrointestinaltraktes an den durch die verschiedenen Verhaltensweisen definierten Bedarf. Im Rahmen dieser integrativen Funktionen erhält der Hypothalamus fortlaufend Rückmeldungen aus der Peripherie des Körpers über afferente Neurone, über Hormone im Blut und über physikalische (Temperatur) und chemische (Osmolalität) Parameter im Blut. So aktivieren z. B. Neurone im Hypothalamus über Sympathikus und Parasympathikus während schwerer körperlicher Arbeit den Kreislauf.

Im medialen Hypothalamus werden z. T. die Blutparameter gemessen, welche durch die

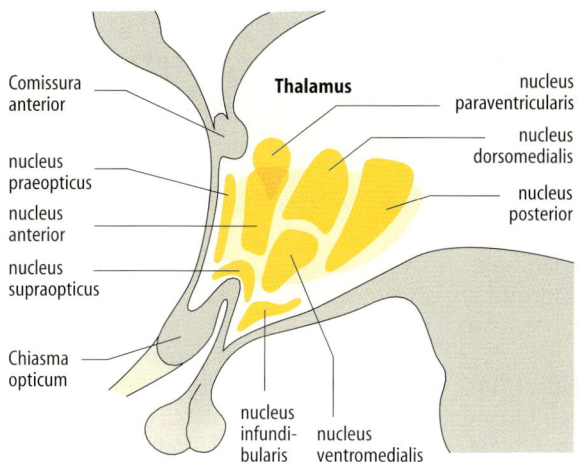

Comissura
anterior

Thalamus

nucleus
paraventricularis

nucleus
dorsomedialis

nucleus
praeopticus

nucleus
anterior

nucleus
posterior

nucleus
supraopticus

Chiasma
opticum

nucleus
infundi-
bularis

nucleus
ventromedialis

peripheren Hormone reguliert werden, sowie die Konzentrationen an peripheren Hormonen und von hypophysären Hormonen, welche die periphere Hormonausschüttung stimulieren (glandotrope Hormone bzw. Tropine). Über Liberine und Statine können Neurone des medialen Hypothalamus die Ausschüttung der Tropine regulieren (s. unten). Die Liberin- und Statinausschüttung, die Tropine, peripheren Hormone und Blutparameter bilden Regelkreise mit meist negativer Rückkopplung (s. Kap. 21.3), die Hormon- und Parameterkonzentrationen in Grenzen halten. Das Nervensystem kann – vor allem über limbisches System und lateralen Hypothalamus – die Liberinausschüttung im medialen Hypothalamus steuern und damit periphere Konzentrationen an Hormonen und Parametern beeinflussen. Damit werden eben diese Parameter an das jeweilige Verhalten angepaßt. Eine besondere Funktion des Hypothalamus ist somit die *Verknüpfung von Nervensystem und Endokrinium*.

Die Rolle des Hypothalamus in der Regulation der Hormonausschüttung. Über Beeinflussung des vegetativen Nervensystems reguliert der Hypothalamus die Ausschüttung der meisten peripheren Hormone (s. Tabelle 9.1). Darüber hinaus bilden Neurone

im Hypothalamus selbst Hormone und kontrollieren die Hormonausschüttung in der Hypophyse (s. Kap. 21.3): Neurone in den hypothalamischen Nuclei supraoptici und paraventricularis bilden *Oxytozin* und *antidiuretisches Hormon (ADH)*, befördern sie über axonalen Transport zur Neurohypophyse und geben sie dort in die Blutgefäße ab (s. Abb. 21.6). Darüber hinaus werden *Liberine* (releasing hormones, RH's) und *Statine* (release inhibiting hormones, RIH's) in Neuronen der hypophysiotropen Zone des Hypothalamus direkt über der Hypophyse gebildet (s. oben). Die Mediatoren werden über axonalen Transport zum Pfortadersystem der Hypophyse transportiert und dort freigesetzt. Mit dem Blutstrom gelangen sie dann zu den hormonproduzierenden Zellen der Hypophyse (s. Kap. 21.3). Die meisten in der Hypophyse gebildeten Hormone steuern die Ausschüttung von Hormonen in der Peripherie (Tropine). Auf diese Weise kontrolliert der Hypothalamus einen erheblichen Teil der peripheren Hormonausschüttung. Über die Hormone beeinflußt der Hypothalamus so diverse Funktionen, wie Blutdruck, Stoffwechsel, sexuelle Reifung und sexuelle Aktivität.

Die Rolle des Hypothalamus in der Temperaturregulation. Zur Regulation und

Steuerung der Körpertemperatur integrieren Neurone im Hypothalamus wiederum Funktionen des somatischen (z. B. Zusammenkauern bei Kälte) und vegetativen (z. B. periphere Vasokonstriktion bei Kälte) Nervensystems (s. Kap. 19.3). Da durch Kälte ferner die ADH-Ausschüttung gehemmt und bei langanhaltender Kälte die Thyroliberin- (TRH-) Ausschüttung gefördert wird, beeinflußt der Hypothalamus temperaturabhängig auch das Endokrinium.

Kontrolle der Nahrungsaufnahme, Hunger. Die Anpassung der Nahrungszufuhr an den Bedarf wird normalerweise durch die Hungerempfindung gewährleistet. Durch fein auf den Bedarf abgestimmte Nahrungsaufnahme soll kurzfristig die Versorgung der Organe mit den jeweils erforderlichen Energiesubstraten sichergestellt und gleichzeitig langfristig die Fettdepots und damit das Körpergewicht in bestimmten Grenzen gehalten werden.

- Bei den Mechanismen der *kurzfristigen Anpassung* der Nahrungsaufnahme spielt Glukose eine entscheidende Rolle. Unzureichendes Substratangebot mindert die Glukosekonzentration im Blut und schränkt die Verfügbarkeit von Glukose im Gewebe ein. Die Glukosekonzentration wird über *Glukorezeptoren* in lateralem Hypothalamus, Hirnstamm und Leber registriert. Insbesondere ein schneller Abfall der Glukosekonzentration führt zu Heißhunger. Hungergefühl wird auch durch *Leerkontraktionen* des Magens ausgelöst. (Die beiden Phänomene sind zwar lose miteinander korreliert, aber ein kausaler Zusammenhang besteht nicht.) Schließlich sinkt bei herabgesetzter Energiezufuhr die Energieproduktion des Körpers. Die folgende Abnahme der zentralen Temperatur wird durch *Thermorezeptoren* u.a. im Hypothalamus gemessen und löst gleichfalls Hunger aus.
- Während des Essens tritt Sättigung auf, bereits bevor die aufgenommenen Nahrungsbestandteile aufgeschlossen und absorbiert sind. Diese *präresorptive Sätti-gung* ist zum Teil Folge der Reizung von Geschmacks-, Geruchs- und oralen Mechanorezeptoren, sowie der Dehnung von Speiseröhre und Magen. Darüber hinaus registrieren Chemorezeptoren in Magen und Duodenum die luminale Konzentration an Glukose und Aminosäuren und stimulieren die Ausschüttung gastrointestinaler Hormone (v.a. Cholecystokinin, s. Tabelle 18.5), die ihrerseits Sättigung auslösen.

- Die *langfristige Anpassung* der Nahrungsaufnahme an die Größe der Fettdepots wird vor allem durch das Peptidhormon *Leptin* gewährleistet. Die Fettzellen bilden Leptin in Abhängigkeit von ihrem „Füllungszustand", d.h. von ihrem Gehalt an Speicherfett. Leptin mindert das Hungergefühl über Beeinflussung von Neuronen des Hypothalamus. Leptin reguliert so die Größe der Fettdepots und damit das Körpergewicht. Werden die Fettdepots durch eine Fastenperiode entleert, dann bilden die Fettzellen weniger Leptin und die Leptinkonzentration im Blut sinkt. Die hemmende Wirkung von Leptin auf den Hypothalamus fällt weg und die Nahrungsaufnahme übersteigt den aktuellen Bedarf an Energiesubstraten. Die überschüssig zugeführten Energiesubstrate werden in Fett umgewandelt, das im Fettgewebe abgelagert wird. Die Mechanismen der kurzfristigen Anpassung der Nahrungsaufnahme sind allerdings immer noch wirksam, so daß auch bei niedrigen Leptinplasmakonzentrationen Sättigung eintritt und die Zunahme der Fettdepots nur langsam erfolgt. Nach einer Periode der Überfütterung bilden die mit Triglyzeriden überladenen Fettzellen vermehrt Leptin, das normalerweise die Nahrungsaufnahme solange bremst, bis der Überschuß abgebaut ist. Dabei tritt über die kurzfristigen Mechanismen immer wieder Hunger auf, der zur Nahrungsaufnahme zwingt. Die Nahrungsaufnahme deckt freilich nicht völlig den aktuellen Bedarf an Energiesubstraten und der Energiebedarf wird z.T.

durch Mobilisierung von Triglyzeriden aus dem Fettgewebe gedeckt. Darüber hinaus fördert Leptin den Abbau der Fettdepots auch über Stimulation des Energieverbrauchs.

Die neuronalen Mechanismen der kurzfristigen und langfristigen Anpassung der Nahrungsaufnahme und Energiebilanz befinden sich im *Hypothalamus.* Aktivierung der Neurone im lateralen Hypothalamus bewirken offenbar Hunger, Aktivierung der Neurone im ventromedialen Hypothalamus Sättigung. Zerstörung des lateralen Hypothalamus führt daher zu Nahrungsverweigerung (*Aphagie*), Zerstörung des ventromedialen Hypothalamus zu Freßsucht (*Hyperphagie*). Fettsucht und Magersucht (z. B. Anorexia nervosa) sind freilich nur in sehr seltenen Fällen Folge von Läsionen im Hypothalamus.

Die hypothalamischen Zentren stehen wiederum unter der Kontrolle des Großhirns (limbisches System und Neokortex). Die Nahrungsaufnahme ist in hohem Maße eine Funktion erlernten Verhalten, das durch Essenszeiten, soziale Faktoren, Umgebungsreize und die Qualität der angebotenen Nahrungsmittel ausgelöst wird (*konditionierte Nahrungsaufnahme*). Die verhaltensabhängige Nahrungsaufnahme erfolgt auch ohne Stimulation der Nahrungsaufnahme durch Hypoglykämie. Eßstörungen und die dadurch ausgelösten Störungen des Körpergewichtes sind häufig Folge inadäquater verhaltensabhängiger Nahrungsaufnahme.

Kontrolle der Flüssigkeitsaufnahme, Durst.
Durst entsteht in erster Linie bei einem Mangel an intrazellulärem oder extrazellulärem Wasser.

Das intrazelluläre Wasser (bzw. die Osmolalität der extrazellulären Flüssigkeit) wird durch osmorezeptive Neurone in der lateralen präoptischen Region des Hypothalamus und der Wand des 3. Ventrikels registriert. Diese Neurone reagieren auf Zellschrumpfung (bei Abnahme des intrazellulären Wassers) mit einer Depolarisation durch Öffnen

von mechanosensiblen nichtselektiven Kationenkanälen. Folge ist der *osmotische Durst.*

Ein Mangel an extrazellulärer Flüssigkeit wird durch vagale Dehnungsrezeptoren (*Volumenrezeptoren*) in herznahen Gefäßen und im rechten Vorhof des Herzens registriert (Abnahme der Aktivität), wie in Kapitel 14.5 näher ausgeführt wird (*hypovolämischer Durst*). Darüber hinaus wird bei einem Mangel an extrazellulärer Flüssigkeit die Perfusion der Niere beeinträchtigt (s. Kap. 16.8). Folge ist u.a. die Bildung von Angiotensin II, das seinerseits Durst auslöst. Die Aktivität in den osmo- und volumenrezeptiven Neuronen, sowie der Einfluß von Angiotensin II werden in Neuronen des Hypothalamus integriert. Die Erregung dieser Neurone fördert einerseits die Durstempfindung und andererseits die Ausschüttung von antidiuretischem Hormon (ADH, s. Kap. 17.2). Angiotensin II stimuliert darüber hinaus die Bildung von Aldosteron, das über Stimulation der Rückresorption in den Gängen der Speicheldrüsen die Speichelsekretion drosselt, so daß weniger Speichel in den Mund gelangt. Folge ist *Mundtrockenheit*, die zur Durstempfindung beiträgt. Bereits ein Mangel an Wasser von 0,5 % des Körpergewichts löst Durst aus. Durch Trinken wird die fehlende Menge erstaunlich genau zugeführt. Dabei wird der Durst bereits gelöscht, bevor das zugeführte Wasser im Darm absorbiert wird und einen Einfluß auf Osmo- und Volumenrezeptoren ausüben kann (*präresorptive Durstlöschung*). Offenbar wird durch Dehnungsrezeptoren in Ösophagus und Magen das getrunkene Flüssigkeitsvolumen gemessen und mit dem von Osmo- und Volumenrezeptoren signalisierten Defizit verrechnet. Saugt man das in den Magen aufgenommene Wasser wieder ab, dann tritt nach einigen Minuten wieder Durst auf. Schließlich wird durch hypotone Flüssigkeit im Duodenum Durst herabgesetzt, wahrscheinlich durch Beeinflussung von Osmorezeptoren im Darmbereich. Häufig trinken wir, z. B. während des Essens, auch ohne Vorliegen von Durst, also ohne entsprechende Aktivierung von Osmorezeptoren oder Volumenrezeptoren. Dieses *sekundäre Trinken* verhindert normalerweise das Auftreten von Durst.

Die Bedeutung des Hypothalamus für die zirkadiane Rhythmik. Wie an anderer Stelle ausführlicher erläutert wird (s. Kap. 10.3), sind die über dem Chiasma opticum gelegenen Nuclei suprachiasmatici sowie die ventromedialen Kerne des Hypothalamus wesentliche Schrittmacher für den zirkadianen Rhythmus, der u.a. den Schlaf-Wach-Rhythmus auslöst.

Hypothalamische Verhaltensprogramme. Im Hypothalamus existieren Neuronenpopulationen, welche über fixe Programme für die Durchführung bestimmter, artspezifischer Verhaltensweisen verfügen.

- Reizung bestimmter Neurone im kaudalen Hypothalamus löst die *„fight and flight reaction"* (bzw. Abwehrreaktion, defense reaction, Streß) aus. Sie beinhaltet eine Zunahme des Muskeltonus und die Einnahme artspezifischer Abwehrstellungen (z. B. Katzenbuckel), massive Aktivierung des Sympathikus (z. B. Blutdrucksteigerungen, Schweißausbruch, Sträuben der Haare), und Ausschüttung u.a. von ADH und Korticoliberin bzw. CRH, das über Korticotropin (ACTH) die Ausschüttung von Kortisol bewirkt. Die vielfältigen Wirkungen des Sympathikus und des Kortisols bereiten den Körper vegetativ auf Kampf oder Flucht vor.
- Im Gegensatz zur fight and flight reaction führt Reizung von wiederum anderen Neuronen im dorsalen Hypothalamus zu *„nutritivem Verhalten"*. Es beinhaltet Aktivierung parasympathischer Neurone und Hemmung sympathischer Neurone zum Gastrointestinaltrakt, Abnahme von Muskeltonus und -durchblutung, sowie gesteigerte Nahrungsaufnahme.
- Wiederum andere Neurone im Hypothalamus fördern *artspezifisches Sexualverhalten* oder lösen *Brutpflegeverhalten* aus.

Bei diesen Programmen koordiniert der Hypothalamus die Aktivitäten von somatosensorischem und vegetativem Nervensystem mit endokrinen Systemen. Das zentrale Nervensystem bedient sich unter Vermittlung des limbischen Systems (s. Kap. 10.7) dieser fixen Programme im Hypothalamus, wenn der entsprechende soziale Kontext gegeben ist.

Folgen von Läsionen im Hypothalamus. Aus dem Gesagten über den Hypothalamus folgt, daß Läsionen im Hypothalamus massive Störungen der vegetativen Steuerung zur Folge haben müssen.

- Eine Läsion des *vorderen Hypothalamus* (inkl. Regio praeoptica) zieht Störungen der Temperaturregulation, der zirkadianen Rhythmik mit Schlaflosigkeit und endokrine Störungen, wie Diabetes insipidus durch ADH-Mangel und Pubertas praecox durch gestörte Sexualhormonausschüttung nach sich.
- Eine Läsion des *medialen Hypothalamus* hat gleichfalls Störungen der Temperaturregulation und des Endokriniums, daneben Hyperphagie sowie Störungen von Gedächtnis und Emotionen zur Folge.
- Eine Läsion des *lateralen Hypothalamus* beeinträchtigt Emotionen, Appetit und Durstgefühl.
- Läsionen des *hinteren Hypothalamus* führen neben komplexen endokrinen, vegetativen und emotionalen Störungen zu Poikilothermie, Schlafsucht und Gedächtnisausfällen.

Integrative Leistungen des Gehirns

Unter integrativen Leistungen des Nervensystems faßt man Bewußtsein, Wachen-Schlafen, Gedächtnis, Sprache, Erkennen, Denken, Motivation und Emotionen zusammen. Alle genannten integrativen Funktionen des Nervensystems erfordern die Kooperation mehrerer Areale der Großhirnrinde und verschiedener subkortikaler Strukturen, die direkt oder über den Thalamus miteinander kommunizieren.

10.1 Funktionelle Organisation der Großhirnrinde

Die Großhirnrinde ist in Schichten angeordnet, die durch Anhäufung unterschiedlicher Neurone und Fasern charakterisiert sind (s. Abb. 10.1).

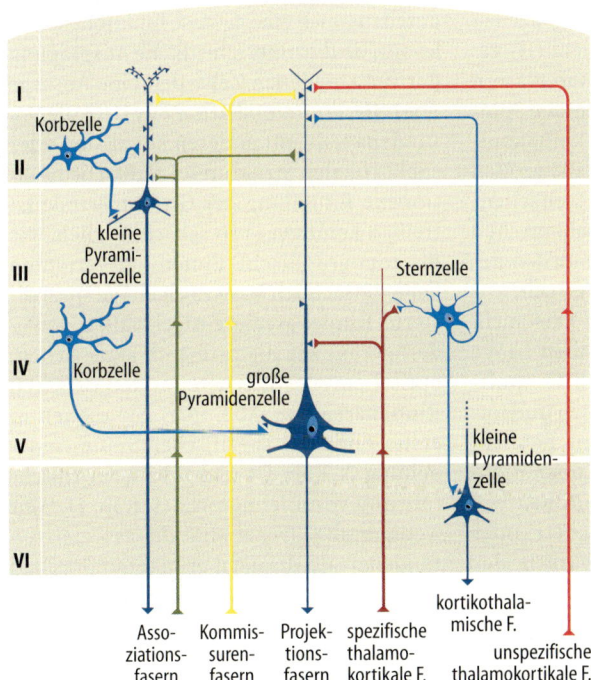

Abb. 10.1. Die Schichten der Großhirnrinde. Stark vereinfachtes Schema der Anordnung und Verschaltung der wichtigsten Neurone der Großhirnrinde (nach Birbaumer und Schmidt aus Schmidt et al. 2000):
I Molekularschicht (vorwiegend Fasern)
II Äußere Körnerschicht (kleine Neurone, wie z. B. Korbzellen)
III Äußere Pyramidenschicht (mittlere und kleine Pyramidenzellen)
IV Innere Körnerschicht (Sternzellen und tangentiale Fasern)
V Innere Pyramidenschicht (große Pyramidenzellen)
VI Spindelzellschicht (kleine Pyramidenzellen und nicht gezeigte kleine, spindelförmige Interneurone)

Zellen und Fasern der Großhirnrinde. Die wichtigsten Zelltypen sind die *Pyramidenzellen*, deren Axone das jeweilige Rindenareal verlassen, die *Sternzellen*, die als hemmende oder stimulierende Interneurone die Erregbarkeit der Pyramidenzellen modulieren, sowie die hemmend wirkenden *Korbzellen*. Die Pyramidenzellen verwenden wahrscheinlich den exzitatorischen Transmitter Glutamat, die Sternzellen Neuropeptide (z. B. VIP) und die Korbzellen den hemmenden Transmitter GABA.

Die Axone der Pyramidenzellen ziehen

- als *Assoziationsfasern* zu anderen Kortexarealen der gleichen Hemisphäre,
- als *Kommissurenfasern* zur anderen Hemisphäre oder
- als *Projektionsfasern* zu Thalamus, Basalganglien, Hirnstamm und Rückenmark.

Die kleinen bis mittleren Pyramidenzellen der äußeren Pyramidenzellschicht (II) geben Assoziations- und Kommissurenfasern ab, die kleinen Pyramidenzellen der Spindelzellschicht (VI) die kortikothalamischen Projektionsfasern, sowie die großen Pyramidenzellen (Betz'sche Riesenzellen) die Projektionsfasern zu subthalamischen Strukturen (s. Kap. 3.6). Die Dendriten der Pyramidenzellen verlaufen senkrecht zur Rindenoberfläche bis zur Molekularschicht und empfangen auf ihrer gesamten Länge Afferenzen aus Assoziations- und Kommissurenfasern sowie aus spezifischen und unspezifischen thalamokortikalen Bahnen. Darüber hinaus beeinflussen über diese Dendriten kortikale Interneurone, wie Sternzellen, Korbzellen (s. Abb. 10.1) oder Armleuchterzellen die Erregbarkeit der Pyramidenzellen. Durch diese vertikale Anordnung der Dendriten ist die Großhirnrinde in *funktionelle Säulen* (Kolumnen oder Module) eingeteilt, d.h. die verschiedenen Schichten eines Rindenareals bilden eine funktionelle Einheit.

Morphologische und funktionelle Topographie der Großhirnrinde. Die Struktur der Großhirnrinde ist nicht überall gleich.

- Wenn alle Schichten mehr oder weniger ausgeprägt vorhanden sind, spricht man vom *homotypen Kortex* (Typ 2 bis 4),
- Wenn einzelne Schichten sehr schwach ausgeprägt sind, spricht man vom *heterotypen Kortex.*
- Der *agranuläre Kortex* (Typ I, weitgehendes Fehlen der Schichten II und IV, Überwiegen der Schicht V) wird dort angetroffen, wo vorwiegend subthalamische Projektionsfasern abgegeben werden (primärer Motorkortex).
- Der *granuläre Kortex* (vorwiegend Schicht II und IV, kaum Schicht III und V) hat hingegen kaum subthalamische Verbindungen.

Die zytoarchitektonisch unterschiedliche Struktur der Rindenareale erlaubt eine *topographische Gliederung* der Großhirnrinde (s. Abb. 10.2). Diese Einteilung hat durchaus auch eine gewisse funktionelle Relevanz, da die unterschiedliche Ausprägung der verschiedenen Zelltypen eine Aussage über die Kommunikation des betroffenen Rindenareals mit anderen kortikalen oder subkortikalen Strukturen zuläßt. Die funktionelle Einteilung der Großhirnrinde ist freilich keineswegs so scharf möglich, wie die topographische Einteilung vermuten ließe. Tatsächlich lassen sich einige spezialisierte Rindenareale einigermaßen genau definieren, wie die primären akustischen, optischen, sensorischen und motorischen Rindenareale (s. Abb. 10.2). Sie dienen in erster Linie der spezifischen Sinnesverarbeitung (s. Kap. 4, 5 und 7) bzw. der Durchführung von Zielmotorik (s. Kap. 3). Weit weniger abgegrenzt sind die assoziativen Rindenareale, die nicht primär motorischen oder sensorischen Leistungen dienen, sondern für integrative Leistungen, wie etwa Erkennen, Sprache und Gedächtnis verantwortlich sind. Eine streng lokalisatorische Einteilung der Großhirnrinde wird der Realität genausowenig gerecht wie die Auffassung, daß definierte integrative Leistungen nur durch die Gesamtheit der Großhirnrinde erbracht werden kann (holistische Betrachtungsweise).

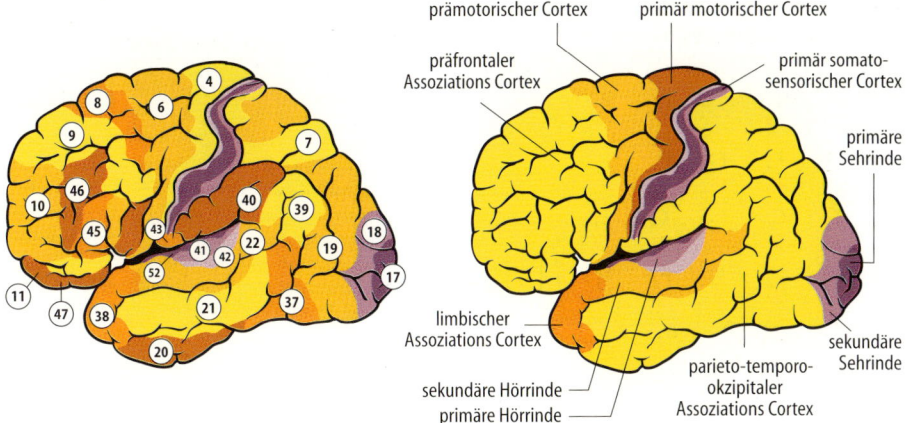

prämotorischer Cortex

primär motorischer Cortex

präfrontaler Assoziations Cortex

primär somato-sensorischer Cortex

primäre Sehrinde

limbischer Assoziations Cortex

sekundäre Sehrinde

parieto-temporo-okzipitaler Assoziations Cortex

sekundäre Hörrinde

primäre Hörrinde

Abb. 10. 2. Zytoarchitektonische Felder der Großhirnrinde nach Brodmann (links) und Funktionen verschiedener Rindenareale (rechts) (nach Birbaumer und Schmidt aus Schmidt et al. 2000)

Der Thalamus als Tor zur Großhirnrinde. Die Großhirnrinde erhält ihre Afferenzen aus subkortikalen Arealen fast aussschließlich über die Kerne des Thalamus (s. Kap. 4.2). Die sogenannten *Projektionskerne* im Thalamus sind Umschaltstellen für alle Afferenzen, die von den jeweiligen Sinnesorganen zu den entsprechenden primären Rindenfeldern weitergeleitet werden (s. Tab. 4.2). Diese Kerne im Thalamus weisen wie die entsprechenden Rindenfelder eine strenge somatotopische Gliederung auf. Darüber hinaus kommunizieren verschiedene Rindenareale miteinander über thalamische Kerne mit *Assoziationsfunktionen*. Wie aus Abbildung 4.6 und Tabelle 4.2 hervorgeht, projizieren die verschiedenen Thalamuskerne zu jeweils spezifischen unterschiedlichen Rindenfeldern. Schließlich projizieren *unspezifische Kerne* des Thalamus (u.a. Centrum medianum, intralaminare Thalamuskerne) in viele verschiedene Rindenfelder. Sie spielen für integrative Funktionen, wie z. B. Vigilanz, Bewußtsein, Gedächtnis und Emotionen eine wesentliche Rolle.

10.2 Elektroenzephalogramm (EEG) und Magnetenzephalogramm (MEG)

Die Neurone der Großhirnrinde erzeugen bei Änderungen ihres Membranpotentials wechselnde elektrische Felder an der Schädeloberfläche, die mit Elektroden abgegriffen werden können (s. Abb. 10.3). Das Elektroenzephalogramm (*EEG*) kann wertvolle Hinweise auf die Funktion der Neurone liefern und hat damit in der Klinik große Bedeutung gewonnen. Am eröffneten Schädel kann das Potential an der Rindenoberfläche direkt abgegriffen werden. Die Ausschläge in diesem Elektrokortikogramm (*ECoG*) sind wesentlich größer.

Die Entstehung des EEG. Wie das Elektrokardiogramm (EKG, s. Kap. 13.2) ist das EEG eine Funktion der summierten Aktivität von denjenigen Zellen, welche im Bereich der ableitenden Elektrode einen gleichgerichteten *Dipol* erzeugen. Im EEG erzeugen die senkrecht zur Rindenoberfläche stehenden Dipole den größten Ausschlag. Die Potentialänderungen an der Rindenoberfläche entstehen im wesentlichen durch *postsynaptische Potentiale von Pyramiden-*

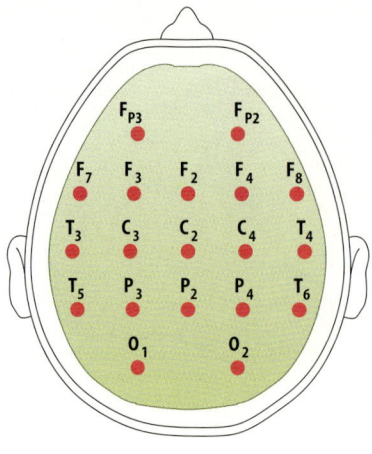

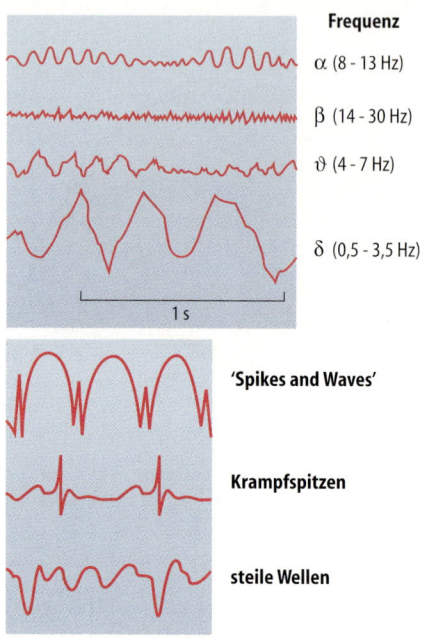

Abb. 10.3. Positionierung der Ableitelektroden (links) und einige typische Kurvenverläufe des EEG (rechts). Die Potentialdifferenz wird zwischen einer Elektrode an der Schädeloberfläche und einer indifferenten Elektrode (z. B. Ohrläppchen) oder einer anderen Elektrode auf der Schädeloberfläche (z. B. die entsprechende Elektrode auf der anderen Schädelseite) gemessen (nach Birbaumer und Schmidt aus Schmidt et al. 2000)

zellen (s. Abb. 10.4). Die postsynaptischen Potentiale weisen zwar eine geringere Amplitude auf als die Aktionspotentiale, dauern jedoch wesentlich länger als die Aktionspotentiale und damit wird das gleichzeitige Auftreten von postsynaptischen Potentialen in benachbarten Zellen wesentlich wahrscheinlicher. Potentialänderungen in den Pyramidenzellen wirken sich ferner wesentlich stärker auf das Oberflächenpotential der Hirnrinde aus als Potentialänderungen in anderen Zellen, da die Pyramidenzellen senkrecht zur Rindenoberfläche orientiert sind und damit bei lokaler Reizung viel leichter einen zur Oberfläche gerichteten Dipol erzeugen, als andere Zellen der Hirnrinde (s. Abb. 10.4). Da alle Pyramidenzellen parallel zueinander orientiert sind, summiert sich das Potential benachbarter Pyramidenzellen. Ausschläge im EEG sind nur dann zu erwarten, wenn im Bereich der Ableitelektrode viele Pyramidenzellen gleichzeitig ein

postsynaptisches Potential erfahren, wenn also eine Synchronisierung der Erregung auftritt. Tatsächlich werden die Pyramidenzellen von Neuronen des *Thalamus* rhythmisch erregt. Die Schwankungen des Oberflächenpotentials überlagern das *kortikale Gleichspannungspotential*, das bei relativer Depolarisation der Dendriten gegenüber dem Zellkörper von Pyramidenzellen an der Oberfläche negativ wird. Im Schlaf nimmt das Gleichspannungspotential ab, bei gesteigerter Rindenaktivität sowie bei manchen Schädigungen der Neurone z. B. durch Sauerstoffmangel nimmt das Gleichspannungspotential zu.

Ereigniskorrelierte Potentiale. Die Erregung von Neuronen z. B. des somatosensorischen Kortex nach Reizung eines Hautrezeptors sollte zeitkorrelierte Potentialänderungen im EEG bewirken. Nun geht ein solches Einzelereignis in der Summe der Akti-

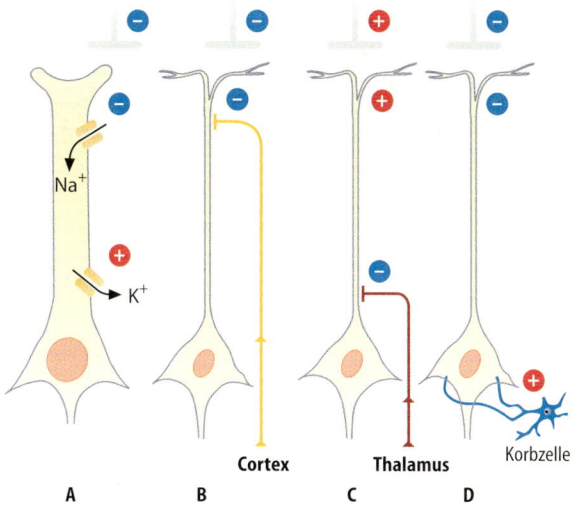

Cortex   Thalamus   Korbzelle

A   B   C   D

Abb. 10.4. Die Entstehung des EEG: Während eines exzitatorischen postsynaptischen Potentials strömt Natrium in die Zelle ein und hinterläßt ein lokal negatives extrazelluläres Potential (**A**). Die Depolarisation fördert einen Kaliumausstrom entlang der übrigen Zellmembran, welcher zu einem lokal positiven extrazellulären Potential führt. Bei einem postsynaptischen Potential am Ende eines Dendriten ist der Extrazellulärraum im Bereich der Synapse relativ negativ, am anderen Ende des Dendriten relativ positiv (um die Übersicht zu wahren, ist der Kaliumausstrom nicht entlang der gesamten Länge des Dendriten eingezeichnet). Dadurch wird ein Dipol erzeugt, der an der Oberfläche eine Negativierung hervorruft. Kommissurenfasern aus der anderen Kortexhemisphäre bilden vor allem oberflächliche erregende Synapsen (s. Abb. 10.1). Erregung über diese Fasern führt demnach zu einer Negativierung der Oberflächenelektrode (**B**). Umgekehrt führt die Aktivierung spezifischer thalamokortikaler Fasern eher zu einer Positivierung der Rindenoberfläche (**C**), da sie in der Nähe des Zellkörpers angreifen, also in der Tiefe der Großhirnrinde. Hemmung im Bereich der Zellkörper führt umgekehrt zu einer Negativierung der Oberfläche (**D**)

vitäten der Großhirnrinde unter. Reizt man freilich mehrfach identisch und summiert die entsprechenden EEG-Ableitungen, dann addieren sich die jeweils durch den Reiz ausgelösten identischen Potentialänderungen im EEG, während die anderen, mit dem Reiz nichtkorrelierten Aktivitäten sich nicht addieren. Auf diese Weise kristallisiert sich allmählich das durch den Reiz ausgelöste Potential (z. B. somatosensorisches *evoziertes Potential*) heraus.

In gleicher Weise läßt sich ein akustisches evoziertes Potential (durch einen Ton) oder ein optisches evoziertes Potential (durch einen Lichtblitz) auslösen. Ereigniskorrelierte Potentiale lassen sich auch bei Planung und Durchführung von Bewegungen nachweisen: Läßt man einen Probanden die gleiche einfache Bewegung mehrmals durchführen, dann ergibt die bewegungskorrelierte Sum-

mierung der EEG-Aufzeichnungen etwa 800 ms vor der Bewegung das sogenannte *Bereitschaftspotential*, das durch die Planung der Bewegung in assoziativen Rindenfeldern hervorgerufen wird. Etwa 90 ms vor der Bewegung kommt es zur *prämotorischen Positivierung* und unmittelbar danach zum *Motorpotential* über dem Motorkortex. Ereigniskorrelierte Potentiale treten schließlich vor, während und nach psychologischen Aktivitäten, wie Denk- und Aufmerksamkeitsprozessen, auf.

EEG-Diagnostik. Ein diagnostisch bedeutsames Kriterium bei der Analyse des EEG ist die *Frequenz* der aufgezeichneten Wellen. Beim Erwachsenen sind im Wachzustand bei offenen Augen vorwiegend β-Wellen (14–30 Hz) und γ-Wellen (30–100 Hz) nachweisbar. Die γ-Wellen treten insbesondere beim Lernen und bei gerichteter Aufmerksamkeit auf. Bei geschlossenen Augen und in Ruhe werden die langsameren α-Wellen gemessen (8–13 Hz). Beim Säugling und Kleinkind sind die Frequenzen geringer und es überwiegen ϑ-Wellen (4–7 Hz) und δ-Wellen (0,3–3,5 Hz). ϑ-Wellen können allerdings auch beim Erwachsenen bei gespannter Aufmerksamkeit auftreten. δ-Wellen kommen beim gesunden Erwachsenen im Wachzustand nicht vor. Charakteristische Veränderungen, v.a. Frequenzabnahmen erfährt das EEG im Schlaf (s. Kap. 10.3). Darüber hinaus können Schädigungen des Gehirns zu einer Verlangsamung der EEG-Wellen führen. Bei Tumoren kann es andererseits zur *Asymmetrie* der EEG-Kurvenverläufe kommen. Besondere Bedeutung erlangt das EEG bei der Diagnostik von *Epilepsien*, die durch massive synchronisierte Erregung von Kortexneuronen charakterisiert sind (s. Kap. 10.4). Dabei kommt häufig es zu hohen Ausschlägen in Form von Krampfzacken (spikes) oder von sogenannten „spikes and waves" (s. Abb. 10.3). Schließlich schwindet bei Untergang der Großhirnrinde (*Hirntod*) jede elektrische Aktivität und es kommt zum sogenannten Null-Linien-EEG.

Magnetenzephalographie. Jede Änderung eines elektrischen Stromes erzeugt ein zur Stromrichtung senkrechtes Magnetfeld. In der Magnetenzephalographie werden die magnetischen Felder erfaßt, die durch wechselnde Ströme im Gehirn erzeugt werden. Die Magnetfelder sind mit weniger als 10^{-12} Tesla ausgesprochen schwach (zum Vergleich: Kompaßnadel ca. 10^{-2} Tesla, Erdmagnetfeld bis zu $7 \cdot 10^{-5}$ Tesla), und ihre Messung erfordert den Einsatz hochempfindlicher Detektoren (superconducting quantum interference device, SQUID). Da die Magnetfelder senkrecht zur Stromrichtung stehen, werden im Gegensatz zum EEG vor allem Ströme erfaßt, die horizontal zur Schädeloberfläche verlaufen. Somit ergänzen sich MEG und EEG in der Analyse von elektrischen Aktivitäten des Gehirns.

10.3   Wachen, Schlafen

Zirkadiane Rhythmik. Hell-dunkel-Rhythmen prägen die Aktivitäten vieler Lebewesen in den meisten Regionen der Erde. Offensichtlich hat es sich im Laufe der Evolution als vorteilhaft herausgestellt, daß die Körperfunktionen diesem externen Rhythmus nicht nur passiv folgen, sondern sich antizipatorisch auf den Wechsel der Umweltbedingungen einstellen.

Eine Vielzahl von Körperfunktionen folgen daher einem Rhythmus, der eine Periodik von etwa einem Tag (zirkadian) aufweist. In Abbildung 10.5 sind u.a. die *zirkadianen Schwankungen der Körpertemperatur* gezeigt. Einen parallelen Verlauf zeigen z. B. Daueraufmerksamkeit, Rechengeschwin-

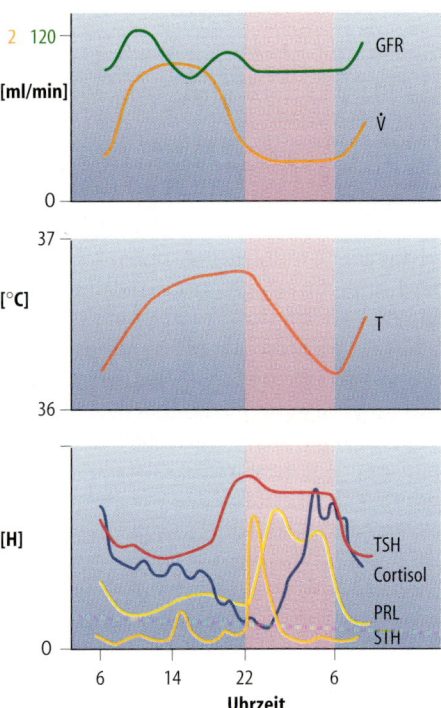

Abb. 10.5. Zirkadiane Rhythmik. Die Tagesschwankungen der glomerulären Filtrationsrate (*GFR*) und der Harnstromstärke (*V*), der Körperkerntemperatur (*T*) und der Hormone Thyrotropin (*TSH*), Kortisol, Prolaktin (*PRL*) und Somatotropin (*STH*)

digkeit, Schmerzschwelle und Diurese. Demnach ist in den frühen Morgenstunden (ca. 3 Uhr) die Daueraufmerksamkeit, die Rechengeschwindigkeit und die Diurese am geringsten, die Schmerzempfindlichkeit jedoch am größten. Starke zirkadiane Rhythmik weisen auch verschiedene Hormone auf, wie v.a. die Glukokortikoide, die in den frühen Morgenstunden einen Gipfel aufweisen. Die Ausschüttung von Somatotropin, Prolaktin, Lutropin und Testosteron steigt während den ersten Schafphasen an, nicht jedoch, wenn man während der Nachtstunden nicht schläft (indirekte Koppelung an den Tag/Nachtrhythmus). Neben den monophasischen Tagesrhythmen gibt es biphasische Tagesrhythmen, wie die körperliche Leistungsfähigkeit und die glomeruläre Filtrationsrate (s. Abb. 10.5).

Rhythmusgeber sind in erster Linie (jedoch nicht ausschließlich) Zellen in den Nuclei suprachiasmatici und im ventromedialen Kern des Hypothalamus. Die Nuclei suprachiasmatici erhalten Afferenzen u.a. aus der Retina des Auges über Chiasma opticum und über die Corpora geniculata lateralia. Sie erhalten ferner serotoninerge Afferenzen aus den Nuclei raphé. Ihre Efferenzen reichen in andere Kerngebiete des Hypothalamus, zur Zirbeldrüse, Septum, Hirnstamm und Rückenmark. Unter anderem durch die Afferenzen aus dem Auge kann der endogene Rhythmus dem äußeren Tag/Nachtrhythmus (Licht/dunkel) folgen (entrainment). Bei völliger Ausschaltung von externem Tag/Nacht-Rhythmus oszillieren jedoch die Kerne weiter, und mit ihnen viele Körperfunktionen. Manche endogenen Oszillationen neigen dabei in der Regel zu einer etwas längeren Phase (ca. 25 h) als der äußere Tag/Nachtrhythmus.

Schlafphasen. Die auffälligste zirkadiane Periodik betrifft den Wechsel zwischen Wachen und Schlafen. Der Schlaf ist kein Kontinuum sondern durchläuft verschiedene Phasen: Während einer Nacht treten normalerweise mehrmals Schlafphasen mit schnellen, ziellosen Augenbewegungen auf,

der sogenannte *REM-Schlaf* (REM = rapid eye movements). Gleichzeitig steigen Herz- und Atemfrequenz, Blutdruck, Hirndurchblutung, Magen- und Darmaktivität, es kommt typischerweise zu Peniserektionen und Steigerungen der Vaginaldurchblutung, die völlig erschlaffte Muskulatur zeigt kurze Zuckungen. Vom REM-Schlaf wird der Non-REM-Schlaf (**NREM-Schlaf**) abgegrenzt, bei dem diese Phänomene fehlen. Während des Schlafes kommt es zunächst zum NREM-Schlaf, der Voraussetzung ist für das Auftreten von REM-Schlaf. Auch der NREM-Schlaf ist nicht einheitlich, sondern durchläuft verschiedene Stadien, die an unterschiedlicher *EEG-Aktivität* erkennbar sind (Abb. 10.6): Im Wachzustand mit geöffneten Augen dominieren hochfrequente β-Wellen (14–30 Hz), im Ruhezustand mit geschlossenen Augen α-Wellen (8–13 Hz).

- Im Schlafstadium 1 (Fehlen von α-Wellen, niedrige schnelle β-Aktivität und niedrige ϑ-Aktivität, Auftreten von spitzen, hohen Zacken, Vertexzacken) kann der noch instabile Schlaf durch kurze Wachperioden unterbrochen werden. Häufig entstehen dabei traumartige Eindrücke und Muskelzuckungen (Einschlafstadium).
- Das Schlafstadium 2 ist durch niedrige schnelle EEG-Aktivität mit Auftreten von Schlafspindeln (10–15 Hz) und K-Komplexen charakterisiert, hohe Ausschläge im EEG, die Ausdruck synchronisierter Erregungen von Neuronen sind.
- Schließlich werden die Schlafstadien 3 (10–50 % δ-Wellen) und 4 (> 50 % δ-Wellen) erreicht, in denen die Weckschwelle hoch ist, d.h. der Schläfer schwer geweckt werden kann. Schlafstadium 3 und 4 werden auch als Slow wave sleep (SWS) bezeichnet.

Während einer Nacht werden die Schlafstadien mehrfach (normalerweise 3- bis 5mal) durchlaufen (Abb. 10.6). Mit zunehmender Schlafdauer wird der maximal erreichte SWS-Schlaf geringer und der Anteil der

Phasen

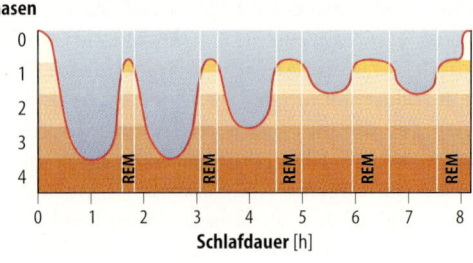

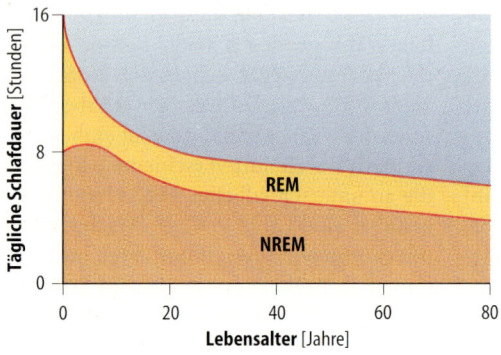

Abb. 10.6. Die Schlafphasen. Oben: Während des Schlafens durchläuft das Gehirn Perioden mit unterschiedlichen Schlafphasen. Zuerst tritt zunehmend tiefer NREM-Schlaf auf, mit entsprechend abnehmender Frequenz der EEG-Wellen. Dann nimmt die EEG-Frequenz periodisch zu und es treten Phasen mit REM-Schlaf auf (rot). Dieser Zyklus wird mehrfach durchlaufen, wobei die NREM-Tiefschlafphasen flacher werden. Unten: Tägliche Dauer von Gesamt-, NREM- und REM-Schlaf in Abhängigkeit vom Lebensalter

REM-Schlafphasen nimmt zu. Die ersten beiden Schlafzyklen bezeichnet man auch als Kernschlaf, die folgenden Schlafzyklen als Füllschlaf.

Schlafdauer. Die Gesamtschlafdauer und der jeweilige Anteil von REM- und NREM-Schlaf sind eine *Funktion des Lebensalters*. Beim Neugeborenen sind die Gesamtschlafdauer (ca. 16 h/Tag) und der Anteil an REM-Schlaf (ca. 50%) sehr hoch, nimmt jedoch in den ersten Lebensjahren schnell ab. Der Erwachsene schläft etwa 7 h/Tag bei ca. 25% Anteil REM-Schlaf (s. Abb. 10.6). Im Alter wird der Schlaf nicht nur kürzer, sondern auch zunehmend flacher (s. Abb. 10.6).

Physiologische Bedeutung der Schlafphasen. Einiges spricht dafür, daß v.a. der REM-Schlaf für die Konsolidierung von Gedächtnisinhalten wichtig ist. Der REM-Schlaf scheint in den ersten beiden Lebensjahren eine wesentliche Rolle für die Entwicklung des Gehirns zu spielen (s. Kap. *Plastizität*, 10.5), da während des REM-Schlafes die (beim Ungeborenen und Neugeborenen

noch spärlichen) Stimuli aus der Umwelt durch intrazerebrale Aktivität (Träume) ersetzt wird. Darüber hinaus werden jedoch Schwankungen der täglichen Schlafdauer toleriert, ohne daß zerebrale oder vegetative Störungen auftreten.

Die mittlere Lebenserwartung ist von der mittleren Schlafdauer in weiten Grenzen (5–9 h/Tag) unabhängig, nimmt allerdings bei dauerhafter extremer Abnahme (< 5 h/Tag) oder Zunahme (> 9 h/Tag) der Schlafdauer ab. Vorübergehender völliger Schlafentzug wird mehrere Tage ohne bedrohliche Störungen toleriert. Nach vorübergehendem Schlafentzug sind die betroffenen Schlafphasen länger und es wird damit das Defizit teilweise wieder kompensiert.

Träume. Sie treten sowohl im NREM-Schlaf als auch im REM-Schlaf auf, nach Wecken aus dem NREM-Schlaf werden freilich weniger häufig Träume berichtet als nach Wecken aus dem REM-Schlaf. Die Träume im NREM-Schlaf scheinen abstrakter und kognitiver zu sein, die Träume im REM-Schlaf konkreter und emotionaler. Darüber hinaus werden die Träume mit zunehmender Schlafdauer surrealistischer und emotionaler.

Physiologische Mechanismen, welche den Schlaf regulieren. Die Strukturen und zellulären Mechanismen, die NREM-Schlaf und den Übergang von NREM-Schlaf in REM-Schlaf bewirken, sind zum Teil noch umstritten. Cholinerge Strukturen der Formatio reticularis stimulieren jedenfalls über das sogenannte *aufsteigende retikuläre aktivierende System (ARAS)* weite Anteile des Großhirns. Ein Nachlassen dieser Aktivierung bewirkt Schlaf und eine gesteigerte Aktivierung führt zum Aufwachen. Die aktivierende Formatio reticularis wird durch den *Nucleus tractus solitarii* gehemmt, der wiederum über Afferenzen aus dem Nervus vagus aktiviert wird. Über N. vagus, Nucleus tractus solitarius und Formatio reticularis senken Blutdrucksteigerungen, Dehnung des Magens und tiefe Atemzüge das kortikale Aktivierungsniveau. Die (cholinerge) tonische Aktivität der Formatio reticularis wird durch den posterioren Hypothalamus gesteigert, dessen Zerstörung (z. B. bei Encephalitis lethargica) zu SWS-Dauerschlaf führt. Für den Schlaf bedeutsam sind ferner Neurone in den dorsalen Nuclei raphé (Transmitter *Serotonin*). Neurone der dorsalen Nuclei raphé senken ihre Entladungsrate kontinuierlich von Wachen bis SWS-Schlaf und sind während des SWS-Schlafes völlig inaktiv. Es wird vermutet, daß die *serotoninergen Neurone* in den Nuclei raphé den REM-Schlaf unterdrücken. Bei Mangel an Serotonin tritt vermehrt REM-Schlaf auf und das Einschlafen (das ja NREM-Schlaf beinhaltet) ist erschwert. Die Nuclei raphé stehen in Verbindung zu dem Nucleus tractus solitarii und dem Nucleus suprachiasmaticus. Die Nuclei suprachiasmatici sind vor allem für die Anpassung des Wach-Schlaf-Rhythmus an den zirkadianen Rhythmus maßgebend.

Auch *Noradrenalin* (Locus coeruleus) unterdrückt REM-Schlaf. Darüber hinaus wurden schlafinduzierende Substanzen gefunden, wie ein sogenanntes δ-Sleep inducing peptide, ein schlafinduzierendes Muramylpeptid, Lipopolysaccharide, Prostaglandine, Interleukin-1, Interferon-α und Tumor necrosis factor (TNF).

Schlafstörungen. Vermeintliche oder wirkliche „Schlaflosigkeit" gehört zu den häufigsten Beschwerden. Oft wird die Schlaflosigkeit nur empfunden, und der Schlaf ist quantitativ und qualitativ im Normbereich (*Pseudoinsomnia*).

- Schlaflosigkeit bzw. Schwierigkeiten beim Einschlafen können Folge von Hyperaktivität sein, wie sie bei *Streß* auftritt.
- Schwierigkeiten beim Einschlafen entstehen auch dann, wenn der gewählte Zeitpunkt des Schlafengehens nicht mit dem zirkadianen Rhythmus übereinstimmt, also z. B. der Versuch unternommen wird, im Aktivitätsgipfel beim Körpertemperaturmaximum einzuschlafen (z. B. bei *Jet lag*, *Schichtarbeiter*).
- Das *Absetzen von Schlafmitteln* und ihr längerer Gebrauch führt häufig zu Schlaflosigkeit.
- Bei disponierten Personen (z. B. Fettleibigen und Rauchern) treten im Schlaf lange Atempausen auf, die zu jähem Erwachen führen und durchaus lebensbedrohlich sein können (*Schlafapnoe*).
- Schließlich kann Schlaflosigkeit auch ohne nachweisbaren Grund auftreten (*idiopathische Insomnia*).

Da mäßiger Schlafentzug (Füllschlafentzug) nur geringe Auswirkungen nach sich zieht, sind Schlafmittel bei Insomnia nur selten indiziert. Anhaltende Verhinderung von Kernschlaf und/oder REM-Schlaf löst freilich Halluzinationen aus und kann schließlich zum Tod führen. Nach vorübergehendem Schlafentzug wird in der Regel vorerst der SWS-Schlaf nachgeholt.

Hypersomnie. Sie kann vielfältige Ursachen haben, wie z. B. Einnahme von Schlafmitteln und Psychopharmaka oder Läsionen im Hypothalamus. Bei der *Narkolepsie* treten plötzliche Anfälle von REM-Schlaf aus dem Wachzustand auf. Ursache ist eine vererbte Enthemmung derjenigen Hirnstrukturen, die REM-Schlaf verursachen.

Schlafassoziierte Störungen. Eine häufige Störung ist *Schnarchen*, eine harmlose Erscheinung, wenn sie nicht mit Schlafapnoe einhergeht (s. oben). Motorische Überaktivität im Schlaf kann sich in nächtlichem Zähneknirschen (*Bruxismus*), nächtlichem Kopfschlagen (*Jactatio capitis*) und unruhigen Beinen (*Restless leg syndrome*) äußern. *Alpträume* mit Schlafparalyse (Unfähigkeit sich zu bewegen) treten im REM-Schlaf auf, *Sprechen im Schlaf, Bettnässen* und *Schlafwandeln* aus tiefem NREM-Schlaf (SWS, Schlafstadien 3 und 4). Letztere sind möglicherweise Folge einer Dissoziation von schlafender Hirnrinde und wachen subkortikalen Strukturen.

10.4   Bewußtsein

Voraussetzungen für Bewußtsein. Aus der Vielzahl an Informationen, die unser Gehirn gleichzeitig aufnimmt, wird uns nur ein verschwindend kleiner Anteil bewußt. Auch viele Gedächtnisinhalte und neuronale Prozesse bleiben unbewußt. Wie im folgenden Kapitel dargestellt wird (s. Kap. 10.5), kann prozedurales Gedächtnis ohne bewußte Verarbeitung ablaufen.

Die Bewußtseinsinhalte werden in den, für die entsprechenden sensorischen Eingänge und motorischen Ausgänge jeweils spezialisierten, assoziativen Rindenfeldern der Großhirnrinde gespeichert. Die Information kann wenige Sekunden bis Minuten im Kurzzeitgedächtnis gehalten, oder in das Langzeitgedächtnis überführt werden. In der Regel werden nur jene Inhalte bewußt, die den Kurzzeitspeicher aktivieren oder vom Langzeitgedächtnis in das Kurzzeitgedächtnis transportiert werden. Bewußtsein ist nicht an die Intaktheit des Langzeitgedächtnis gebunden und Zerstörung des Hippocampus (s. Kap. 10.5) verhindert zwar

die Überführung von neuen Informationen in das Langzeitgedächtnis, nicht aber ihr Bewußtwerden.

Bewußtseinsinhalte werden nicht durch einzelne Neurone produziert, sondern durch neuronale Netzwerke: Ein bestimmtes Gesicht führt z. B. zur Aktivierung von einer Vielzahl von Neuronen, die für sensorische Merkmale, Form und Bedeutung eines Gesichtes zuständig sind (s. Kap. 5.5). Die kollektive Aktivität dieser Neurone repräsentiert das Gesehene und wird ab einer bestimmten Erregungsstärke bewußt. Bei der Selektion von Bewußtseinsinhalten spielen der *Nucleus reticularis thalami*, der Frontalkortex und der Gyrus cinguli eine wichtige Rolle. Die Großhirnrinde kann allein kein Bewußtsein erzeugen, sondern benötigt die Aktivierung durch subkortikale Strukturen. Hier spielt das aufsteigende retikuläre aktivierende System eine Rolle, über das weite Anteile des Großhirns aktiviert werden. Bewußtsein erfordert offensichtlich ein Minimum an Aktivierung über dieses System.

Sensorische Information kann, ohne daß sie bewußt wird, in der Großhirnrinde weiterverarbeitet werden. Besonders spektakulär sind dabei Patienten mit dem Phänomen des Blindsehens (blindsight), das nach Zerstörung der Sehrinde auftreten kann. Sie sind unfähig, bewußt zu sehen. Trotzdem sind sie in der Lage, bestimmte Objekte mit den Augen oder einem Zeigefinger zu verfolgen und sich zu orientieren, ohne daß ihnen das gesehene Objekt bewußt wird. Die Afferenzen aus der Retina gelangen dabei vermutlich dirckt aus dem Corpus geniculatum laterale in die sekundäre Sehrinde.

Split brain. Die Bildung eines einheitlichen Bewußtseins erfordert die Zusammenarbeit der beiden Großhirnhälften. Dies geschieht über die mächtigen Kommissurenfasern durch den Balken (Corpus callosum) und die Commissura anterior. Durchtrennung dieser Kommissurenfasern (ein neurochirurgischer Eingriff, der bei sonst unbeherrschbarer Epilepsie durchgeführt wurde) unterbindet diese Kommunikation und jede der beiden Großhirnhälften ist nun ihrem eigenen Bewußtsein überlassen. In aller Regel ist dabei nur die dominante linke Hirnhälfte zur Sprache befähigt. Objekte, welche in die rechte Hand gelegt werden, können vom Patienten benannt werden, da sie in die sprechende linke Hemisphäre projiziert werden. Ebenfalls werden Objekte, die in das rechte Gesichtsfeld projiziert werden, erkannt und benannt. Die rechte Hirnhälfte erkennt Objekte im linken Gesichtsfeld oder in der linken Hand, sie kann z. B. die entsprechenden dazugehörenden Objekte mit der linken Hand aussuchen (z. B. den Deckel zum Topf). Sie ist aber nicht in der Lage, diese zu benennen. Linke Hirnhälfte und rechte Hirnhälfte sind sich also jeweils der ihnen zugespielten Information anders bewußt. Normalerweise sind die Informationen aus der Umwelt beiden Gehirnhälften zugänglich (Abbildung eines Objektes in beiden Gesichtsfeldern durch Bewegung der Augen) und die Patienten sind im täglichen Leben erstaunlich unauffällig.

Bewußtlosigkeit. Bewußtlosigkeit tritt bei ausgedehnter Schädigung der Großhirnrinde oder bei Ausfall der Aktivierung durch das ARAS auf. Ursachen können Blutungen, Ischämien, Tumore, Infektionen, Elektrolyt- (z. B. Hyperkalzämie) und Stoffwechselstörungen (z. B. Hypoglykämie) sein, welche die Funktion der Neurone in Mitleidenschaft ziehen. Auch eine massive Aktivierung von Neuronen, wie sie bei Epilepsie auftreten kann, führt zum Bewußtseinsverlust.

Epilepsie. Hochsynchrone, unkontrollierte Erregungen von größeren Neuronengruppen können zu lokalisierter oder generalisierter Aktivierung motorischer, sensorischer, vegetativer, kognitiver oder emotionaler Funktionen führen. Folge sind u.a. lokale oder generalisierte Krämpfe, Halluzinationen, Speichelfluß, Wutanfälle oder der Eindruck, als habe man die augenblickliche Situation schon einmal erlebt (déja vu). Ursache ist in einigen Fällen ein genetischer Defekt (z. B. von bestimmten K^+-Kanälen), der die Erregungsbereitschaft der Neurone steigert oder die Fähigkeit der Gliazellen einschränkt, die extrazelluläre K^+-Konzentration zu kontrollieren. Auch Schädigungen der Neurone und/oder Gliazellen u.a. bei mechanischen Traumata, Durchblutungsstörungen, Tumoren, Vergiftungen und Stoffwechselentgleisungen (v.a. Hypoglykämie, Hypomagnesiämie, Hypokalzämie) können Epilepsie auslösen. Schließlich begünstigen u.a. Hyperthermie und Schlafentzug das Auftreten von Epilepsie. Sind durch den epileptischen Anfall beide Hirnhälften betroffen, kommt es zur Bewußtlosigkeit.

10.5 Lernen, Gedächtnis

Gedächtnisinhalte bestehen aus Spuren (Engramme) im Gehirn, welche das künftige Verhalten beeinflussen. Durch Lernen wird das Gehirn ständig den äußeren und inneren Erfordernissen angepaßt. Die Fähigkeit, Inhalte zu speichern, ist eine unverzichtbare Voraussetzung für planvolles Handeln und Anpassung an die Umwelt.

Habituation und Sensitivierung. Eine einfache Form von Lernen ist die *Habituation.* Wird ein gleicher Reiz (z. B. ein Ton) mehrfach angeboten, so nimmt die Reaktion auf diesen Reiz (bzw. Zuwendung von Aufmerksamkeit) mit der Zeit ab. Die Geschwindigkeit, mit der Habituation einsetzt, hängt von verschiedenen Faktoren ab. Habituation ist z. B. bei hoher Reizstärke, bei besonderer Unregelmäßigkeit des Reizes sowie bei gesteigerter Erregung der Versuchsperson verzögert. Bei unangenehmen Reizen kann es statt zur Habituation zur *Sensitivierung* kommen, also zur zunehmenden Reaktion auf den Reiz. Habituation und Sensitivierung sind eine Form von *nichtassoziativem Lernen,* da sie keine Assoziation mit einem anderen Reiz erfordern.

Klassische Konditionierung. Im Gegensatz dazu steht das assoziative Lernen durch Konditionierung, bei der die Assoziation von zwei Reizen oder von Verhalten und Konsequenz zum Lernerfolg führen. Die *klassische Konditionierung* (nach Pawlow) nützt einen unbedingten Reflex aus, um einen bedingten Reflex zu bilden: Wird beispielsweise einem Hund ein Stück Fleisch angeboten, dann kommt es zu reflektorischer Speichelsekretion (*unbedingter Reflex*). Wird nun jedesmal kurz vor dem Angebot von Fleisch (<1 sec.) eine Glocke geläutet, so löst schließlich bereits das Glockensignal die Speichelsekretion aus (*bedingter Reflex*). Wenn in der Folge die Glocke mehrfach geläutet wird, ohne daß Fleisch angeboten wird, dann kommt es zu einem allmählichen Schwinden des bedingten Reflexes (*Extinktion*).

Operante bzw. instrumentelle Konditionierung. Dabei läßt man einem bestimmten Verhalten eine positive oder negative Konsequenz folgen. Dadurch wird Annäherung bzw. Vermeiden dieses Verhaltens erzielt: Wenn z. B. das Drücken eines Knopfes in einem Rattenkäfig zum Erscheinen von Futter führt, dann lernt die Ratte, den Knopf wiederholt zu drücken. Führt das Knopfdrücken zu einem elektrischen Schlag, dann lernt die Ratte den Knopf zu meiden. Man spricht von operanter bzw. instrumenteller Konditionierung, da das Verhalten (Knopfdrücken) auf die Konsequenz (Futter bzw. elektrischer Schlag) wirkt („operates on") bzw. das Verhalten ein Instrument ist, die Konsequenz herbeizuführen bzw. zu verhindern. Das Futter ist in unserem Beispiel ein positiver Verstärker, der elektrische Schlag ein negativer Verstärker des Verhaltens (Knopfdrücken). Auch nach operanter Konditionierung kann es zur *Extinktion* kommen, nämlich dann, wenn nach dem Knopfdruck mehrfach das Futter oder der elektrische Schlag ausbleibt.

Plastizität. Manche Teile des Gehirns sind in der Lage, sich veränderten Anforderungen ständig anzupassen. So konnte man zeigen, daß das Training von Bewegungen mit bestimmten Fingern zu einer Vergrößerung des für diese Finger zuständigen Areals im somatomotorischen Kortex führt. Diese Plastizität des Gehirns ermöglicht u.a. die teilweise Übernahme von Funktionen durch andere Hirnareale, wenn ein Hirnteil z. B. durch Verletzungen geschädigt wurde. Die Plastizität wird durch die Fähigkeit gewährleistet, neue Synapsen und Verschaltungen zu bilden oder bisher nicht benützte Synapsen und Verschaltungen zu aktivieren. Die Plastizität des Gehirns ist naturgemäß zu Beginn des Lebens am größten. In den ersten Lebensjahren ist die Entwicklung des Gehirns daher entscheidend von der neuronalen Aktivität abhängig, durch welche die Bildung von Synapsen gefördert wird. Werden einem Kleinkind also Umweltreize entzogen (Deprivation), droht eine Entwicklungsstörung des Gehirns, die in späteren Lebensjahren nicht mehr ausgeglichen werden kann.

Prägung. In einigen Entwicklungsphasen ist eine besondere Bereitschaft für bestimmte Reize vorhanden. Diese Reize können einen dauerhaft prägenden Einfluß auf das Gehirn ausüben. Bekanntestes Beispiel ist die Prägung von Vögeln nach dem Schlüpfen durch den Kontakt mit den Eltertieren. Die auf die Muttertiere geprägten Vögel bleiben dann ständig in der Nähe ihrer Muttertiere (oder bei dem, was sie dafür halten). Beim Menschen spielt Prägung eine weniger wichtige Rolle.

Wissensgedächtnis (kognitives Lernen). Das Wissensgedächtnis speichert Fakten und Ereignisse (deklaratives, explizites Gedächtnis). Die Bildung von Wissensgedächtnis erfolgt in verschiedenen Stufen, welche unterschiedliche Hirnstrukturen einbeziehen.

- Inhalte (z. B. ein gesprochenes Wort) werden zunächst durch das zuständige Sinnesorgan aufgenommen und im *sensorischen Gedächtnis* kurz gehalten. Das sensorische Gedächtnis kann sehr viel Information kurz (<1 sec) speichern und schafft damit die Voraussetzung für die Analyse des Sinneseindruckes.

- Nur ein kleiner Teil der in das sensorische Gedächtnis aufgenommenen Information kann in das *primäre Gedächtnis* oder Kurzzeitgedächtnis überführt werden. Die Kapazität des primären Gedächtnisses ist sehr klein, durch Bildung von sogenannten Chunks (Gruppen von Informationen, z. B. Wörtern statt Buchstaben) wird die Information jedoch „verdichtet" und damit die Speicherkapazität besser genutzt. Ohne funktionierendes Kurzzeitgedächtnis ist z. B. Sprachverständnis nicht möglich. Auch im primären Gedächtnis kann die Information nur kurz (einige Sekunden bis Minuten) festgehalten werden (Kurzzeitgedächtnis).

- Vom primären Gedächtnis kann die relevante Information in das *sekundäre Gedächtnis* (Langzeitgedächtnis) überführt werden. Dabei spielt das „elaborierte Memorieren" eine entscheidende Rolle, die Analyse der aufgenommenen Information bis zum Erkennen ihrer Bedeutung. Die Speicherkapazität des sekundären Gedächtnisses ist sehr groß.

Prozedurales Gedächtnis. Im Gegensatz zum deklarativen Gedächtnis, bei dem Inhalte bewußt abgerufen werden können, speichert das prozedurale Gedächtnis Bewegungen (Fertigkeiten), Handlungen, Gewohnheiten und Strategien ab und ermöglicht die Entwicklung manueller und intellektueller Geschicklichkeit bei der Durchführung von wiederkehrenden Aufgaben (z. B. Labyrinth, Denksportaufgaben, s. unten). Zum prozeduralen Gedächtnis zählt z. B. auch die klassische und instrumentelle Konditionierung.

Vergessen. Gedächtnisinhalte können auch wieder vergessen werden: Informationen im sensorischen Gedächtnis verblassen binnen Bruchteilen von Sekunden. Im Kurzzeitgedächtnis werden Informationen durch nachfolgende Informationen überspielt. Auch im sekundären Gedächtnis kann die Abspeicherung von neuer Information zum Löschen alter Gedächtnisinhalte führen (retroaktive Hemmung). Andererseits kann vorher Gelerntes die Abspeicherung neuer Gedächtnisinhalte erschweren (proaktive Hemmung).

An der Bildung von Gedächtnis beteiligte Strukturen. Information wird in das zuständige primäre Rindenareal aufgenommen und von dort an das entsprechende sekundäre Rindenareal weitergeleitet. Allerdings erfolgen viele dieser Mechanismen auch zeitlich parallel. Bei deklarativer Information werden auch der Hippokampus mit angrenzenden Strukturen des Temporallappens erregt. Dem Hippokampus kommt eine entscheidende Rolle bei der Überführung von Kurzzeitgedächtnis in Langzeitgedächtnis zu. Am prozeduralen Lernen sind motorischer und prämotorischer Kortex, lateral-präfrontaler Kortex, Kleinhirn Basalganglien, substantia nigra und Teile des limbischen Systems beteiligt. Der Hippokampus ist für prozedurales Lernen hingegen nicht erforderlich.

Zelluläre Mechanismen der Gedächtnisbildung. Die zellulären Mechanismen, welche beim Menschen der Bildung von Gedächtnis zugrunde liegen, sind nur in Ansätzen bekannt. Eine besondere Rolle spielen dabei wahrscheinlich die Ausbildung neuer Synapsen und die Steigerung des Einflusses bestehender Synapsen auf das Folgeneuron. Damit wird ein bestimmtes Erregungsmuster leichter abrufbar. Eine Steigerung des Einflusses bestehender Synapsen wurde bei der sogenannten Langzeitpotentierung in Hippokampusneuronen nachgewiesen (s. Abb. 10.7). An postsynaptischen Membranen der betroffenen Synapsen sitzen zwei Typen von Kationenkanälen, welche durch Glutamat geöffnet werden, der kalziumdurchlässige NMDA-Kanal und der kalziumimpermeable Nicht-NMDA-Kanal. Glutamat bindet an beide Kanäle, kann aber

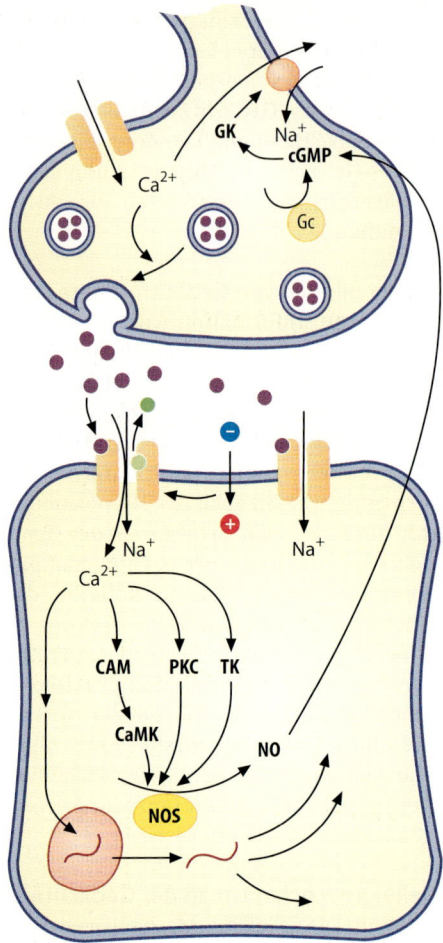

den NMDA-Kanal nicht öffnen, da dieser durch Magnesium blockiert wird. Die Aktivierung des Nicht-NMDA-Kanals führt jedoch durch Kationeneinstrom zur Depolarisation, welche die Blockierung des NMDA-Kanals durch Magnesium aufhebt. Nun strömt Kalzium durch den NMDA-Kanal in die Zelle. Über Aktivierung von Calmodulin-abhängiger Kinase, Proteinkinase C und Tyrosinkinase aktiviert Kalzium die NO-Synthase. NO diffundiert in die präsynaptische Endigung und bewirkt dort u.a. über Aktivierung der Guanylatzyklase eine gesteigerte Ausschüttung von Glutamat. Auf diese Weise gewinnt die Synapse einen langanhaltenden stärkeren Einfluß auf das postsynaptische Neuron. Ca^{++} beeinflußt ferner die Genexpression im betroffenen Neuron und führt auf diese Weise zu anhaltenden Veränderungen seiner Eigenschaften.

Gedächtnisstörungen. Bei Läsion des Hippokampus ist eine Überführung deklarativer, also bewußt abrufbarer episodischer und semantischer Gedächtnisinhalte vom Kurzzeitgedächtnis in das deklarative Langzeitgedächtnis nicht mehr möglich. Die betroffenen Patienten sind nicht mehr in der Lage, neue Gedächtnisinhalte aufzunehmen (*anterograde Amnesie*). Das Altgedächtnis ist jedoch noch erhalten, d.h. die Patienten erinnern sich sehr wohl an Gedächtnisinhalte, die vor der Läsion gespeichert wurden. Ferner ist das prozedurale Gedächtnis erhalten. Die Patienten können z. B. ihnen vor der Läsion nicht bekannte Klavierstücke mit Erfolg einüben, ohne daß es ihnen bewußt wird, daß sie diese Stücke je gespielt haben.

Bei Läsionen in den entsprechenden assoziativen Rindenfeldern kommt es zum Ausfall bereits gespeicherter Gedächtnisinhalte (*retrograde Amnesie*).

Beim sogenannten *Korsakowsyndrom*, einer bei Alkoholikern häufig auftretenden Störung, liegen anterograde und retrograde Amnesie vor, durch Schädigung von Hippokampus und assoziativen Rindenarealen.

Abb. 10.7. NMDA und Nicht-NMDA-Rezeptoren bei der Gedächtnisbildung. Durch Aktivierung des Nicht-NMDA-Rezeptors (AMPA-Rezeptor) wird die Zelle depolarisiert und so Mg^{++} (blau) aus dem NMDA-Rezeptor verdrängt. Damit kann Ca^{++} in die Zelle eindringen und die Calmodulin-abhängigen Kinasen (*CaMK*), Proteinkinase C (*PKC*) und bestimmte Tyrosinkinasen (*TK*) aktivieren. Diese Kinasen stimulieren eine NO-Synthase (*NOS*), NO diffundiert zur präsynaptischen Nervenendigung und stimuliert dort eine Guanylatzyklase (*GC*). cGMP aktiviert über eine G-Kinase (*GK*) den Na^+/Ca^{++}-Austauscher und beeinflußt damit die Transmitterausschüttung. Darüber hinaus stimuliert Ca^{++} im postsynaptischen Neuron die Expression von Genen, deren Proteine den neuronalen Transduktionsprozeß beeinflussen. Auf diese Weise verändert ein Reiz längerfristig die Erregbarkeit des Neurons

Die Patienten versuchen typischerweise die Gedächtnislücken durch erfundene Geschichten zu verdecken (Konfabulationen). Eine häufige Erkrankung, die v.a. das explizite Gedächtnis in Mitleidenschaft zieht, ist *Morbus Alzheimer*. Ursache dieser Erkrankung ist ein z.T. genetisch bedingter allmählicher Untergang von Neuronen (Neurodegeneration). Dabei ist vor allem (aber nicht nur) der Hippokampus betroffen. Folge ist u.a. eine zunächst anterograde und später auch retrograde Amnesie. Schließlich treten weitere, zunehmend schwere neuronale Ausfälle dazu, die letztlich zum Tode des Patienten führen.

10.6 Sprache, Erkennen

Für die Sprache erforderliche Hirnstrukturen. Die verbale Kommunikation erfordert Sprechen und Sprachverständnis, beides Leistungen assoziativer Großhirnareale. Gesprochenes wird zunächst in der primären Hörrinde wahrgenommen und seine Bedeutung in inferioren parietalen Arealen (Wernicke'sches Sprachzentrum") gedeutet (s. Abb. 10.8). Geschriebenes Wort wird über primäre und sekundäre Sehrinde der Area 39 zugespielt, die akustische, optische und somatosensorische Wahrnehmungen integriert und interpretiert. Über den Fasciculus arcuatus wird der prämotorische Kortex (Broca'sches Sprachzentrum) aktiviert, der schließlich über Basalganglien bzw. Kleinhirn und Thalamus den Motorkortex aktiviert. Bei Rechtshändern sind vor allem die sprachmotorischen Areale links. Die rechte Hemisphäre ist u.a. für die Analyse der Sprachmelodie (Prosodie) verantwortlich, sowie für die emotionale Tönung der motorischen Sprache. Bei Linkshändern sind die Sprachzentren bisweilen rechts oder auf beiden Seiten.

Aphasien. Läsionen beeinträchtigen die Sprache in charakteristischer Weise (s. Abb. 10.8):

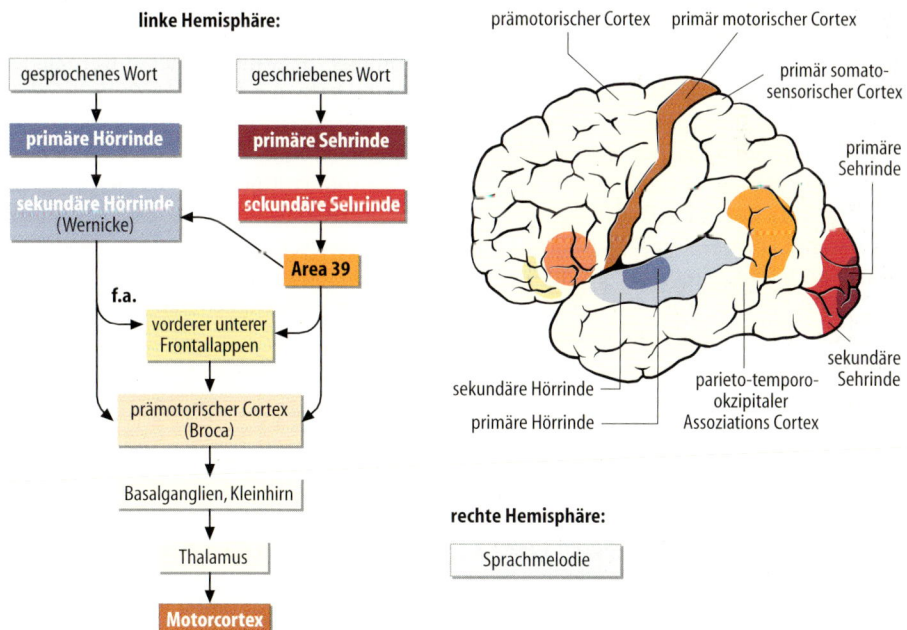

Abb. 10.8. Die an der Sprache beteiligten Strukturen der Großhirnrinde

- Der *Broca'schen Aphasie* liegt eine Läsion des motorischen Sprachzentrums zugrunde. Die Spontansprache ist nicht flüssig, der Patient teilt sich typischerweise in einzelnen Worten mit. Der Patient ist auch nicht fähig, nachzusprechen. Das Sprachverständnis ist hingegen häufig wenig gestört.
- Die *Wernicke'sche Aphasie* ist Folge einer Läsion in den sensorischen Sprachregionen. Bei diesen Patienten ist das Sprachverständnis eingeschränkt. Dabei verlieren die Patienten auch die Fähigkeit, nachzusprechen. Die Spontansprache ist flüssig, mitunter sprechen die Patienten unentwegt (Logorrhö). Dabei können sich allerdings phonematische (Spille statt Spinne) oder semantische (Mutter statt Frau) Fehler einschleichen (Paraphasie).
- Bei der *Leitungsaphasie* ist die Verbindung von sensorischem und motorischem Sprachzentrum unterbrochen (Fasciculus arcuatus). Die Sprache ist flüssig (allerdings paraphasisch), das Sprachverständnis gut. Die Fähigkeit, Worte nachzusprechen, ist massiv eingeschränkt. Die Patienten sind auch nicht in der Lage, laut vorzulesen, obwohl sie gelesenen Text verstehen.
- Bei der *globalen Aphasie* ist sowohl die Spontansprache, als auch das Sprachverständnis beeinträchtigt.
- Die *anomische Aphasie* folgt einer Läsion im Temporallappen. Der Patient spricht weitgehend normal und auch das Sprachverständnis ist erhalten. Der Patient hat aber Schwierigkeiten, für bestimmte Objekte das richtige Wort zu finden.
- Bei der *achromatischen Aphasie* (Läsion an der Unterseite des Temporallappens) kennt der Patient nicht die Wörter für Farben (obgleich er durchaus Farben erkennt und z. B. Objekte nach Farben sortieren kann).
- Die *motorische transkortikale Aphasie* ist Folge einer Läsion im vorderen unteren Frontallappen. Dabei ist die Spontansprache stark eingeschränkt, während Nachsprechen und Sprachverständnis normal sind.
- Die *sensorische transkortikale Aphasie* tritt nach einer Läsion im parietalen-temporalen Assoziationskortex auf. Die Patienten können flüssig sprechen und nachsprechen. Sie haben aber Schwierigkeiten, Worte zu verstehen, haben Wortfindungsschwierigkeiten und können weder lesen noch schreiben.
- Eine *subkortikale Aphasie* entsteht bei Läsionen im Bereich der Basalganglien (v.a. Nucleus caudatus) und des Thalamus. Dabei treten vorübergehende Störungen von Sprachverständnis und Wortfindung auf.

Agnosie und Apraxie. In Analogie zu Sprachverständnis und Sprache können auch andere Funktionen des Erkennens und gezielten Handelns gestört sein. So werden z. B. optische Eindrücke, die über die primäre Sehrinde aufgenommen werden, zunächst in der sekundären Sehrinde analysiert. Ein Defekt in der primären Sehrinde erzeugt Blindheit (*Rindenblindheit*), also Unfähigkeit bewußter optischer Wahrnehmung. Ein Defekt in der sekundären Sehrinde erzeugt sogenannte *Seelenblindheit*, bei der Objekte zwar gesehen und wahrgenommen, aber nicht erkannt werden. Es gibt assoziative Rindenareale für akustische, somatosensorische und optische Informationen. Auch auf der motorischen Seite werden assoziative Rindenareale eingesetzt (im prämotorischen Kortex), die komplexe Handlungen steuern. Läsionen in diesen assoziativen motorischen Arealen führen zum Verlust dieser Fertigkeiten (*Apraxie*).

10.7   Emotionen, Motivation

Emotionen wie Angst, Trauer und Glück sind Leistungen von spezialisierten Neuronenpopulationen im Nervensystem. Die involvierten Neurone lassen sich allerdings weitaus schwerer definieren als etwa Neurone, welche bestimmte motorische Funktionen erfüllen. Offenbar spielen Neurone des limbischen Systems eine wesentliche

Rolle in der Erzeugung von Emotionen. Den gleichen Neuronen kommt eine entscheidende Rolle bei der Motivation zu. Schließlich sind diese Neurone auch bei der Bildung von Gedächtnis beteiligt.

Limbisches System. Kortikale Elemente des limbischen Systems (s. Abb. 10.9) sind der Gyrus cinguli, der Hippokampus (mit den Anteilen Ammonshorn, Gyrus dentatus und subiculum), der Gyrus parahippocampalis (Area entorhinalis und praesubiculum) und Teile des Riechhirns (Bulbus olfactorius, Tuberculum olfactorium, Rindenanteile über dem Corpus amygdaloideum). Enge Verbindungen bestehen zu Teilen der temporalen, orbitofrontalen und insulären Großhirnrinde, die daher zum limbischen System gezählt werden können. Subkortikale Elemente des limbischen Systems sind die Corpora amygdaloidea, die Septumkerne (Nucleus accumbens und Broca'sches Diagonalband), der Nucleus thalami anterior, die Regio praeoptica und die Corpora mammillaria. Enge Verbindungen bestehen

schließlich zum Hypothalamus, der gleichfalls zum limbischen System im weiteren Sinne gezählt werden kann.

Neben dem Nucleus thalami anterior haben auch der Nucleus dorsomedialis und der Nucleus dorsolateralis enge Beziehungen zum limbischen System. Auffällig sind im limbischen System die mächtigen reziproken Verbindungen, z. B. der Fornix und die Stria terminalis (s. Abb. 10.9). Die Bedeutung einiger Elemente des limbischen Systems bei der Bildung des Gedächtnisses wurde bereits beschrieben (s. Kap. 10.5). Eine weitere Aufgabe des limbischen Systems ist die „emotionale Bewertung" von Wahrnehmungen und die entsprechende Anpassung des Verhaltens. Über limbisches System und Hypothalamus werden sexuelles, nutritives und aggressives Verhalten reguliert (s. auch Kap. 9.3). Neuronenpopulationen im Hypothalamus verfügen dabei über Programme, welche die für die jeweilige Verhaltensweise erforderlichen endokrinen, vegetativen und somatomotorischen Funktionen sicherstellen.

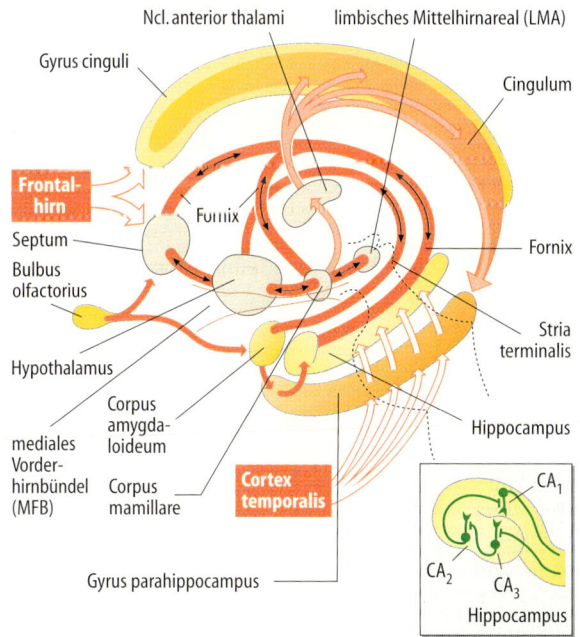

Abb. 10.9. Elemente des limbischen Systems mit einem Schaltschema der Neurone im Hippocampus, die bei der Gedächtnisbildung beteiligt sind (nach Birbaumer und Schmidt aus Schmidt et al. 2000)

Läsionen im Bereich des limbischen Systems. Läsionen des Gyrus cinguli können die emotionale Komponente von Schmerz unterbinden. Die Schmerzen werden zwar wahrgenommen und lösen noch entsprechende vegetative und endokrine Reaktionen aus, sie werden von den Patienten jedoch nicht mehr als unangenehm empfunden. Läsionen im Bereich des limbischen Systems können zu inadäquatem emotionalem Verhalten führen (z. B. Jähzorn). Nach Entfernung der Corpora amygdaloidea mit Temporallappen (inklusive Uncus) und Teilen des Hippokampus (bei Affen) sind die Tiere zahm, wenden sich allem unkritisch zu, ohne adäquat auf potentiell gefährliche Objekte zu reagieren: Die Tiere nehmen alles in den Mund und versuchen, mit allen Objekten zu kopulieren (*Klüver-Bucy-Syndrom*).

Stirnhirn (orbitofronaler Kortex). Das limbische System steht unter der Kontrolle von Neuronen im Stirnhirn, das v.a. mit Gyrus cinguli, Hippokampus, Nucleus amygdaloideus und Hypothalamus verknüpft ist. Das Stirnhirn ist für die Anpassung der inneren Motivation an die Bedingungen der Außenwelt zuständig. Patienten mit Läsionen im Stirnhirn haben oft erhebliche Schwierigkeiten, sich sozial anzupassen, sie leiden unter Antriebslosigkeit, Jähzorn, Unzuverlässigkeit, Taktlosigkeit und Witzelsucht. Sie haben Schwierigkeiten, Regeln einzuhalten und halten an einmal eingeschlagenen Verhaltensweisen fest (Perseveration).

Die monoaminergen Systeme. Über das mediale Vorderhirnbündel beeinflussen monoaminerge Neurone im Hirnstamm das limbische System. Diesen monoaminergen Systemen kommt eine wesentliche Rolle in der Regulation von Emotionen zu. Neurone in Kernen der Medulla oblongata und Pons, v.a. des Locus coeruleus beeinflussen über *noradrenerge Fasern* u.a. Corpora amygdaloidea, Hippokampus, Gyrus cinguli und Anteile der Großhirnrinde. Weitere Fasern innervieren Kleinhirn und Rückenmark

(Seitenhorn). Einiges spricht dafür, daß ihre Aktivierung zu Lustgefühlen und positivem Antrieb führt, und daß Mangel an Noradrenalin Depressionen auslöst. *Serotoninerge Neurone* in den Nuclei raphé projizieren in Rückenmark, Kleinhirn, Thalamus, Hypothalamus, Basalganglien, limbisches System und Großhirnrinde. Auch Mangel an Serotonin soll Depressionen auslösen. *Dopaminerge Neurone* werden bei funktionell ganz unterschiedlichen Bahnen gefunden:

- Im tubuloinfundibularen System kontrollieren dopaminerge Neurone die Ausschüttung von Hypophysenhormonen (v.a. Hemmung der Prolaktinausschüttung, s. Kap. 21.3).
- Im nigrostriatalen System greifen dopaminerge Neurone in die Motorik ein (s. Kap. 3.8).
- Dopaminerge Bahnen zum limbischen System (mesolimbisches System) bewirken positiven Antrieb.
- Dopaminerge Bahnen zum Kortex (mesokortikales System) spielen wahrscheinlich eine wesentliche Rolle bei der Regulation von Emotionen und Verhalten: Ein relativer Überschuß an Dopamin in dieser Region soll Schizophrenie begünstigen, eine Erkrankung mit tiefgreifender Störung der Persönlichkeit. Die Patienten erleiden u.a. Wahnvorstellungen (Verfolgungswahn, Größenwahn, etc.).

Wirkung von Psychopharmaka. Die Wirkung einer Reihe von Substanzen, welche die Psyche beeinflussen (Psychopharmaka), wird über ihren Einfluß auf monoaminerge Systeme erklärt.
Durch Steigerung der Noradrenalin- oder Serotoninausschüttung und -wirkung kann eine *Depression gebessert* werden:

- Es kann die Freisetzung von Noradrenalin aus der präsynaptischen Endigung stimuliert werden (z. B. Amphetamin).
- Die Rezeptoren können durch agonistische Substanzen stimuliert werden (z. B. Clonidin).
- Durch Monoaminoxidase- (MAO-)Hemmer kann der Abbau von Noradrenalin in

den präsynaptischen Endigungen verzögert und damit die Verfügbarkeit von Noradrenalin gesteigert werden (z. B. Pargylin).

- Durch Hemmstoffe der Catechol-ortho-methyltransferase (COMT) kann der Abbau von Noradrenalin im synaptischen Spalt verzögert und damit die Wirkung von Noradrenalin verstärkt werden.
- Durch Glukosezufuhr wird die Insulinausschüttung gefördert, dessen antiproteolytische und proteinsynthesesteigernde Wirkung eine Senkung von Aminosäurekonzentrationen im Blut bewirkt. Einige Aminosäuren hemmen die Tryptophanaufnahme über die Blut-Hirn-Schranke kompetitiv. Der Wegfall dieser Hemmung soll die Tryptophanaufnahme in das Gehirn steigern und damit mehr Substrat für die Serotoninsynthese bereitstellen.
- Durch Agonisten können die Serotoninrezeptoren direkt stimuliert werden.
- Durch Hemmung der Wiederaufnahme in präsynaptische Speicher kann die Serotoninkonzentration im synaptischen Spalt gesteigert werden.
- Durch Hemmung des Abbaus kann die Verfügbarkeit von Serotonin gesteigert werden (z. B. Iproniazid).

- Durch Licht kann der Umbau von Serotonin in Melatonin gehemmt und damit die Verfügbarkeit von Serotonin gesteigert werden.

Umgekehrt können einige Substanzen möglicherweise über Hemmung monoaminerger Systeme *Depressionen auslösen*:

- Die Synthese von Noradrenalin aus Tyrosin über DOPA kann durch entsprechende Enzymhemmer (z. B. Methyltyrosin) herabgesetzt werden.
- Die Aufnahme von Noradrenalin in präsynaptische Speicher kann gehemmt werden (z. B. Reserpin).
- Noradrenalin kann aus den postsynaptischen Rezeptoren verdrängt und damit seine Wirkung unterbunden werden (z. B. Phenoxybenzamin, Phentolamin).
- Durch Hemmung der Synthese aus Tryptophan (z. B. Chlorophenylalanin) kann die Verfügbarkeit von Serotonin eingeschränkt werden.
- Durch Hemmung der Aufnahme in präsynaptische Speicher (z. B. Reserpin) wird letztlich weniger Serotonin ausgeschüttet.
- Durch gesteigerten Verbrauch von Serotonin durch Bildung von Melatonin (in der Zirbeldrüse bei Dunkelheit) wird die Serotoninverfügbarkeit herabgesetzt.

11.1 Liquor

Aufgabe des Liquors. Das Gehirn ist nach Verknöcherung der Schädelnähte von einer unnachgiebigen Hülle umgeben, eine Volumenausdehnung des Gehirns ist nicht möglich und ein intrakranielles Kompartiment kann sich nur auf Kosten anderer Kompartimente ausdehnen. Der Intrazellulärraum nimmt 70–80 % des Volumens ein, der zwischen den zellulären Elementen liegende interstitielle Raum etwa 15 %, der Liquorraum weniger als 10 % und der intravaskuläre Raum wenige %. Der Liquorraum ist über das Foramen magnum zum Liquorraum des Rückenmarks offen. Damit bietet sich der Liquorraum als ein *Volumenpuffer* an, der schnell Volumenänderungen in anderen Kompartimenten ausgleichen kann. So wird beispielswiese bei jedem Pulsschlag der intravaskuläre Raum vorübergehend vergrößert und pulssynchron entweicht ein kleines Volumen Liquor über das Foramen magnum, d.h. der vaskuläre Raum nimmt auf Kosten des Liquorraums vorübergehend zu. Auch moderate Änderungen des Zellvolumens können durch entsprechende Verschiebungen von Liquor kompensiert werden.

Unter pathophysiologischen Bedingungen beanspruchen Tumore und Blutungen intrakranielles Volumen auf Kosten des Liquorraums. Ist der Liquorraum kollabiert, dann kommt es zu einer steilen Druckzunahme, welche den gleichfalls nach außen offenen Gefäßraum komprimiert. Folge ist eine massive Einschränkung der Hirndurchblutung. Eine akute Abflußstörung von Liquor führt gleichermaßen zu einer Drucksteigerung, die über eine Einengung des Gefäßlumens die Gehirndurchblutung in Mitleidenschaft zieht.

Liquorzirkulation. Liquor wird v.a. in den Plexus choroideus der Seitenventrikel gebildet (s. Abb. 11.1). Von dort fließt er über die Foramina interventricularia in den dritten Ventrikel und von dort über den Aquädukt in den vierten Ventrikel. Über die Foramina Luschkae und Magendii gelangt er in den Subarachnoidalraum und zu den Arachnoidalvilli der Hirnsinus (Pacchionischen Granulationen), wo er in die venösen Sinus aufgenommen wird.

Störungen der Liquorzirkulation. Sie führen zum Liquorrückstau. Je nach Lokalisation unterscheidet man einen kommunizierenden Hydrozephalus, bei dem der Liquorfluß zwischen den Ventrikeln ungestört ist, von einem nichtkommunizierenden Hydrozephalus bei Verlegung von Verbindungen zwischen den Ventrikeln. Mögliche Ursachen sind Mißbildungen, Narben und Tumore. Die Resorption von Liquor in den Arachnoidalvilli ist bei Abflußstörungen der Sinus beeinträchtigt, wie etwa bei Thrombose oder sonstigem Verschluß der Sinus oder bei Behinderung des venösen Abflusses (z. B. bei Herzinsuffizienz). Bei angeborenem Hydrozephalus erlauben die noch nicht verknöcherten Knochennähte ein Nachgeben der knöchernen Hülle und es entsteht ein Wasserkopf (*Hydrozephalus*). Bei bereits verschlossenen Nähten erzeugt der Liquorüberschuß einen Überdruck.

Hirndrucksteigerungen. Erkennbar ist eine Hirndrucksteigerung am Papillenödem: Durch den gesteigerten intrakraniellen Hirndruck kann Lymphe aus dem Augen-

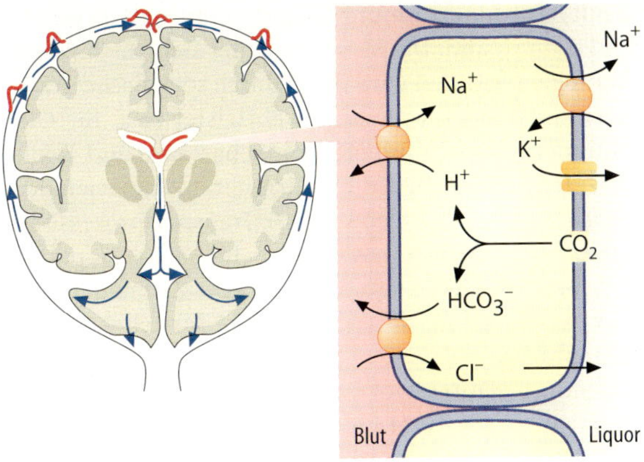

Abb. 11.1. Bildung und Fluß des Liquors

hintergrund nicht mehr über den Lymphkanal im Zentrum des Sehnerven zum Intrakranialraum abfliessen. Lymphe staut sich am Austritt des Sehnerven zurück und wölbt die Papille vor (Stauungspapille). Weitere Folgen von Hirndrucksteigerung sind

- Kopfschmerzen,
- Übelkeit,
- Erbrechen,
- Schwindel,
- Einschränkungen des Bewußtseins (u.a. wegen der Durchblutungseinschränkung),
- Bradykardie und Hypertonie (durch Kompression des Hirnstamms),
- Schielen (Abklemmen des Nervus abducens) und
- weite, lichtstarre Pupillen (Abklemmen des Nervus oculomotorius).

Schließlich droht die Herniation von Hirnteilen durch das Tentorium cerebelli oder das Foramen magnum. Die Kompression des Hirnstamms führt dabei unmittelbar zum Tod. Bei einseitiger Druckzunahme kann es auch zur Herniation des Gyrus cinguli unter die Falx cerebri kommen mit Kompression der Vasa cerebri anteriora und entsprechenden Ausfällen der Hirnfunktionen.

Liquorzusammensetzung. Die Liquorzusammensetzung ist von besonderer diagnostischer Bedeutung bei bestimmten Erkrankungen des Gehirns: Normalerweise entspricht die *Elektrolytzusammensetzung* in etwa der des Serums (s. Tabelle 11.1). Allerdings ist die Konzentration an *Proteinen* und damit an proteingebundenen Ca^{++}-Ionen niedriger. Auch die K^+-Konzentration ist normalerweise um etwa 1 mmol/l geringer als im Serum. Die Proteinkonzentration im Liquor ist bei Liquorstau (fehlende Resorption in den Arachnoidalvilli), sowie bei Infektionen (v.a. Bildung durch immunkompetente Zellen) gesteigert. Die *Glukosekonzentration* ist im Liquor u.a. bei Tumoren, akuten bakteriellen Infektio-

Tabelle 11.1. Konzentrationen im Plasma und in der zerebrospinalen Flüssigkeit

	Plasma-ultra-filtrat (mmol/kg H_2O)	Zerebro-spinale Flüssigkeit (mmol/kg H_2O)
Na^+	137,0	149,0
K^+	3,8	3,0
Ca^{2+}	2,4	1,0
Mg^{2+}	0,7	1,0
Cl^-	109,0	128,0
Phosphat	0,9	0,6
Laktat	1,0	1,3
HCO_3^-	33	26
Protein (g/l)	0	0,2

nen, Tuberkulose, Befall des Gehirns mit Pilzen und Hefe, sowie in sehr seltenen Fällen bei defektem Glukosetransporter herabgesetzt. Blutzellen werden normalerweise nicht im Liquor gefunden, bei Infektionen (z. B. Meningitis) treten jedoch Leukozyten, nach Blutungen (z. B. in Hirntumoren) Erythrozyten in den Liquor über. Die *Farbe* des normalerweise fast wasserklaren Liquors wird bei Blutungen rötlich (Erythrozyten) oder gelblich (Blutfarbstoffe, bilirubinbindende Plasmaproteine) und bei Ansammlungen von Leukozyten und Proteinen trüb.

11.2 Blut-Hirn-Schranke

Die Endothelzellen der Hirnkapillaren bilden (außer im Hypophysenhinterlappen, in der Area postrema und im Plexus choroideus) unter dem Einfluß von Astrozyten dichte Schlußleisten (tight junctions), die keinen Durchtritt von im Blut gelösten Substanzen (Elektrolyten, Proteinen) oder Zellen zulassen (Blut-Hirn-Schranke oder Blut-Liquor-Schranke). Das extrazelluläre Milieu des Gehirns wird auf diese Weise vom Blut abgekoppelt, um zu verhindern, daß Nervenzellen Elektrolytschwankungen, Transmittern, Hormonen, Wachstumsfaktoren

und Immunreaktionen im Blut ausgesetzt sind. Die Versorgung des Gehirns mit Substraten wird dabei durch spezifische Transportprozesse gewährleistet (u.a. für Glukose, Aminosäuren). Pharmaka und Toxine können die Bluthirnschranke überwinden, wenn sie durch diese Transportprozesse akzeptiert werden oder eine so hohe Lipidlöslichkeit aufweisen, daß die Zellmembranen keine Diffusionsbarriere darstellen.

Durchbrechung der Blut-Hirn-Schranke. Die Tight junctions können unter pathologischen Bedingungen geöffnet und damit die Bluthirnschranke durchbrochen werden, wie etwa bei Hirntumoren (die keine funktionellen Astrozyten enthalten), bei Hyperosmolarität (durch Infusion hypertoner Mannitollösungen in hirnversorgende Arterien) und bei bakterieller Meningitis. Bei Neugeborenen ist die Blut-Hirn-Schranke normalerweise noch nicht dicht. Daher kann bei Hyperbilirubinämie des Neugeborenen (nicht jedoch des Erwachsenen) Bilirubin in das Gehirn eindringen und sich in Kernen des Hirnstamms ablagern (Kernikterus). Folglich kommt es zur Schädigung der Basalganglien mit Auftreten von Hyperkinesien.

Der Körper des erwachsenen Menschen enthält normalerweise 4–6 l Blut, bzw. etwa 6–8 % des Körpergewichtes. Bei Kindern ist der relative Anteil des Blutes am Körpergewicht etwa 10 %.

Das Blut dient in erster Linie dem Transport von Sauerstoff und CO_2, von Elektrolyten (inkl. H^+), Substraten, Stoffwechselprodukten und Hormonen bzw. Mediatoren sowie Wärme zwischen den verschiedenen spezialisierten Zellen des Organismus. Über den Kreislauf erreicht es praktisch alle Gewebe des Körpers. Darüber hinaus enthält das Blut wesentliche Elemente der Immunabwehr, die v.a. fremde Organismen und Schadstoffe (Toxine), aber auch schädliche oder unnütze körpereigene Zellen entfernen sollen. Schließlich müssen die Komponenten der Hämostase gewährleisten, daß bei Verletzung eines Gefäßes das Blut gerinnt. Damit soll die defekte Stelle verschlossen und ein Verlust von Blut verhindert werden. Komponenten der Fibrinolyse schränken andererseits die inadäquate Gerinnung des Blutes ein, welche ja sonst zum Stillstand des Blutflusses führen würde.

12.1 Zusammensetzung des Blutes

Zu fast der Hälfte besteht das Blut aus roten Blutkörperchen (Erythrozyten), die im wesentlichen den Transport von Sauerstoff und CO_2 gewährleisten (s. Kap. 12.2).

Verschieden spezialisierte Leukozyten des Blutes dienen der Immunabwehr des Körpers (s. Kap. 12.3). Nach morphologischen Kriterien werden sie in Granulozyten (enthalten intrazelluläre Granula), Monozyten (enthalten einen großen, gelappten Kern) und Lymphozyten (haben einen runden Kern) eingeteilt. Die Granulozyten lassen sich nach der Färbbarkeit ihrer Granula mit entsprechenden Farbstoffen weiter in eosinophile, neutrophile und basophile Granulozyten einteilen.

Die Thrombozyten des Blutes sind an der Blutgerinnung beteiligt. Der Anteil von korpuskulären Elementen (im wesentlichen Erythrozyten, aber auch Leukozyten und Thrombozyten), der Hämatokrit, erreicht 0,42 bei der Frau und 0,45 beim Mann.

Der übrige Anteil des Blutes (weibl. 0,58, männl. 0,55) ist Plasma, eine proteinreiche Extrazellulärflüssigkeit. Die Plasmaproteine werden nach ihrem Verhalten in der Elektrophorese in Albumine, α-, β-, und γ-Globuline eingeteilt (s. Kap. 12.5). Sie dienen einer Vielzahl von Aufgaben, wie etwa dem Transport schwer wasserlöslicher Substanzen, der Immunabwehr und der Blutgerinnung. Die meisten Proteine können die Blutbahn nicht verlassen und halten daher kolloidosmotisch (bzw. onkotisch) Blutwasser zurück. Auch die an Plasmaproteine gebundenen Substanzen (z. B. Fette, Kalzium) verbleiben in entspechend höherer Konzentration im Blutplasma. Die weitere Zusammensetzung des Blutplasma entspricht im wesentlichen der Zusammensetzung des übrigen Extrazellulärraums (s. Tabelle 12.1).

12.2 Erythrozyten

Entscheidende Aufgabe der Erythrozyten ist der Transport von O_2 im Blut, wie unter Kapitel 15.5 noch näher ausgeführt wird. Die Erythrozyten spielen ferner beim Transport von CO_2 eine wesentliche Rolle (s. Kap. 15.6).

Tabelle 12.1. Bestandteile des Blutes mit gerundeten Normalwerten der Konzentrationen (* = Vollblut)

Korpuskuläre Elemente*		
Erythrozyten		$5 \cdot 10^6$/ml
Leukozyten		$7 \cdot 10^3$/ml
	• neutrophile Granulozyten	60%
	• eosinophile Granulozyten	3%
	• basophile Granulozyten	1%
	• Lymphozyten	30%
	• Monozyten	6%
Thrombozyten		$0,3 \cdot 10^6$/ml
Plasmaproteine	7 g/100 ml bzw. ca. 2 mmol/l	
	• Albumine	60%
	• α_1-Globuline	4%
	• α_2-Globuline	8%
	• β-Globuline	12%
	• γ-Globuline	16%
Elektrolyte		280 mmol/l (vgl. Tabelle 17.2)
sonstige Substanzen	mmol/l	mg/100ml
Hämoglobin	2,5	16 000
Aminosäuren	2	5
Glukose	5	90
Fettsäuren (frei)	1	30
Triglyzeride	1	100
Cholesterin (gesamt)	5	200
Cholesterin (frei)	2	80
Harnstoff	4	25
Harnsäure	0,3	5
Kreatinin	0,1	1
Bilirubin (gesamt)	0,01	0,5
Ammoniak	0,06	0,1
Eisen	0,02	0,1
Osmolarität		300 mosmol/l

Form. Die Erythrozyten gleichen normalerweise flachen Scheibchen mit einem Durchmesser von etwa 7,5 µm und einem etwas aufgetriebenen Rand (s. Abb. 12.1). Die Erythrozyten sind normalerweise ausgesprochen verformbar und können somit die engen Blutkapillaren passieren. Die Form normaler Erythrozyten bietet ferner den Vorteil kurzer Diffusionsstrecken für Sauerstoff zum Hämoglobin. Bei Schwellung nehmen die Erythrozyten eine kugelige Form an (Sphärozyten), bei Schrumpfung die Stechapfelform (Echinozyten). Sowohl die Sphärozyten als auch die Echinozyten sind in ihrer Verformbarkeit wesentlich eingeschränkt. Derart verformte Erythrozyten weisen eine verkürzte Lebensdauer auf.

O_2-Transport. Die entscheidende Aufgabe der Erythrozyten, der Transport von O_2, wird durch das Hämoglobin bewerkstelligt, das etwa ein Drittel des Feuchtgewichtes von Erythrozyten ausmacht. Das Hämoglobin besteht aus vier Untereinheiten mit jeweils einer Proteinkette (Globin) und einem eisenhaltigen Porphyrinring (Häm), der eigentlichen Bindungsstelle für O_2. Hämoglobin hat die Eigenschaft, reversibel O_2 zu bin-

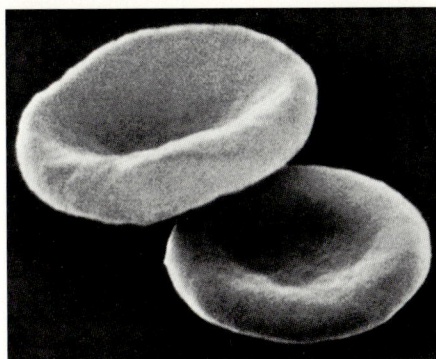

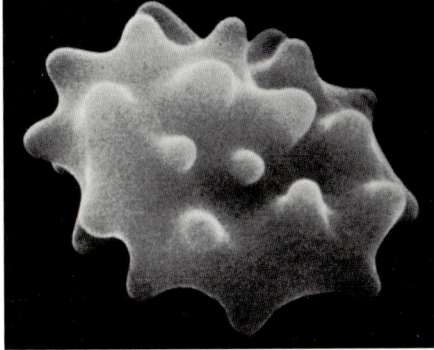

Abb. 12.1. Oben: Bikonkave Scheibenform normaler Erythrozyten. Unten: Stechapfelform (Echinozyt), die u.a. nach Einbringen von Erythrozyten in hypertone Salzlösungen auftritt (nach Bessis 1974)

den. Bei der Passage der Erythrozyten durch die Blutkapillaren der Lunge nimmt Hämoglobin O_2 auf, bei Passage der Blutkapillaren anderer Gewebe gibt Hämoglobin O_2 ab. Eine Abnahme der Konzentration an Erythrozyten bzw. an Hämoglobin beeinträchtigt somit den O_2-Transport im Blut und kann lebensbedrohliche Ausmaße annehmen. Der O_2-Transport kann ferner bei herabgesetzter O_2-Bindungsfähigkeit von Hämoglobin beeinträchtigt sein:

- Das Eisen des Häm kann von Fe^{2+} zu Fe^{3+} oxidiert werden und damit seine O_2-Bindungsfähigkeit verlieren (Methämoglobin).
- O_2 kann ferner durch Kohlenmonoxid von der Bindungsstelle verdrängt werden (s. Kap. 15.5).

Nachdem Hämoglobin einen wesentlichen Anteil am Erythrozytenvolumen ausmacht, bestimmt es auch die mechanischen Eigenschaften der Erythrozyten. Bei der Sichelzellanämie, ist z. B. eine Aminosäure in der Eiweißkette des Hämoglobin vertauscht. Das Hämoglobin hat dadurch die Neigung, nach Abgabe von O_2 (Desoxigenierung) seine Struktur zu verändern. Die Erythrozyten nehmen in der Folge eine starre Sichelform ein und bleiben in der Peripherie hängen. Die Verstopfung der Gefäße durch deformierte Sichelzellen (Beeinträchtigung der Mikrozirkulation) führt lokal zu O_2-Mangel und damit zu weiterer „Sichelung" von Erythrozyten.

Membrantransport. Die Erythrozyten weisen ein Membranpotential von etwa −10 mV auf. Die Membran ist vorwiegend für Cl^- leitfähig, das sich weitgehend passiv über die Zellmembran verteilt, also eine intrazelluläre Konzentration von etwa 70 mmol/l erreicht. Durch die Na^+/K^+-ATPase in der Zellmembran wird die intrazelluläre Na^+-Konzentration niedrig und die intrazelluläre K^+-Konzentration hoch gehalten. Die K^+-Leitfähigkeit ist gering, die Na^+-Leitfähigkeit geht normalerweise gegen Null. Eine Aktivierung der K^+-Kanäle führt zur Hyperpolarisation, die Cl^- aus der Zelle treibt und damit die Erythrozyten schrumpfen läßt. Eine Zunahme der Na^+-Leitfähigkeit depolarisiert die Erythrozyten und fördert damit Cl-Einstrom und Zellschwellung. Auch Hemmung der Na^+/K^+ ATPase führt letztlich zur Zellschwellung durch Depolarisation. Ein wesentliches Transportprotein in der erythrozytären Zellmembran ist der Cl^-/HCO_3^--Austauscher (Bande-3-Protein), der den Transport von HCO_3^- über die Zellmembran erlaubt (s. Kap. 15.7).

Stoffwechsel. Da die Erythrozyten im wesentlichen als „Hämoglobinbehälter" dienen, ist ihr Energiebedarf gering. Ihr Stoffwechsel ist daher auf ein Minimum begrenzt. Der Erythrozyt hat während seiner Reifung Zellkern, Ribosomen und Mitochondrien verloren und mit ihnen die Fähigkeit zu Zellteilung, Enzymsynthese und oxidativer Energiegewinnung. Der Erythrozyt gewinnt seine Energie (in Form von ATP) ausschließlich durch Abbau von Glukose zu Laktat und Pyruvat. ATP wird z. B. für die Aufrechterhaltung der Ionengradienten über die Zellmembran durch die Na^+/K^+-ATPase benötigt. Der Abbau von Glukose liefert dem Erythrozyten ferner NADH (aus der Glykolyse) und NADPH (aus dem Pentosephosphatweg). Der Erythrozyt benötigt NADH zur Reduktion von Methämoglobin, eine Voraussetzung für den O_2-Transport. NADPH wird zur Bereitstellung von reduziertem Glutathion benötigt, das zur Reduktion von SS- Gruppen zu SH-Gruppen eingesetzt wird. Vor allem SH-Gruppen von Proteinen in der Zellmembran werden ständig zu SS-Gruppen oxidiert und müssen dann wieder reduziert werden. Mangelhafte Reduktion der SS-Gruppen (z. B. bei Glutathionreduktasemangel) steigert die Permeabilität der Membran u.a. für Na^+. Kann der Na^+ Einstrom dann durch die Na^+/K^+-ATPase nicht kompensiert werden, dann droht Zellschwellung und letztlich das Platzen der Erythrozyten (Hämolyse), erkennbar am Austreten von Hämoglobin, also am Rotfärben des Plasmas.

Osmotische Resistenz. Die Fähigkeit der Erythrozyten, ihr Volumen in hypotonen Lösungen zu halten, wird in der Klinik zur Diagnose von Erkrankungen der Erythrozyten getestet. Dazu wird das Blut im Verhältnis 1:40 mit hypotoner Kochsalzlösung vermischt. Normalerweise sind die Erythrozyten in der Lage, eine Herabsetzung der extrazellulären Osmolarität um etwa 40% (0,54% NaCl bzw. 75 mmol/l NaCl) zu tolerieren, ohne daß Hämolyse auftritt. Eine Herabsetzung der Osmolarität auf 0,34% NaCl (bzw. 57 mmol/l NaCl) hat freilich normalerweise vollständige Hämolyse zur Folge. Die osmotische Resistenz ist bei gesteigerter Na^+-Permeabilität der Zellmembran (z. B. bei Enzymdefekten des Pentosephosphatzyklus) und bei Fehlen bestimm-

ter Elemente des Zytoskeletts (Spektrin bei Sphärozytose) herabgesetzt, bei vermindertem Hämoglobingehalt der Erythrozyten (z. B. bei Eisenmangel und einigen Hämoglobinsynthesestörungen) gesteigert.

Bildung, Lebensdauer und Abbau. Die Erythrozyten werden vom fetalen Organismus in Leber und Milz, beim Erwachsenen im roten Knochenmark gebildet (s. Abb. 12.2). Vorläufer der Erythrozyten sind die pluripotenten Stammzellen, aus denen letztlich alle Blutzellen entstehen können. Aus den pluripotenten Stammzellen entstehen binnen 4 – 6 Tagen über determinierte Stammzellen, Proerythroblasten und Erythroblasten die Normozyten, die durch Ausstoßung des Zellkerns die Retikulozyten bilden. Nach Verlust der Zellkerne sind die Retikulozyten beweglich genug, um durch die Schlitze des Knochenmarksinus in das Blut zu entweichen. Im peripheren Blut verlieren sie innerhalb von einem Tag Mitochondrien und Ribosomen und entwickeln sich zu reifen Erythrozyten. Die mittlere Lebensdauer der Erythrozyten beträgt 100 – 120 Tage. Sie werden vorwiegend durch das retikuloendotheliale System von Knochenmark, Leber und Milz abgebaut. Der Abbau wird durch die Alterung der Erythrozyten begünstigt: Die Abnahme der (ja nicht mehr neu synthetisierbaren) Enzyme der Glykolyse und des Pentosephosphatzyklus führt zu Mangel an ATP, NADH und NADPH. Folgen sind u.a. Methämoglobinämie und Zellschwellung.

Regulation der Erythropoiese. Die Zahl der Erythrozyten im Blut wird in erster Linie durch Erythropoietin reguliert. Das Glykoprotein (Molekularmasse etwa 30 kDa) wird hauptsächlich in den adulten Nieren, aber auch in der fetalen Leber gebildet. Seine Ausschüttung wird bei O_2-Mangel gesteigert. Weitere Hormone, welche die Erythropoiese fördern, sind Testosteron (s. Kap. 21.13), Schilddrüsenhormone (s. Kap. 21.6), Somatotropin (s. Kap. 21.5) und Kortisol (s. Kap. 21.10). Zeichen einer gesteigerten Ery-

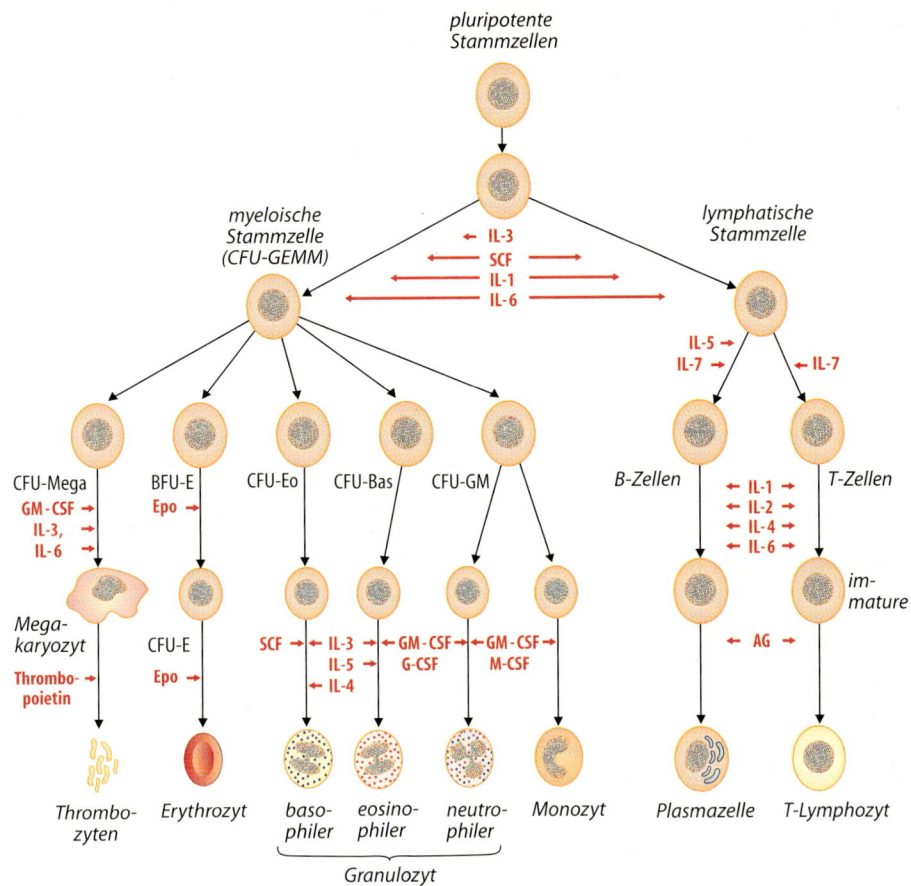

Abb. 12.2. Bildung von Blutzellen (*AG* = Antigen, *BFU* = Burst Forming Unit, *CFU* = Colony Forming Unit [*E* = Erythrozyten, *G* = Granulozyten, *M* = Monozyten, *Mega* = Megakaryozyten, *Bas* = basophile Granulozyten, *Eo* = Eosinophile Granulozyten], *Epo* = Erythropoietin, *IL* = Interleukin, *SCF* = Stammzellfaktor, *CSF* = Colony Stimulating Factor, s. a. Tab. 12.2) (Nach Weiss und Jelkmann aus Schmidt et al. 2000)

thropoiese ist vermehrtes Auftreten (>1%) von Retikulozyten im peripheren Blut.

Anämie. Unabhängig von der Erythrozytenzahl schränkt ein Mangel an Hämoglobin (Anämie) die Transportfähigkeit des Blutes für O_2 ein. Ursachen einer Anämie:

- Eine gestörte Bildung von Hämoglobin liegt z. B. bei der Eisenmangelanämie vor. Bei dieser Form von Anämie kann die Erythrozytenzahl annähernd normal sein, die Erythrozyten sind freilich nicht genügend mit Hämoglobin beladen (*hypochrome Anämie*) und meist klein (*mikrozytäre Anämie*).

- Eine selektive Störung der Bildung von Erythrozyten führt bei primär normaler Hämoglobinsynthese zur Überladung der wenigen vorhandenen Erythrozyten mit Hämoglobin (*makrozytäre Anämie*). Dabei ist die Hämoglobinsynthese sekundär herabgesetzt. Sie tritt z. B. bei Mangel an Vitamin B_{12} und Folsäure auf.

- Bei Mangel an Erythropoietin (z. B. bei Nierenversagen) sowie bei Schädigung des Knochenmarks (z. B. durch Strahlen) werden wenige, sonst normale Erythrozyten gebildet (*aplastische, normozytäre Anämie*).

- Bei primär völlig normaler Bildung von Erythrozyten und Hämoglobin kann ein beschleunigter Untergang von Erythrozyten zur Anämie führen (**hämolytische Anämie**). Sie ist u.a. Folge von Enzymdefekten der Erythrozyten, welche einen Mangel an ATP, NADH oder NADPH nach sich ziehen, oder von defekten Hämoglobinen, welche die Lebensdauer der Erythrozyten herabsetzen (z. B. Sichelzellanämie).

Auch Blutverluste führen bei zunächst normaler Erythropoiese zur Anämie. Die Blutverlustanämie ist zunächst normozytär. Bei Blutverlusten kann sich jedoch sehr schnell ein Eisenmangel als limitierender Faktor der Erythropoiese herausstellen und es folgt eine hypochrome Anämie.

Polyglobulie. Nicht nur ein Mangel, sondern auch ein Überschuß an Erythrozyten (Polyglobulie) kann nachteilige Folgen haben, da eine hohe Konzentration der Erythrozyten die Viskosität des Blutes heraufsetzen und damit den Blutfluß beeinträchtigen kann. Eine Polyglobulie ist meist Folge eines O_2-Mangels, der zu einer gesteigerten Ausschüttung von Erythropoietin führt. Auch ein Überschuß an Erythropoietin kann zur Polyglobulie führen. Sportler versuchen bisweilen, durch Erythropoietin ihre O_2-Transportkapazität und damit ihre Leistungsfähigkeit zu steigern (Epodoping).

12.3 Immunabwehr

Der Körper ist ständig in Gefahr, von fremden Organismen besiedelt zu werden, die im Köper ideale Wachstumsbedingungen vorfinden. Die Immunabwehr soll die Abtötung und Beseitigung fremder Organismen bewerkstelligen, sowie die Inaktivierung und Entfernung von fremden Schadstoffen. Ferner dient die Immunabwehr auch der Überwachung von körpereigenen Zellen. Die Immunabwehr ist für die Abtötung entarteter Zellen (z. B. Tumorzellen), sowie für die Entfernung von unnützem oder schädlichem körpereigenem Material verantwortlich. Die Immunabwehr ist in erster Linie eine Funktion der Leukozyten, die aus pluripotenten Stammzellen des Knochenmarkes gebildet werden (s. Abb. 12.2). Sie bleiben unter Vermittlung spezifischer Rezeptoren (Selektine, Integrine) an der Gefäßwand entzündeter Gewebe haften und verlassen, angelockt durch Entzündungsmediatoren (Chemotaxis), die Blutbahn in Richtung des Entzündungsherdes (Leukodiapedese). Dort erfüllen sie jeweils zellspezifische Funktionen.

Monozyten. Die Monozyten sind in besonderem Ausmaß zur Phagozytose befähigt. Dabei werden Erreger oder Substanzen durch Endozytose aufgenommen. In der Folge fusionieren die endozytotischen Vesikel mit Lysosomen, das Lumen wird durch eine Protonenpumpe angesäuert und der Inhalt durch verschiedene Enzyme (Proteasen, Lipasen, Desoxyribonukleasen, etc.) abgebaut. Die Enzyme können z. T. ihre Wirkung nur im sauren Milieu der Lysosomen entfalten (einige Erreger unterbinden freilich die Ansäuerung und entziehen sich so dem Angriff durch die lysosomalen Enzyme). Monozyten wandern nach 2–3 Tagen aus dem Blutkreislauf aus und wandeln sich in Gewebsmakrophagen um. Monozyten und Gewebsmakrophagen bilden eine Reihe von Mediatoren der Immunabwehr, wie die Leukotriene, Interleukin 1 und Interferon (s. Tabelle 12.2), sowie Defensine, Proteine, die Bakterien abtöten können.

Neutrophile Granulozyten. Sie bilden Sauerstoffradikale, die z. B. über Oxidierung von SH-Gruppen Ionenkanäle in der Zellmembran aktivieren und auf diese Weise unliebsame Zellen schädigen können. Darüber hinaus besitzen neutrophile Granulozyten Proteasen (u.a. Lysozym), DNAsen und Lipasen, mit denen sie entsprechende Moleküle abbauen und unschädlich machen können. Die Enzyme können nicht nur Fremdkörper, sondern auch Gewebsbe-

Tabelle 12.2. Entzündungsmediatoren (IL = Interleukine, GM-CSF = granulocyte-macrophage colony stimulating factor)

Mediator	Bildungsort	wichtigste Wirkung(en)
IL-1	Makrophagen	Stimulation von T-Helfer-Zellen
IL-2	T-Zellen	Proliferation und Reifung von T-Zellen, Stimulation von B-Zellen und NK-Zellen
IL-3	T-Zellen	Stimulation der Hämatopoese (kein Entzündungsmediator)
IL-4	T-Zellen	Wachstum und Differenzierung von B-Zellen, Wachstum von T-Zellen
IL-5	T-Helfer-Zellen	B-Zell-Differenzierung, IgA-Synthese, Eosinophileproliferation + -differenzierung
IL-6	Makrophagen, T-Zellen	Reifung von B-Zellen
IL-7	T-Zellen, Stromazellen des Knochenmarks	Proliferation von T- und B-Zellen
IL-8	T-Zellen	Chemotaxis, Aktivierung von Granulozyten
IL-10	T-Helfer-Zellen	Hemmt T-Helfer-Zellen (T_H1) Differenzierung B-Zellen
RANTES	T-Zellen	Chemotaktisch für Monozyten, CD4T-Zellen
Interferone (IFN)	Makrophagen (IFN-α), T-Helfer-Zellen (IFN-γ)	Aktivierung von Makrophagen, NK-Zellen, Differenzierung von B-Zellen
Tumor-Nekrose-Faktoren (TNF)	T-Zellen, Makrophagen	Aktiviert Makrophagen, NO-Produktion
GM-CSF	T-Zellen, Fibroblasten	Reifung von Granulo- und Monozyten, Makrophagen, Differenzierung B-Zellen
MIF (migration inhibitory factor)	T-Helfer-Zellen	Hemmung der Wanderung von Makrophagen
MCP-1 (macrophage chemoattractant protein)	Monocyten, Macrophagen, Fibroblasten, Keratinocyten	Chemotaktisch für CD8-T-Zellen
Plättchen-aktivierender Faktor (PAF)	Granulozyten, Mastzellen, Makrophagen	Degranulation von Thrombo- und Granulozyten, Permeabilitätssteigerung
Faktoren des Komplementsystems (C3a, C4a, C5a)	Leber, Makrophagen	Chemotaxis, Mastzellenstimulation, Anaphylaxiereaktion
O_2-Radikale (reaktive O_2-Metabolite)	Makrophagen, neutrophile Granulozyten	Membranschädigung, Peroxidation, Zytotoxizität
TGF-β (tumor growth factor)	ubiquitär	Chemotaxis, Hemmung Zellproliferation Stimulation Matrixsynthese (Fibrosierung)
Eotaxin	T-Helferzellen	Chemotaktisch für Eosinophile

standteile und selbst die neutrophilen Granulozyten abbauen. Auf diese Weise entsteht Eiter. Etwa die Hälfte der intravasalen Granulozyten schwimmt nicht im zirkulierenden Blut, sondern haftet an Endothelzellen. Ihre Mobilisierung wird durch Adrenalin und Kortisol stimuliert. Ihre Verweildauer im Blut beträgt weniger als 8 Stunden.

Eosinophile Granulozyten. Sie sind zur Phagozytose befähigt, also zu intrazellulärer Aufnahme und Abbau von körperfremdem oder unerwünschtem körpereigenem Material (s. oben). Darüber hinaus können sie zytotoxische Substanzen freisetzen und so Organismen (z. B. Wurmlarven), die sich einer Phagozytose entziehen, schädigen oder abtöten. Bei Wurminfektionen ist daher die Konzentration an eosinophilen Granulozyten in der Regel massiv gesteigert. Kortisol senkt umgekehrt die Konzentration an eosinophilen Granulozyten im Blut (s. Kap. 21.10).

Basophile Granulozyten. Die basophilen Granulozyten und die mit ihnen verwandten Gewebsmastzellen speichern Heparin und Histamin, die sie bei Aktivierung freisetzen. Heparin hemmt u.a. die Blutgerinnung und stimuliert die Lipoproteinlipase des Blutes, durch die Triglyzeride der Plasmalipoproteine abgebaut werden. Histamin löst eine Reihe von Entzündungsreaktionen aus (s. Tabelle 21.2). Die Verweildauer von basophilen Granulozyten im Blut beträgt etwa 12 Stunden.

Lymphozyten. Sie sind für die spezifische Abwehr verantwortlich, die gegen definierte Strukturen (Antigene) gerichtet ist (s. unten). Lymphozytenvorläufer erfahren ihre ersten Reifungsschritte (Prägung) im Thymus (T-Lymphozyten) oder im Knochenmark („bone marrow", B-Lymphozyten). Sie wandern dann über die Blutbahn in die sekundären lymphatischen Organe, wie Milz und Lymphknoten, wo sie sich weiter vermehren. Im Blut werden vorwiegend T-Lymphozyten gefunden.

Antigene. Die spezifische Abwehr richtet sich gegen definierte Strukturen (Antigene), wie etwa bestimmte Toxine oder bestimmte Moleküle an der Oberfläche von Erregern. Durch die spezifische Abwehr können Antigene „erkannt" und selektiv unschädlich gemacht werden. Die „Erkennung" der Antigene geschieht durch Antikörper, Proteine, die an Antigene binden und damit eine Immunreaktion auslösen. Der Mensch verfügt über mehr als eine Million verschiedener Antikörper, die jeweils verschiedene Antigene „erkennen", also an sie binden. Die Bindungsstelle am Antigen, an welche Antikörper binden, wird das Hapten („Haftstruktur") genannt. Um eine Immunreaktion auszulösen, muß das Antigen jedoch nicht nur über ein Hapten verfügen, sondern auch eine bestimmte Größe aufweisen (in der Regel > 10 kDa). Darüber hinaus wirken verschiedene Moleküle unterschiedlich antigen. Proteine und Polysaccharide wirken wesentlich besser antigen als Nukleinsäuren und Lipide.

Struktur von Antikörpern (Immunglobulinen). Antikörper sind Proteine aus vier Untereinheiten, zwei kurzen (leichten, light) und zwei langen (schweren, heavy) Aminosäureketten (s. Abb. 12.3). Die leichten und die schweren Ketten weisen jeweils einen konstanten und einen variablen Anteil auf. Der variable Anteil bindet das jeweils spezifische Antigen. Er wird auch Fab-Segment (F für Fragment, ab für antigen binding) genannt. Das konstante Ende des Antikörpers wird Fc-Segment genannt (c für crystallisable). Mit dem Fc-Segment kann der Antikörper an Rezeptoren der Zellmembran immunkompetenter Zellen binden. Die Antikörper werden nach strukturellen und funktionellen Gesichtspunkten in verschiedene Klassen eingeteilt, in IgG, IgM, IgA, IgD und IgE. Sie unterscheiden sich auch in ihrer Fähigkeit, über die Plazenta aus dem mütterlichen in den kindlichen Kreislauf zu gelangen (s. Tabelle 12.3).

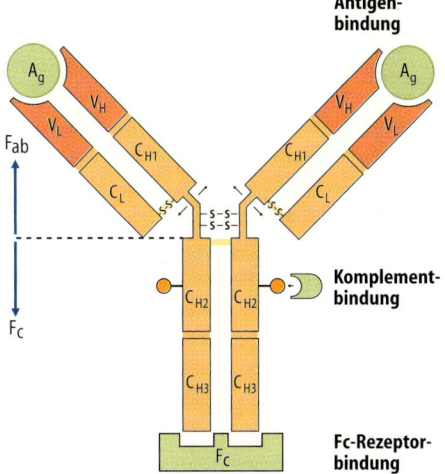

Abb. 12.3. Struktur eines Antikörpers. Der Antigen (*Ag*)-bindende Anteil ist variabel (*V_L*, *V_H*), der übrige Teil konstant (*C_L*, *C_H1–3*)

Funktion von Antikörpern.

- Antikörper können durch Bindung an eine toxische Substanz deren Wirkung unterbinden (neutralisieren),
- sie können Antigene miteinander vernetzen und damit zur Ausfällung bringen (Präzipitation),

- sie können in analoger Weise antigene Zellen miteinander verklumpen (Agglutination),
- durch Haften auf der Oberfläche von antigenen Zellen können sie deren Phagozytose begünstigen (Opsonisierung bzw. „Greifbarmachung") und
- sie können das Komplementsystem aktivieren (s. Abb. 12.4), das eine Reihe von Immunreaktionen auslöst (s. unten). Über Aktivierung des Komplementsystems wirken sie chemotaktisch, d.h. sie locken Phagozyten an, welche die Antigen-Antikörperkomplexe zellulär aufnehmen und intrazellulär abbauen.

Lymphozyten. Die Antikörper werden von Lymphozyten und ihren Tochterzellen gebildet. Nach bestimmten Oberflächenmerkmalen und funktionellen Eigenschaften unterscheidet man B-Lymphozyten, T-Lymphozyten (T4 und T8), Nullzellen bzw. natürliche Killerzellen.

- Die **B-Lymphozyten** sind für die humorale spezifische Abwehr verantwortlich: An der Oberfläche von B-Lymphozyten haften mit dem Fc-Segment die jeweils spezifischen Antikörper (IgM, IgD). Bin-

Tabelle 12.3. Immunglobuline (humorale Antikörper, HWZ = Halbwertszeit)

	plazenta-gängig	HWZ Tage	Eigenschaften
IgG	+	20	neutralisierend, Komplement fixierend, präzipitierend, agglutinierend; bei weitem wichtigste Antikörper bei der Sekundärantwort
IgM	–	5	Opsonisierend, Komplement fixierend, agglutinierend; zunächst wichtigster Antikörper bei Primärantwort
IgA	–	6	neutralisierend, agglutinierend, wird durch Drüsen (z. B. Milch, Tränen, Galle) sezerniert und verhindert Eindringen von Antigenen durch Schleimhäute des Respirations-, Gastrointestinal-, Genital- und Harntraktes
IgD	–	3	bildet Oberflächenrezeptor von B-Lymphozyten, Funktion weitgehend ungeklärt
IgE (= Reagine)	–	2	bewirkt Ausschüttung von Histamin etc. aus Mastzellen und basophilen Granulozyten

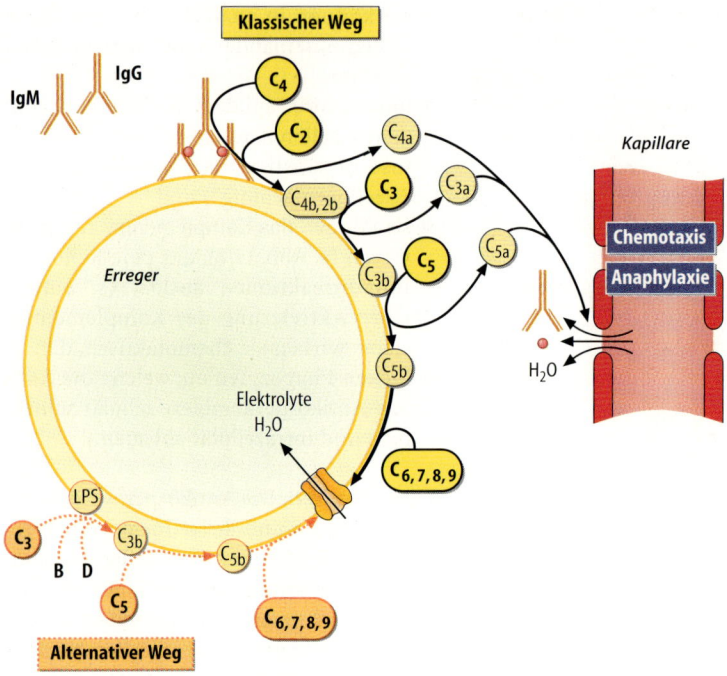

Abb. 12.4. Aktivierung des Komplementsystems

det nun ein Antigen an den Antikörper, so wird der B-Lymphozyt aktiviert, d.h. zur Vermehrung (Proliferation) angeregt. Der B-Lymphozyt bildet eine Vielzahl von Tochterzellen, aus denen einerseits die Gedächtniszellen (langlebige immunkompetente Zellen), andererseits die Plasmazellen hervorgehen. Die Plasmazellen produzieren in großen Mengen den entsprechenden Antikörper und geben ihn in das Blut ab. Die Plasmazelle selbst zirkuliert nicht im Blut, sondern bleibt im Gewebe. Die Plasmazellen gehen innerhalb von 2–3 Tagen zugrunde, die Gedächtniszellen bleiben viele Jahre aktiv. Bei erneutem Kontakt des Immunsystems mit dem Antigen werden die vielen Gedächtniszellen aktiviert und gewährleisten eine sehr schnelle Bildung von Antikörpern gegen das jeweilige Antigen.

- Die *T-Lymphozyten* werden wie die B-Lymphozyten durch Bindung des jeweils passenden Antigens an den entsprechen-

den Antikörper auf der Zelloberfläche aktiviert, also zur Zellteilung angeregt. Neben entsprechenden langlebigen Gedächtniszellen entstehen dann Effektorzellen, die unterschiedliche Funktionen erfüllen: Als zytotoxische T-Zellen (Killerzellen) heften sie sich an antigene Zellen und töten diese ab. Dabei bauen sie unspezifische Kanäle (Perforine) in die Zellmembran der Zielzelle ein. Das Zusammenbrechen der Ionengradienten führt zur Schwellung und folgenden Zerstörung der Zielzellen (s. Kap. 21.15). Als Helfer-, Inducer-, und Lymphokinzellen bilden die T-Lymphozyten Mediatoren, welche die Proliferation und Differenzierung von anderen Lymphozyten stimulieren. Eine Gruppe von T-Zellen bildet andererseits Suppressorzellen, welche die Aktivierung von T- und B-Lymphozyten hemmen und damit eine Immunantwort unterdrücken. Die T-Lymphozyten lassen sich anhand von Oberflächenmarkern

(„cluster of differentiation") in CD4- und CD8-T-Lymphozyten unterteilen. CD4-T-Lymphozyten wirken vorwiegend als zytotoxische und als Suppressorzellen, CD8-T-Lymphozyten vorwiegend als Helfer-, Inducer- und Lymphokinzellen.

- Die *natürlichen Killerzellen* (NK-Zellen) weisen keine, der für B- oder T-Lymphozyten typischen, Oberflächenmarker auf (Nullzellen). Sie können zwar selbst keine Antikörper auf der Oberfläche exprimieren, verfügen jedoch über Rezeptoren für Fc-Segmente. Mit Hilfe dieser Rezeptoren heften sie sich an antikörperbeladene Zellen und töten diese ab. Die NK-Zellen sind somit in der Lage, sehr verschiedene Zellen zu attackieren, soweit diese bereits mit humoralen Antikörpern markiert sind. Schließlich können sie auch ohne Vermittlung von Antikörpern Zellen abtöten. Körpereigene Zellen sind normalerweise vor dem Zugriff durch die NK-Zellen geschützt, da die NK-Zellen durch bestimmte körperspezifische Oberflächenproteine (u.a. Major-histocompatibility-complex- [MHC-] Moleküle) gehemmt werden. Tumorzellen, die keine MHC-Moleküle mehr exprimieren, werden dagegen durch NK-Zellen abgetötet.

Histokompatibilitätsantigene. T-Zellen können durch körperfremde Antigene nur dann aktiviert werden, wenn die Antigene gemeinsam mit den körpereigenen Histokompatibilitätsantigenen (HLA: human leukozyte antigens) angeboten werden. Dabei werden zwei HLA-Klassen (I und II) unterschieden. HLA II werden von Phagozyten und B-Lymphozyten exprimiert und werden u.a. für die Aktivierung von Helferzellen benötigt. HLA I werden praktisch von allen Zellen exprimiert (außer Erythrozyten) und sind für die Aktivierung von zytotoxischen T-Zellen erforderlich (etwa bei Zerstörung einer virusbefallenen Körperzelle).

Makrophagen. Makrophagen nehmen Fremdstoffe in endozytotische Vesikel (Pha-gosomen) auf. Die folgende Verschmelzung der Phagosomen mit Lysosomen leitet den Abbau durch lysosomale Enzyme ein. Antigene werden z.T. in Bruchstücke zerlegt (prozessiert), die dann durch Exozytose an der Zellmembranoberfläche zusammen mit HLA präsentiert werden. Durch die Zerlegung der Antigene können neue antigene Strukturen freigelegt und damit die spezifische Immunabwehr weiter unterstützt werden (antigen processing).

Immunisierung. Die Bildung von Gedächtniszellen ist die Basis für die Immunisierung. Bei einem zweiten Kontakt mit einem Antigen gewährleisten die Gedächtniszellen die schnelle Bildung von entsprechenden immunkompetenten Zellen. Bei der Impfung gegen eine, durch einen bestimmten Erreger hervorgerufene, Erkrankung wird die Immunisierung durch inaktivierte, aber noch antigen wirksame Erreger oder durch antigen verwandte aber nicht pathogene lebende Erreger erzielt (aktive Immunisierung). Die aktive Immunisierung benötigt mehrere Tage, um wirksam zu werden. Schneller kann ein Schutz vor Infektionen durch Verabreichung von entsprechenden Antikörpern erreicht werden (passive Immunisierung). Dieser Schutz hält jedoch nur kurz an.

Immuntoleranz. Die variablen Abschnitte der Antikörper zeigen eine ausgesprochene strukturelle Vielfalt und können über eine Million unterschiedlicher Haptene binden (s. oben). Ein Teil der Antikörper paßt auch zu körpereigenen Antigenen. Normalerweise richtet sich das Immunsystem jedoch nicht gegen Antigene des eigenen Körpers. Vielmehr wird normalerweise lebenslang die Immunabwehr gegen diejenigen Antigene unterdrückt, mit denen das Immunsystem bereits im intrauterinen Leben konfrontiert wird. Diese Immuntoleranz ist v.a. eine Leistung der Suppressorzellen. Geht sie verloren, dann entwickelt sich eine Autoimmunkrankheit, bei der körpereigene Antigene zur Zielscheibe der Immunabwehr werden.

Unspezifische Abwehr. Bei der Immunabwehr spielt eine Reihe von Mechanismen mit, die nicht gegen spezifische Antigene gerichtet sind, sondern unabhängig von der strukturellen Identität des bekämpften Objektes zur Wirkung gelangen. Diese unspezifischen Abwehrmechanismen haben den Vorteil, daß sie nicht für jede spezifische Struktur gesondert konstruiert werden müssen, sondern der Abwehr beliebiger Strukturen zur Verfügung stehen. Die Wirkung von Antikörpern wird durch das unspezifische Abwehrsystem sinnvoll ergänzt.

Komplementsystem. Ein wesentliches Element der unspezifischen Abwehr ist das Komplementsystem, eine Gruppe von Proteinen, die sich in Form einer Kaskade aktivieren (s. Abb. 12.4). Das Komplement C_1 wird durch Antigen-Antikörperkomplexe aktiviert. Das aktivierte C_1 fördert die Bildung von aktiviertem C_{42}, wobei der anaphylaktisch wirkende Faktor C_{4a} freigesetzt wird. C_{42} aktiviert den Faktor C_3 zu C_{3b}, wobei das anaphylaktisch wirkende C_{3a} freigesetzt wird. C_{3b} fördert einerseits die Anlagerung von Antigen-Antikörperkomplexen an Zellmembranen (Immunadhärenz), andererseits die Zusammenlagerung von C_5, C_6, C_7, C_8 und C_9 zu einem zytolytischen Komplex. Dabei wird noch das chemotaktisch wirkende C_{5a} frei. C_3 kann im übrigen auch durch bestimmte Proteinasen (z. B. Plasmin und Trypsin), durch Lipopolysaccharide, sowie durch Aggregate von IgA, IgE oder IgD aktiviert werden. Die Aktivierung wird durch die Plasmaproteine Properdin B und D unterstützt. Die einzelnen Faktoren des Komplementsystems werden in Hepatozyten, Darm und Makrophagen gebildet.

Basische Proteine. Eine Reihe basischer Proteine, wie Spermin, Spermidin, Protamin, Histone kann sich an die Oberfläche von Bakterien anlagern und sie auf diese Weise an der Zellteilung hindern.

Akute-Phase-Proteine. Bei akuten Entzündungen steigen die Konzentrationen der Akute-Phase-Proteine im Plasma an, wie die des C-reaktiven Proteins, das Komplement aktivieren kann und die Präzipitation, Opsonisation und Phagozytose von Bakterien fördert. Weitere Akute-Phase-Proteine sind Serumamyloid A, saures α_1-Glykoprotein (unklare Funktion), α_1-Antitrypsin (Proteasehemmer), Haptoglobin (bindet Hämoglobin), Coeruloplasmin (Eisenoxidation), Plasminogen (Fibrinolyse) und Fibrinogen (Blutgerinnung). Die Proteine werden in der Leber unter dem Einfluß von Interleukin 6 und weiteren Entzündungsmediatoren gebildet. Ihre Bedeutung bei der Immunabwehr ist nur teilweise klar, sie werden allerdings zur Diagnose von Entzündungen herangezogen.

Interferon. Von Fibroblasten und Lymphozyten werden verschiedene Interferone (α, β, γ) gebildet, welche die Virusreplikation in virusbefallenen Zellen und die Zellproliferation hemmen, sowie die Makrophagen aktivieren.

Zelluläre unspezifische Abwehr. Granulozyten und Monozyten bzw. Makrophagen sind zelluläre Elemente des unspezifischen Abwehrsystems. Sie enthalten nicht nur eine Reihe intrazellulärer Enzyme bereit, mit denen sie Antigene abbauen können, sondern sie geben auch Mediatoren ab, welche die Proliferation und Differenzierung von anderen Leukozyten beeinflussen (s. Tabelle 12.2).

Blutgruppen. Die Erythrozyten tragen an ihrer Oberfläche eine Reihe von Antigenen. Diese Antigene sind von großer praktischer Bedeutung, da bei Transfusion von Blut, das vom Immunsystem des Empfängers nicht toleriert wird, mit intravasaler Hämolyse und lebensbedrohlichen Zirkulationsstörungen zu rechnen ist. Die wichtigsten vorkommenden Antigene sind A und B sowie die Rhesusfaktoren C, D und E. Die Antigene werden normalerweise vom Immunsystem des gleichen Körpers toleriert, es werden also keine Antikörper gegen eigene Erythrozytenantigene gebildet.

AB0-System. Tragen Erythrozyten einer Person z. B. das Antigen A, nicht jedoch B, so bildet diese Person keine Antiköper gegen A, sehr wohl aber Antikörper gegen B. Trägt eine Person weder A noch B (Blutgruppe 0 oder H), so bildet sie Antikörper sowohl gegen A als auch gegen B (AB0-System, s. Tabelle 12.4). Die gegen A oder B

Tabelle 12.4. Blutgruppen (AB0)

A. Mögliche Konstellationen

Serum	Serum	Serum	Blutgruppe
Anti-A −	Anti-B +	Anti-A/-B +	A
Anti-A +	Anti-B +	Anti-A/-B +	0
Anti-A +	Anti-B −	Anti-A/-B +	B
Anti-A −	Anti-B −	Anti-A/-B −	AB

B. Häufigkeit

Erythrozytenantigen	Plasmaantikörper	möglicher Genotyp	Häufigkeit in %
A	Anti-B	AA/A0	44
0	Anti-A + Anti-B	00	42
B	Anti-A	BB/B0	10
AB	kein Anti-A kein Anti-B	AB	4

C. Vererbung

		VATER A	VATER B	VATER AB	VATER 0
MUTTER	A	A	A	AB	A
		0	B	A	0
			AB	B	
			0		
MUTTER	B	A	B	AB	B
		B	0	A	0
		0		B	
		AB			
MUTTER	AB	AB	AB	AB	A
		A	B	A	B
		B	A	B	
MUTTER	0	A	B	A	0
		0	0	B	

gerichteten Antikörper sind IgM-Antikörper, sie können also die Plazenta nicht passieren (s. Tabelle 12.3). Sie sind zwar bei der Geburt noch nicht vorhanden, werden jedoch regelmäßig nach der Geburt auch ohne sichtbare Sensibilisierung gebildet. Daher führt z. B. die Transfusion von Blut der Blutgruppe A, B oder AB bei einem Patienten mit Blutgruppe 0 zur Hämolyse. Das Blut des Empfängers ist in diesem Fall „inkompatibel" mit dem Blut des Spenders.

Rhesusfaktoren. Die gegen die Rhesusfaktoren gerichteten Antikörper sind IgG-Antikörper, d.h. sie sind plazentagängig (s. oben). Sie werden normalerweise erst bei einem zweiten Kontakt mit dem Antigen in relevanter Menge gebildet. Wird einer Person, deren Erythrozyten einen bestimmten Rhesusfaktor (z. B. D) nicht exprimiert (Rh-negativ, bzw. d), ein Rh-positives Blut (D) transfundiert, dann kommt es in der Regel zunächst zu keiner Hämolyse des transfundierten Blutes, wohl aber zu einer Sensibilisierung, also zu einer Bildung von Gedächtniszellen. Eine zweite Transfusion von Rh-positivem Blut hat dann eine massive Hämolyse der transfundierten Erythrozyten zur Folge.

Blutgruppenbestimmung. Aus diesem Grund muß vor jeder Bluttransfusion eine Austestung der Blutgruppe erfolgen. Dabei werden sowohl die antigenen Eigenschaften der Erythrozyten (durch Zugabe definierter Antikörper, wie anti-A und anti-B) als auch die Anwesenheit von Antikörpern im Blut (durch Zugabe von entsprechenden Testerythrozyten) geprüft. Schließlich wird vor jeder Bluttransfusion Blut des Empfängers und des Spenders gemischt, um etwaige Fehlbestimmungen oder Unverträglichkeiten durch weitere – nicht bestimmte – Antigen-Antikörperreaktionen zu vermeiden (Kreuzprobe).

Blutgruppeninkompatibilität in der Schwangerschaft. Bei einer Schwangerschaft stellt sich das Problem, daß die anti-genen Eigenschaften der Erythrozyten des Fetus von denen der Mutter verschieden sein können (z. B. bei rh-negativer Mutter und rh-positivem Vater). Bei Inkompatibilitäten im ABo-System passieren die IgM-Antikörper nicht die Plazenta, es kommt somit zu keiner Hämolyse, es sei denn, es werden von der Mutter auch IgG-Antikörper gegen die Erythrozyten des Kindes gebildet, was glücklicherweise nur selten der Fall ist. Bei der Rhesus-Inkompatibilität werden jedoch IgG-Antikörper gebildet, wenn die (rh-negative) Mutter sensibilisiert wurde. Eine solche Sensibilisierung kann durch eine vorhergehende fälschliche Transfusion Rh-positiven Blutes stattgefunden haben, oder durch Einschwemmen von kindlichem Rh-positivem Blut in einer vorhergehenden Schwangerschaft. Gerade unter der Geburt kommt es normalerweise zu erheblichem Übertreten von kindlichem Blut in den mütterlichen Kreislauf und damit zu einer Sensibilisierung der Mutter. Leidtragende sind die Kinder in nachfolgenden Schwangerschaften. Heute injiziert man kurz nach der Geburt eines Rh-positiven Kindes einer rh-negativen Mutter Anti-D und fängt auf diese Weise die in das mütterliche Blut eingeschwemmten D-Antigene ab. So wird einer Sensibilisierung der Mutter vorgebeugt.

Entzündung. Die Reaktion der Immunabwehr gegen fremdes oder als fremd angesehenes körpereigenes Material führt zur Entzündung, bei der das umliegende Gewebe und bisweilen der ganze Körper in Mitleidenschaft gezogen werden: Die Aktivierung der immunkompetenten Zellen führt über Komplementaktivierung und Chemotaxis zur Einwanderung von Leukozyten, welche durch die Aktivierung verschiedene Mediatoren freisetzen (s. Tabelle 12.2). Folge ist u.a. die lokale Vasodilatation (Rötung der entzündeten Stelle) und die Steigerung der Gefäßpermeabilität, welche den Austritt von Plasmaproteinen in das Gewebe zuläßt. Damit entsteht ein lokales Ödem (s. Kap. 14.3). Die Freisetzung von aggressiven Enzymen aus den Granulozyten führt zum Abbau von

Gewebsmaterial, aber auch der Granulozyten selbst. Es entsteht Eiter. Die Mediatoren stimulieren die Einwanderung und Proliferation von Fibroblasten, welche die entzündete Stelle durch gesteigerte Bildung von Bindegewebsfasern abzukapseln versuchen. Dennoch treten häufig systemische Effekte der Entzündung auf (z. B. Fieber, Schmerzen). Ursache ist die Freisetzung bzw. gesteigerte Ausschüttung von Entzündungsmediatoren (s. Tabelle 12.2) und die Aktivierung von weiteren Komponenten der Immunabwehr. Bei einer akuten Entzündung kommt es ferner zunächst zu einer massiven Zunahme der Zahl neutrophiler Granulozyten im Blut, während die Zahl an eosinophilen Granulozyten und an Lymphozyten abnimmt. Im weiteren Verlauf nimmt die Zahl an Monozyten im Blut zu, die Überwindung der Infektion wird durch die Zunahme der Lymphozyten und eosinophilen Granulozyten signalisiert. Bei chronischen Entzündungen, d.h. wenn es dem Körper nicht gelingt, das Antigen vollständig zu beseitigen, bleiben die Lymphozytenzahlen im Blut hoch.

Allergie. Die Sensibilisierung des Immunsystems bei mehrfachem Kontakt mit bestimmten Antigenen kann zur Überempfindlichkeit führen, die nachteilige Folgen für den betroffenen Patienten nach sich zieht (Allergie). Die allergischen Reaktionen werden in vier Typen eingeteilt, je nach zugrunde liegendem Mechanismus:

- *Typ I* (IgE-abhängige Reaktion) wird durch Bildung von antigenbindenden IgE-Antikörpern hervorgerufen. Sie stimulieren die Freisetzung von Histamin aus basophilen Granulozyten und Gewebsmastzellen. Folgen sind – je nach Lokalisierung des Antigens – gesteigerte Schleimsekretion und Schleimhautödem der Luftwege (Heuschnupfen), Kontraktion der Bronchialmuskulatur (Asthma), Hyperämie und Ödeme der Haut (Urtikaria) und generalisierte Vasodilatation mit massivem Blutdruckabfall (Anaphylaxie bzw. anaphylaktischer Schock).

- *Typ II* (IgM- und IgG-abhängige Reaktion) ist eine Reaktion von humoralen Antikörpern gegen Zellen, wie etwa bei der Blutgruppeninkompatibilität (s. oben). Darüberhinaus können körpereigene Zellen zur Zielscheibe der eigenen humoralen Abwehr werden, wenn sich Fremdstoffe (z. B. Pharmaka) mit den Oberflächenantigenen der Zellen verbinden und damit neue, körperfremde Haptene bilden. Die folgende Immunabwehr zerstört dann diese Zellen, wodurch beispielsweise hämolytische Anämien und Agranulozytosen auftreten können.

- *Typ III* (immunkomplexvermittelte Reaktion) ist auf Antigen-IgG-Antikörper-Komplexe zurückzuführen. Sie lagern sich in Kapillaren ab (v.a. in den Glomerula der Nieren, s. Kap. 16.1) und lösen dort über Komplementaktivierung etc. Entzündungen aus, die Glomerulummembranen und Kapillarwände schädigen. Folgen sind z. B. Ödeme und Proteinurie.

- *Typ IV* (T-Zell-abhängige Reaktion) wird durch zytotoxische T-Zellen hervorgerufen. Sie benötigt ein bis zwei Tage (verzögerter Typ) und ist für die Abstossung transplantierter Organe, für die Vernichtung von Tumorzellen, aber auch für die Kontaktdermatitis verantwortlich.

Autoimmunerkrankungen. Wie bereits oben erwähnt wurde, können bei einem Verlust der Immuntoleranz Antigene des eigenen Körpers zur Zielscheibe der Immunabwehr werden (Autoimmunerkrankungen). Folge ist unter anderem eine Schädigung oder gar vollständige Vernichtung der betroffenen Zellen oder Gewebe (z. B. Erythrozyten, Schilddrüse, Gelenke, Basalmembran der Gefäße).

Immunsuppression. Am Beispiel der Autoimmunerkrankungen wird deutlich, daß bisweilen die Hemmung von Immunreaktionen (Immunsuppression) therapeutisch sinnvoll ist. Auch die Reaktion des Immunsystems gegen ein transplantiertes Organ muß eingedämmt werden. Zur Immunsuppression werden Glukokortikoide eingesetzt, Hormone, welche die Entzündungsreaktionen hemmen (s. Kap. 21.10). Darüber hinaus werden einige Pharmaka eingesetzt (z. B. Cyclosporin), die eine hemmende Wirkung auf die Immunabwehr aufweisen.

Immunschwäche. Immunsuppressive Maßnahmen mindern natürlicherweise die Fähigkeit der Immunabwehr, Krankheitserreger wirksam zu bekämpfen. Eine solche Immunschwäche tritt auch als genetischer Defekt auf oder kann sich im Zuge einer Reihe von Krankheiten entwickeln. Wichtiges Beispiel ist AIDS (aquired immune deficiency syndrome), das durch Viren hervorgerufen wird, welche v.a. CD4-T-Lymphozyten, Monozyten und Mikrogliazellen befällt und auf diese Weise u.a. die Helfer- und Inducer-Zellen ausschaltet. Folge sind Überhandnehmen von Infektionen, auch mit sonst harmlosen Erregern, sowie das gehäufte Auftreten von Tumoren.

Leukopenie/Leukozytose. Eine Leukopenie (Leukozytenzahl im Blut < 4000/µl) ist Folge u.a. einer Schädigung der Stammzellen im Knochenmark oder einer gesteigerter Elimination durch die Milz bei Vergrößerung der Milz (Splenomegalie). Der Verlust an Granulozyten kann zum völligen Verschwinden der Zellen führen (Agranulozytose). Wichtigste Folge ist eine gesteigerte Infektanfälligkeit. Eine Leukozytose (>10 000/µl) ist meist Folge einer Entzündung oder einer unkontrollierten Vermehrung von Leukozyten (Leukämie).

12.4 Hämostase

Die Hämostase soll sicherstellen, daß der Blutverlust bei Verletzung eines Gefäßes möglichst gering gehalten wird. Dazu sind Mechanismen erforderlich, die blitzschnell eine Abdichtung des Gefäßes bewirken. Andererseits müssen diese Mechanismen ständig kontrolliert werden, um ein inadäqua-tes Einsetzen der Hämostase und damit einen Stillstand der Zirkulation des Blutes zu verhindern.

Blutungsstillende Mechanismen. Bei der Verletzung eines Gefäßes kommt es zunächst zu einer Kontraktion der Gefäßmuskulatur, die den Blutverlust einschränkt. Durch Aktivierung der Thrombozyten und des humoralen Gerinnungssystems wird dann normalerweise ein dauerhafter Verschluß des verletzten Gefäßes erreicht.

Thrombozyten. Sie sind kleine Scheibchen von 1–4 µm Durchmesser und einer Dicke von weniger als 1 µm. Sie werden aus pluripotenten Stammzellen des Knochenmarks gebildet. Zunächst entsteht der Megakaryoblast und dann der Megakaryozyt, eine Riesenzelle, die in etwa tausend Thrombozyten zerfällt. Die Thrombozyten haben keine Zellkerne mehr, wohl aber Mitochondrien. Sie verfügen über die Enzyme der Glykolyse, des Pentosephosphatzyklus, des Zitratzyklus und der Atmungskette. Sie sind also zur Energiegewinnung nicht ausschließlich auf Glukose angewiesen. Ihre mittlere Lebensdauer beträgt normalerweise 5–11 Tage, sie werden in Leber, Lunge und Milz abgebaut. Die Thrombozyten sind vollgepackt mit Granula, in welchen sie vor allem Substanzen speichern, die für die Blutungsstillung eine wesentliche Rolle spielen (s. Tabelle 12.5). Thrombozyten speichern andererseits auch einige Enzyme, welche Bindegewebsgrundsubstanz abbauen können und sind zur Phagozytose befähigt. Ihre Rolle bei der Immunabwehr ist freilich gering. Thrombozyten enthalten schließlich kontraktile Elemente (Aktin), die ihnen die Fähigkeit zur aktiven Kontraktion verleihen.

Aktivierung der Thrombozyten. Die Thrombozyten weisen Glykoproteine an der Zelloberfläche auf (u.a. GP Ib, GP IIb, GP IIIa). An GP I bindet ein von-Willebrand-Faktor, ein Protein, das in Thrombozyten und im subendothelialen Gewebe vorkommt und im Blut an den Gerinnungsfaktor VIII (s.

Tabelle 12.5. Inhaltsstoffe in Thrombozyten

Elektronendichte Granula	
ADP, ATP, GDP, GTP	Thrombozytenaktivierung; Vasokonstriktion
Serotonin	Vasokonstriktion
α-Granula	
Fibrinogen	Blutgerinnung; Aggregation von Thrombozyten via GP-IIb/IIIa-Rezeptoren
Gerinnungsfaktoren V + VIII	Blutgerinnung
Fibronektin	Thrombozytenadhäsion
von-Willebrand-Faktor	Adhäsion von Thrombozyten an Kollagen via GP-Ib/IX-Rezeptoren
Thrombospondin	Aggregation von Thrombozyten
Plättchenfaktor 4	chemotaktisch für Granulozyten; inaktiviert Heparin
Platelet-derived growth factor (PDGF)	Stimulation Proliferation glatter Muskelzellen, Vasokonstriktion; chemotaktisch für Granulozyten
Fibroblast growth factor (FGF)	Stimulation Zellproliferation Fibroblasten und Endothelien
Transforming growth factor β (TGF β)	Stimulation Matrixsynthese, Hemmung Zellproliferation, chemotaktisch für Makrophagen

unten) gebunden ist. Über den V.-Willebrand-Faktor binden Thrombozyten bei der Verletzung des Gefäßes an subendotheliale Strukturen (v.a. Kollagenfasern). Folge ist die Aktivierung einer thrombozytären Phospholipase C mit Bildung von 1,4,5-Inositoltrisphosphat und Freisetzung von Ca^{++} aus intrazellulären Speichern. Ca^{++} aktiviert eine Phospholipase A_2 und stimuliert auf diese Weise die Bildung von Arachidonsäure, das zu Thromboxan A_2 umgewandelt wird. Thromboxan fördert u.a. die Aneinanderheftung von Thrombozyten (Aggregation), wobei die intrazellulären Granula entleert werden. Das aus den Granula stammende ADP verstärkt weiter die Umwandlung der Thrombozyten, das freigesetzte Serotonin wirkt vasokonstriktorisch (s. Tabelle 12.5).

Vernetzung der Thrombozyten. Der Gerinnungsfaktor Fibrinogen kann an GPIIb und GPIIIb verschiedener Thrombozyten binden und diese so miteinander vernetzen.

Gleichermaßen vermitteln die thrombozytären Proteine Fibronektin und Thrombospondin die Vernetzung von Thrombozyten. Das Verkleben der Blutplättchen führt im Verein mit der initialen Vasokonstriktion (s. oben) bei Verletzung kleinerer Gefäße zu einer vorläufigen Blutungsstillung innerhalb von etwa 1–3 Minuten (Blutungszeit). Ein stabiler Gefäßverschluß erfordert freilich die Aktivierung der humoralen Gerinnungsfaktoren (s. unten). Über membranständige Lipoproteine (Plättchenfaktor 3) greifen die Thrombozyten in die Aktivierung des humoralen Gerinnungssystems ein (s. Abb. 12.5).

Aktivierung des humoralen Gerinnungssystems. Die humorale Gerinnung ist eine Funktion der Gerinnungsfaktoren (s. Tabelle 12.6), das sind Enzyme, die in Form einer Kaskade aktiviert werden (s. Abb. 12.5). Das jeweils aktivierte Enzym wird durch ein „a" gekennzeichnet (z. B. IIa). Das Gerinnungssystem läßt sich durch Phospholipoproteine (Gewebsthromboplastin) aus dem

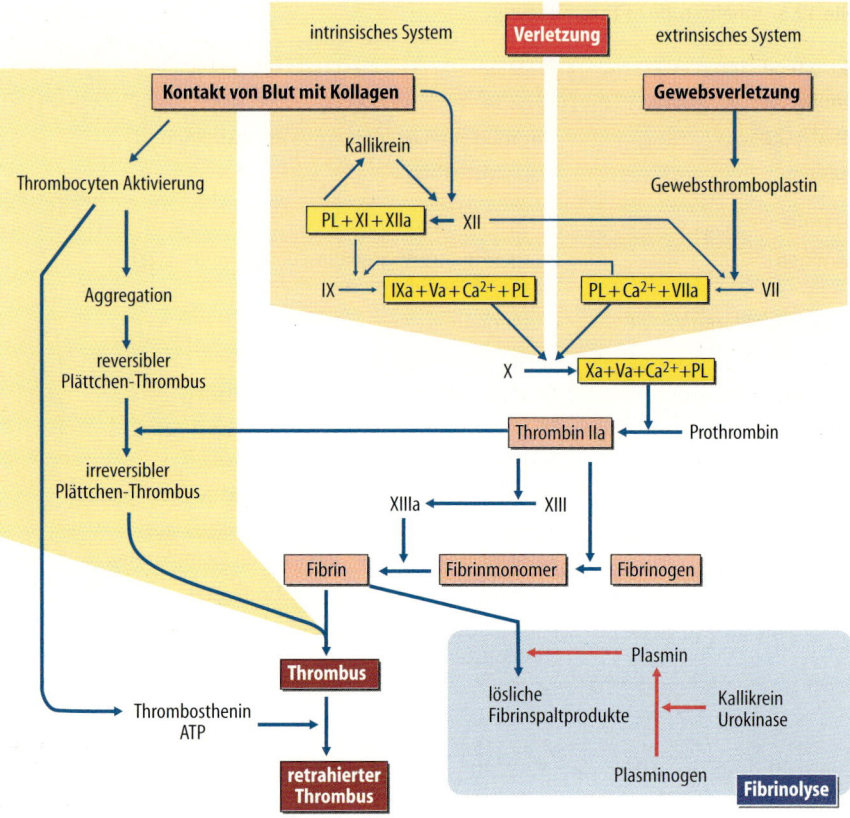

Abb. 12.5. Ablauf von Blutgerinnung und Fibrinolyse

verletzten Gewebe aktivieren (extrinsisches System). Auf der anderen Seite wird bei Kontakt des Blutes mit Kollagen oder rauhen Glasoberflächen das intrinsische System aktiviert. Coaktivatoren sind Kininogen und die Proteasen Kallikrein, Thrombin und Trypsin. Beide, das intrinsische und das extrinsische System, aktivieren den Faktor X, der unter Bindung von Faktor V, von Ca^{++} und von Phospholipiden Prothrombin (Faktor II) in Thrombin überführt. Thrombin vermittelt wiederum die Aktivierung von Fibrinogen. Der von Thrombin ebenfalls aktivierte Faktor XIII fördert schließlich die Polymerisierung von aktiviertem Fibrin.

Bildung eines festen Thrombus. Mit den aggregierten Blutplättchen bildet Fibrin den Thrombus, einen stabilen Verschluß des Ge-

fäßes. Unter dem Einfluß von Thrombostenin und ADP aus den Blutplättchen kontrahieren die Aktinfäden der aggregierten Blutplättchen und es entsteht der retrahierte Thrombus. Auf diese Weise werden etwaige Wundränder zusammengezogen und damit ein Verschluß der Wunde erreicht.

Fibrinolyse. Eine unkontrollierte Gerinnung würde die Zirkulation des Blutes unterbinden. Daher benötigt der Körper Mechanismen, welche die Gerinnung einschränken und intravasale Blutgerinnsel wieder auflösen. Beide Funktionen werden vom Fibrinolysesystem wahrgenommen: Das Enzym Plasmin kann Fibrin spalten, wobei die Fibrinbruchstücke die weitere Aktivierung von Fibrin bremsen. Die Aktivierung von Plasmin aus dem Plasmaprotein

Tabelle 12.6. Gerinnungsfaktoren. [Bei III („Thrombokinase"), IV (Ca^{2+}) und VI (aktivierter V) handelt es sich um keine eigentlichen Faktoren. Alle, außer VIII, werden v.a. in der Leber gebildet, HWZ = Halbwertzeit in Tagen (d); LS = Leberschaden, -K = Vitamin-K-Mangel, VKP = Verbrauchs-koagulopathie, PP = Paraproteinämie; AD = autosomal dominant, AR = autosomal rezessiv, XR = X-chromosomal rezessiv]

Faktor	Bezeichnung	HWZ (d)	Mangel angeboren	erworben
I	Fibrinogen	5	A-, Hypo-, Dysfibrinogenämie (AR, AD)	VKP
II	Prothrombin	2	Hypoprothrombinämie (AR)	LS, -K
V	Proaccelerin Acceleratorglobulin	1	Parahämophilie (AR)	LS, VKP
VII	Prokonvertin	0,2	Faktor-VII-Mangel (AR)	LS, -K
VIII	Antihämophiles Globulin	0,5	Hämophilie A (XR)	VKP, PP
IX	Christmas-Faktor	1	Hämophilie B (XR)	LS, -K
X	Stuart-Prower-Faktor	2	Faktor-X-Mangel (AR)	LS, -K
XI	Plasmathromboplastin antezedant (PTA)	2	PTA-Mangel (AR)	LS
XII	Hageman Faktor	2	Hageman-Faktor-Mangel (AR)	LS
XIII	Fibrin-stabilisierender F	4	FSF-Mangel (AR)	LS

Plasminogen erfolgt unter dem Einfluß von Enzymen (u.a. tissue-type plasminogen activator t-PA oder urinary plasminogen activator u-PA) aus verschiedenen Geweben (u.a. Prostata, Leber, Pankreas, Lunge, Uterus) und Körperflüssigkeiten (Tränen, Milch, Urin). Darüber hinaus können der aktivierte Faktor XII und Thrombin Plasmin aktivieren (Blutaktivatoren), wenn sie durch Proaktivatoren (u.a. Präkallikrein) aus geschädigten Geweben stimuliert werden. Therapeutisch wird zur Stimulation der Fibrinolyse neben gentechnisch hergestelltem t-PA Streptokinase aus Streptokokken eingesetzt.

Inhibitoren von Gerinnung und Fibrinolyse. Sowohl Gerinnung als auch Fibrinolyse stehen unter dem Einfluß von Proteasehemmern im Plasma (Inhibitoren), welche die enzymatische Aktivität der Gerinnungsfaktoren unterbinden: Das Plasmaprotein Antithrombin III bildet mit dem Polysaccharid Heparin (u.a. aus basophilen Granulozyten, s. Kap. 12.3) einen Komplex,

der die Wirkung von Thrombin, von Plasmin und der Faktoren IXa, Xa, XIa und XIIa hemmt. Weitere, die Gerinnung hemmende Plasmaproteine sind Protein C (hemmt Va, VIIIa und die Fibrinolyse), Protein S, α_1-Antitrypsin, α_2-Makroglobulin und C$_1$-Inaktivator. Die Wirkung von Plasmin wird ferner durch α_2-Antiplasmin, α_1-Antitrypsin und α_2-Makroglobulin gehemmt.

Therapeutische Gerinnungshemmung. Der Arzt ist bisweilen gezwungen, therapeutisch in die Gerinnung und Fibrinolyse einzugreifen: Neben Heparin (s. oben) kommen dabei v.a. Vitamin-K-Antagonisten (Kumarine) zum Einsatz: Die Bildung funktionstüchtiger Gerinnungsfaktoren II, VII, IX und X in der Leber ist von Vitamin K abhängig. Ihre Bildung und damit die Gerinnung kann daher durch Vitamin-K-Antagonisten eingeschränkt werden. Eine gerinnungshemmende Wirkung haben auch Zycloxygenasehemmer (z. B. Acetylsalicylsäure), welche die Bildung von Thromboxan unterbinden. Die Fibrinolyse kann u.a.

durch Infusion von Urokinase oder Streptokinase aktiviert und durch ε-Aminocapronsäure gehemmt werden.

Gerinnungshemmung bei der Blutabnahme. Häufig ist es wünschenswert, die Gerinnung von Blut, das dem Patienten abgenommen wird, zu verhindern: Dazu verwendet man neben Heparin vor allem Substanzen, die Ca^{++} komplexieren, wie Zitrat, Oxalat und EDTA.

Methoden zur Prüfung der Blutstillung. Da sowohl eine gesteigerte als auch eine herabgesetzte Gerinnungsneigung des Blutes gefährlich ist, kommt der diagnostischen Beurteilung der Gerinnungsneigung des Blutes große Bedeutung zu. Dabei werden verschiedene Methoden in unterschiedlichen Varianten eingesetzt, wie die folgenden Beispiele verdeutlichen:

- *Blutungszeit.* Zur Bestimmung der Blutungszeit wird z. B. in das Ohrläppchen oder die Fingerbeere ein kleiner Schnitt gesetzt, das Blut regelmäßig abgetupft und die Zeit bis zum Stillstand der Blutung gestoppt (normalerweise 2–3 Minuten). Die Blutungszeit ist ein globales Maß für die Blutungsstillung.
- *Quick-Test.* Zur Bestimmung der Prothrombinzeit (Thromboplastinzeit, Quick-Test) wird zu Zitratblut Gewebethromboplastin und $CaCl_2$ gegeben und die Zeit bis zum Einsetzen der Gerinnung gestoppt. Der Wert wird in % der Gerinnungszeit normalen Blutes (etwa 14 Sekunden) angegeben. Der Quick-Test prüft die Komponenten der über das extrinsische System aktivierten Gerinnung.
- *PTT.* Zur Bestimmung der partiellen Thromboplastinzeit (PTT) wird zu Zitratblut Plättchenfaktor 3 und $CaCl_2$ gegeben und die Zeit bis zur Gerinnung gemessen (normalerweise ca. 40 Sekunden). Die PTT prüft die Komponenten der über das intrinsische System aktivierten Gerinnung.
- *Thrombinzeit.* Zur Bestimmung der Thrombinzeit wird Thrombin zu Zitratplasma gegeben (Gerinnung in normalerweise 10–20 Sekunden). Sie ist bei Fibrinmangel oder gesteigerter Fibrinolyse verzögert.

Thrombozytopenie/Thrombozytopathie. Eine Vielzahl von Ursachen kann die Thrombozytenzahl dezimieren (Thrombozytopenie), wie Läsionen des Knochenmarks (z. B. durch Strahlung), Autoimmunerkrankungen oder Vitamin-B_{12}-Mangel. Darüberhinaus können die Thrombozyten auch bei normaler Zahl eine herabgesetzte Funktionsfähigkeit aufweisen (Thrombozytopathie), etwa bei herabgesetztem Gehalt an Granula oder bei Mangel an Glykoprotein IIa/IIIb oder von-Willebrand-Faktor. Eine herabgesetzte Funktion von Thrombozyten verhindert die schnelle Abdichtung von Gefäßen selbst nach minimalen Läsionen. Typische Folge sind multiple punktförmige Blutungen (Petechien) in der Haut.

Herabgesetzte humorale Gerinnung. Die humorale Gerinnung ist bei Mangel oder Fehlfunktion eines der Komponenten beeinträchtigt. Für jeden der in Tabelle 12.6 aufgenommenen Gerinnungsfaktoren (außer Ca^{2+}) sind genetische Defekte bekannt. Bei Lebererkrankungen kann die eingeschränkte hepatische Synthese fast aller Gerinnungsfaktoren die Gerinnung in Mitleidenschaft ziehen (s. Tabelle 12.6). Bei Vitamin-K-Mangel ist die Synthese der Faktoren II, VII, IX und X eingeschränkt. Natürlich kann die Überdosierung von Vitamin-K-Antagonisten und von Heparin zum Ausfall der Gerinnung fuhren. Eine überschießende Fibrinolyse liegt bei der allgemeinen disseminierten intravasalen Gerinnung (Verbrauchskoagulopathie) vor. Sie ist Folge einer gleichzeitigen Aktivierung von Gerinnung und Fibrinolyse (z. B. nach Geburten), führt zu einem Verbrauch von Gerinnungsfaktoren und endet in einem völligen Zusammenbrechen der Blutgerinnung. Folgen einer Gerinnungsstörung sind typischerweise großflächige, langanhaltende Blutungen.

Thromben. Eine überschießende Hämostase ist ebenso gefährlich wie eine herabgesetzte Gerinnungsbereitschaft: Sie führt zur Bildung von Thromben, welche an Ort und Stelle die Blutgefäße einengen oder wenn sie sich lösen, mit dem Blutstrom mitgerissen werden und „stromabwärts" Blutgefäße verstopfen können (Embolie). Thromben entstehen bei mitunter minimalen Läsionen des Gefäßendothels, die subendotheliales Gewebe freilegen. Eine langsame Blutströmung kann das Wachsen von Thromben begünstigen. Die Hämostasebereitschaft ist beispielsweise bei gesteigerten Thrombozytenzahlen im Blut erhöht.

12.5 Plasmaproteine

Die im Plasma gelösten Proteine sind äußerst heterogen und erfüllen ganz unterschiedliche Aufgaben.

Elektrophorese. Eine Auftrennung der verschiedenen Plasmaproteine wird in erster Linie durch die Elektrophorese erzielt, bei der ein elektrisches Feld angelegt wird (s. Abb. 12.6). Dabei wandern die negativ geladenen Proteine zum positiven Pol. Die Wanderungsgeschwindigkeit ist je nach Größe des Plasmaproteins und der Ladung verschieden, d. h. kleine und stark geladene Proteine wandern am schnellsten (s. Abb. 12.6). Nach ihrer Wanderungsgeschwindigkeit werden die Plasmaproteine in Albumine (wandern am schnellsten), α-, β-, und γ- Globuline eingeteilt. Diese Einteilung sagt nicht a priori etwas über die Funktion der Proteine aus. Dennoch erweist sich diese Einteilung auch unter funktionellen Gesichtspunkten als nützlich, wie Tabelle 12.7 erkennen läßt.

Dichtezentrifugation. Bei ihr werden Proteine mit unterschiedlichem spezifischem Gewicht (Gewicht/Volumen) getrennt. Da Lipide ein geringeres spezifisches Gewicht aufweisen als Proteine, weisen Lipoproteine mit besonders hohem Lipidanteil eine geringere Dichte auf als Lipoproteine mit ho-

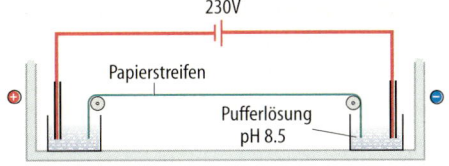

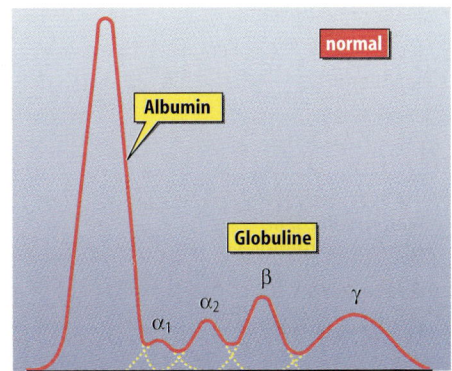

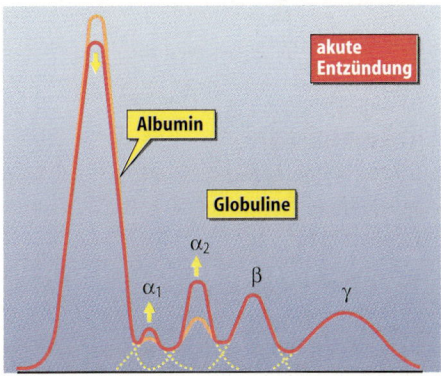

Abb. 12.6. Auftrennung der Plasmaproteine durch Elektrophorese: Plasma wird auf einen Zelluloseazetatstreifen aufgebracht und ein elektrisches Feld von etwa 230 Volt angelegt (oben). Der pH wird auf 8,6 eingestellt, sodaß die Plasmaproteine negativ geladen sind (Dissoziation von Karboxylgruppen saurer Aminosäuren). Für die Wanderungsgeschwindigkeit im elektrischen Feld maßgebend ist das Verhältnis von Ladung zu Masse der einzelnen Proteine. Am schnellsten wandern die Albumine, gefolgt von den α_1-, α_2-, β- und γ-Globulinen (Mitte). Eine akute Entzündung führt zur Abnahme der Konzentration an Albuminen und zur Zunahme von α_1- und α_2-Globulinen (unten) (nach Weiss und Jelkmann aus Schmidt et al. 2000)

hem Proteinanteil. Mit zunehmender Dichte unterscheidet man Chylomikronen, VLDL (very low density lipoproteins), LDL (low density lipoproteins) und HDL (high density lipoproteins).

Tabelle 12.7. Plasmaproteine (s. auch Tab. 12.3, 12.6; hinter einigen Proteinen ist in Klammern ihre Halbwertszeit in Tagen angegeben)

Bestandteil	Mol-gewicht in kg	Konzen-tration in μmol/l	Konzen-tration in g/l	Funktion bzw. Bindung (B) von
Elektrophoretische Fraktion: Albumin				
Präalbumin (2)	50	5	0,3	B: Thyroxin, Retinol
Albumin (20)	69	600	45	onkotischer Druck, B: z. B. Bilirubin, Gallensäuren, Hämatin, Fettsäuren, Histamin
Elektrophoretische Fraktion: α1-Globuline				
α1-Fetoprotein	74	< 1	< 1	?
SAA (Serumamyloid A)	⩾200	–	–	?
saures α1-Glyko-protein (5)	44	20	1	?
Retinolbindendes Protein (2)	21	< 1	< 1	B: Vitamin A
α1-Lipoprotein	⩾200	20	4	B: Lipide (v. a. Phospholipide)
α1-Antitrypsin (4)	54	50	3	Proteasenhemmer
α1-Antichymotrypsin	68	7	0,5	Proteasenhemmer
Prothrombin	72	< 1	< 1	Gerinnung
Transkortin	56	1,3	0,1	B: Kortisol
Thyroxinbindendes Globulin	37	0,5	< 1	B: Thyroxin
Transkobalamin	56	< 1	< 1	B: Vitamin B_{12}
Inter-α-Trypsin-Inhibitor	160	3	0,5	Proteasenhemmer
Elektrophoretische Fraktion: α2-Globuline				
Antithrombin III	65	3,5	0,2	Thrombininhibitor
Coeruloplasmin	160	2	0,3	Oxidase, B: Kupfer
C-1 Inaktivator	104	2	0,2	Inhibitor von C 1 Plasminogen, Kallikrein und F. XII
C-1-s-Komponente	80	< 1	< 1	Immunabwehr
C-9-Komponente	80	< 1	< 1	Immunabwehr
α2-Haptoglobin (5)	100	15	2	Peroxidase, B: Hämoglobin
α2-Glykoprotein	350			
α2-Makroprotein	725	3	2	Plasmininhibitor, B: Hormone
Pseudocholin-esterase (10)	350	< 1	< 1	Spaltung von Acetylcholin
Plasminogen	81	2	0,1	Fibrinolyse

Tabelle 12.7. (Fortsetzung)

Bestandteil	Mol-gewicht in kg	Konzen-tration in µmol/l	Konzen-tration in g/l	Funktion bzw. Bindung (B) von
Elektrophoretische Fraktion: β-Globuline				
β-Lipoprotein	240	2	0,5	B: Lipide (v.a. Cholesterin)
Steroidbindendes Globulin	65	0,1	–	B: 17-Hydroxysteroide
Hämopexin (10)	57	13	1	B: Häm
Komplement (C1–C5) (2)	$\geqslant$200	5	1	Immunabwehr
Transferrin (8)	80	40	3	B: Eisen
Fibrinogen (5)	341	10	3	Blutgerinnung
Faktor XIII	340	<1	<1	Blutgerinnung
C-reaktives Protein	140	<1	<1	stimuliert Phagozytose
β_2-Mikroglobuline	12	0,1	<1	? spezifisches Antigen
C3-Proaktivator	80	3	0,2	Immunabwehr
β_2-Glykoprotein 1	40	5	0,2	Protease
C3-Aktivator	60	3	0,2	Immunabwehr
Komplement C6–C10	100–400	<1	<1	Immunabwehr
Properdin	184	<1	<1	Immunabwehr
Elektrophoretische Fraktion: γ-Globuline (s. Tab. 12.3)				
Immunglobulin G (20)	150	80	12	Immunabwehr
Immunglobulin A (6)	160	10	2	Immunabwehr
Immunglobulin M (5)	900	2	2	Immunabwehr
Immunglobulin D (3)	170	<1	<1	Immunabwehr
Immunglobulin E (2)	190	<1	<1	Immunabwehr
Lysozym	15	<1	<1	Immunabwehr

Funktionen. Die verschiedenen Plasmaproteine erfüllen z.T. ganz unterschiedliche Aufgaben, wie aus Tabelle 12.7 hervorgeht.

- Die spezifische Bedeutung bestimmter Plasmaproteine bei Blutgerinnung und der Immunabwehr wurde bereits erläutert.
- Bestimmte Plasmaproteine sind auch unabhängig von Gerinnung und Fibrinolyse Enzyme oder Enzyminhibitoren (s. Tabelle 12.7).
- Andere Plasmaproteine binden mehr oder weniger spezifisch Substanzen im Blut, wie etwa Eisen, Kalziumionen, Kupfer, Hormone, Pharmaka, Fettsäuren, Bilirubin, Hämoglobin und unterstützen damit deren Transport über den Blutweg. Die Bindung steigert die Löslichkeit der betreffenden Substanzen im Blut. Bei Hormonen und Pharmaka bewirkt die Plasmaproteinbindung eine Verzögerung

der Wirkung, da der an Plasmaproteine gebundene Anteil keine Wirkung entfalten kann aber auch nicht abgebaut oder ausgeschieden wird (s. Kap. 21.1). Bei Absinken der Konzentration an ungebundener Substanz wird von den Plasmaproteinen Substanz freigesetzt und damit für „Nachschub" gesorgt.

- Die Plasmaproteine binden u.a. auch H^+. Bei Absinken der H^+-Konzentration im Plasmawasser geben sie H^+ ab, bei Zunahme der H^+-Konzentration im Plasmawasser binden sie mehr H^+. Damit wirken die Plasmaproteine als Puffer Änderungen der H^+-Konzentration entgegen (s. Kap. 17.6).
- Eine allgemeine Aufgabe der Plasmaproteine ist schließlich die Erzeugung des kolloidosmotischen Druckes. Die Proteine können normalerweise nur zu einem minimalen Anteil die Gefäßwand passieren, der von ihnen ausgeübte osmotische Druck hält Wasser im Gefäßsystem zurück. Ohne Proteine würde das Wasser dem hydrostatischen Druckgefälle von den Gefäßen in das Interstitium folgen (s. Kap. 14.3).

Blutsenkungsgeschwindigkeit. Läßt man entnommenes Blut, dessen Gerinnung unterbunden wird (durch Zusatz von Zitrat, s. Kap. 12.4), eine Zeitlang stehen, so sinken die roten Blutkörperchen ab, und es bleibt im Überstand das gelbliche Plasma. Die Geschwindigkeit des Absinkens der roten Blutkörperchen (Blutsenkungsgeschwindigkeit, BSG) hängt von der Zusammensetzung der Plasmaproteine ab: Große Proteine, wie Fibrinogen, Haptoglobin, Coeruloplasmin und auch γ-Globuline können Brücken zwischen den Erythrozyten bilden (makromolekularer Brückenschlag) und durch Verklumpen der Erythrozyten die Senkungsgeschwindigkeit erhöhen. Diese Proteine nennt man auch Agglomerine. Die Erythrozyten können sich dabei geldrollenartig aneinander lagern. Die Albumine wiederum behindern die Bindung der Globuline und verzögern damit die Senkungsgeschwindig-

keit. Eine gesteigerte Blutsenkungsgeschwindigkeit wird z. B. als Indikator für das Auftreten von Entzündungen herangezogen, da hierbei die Albuminkonzentration sinkt und die Konzentration von denjenigen Proteinen ansteigt, die Erythrozyten verklumpen können. Unter anderem steigt die Konzentration der Akute-Phase-Proteine (s. Kap. 12.3), zu denen auch Haptoglobin, Coeruloplasmin und Fibrinogen zählen.

Hypoproteinämie. Ein (z. B. genetisch bedingter) Mangel an bestimmten Proteinen kann zum Ausfall der jeweils spezifischen Funktion führen.

- So beeinträchtigt ein Mangel an bestimmten Gerinnungsfaktoren die Gerinnung,
- Ein Mangel an Immunglobulinen setzt die Immunabwehr herab.
- Ein Mangel an Transportproteinen kann den Transport der jeweiligen Substanzen beeinträchtigen (z. B. von Kupfer, s. Tabelle 12.7).
- Bei Fehlen eines enzymhemmenden Plasmaproteins können die jeweiligen Enzyme ungestört ihre Wirkung entfalten, was mitunter fatale Folgen nach sich zieht. So können bei einem α_1-Antitrypsinmangel, z. B. Proteasen ungehindert Bindegewebe in der Lunge abbauen und damit eine schwere Schädigung der Lunge nach sich ziehen (Emphysem, s. 15.2).
- Konsequenz eines allgemeinen Mangels an Plasmaproteinen (Hypoproteinämie) ist das Absinken des onkotischen Druckes, wobei Plasmawasser leichter die Gefäßbahn verlassen und in das Gewebe filtriert werden kann (Ödeme, s. 14.3).

Hyperproteinämie. Ein Überschuß an Plasmaproteinen ist meist Folge einer gesteigerten Bildung von Immunglobulinen im Zuge einer Infektion. Neben den übrigen Folgen einer Aktivierung des Immunsystems (s. Kap. 12.3) erlangt auch die Zunahme der Viskosität (Zähflüssigkeit) des Blutes durch gesteigerte Agglomeration von Erythrozyten pathophysiologische Relevanz.

Die Strömung des Blutes im Kreislauf ist auf die Pumpwirkung des Herzens angewiesen. Das Herz besteht praktisch aus zwei Pumpen, dem rechten Herzen, das Blut in den Lungenkreislauf (kleinen Kreislauf) pumpt, und dem linken Herzen, das aus der Lunge zurückströmendes Blut in den Körperkreislauf (großen Kreislauf) auswirft (s. Abb. 13.1). Die konzertierte Kontraktion der Herzmuskelfasern übt Druck auf das jeweilige Lumen aus und preßt das Blut in die durch die Herzklappen vorgegebene Richtung (s. Kap. 13.5).

Signal für die Kontraktion einer einzelnen Herzmuskelzelle ist die Depolarisation ihrer Zellmembran, die über Öffnung von

Ca^{++}-Kanälen (s. unten) eine Zunahme der intrazellulären Ca^{++}-Konzentration von etwa 100 nmol/l (10^{-7} mol/l) auf etwa das 20fache ($2 \cdot 10^{-6}$ mol/l) auslöst (s. Kap. 1.9). Nur bei gleichzeitiger Kontraktion der Muskelfasern einer Herzkammer kann Druck auf das Lumen ausgeübt und damit Blut ausgeworfen werden (Systole). Nur bei gleichzeitiger Erschlaffung der Muskelfasern kann wiederum die Herzkammer hinreichend gedehnt werden und erneut Blut aufnehmen (Diastole). Für eine effektive mechanische Herzmuskelaktion muß daher die Gesamtheit der Kammermuskelfasern abwechselnd gleichzeitig kontrahieren und erschlaffen. Es ist Aufgabe der Erregungsbildung und -weiterleitung, diese Gleichzeitigkeit von abwechselnder Erregung und Erschlaffung zu gewährleisten.

Das Herz ist jedoch nicht nur Pumpe, sondern auch endokrines Organ. Die Vorhöfe des Herzens bilden ein Hormon, das Atriopeptin, das in die Blutdruckregulation eingreift und die Ausscheidung von Kochsalz und Wasser über die Niere steigert, wie in Kapitel 17.2 näher ausgeführt werden soll.

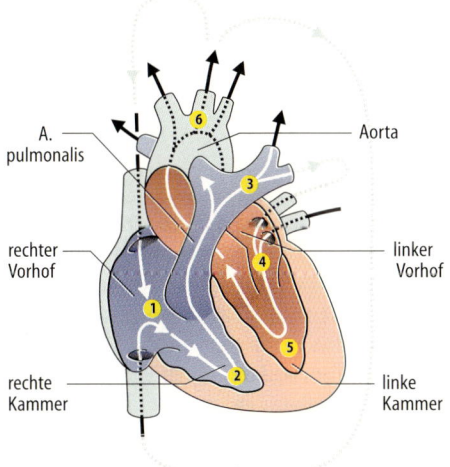

A. pulmonalis

Aorta

rechter Vorhof

linker Vorhof

rechte Kammer

linke Kammer

Abb. 13.1. Weg des Blutes durch das Herz: Venöses Blut aus dem Körperkreislauf gelangt in den rechten Vorhof (*1*), von dort durch die Trikuspidalklappe in die rechte Kammer (*2*), durch die Pulmonalklappe in die Arteria pulmonalis (*3*), über den Lungenkreislauf zum linken Vorhof (*4*), durch die Mitralklappe in den linken Ventrikel (*5*) und von dort durch die Aortenklappe in die Aorta (*6*) und damit wieder in den Körperkreislauf (nach Antoni aus Schmidt et al. 2000)

13.1   Erregungsbildung und -weiterleitung im Herzen

Automatie. Auch ohne Vermittlung von Nerven schlägt das Herz regelmäßig, d.h. die Herzmuskelzellen werden periodisch durch Depolarisation erregt (Automatie). Die Erregung nimmt normalerweise ihren Ausgang im Sinusknoten, einer Gruppe spezialisierter Zellen im Bereich der Vena cava superior (s. Abb. 13.2). Diese Zellen depolarisieren spontan mit einer Frequenz von normalerweise etwa 70/Minute.

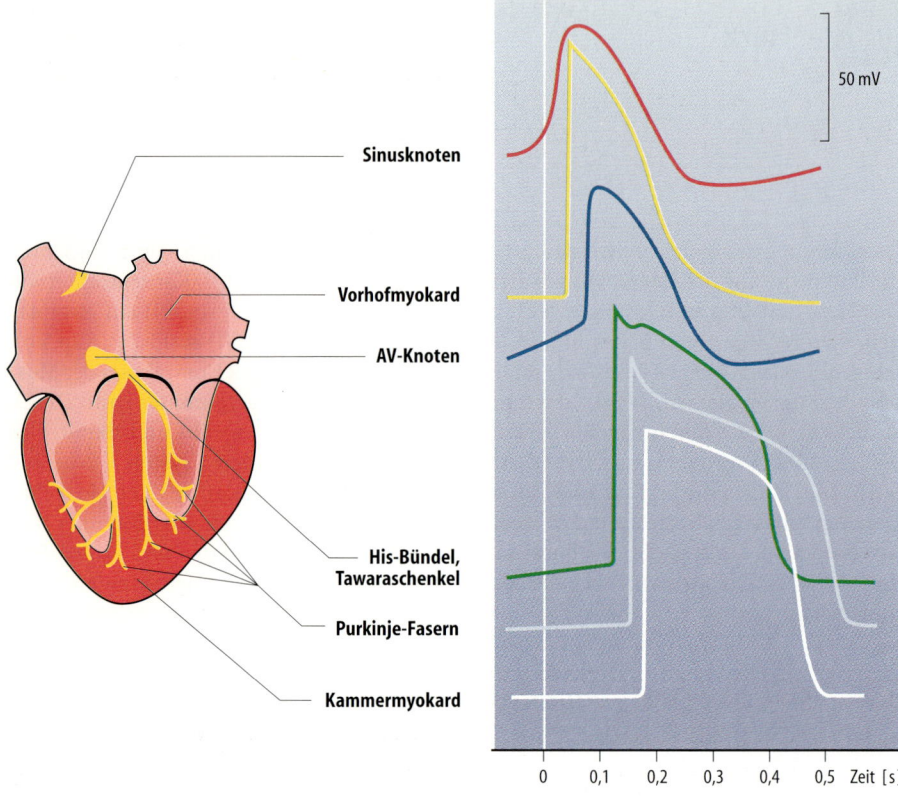

Abb. 13.2. Reizleitungssystem des Herzens: Links: die anatomische Lokalisation; rechts: der Verlauf der jeweiligen Aktionspotentiale in Sinusknoten (rot), Vorhofmuskulatur (gelb), Atrioventrikularknoten (blau), His-Bündel und Tawaraschenkel (grün), Purkinje-Fasern (hellblau) und Arbeitsmuskulatur (weiß) (nach Antoni aus Schmidt et al. 2000)

Erregungsausbreitung. Vom Sinusknoten aus breitet sich die Erregung zunächst über die Vorhofmuskulatur aus. Die Herzmuskelfasern sind nämlich elektrisch miteinander gekoppelt, d.h. die Depolarisation wird über Gap junctions an den Glanzstreifen von Zelle zu Zelle (bzw. von Herzmuskelfaser zu Herzmuskelfaser) getragen (s. Abb. 13.2). Das Herz gleicht somit funktionell einem Synzytium. Während jedoch die Zellen des Vorhofs und der Kammer jeweils untereinander vielfach gekoppelt sind, besteht zwischen den Zellen der Vorhofmuskulatur einerseits und den Zellen der Kammermuskulatur andererseits nur eine schmale Verbindung am Atrioventrikularknoten (AV-Knoten). Im übrigen verhindert eine isolierende

Bindegewebsschicht die Weiterleitung der Erregung der Vorhofmuskulatur auf die Kammermuskulatur. Im AV-Knoten erfolgt die Weiterleitung der Erregung sehr langsam. Auf diese Weise gewinnt die Erregung der Vorhofmuskulatur einen Vorsprung von ca. 90 Millisekunden, der für die mechanische Herzaktion bedeutsam ist (s. Kap. 13.5). Vom AV-Knoten wird die Erregung über einige spezialisierte, besonders schnell leitende Muskelfasern (Reizleitungssystem) weitergeleitet auf His-Bündel, Tawaraschenkel und Purkinjefäden (Leitungsgeschwindigkeit: ca. 2 m/s). Schließlich breitet sich die Erregung über die gesamte Kammermuskulatur aus (Leitungsgeschwindigkeit: ca. 1 m/s), wozu ca. 100 ms benötigt werden.

Die Zellen des Erregungsleitungssystems sind wie der Sinusknoten zur Automatie befähigt, wobei die Frequenz ihrer spontanen Depolarisationen sehr viel geringer als die des Sinusknotens ist. Sie werden also normalerweise von der Erregung des Sinusknotens erreicht, bevor sie ihrer eigenen Automatie folgend depolarisieren würden. Wenn der Sinusknoten ausfällt, können sie als Schrittmacher einspringen, also ihre spontane Depolarisation an die Nachbarzellen weitergeben. Dabei spricht man von heterotoper Erregungsbildung im Gegensatz zur homotopen Erregungsbildung im Sinusknoten. Die Eigenfrequenz der Zellen ist im AV-Knoten ca. 50/min, im His-Bündel, Tawaraschenkel und Purkinjefäden unter 40/min. Die übrige Muskulatur des Herzens (Arbeitsmyokard) ist normalerweise nicht zur Automatie befähigt. Seine Erregung kann nur über Depolarisation der Nachbarzelle erreicht werden.

Aktionspotential des Arbeitsmyokards. In Ruhe wird das Zellmembranpotential im Arbeitsmyokard (-90 mV) durch einwärts gleichrichtende K^+-Kanäle (I_{K1}, s. Abb. 13.3) aufrecht erhalten, die das Zellmembranpotential (E_M) in der Nähe des K^+-Gleichgewichtspotentiales halten (s. Kap. 1.3). Ein Aktionspotential wird durch die Depolarisation der Nachbarzelle ausgelöst, die intrazellulär eine Abwanderung negativer Ladungen und extrazellulär eine Abwanderung positiver Ladungen bewirkt. Die Depolarisation führt zur Öffnung spannungsabhängiger Na^+-Kanäle, die bei etwa -60 mV aktiviert werden (s. Abb. 13.3). Die Öffnung dieser Kanäle führt zu einem massiven Na^+-Einstrom (I_{Na}), der eine weitere Depolarisation bewirkt. Auf diese Weise wird die Zellmembran blitzartig depolarisiert. Die Na^+-Kanäle werden innerhalb von Millisekunden wieder inaktiviert (s. Kap. 1.4). Die durch die Na^+-Kanäle ausgelöste Depolarisation öffnet jedoch spannungsabhängige Ca^{++}-Kanäle (I_{Ca}, Schwelle bei -30 mV) und verschließt die einwärts rektifizierenden K^+-Kanäle (I_{K1}). Die Zell-

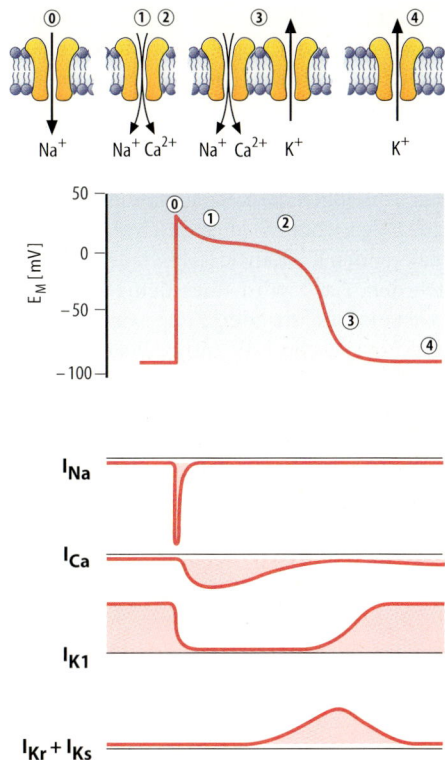

Abb. 13.3. Aktionspotential und Ionenströme in der Arbeitsmuskulatur: Oben: Der Verlauf des Aktionspotentials; unten: Die Leitfähigkeitsänderungen für die einzelnen Ströme bzw. Kanäle (I_{Na}, I_{Ca}, I_{K1}, I_{Kr}, I_{Ks}). Die initiale Depolarisation (Phase 0) wird durch Öffnung der spannungsabhängigen Na^+-Kanäle (I_{Na}) bewirkt. Diese Kanäle schließen binnen weniger Millisekunden (Phase-1-Repolarisation). Die Depolarisation schließt jedoch die einwärts rektifizierenden K^+-Kanäle (I_{K1}) und öffnet Ca^{++}-Kanäle (I_{Ca}), die auch Na^+ durchlassen. Damit wird die Depolarisation zunächst aufrecht erhalten (Plateau, Phase 2). Die Repolarisation (Phase 3) wird schließlich durch K^+-Kanäle eingeleitet, die durch die Depolarisation verzögert aktiviert werden (I_{Kr} + I_{Ks}) (nach Antoni aus Greger und Windhorst 1996)

membran bleibt somit zunächst depolarisiert (Plateau des Aktionspotentials). Das über die Ca^{++}-Kanäle in die Zelle einströmende Ca^{++} stimuliert die Freisetzung von Ca^{++} aus intrazellulären Speichern (s. Kap. 1.9). Das von außen und aus den Speichern kommende Ca^{++} steigert die intrazelluläre Ca^{++}-Konzentration, wodurch die Ca^{++}-Kanäle wieder gehemmt werden. Darüber hin-

aus öffnen zwei verschiedene K$^+$-Kanäle, die
beide durch die Depolarisation verzögert
aktiviert werden (delayed rectifyer, I$_{Kr}$
und I$_{Ks}$). I$_{Ks}$ wird darüber hinaus durch
Ca^{++} stimuliert. Die Hemmung der Ca^{++}-
Kanäle und die Aktivierung von I$_{Kr}$ und I$_{Ks}$
hat schließlich die Repolarisation der Zelle
zur Folge, wodurch auch die einwärts rektifizierenden K$^+$-Kanäle (I$_{K1}$) wieder geöffnet
werden. Ca^{++} wird über den Na$^+$/Ca^{++}-
Austauscher aus der Zelle sowie durch
Ca^{++}-ATPasen in die intrazellulären Speicher zurückgepumpt, die intrazelluläre
Ca^{++}-Konzentration sinkt und die Muskulatur erschlafft (s. Kap. 13.5). Die Repolarisation hat zur Folge, daß die Inaktivierung
der Na$^+$-Kanäle aufgehoben wird (s. Kap.
1.9). Bei einer erneuten Depolarisation können die Na$^+$-Kanäle somit wieder aktiviert
und ein weiteres Aktionspotential ausgelöst
werden. Die Repolarisation verschließt auch
wieder die spannungsaktivierten K$^+$-Kanäle
I$_{Kr}$ und I$_{Ks}$, sodaß nur noch I$_{K1}$ das Potential aufrecht erhält.

Aktionspotential im Sinusknoten. Im Sinusknoten fehlen weitgehend die einwärts-
rektifizierenden K$^+$-Kanäle (I$_{K1}$) und die bei
Repolarisation erreichte K$^+$-Leitfähigkeit ist
sehr viel geringer als im Myokard. Ferner
sind die Sinusknotenzellen im Gegensatz
zur Arbeitsmuskulatur auch in Ruhe relativ
gut für Na$^+$ durchlässig (Hintergrundleitfä-
higkeit für Na$^+$, I$_b$). Das Zellmembranpotential kommt daher auch bei maximaler
Aktivierung der vorhandenen K$^+$-Kanäle
nicht in die Nähe des K$^+$-Gleichgewichtspo-
tentials (–90 mV), sondern bleibt deutlich
positiver (ca. –60 mV, s. Abb. 13.4). Die
spannungsabhängigen Na$^+$-Kanäle (I$_{Na}$)
bleiben daher weitgehend inaktiviert. Die
Depolarisation wird somit im Sinusknoten
durch die Spannungs-abhängigen Ca^{++}-Ka-
näle getragen und ist wegen der im Vergleich zu den Na$^+$-Kanälen geringen Leitfähigkeit der Ca^{++}-Kanäle langsam. Wie im
Myokard folgen Ca^{++}-Einstrom, Zunahme
intrazellulärer Ca^{++}-Konzentration, Hemmung der Ca^{++}-Kanäle und Aktivierung

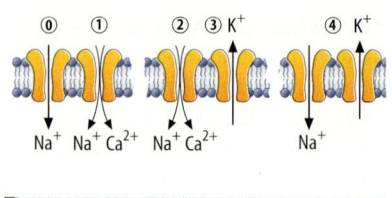
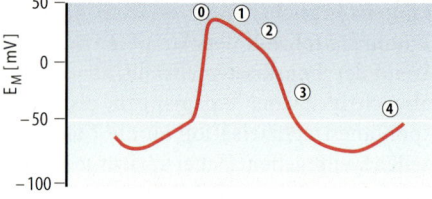
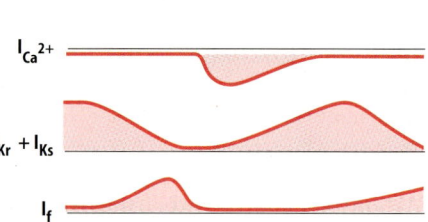

Abb. 13.4. Aktionspotential und Ionenströme im
Sinusknoten. Oben: Der Verlauf des Aktionspotentials; unten: Die Leitfähigkeitsänderungen für die
einzelnen Kanäle (I$_b$, I$_{Ca}$, I$_{Kr}$+I$_{Ks}$). Das Zellmembranpotential erreicht auch bei Repolarisation nicht
das K$^+$-Gleichgewichtspotential, da die einwärts
gleichrichtenden K$^+$-Kanäle fehlen und ein konstanter Na$^+$-Einstrom (I$_b$) die Zelle depolarisiert hält.
Das Aktionspotential im Sinusknoten wird vorwiegend durch Ca^{++}-Kanäle (I$_{Ca}$) getragen (Phase 0).
Da sie sehr viel weniger leiten als die spannungsabhängigen Na$^+$-Kanäle, ist die Depolarisation
im Vergleich zur Arbeitsmuskulatur langsam (vgl.
Abb. 13.2). Die Repolarisation (Phase 1–3) wird
durch Inaktivierung von I$_{Ca}$ und Aktivierung von
spannungsaktivierten K$^+$-Kanälen (I$_K$=I$_{Kr}$+I$_{Ks}$) erzielt. Nach der Repolarisation werden diese Kanäle
langsam wieder inaktiviert und die Zelle depolarisiert allmählich unter der Wirkung von I$_b$ (Phase 4
Depolarisation oder Präpotential) (nach Antoni aus
Greger und Windhorst 1996)

von delayed rectifyer K$^+$-Kanälen. Nach erfolgter Repolarisation nimmt die Aktivität
der K$^+$-Kanäle wieder ab. Folge ist eine
langsame Depolarisation (Präpotential oder
Phase-4-Depolarisation), die bei Erreichen
von etwa –40 mV zu einer erneuten Akti-

vierung der spannungsabhängigen Ca^{++}-Kanäle führt. Die wechselnde Aktivierung von K^+-Kanälen und Ca^{++}-Kanälen in Sinusknoten und Reizleitungssystem ist die Grundlage der Automatie des Herzens. Darüberhinaus spielt v.a. im Reizleitungssystem ein Kationenkanal eine Rolle (I_f), der bei Hyperpolarisation aktiviert wird und zu einer Depolarisation der Zellmembran führt. Die Frequenz der Herzaktionen hängt im wesentlichen davon ab, wie schnell die Zelle nach einem Aktionspotential wieder depolarisiert, also wie schnell die Aktivierung der K^+-Kanäle nachläßt (s. Abb. 13.4).

Physiologische Bedeutung der Aktionspotentialdauer. Im Gegensatz zum Skelettmuskel oder Nerven, in denen ein Aktionspotential nur wenig mehr als eine Millisekunde dauert, hält das Aktionspotential im Herzen 200 – 400 Millisekunden an (Plateau, s. Abb. 13.3). Die lange Dauer des Aktionspotentials ist Voraussetzung für die gleichzeitige Kontraktion der Kammermuskelfasern: Die Erregungsausbreitung vom AV-Knoten bis zu den letzten Fasern des Arbeitsmyokards nimmt annähernd 100 Millisekunden in Anspruch. Das Aktionspotential muß also mindestens 100 Millisekunden dauern, wenn alle Zellen des Kammermyokards gleichzeitig erregt sein sollen. Ferner ist während des Plateaus die Zelle vollständig erregt und kann durch eine weitere Depolarisation nicht erneut erregt werden (absolute Refraktärzeit). Die lange Aktionspotentialdauer schützt also das Herz vor einem Kreisen von Erregungen: Dauert die Ausbreitung der Erregung länger als das Plateau, dann sind die zu Beginn der Erregungsausbreitung erregten Zellen wieder erregbar, bevor die letzten Fasern erregt wurden. Die Erregungswelle kann dann die initial erregten Zellen erneut ergreifen und somit zirkulieren. Folge ist die asynchrone, abwechselnde Kontraktion der Herzmuskelfasern (Vorhofflimmern, Kammerflimmern), die keine Pumpfunktion mehr zuläßt. Normalerweise ist das Aktionspotential in den Purkinje-Fasern besonders lang.

Damit wird u.a. verhindert, daß Erregungen aus dem Myokard in das Reizleitungssystem rezirkulieren. Aber nicht nur eine Verkürzung, sondern auch eine Verlangsamung der Repolarisation kann gefährlich werden, wenn dann die nächste Erregung auf unvollständig repolarisiertes und damit noch teilweise refraktäres Gewebe stößt (s. unten). Daher kommt Faktoren, welche Ausbreitungsgeschwindigkeit und Plateaudauer des Aktionspotentials beeinflussen, eine große pathophysiologische Bedeutung zu.

Einfluß des zeitlichen Abstandes der Aktionspotentiale. Beide, Dauer und Ausbreitungsgeschwindigkeit des Aktionspotentials sind zunächst vom zeitlichen Abstand zu einer vorausgehenden Erregung abhängig: Ist der Abstand groß (niedrige Herzfrequenz), dann ist die intrazelluläre Ca^{++}-Konzentration niedrig und während des Plateaus muß relativ viel Ca^{++} einströmen, um die Ca^{++}-Kanäle zu hemmen. Darüberhinaus sind die delayed rectifyer K^+-Kanäle (I_{Kr} und I_{Ks}) weitgehend inaktiviert und benötigen längere Zeit zur Aktivierung. Die Repolarisation ist daher verzögert und das Plateau relativ lang. Auf der anderen Seite sind die Na^+-Kanäle durch die vorausgehende vollständige Repolarisation vollständig aktivierbar, die Erregungsausbreitung ist demnach sehr schnell. Umgekehrt beschleunigt hohe Herzfrequenz die Repolarisation. Trifft die neue Erregung auf eine Zelle während der Repolarisationsphase, dann ist die intrazelluläre Ca^{++}-Konzentration noch hoch, nur wenig Ca^{++} muß einströmen, um die Ca^{++}-Kanäle zu hemmen, die delayed rectifyer K^+-Kanäle sind noch teilweise aktiviert. Die Repolarisation ist daher schnell und das Plateau extrem kurz (s. Abb. 13.5). Bei Erregung in der Repolarisationsphase sind ferner die Na^+-Kanäle immer noch inaktiviert und das nun ausgelöste Aktionspotential wird ausschließlich durch die Ca^{++}-Kanäle getragen. Die Erregungsausbreitung ist entsprechend langsam (s. Abb. 13.5). Bei erneuter Erregung während der Repolarisationsphase ist also das

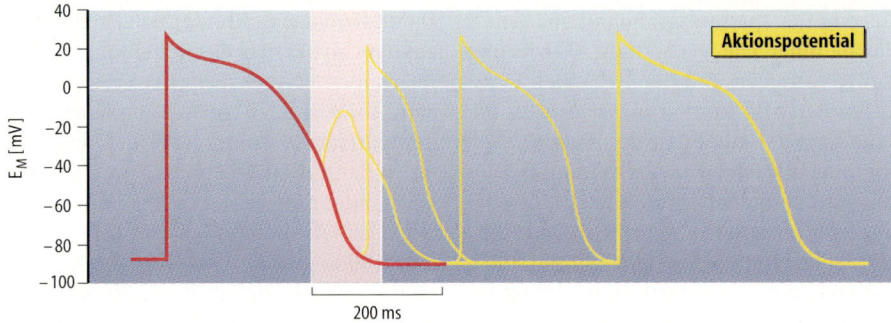

Abb. 13.5. Abhängigkeit des Aktionspotentials vom Abstand zur vorausgehenden Erregung (rote Kurve). Rosa Bereich: Relative Refraktärzeit

Plateau kurz und die Ausbreitungsgeschwindigkeit langsam, beides begünstigende Faktoren für ein Rezirkulieren von Erregungen. Die Repolarisationsphase wurde daher auch vulnerable Phase genannt. Die herabgesetzte Aktivierbarkeit der Ca^{++}-Kanäle und v.a. der Na^+-Kanäle sowie die gesteigerte Aktivierung der K^+-Kanäle während der Repolarisationsphase erschweren im übrigen die Auslösung eines erneuten Aktionspotentials, die Zelle ist also relativ refraktär.

Einfluß der K^+-Konzentration. Bei Kaliummangel ist die Leitfähigkeit der K^+-Kanäle herabgesetzt, da der K^+-Strom durch diese Kanäle ja nicht zuletzt von der K^+-Konzentration im Kanal und damit von der K^+-Konzentration zu beiden Seiten der Membran abhängt. Durch die herabgesetzte K^+-Leitfähigkeit wird mehr Zeit benötigt, um die spannungsabhängigen K^+-Kanäle hinreichend zu aktivieren. Das Plateau ist somit verlängert. In den Schrittmacherzellen ist andererseits die langsame diastolische Depolarisation (Präpotential, Phase-4-Depolarisation) durch die herabgesetzte K^+-Leitfähigkeit beschleunigt, die Schrittmacherfrequenz nimmt also zu. Bei Kaliumüberschuß bedingt die gesteigerte K^+-Leitfähigkeit eine Verkürzung des Plateaus und eine Abnahme der Steilheit des Präpotentials. In der Herzchirurgie werden die Herzen z.T. mit Lösungen hoher K^+-Konzentration perfundiert und damit ein Herzstillstand erreicht (Kardioplegie).

Einfluß der Ca^{++}-Konzentration. Bei Hyperkalzämie ist der Einstrom von Ca^{++} in die Zelle gesteigert und die intrazellulären Speicher sind durch den gesteigerten Einstrom während vorausgehender Aktionspotentiale stärker gefüllt. Der schnellere Anstieg der intrazellulären Ca^{++}-Konzentration bedingt u.a. durch schnellere Inaktivierung von Ca^{++}-Kanälen eine Verkürzung des Plateaus. Eine Hypokalzämie hat umgekehrt eine Zunahme der Plateaudauer zur Folge.

Einfluß von Azidose/Alkalose. H^+-Ionen blockieren K^+-Kanäle und die Gap junctions zwischen den Zellen. Bei Azidose (Zunahme der H^+-Konzentration) ist die Plateaudauer verlängert und die Erregungsweiterleitung verlangsamt. Umgekehrt nimmt bei Alkalose die Plateaudauer eher ab und die Leitungsgeschwindigkeit eher zu.

Einfluß der Temperatur. Die Aktivierung der Ionenkanäle im Herzen ist stark temperaturempfindlich: Bei Hypothermie nehmen Aktionspotentialdauer zu und Leitungsgeschwindigkeit ab, bei Hyperthermie ist die Aktionspotentialdauer verkürzt.

Wirkung von O_2-Mangel. Bei O_2-Mangel ist die zelluläre Energiegewinnung beeinträchtigt und damit die Tätigkeit der Na^+/K^+-ATPase. Folge ist ein Absinken der intrazellulären K^+-Konzentration und ein Ansteigen der intrazellulären Na^+-Konzentration. Letztere zieht über den Na^+/Ca^{++}-Austauscher eine Zunahme der intrazellulären Ca^{++}-Konzentration nach sich. Folge der herabgesetzten intrazellulären K^+-Konzentration ist eine Abnahme der K^+-Leitfähigkeit sowie eine Depolarisation der Zelle und damit eine Inaktivierung der Na^+-Kanäle. Die Leitungsgeschwindigkeit ist damit herabgesetzt. Die Abnahme der K^+-Leitfähigkeit kann zu einer beschleunigten Depolarisation von Schrittmacherzellen führen. Die Erhöhung der intrazellulären Ca^{++}-Konzentration bewirkt eine Verkürzung des Aktionspotentials u.a. durch beschleunigte Hemmung der Ca^{++}-Kanäle.

Regulation durch Hormone und das Nervensystem.
Das Aktionspotential wird durch vegetatives Nervensystem und Hormone beeinflußt, wie unter Kapitel 13.8 noch ausführlicher dargestellt wird.

13.2 Elektrokardiogramm

Die Erregung von Herzmuskelzellen erzeugt ein ständig wechselndes elektrisches Feld, das an der Hautoberfläche abgegriffen werden kann (Elektrokardiogramm, EKG). Der Verlauf des EKG erlaubt Rückschlüsse auf die Erregungsvorgänge im Herzen und ist daher eine unentbehrliche Methode der klinischen Diagnostik.

Entstehung des EKG.
Grundphänomen des EKG ist die asymmetrische Depolarisation einer Muskelzelle, die einen elektrischen Dipol erzeugt. Wie Abbildung 13.6 zeigt, erzeugt die völlig unerregte Zelle genauso wenig ein außen abgreifbares Potential wie die völlig erregte Zelle. Nur die teilweise erregte Zelle erzeugt ein außen sichtbares Potential. Das sind während der Erregungsausbreitung genau diese Zellen, die gerade von der Erregung erfaßt wurden. Das Potential ist während der Erregungsausbreitung dort negativ, wo die Erregung hinläuft. Bei der Erregungsrückbildung ist das Potential umgekehrt dort positiv, wohin sich die Erregungsrückbildung ausbreitet. Steht die Achse der Elektroden senkrecht zur Ausbreitungs- bzw. Rückbildungsrichtung, dann wird kein Potential gemessen, selbst wenn die Zellen unterhalb der Elektroden teilweise depolarisiert sind.

Potential auf der Hautoberfläche.
Die durch die einzelnen Zellen erzeugten Dipole addieren sich zu einem Summendipol, der eine bestimmte Größe und Orientierung im Raum aufweist. Dieser Summendipol entspricht einem Summenvektor mit bestimmter Größe und räumlicher Ausrichtung. Das auf der Hautoberfläche abgegriffene Potential hängt nun von der Größe des Summenvektors und der Übereinstimmung der räumlichen Orientierung des Vektors mit der Elektrodenachse (Verbindungslinie zwischen beiden Elektroden) ab. Stimmt die Richtung der Elektrodenachse genau mit der räumlichen Orientierung des Summenvektors überein, dann wird das gesamte Potential abgegriffen. Bildet die Elektrodenachse mit dem Summenvektor einen Winkel von 90°, dann ist kein Potential meßbar.

Ableitungen.
Die in der Klinik gebräuchlichen Ableitungen sind in den Abbildungen 13.7 und 13.8 dargestellt. Der Summenvektor wird durch die Extremitätenableitungen in der Frontalebene und durch die Brustwandableitungen in der Horizontalebene abgebildet. Die Aufzeichnung der Extremitäten- und Brustwandableitungen erlaubt somit eine genaue räumliche Rekonstruktion des Erregungsablaufs im Herzen. Bei den Extremitätenableitungen verwendet man u. a. die bipolaren Ableitungen I, II und III nach Einthoven, die jeweils die Potentialdifferenz zwischen zwei Elektroden messen. Bei den „unipolaren" Ableitungen nach Goldberger aVR, aVL und aVF (aV = augmented voltage) wird die Potentialdifferenz zwischen jeweils einer Extremitätenelektrode und den beiden zusammengeschlossenen beiden anderen Elektroden gemessen. Bei den Brustwandableitungen $V_1 - V_6$ (nach Wil-

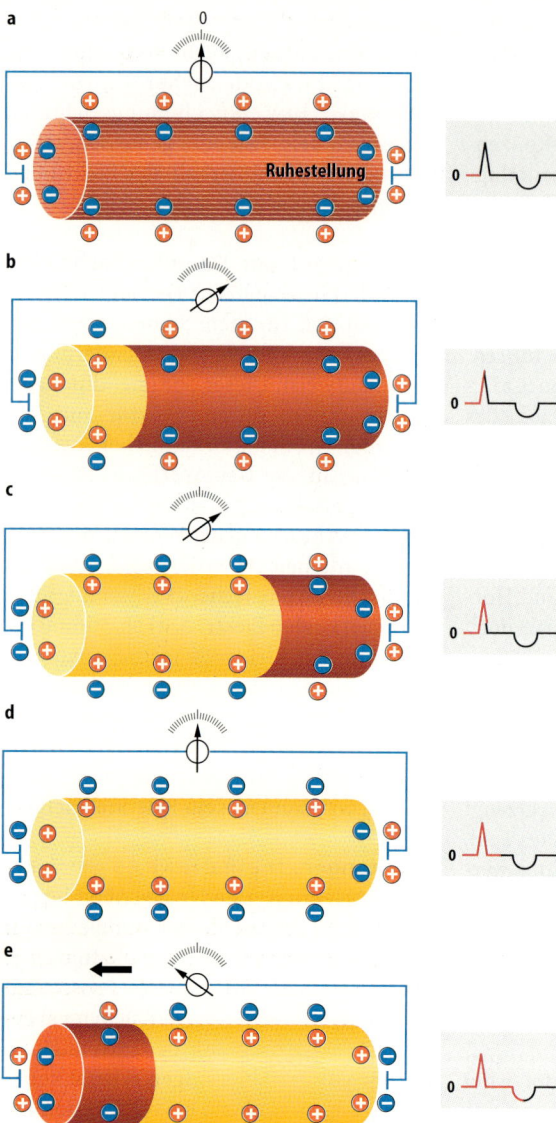

Abb. 13.6. Entstehung des Elektrokardiogramms. Elektroden liegen an einer Muskelzelle. In Ruhe entsteht zwischen den beiden Elektroden keine Potentialdifferenz (**a**). Wird die Muskelfaser links erregt (gelb), dann entsteht ein rechts positives Potential (**b**), das bei Fortleitung über die Muskelfaser etwa konstant bleibt (**c**) und bei vollständiger Erregung der Muskelfaser verschwindet (**d**). Bei der Erregungsrückbildung entsteht ein Potential in die umgekehrte Richtung (**e**). Würden die Elektroden in **b** und **c** oben und unten angelegt, dann würde trotz teilweiser Erregung der Muskelfaser kein Potential zwischen den Elektroden gemessen

son) wird die Potentialdifferenz zwischen der jeweiligen Brustwandelektrode und den zusammengeschlossenen Extremitätenableitungen gemessen.

Bei den selten benutzten bipolaren Brustwandableitungen (nach Nehb) werden die Potentialdifferenzen jeweils zwischen rechtem Rand des Sternum auf Höhe der 2. Rippe (A, anterior), der Brustwand in Höhe

der Herzspitze (I, inferior) und auf dem Rücken etwas oberhalb der linken Schulterblattspitze (D, dorsal) gemessen.

Bezeichnung der EKG-Ausschläge. Die im EKG sichtbaren Ausschläge werden mit den Buchstaben P, Q, R, S und T bezeichnet. Dabei wird P durch die Vorhoferregung ausgelöst. Q, R und S entstehen bei der Erre-

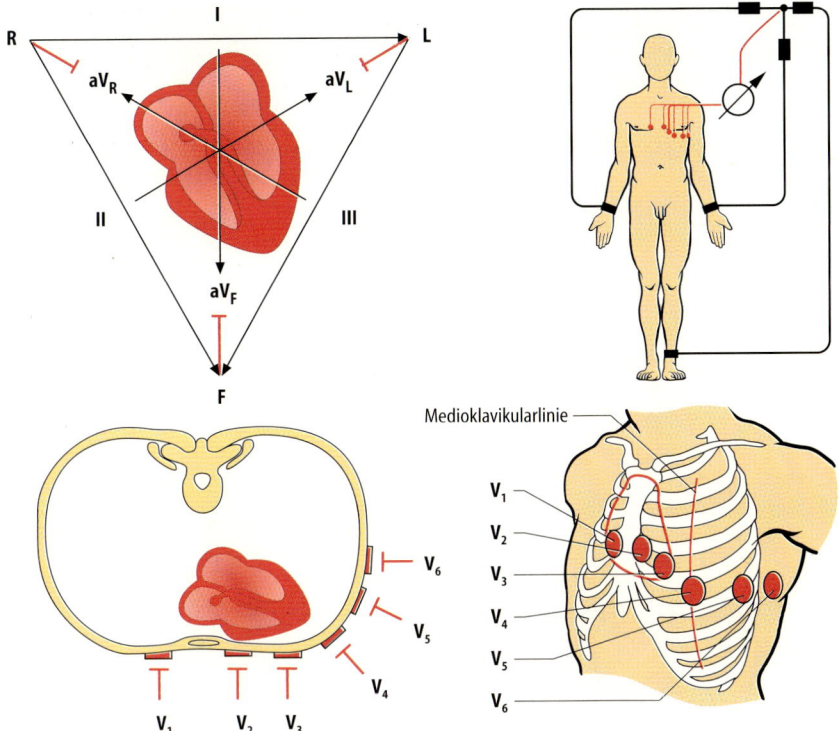

Abb. 13.7. Ableitungen des EKG (nach Antoni aus Schmidt et al. 2000)

Mediaoklavikularlinie

gungsausbreitung in die Kammer, wobei R der erste positive Ausschlag, Q ein negativer Ausschlag vor R und S ein negativer Ausschlag nach R ist. Ein etwaiger zweiter positiver Ausschlag wird mit R′ bezeichnet. T reflektiert die Erregungsrückbildung. Unter besonderen Bedingungen (v.a. Hypokaliämie) kann die verzögerte Repolarisation von Fasern des Reizleitungssystems eine U-Welle hervorrufen.

Phasen der Erregungsausbreitung im Herzen. Die einzelnen im EKG sichtbaren Phasen der Erregungsausbreitung sind in der Abbildung 13.8 dargestellt: Zunächst läuft die Erregung vom Sinusknoten über den Vorhof, wodurch in den geeigneten Ableitungen ein P ausgelöst wird. Nach vollständiger Erregung des Vorhofes erfolgt die sehr langsame Weiterleitung im AV-Knoten (s. oben). Zu diesem Zeitpunkt ist kein Potential in den EKG-Ableitungen abgreifbar (PQ-Strecke), da die Vorhoffasern völlig erregt und die Kammerfasern völlig unerregt sind, also beide keine Dipole erzeugen. Die teilweise erregten Zellen im AV-Knoten sind nicht zahlreich genug, um ein meßbares Potential an der Hautoberfläche zu erzeugen. Mit Erreichen des His-Bündels wird die Erregung wieder sehr schnell weitergeleitet. Da der linke Tawara-Schenkel normalerweise schneller leitet als der rechte, wird die Septummuskulatur zwischen beiden Kammern von links nach rechts erregt. Das erzeugt je nach Ableitung ein Q (I, II) oder ein R (III, aVR, V_1, V_2). In der Folge geht von den aufgefächerten Purkinjefasern aus eine breite Ausbreitungsfront in Richtung Herzspitze. In dieser Phase der Erregungsausbreitung wird der größte räumliche Vektor erzeugt, da zu diesem Zeitpunkt eine Vielzahl von Myokardfasern teilweise erregt

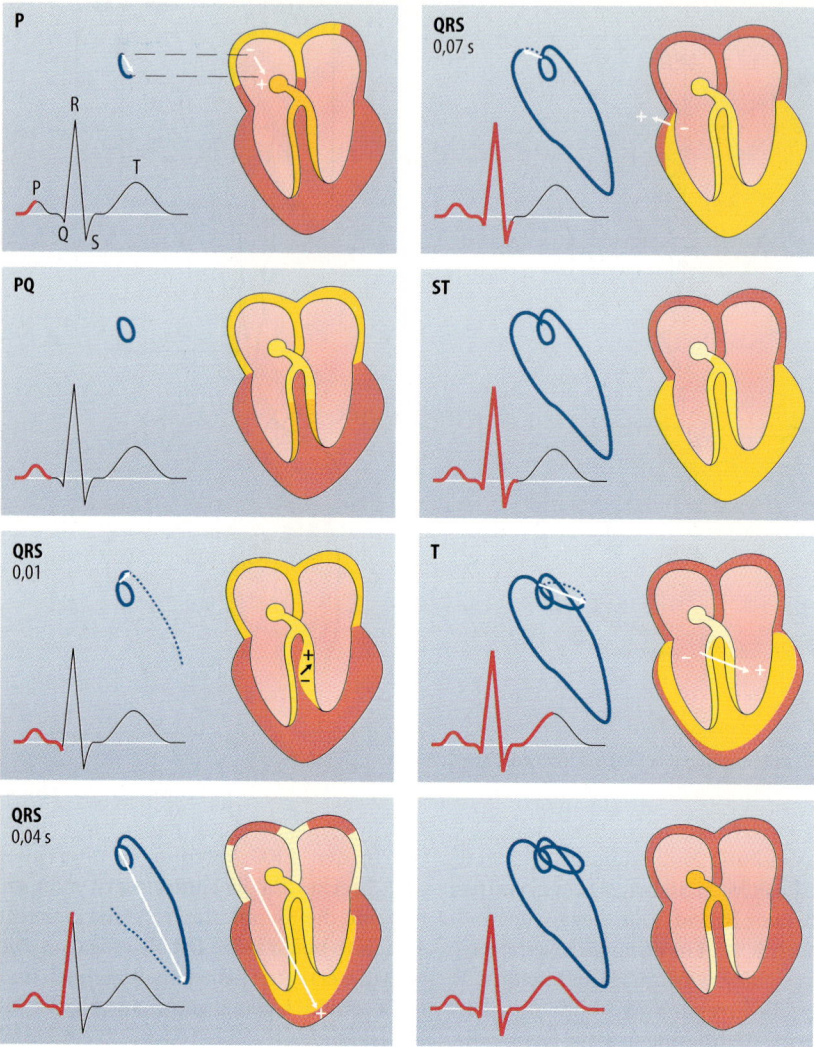

Abb. 13.8. Erregungsausbreitung im Herzen, Verlauf des Summenvektors in der Frontalebene und Ableitung II im EKG. Die jeweils erregten Anteile des Herzens sind hellgelb und die an der Erregungsausbreitungsfront entstehenden momentanen Summenvektoren weiß. Die Umhüllenden der Summenvektoren bis zum jeweiligen Zeitpunkt sind blau, die EKG-Kurve bis zum jeweiligen Zeitpunkt ist rot (nach Antoni aus Schmidt et al. 2000)

sind und Dipole mit ähnlicher räumlicher Ausrichtung erzeugen. Der Vektor zeigt in Richtung Herzspitze, seine räumliche Orientierung stimmt normalerweise relativ gut mit der Ableitung II überein, in der dann ein hohes R gemessen wird. Während dieser Phase werden normalerweise positive Ausschläge auch in den Ableitungen I, III, aVL, aVF, V_3-V_6 gemessen. Nachdem die Spitze vollständig erregt ist, erzeugt die weitere Erregungsausbreitung einen Summenvektor in Richtung Herzbasis (S in II, III, V_1-V_6). Nach vollständiger Kammererregung ist normalerweise wiederum kein nennenswertes Potential abgreifbar (ST-Strecke). Das Aktionspotential ist an der

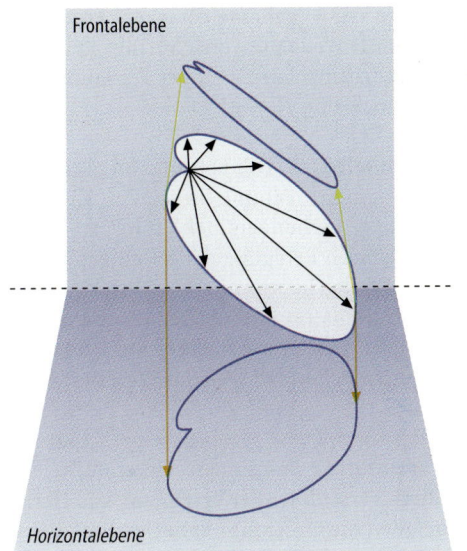

Frontalebene

Horizontalebene

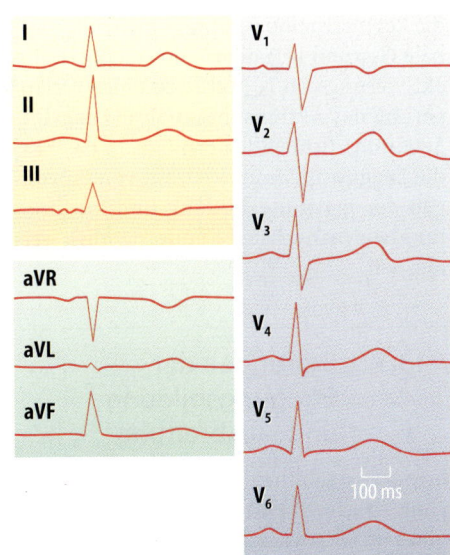

I

II

III

aVR

aVL

aVF

V₁

V₂

V₃

V₄

V₅

V₆

100 ms

Abb. 13.9. Vektorschleife der Ventrikelerregung des Herzens. Die Erregungsausbreitung in der Kammer erzeugt einen räumlichen Dipol, dessen Amplitude und Richtung sich während der Ausbreitung ändert. Der räumliche Vektor kann auf die Frontalebene und die Horizontalebene projiziert werden. Die Extremitätenableitungen greifen die Vektoren in der Frontalebene ab, die Brustwandableitungen die Vektoren in der Horizontalebene (s. Abb. 13.10)

Abb. 13.10. Typische Extremitätenableitungen (links) und Brustableitungen (rechts) eines gesunden Herzens (nach Antoni aus Schmidt et al. 2000)

Herzspitze relativ kurz, die Erregungsrückbildung beginnt dort und erzeugt einen zur Herzspitze gerichteten Raumvektor (T). Damit ist T in Ableitung II und den Brustwandableitungen positiv. Nach vollständiger Repolarisation ist wiederum kein Potential nachweisbar (TP-Strecke). Verbindet man die jeweiligen Vektorspitzen miteinander, so erhält man eine Vektorschleife (s. Abb. 13.9).

Diagnostische Bedeutung des EKG. Aus dem EKG bestimmt man in der Regel die Frequenz der elektrischen Herzaktionen sowie die Lage der elektrischen Herzachse, d.h. die auf die Frontalebene projizierte Richtung des größten Summenvektors. Dabei wird der größte positive (R) bzw. negative (S) Ausschlag der Ableitungen I – III ermittelt. Der Summenvektor löst in derjenigen Ableitung den größten Ausschlag aus,

mit der er am besten übereinstimmt (s. Tabelle 13.1). Je nach der Richtung des stärksten Ausschlages unterscheidet man Linkstyp, Horizontaltyp, Indifferenztyp, und Rechtstyp. Die Aktionspotentialdauer ist an der QT-Strecke erkennbar. Sie ist u.a. bei Hyperkaliämie und bei Hyperkalzämie verkürzt, sowie bei Hypokalzämie und Hypokaliämie verlängert (s. Kap. 13.1). Auch ein genetischer Defekt einer der beiden für

Tabelle 13.1. Lagetypen des Herzens im EKG (– bezeichnet negative Ausschläge)

Lagetyp	größte Ausschläge in Ableitung		
Indifferenztyp	II >	I >	III
Linkstyp	I >	II >	III
Steiltyp	II >	III >	I
Rechtstyp	III >	II >	I
überdrehter Rechtstyp	–I >	II >	III
ausgeprägter Linkstyp	–III >	II >	I
überdrehter Linkstyp	–II >	I >	III

die Repolarisation verantwortlichen K$^+$-Kanäle (I_{Kr} und I_{Ks}) oder eine verzögerte Inaktivierung von I_{Na} führt zu einer Verlängerung des Aktionspotentiales (Long-QT-Syndrom). Schließlich ermöglicht das EKG die Diagnostik einer Vielzahl von Störungen der Erregungsbildung und -ausbreitung, wie im nächsten Kapitel deutlich werden soll.

13.3 Störungen der Erregungsbildung und -ausbreitung

Erregungsbildung im Sinusknoten. Sie kann zu schnell (Sinustachykardie) oder zu langsam (Bradykardie) erfolgen. Beide Störungen können sich ungünstig auf die Herzleistung auswirken, wie weiter unten näher ausgeführt werden soll (s. Kap. 13.5). Die Aktion des Sinusknotens kann auch völlig ausfallen. Springt dann kein anderer Schrittmacher des Reizleitungssystems ein, steht das Herz still und der Kreislauf bricht zusammen. In der Regel übernimmt freilich bei Ausfall des Sinusknotens der AV-Knoten die Schrittmacherrolle. Am EKG ist die vom AV-Knoten ausgehende Erregung der Ventrikel daran erkennbar, daß dem QRS-Komplex kein P vorausgeht. Vielmehr kann die vom AV-Knoten ausgehende retrograde Erregung des Vorhofes ein umgekehrtes P erzeugen, das etwa gleichzeitig mit dem QRS-Komplex auftritt.

AV-Block. Im AV-Knoten kommt es besonders häufig zu einer Verzögerung oder Unterbrechung der Weiterleitung. Der AV-Knoten stellt ja ein Nadelöhr in der Erregungsweiterleitung dar. Die Weiterleitung im AV-Knoten kann verzögert sein (AV-Block 1. Grades, erkennbar an der verlängerten PQ-Strecke), teilweise (AV-Block 2 Grades) oder völlig unterbrochen sein (AV-Block 3. Grades). Ein völliger AV-Block ist im EKG am unabhängigen Auftreten (völlige Dissoziation) von P-Welle und QRS-Komplex erkennbar, wobei der QRS-Komplex in der Regel eine geringere Frequenz als die P-Welle aufweist. Springt kein Ersatzschrittmacher ein, führt der komplette AV-Block zum Herzstillstand.

Schenkelblock. Die Leitungsverzögerung oder -unterbrechung in einem Tawara-Schenkel (Schenkelblock) führt zu einer verzögerten Erregung der jeweiligen Kammer. Da das Septum und beide Kammern vom jeweils intakten Schenkel aus erregt wird, sind Erregungsausbreitung und EKG in entsprechender Weise verzerrt (s. Abb. 13.11).

Herzinfarkt. Bei einem Herzinfarkt ist durch Verschluß oder Verengung von Herzgefäßen die O$_2$-Zufuhr zum Gewebe beeinträchtigt oder aufgehoben, und die Energieversorgung bricht zusammen. Folge ist u.a. Hemmung der Na$^+$/K$^+$-ATPase, Abfall der intrazellulären K$^+$-Konzentration, Depolarisation, Inaktivierung der Na$^+$-Kanäle, Hemmung der K$^+$-Kanäle und der Ca^{++}-Kanäle. Diese Veränderungen beeinflussen massiv die Erregbarkeit der betroffenen Herzmuskelzellen. Im ischämischen Gebiet ist die Leitungsgeschwindigkeit massiv herabgesetzt und bei Untergang der betroffenen Zellen völlig aufgehoben. Im EKG führt der Wegfall der Erregung in das betroffene Gebiet zu einer Abnahme der Höhe der R-Zacke und zu einer **Q-Zacke**, da nun der Einfluß der Erregung in andere Herzareale überwiegt. Andererseits ist die Repolarisation im ischämischen Gebiet durch herabgesetzte Leitfähigkeit der K$^+$-Kanäle verzögert, sodaß das **T negativ** wird. Die Zellen sind schon in Ruhe depolarisiert und das ischämische Areal ist in Ruhe negativer als die Umgebung (Verletzungspotential). Während des Aktionspotentials sind auch die intakten Herzmuskelzellen depolarisiert, das Verletzungspotential verschwindet und im EKG kommt es zu einer (scheinbaren) **ST-Hebung.** Die Abnahme der K$^+$-Leitfähigkeit destabilisiert das Zellmembranpotential und die Zellen können die Fähigkeit zur Automatie gewinnen. Über die Erzeugung

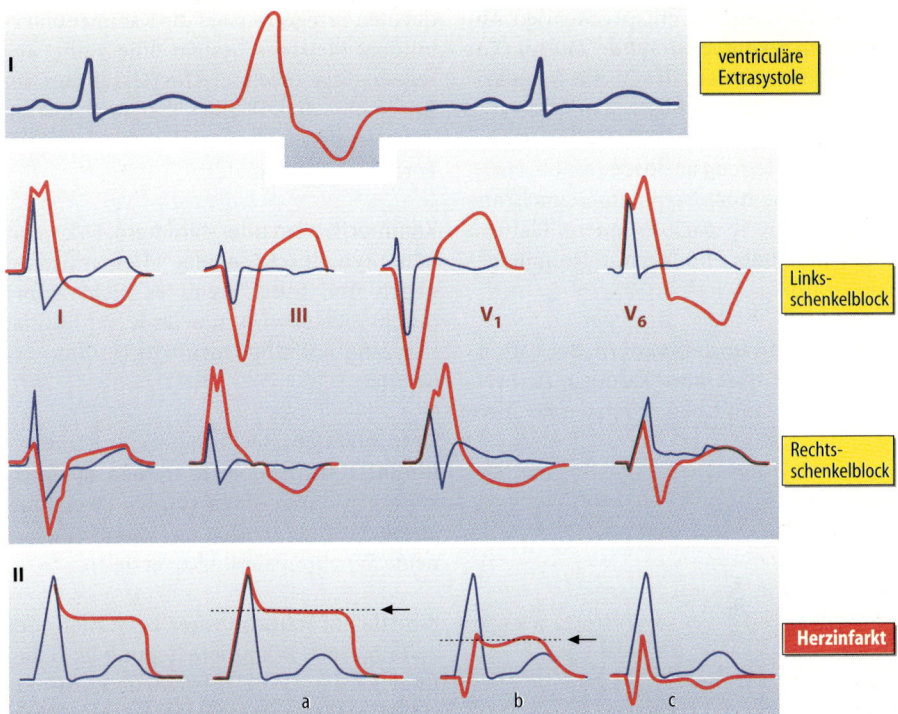

Abb. 13.11. Einige pathologische (rot) EKG-Kurven. Supraventrikuläre Extrasystole: Erkennbar ist das Fehlen der P-Welle und die völlige Deformierung des QRS-Komplexes durch die unorthodoxe Erregungsausbreitung. Linksschenkelblock: Erkennbar ist die verzögerte Erregungsausbreitung in Richtung der linken Kammer. Rechtsschenkelblock: Erkennbar ist die verzögerte Erregungsausbreitung in Richtung der rechten Kammer. Herzinfarkt: Unterschiedliche Phasen (Tage bis Wochen nach dem Infarktereignis) [a] (scheinbare) ST-Hebung durch Verschiebung der Nullinie (gestrichelte Linie) [b] zusätzliches Auftreten von Q durch Überwiegen der Erregung in die dem Infarkt abgewandten Richtungen [c] T-Umkehr durch verzögerte Repolarisation im Infarktgebiet

von ektopischen Erregungen können sie lebensbedrohlich die Erregung des Herzens stören (s. Abb. 13.12).

Extrasystolen. Auch ohne, daß die Erregung des Sinusknotens ausfällt, können andere Schrittmacher (z. B. ischämische Herzmuskelzellen) aktiv werden und ektopische Erregungen auslösen (*Extrasystolie*). Dabei können bestimmte ektopische Schrittmacher wiederholt Extrasystolen erzeugen (fokale Erregung). Sitzt der ektopische Schrittmacher im His-Bündel oder darüber, dann nimmt die Erregungsausbreitung in die Kammermuskulatur einen normalen Verlauf und der QRS-Komplex ist unauffällig.

Bei Extrasystolen unterhalb des His-Bündels können jedoch massive Verzerrungen des QRS-Komplexes nachgewiesen werden. Bei sehr niedrigem Sinusrhythmus kann eine Extrasystole zwischen zwei Sinuserregungen auftreten, ohne diese zu stören (*interponierte Extrasystole*). Häufiger fällt nach einer Extrasystole die folgende Sinuserregung auf refraktäres Gewebe und kann sich nicht über das Herz ausbreiten. Damit entsteht eine relativ lange Pause bis zur übernächsten Sinuserregung (*kompensatorische Pause*). Wird der Sinuskonten durch die Erregung der Extrasystole erfaßt, dann wird der Sinusrhythmus verschoben und die nächste Sinuserregung folgt in einem dem Sinusrhythmus entsprechenden Abstand (*nichtkompensierende Pause*). Vor allem Extrasystolen, die in die Repolarisationsphase der Nachbarzellen fallen (v.a. in die aufsteigende T-Welle), können eine kreisende Erregung auslösen (s. Abb. 13.12). Folge ist eine hochfrequente, asynchrone Erregung, die je nach Frequenz Flattern (> 200/min) oder Flimmern (> 350/min) genannt wird.

Vorhofflattern und -flimmern. Bei Vorhofflattern oder -flimmern kann ein (teilweiser) AV-Block ein Übergreifen der hochfrequenten Erregungen auf die Kammer unterbinden. Meistens besteht eine völlig unregelmäßige mechanische Herzaktion. Im EKG fehlen die P-Wellen, die unregelmäßig auftretenden QRS-Komplexe sind in ihrer Form jedoch normal.

Kammerflattern oder -flimmern. Es kommt hämodynamisch einem Herzstillstand gleich und führt, wenn es nicht sofort durchbrochen wird, zum Tode. Im EKG ist nur eine auffällig unruhige Nullinie erkennbar.

Defribrillation. Bei Vorhof- oder Kammerflimmern kann versucht werden, die Muskelfasern durch einen starken Stromstoß gleichzeitig zu erregen und damit eine erneute Synchronisierung zu erzielen.

Künstlicher Schrittmacher. Bei Ausfall oder zu langsamer Kammererregung (z. B. bei Bradykardie, AV-Block) kann durch Stromstöße jeweils eine Kammererregung erzeugt und damit eine regelmäßige, hinreichend frequente Herzaktion erzwungen werden.

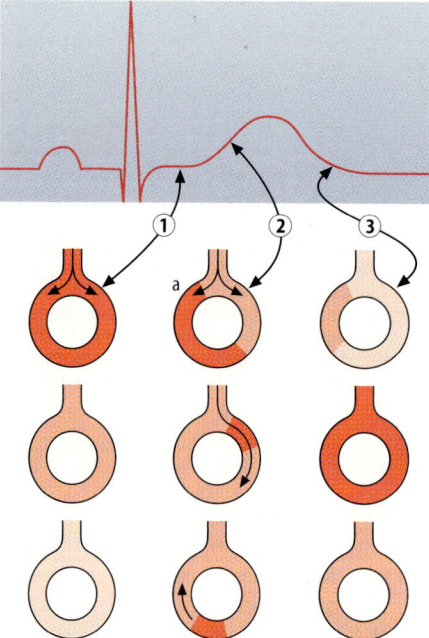

Abb. 13.12 Entstehung von kreisenden Erregungen des Herzens bei früh einfallender Extrasystole. *1.* Die Erregung trifft auf vollständig refraktäres Herzgewebe → keine Erregung. *2.* Die Erregung trifft auf repolarisierendes und damit teilweise refraktäres Gewebe (R auf T). Das folgende Aktionspotential ist kurz (schnellere Aktivierung von K⁺-Kanälen) und wird nur langsam fortgeleitet (Inaktivierung von Na⁺-Kanälen). Damit wird Rezirkulieren von Erregungen begünstigt. *3.* Die Erregung trifft auf vollständig repolarisiertes Gewebe. Aktionspotential und Fortleitungsgeschwindigkeit sind (annähernd) normal → kein Rezirkulieren von Erregungen

13.4 Elektromechanische Kopplung

Letztlich dient die elektrische Erregung des Herzens der Auslösung einer konzertierten Kontraktion der Muskulatur. Durch die Depolarisation der Zelle werden die spannungsabhängigen Ca^{++}-Kanäle aktiviert und Ca^{++} strömt in die Zelle ein. Die Aktivierung der Ca^{++}-Kanäle der Zellmembran bewirkt nun die Freisetzung von Ca^{++} aus intrazellulären Speichern (s. Kap. 1.9). Das aus den Speichern freigesetzte Ca^{++} übersteigt das von außen eingedrungene Ca^{++} um ein Vielfaches. Folge ist ein schnelles Ansteigen der intrazellulären Ca^{++}-Konzentration von etwa 10^{-7} auf 10^{-5} mol/l. Ca^{++} vermittelt schließlich die Interaktion von Aktin und Myosin und damit die Muskelkontraktion (s. Kap. 1.9). Bei der Repolarisation werden die Ca^{++}-Kanäle verschlossen, und Ca^{++} wird wieder in den Extrazellulärraum und die intrazellulären Speicher zurücktransportiert. Der Transport in den Extrazellulärraum wird v.a. durch den Na^+/Ca^{++}-Austauscher vermittelt (s. Kap. 1.2), der Transport in die intrazellulären Speicher durch eine Ca^{++}-ATPase (s. Kap. 1.2). Die Abnahme der intrazellulären Ca^{++}-Konzentration führt schließlich zur Erschlaffung der Herzmuskelzelle. Die Interaktion der kontraktilen Elemente und damit die Herzkraft ist von der Ca^{++}-Konzentration abhängig, die während des Aktionspotentials erreicht wird. Eine Reihe von Faktoren steigern (positiv inotrop) oder mindern (negativ inotrop) Ca^{++}-Konzentration und Herzkraft:

Einfluß der Ca^{++}-Konzentration. Bei Zunahme der extrazellulären Ca^{++}-Konzentration strömt während des Aktionspotentials mehr Ca^{++} in die Zelle. Der größte Teil davon wird nach dem Aktionspotential in die Speicher gepumpt, d.h. der Füllungszustand der Speicher nimmt zu (Auffülleffekt). Beim nächsten Aktionspotential wird mehr Ca^{++} nicht nur von außen, sondern auch von intrazellulären Speichern bereitgestellt. Folge ist eine Zunahme der Herzkraft. Bei Abnahme der extrazellulären Ca^{++}-Konzentration kommt es umgekehrt zu einer Abnahme der Herzkraft.

Einfluß der Herzfrequenz. Zunahme der Herzfrequenz mindert den Abstand zwischen den Aktionspotentialen und damit die Zeit, in der Ca^{++} aus der Zelle transportiert wird. Die intrazelluläre Ca^{++}-Konzentration nimmt zu und mit ihr die Herzkraft (Frequenzinotropie). Eine Abnahme der Herzfrequenz wirkt umgekehrt negativ inotrop.

Einfluß der Aktionspotentialdauer. Eine Abnahme der Aktionspotentialdauer, wie sie etwa bei Hyperkaliämie (s. 13.1) auftritt, verkürzt den Ca^{++}-Einstrom, mindert damit die Zunahme der intrazellulären Ca^{++}-Konzentration und setzt daher die Herzkraft herab. Eine Zunahme der Aktions-

potentialdauer wirkt umgekehrt positiv inotrop.

Temperatur, Alkalose, Azidose. Teilweise über Beeinflussung der Bindung von Ca^{++} an die kontraktilen Elemente steigern Abnahme der Temperatur und Alkalose die Herzkraft, während Azidose die Herzkraft herabsetzt.

Digitalisglykoside. Sie hemmen die Na^+/K^+-ATPase. Die Zunahme der intrazellulären Na^+-Konzentration mindert den chemischen Gradienten für Na^+ über die Zellmembran und damit die treibende Kraft für den Transport von Ca^{++} über den Na^+/Ca^{++}-Austauscher. Folge ist eine Zunahme der zytosolischen Ca^{++}-Konzentration und eine verstärkte Auffüllung der intrazellulären Speicher, aus denen bei einer Depolarisation dann mehr Ca^{++} freigesetzt wird. Letztlich steigern die Digitalisglykoside auf diese Weise die Herzkraft.

Ca^{++}-Kanal-Blocker (Ca^{++}-Antagonisten). Umgekehrt wird die Herzkraft durch Ca^{++}-Blocker (Nifedipin, Verapamil, Diltiazem) gemindert. Sie hemmen die spannungsabhängigen Ca^{++}-Kanäle und senken damit die intrazelluläre Ca^{++}-Konzentration. Sie können u.a. bei einem Mißverhältnis von O_2-Angebot und Herzarbeit eingesetzt werden, um die Herzarbeit zu senken.

Hormone und vegetatives Nervensystem. Erregung und Herzkraft werden schließlich durch vegetatives Nervensystem und Hormone beeinflußt, wie unter 13.8 noch ausführlicher dargestellt wird.

13.5 Herzmechanik

Auf seinem Weg durch das Herz muß das Blut beide Vorhöfe und Kammern passieren. Aus dem Körperkreislauf kommend fließt es zunächst im rechten Vorhof zusammen. Bei erschlafftem Herzen ist der Druck im rechten Vorhof höher als in der rechten Kammer, die Trikuspidalklappe ist geöffnet und der rechte Ventrikel füllt sich. Die Kontraktion des Herzens beginnt mit der Vorhofkontraktion, die den Druck im rechten Vorhof und damit das Druckgefälle zur Kammer weiter steigert. Vor der Ventrikelkontraktion erhält die Kammer damit einen weiteren Schub Blutvolumen. Dann setzt die Kammerkontraktion ein, der Druck in der rechten Kammer steigt, die Trikuspidalklappe wird verschlossen. Der Druck in der rechten Kammer übersteigt schließlich den Druck in der Pulmonalarterie, die Pulmonalklappe öffnet sich und Blut wird aus der rechten Kammer in die Pulmonalarterie ausgeworfen. Nach Passage der Lungengefäße gelangt das Blut in den linken Vorhof und strömt bei geöffneter Mitralklappe in den linken Ventrikel, wiederum unterstützt durch die Vorhofkontraktion. Die Kontraktion des linken Ventrikels wirft das Blut dann durch die geöffnete Aortenklappe in den Körperkreislauf aus.

Herz als Druck/Saugpumpe. Die Kontraktion der Kammermuskulatur steigert nicht nur den Druck im Kammerlumen, sondern die gesteigerte Muskelspannung zieht die Segelklappen (Trikuspidalis und Mitralis) zur Kammer hin. Die dadurch ausgelöste Verschiebung der Ventilebenen erzeugt in den Vorhöfen einen Unterdruck, also eine Sogwirkung gegenüber den Venen (s. Abb. 13.13). Bei Erschlaffung der Kammern kehrt die Ventilebene zurück und die geöffneten Ventile stülpen sich förmlich über einen Teil des Vorhofblutes. Die Erschlaffung und damit Ausdehnung der Kammermuskulatur senkt darüber hinaus den Druck in den Kammern, und der Unterdruck in den Kammern übt eine Sogwirkung auf das Vorhofblut aus. Das Herz ist also eine Druck-Saug-Pumpe.

Einfluß der Atmung. Die Füllung des rechten Vorhofes wird durch die Atmung beeinflußt, die Abnahme des intrathorakalen Druckes während der Inspiration schafft ein Druckgefälle gegenüber den extrathorakalen Gefäßen und begünstigt auf diese Weise

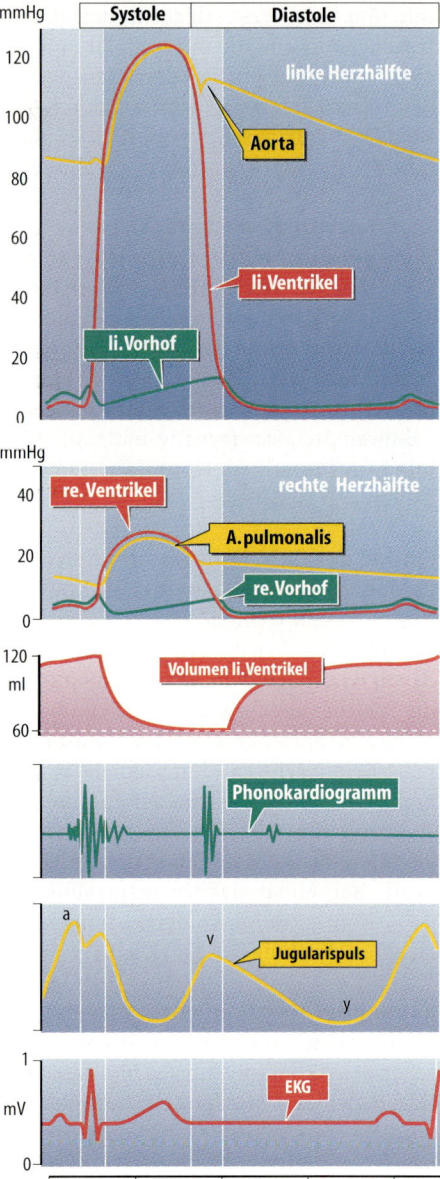

Abb. 13.13. Druckverläufe in Vorhöfen und Kammern. Linkes Herz: Druckverlauf in Aorta, linkem Ventrikel und linkem Vorhof. Rechtes Herz: Druckverlauf in Arteria pulmonalis, rechtem Ventrikel und rechtem Vorhof. Darunter: Volumen im linken Ventrikel, Phonokardiogramm. Jugularisvenenpulskurve und EKG: Ableitung II (nach Antoni aus Schmidt et al. 2000)

den Rückstrom von Blut in den rechten Vorhof.

Druckverlauf in den Vorhöfen des Herzens. Der Druckverlauf ist in beiden Vorhöfen sehr ähnlich (s. Abb. 13.13), der Druck im linken Vorhof ist nur geringfügig größer als der Druck im rechten Vorhof. Die Druckänderungen im rechten Vorhof sind wiederum in den angrenzenden Venen meßbar (Jugularispuls, s. Abb. 13.13). Kontraktion der Vorhofmuskulatur führt zu einer Druckwelle (a-Welle) in den Vorhöfen und angrenzenden Venen. Die folgende Kontraktion der Kammern dreht die Strömungsrichtung in den Vorhofklappen (Trikuspidalklappe und Mitralklappe) um und bis zum „Zuschlagen" der Vorhofklappen entweicht etwas Blut in die Vorhöfe und erzeugt dort eine weitere Druckwelle (c-Welle). Die folgende Kammerkontraktion und damit verbundene Verschiebung der Ventilebene führt zu einer starken Abnahme der Vorhofdrucke (x-Senkung). Mit beginnender Erschlaffung der Kammermuskulatur kehrt die Ventilebene zurück und steigert zunächst den Vorhofdruck (v-Welle). Dann öffnen sich jedoch die Vorhofklappen, die weitere Erschlaffung der Kammermuskulatur „saugt" Blut in die Kammer und der Druck in den Vorhöfen sinkt erneut (y-Senkung).

Druckverlauf in den Herzkammern. Der Druckverlauf in rechter und linker Herzkammer ist qualitativ gleich, der Druckanstieg während der Kontraktion ist in der linken Kammer freilich sehr viel größer als in der rechten Kammer (s. Abb. 13.13). Die Kontraktion der Kammermuskulatur führt zu einem steilen Druckanstieg. Sobald der Druck in der linken Kammer den Druck in der Aorta übersteigt, öffnet sich die Aortenklappe und Blut wird in die Aorta ausgeworfen. Der Druck steigt durch die weitere Kontraktion der Kammermuskulatur zunächst noch an, wenn auch etwas langsamer. Das in die Aorta ausgeworfene Blut führt auch dort zu einem entsprechenden Druckanstieg. Schließlich läßt die Kontraktion nach und der Druck sinkt allmählich wieder. Sobald der Kammerdruck unter den Aortendruck fällt, schließt sich die Aortenklappe wieder. Das kurz vor dem Schließen der Aortenklappe in den linken Ventrikel zurückfließende Blut erzeugt einen geringfügigen Druckabfall in der Aorta, die Inzisur. Nach Schließen der Aortenklappe fällt der Druck im linken Ventrikel steil ab, die Mitralklappe öffnet sich und die weitere Erschlaffung der Kammermuskulatur übt einen Sog auf das Blut des linken Vorhofes aus. Die Verhältnisse im rechten Ventrikel sind sehr ähnlich, nur daß der Druck in der rechten Kammer und in der Pulmonalarterie wesentlich geringer ist.

Phasen der Herzaktion. Die Zeit von der Depolarisation der Kammermuskulatur (erkennbar am Auftreten des QRS-Komplexes im EKG) bis zur Öffnung der Aortenklappe (erkennbar am Druckanstieg in der Aorta) wird in der Klinik als Anspannungsphase bezeichnet, die in eine Umformungszeit (bis zum Verschluß der Mitralklappe bzw. zum I. Herzton) und der Druckanstiegszeit unterteilt werden kann. Der Anspannungsphase folgt die Austreibungsphase bis zum Verschluß der Aortenklappe, die Entspannungsphase bis zur Öffnung der Mitralklappe und dann die Füllungsphase bis zur nächsten Herzaktion. Für das rechte Herz gelten die analogen Zeitabschnitte. Die Anspannungsphase und Austreibungsphase werden als Systole zusammengefaßt, die Entspannungsphase und Füllungsphase als Diastole.

Kontraktionsgeschwindigkeit. Die maximale Geschwindigkeit der Druckzunahme während der Anspannungsphase (dP/dt_{max}) kann durch Herzkatheter gemessen werden und wird als Maß für die Herzkraft (Kontraktilität) genommen.

Herzzeitvolumen. Das pro Zeiteinheit durch das Herz beförderte Volumen (Herzzeitvolumen, HZV) errechnet sich aus der Frequenz der Herzkontraktionen (f) und dem pro Kontraktion (Herzschlag) ausgeworfenen Volumen V_S (Schlagvolumen):

$$HZV = V_S \cdot f$$

Frequenz und Schlagvolumen sind in beiden Herzkammern annähernd gleich, das pro Zeiteinheit die Lunge passierende Volumen muß ja vom linken Herzen quantitativ weitergepumpt werden. Das Herz ist in der Lage, das pro Zeiteinheit geförderte Volumen (Herzminutenvolumen) in weiten Grenzen zu variieren und damit den Erfordernissen des Organismus anzupassen. Eine Zunahme des Herzminutenvolumens geschieht in erster Linie durch Steigerung der Herzfrequenz. Sie erfolgt vorwiegend auf Kosten der Diastole, d.h. die Füllungsphase des Herzens nimmt ab. Da die Kammern sich normalerweise vor allem zu Beginn der Diastole füllen, das Volumen also während der späten Diastole nur noch geringfügig zunimmt, wird das Schlagvolumen durch Zunahme der Herzfrequenz in weiten Grenzen nur mäßig beeinträchtigt. Erst über einer Herzfrequenz von 150/min kommt es zu einer Beeinträchtigung der Herzfüllung. Bei einer Verengung der Mitralklappe (Mitralstenose) kann die Herzfüllung bei nur mäßiger Steigerung der Herzfrequenz erheblich eingeschränkt werden.

Ejektionsfraktion. Normalerweise beträgt das Schlagvolumen etwa 80 ml, das ist etwas mehr als die Hälfte des Volumens, das sich bis Ende der Diastole im linken Herzen angesammelt hat (140 ml). Die andere Hälfte (Restvolumen) verbleibt im Herzen und addiert sich zum Blut, das in der nächsten Füllungsphase einströmt. Der Quotient Schlagvolumen/enddiastolisches Füllungsvolumen (Ejektionsfraktion) ist normalerweise im Bereich von 0,6. Er nimmt bei steigender Herzkraft zu (Kontraktilitätsmaß).

Druckvolumendiagramm. Die mechanische Herzaktion kann in einem Druck-Volumen-Diagramm dargestellt werden (s. Abb. 13.14): In diesem Diagramm wird das Volumen gegen den Druck des Herzens zu jedem Zeitpunkt der Herzaktion aufgetragen. Wird das Herz passiv gefüllt und damit gedehnt, dann steigt der Druck im Herzen durch die zunehmende Anspannung allmählich an (Ruhedehnungskurve). Die diastolische Füllung des Herzens folgt dieser Ruhedehnungskurve. Die Kontraktion des Herzens hängt von der Vorfüllung ab (s. Abb. 13.14): Der maximale, bei isovolumetrischer Kontraktion erzeugte Druck (isovolumetrisches Maximum) und das maximale, bei gleichbleibendem Druck (isobar) ausgeworfene Volumen (isobares Maximum) sind eine Funktion der Vorfüllung des Herzens. Sowohl isovolumetrisches als auch isobares Maximum nehmen mit steigender Herzfüllung zu (s. auch Kap. 1.9). Die Kontraktion des Herzens während der Anspannungsphase führt zunächst zu einer

---

Abb. 13.14. Druck-Volumen-Diagramm des Herzens: Ruhedehnungskurve (gelb), isovolumetrische Maxima (rot), isotone Maxima (blau) und die Unterstützungskurve (grün). **a** Die isovolumetrischen Maxima sind die bei gegebener Vordehnung (Füllung) des Herzens (1) erreichbaren maximalen Drücke bei isovolumetrischer Kontraktion (2). Die isotonen Maxima sind die bei gegebener Füllung des Herzens (1) maximalen Abnahmen des Herzvolumens bei isotoner Kontraktion (3). Die Unterstützungskurve verbindet isovolumetrisches und isotones Maximum bei gegebener Vordehnung des Herzens. Die Unterstützungszuckungen enden auf dieser Linie. **b** Kontraktion des Herzens bei normaler Vorlast (Preload) und Nachlast (Afterload). Die Fläche (hellblau) reflektiert die Druck-Volumenarbeit, der schwarze Pfeil das Schlagvolumen. **c** Kontraktion des Herzens bei reduzierter Nachlast (Sinken des diastolischen Blutdruckes). Das Schlagvolumen nimmt zu. **d** Kontraktion des Herzens bei gesteigerter Nachlast (Anstieg des diastolischen Blutdruckes). Das Schlagvolumen nimmt ab. **e** Kontraktion des Herzens bei gesteigerter Vorlast (gesteigerte Füllung des Herzens). Das Schlagvolumen nimmt zu. **f** Kontraktion des Herzens bei herabgesetzter Nachlast (Abnahme der Füllung des Herzens). Das Schlagvolumen nimmt ab. **g** Kontraktion des Herzens bei gesteigerter Herzkraft. Das Schlagvolumen nimmt zu. **h** Kontraktion des Herzens bei herabgesetzter Herzkraft. Das Schlagvolumen nimmt ab

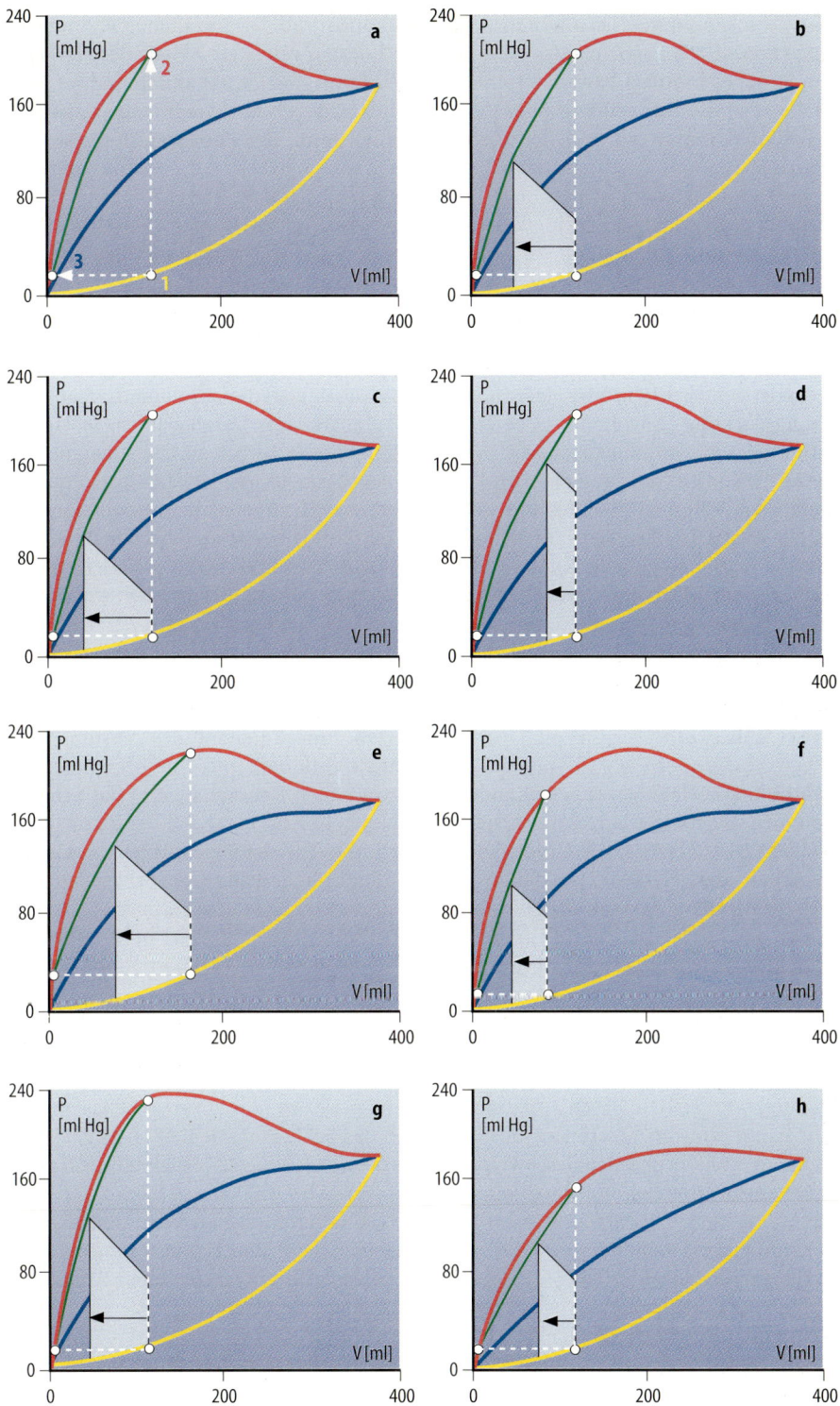

reinen Druckzunahme (isovolumetrische Kontraktion). Nach Erreichen des diastolischen Druckes in Aorta bzw. Arteria pulmonalis setzt die Austreibungsphase ein, das Volumen nimmt ab und der Druck steigt zunächst weiter an (auxotone Kontraktion) und fällt dann gegen Ende der Austreibungsphase wieder geringfügig ab. Die Erschlaffung führt dann zu einem Druckabfall ohne weitere Volumenverschiebung (isovolumetrische Erschlaffung). Die Kontraktion des Herzens ist weder eine isobare noch eine isovolumetrische Kontraktion sondern entspricht in etwa einer Unterstützungszuckung (isovolumetrische Kontraktion gefolgt von einer isobaren oder auxotonen Kontraktion, s. Kap. 1.9). Das Ausmaß der Volumenverschiebung während der Austreibungsphase läßt sich abschätzen, wenn man eine Verbindungslinie zwischen dem isovolumetrischen Maximum und dem isobaren Maximum konstruiert (Unterstützungskurve). Die auxotone Kontraktion während der Austreibungsphase endet mit Erreichen dieser Kurve (s. Abb. 13.14).

Herzarbeit. Das Herz leistet Arbeit, indem es Volumen gegen einen bestimmten Druck verschiebt ($A = \Sigma p \, \Delta V$). Die Druck-Volumen-Arbeit des Herzens ist daher im Druckvolumendiagramm als die Fläche erkennbar, die durch einzelne Herzaktionen eingeschlossen wird. Das Auswerfen des Schlagvolumens in Aorta bzw. Arteria pulmonalis erfolgt normalerweise im Bruchteil einer Sekunde, das Blut muß also schnell ausgeworfen und damit entsprechend beschleunigt werden. Die Beschleunigungsarbeit hängt von der Masse (m) des beschleunigten Blutes und der Geschwindigkeit (v) ab, auf die das Blut beschleunigt wird: $A = \frac{1}{2} m \cdot v^2$. Normalerweise ist die Beschleunigungsarbeit nur etwa 1% der vom Herzen geleisteten Arbeit. Sie kann bei Zunahme der Beschleunigung oder des beschleunigten Blutvolumens jedoch erheblich ansteigen.

Wirkungsgrad. Die pro Einheit verbrauchter Energie geleistete Arbeit des Herzens (Wirkungsgrad) sinkt mit Zunahme des Druckes, gegen den das Blut ausgeworfen werden muß. Bei Zunahme des systemischen Blutdruckes steigt der Energieverbrauch des linken Herzens also sowohl durch Anstieg der erforderlichen Druck-Volumen-Arbeit, als auch durch den sinkenden Wirkungsgrad.

Einfluß der Herzkraft. Eine Zunahme der Herzkraft, z. B. durch Aktivierung des Sympathikus steigert die isovolumetrischen und isobaren Maxima. Damit nehmen Schlagvolumen und Herzarbeit zu. Die Zunahme des Schlagvolumens mindert das Restvolumen, sodaß das Herz bei akuter Stimulation der Herzkraft kleiner wird. Eine Abnahme der Herzkraft hat umgekehrt eine Minderung von Schlagvolumen und Herzarbeit zur Folge.

Einfluß der Nachlast (Afterload). Das Herz muß letztlich Blut gegen den diastolischen Druck in Aorta bzw. Arteria pulmonalis auswerfen. Eine Zunahme des diastolischen Druckes mindert und eine Abnahme des diastolischen Druckes steigert das Schlagvolumen (s. Abb. 13.14). Bei Druckzunahme wird die Effizienz des Herzens eingeschränkt, das Verhältnis von Schlagvolumen zu geleisteter Herzarbeit nimmt ab. Umgekehrt nimmt die Effizienz bei Drucksenkung in Aorta bzw. Arteria pulmonalis zu.

Einfluß der Vorlast (Preload). Die Füllung des Herzens wird als Preload bezeichnet. Bei stärkerer Füllung des Herzens nimmt normalerweise das isovolumetrische Maximum und das Schlagvolumen zu (s. Abb. 13.14), u. a. weil bei stärkerer Vordehnung intrazellulär vermehrt Ca^{++} ausgeschüttet wird und die Ca^{++}-Empfindlichkeit der kontraktilen Elemente steigt. Eine Herabsetzung der Füllung führt umgekehrt zu einer Abnahme des Schlagvolumens.

Frank-Starling-Mechanismus. Der Einfluß der Vorlast auf das Schlagvolumen (Frank-

Starling-Mechanismus) erlaubt eine automatische Anpassung der Schlagvolumina von linkem und rechtem Ventrikel: Wirft der linke Ventrikel etwa weniger Blut aus als der rechte Ventrikel, dann staut sich Blut im linken Vorhof, der Füllungsdruck und damit das enddiastolische Volumen des linken Ventrikels steigt und der linke Ventrikel steigert sein Schlagvolumen, bis er das Schlagvolumen des rechten Ventrikels erreicht hat. Diese Anpassung erfolgt auch dann, wenn eines der beiden Ventrikel einer stärkeren Belastung ausgesetzt wird. Steigt etwa der Blutdruck im Körperkreislauf, dann nimmt zunächst das Schlagvolumen des linken Ventrikels ab. Das im linken Ventrikel vermehrt zurückbleibende Restvolumen führt bei anhaltendem venösem Zustrom (gleichbleibende Auswurfleistung des rechten Ventrikels) zu einer Zunahme des enddiastolischen Volumens, bis der

linke Ventrikel wieder sein ursprüngliches Schlagvolumen erreicht hat.

Beziehung von LaPlace. Bei einer stärkeren Füllung des Herzens muß freilich noch berücksichtigt werden, auf welche Weise die Spannung und Längenveränderung der Wandmuskulatur zu einer Druck- und Volumenänderung des Herzens führt (Abb. 13.15): Denkt man sich einen Ventrikel als Kugel, die aus zwei Kugelhälften zusammengesetzt ist, dann ist die Kraft (K_1), welche die beiden Kugelhälften auseinandertreibt, abhängig vom Innendruck (p) und der Fläche ($\pi \cdot r^2$) des Innenraumes ($K_1 = p \cdot \pi \cdot r^2$). Die Kraft, welche die beiden Kugelhälften zusammenhält (K_2) ist andererseits abhängig von der Spannung, welche auf den einzelnen Muskelfasern lastet (T) und der Zahl der Muskelfasern bzw. der Fläche der Wandmuskulatur, also dem Pro-

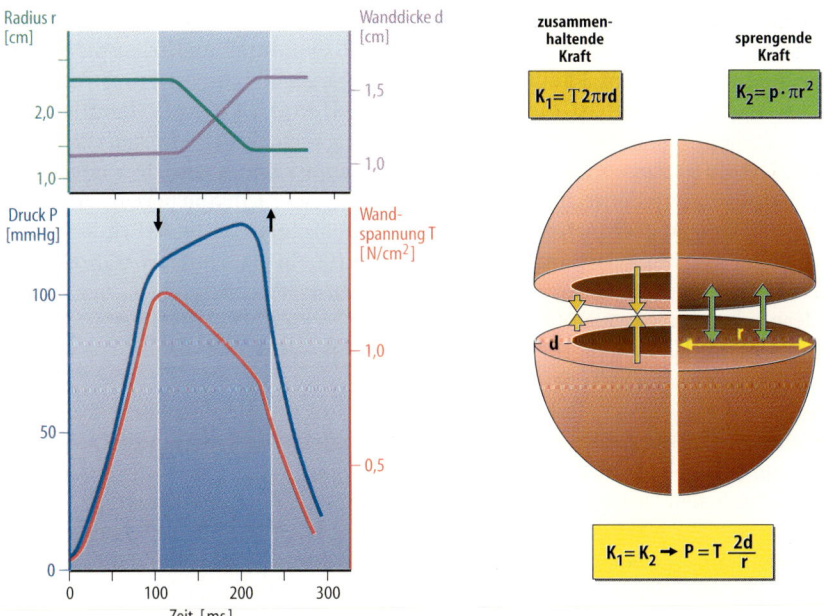

Abb. 13.15. Bedeutung des Radius und der Wanddicke für das Verhältnis von Wandspannung und Innendruck. Das Herz kann als Kugel gedacht werden. Durchtrennt man gedanklich diese Kugel in der Mitte, so werden die beiden Kugelhälften durch den Innendruck auseinander getrieben (grüne Pfeile), durch die Muskelspannung (bzw. Wandspannung T) zusammengehalten (gelbe Pfeile). Für die Kraft K_1, welche die Hälften auseinandertreibt, gilt Druck mal Fläche: $p \cdot \pi \cdot r^2$. Für die Kraft K_2, welche die Kugelhälften zusammenhält, gilt Spannung mal Querschnittsfläche der Muskulatur: $T \cdot 2 \cdot \pi \cdot (r + d/2) \cdot d$, oder, unter Vernachlässigung von d/2: $T \cdot 2 \cdot p \cdot r \cdot d$. Wenn $K_1 = K_2$, dann gilt: $p = T \cdot 2d/r$ (Beziehung von LaPlace, nach Antoni aus Schmidt et al. 2000)

dukt aus Umfang ($\approx 2 \cdot \pi \cdot r$) und Dicke (d) der Wandschicht: $K_2 = 2 \cdot \pi \cdot r \cdot d \cdot T$. Da $K_1 = K_2$, ist $p \cdot r = 2 \cdot T \cdot d$ (Beziehung von LaPlace). Bei gleicher Wandspannung nimmt somit der Druck mit der Wanddicke zu und mit dem Radius ab. Bei stärkerer Vordehnung wird die Muskelwand etwas dünner und der Radius größer. Die Herzmuskulatur muß also eine relativ hohe Wandspannung erzeugen, um den Druck im Herzen zu steigern. Während der Kontraktion nimmt umgekehrt die Wanddicke zu und der Radius ab. Die Ventrikelmuskulatur kann also gegen Ende der Austreibungsphase mit relativ geringer Wandspannung einen relativ hohen Druck erzeugen.

Unterschiedlicher Bau der Ventrikel. Die Auswirkung des Radius auf Wandspannung und Volumenverschiebung sind beim Aufbau des rechten und linken Herzens berücksichtigt: Die Muskelfasern der linken Kammer sind zirkulär angeordnet und umschließen das Lumen auf dem kürzesten Weg, also in einem möglichst kleinen Radius. Die Wanddicke ist groß. Damit ist die linke Kammermuskulatur fähig, einen hohen luminalen Druck zu erzeugen (Druckbelastung). Die Muskelfasern der rechten Kammer sind netzförmig angeordnet, die Muskelfasern bilden also Muskelschlingen, die das Lumen nicht auf kürzestem Weg umgeben, sondern einen wesentlich größeren Radius aufweisen, als das Lumen. Die rechte Kammermuskulatur kann zwar bei nur geringer Längenänderung seiner Muskelfasern große Volumenverschiebungen erzeugen (Volumenbelastung), ist jedoch nicht imstande, einen hohen luminalen Druck zu erzeugen.

Sportlerherz. Bei wiederholter bzw. langanhaltender Mehrbelastung des Herzens werden die Muskelfasern länger und dicker, das Herz nimmt an Muskelmasse und Volumen zu. Das Schlagvolumen ist somit vergrößert und damit kann das Herzminutenvolumen bei Belastung in größerem Ausmaß gesteigert werden. In Ruhe wird die Herzfrequenz wegen des großen Schlagvolumens auf sehr niedrige Frequenzen gesenkt (Bradykardie). Der theoretische Nachteil des vergrößerten Sportlerherzens, daß bei Zunahme des Volumens die Wandspannung gesteigert werden muß, kommt nicht zum Tragen, da ja gleichzeitig die Wandstärke zunimmt. Limitierend wird freilich die Blutversorgung der Muskulatur (s. Kap. 13.7).

13.6 Herztöne und Herzgeräusche

Die Herzaktionen werden durch akustische Ereignisse begleitet, die vom Arzt abgehört (auskultiert) werden können und die ihm wesentliche Hinweise auf den Ablauf der Herzaktionen und etwaige Störungen bieten können. Es werden die Herztöne von den Herzgeräuschen unterschieden.

Herztöne. Der *I. Herzton* wird durch die Anspannung der Kammermuskulatur bei Verschluß der Mitral- und Trikuspidalklappen hervorgerufen. Er ist etwas dumpfer (30–150 Hertz) als der *II. Herzton*, der durch den Verschluß der Aorten- und Pulmonalklappe erzeugt wird. Der normalerweise nur beim Kleinkind hörbare *III. Herzton* entsteht durch das plötzliche Einströmen von Blut in die Kammern während der frühen Muskelerschlaffung, der nur am erkrankten Herzen hörbare *IV. Herzton* durch die Vorhofkontraktion.

Herzgeräusche. Sie entstehen, wenn die Blutströmung Wirbel verursacht. Das ist immer dann der Fall, wenn die Strömung des Blutes einen Grenzwert übersteigt, wobei der Radius (r) des Gefäßabschnittes und die Blutviskosität (η), also die Zähflüssigkeit des Blutes eine Rolle spielen (s. Kap. 14.1). Das Auftreten von Geräuschen wird durch Zunahme der Stromstärke (V = Volumen/Zeit), Abnahme der Blutviskosität (η) und Abnahme des Radius von Gefäß oder Klappenöffnung begünstigt (s. Kap. 14.1). Eine Verminderung der Blutviskosität, wie sie bei geringer Konzentration an Erythrozyten

(Anämie, s. Kap. 12.2) auftritt, kann also ebenso zu Strömungsgeräuschen führen, wie eine verengte Klappe (Klappenstenose). Auch eine Klappeninsuffizienz (d.h. eine unvollständig schließende Klappe) erzeugt ein Geräusch, da das in die falsche Richtung fliessende Blut die in aller Regel sehr enge Öffnung der verschlossenen insuffizienten Klappe passieren muß. Die Frequenz des Geräusches ist dabei umso höher, je größer der Druckgradient über die Engstelle und je kleiner die Öffnung ist.

Phonokardiographie. Die Herztöne und Herzgeräusche lassen sich durch ein Mikrophon aufnehmen und durch einen Schreiber aufzeichnen.

13.7 Herzstoffwechsel und Koronardurchblutung

Energiestoffwechsel. Der Energiebedarf des Herzens ist hoch. Das Organ beansprucht in Ruhe etwa 10 % vom Sauerstoffverbrauch des Körpers, bei einem Gewicht von weniger als 1 % des Körpergewichtes (s. Tabelle 14.1). Das Herz deckt seinen Energiebedarf zu über 90 % durch oxidative Verbrennung von freien Fettsäuren, Laktat und Glukose. In Ruhe werden die drei Substrate zu etwa gleichen Anteilen verbrannt. Bei schwerer körperlicher Arbeit nimmt durch die anaerobe Glykolyse in der Muskulatur die Laktatkonzentration im Blut zu und das Herz bezieht einen größeren Anteil der Energieversorgung aus der Verbrennung von Laktat. Ketonkörper, Pyruvat und Aminosäuren spielen normalerweise als Energiesubstrate für das Herz eine untergeordnete Rolle. Anaerobe Glykolyse spielt im normalen Herzen keine Rolle. O_2-Mangel erzwingt jedoch die Energiegewinnung aus anaerober Glykolyse und der Herzmuskel schaltet von Laktatverbrauch auf Laktatproduktion um (Laktatumkehr).

Sauerstoffausschöpfung. Das Herz entnimmt dem durchströmenden Blut in Ruhe etwa 70 % des O_2, d.h. im venösen Blut sind nur noch etwa 30 % des Hämoglobins mit O_2 beladen. Bei schwerer Arbeit werden dem Blut sogar 80 % des O_2 entnommen. Die O_2-Ausschöpfung im Herzen ist also größer als im übrigen Organismus (im Mittel etwa 30 %). Ein gesteigerter O_2-Bedarf kann somit nicht durch höhere O_2-Ausschöpfung erzielt werden, sondern erfordert eine gesteigerte Durchblutung des Herzens.

Durchblutung. Wegen seines hohen O_2-Verbrauchs ist das Herz auf eine überdurchschnittliche Durchblutung angewiesen. Das Herz beansprucht etwa 4% des Herzminutenvolumens. Das Blut gelangt über die rechte Koronararterie zu rechtem Herz, Teilen des Septums und linker Kammerhinterwand und über die linke Koronararterie zum übrigen Herzen. Das Blut fließt zum größten Teil über den Sinus coronarius ab. Die Durchblutung des Herzens ist starken Schwankungen während der Herzaktion unterworfen: Die intramuskulären Gefäße des linken Ventrikels werden durch den intramuralen Druckanstieg während der Kontraktion der linken Kammermuskulatur komprimiert. Dadurch kommt der Einstrom von Blut fast zum Stillstand und preßt venöses Blut aus dem Muskelgewebe. Bei der folgenden Erschlaffung saugt die Muskulatur wie ein Schwamm Blut aus den Koronararterien an (s. Abb. 13.16). Eine Zunahme der Herzfrequenz geht zu Lasten der Diastole und mindert daher die Zeitspanne, in welcher der Herzmuskel durchblutet wird. Normalerweise wirkt sich dieser Nachteil nicht aus, da die Masse der Durchblutung zu Beginn der Diastole erfolgt. Bei starker Vergrößerung des Herzens kann die Gefäßversorgung zum limitierenden Faktor werden. Eine Reihe von Faktoren steigert die Durchblutung des Herzens, wie in einem folgenden Kapitel noch näher erläutert wird (s. Kap. 14.4).

Angina pectoris, Herzinfarkt. Bei einer Mangeldurchblutung des Herzmuskels kommt

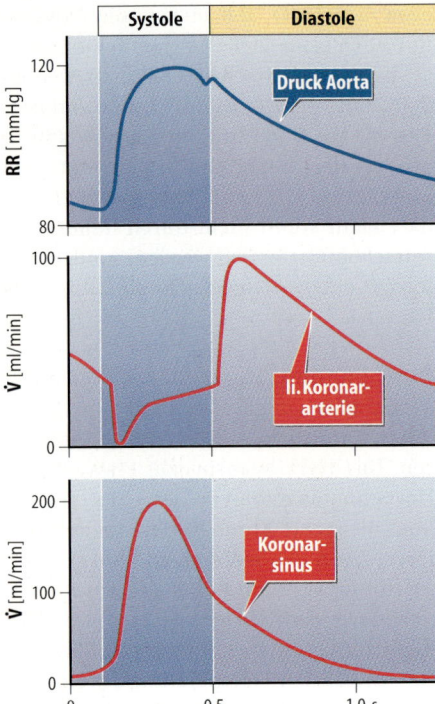

Systole | Diastole

Druck Aorta

li. Koronar-arterie

Koronar-sinus

Abb. 13.16. Koronardurchblutung: Während der Systole kommt die Durchblutung in der linken Koronararterie vorübergehend zum Stillstand. Von oben nach unten: Druck in Aorta, Blutfluß in der linken Koronararterie und Blutfluß im Sinus coronarius

es durch den O_2-Mangel sehr schnell zu einem Energiemangel, der Erregungsbildung und -weiterleitung (s. Kap. 13.3) sowie Kontraktion (s. Kap. 13.9) des Herzmuskels beeinträchtigt. Zusätzlich zu den lebensbedrohlichen Störungen der Herzfunktion kommt es meist (jedoch nicht immer) zu massiven Schmerzen. Nach etwa 20 Minuten Anoxie tritt irreversible Schädigung des Herzens auf. Allerdings kann die Schädigung durch Abkühlung erheblich hinausgezögert werden.

13.8 Steuerung der Herztätigkeit

Vegetatives Nervensystem. Die Automatie ermöglicht eine hinreichende Funktion des Herzens auch ohne Steuerung durch Herznerven oder Hormone. Zudem gewährleistet der Frank-Starling-Mechanismus die Angleichung der Förderleistung beider Herzkammern. Die Anpassung der Herzleistung an den jeweiligen Bedarf des Organismus erfordert freilich eine Steuerung durch das vegetative Nervensystem. Dies geschieht zum einen durch Adrenalin aus dem Nebennierenmark (s. Kap. 9.1), zum anderen durch Nerven des Sympathikus und Parasympathikus. In Ruhe überwiegt die Wirkung des Parasympathikus, bei Aktivierung die des Sympathikus.

Sympathikus. Der Sympathikus (Noradrenalin, Adrenalin, s. Kap. 9.1) aktiviert unter Vermittlung von β-Rezeptoren und cAMP Ca^{++}-Kanäle und steigert damit die Frequenz von Schrittmachern (*positiv chronotrope Wirkung*) und die Leitungsgeschwindigkeit im AV-Knoten (*positiv dromotrope Wirkung*). Über den vermehrten Ca^{++}-Einstrom steigert er die Herzkraft (*positiv inotrop*). Der Sympathikus (bzw. cAMP) fördert darüber hinaus über Phosphorylierung eines Regulatorproteins (Phospholamban) die Ca^{++}-Aufnahme in die Speicher. Damit wird die Erschlaffung schneller eingeleitet und bei der nächsten Kontraktion mehr Ca^{++} freigesetzt. Afferente Fasern des Sympathikus verzweigen sich in den Gefäßen und subendokardial. Sie sind vor allem für die Schmerzempfindung bei Ischämie bedeutsam.

Parasympathikus. Der Parasympathikus (N. vagus) aktiviert über Acetylcholin und ein G-Protein bestimmte K^+-Kanäle ($I_{K(ACH)}$), verkürzt damit das Plateau und setzt über Verlangsamung des Präpotentials die Frequenz des Sinusknotens herab (*negativ chronotrop*). Im AV-Knoten verlangsamt er die Weiterleitung (*negativ dromotrop*). Die Wirkung des Parasympathikus auf die Herzfrequenz ist normalerweise wesentlich stärker als die des Sympathikus. Denervierung führt demnach zu einer massiven Zunahme der Herzfrequenz.

Die Wirkung des Parasymphatikus auf die Kammer ist hingegen schwach. Hier wirkt er in erster Linie über Hemmung der Noradrenalinausschüttung negativ inotrop. Darüber hinaus mindert er die Herzkraft durch Senkung der Herzfrequenz, die über Zunahme der Abstände zwischen den Aktionspotentialen die intrazelluläre Ca^{++}-Konzentration mindert (*negative Frequenzinotropie*). Afferente Fasern des Nervus vagus dienen der Regulation des Kreislaufes, wie in einem folgenden Kapitel (14.5) noch näher erläutert werden soll. Die Wirkung von Acetylcholin kann durch Atropin gehemmt werden, ein Pharmakon, das u.a. Tachykardie auslöst.

Hormone.
- Die *Schilddrüsenhormone* T_3, T_4 (s. Kap. 21.6) steigern die Herzfrequenz und schaffen damit die Voraussetzung für eine Steigerung des Herzminutenvolumens. Bei gesteigerter Ausschüttung von Schilddrüsenhormonen kann u.a. Vorhofflimmern auftreten.
- *Glukokortikoide* steigern die Herzkraft über die Ausschüttung von Katecholaminen aus dem Nierenmark.
- *Histamin* steigert die Herzkraft, senkt jedoch gleichzeitig den Blutdruck durch periphere Vasodilatation (s. Kap. 14.4).
- Hohe (pharmakologische) Konzentrationen an *Glukagon* steigern die Herzkraft.

13.9 Störungen der kardialen Hämodynamik

Hämodynamische Auswirkungen von Herzklappenfehlern. Die Tätigkeit der Herzmuskulatur ist sinnlos, wenn die Strömungsrichtung des Blutes nicht durch die Herzklappen vorgegeben wird. Das zeitgerechte und hinreichende Öffnen und Schließen der Herzklappen ist daher eine der Voraussetzungen für die Funktionstüchtigkeit des Herzens. Läsionen an den Herzklappen sind umgekehrt relativ häufige Ursachen von Störungen der Herzfunktion.

Die Klappen können u.a. aufgrund von Entwicklungsstörungen oder Entzündungen defekt sein. Dabei können die Klappen im geöffneten Zustand zu eng (Klappenstenose) oder im geschlossenen Zustand nicht ganz dicht (Klappeninsuffizienz) sein. Bei Stenosen ist der Strömungswiderstand in die richtige Richtung gesteigert, bei einer Klappeninsuffizienz strömt Blut in die falsche Richtung zurück. In der Folge müssen die Ventrikel entweder ein größeres Volumen (Volumenbelastung der Ventrikel) oder gegen einen höheren Druck (Druckbelastung der Ventrikel) auswerfen.

Aortenklappenstenose. Bei verengter Aortenklappe ist der Strömungswiderstand während der Auswurfphase gesteigert. Die linke Herzkammer muß einen mitunter erheblich höheren Druck aufwenden, um das Schlagvolumen auszuwerfen. Die Aortenklappenstenose stellt somit eine Druckbelastung des linken Ventrikels dar.

Aortenklappeninsuffizienz. Bei undichter Aortenklappe strömt Blut während der Diastole aus der Aorta in den linken Ventrikel zurück. Das Blut muß bei der nächsten Systole erneut ausgeworfen werden. Die Aortenklappeninsuffizienz stellt demnach eine Volumenbelastung für den linken Ventrikel dar.

Mitralklappenstenose. Bei verengter Mitralklappe ist die Füllung des linken Ventrikels beeinträchtigt. Folge ist eine Abnahme des Schlagvolumens und damit des Herzminutenvolumens einerseits, und eine Zunahme des Druckes im linken Vorhof andererseits. Der Druck im linken Vorhof steigert auch den Druck in den Lungenkapillaren, die gesteigerte Filtration von Flüssigkeit kann dabei ein Lungenödem auslösen, wie später noch ausgeführt wird (s. Kap. 14.3). Darüber hinaus steigt der Widerstand im Pulmonalkreislauf und das rechte Herz muß einen höheren Druck aufwenden (Druckbelastung des rechten Herzens, Cor pulmonale). Der Versuch der kreislaufregulierenden Neurone, das herabgesetzte Herzminutenvolumen durch Steigerung der Herzfrequenz anzuheben, schlägt fehl, da die Steigerung der Herzfrequenz in erster Linie auf Kosten der Diastole geschieht und damit die Füllung des linken Ventrikels weiter herabsetzt. Auf diese Weise entwickelt sich bisweilen ein Circulus vitiosus, der in ein Lungenödem münden kann.

Mitralklappeninsuffizienz. Bei undichter Mitralklappe strömt Blut während der Systole aus dem linken Ventrikel zurück in den linken Vorhof. Folge ist eine Zunahme des Druckes im linken Vorhof. Das Blut kehrt bei der nächsten Diastole in den linken Ventrikel zurück und muß erneut ausgeworfen werden. Der Klappenfehler bringt demnach eine Volumenbelastung des linken Ventrikels mit sich. Der Anstieg des Druckes im Pulmonalkreislauf führt zudem zu einer Druckbelastung des rechten Ventrikels (Cor pulmonale).

Klappenfehler des rechten Herzens. Die Störungen der Hämodynamik bei den insgesamt selteneren rechtsventrikulären Klappendefekten entsprechen den Störungen bei linksventrikulären Klappendefekten.

Ventrikelseptumdefekt. Bei einer Öffnung zwischen den beiden Ventrikeln gelangt während der Systole Blut, dem Druckgradienten folgend, vom linken in den rechten Ventrikel (Shuntvolumen). Folge ist eine Druckbelastung des rechten Ventrikels und eine Volumenbelastung des linken Ventrikels.

Vorhofseptumdefekt. Bei einer Öffnung im Vorhofseptum (s. Kap. 14.7) fließt Blut aus dem linken in den rechten Vorhof zurück. Da der Druckgradient gering ist, muß die Öffnung allerdings groß sein, um hämodynamische Relevanz zu erlangen. Folge ist dann zunächst eine Volumenbelastung des rechten Ventrikels.

Persistierender Ductus Botalli. Bei dieser Störung strömt zunächst Blut aus der Aorta in die Arteria pulmonalis (s. Kap. 14.7). Folge ist eine Volumenbelastung des linken und eine Druckbelastung des rechten Ventrikels.

Shuntumkehr. Die Pulmonalgefäße sind bei Links-Rechts-Shunts einem gesteigerten Blutfluß und Druck ausgesetzt. Langfristig können sie durch die gesteigerte Beanspruchung allmählich verengt werden, sodaß der Widerstand im kleinen Kreislauf ansteigt. Das Blut kann in der Folge nur unter Aufwendung eines höheren Druckes durch den kleinen Kreislauf gepumpt werden, die Druckbelastung schränkt die Förderleistung des rechten Ventrikels ein und es steigt auch der Druck im rechten Vorhof. Letztlich droht dadurch eine Shuntumkehr, der die Strömungsrichtung z. B. bei langfristigem Vorhofseptumdefekt umdrehen kann. Dabei gelangt O_2-armes Blut in den großen Kreislauf und die Patienten werden zyanotisch (Blaufärbung durch O_2-armes Blut, s. Kap. 15.5).

Herzinsuffizienz. Eine Vielzahl von Ursachen können die elektrischen und mechanischen Eigenschaften des Herzmuskels in einer Weise verändern, daß er nicht mehr in der Lage ist, hinreichend Blut in den Kreislauf auszuwerfen. Die Abnahme der Herzkraft senkt das Schlagvolumen. Das nicht ausgeworfene Volumen addiert sich zum Volumen, das in der Diastole in den linken Ventrikel strömt. Die verstärkte Füllung und Dehnung des Herzens steigert einerseits wieder das Schlagvolumen (s. Abb. 13.14), andererseits ist dazu eine größere Wandspannung erforderlich (s. Abb. 13.15). Kann der Ventrikel die Wandspannung nicht mehr aufbringen, dann dekompensiert das Herz. Bei myokardialer Herzinsuffizienz unterscheidet man eine Mangelinsuffizienz (unzureichende Energiezufuhr) von einer Utilisationsinsuffizienz (mangelhafte Kontraktilität trotz hinreichender Energieversorgung). Bei Utilisationsinsuffizienz kann Stimulation des Herzmuskels Besserung erzielen, bei Mangelinsuffizienz führt sie zur Katastrophe.

Aufgabe des Kreislaufes ist der Transport des Blutes und mit ihm der Transport von O_2, CO_2, Substraten, Hormonen, Wärme, etc. Das Blut wird vom Herzen durch den Kreislauf gepumpt. Das mit O_2 angereicherte Blut aus der Lunge gelangt von der linken Kammer des Herzens über Aorta, Arterien und Arteriolen zu den Kapillaren, in denen ein Stoffaustausch des Blutes mit dem jeweiligen Gewebe stattfindet. Über Venolen, Venen, Vena cava superior und inferior erreicht das Blut dann den rechten Vorhof des Herzens. Von der rechten Kammer wird das Blut dann über Pulmonalarterien und Pulmonalarteriolen zu den Lungenkapillaren und von dort über Pulmonalvenolen und Pulmonalvenen wieder zum linken Vorhof des Herzens geleitet.

14.1 Grundlagen der Hämodynamik

Ohm'sches Gesetz der Hämodynamik. Treibende Kraft für die Strömung des Blutes ist ein Druckgradient. Vereinfacht ist die Stromstärke (I = Volumen/Zeit) proportional dem Druckgradienten (ΔP), d.h. der Differenz des Druckes zwischen Beginn und Ende eines Gefäßabschnittes:

$$I = \Delta P / R$$

R ist dabei der Widerstand des Gefäßabschnittes.
- Bei hintereinanderliegenden Gefäßabschnitten addieren sich die Widerstände der einzelnen Abschnitte zum Gesamtwiderstand des Gefäßes ($R_{ges} = R_1 + R_2 + R_3 \ldots$). Je mehr Gefäßabschnitte hintereinandergeschalten sind, je länger das Ge-

fäß also ist, desto größer ist der Widerstand des Gefäßes.
- Bei parallel geschalteten Gefäßabschnitten addieren sich die Stromstärken der einzelnen Abschnitte zur Gesamtstromstärke des Gefäßgebietes ($I_{ges} = I_1 + I_2 + I_3 \ldots$) und es addieren sich somit die Kehrwerte der Einzelwiderstände zum Kehrwert des Gesamtwiderstandes ($1/R_{ges} = 1/R_1 + 1/R_2 + 1/R_3 \ldots$). Je mehr Gefäßabschnitte parallel geschalten sind, desto geringer ist somit der Widerstand des Gefäßgebietes.

Hagen-Poiseuille'sches Gesetz. Der Gefäßwiderstand ist das Ergebnis der Reibung zwischen strömendem Blut und Gefäßwand einerseits und zwischen verschieden schnell strömenden Blutanteilen andererseits (s. Abb. 14.1). Bei laminarer Strömung fließt das Blut im Zentrum am schnellsten, während das der Wand anliegende Blut durch die Gefäßwand am meisten gebremst wird. Nach

a

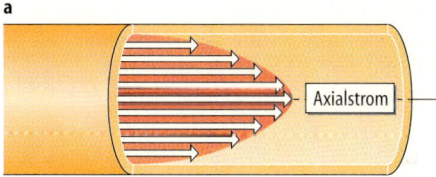

b

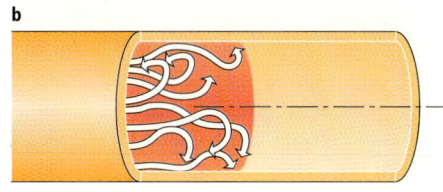

Abb. 14.1. Laminare (a) und turbulente (b) Strömung in einem Gefäß (nach Busse aus Schmidt et al. 2000)

dem Gesetz von Hagen-Poiseuille ist der Widerstand eine Funktion des Radius (r) und der Länge (l) des Gefäßes, nimmt aber auch mit der Zähflüssigkeit bzw. Viskosität (η) des Blutes zu:

$$R = (8 \cdot \eta \cdot l)/(\pi \cdot r^4)$$

Den weitaus größten Einfluß auf den Widerstand übt der Gefäßradius aus. Bei geringem Gefäßradius spielt der bremsende Einfluß der Gefäßwand verständlicherweise eine sehr viel größere Rolle als bei einem weiten Gefäß.

Nimmt der Radius eines Gefäßes beispielsweise auf die Hälfte ab, so steigt der Widerstand auf das 16fache. Bei einem Radius von einem Drittel steigt der Widerstand auf das 81fache. Das Hagen-Poiseuille-Gesetz gilt streng genommen nur für gleichmässige, laminare Strömung einer homogenen Flüssigkeit. Keine der Bedingungen trifft im Kreislauf vollständig zu. Die Gleichung erlaubt daher nur eine Schätzung des Widerstandes.

Fåhraeus-Lindqvist-Effekt. Das Blut ist eine inhomogene Flüssigkeit mit Plasma und korpuskulären Elementen (v.a. Erythrozyten). Die Viskosität des Blutes nimmt mit seinem Anteil an korpuskulären Bestandteilen bzw. dem Hämatokrit zu, sie ist normalerweise etwa viermal so groß wie die von Blutplasma. Da die Erythrozyten sich bei geringen Scherkräften zu größeren Klumpen aneinanderlagern, nimmt die Viskosität bei geringer Strömungsgeschwindigkeit weiter zu. Umgekehrt werden bei sehr geringen Gefäßdurchmessern (ca. 10 µm) die Erythrozyten in die Mitte gedrängt, axial ausgerichtet und passieren so „im Gänsemarsch" das enge Gefäß, jeweils durch eine dünne Plasmaschicht von der Gefäßwand getrennt. Die Viskosität wird dabei im wesentlichen durch die Plasmaschicht diktiert und die Blutviskosität nimmt fast bis auf Plasmawerte ab.

Reynold'sche Zahl. Die Blutströmung ist nicht gleichmäßig, sondern pulsierend. Da-

bei kann turbulente Strömung auftreten, wie etwa am Anfang des Aortenbogens während der Austreibungsphase. Durch Wirbelbildung geht Energie verloren und der Widerstand ist größer, als der mit dem Hagen-Poiseuille-Gesetz errechnete Wert. Mit turbulenter Strömung muß gerechnet werden, wenn die Reynold'sche Zahl (Re) einen Wert von etwa 2000 überschreitet. Re errechnet sich aus dem Gefäßradius (r), der Strömungsgeschwindigkeit ($v = I/\pi r^2$), der Dichte (δ) und der Viskosität (η) des Blutes:

$$Re = 2 \cdot r \cdot v \cdot \delta/\eta$$

Nachdem bei Abnahme des Hämatokrit die Dichte des Blutes weniger schnell abnimmt als die Viskosität, begünstigt eine Anämie das Auftreten von turbulenter Strömung. Ferner treten bei Engstellen Turbulenzen auf, da dort die Strömungsgeschwindigkeit besonders hohe Werte erreicht.

Compliance, Elastizitätsmodul. Die pulsierende Blutströmung führt dazu, daß der Druck in einem Gefäßabschnitt rhythmischen Schwankungen unterworfen ist. Mit zunehmendem Druck (ΔP) nimmt der jeweilige Gefäßabschnitt zusätzlich Volumen auf (ΔV), die Gefäßwand wird gedehnt. Dieser Dehnung setzt sie einen elastischen Widerstand entgegen. Die Dehnbarkeit (Compliance, C) des jeweiligen Gefäßes entscheidet darüber, wieviel Volumen (ΔV) bei einer Änderung des transmuralen Druckes (ΔP) aufgenommen wird:

$$C = \Delta V/\Delta P$$

Die Compliance ist der Kehrwert des Elastizitätskoeffizienten ($E' = 1/C$). Die Druckänderung bei relativer Volumenänderung wird durch den Volumen-Elastizitätsmodul ($\varkappa = \Delta P \cdot V/\Delta V$) beschrieben.

Ausbreitung der Pulswelle. Wird Blut aus dem Herzen ausgeworfen, dann bildet sich eine Druckwelle, die sich über die folgenden Gefäßabschnitte ausbreitet. Die Ausbreitungsgeschwindigkeit (c) der Druckwelle nimmt mit steigender Rückstellkraft der gedehnten Gefäßwand (bzw. dem Elastizitätsmodul ϰ) zu und mit steigender Dichte des Blutes (δ) ab:

$$c = \sqrt{(\varkappa / \delta)}$$

Die Pulswellengeschwindigkeit ist sehr viel schneller als die Strömung des Blutes. Sie erreicht etwa 5 m/s in der Aorta und nimmt zur Peripherie zu, da die kleineren Gefäße ein größeres Elastizitätsmodul aufweisen. (A. femoralis 7 m/s, A. tibialis 9–10 m/s). Mit stärkerer Dehnung der Aorta nimmt die Steifigkeit bzw. der Elastizitätsmodul und damit die Pulswellengeschwindigkeit zu. Die Spitze einer Pulswelle (starke Dehnung) wandert somit schneller als die Basis (geringere Dehnung) und die Pulswelle wird auf diese Weise steiler.

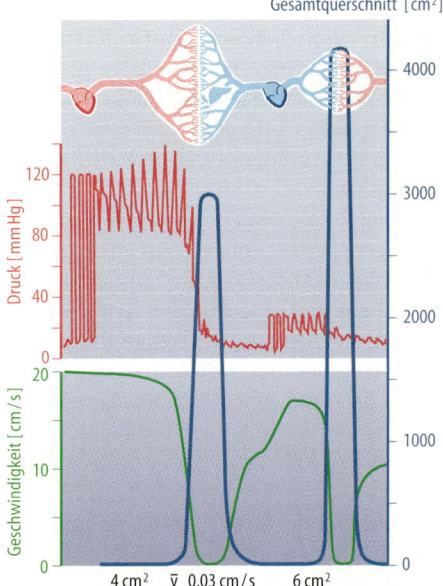

Abb. 14.2. Mittlerer Druck (rot), Strömungsgeschwindigkeiten (grün) und Gesamtquerschnitt (blau) in verschiedenen Gefäßabschnitten (nach Busse aus Schmidt et al. 2000)

14.2 Hämodynamische Eigenschaften einzelner Gefäßabschnitte

Strömungsgeschwindigkeit. Das vom Herzen pro Zeiteinheit ausgeworfene Blutvolumen (Herzzeitvolumen, HZV) muß alle Gefäßabschnitte passieren, also Aorta, Arterien, Arteriolen, Kapillaren, Venolen und Venen. Die Strömungsgeschwindigkeit (v) hängt vom Gesamtquerschnitt (Q) des jeweiligen Gefäßabschnittes ab, also vom Produkt der Zahl parallel geschalteter Gefäße (z) und dem Querschnitt des Einzelgefäßes (q):

$$v = HZV/Q = HZV/(z \cdot q)$$

Die mittlere Strömungsgeschwindigkeit ist in der Aorta am größten (ca. 120 cm/sec). Wegen der zunehmenden Aufzweigung der Gefäße und der Zunahme des Gesamtquerschnittes der vielen parallel geschalteten Gefäße (bei Abnahme des Einzelgefäßquerschnittes) nimmt die mittlere Strömungsgeschwindigkeit bis zu den Kapillaren massiv ab. In den postkapillären Venolen erreicht der Gesamtquerschnitt sein Maximum und sinkt über die Venen und die Venae cavae wieder ab. Entsprechend nimmt die mittlere Strömungsgeschwindigkeit wieder zu (Abb. 14.2).

Widerstand. Wegen des großen Durchmessers bieten die Aorta und die großen Arterien normalerweise einen geringen Widerstand für den Blutfluß. Der Widerstand ist in terminalen Arterien und Arteriolen am höchsten. Diese Gefäßabschnitte tragen etwa die Hälfte des Gefäßwiderstandes bei. Die Kapillaren weisen zwar einen noch kleineren Einzelgefäßdurchmesser und damit Einzelgefäßwiderstand auf, durch die große Zahl parallel geschalteter Kapillaren ist der Gesamtwiderstand des Kapillarbettes jedoch geringer als der Widerstand in den Arteriolen. Immerhin tragen die Kapillaren etwa ein Viertel bis ein Drittel des Gesamtwiderstandes bei. Der Widerstand in Venolen und Venen ist mit weniger als einem Zehntel des Gesamtwiderstandes wiederum gering. Die terminalen Arterien und Arteriolen bezeichnet man als Widerstandsgefäße, die Venen wegen ihres großen Fassungsvermögens (s. unten) als Kapazitätsgefäße.

Mittlerer Druck. Entsprechend den jeweiligen Widerständen fällt der mittlere Druck vor allem in den terminalen Arterien und den Arteriolen steil ab. Wegen des hohen Widerstandes dieser Gefäßabschnitte muß der Druckgradient entsprechend groß sein, um das HZV durch diese Gefäßabschnitte zu treiben (Abb. 14.2).

Druckverlauf. Druck und Strömungsgeschwindigkeit in einem bestimmten Gefäßabschnitt sind erheblichen zeitlichen Schwankungen unterworfen. Während der Systole wirft die linke Herzkammer Blut aus und erzeugt damit einen Druckanstieg in der Aorta. Gegen Ende der Systole nimmt der Druck in der linken Herzkammer wieder ab und die Umkehr des Druckgradienten zwischen Kammer und Aorta schließt die Aortenklappe. Dabei fließt kurzfristig etwas Blut zurück und der Druck sinkt geringfügig ab. Folge ist eine Inzisur in der Druckkurve der Aorta (s. Abb. 14.3). Während der Diastole sinkt der Druck in der Aorta allmählich ab, da Blut in die Peripherie abfließt, ohne daß weiteres Blut in die Aorta gepumpt wird. Mit Beginn der nächsten Systole steigt der Druck in der Aorta erneut an. Der maximale, während der Systole erreichte Druck wird als *systolischer Blutdruck*, der geringste Druck während der Diastole als *diastolischer Blutdruck*, die Differenz zwischen systolischem und diastolischem Blutdruck als *Blutdruckamplitude* bezeichnet. Das Ausmaß der Drucksteigerung während der Systole bzw. die Blutdruckamplitude hängt vom Schlagvolumen des Herzens einerseits und der Compliance der Aorta andererseits ab. Geringes Schlagvolumen und große Compliance der Aorta mindern die Blutdruckamplitude. Die vom

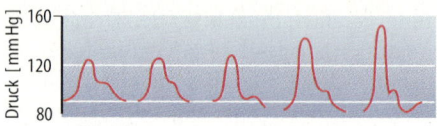

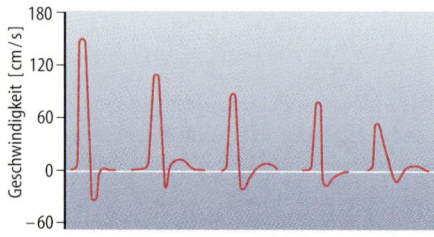

Abb. 14.3. Druck- und Strömungsverläufe in (von links nach rechts) Aorta ascendens, Aorta thoracica, Aorta abdominalis, Arteria femoralis und Arteria tibialis (nach Busse aus Schmidt et al. 2000)

Herzen ausgehende Druckwelle breitet sich schnell über die Aorta aus, wird teilweise in den Widerstandsgefäßen reflektiert, kehrt Richtung Herz zurück und wird an der geschlossenen Aortenklappe erneut reflektiert. Auf diese Weise entstehen weitere Druckschwankungen. Dabei addieren sich die peripherwärts laufenden Druckwellen zu den herzwärts laufenden reflektierten Druckwellen.

Blutdruckamplitude. Die Blutdruckamplitude nimmt in Richtung peripherer Arterien allmählich zu (s. Abb. 14.3), u.a. weil die Spitze der Druckwelle schneller wandert als die Basis (s. Kap. 14.1).

Die Aorta als Windkessel. Das von der Aorta während der Systole durch Dehnung gespeicherte Blutvolumen wird während der Diastole weitergeleitet. Auf diese Weise wird letztlich erreicht, daß die Strömung in den Kapillaren und damit die Versorgung des Gewebes mit O_2 und Nährstoffen einigermaßen gleichmäßig ist. Die Dehnbarkeit der Aorta wurde mit einem Windkessel verglichen, der bei Feuerwehrpumpen einen kontinuierlichen Wasserstrom gewährleistet. Wäre die Aorta ein starres Rohr, müßte das Herz während der Systole die gesamte in der Aorta befindliche Blutmenge auf einmal beschleunigen, wozu erhebliche zusätzliche Energie benötigt würde. Durch die Windkesselfunktion der Aorta ist die erforderliche Beschleunigungsarbeit des Herzens bei jüngeren Probanden in Ruhe unerheblich. Die Stromstärke ist trotz der Windkesselfunktion der Aorta vor allem in den großen Arterien erheblichen Schwankungen unterworfen. Wie in Abbildung 14.3 dargestellt wird, kann es in diesen Gefäßen sogar zu einer frühdiastolischen Strömungsumkehr kommen, da das ausgeworfene Blut z.T. an den Widerstandsgefäßen reflektiert wird.

Herabgesetzte Windkesselfunktion im Alter.
Bei Abnahme der Compliance der Aorta (etwa im Alter) steigt der Druck während der Systole steiler an und fällt während der Diastole steiler ab. Da das Herz Blut gegen den erhöhten systolischen Druck auswerfen und vermehrt Beschleunigungsarbeit leisten muß, bedeutet eine Abnahme der Compliance der Aorta eine Belastung des Herzens.

Funktion der Venenklappen.
Für die Rückkehr des Blutes aus den Beinen zum Herzen fehlt vor allem im Stehen der erforderliche Druckgradient und das Blut würde in den Beinen versacken, würde der Transport des Blutes zum Herzen nicht durch Venenklappen in den kleinen und mittleren Venen begünstigt werden. Diese Klappen können nur in Richtung Herz passiert werden und verhindern ein Zurückweichen des Blutes in Richtung Peripherie. Durch Aktivität der Skelettmuskulatur in den Beinen wird das Blut herzwärts getrieben: Die Tätigkeit der Muskeln führt abwechselnd zu Kompression und Dilatation der von ihnen umschlossenen Gefäße. Bei Kompression wird das Blut in Richtung Herz weitergepreßt, bei Dilatation Blut aus der Peripherie angesogen (s. Abb. 14.4). Beim tatenlosen Stehen fehlt die Tätigkeit der Beinmuskulatur und das Blut staut sich in den Beinen. Dagegen wird das Blut beim Gehen durch die rhythmische Kontraktion der Beinmuskulatur nach oben gepumpt. Bei defekten Klappen funktioniert die Muskelpumpe nicht und das Blut staut sich auch im Gehen.

Bedeutung der Atmung für den venösen Rückfluß.
Einen wechselnden Druckgradienten erzeugt auch die Atmung. Bei Einatmung nimmt der Druck im Thorax ab und durch Senkung des Zwerchfells der Druck im Bauchraum zu. Die Klappen der Beinvenen verhindern ein Zurückweichen von Blut in die Peripherie und Blut wird aus dem Bauchraum in den Thorax befördert.

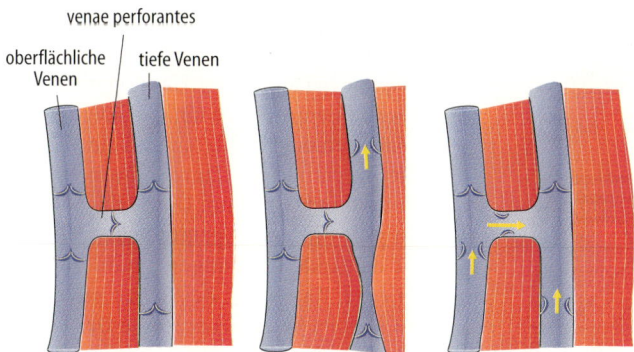

venae perforantes

oberflächliche Venen   tiefe Venen

Abb. 14.4. Funktion der Muskelpumpe. Links: Erschlaffte Muskulatur, alle Venenklappen sind geschlossen. Mitte: Kompression der tiefen Venen durch Muskelkontraktion, das Blut entweicht durch die proximale Venenklappe in Richtung Herz. Rechts: Erschlaffung der Muskulatur, durch die Dehnung der tiefen Vene entsteht ein Unterdruck, der Blut aus der Peripherie (Öffnen der distalen Klappe) und über die Venae perforantes aus der oberflächlichen Vene ansaugt

Dabei ist im übrigen ein nicht unwesentlicher Widerstand beim Durchtritt der Vena cava inferior durch das Zwerchfell zu überwinden. Bei Exspiration steigt umgekehrt der Druck im Thorax und der Druck im Bauchraum sinkt. Dabei wird der Transport von Blut aus den Beinen in den Bauchraum begünstigt. Beim Pressen wird das Blut aus der Lunge in den linken Vorhof getrieben und der Rückstrom von Blut zum rechten Herzen unterbunden (Valsalvaversuch).

Saugpumpenfunktion des Herzens. Die Rückkehr des Blutes zum Herzen wird ferner durch einen Unterdruck gefördert, den die Aktion des rechten Herzens erzeugt. Bei Kontraktion des Herzens verschiebt sich die Trikuspidalklappe nach unten und senkt auf diese Weise den Druck im rechten Vorhof (s. Kap. 13.5). Ferner sinkt der Druck im Vorhof bei Öffnung der Trikuspidalklappe und Erschlaffung des rechten Ventrikels (s. Kap. 13.5). Dabei wird jeweils Blut aus der Peripherie angesogen. Durch die Herzaktionen entstehen entsprechende Druckschwankungen in den zentralen Venen (s. Abb. 13.13).

Entstehen von Luftembolien. Vor allem im aufrechten Sitzen und/oder bei Mangel an Blutvolumen herrscht in den Halsvenen ein Unterdruck, der die Venen kollabieren läßt. Bei Eröffnung der Venen (z. B. Legen eines Katheters) kann Luft angesaugt werden. Die Luft wird verschleppt und bleibt im nächsten Kapillarbett (d.h. in der Lunge) hängen. Die Luftblasen können wegen der Adhäsionskraft des Wassers das Blut nicht aus den engen Kapillaren verdrängen, sie bleiben vor den Kapillaren hängen und lösen durch Verstopfen der Gefäße eine oft tödliche Luftembolie aus. Die intrathorakalen Venen sind normalerweise von einem negativen Druck umgeben (s. Kap. 15.2) und kollabieren daher nicht.

Druckverlauf und Strömung im Pulmonalkreislauf. Die Druckschwankungen in der Pulmonalarterie entsprechen qualitativ den Druckschwankungen in der Aorta. Der vom rechten Ventrikel erzeugte Druck liegt jedoch bei normalerweise 20–25 mmHg systolisch und ca. 14 mmHg diastolisch deutlich niedriger als die entsprechenden Druckwerte des Körperkreislaufs. Der Druckgradient zum linken Vorhof mit einem mittleren Druck von etwas unter 6 mmHg ist daher ausgesprochen gering. Die Gefäße des Pulmonalkreislaufes sind wesentlich dünnwandiger und kürzer als die entsprechenden Gefäße des Körperkreislaufes und der Gesamtwiderstand des Pulmonalkreislaufes ist etwa 10 % des Körperkreislaufes. Der Druck in den Kapillaren liegt im Mittel bei etwa 7 mmHg. Im Ruhezustand kann der Kapillardruck in der Lungenspitze bei aufrechter Haltung unter den Druck in den Alveolen sinken. Folge ist ein Kollabieren der Kapillaren und eine völlige Unterbrechung der Durchblutung durch den Pulmonalkreislauf. Die geringe Perfusion geht mit einer verminderten Ventilation der apikalen Lungenanteile in Ruhe einher (s. Kap. 15.8). Bei Arbeit steigt der vom rechten Ventrikel erzeugte Druck und auch die apikalen Lungenabschnitte werden perfundiert. Die Blutversorgung des Lungengewebes wird auch bei fehlender Perfusion durch den Pulmonalkreislauf über die Bronchialgefäße aus dem Körperkreislauf

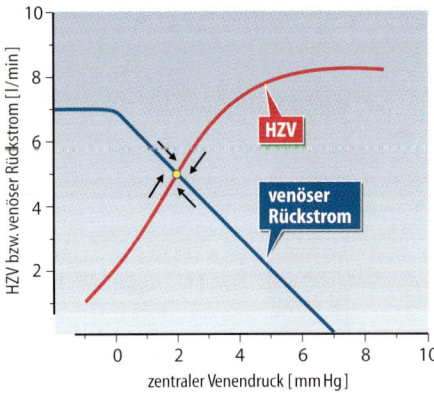

Abb. 14.5. Einfluß von zentralem Venendruck auf Herzminutenvolumen (*HZV*) und Rückstrom peripheren Blutes zum Herzen (nach Busse aus Schmidt et al. 2000)

gewährleistet. Die Kapillaren des Bronchial-
kreislaufes münden teilweise in die Venen
des Pulmonalkreislaufes.

**Verteilung von Blutvolumen in Hoch-
druck- und Niederdrucksystem.** Unter
Hochdrucksystem versteht man die linke
Herzkammer während der Systole, die Aorta
und die folgenden Arterien und Arteriolen,
unter Niederdrucksystem die Venen, das
rechte Herz, die Lungengefäße, den linken
Vorhof und die linke Kammer während der
Diastole. Im Niederdrucksystem befinden
sich normalerweise etwa 85 % des Blutvolumens von etwa 5 bis 6 Litern. Steigert man
das Blutvolumen etwa durch Transfusion
von Blut, dann vergrößert sich vorwiegend
das Volumen des Niederdrucksystems, da
die Venen eine etwa 200fach größere Dehnbarkeit (Compliance) aufweisen als die Arterien. Umgekehrt mindert ein Verlust von
einem Liter Blut fast ausschließlich das Volumen des Niederdrucksystems, während
das Hochdrucksystem nur um etwa 5 ml abnimmt.

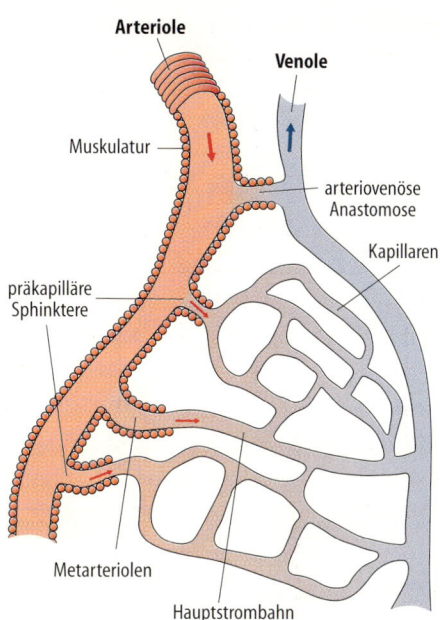

Abb. 14.6. Terminale Strombahn. Arteriolen, Metarteriolen und Kapillarnetz

Zentraler Venendruck. Die Füllung der zentralen Venen bestimmt den zentralen Venendruck, der über den Füllungsdruck der
rechten Kammer das Herzzeitvolumen beeinflußt. Eine Zunahme des zentralen Venendruckes steigert das Schlagvolumen der
rechten Kammer, das über Zunahme von
linkem Vorhofdruck und Füllung der linken
Kammer auch das Schlagvolumen der linken Kammer vergrößert. Folge ist eine Zunahme des Herzzeitvolumens (das Produkt
von Schlagvolumen und Herzfrequenz).
Umgekehrt senkt eine Abnahme des zentralen Venendruckes das Herzzeitvolumen.
Der venöse Rückstrom zum rechten Herzen wird bei Zunahme des zentralen Venendruckes gebremst, bei Abnahme des zentralen Venendruckes gefördert (s. Abb. 14.5).
Der Druckverlauf in den zentralen Venen reflektiert den Druckverlauf im rechten Vorhof mit Spitzen bei der Vorhofkontraktion
und Senkungen bei Kammerkontraktion
und Öffnung der Trikuspidalklappe (s. 13.5)

**Regulation der Kapazität des Nieder-
drucksystems.** Vor allem Aktivierung des
Sympathikus und das antidiuretische Hormon (ADH) können die Kontraktion der
Gefäße im Niederdrucksystem fördern und
so bei Volumenmangel die Kapazität des
Niederdrucksystems herabsetzen. Dadurch
können annähernd 300 ml aus dem Lungenkreislauf, etwa 350 ml aus der Leber und
500 ml aus den Venen der Haut bereitgestellt werden.

14.3 Kapillaraustausch

Die Arteriolen geben Metarteriolen ab, die
jeweils ein Kapillarnetz mit Blut versorgen.
Die Durchblutung des Kapillarnetzes wird
durch Sphinkteren geregelt, die das Blut
über eine arteriovenöse Verbindung bzw.
eine Hauptstrombahn auf relativ kurzem
Weg oder über das Kapillarnetz in die Venen leiten (s. Abb. 14.6).

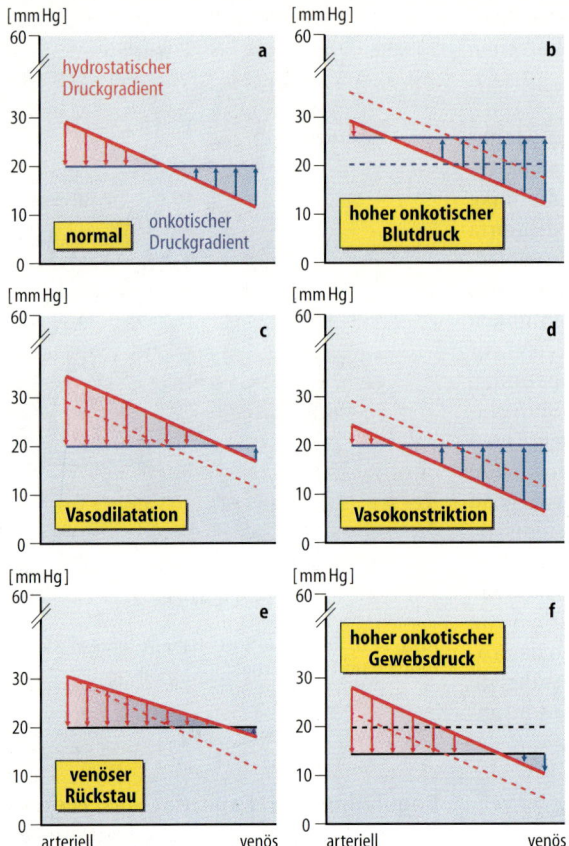

Abb. 14.7. Filtration und Resorption von Flüssigkeit in der Peripherie. Die Filtration (*rote Pfeile nach unten*) und Resorption (*blaue Pfeile nach oben*) sind eine Funktion des effektiven Filtrationsdruckes, d.h. der Differenz zwischen hydrostatischer (Δp) und onkotischer (Δπ) Druckdifferenz. Normalerweise werden 90% der zu Beginn der Kapillare filtrierten Flüssigkeit gegen Ende der Kapillare wieder resorbiert. Bei gesteigertem onkotischem Druck und bei Vasokonstriktion überwiegt die Resorption, bei Vasodilatation, venösem Rückstau und herabgesetztem onkotischem Druck im Gewebe überwiegt die Filtration (nach Schmidt u. Thews 1997)

Diffusion über die Kapillarwand. Aufgabe der Kapillaren ist der Antransport von O_2 und Substraten und der Abtransport von CO_2 und Stoffwechselprodukten. Die Kapillaren sind in den meisten Geweben frei für Wasser, Elektrolyte und gelöste kleine Moleküle, wie Glukose und Aminosäuren durchlässig. Gase und lipidlösliche Substanzen können über die Endothelzellen hinweg diffundieren, wasserlösliche Substanzen diffundieren durch die durchlässigen Spalten zwischen den Zellen (tight junctions). Für den Stofftransport steht in peripheren Kapillaren eine mittlere Verweildauer des Blutes von etwa 0,5 bis 5 Sekunden zur Verfügung.

Periphere Filtration. Im Gegensatz zu kleinen Molekülen sind die meisten Endothelien für Makromoleküle über 20 kDa weitgehend impermeabel (Reflexionskoeffizienten von 0,75–0,95). Da die Proteinkonzentration im Gewebe relativ gering ist, erzeugen die Proteine einen onkotischen Druckgradienten (Δπ) von normalerweise etwa 20 mmHg, der Wasser in die Kapillaren zieht. Dem onkotischen Druckgradienten wirkt ein hydrostatischer Druckgradient entgegen, der Wasser aus den Kapillaren treibt. Der effektive Filtrationsdruck (p_{eff}) ist die Differenz zwischen hydrostatischem und onkotischen Druckgefälle:

$$p_{eff} = \Delta p - \Delta \pi$$

Die Filtrationsrate (V) ist eine Funktion des p_{eff} und der hydraulischen Leitfähigkeit

(Lp), d.h. der Durchlässigkeit der Kapillarwand für Wasser.

$$J_v = Lp \cdot p_{eff}$$

Δp sinkt von etwa 30 mmHg zu Beginn auf unter 20 mmHg gegen Ende der Kapillare. Damit dreht sich der effektive Filtrationsdruck im Verlauf der Kapillare um (s. Abb. 14.7) und der Filtration von Plasmawasser zu Beginn der Kapillare folgt eine Resorption von Gewebswasser gegen Ende der Kapillare. Im gesamten Kapillargebiet (außer den Nierenglomerula) werden weniger als 1 % des Plasmawassers abgepreßt (etwa 20 l/Tag). Etwa 90 % davon werden wieder in die Kapillaren zurückgenommen. Zurück bleiben etwa 2 l/Tag, die über das Lymphgefäßsystem aus dem Gewebe abtransportiert werden müssen. Die einzelnen Kapillaren unterscheiden sich im übrigen ganz erheblich in ihrem Ausmaß an Filtration und Resorption. Die überwiegende Filtration in einem Teil der Kapillaren wird dabei z. T. durch überwiegende Resorption in anderen Kapillaren ausgeglichen.

Funktion der Lymphgefäße. Die Lymphgefäße enden blind mit proteinpermeablen Öffnungen. Klappen erzwingen den gerichteten Lymphstrom zur Mündungsstelle in die Venen am Venenwinkel (Zusammenfluß von V. subclavia und V. jugularis interna). Wie bei den Venen (s. Kap. 14.2) wird der Lymphstrom durch Kompression und Dilatation der Gefäße während Tätigkeit der Skelettmuskulatur angetrieben. Darüber hinaus wird der Transport der Lymphe durch Kontraktion glatter Muskulatur in der Lymphgefäßwand unterstützt. Bevor die Lymphe am Venenwinkel wieder in das Blut geleitet wird, muß sie Lymphknoten passieren. Dort wird die Lymphe gereinigt und v.a. von möglichen Erregern befreit. Die Lymphknoten schwellen bei Antransport von erregerhaltiger Lymphe an. Der Abtransport von interstitieller Flüssigkeit durch die Lymphgefäße hält den interstitiellen Raum auch bei mäßig gesteigerter Nettofiltration klein. Dabei wird nicht nur Flüssigkeit abtransportiert, sondern auch filtrierte Proteine. Somit bleibt die interstitielle Proteinkonzentration trotz der Filtration von Proteinen niedrig.

Ödeme. Erst eine massive Nettofiltration überfordert die Lymphgefäße und es kommt zur Ansammlung von Flüssigkeit im Interstitium. Bei einer Verdopplung des interstitiellen Raumes wird die Flüssigkeitsansammlung als Ödem erkennbar. Mögliche Ursachen sind gesteigertes hydrostatisches Druckgefälle, herabgesetztes onkotisches Druckgefälle oder ein gestörter Lymphabfluß. Bei einer Vasodilatation führt die Eröffnung der zuführenden Arteriole auch zu einer Zunahme des Filtrationsdruckes. Erfaßt die Vasodilatation größere Kapillargebiete, kann es zu einer spürbaren Abnahme des Blutvolumens kommen.

Filtration in speziellen Gefäßabschnitten. Wie noch in Kapitel 16.1 erläutert wird, weist die glomeruläre Filtration in der Niere Besonderheiten auf, wie ein hoher und kaum abfallender hydrostatischer Druck und eine hohe hydraulische Leitfähigkeit (etwa 1000fach). Sie wird durch Poren erzielt (fenestrierte Kapillaren). Demnach ist die Filtrationsrate hoch, und etwa 20 % des Plasmawassers werden normalerweise abfiltriert. Kapillaren mit hoher hydraulischer Leitfähigkeit werden ferner in anderen epithelialen Geweben, wie Darm, exokrinen Drüsen, Plexus choroideus und Plexus ciliare gebildet. Die Endothelien der Gehirngefäße weisen umgekehrt eine besonders geringe Durchlässigkeit auf. Sie bilden die Blut-Hirn-Schranke (s. Kap. 11.2). In Leber, Milz und Knochenmark ist die Kontinuität der Kapillarwand unterbrochen. Folglich können Proteine und sogar Zellen die Kapillarwand überschreiten (diskontinuierliche Kapillaren).

14.4 Durchblutungsregulation

Letztlich muß der Kreislauf gewährleisten, daß jedes Organ adäquat mit O_2 und Substraten versorgt wird, d.h. daß die Durchblutung an den jeweiligen Bedarf eines Organs angepaßt wird. Bereits in Ruhe ist die spezifische Durchblutung der verschiedenen Organe, d.h. die Durchblutung pro Organgewicht, ausgesprochen uneinheitlich (s. Tabelle 14.1). Die Durchblutung eines Organs muß ferner bei erhöhtem Energiebedarf entsprechend gesteigert werden, z. B. im Skelettmuskel während Muskelarbeit. Das gesamte Blut muß während einer Kreislaufpassage zum Gasaustausch die Lunge passieren, die „Durchblutung" der Lunge entspricht daher dem Herzzeitvolumen und richtet sich nach dem jeweiligen Bedarf des gesamten Organismus und nicht der Lunge. Ebenfalls ist die Durchblutung der Nierenrinde viel höher, als zur Deckung des Energieverbrauchs in den kortikalen Nierenzellen erforderlich wäre. Die Menge des Blutes, das die Niere passiert, entscheidet jedoch über die Menge an Plasmaflüssigkeit, die pro Zeiteinheit der Kontrolle des Organs unterzogen wird.

Die Durchblutung der Organe kann nur dann gewährleistet werden, wenn der arterielle Blutdruck aufrecht erhalten bleibt. Bei geringer Auswurfleistung des Herzens oder bei besonders großem Bedarf z. B. der Skelettmuskulatur bei Arbeit ist dazu bisweilen die Drosselung der Durchblutung einzelner Organe erforderlich. Eine Vielzahl von Faktoren kann demnach die Gefäßmuskulatur kontrahieren oder dilatieren und über eine Änderung des Gefäßradius eine herabgesetzte oder gesteigerte Durchblutung des betroffenen Organs erzielen.

Myogene Regulation der Gefäßweite. Eine Dehnung der Gefäßmuskulatur löst in den meisten Gefäßgebieten eine reflektorische Kontraktion aus. Eine Blutdruckzunahme führt daher über Zunahme des intramuralen Druckes zur Gefäßverengung. Dieser Bayliss-Effekt trägt in einigen Organen, wie vor allem in der Niere (s. Kap. 16.1) zur Autoregulation der Durchblutung bei, der Konstanthaltung des Blutflußes bei wechselndem Blutdruck. Beim Aufstehen löst der Bayliss-Effekt eine Kontraktion der Beinarteriolen aus und mindert damit das Absacken des Blutes in den Beinen. Im Gegensatz zu den Gefäßen des Körperkreislaufes nimmt der Widerstand der Lungengefäße bei Druckzunahme im Pulmonalkreislauf ab, da die dünnwandigen Gefäße bei Zunahme des transmuralen Druckes gedehnt werden. Auf diese Weise erfordert eine Steigerung des Herzzeitvolumens nur eine geringfügige Steigerung des Druckes in der Pulmonalarterie.

Tabelle 14.1. Duchblutung und Sauerstoffaufnahme der einzelnen Organe eines 70 kg schweren Menschen in Ruhe (AS_{O_2} = O_2-Ausschöpfung) (nach Wade und Bishop)

Vaskuläre Region	Organ- gewicht in kg	%	Durch- blutung in l/min	%	O_2-Auf- nahme in ml/min	%	AS_{O_2} in %
Gastrointestinaltrakt	2,8	4,0	1,40	24	58	25	21
Nieren	0,3	0,4	1,10	18	16	7	7
Gehirn	1,5	2,0	0,75	13	46	20	31
Herz	0,3	0,4	0,25	4	35	11	70
Skelettmuskel	30,0	43,0	1,20	21	70	30	29
Haut	5,0	7,0	0,50	9	5	2	5
andere Organe	30,1	43,2	0,60	10	12	5	10
Summe	70,0	100,0	5,80	100	234	100	20

Metabolische Regulation der Gefäßweite im großen Kreislauf. In den meisten Organen (v.a. Skelettmuskulatur) wird die Kontraktion der Gefäßmuskulatur durch hohe Konzentrationen von CO_2, H^+ und K^+, sowie durch Mangel an O_2 gehemmt. Ferner führt Adenosin in einigen Organen (v.a. Herz) zur Vasodilatation. Bei gesteigertem Energieverbrauch häufen sich CO_2, H^+, K^+ und Adenosin an und es tritt Mangel an O_2 auf. Folge ist eine Vasodilatation, die zur Korrektur der Energiebilanz beiträgt. CO_2 übt eine besonders starke Wirkung auf Gehirngefäße aus. Eine Verdopplung der CO_2-Konzentration zieht eine Verdopplung der Gehirndurchblutung nach sich. Die Bluthirnschranke weist gegenüber CO_2, nicht aber gegen HCO_3^- und H^+ eine sehr hohe Permeabilität auf. Bei Zunahme der CO_2-Konzentration im Blut diffundiert CO_2 über die Bluthirnschranke, und bildet auf der Gewebeseite unter Bindung von H_2O HCO_3^- und H^+. Die Ansäuerung des Gewebes löst dann die Vasodilatation aus. Umgekehrt kommt es bei gesteigerter Abatmung von CO_2 (Hyperventilation) zur zerebralen Alkalose mit massiver Vasokonstriktion, die Schwindel und Krämpfe auslösen kann.

Wirkung von O_2 auf Lungengefäße. Im Gegensatz zu den Gefäßen des Körperkreislaufes werden die Lungengefäße bei Abnahme der O_2-Konzentration konstringiert und bei Zunahme der O_2-Konzentration dilatiert (*Euler-Liljestrand-Mechanismus*). Auf diese Weise wird gewährleistet, daß nur adäquat belüftete Alveolen durchblutet werden, während die Blutzufuhr zu schlecht belüfteten Alveolen gedrosselt wird. Eine Zunahme der O_2-Konzentration führt in der Gefäßmuskulatur zu einer Aktivierung von K^+-Kanälen, die folgende Hyperpolarisation hemmt den Ca^{++}-Einstrom durch spannungsabhängige Ca^{++}-Kanäle. Wegen der O_2-Empfindlichkeit der Lungengefäße wird der Widerstand im Pulmonalkreislauf bei O_2-Mangel gesteigert und bei O_2-Beatmung gesenkt.

Regulation der Durchblutung von Drüsen. Epithelzellen in Speicheldrüsen, Darmdrüsen, Schweißdrüsen etc. bilden bei Stimulation der Drüsentätigkeit vasodilatatorisch wirksame Kinine (Bradykinin) und teilweise Serotonin und erzielen auf diese Weise die erforderliche Steigerung der Durchblutung.

Konstitutive NO-Synthase. Entscheidende Rolle bei der Regulation der Gefäßweite kommt Mediatoren aus dem Endothel zu. Besondere Bedeutung erlangt dabei Stickstoffmonoxid (NO), das früher als der endothelial derived relaxant factor (EDRF) bezeichnet wurde. NO wird aus Arginin unter Vermittlung einer NO-Synthase gebildet. Die immer (konstitutiv) in Endothelzellen gebildete NO-Synthase wird durch Ca^{++} aktiviert. Vorwiegend über Zunahme der intrazellulären Ca^{++}-Konzentrationen steigern mechanische Deformierung (Scherkräfte), O_2-Mangel und eine Vielzahl von Mediatoren (s. Tabelle 14.2) die intrazelluläre NO-Bildung. NO wandert zu den Gefäßmuskelzellen und führt dort über Aktivierung der Guanylatzyclase, cGMP Bildung, Stimulation der Ca^{++}-ATPase und Senkung der intrazellulären Ca^{++}-Konzentration zur Vasodilatation (s. Abb. 14.8). Darüber hinaus hemmt es die Ausschüttung des

Tabelle 14.2. Faktoren, welche die endotheliale Ausschüttung von NO stimulieren

Noradrenalin (α)
Acetylcholin
ATP, ADP
Thrombin
Bradykinin
Histamin
Serotonin
Substanz P
vasoaktives intestinales Peptid (VIP)
ADH
Oxytocin
Calcitonin-gene-related peptide
Angiotensin II
Endothelin (ET_B-Rezeptoren)

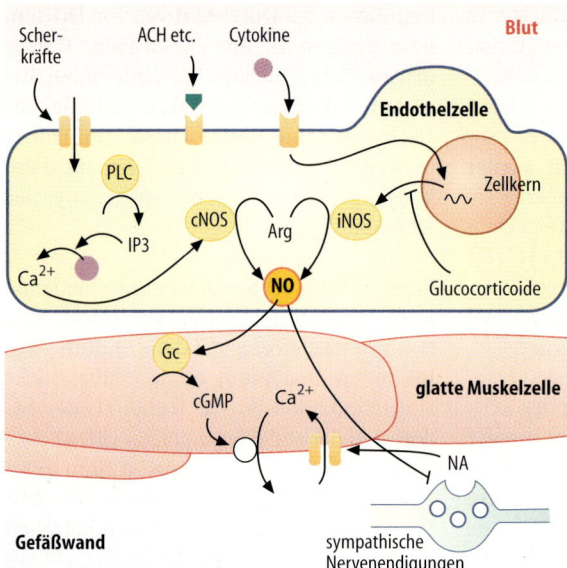

Abb. 14.8. Regulation der NO-Bildung im Endothel durch konstitutive (*cNOS*) und induzierbare (*iNOS*) NO-Synthase. Wirkungen von NO auf Gefäßmuskulatur und Noradrenalinausschüttung

vasokonstriktorisch wirksamen Noradrenalin aus sympathischen Nervenendigungen.

Stimulation der NO-Synthase durch Scherkräfte. Durch die Strömung des Blutes im Gefäßlumen wird bereits normalerweise NO gebildet. Hemmung der NO-Synthase führt daher bereits normalerweise zu massiver peripherer Vasokonstriktion mit entsprechendem Blutdruckanstieg. Die Bildung von NO und die NO-vermittelte Vasodilatation nimmt bei Steigerung der Scherkräfte (Schubspannung) zu. Das ist zum Beispiel bei Dilatation der Arteriolen der Fall, sie steigert den Blutstrom und damit auch die Scherkräfte in den proximalen Gefäßabschnitten. Die NO-vermittelte Dilatation dieser Gefäßabschnitte (aszendierende Vasodilatation) führt dann zu einer weiteren Steigerung der Organdurchblutung. Die myogene Kontraktion wird umgekehrt durch die lokale endotheliale NO-Bildung abgeschwächt, da die Verengung des Gefäßabschnittes die lokalen Scherkräfte und damit die NO-Bildung steigert.

Induzierbare NO-Synthase. Neben der in den Endothelzellen konstitutiv gebildeten NO-Synthase stimulieren einige Entzündungsmediatoren die Expression einer induzierbaren NO-Synthase, die keine Zunahme der intrazellulären Ca^{++}-Konzentration für ihre Aktivierung benötigt. Die gesteigerte Bildung von NO durch die induzierbare NO-Synthase erzwingt bei Entzündungen eine Vasodilatation. Bei Infektionen mit bestimmten Erregern kann es auf diese Weise zu lebensbedrohlichem Blutdruckabfall kommen (septischer Schock, s. Kap. 14.6). Die Expression der induzierbaren NO-Synthase wird durch Glukokortikoide gehemmt.

Endothelial derived hyperpolarizing factor (EDHF). Die Endothelzellen geben ferner EDHF ab, wahrscheinlich ein Epoxid der Arachidonsäure (Produkt der Zytochrom-P450-Enzyme). EDHF aktiviert in den Gefäßmuskelzellen Ca^{++}-sensitive K^+-Kanäle. Die folgende Hyperpolarisation hemmt die spannungsabhängigen Ca^{++}-Kanäle und senkt damit die intrazelluläre Ca^{++}-Konzentration. Der EDHF wird im Endothel u.a.

unter dem Einfluß von Bradykinin und Acetylcholin freigesetzt.

Prostazyklin. Unter anderem bei O_2-Mangel bilden die Endothelzellen aus Arachidonsäure das gleichermassen vasodilatatorisch wirksame Prostazyklin.

PAF. Endothelzellen bilden schließlich – neben Entzündungszellen des Blutes – den vasodilatatorisch wirkenden Platelet activating factor (PAF).

Endotheline. Das Endothel bildet neben den genannten vasodilatatorisch wirkenden Mediatoren noch Endotheline, die über Steigerung der intrazellulären Ca^{++}-Konzentration vasokonstriktorisch wirken und darüber hinaus die Vermehrung (Proliferation) der glatten Gefäßmuskelzellen fördern. Endotheline werden auch noch von anderen Zellen, wie Epithelzellen und Neuronen gebildet.

Endotheliale Aktivierung und Inaktivierung von Mediatoren. Neben seiner Fähigkeit, die genannten Mediatoren zu bilden, kann das Endothel gefäßaktive Mediatoren des Blutes aktivieren oder inaktivieren. Die Endothelzellen exprimieren ein Angiotensin converting enzyme (ACE), das die Umwandlung von inaktivem Angiotensin I in das höchst vasokonstriktorisch wirksame Angiotensin II, sowie die Inaktivierung des vasodilatatorisch wirksamen Bradykinin vermittelt. Ferner ist das Endothel in der Lage, ATP/ADP (durch Ectonucleosidasen) und einige Mediatoren, wie Serotonin und Noradrenalin (durch oxidative Desaminierung) zu inaktivieren.

Endothelunabhängige Wirkung von Mediatoren. Eine Reihe der Mediatoren, welche die endotheliale NO-Bildung fördern, üben gleichzeitig eine direkte vasokonstriktorische Wirkung auf die Gefäßmuskulatur aus. Bei intaktem Endothel überwiegt der Einfluß des Endothels, und der Mediator übt eine vasodilatatorische Wirkung aus (s. Ta-

belle 14.2). Bei defektem Endothel tritt jedoch die direkte vasokonstriktorische Wirkung in den Vordergrund. So können u.a. Serotonin, Thrombin, ATP, ADP, Acetylcholin und Histamin unter geeigneten Bedingungen eine vasokonstriktorische Wirkung auslösen. Die vasokonstriktorische Wirkung von Serotonin und von Thrombin spielt vor allem bei der Blutungsstillung eine wichtige Rolle. Die vasokonstriktorische Wirkung von Serotonin wird ferner für die Kopfschmerzen bei Migräne verantwortlich gemacht. Histamin kann durch direkten Einfluß auf die Gefäßmuskulatur eine Kontraktion größerer Venen hervorrufen. ADH übt in den meisten Gefäßen (außer in Gehirn- und Koronargefäßen) eine überwiegend vasokonstriktorische Wirkung aus. Vasokonstriktorische Wirkung entfalten ferner die in Leukozyten und Makrophagen gebildeten Leukotriene, sowie Prostaglandin $F_{2\alpha}$ und Thromboxan. Einer der stärksten direkten Vasokonstriktoren ist Angiotensin II. Neben einer direkten vasokonstriktorischen Wirkung steigert Angiotensin II auch die Ausschüttung des vasokonstriktorisch wirkenden Noradrenalin (s. unten).

Vegetatives Nervensystem. Große Bedeutung für die Kreislaufregulation hat der Einfluß des sympathischen Nervensystems auf die Gefäße (s. Tabelle 14.3). Der Sympathikus reguliert die Gefäße in erster Linie über Noradrenalin (α-Rezeptoren) und Adrena-

Tabelle 14.3. Faktoren, welche die glatte Gefäßmuskulatur beeinflussen (s.a. Tab. 14.2)

Kontraktion	Noradrenalin (α_1)
	Serotonin
	Thromboxan TxA_2
	Endothelin
Erschlaffung	NO
	Adrenalin (β_2)
	Histamin
	Bradykinin
	Prostaglandin E_2

lin (β_2-Rezeptoren). Trotz seiner stimulierenden Wirkung auf die NO-Bildung wirkt Noradrenalin vasokonstriktorisch und steigert damit den peripheren Widerstand. Adrenalin führt bei geringen Konzentrationen über β-Rezeptoren zu einer Vasodilatation in Skelettmuskulatur, Herz und Leber, während es in Haut und Gastrointestinaltrakt vasokonstriktorisch wirkt. Die dilatatorische Wirkung kann eine Abnahme des peripheren Widerstandes nach sich ziehen. Bei höheren Konzentrationen von Adrenalin überwiegt die Aktivierung der α-Rezeptoren und der periphere Widerstand nimmt zu. Bei pharmakologisch geblockten β_2-Rezeptoren wirken bereits niedrige Adrenalinkonzentrationen überwiegend vasokonstriktorisch. Schließlich kann der Sympathikus Muskelgefäße durch cholinerge Fasern dilatieren. Acetylcholin wirkt dabei über endotheliale Freisetzung von NO (s. Tabelle 14.2). In den Gefäßen der Genitalorgane, der Pia und des Herzens lösen cholinerge Fasern des Parasympathikus gleichfalls über NO Vasodilatation aus.

Autoregulation. Die Durchblutung einer Reihe von Organen (v.a. der Niere) ist in weiten Grenzen vom Blutdruck unabhängig (Autoregulation). Bei Ansteigen des Blutdruckes kontrahieren die Widerstandsgefäße der jeweiligen Organe und damit wird eine Zunahme der Durchblutung verhindert. Umgekehrt dilatieren die Widerstandsgefäße bei Absinken des Blutdruckes. In der Niere wird auf diese Weise die Durchblutung bei Änderungen des Blutdruckes. von 80–180 mmHg weitgehend konstant gehalten (s. Kap. 16.1). Auch die Gehirndurchblutung ist weitgehend unabhängig vom Blutdruck. Die Gesamtdurchblutung des Gehirns ist ausgesprochen stabil. Allerdings wird bei Aktivierung einzelner Hirnareale die Durchblutung dieser Areale im wesentlichen auf Kosten der Durchblutung weniger aktiver Hirnareale gesteigert.

Passive Regulation der Lungengefäße. Im Gegensatz zu den anderen Organen mindert die Lunge ihren Gefäßwiderstand bei Zunahme des Perfusionsdruckes (s. oben). Die Widerstandsabnahme ist Folge einer Dehnung der Gefäße durch den gesteigerten intramuralen Druck. Die Besonderheit der Lunge ist sinnvoll, da eine Autoregulation der Lungendurchblutung jede Änderung des Herzzeitvolumens unterbinden würde.

14.5 Blutdruckregulation

Die Durchblutung einzelner Organe kann durch entsprechende Änderungen des Gefäßwiderstandes nur solange zuverlässig angepaßt werden, wie der systemische Blutdruck aufrecht erhalten bleibt. Bei einem zu niedrigen Blutdruck kann insbesondere das Gehirn nicht mehr hinreichend durchblutet werden und es kommt zu Schwindelanfällen. Umgekehrt schädigt ein zu hoher Blutdruck die Gefäße und bedroht langfristig die Funktion von Herz und Kreislauf. Mehrere Regelmechanismen dienen dazu, den Blutdruck auf der erforderlichen Höhe zu halten. Der Blutdruck ist dem Produkt von Herzzeitvolumen (HZV) und peripherem Widerstand proportional. Das Herzzeitvolumen resultiert aus dem Produkt von Herzfrequenz und Schlagvolumen des Herzens. Letzteres ist nicht nur eine Funktion der Herzkraft, sondern auch der Herzfüllung, die wiederum vom zentralvenösen Druck abhängig ist (s. Abb. 14.5). Der periphere Widerstand wird durch die Kontraktion der Widerstandsgefäße aufrecht erhalten. Blutdruckregulierende Mechanismen wirken über Änderungen von Herzfrequenz, Herzkraft, zentralem Venendruck und Kontraktion peripherer Gefäße. Je nach Wirkungseintritt unterscheidet man Mechanismen kurzfristiger und langfristiger Blutdruckregulation. Der kurzfristigen Blutdruckregulation dienen in erster Linie Pressorezeptoren in den großen thorakalen und zervikalen Gefäßen, insbesondere in der Verzweigung der Arteria carotis (Karotissinus) und am Aortenbogen. Die langfristige Blutdruckregulation ist in erster Linie eine Funktion des Flüssigkeitshaushaltes.

Pressorezeptoren. In Karotis und Aorta liegen Pressorezeptoren, die bei Zunahme des intramuralen Druckes aktiviert werden, wobei sie besonders stark auf Druckänderungen ansprechen (Differentialfühler, s. Kap. 4.1). Somit führt ein schneller und massiver Blutdruckanstieg zu Beginn der Systole bzw. eine hohe Blutdruckamplitude zu einer besonders wirkungsvollen Aktivierung der Pressorezeptoren. Die Erregung aus dem Karotissinus wird über den Nervus glossopharyngeus (IX), die Erregung aus dem Aortenbogen über den Nervus vagus (X) zum Nucleus tractus solitarii in der Medulla oblongata weitergeleitet. Über Interneurone in der kaudalen ventrolateralen Medulla werden dann präganglionäre kreislaufregulierende Neurone des Nervus vagus (in Nucleus dorsalis vagi und Nucleus ambiguus) stimuliert und präganglionäre sympathische Neurone an der rostralen ventrolateralen Medulla gehemmt. Diese Neurone erhalten zusätzlich Informationen aus der Peripherie und aus anderen Bereichen des Zentralnervensystems, wie vor allem Hypothalamus und Großhirn (s. Kap. 9). Sie regulieren die Aktivität von sympathischen und parasympathischen Efferenzen. Eine Blutdrucksteigerung führt über Aktivierung der Pressorezeptoren binnen Sekunden zu einer Hemmung der sympathischen Neurone und einer Aktivierung parasympathischer Neurone. Folgen sind Abnahme von Herzfrequenz, Herzkraft und Schlagvolumen, sowie periphere Vasodilatation, Wirkungen, die den Blutdruck wieder senken. Die Vasodilatation steigert den Filtrationsdruck in den peripheren Kapillaren und mindert über gesteigerte Filtration innerhalb mehrerer Minuten geringfügig das Blutvolumen und damit die Vorhoffüllung. Diese Wirkung wird durch gesteigerte renale Ausscheidung von Kochsalz und Wasser unterstützt (s. unten). Bei Blutdruckabfall kommt es umgekehrt binnen Sekunden zu einer Hemmung des Parasympathikus und einer Enthemmung des Sympathikus. Herzfrequenz, Herzkraft, Schlagvolumen und peripherer Widerstand steigen und damit auch der Blutdruck. Durch sympathisch vermittelte Kontraktion von Kapazitätsgefäßen u.a. in Haut, Lunge und Splanchnikusgebiet steigt der Druck in den Vorhöfen, damit der Füllungsdruck der Kammern und das Schlagvolumen. Filtrationsumkehr in den gedrosselten peripheren Kapillaren und herabgesetzte renale Ausscheidung von Kochsalz und Wasser steigern innerhalb von Minuten bis zu einer Stunde das Blutvolumen und damit die Füllung der Vorhöfe. Bei Dezerebrierung ist die Blutdruckregulation nicht gestört, wird jedoch das Rückenmark unterhalb der Medulla oblongata durchtrennt, so ist die Blutdruckregulation massiv beeinträchtigt.

Rezeptoren im Herzen. Neben den Dehnungsrezeptoren in Karotis und Aorta spielen noch Rezeptoren in den Vorhöfen und Kammern des Herzens eine Rolle bei der Blutdruckregulation. In beiden Vorhöfen liegen A- und B-Rezeptoren. Die Afferenzen beider Rezeptortypen werden über den Nervus vagus zur Medulla oblongata geleitet. Die B-Rezeptoren sind Dehnungsrezeptoren, welche die Vorhoffüllung vor der Vorhofkontraktion messen. Gesteigerte Aktivierung der B-Rezeptoren (starke Herzfüllung) hemmt den Sympathikus (v.a. in der Niere), aktiviert den Parasympathikus und hemmt die Ausschüttung des antidiuretischen Hormons Adiuretin (ADH) aus der Neurohypophyse (s. Kap. 21.3). Die A-Rezeptoren sind Spannungsrezeptoren, welche die Spannung bei Vorhofkontraktion messen. Aktivierung der A-Rezeptoren stimuliert den Sympathikus. Massive Erregung der Rezeptoren in den Herzkammern hemmen den Sympathikus. Sie mindert damit die Herzkraft und begünstigt eine periphere Vasodilatation.

Chemorezeptoren. Ähnlich schnell wie die Aktivierung der Pressorezeptoren der Gefäße führt eine Aktivierung von Chemorezeptoren in Karotis und Aorta zu Änderungen des Blutdruckes. Ein Abfall des O_2-Partialdruckes und in geringerem Ausmaß eine Zunahme des CO_2-Partialdruckes aktivieren den Sympathikus und steigern somit den Blutdruck.

Ischämie. Schließlich führt eine Ischämie des zentralen Nervensystems im Bereich der Medulla oblongata zu einer massiven Aktivierung des Sympathikus und Steigerung des Blutdruckes.

Langfristige Blutdruckregulation. Die Pressorezeptoren sprechen sehr schnell auf Änderungen des Blutdruckes an und sind daher in hervorragender Weise geeignet, schnelle Änderungen des Blutdruckes zu korrigieren. Andererseits gewöhnen sich die Pressorezeptoren als Differentialfühler an langfristige Veränderungen des Blutdruckes. Für eine langfristige Kontrolle des Blutdruckes sind sie daher nicht geeignet. Vielmehr wirken sie der Senkung eines langfristig gesteigerten Blutdruckes entgegen. Bei der langfristigen Blutdruckregulation kommt der Regulation der Flüssigkeitsbilanz durch die Niere die zentrale Rolle zu. Bei Abnahme des Blutdruckes kommt es zu einer Abnahme, bei Steigerung des Blutdruckes zu einer gesteigerten renalen Ausscheidung von Kochsalz und Wasser (s. Abb. 14.9).

Renin-Angiotensin-Aldosteron-Mechanismus. Der Zusammenhang zwischen Blutdruck und renaler Ausscheidung ist zum Teil Folge einer druckabhängigen Durchblutung des Nierenmarks, das im Gegensatz zur Nierenrinde nur schwach autoreguliert (s. Kap. 16.1). Eine herabgesetzte Perfusion der Niere, wie sie bei Blutdruckabfall auftritt, stimuliert andererseits die Bildung von Renin, das aus dem vorwiegend in der Leber gebildeten Plasmaprotein Angiotensinogen das Dekapeptid Angiotensin I abspaltet. Angiotensin converting enzyme (ACE) an der luminalen Membran von Endothelzellen bildet aus Angiotensin I das stark vasokonstriktorisch wirkende Nona-

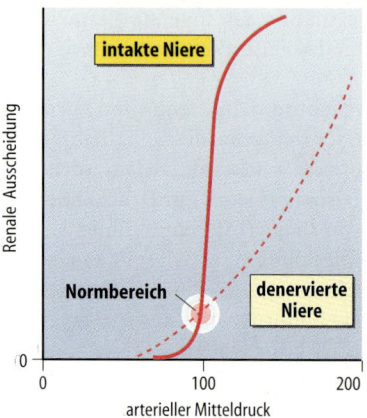

Abb. 14.9. Abhängigkeit der Urinstromstärke vom Blutdruck bei normalen Nieren (*durchgezogene Linie*) und nach Nierendenervierung (*gestrichelte Linie*) (nach Busse aus Schmidt et al. 2000)

peptid Angiotensin II. Angiotensin II steigert den Blutdruck nicht nur durch Auslösung einer peripheren Vasokonstriktion, sondern löst Durst aus und stimuliert die Ausschüttung von Adiuretin (ADH) und von Aldosteron. ADH und Aldosteron fördern die renale Resorption von Wasser und Kochsalz (s. Kap. 17.2). Damit wirken sie Volumenabnahme und Blutdruckabfall entgegen. ADH fördert zudem über NO die Durchblutung von Herz und Gehirn. Die Reninausschüttung wird auch durch Adrenalin (β-Rezeptoren) stimuliert. Eine Aktivierung des Sympathikus führt u.a. über Reninausschüttung zu einer renalen Retention von Kochsalz und Wasser. Angiotensinrezeptorblocker und ACE-Hemmer werden mit Erfolg bei der Behandlung von gesteigertem Blutdruck eingesetzt.

Natriuretische Peptide. Bei Dehnung schütten die kardialen Vorhöfe Atriopeptin (atrialer natriuretischer Faktor ANF) aus, ein Peptid mit 28 Aminosäuren, das die Ausschüttung von Renin, Adiuretin und Aldosteron hemmt und die renale Ausscheidung von Kochsalz und Wasser steigert. Ein ähnliches Peptid (Urodilatin) wird in der Niere gebildet.

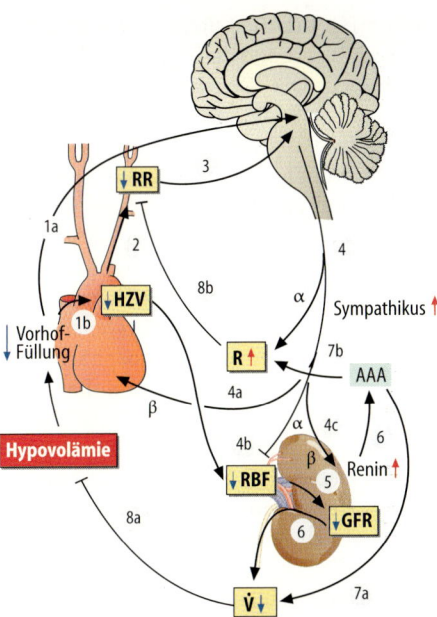

ausschüttung übt Kortisol eine blutdruck-
steigernde Wirkung aus.

Wirkung von Schilddrüsenhormonen.
Schilddrüsenhormone führen zwar zu einer
peripheren Vasodilatation, über Zunahme
von Herzfrequenz und Schlagvolumen des
Herzens steigern sie dennoch den mittleren
Blutdruck und vor allem die Blutdruckamplitude.

Rhythmische Blutdruckschwankungen.
An rhythmischen Änderungen treten neben
dem Wechsel zwischen diastolischem und
systolischem Druck (Blutdruckschwankungen I. Ordnung) geringfügige atemsyn-
chrone Blutdruckänderungen (Blutdruckschwankungen II. Ordnung) auf, mit Blutdruckabfall bei der Einatmung und Blutdruckanstieg bei der Ausatmung. Neben
weiteren, noch langsameren Blutdruckschwankungen (Blutdruckschwankungen
III. Ordnung) läßt sich eine deutliche zirkadiane Rhythmik des Blutdruckes mit Maximum gegen 15^{00} Uhr und Minimum gegen
3^{00} Uhr morgens nachweisen.

Entwicklung des Blutdruckes im Alter. Der
diastolische Blutdruck nimmt mäßig, der
systolische Blutdruck deutlich mit dem
Alter zu. Während der Normalwert für
den systolischen/diastolischen Blutdruck
bei 20 Jahren noch unter 120/80 mmHg
liegt, übersteigen die Blutdruckwerte mit
70 Jahren im Durchschnitt 140/80 mmHg.

**Beeinflussung des Blutdruckes durch das
vegetative Nervensystem.** Bei Ärger, Auf-
regung, Schmerz und in Erwartung einer zu
erbringenden Leistung kann der Blutdruck
durch Aktivierung des sympathischen Nervensystems massiv ansteigen. Schmerzen
und Streß können umgekehrt auch das parasympathische Nervensystem aktivieren
und auf diese Weise einen Blutdruckabfall
auslösen. Wird dabei die Gehirndurchblutung beeinträchtigt, kann es zur Bewußtlosigkeit kommen (**Synkope**).

Abb. 14.10. Blutdruckregulation bei Mangel an
Blutvolumen (Hypovolämie). Hypovolämie mindert
die Füllung des rechten Vorhofes. Die herabgesetzte
Füllung wird durch B-Rezeptoren registriert deren
Afferenzen über den Vagus das ZNS beeinflussen
(*1a*). Sie mindert ferner Füllung und Schlagvolumen
des rechten Ventrikels, die herabgesetzte Blutzufuhr
zum linken Ventrikel senkt linksventrikuläre Füllung
und Schlagvolumen. Damit sinkt das Herzzeitvolumen (*HZV, 1b*). Die folgende Abnahme des Blutdruckes (*RR, 2*) wird in den Pressorezeptoren registriert, und über Minderung der parasympathischen
Afferenzen (*3*) wird der Sympathikus aktiviert (*4*). Er
stimuliert den Herzmuskel (*4a*), drosselt die Nierendurchblutung (*RBF*) durch Vasokonstriktion in der
Niere (*4b*) und stimuliert die Reninausschüttung
(*4c*). Die Abnahme des RBF senkt die glomeruläre
Filtrationsrate (*GFR*) und die Urinausscheidung (*V̇*)
und steigert zusätzlich die Reninausschüttung (*5*).
Renin stimuliert die Bildung von Angiotensin (*6*),
wodurch Angiotensin II gebildet und vermehrt
Adiuretin und Aldosteron ausgeschüttet werden
(*AAA*). Folgen sind Vasokonstriktion (*7b*), die den
Blutdruckabfall bremst (*8b*), sowie herabgesetzte
renale Ausscheidung (*7a*), wodurch die Hypovolämie abgebaut wird (*8a*)

Wirkung von Glukokortikoiden. Die Al-
dosteron-(Mineralokortikosteroid-)Rezep-
toren können auch durch Glukokortikosteroide wie Kortisol erregt werden, auch wenn
diese in den Zielorganen wie der Niere
schnell inaktiviert werden (s. Kap. 21.10).
Auch durch Stimulation der Katecholamin-

Hypertonie. Ein anhaltend gesteigerter Blutdruck wird als Hypertonie bezeichnet. Dabei liegen die Grenzwerte für den systolischen/diastolischen Blutdruck bei 140/90 mmHg bis zum 60. Lebensjahr und bei 160/95 mmHg über dem 60. Lebensjahr. In einem kleinen Teil der hypertonen Patienten ist die Hypertonie Folge einer Nierenerkrankung, die zu gesteigerter Reninausschüttung und/oder herabgesetzter Flüssigkeitsausscheidung führt. In sehr seltenen Fällen liegt die Ursache in einer gesteigerten Ausschüttung von Hormonen, wie Aldosteron, Glukokortikoiden, Adrenalin und Schilddrüsenhormonen. In den meisten Fällen ist jedoch weder eine Nierenerkrankung noch eine gestörte Hormonausschüttung nachzuweisen. Dann spricht man von primärer oder essentieller Hypertonie.

Hypotonie. Bei zu niedrigem Blutdruck spricht man von Hypotonie. In seltenen Fällen ist sie Folge eines Untergangs der postganglionären sympathischen Neurone (Shy Drager-Syndrom). In den meisten Fällen ist jedoch keine Ursache nachweisbar (primäre Hypotonie). Die Hypotonie beeinträchtigt die Leistungsfähigkeit und das Wohlbefinden der Patienten. Eine mäßige Hypotonie wirkt andererseits lebensverlängernd, da die Gefäße geschont werden. Daher verbietet sich die unkritische Behandlung einer Hypotonie.

14.6 Anpassung des Kreislaufes an äußere Bedingungen

Orthostase. Auf das Blut wirken nicht nur die Kräfte des Kreislaufes, sondern auch die Schwerkraft. Beim Übergang vom Liegen zum Stehen sackt das Blut ab, d.h. es steigt der Druck in der unteren Körperhälfte und sinkt in der oberen Körperhälfte. In der Mitte bleibt der Blutdruck gleich (hydrostatische Indifferenzebene etwas unterhalb des Herzens). Im Stehen lastet auf den Beinkapillaren ein zusätzlicher Druck von etwa 80 mmHg, der die Filtration von Plasmawasser steigert und die Rückkehr des Blutes erschwert. Die Druckzunahme in den Beinkapillaren wird durch Konstriktion der Arteriolen abgeschwächt. Die Klappen der Beinvenen mindern die Wirkung der Schwerkraft auf der venösen Seite und gewährleisten auch im Stehen die Rückkehr des Blutes. Dennoch nimmt das Blutvolumen in den Beinen um etwa einen halben Liter zu. Der Druck in den Halsvenen sinkt im Stehen unter den atmosphärischen Druck und bewirkt daher ein Kollabieren der Gefäße. Die intrakraniellen Gefäßsinus sind fest aufgespannt und können daher nicht kollabieren.

Da das Herz oberhalb der hydrostatischen Indifferenzebene liegt, sinkt beim Aufstehen auch der Druck im rechten Vorhof. Folge ist eine geringere Füllung der rechten Kammer, eine Abnahme des Schlagvolumens und damit des Herzzeitvolumens. Die Druckabnahme an den über der Indifferenzebene liegenden Karotissinus und Aortenbogen hemmt den Parasympathikus und aktiviert den Sympathikus mit Stimulation der Ausschüttung von Katecholaminen aus dem Nierenmark. Folgen sind (Abb. 14.11):

- Steigerung der Herzfrequenz (ca. 30%),
- Kontraktion der Widerstands- und Kapazitätsgefäße,
- Abnahme der Nierendurchblutung,
- Ausschüttung bzw. Bildung von Renin, Angiotensin, ADH und Aldosteron.

Durch die Zunahme des peripheren Widerstandes bleibt normalerweise der mittlere arterielle Druck trotz Abnahme des Herzzeitvolumens konstant. Dabei steigt der diastolische Druck in der Regel leicht an (<5 mmHg), der systolische Blutdruck fällt geringfügig ab (<5 mmHg). Die Gehirndurchblutung nimmt trotz Aufrechterhaltung des mittleren Blutdruckes geringfügig ab.

Störungen der Orthostasereaktion. Eine inadäquate orthostatische Gegenregulation läßt beim Aufstehen größere Schwankungen des Blutdruckes zu: Bei der *hyperdia-stolischen Regulationsstörung* kommt es zu einer stärkeren Zunahme der Herzfrequenz und des diastolischen Blutdruckes und einem stärkeren Abfall des Schlagvolumens und der Blutdruckamplitude. Bei der *hypodiastolischen Regulationsstörung* fallen diastolischer und systolischer Blutdruck ab. Reichen die Gegenregulationen nicht aus, kann der Druck in einem Maß absinken,

daß die Gehirndurchblutung unzureichend wird. Folgen sind Schwindel und Bewußtlosigkeit (orthostatische bzw. vasovagale Synkope).

Preßversuch nach Valsalva. Wird nach Inspiration und unter Verschluß der Atemwege der Thorax komprimiert (Pressen), dann ist der Rückstrom zum rechten Herzen unterbrochen, rechtsventrikuläre Füllung und Schlagvolumen nehmen ab. Durch Druck auf die Pulmonalvenen steigen zunächst linksventrikuläre Füllung und Schlagvolumen, fallen dann aber wegen herabgesetzter rechtsventrikulärer Förderleistung ab. Bei Nachlassen des Pressens sinken linksventrikuläre Füllung und Schlagvolumen zunächst weiter ab und es kann zum Kreislaufkollaps kommen.

Arbeit. Schwere körperliche Arbeit erfordert die gesteigerte Blutversorgung der arbeitenden Muskeln. Die Durchblutung einzelner Muskeln kann bis auf das 40fache des Ruhewertes ansteigen. Die Vasodilatation zieht eine Abnahme des peripheren Widerstandes nach sich. Bereits vor der Aufnahme der Arbeit kommt es jedoch über Aktivierung der kreislaufregulierenden Neurone in der rostralen ventrolateralen Medulla oblongata zu einer Anpassung des Kreislaufes an die zu erwartende Beanspruchung (zentrale Mitinnervation). Darüberhinaus stimulieren Neurone aus der Vermis des Kleinhirns die kreislaufregulierenden Neurone. Schließlich wird die Muskeldurchblutung vom Kortex über Hypothalamus und sympathisch-cholinerge Neurone gesteigert. Diese Erwartungs- und Startreaktion kann auch dann ausgelöst werden, wenn es in der Folge zu gar keiner Muskelarbeit kommt. Durch Zunahme von Herzfrequenz und Schlagvolumen wird das Herzzeitvolumen gesteigert (s. Kap. 20.2) und durch Vasokonstriktion in inaktiven Muskeln, in Gastrointestinaltrakt, Niere und Haut wird die Abnahme des peripheren Widerstandes abgeschwächt. Die genannten Mechanismen erzielen in der Regel eine Zunahme des

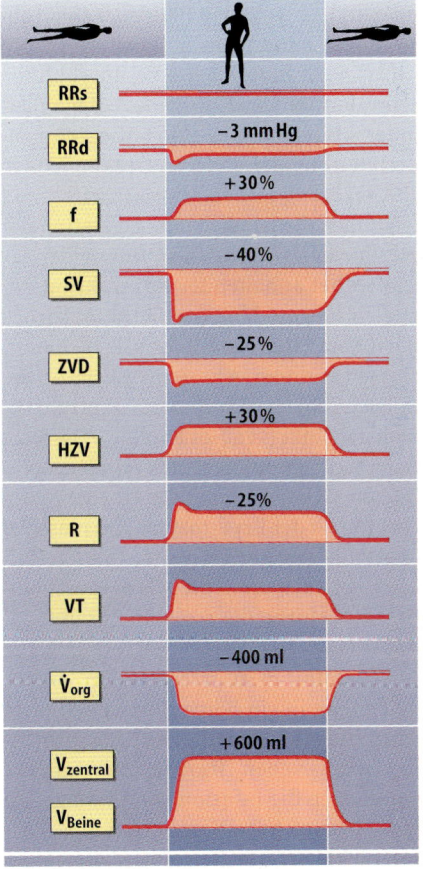

Abb. 14.11. Orthostasereaktion: Änderungen von Kreislaufparametern bei plötzlichem Aufstehen. Von oben nach unten: systolischer Blutdruck (*RRs*), diastolischer Blutdruck (*RRd*), Herzfrequenz (*f*), zentraler Venendruck (*ZVD*), Schlagvolumen (*SV*), Herzzeitvolumen (*HZV*), peripherer Widerstand (*R*), Venentonus (*VT*), Duchblutung von Niere, Splanchnikus etc. ($\dot{V}_{org}$), zentrales Blutvolumen ($V_{zentral}$), Beinvolumen (V_{Beine}) (nach Busse aus Schmidt et al. 2000)

mittleren Blutdruckes trotz Abnahme des peripheren Widerstandes. Die Wärmeproduktion durch die arbeitende Muskulatur erzwingt allerdings mittelfristig wieder eine Dilatation der Hautgefäße, ohne die eine adäquate Wärmeabgabe über die Haut nicht möglich ist (s. Kap. 19.2).

Hitze. Die im Körper erzeugte Wärme wird zum großen Teil über die Haut abgegeben. Voraussetzung dazu ist die Dilatation der Hautgefäße. Bei gesteigerter Wärmeproduktion oder erschwerter Wärmeabgabe (s. Kap. 19.2) senkt die Dilatation der Hautgefäße den peripheren Widerstand, sodaß im Extremfall der Blutdruck trotz Aktivierung des Sympathikus und Steigerung des Herzzeitvolumens nicht mehr aufrecht erhalten werden kann (Hitzekollaps). Umgekehrt führt Kälte zur Konstriktion der Hautgefäße. Ein plötzlicher Wechsel von einer heißen in eine kalte Umgebung (z. B. kaltes Bad während eines Saunabesuches) kann zu massiver Blutdrucksteigerung führen, da bei gesteigerter Pumpleistung des Herzens der periphere Widerstand durch die Kontraktion der Hautgefäße schlagartig gesteigert wird.

Schock. Im kardiovaskulären Schock sind die kreislaufregulierenden Mechanismen nicht mehr in der Lage, den Blutdruck und damit die Perfusion der Organe aufrecht zu halten. Ursache ist entweder ein zu geringer peripherer Widerstand oder ein zu geringes Herzzeitvolumen. Der periphere Widerstand kann durch massive Ausschüttung von vasodilatatorisch wirkenden Entzündungsmediatoren (septischer Schock, anaphylaktischer Schock) oder durch Versagen der neuronalen Gefäßregulation (neurogener Schock) herabgesetzt sein. Der Abfall des peripheren Widerstandes führt dann bisweilen trotz massiver Aktivierung von Sympathikus und Zunahme der Herzfrequenz zu bedrohlichem Blutdruckabfall. Das Herzzeitvolumen ist bei Mangel an Blutvolumen z. B. durch Blutverluste (hypovolämischer Schock) oder bei Schädigung des Herzens (kardiogener Schock) herabgesetzt. Bei Blutverlusten nehmen Füllung des Niederdrucksystems, zentraler Venendruck und damit Vorhoffüllung ab. Dadurch sinken einerseits Schlagvolumen und Herzzeitvolumen, andererseits wird der Sympathikus aktiviert. Durch Kontraktion der Kapazitätsgefäße wird das Absinken des zentralen Venendruckes abgeschwächt und durch Kontraktion der Widerstandsgefäße v.a. in Peripherie, Haut, Niere und Darm wird der periphere Widerstand gesteigert und damit zunächst ein Blutdruckabfall abgewendet. Damit ist es möglich, Herz und Gehirn noch hinreichend zu durchbluten (Zentralisation des Kreislaufes). Bei anhaltender Hypovolämie führt die Mangeldurchblutung der anderen Organe jedoch zur Anhäufung vasodilatatorisch wirksamer Metabolite, die letztlich eine Dilatation der Arteriolen erzwingen. Die Öffnung der Arteriolen bei anhaltender Kontraktion der Venolen steigert dann den Filtrationsdruck in den Kapillaren, wodurch zusätzlich Blutvolumen verloren geht. Schließlich dilatieren auch die Venolen und der zentrale Venendruck sinkt (venöses Pooling). Die Strömungsverlangsamung in den minderdurchbluteten Organen führt im Übrigen zum Verklumpen der Erythrozyten mit massiver Steigerung der Blutviskosität (Sludge-Bildung). Letztlich droht die Minderdurchblutung des Gehirns, die u.a. zum Zusammenbruch der Kreislaufregulation führen kann. Daher kommt es zu irreversiblen Organschäden, wenn ein Blutverlustschock nicht rechtzeitig erkannt und konsequent therapiert wird. Neben Transfusion von Blut kommt auch die Infusion von Lösungen in Frage, die eine hohe Konzentration an Makromolekülen enthalten. Die Makromoleküle können nicht filtriert werden und halten daher über ihren onkotischen Druck Volumen im Gefäßsystem zurück. Dagegen wird Kochsalzlösung sehr schnell in das Interstitium filtriert.

14.7 Besonderheiten einzelner Gefäßabschnitte

Bereits bei Darstellung der Durchblutungsregulation wurde auf unterschiedliches Verhalten verschiedener Organe hingewiesen, wie etwa auf die inverse O_2-Empfindlichkeit und die druckpassive Dehnung der Lungengefäße, die besondere Bedeutung der Autoregulation für die Durchblutung von Niere und Gehirn, die besondere CO_2-Empfindlichkeit der Gehirndurchblutung und die bradykinininduzierte Vasodilatation der Drüsengefäße (s. Kap. 14.4). An dieser Stelle sollen noch die Verhältnisse im Pfortaderkreislauf der Leber und im Fetalkreislauf dargestellt werden.

Pfortaderkreislauf der Leber. Im Pfortaderkreislauf sind zwei Kapillarnetze hintereinander geschaltet. Das Blut passiert zunächst die Kapillaren des Gastrointestinaltraktes (75 %) und der Milz (25 %), wird zur Pfortader gesammelt, verteilt sich auf die kapillären Lebersinus und wird schließlich über die Lebervene der unteren Hohlvene zugeführt. Bereits im ersten Kapillargebiet sinkt der Druck stark ab, sodaß mit einem Pfortaderdruck von 7 – 12 mmHg der Druckgradient über die Leber nur wenige mmHg beträgt. Der Widerstand der Lebersinus ist normalerweise so gering, daß dieses Druckgefälle ausreicht. Bei Einengung des Gefäßbettes in der Leber (bei *Leberzirrhose*) nehmen der Pfortaderdruck und der hydrostatische Druck in den noch offenen Lebersinus zu. Die gesteigerte Filtration von Flüssigkeit v. a. in den Protein-permeablen Lebersinus führt zu einer Wasseransammlung im Bauchraum (Aszites). Der gesteigerte Druck fördert ferner den Abfluß von Blut über Verbindungsgefäße zwischen Pfortader und Vena cava (portokavale Anastomosen) am Nabel, Ende des Oesophagus und After. Die Erweiterung der Venen führt dann zum Caput medusae am Nabel, zu Ösophagusvarizen und zu Hämorrhoiden.

Das Pfortaderblut ist während der Passage durch das erste Kapillargebiet bereits erheblich desoxygeniert, und der O_2-Gehalt für die Versorgung der Leber nicht ausreichend. Daher wird der Leber über die Arteria hepatica zusätzlich O_2-reiches Blut zugeführt. Das Blut aus der Arteria hepatica mischt sich vor den Lebersinus mit dem Blut der Pfortader.

Aktivierung des Sympathikus führt zu einer massiven Vasokonstriktion in Gastrointestinaltrakt und Milz, deren Gefäße ausschließlich vasokonstriktorische α-Rezeptoren aufweisen. Arteriolen der Arteria hepatica exprimieren neben α-Rezeptoren auch β_2-Rezeptoren, sodaß Adrenalin eine Vasodilatation auslöst und unter dem Einfluß von Adrenalin der herabgesetzte Blutfluß aus der Pfortader teilweise durch gesteigerten Blutfluß über die Arteria hepatica kompensiert wird.

Fetaler und plazentarer Kreislauf. Der Fetus wird über die Plazenta mit O_2 und Nährstoffen versorgt und gibt über die Plazenta CO_2 und Stoffwechselprodukte ab. Zur Gewährleistung der hinreichenden Perfusion der Plazenta muß die Durchblutung des Uterus bis 60fach gesteigert werden. Das mütterliche Blut ergießt sich in den weiten intervillösen Raum der Plazenta, in den die vom kindlichen Kreislauf perfundierten Plazentarzotten eintauchen. Das kindliche Blut aus der Arteria umbilicalis (ein Ast der Arteria iliaca interna) wird unvollständig mit O_2 gesättigt und verläßt die Plazenta über die Vena umbilicalis, die in die Pfortader mündet (Abb. 14.12). Über den Ductus venosus (Arantii) gelangt das Blut unter Umgehung der Leber in die Vena cava inferior und von dort zum rechten Vorhof. Durch die Strömungsverhältnisse im rechten Vorhof gelangt der größte Teil des Blutes durch das Foramen ovale direkt in den linken Vorhof und wird von dort in die Aorta ausgeworfen. Ein kleiner Teil gelangt mit dem größten Teil des (desoxygenierten) Blutes aus der Vena cava superior in den rechten Ventrikel und wird in die Arteria

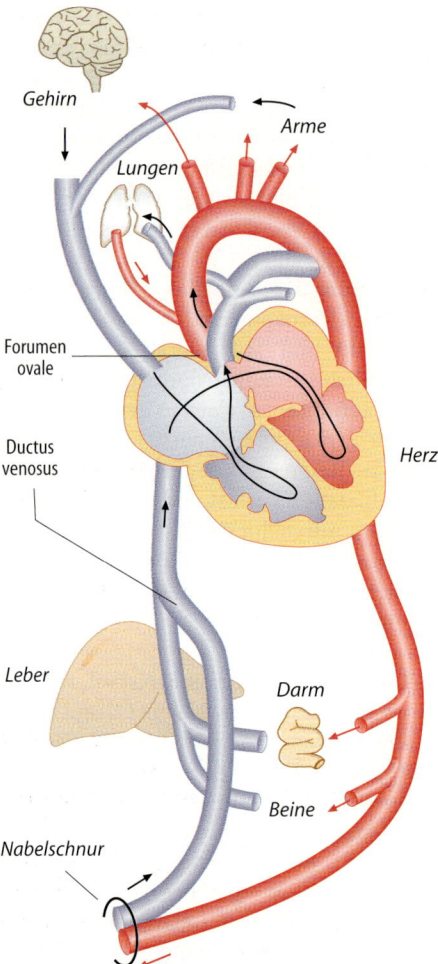

Gehirn

Arme

Lungen

Forumen
ovale

Ductus
venosus

Herz

Leber

Darm

Beine

Nabelschnur

Abb. 14.12. Fetaler Kreislauf: Die Umbilikalvenen liefern oxygeniertes Blut aus der Plazenta, das sich mit desoxygeniertem Blut aus der unteren Körperhälfte mischt. Das teilweise oxygenierte Blut gelangt vorwiegend durch das Foramen ovale in den linken Ventrikel und wird in die Aorta ausgeworfen, von wo es überwiegend die obere Körperhälfte (v.a. Gehirn) versorgt. Das aus dem Gehirn zurückkehrende desoxygenierte Blut gelangt vorwiegend in den rechten Ventrikel, von dort in die Pulmonalarterie und dann zu den Lungen und über den Ductus arteriosus zur Aorta nach Abgang der Gefäße zu Gehirn und Armen. Das relativ stark desoxygenierte Blut versorgt die untere Körperhälfte und gelangt z.T. über die Umbilikalarterien in die Plazenta

die Aorta. Die Gefäße für das Gehirn werden von der Aorta vor der Einmündung des Ductus arteriosus abgegeben. Auf diese Weise wird gewährleistet, daß dem Gehirn relativ O_2-reiches Blut aus dem linken Ventrikel angeboten wird. Während der Geburt wird die mütterliche Durchblutung während der Kontraktion der Uterusmuskulatur unterbrochen. Die periodische Unterbrechung der Uteruskontraktionen ist daher für die O_2-Versorgung des Feten bei der Geburt notwendig. Nach der Geburt stimulieren O_2-Mangel und CO_2-Überschuß die atemregulierenden Neurone und der Atemantrieb führt zur Entfaltung der Lunge. Damit sinkt der Widerstand im Pulmonalkreislauf und der Druck in der Arteria pulmonalis. Das vom rechten Ventrikel ausgeworfene Volumen passiert nun im wesentlichen die Lungen. Der Druck im rechten Vorhof sinkt wegen des herabgesetzten Rückstroms aus den Umbilikalvenen und der stärkeren Pumpleistung des rechten Ventrikels. Gleichzeitig steigt der Druck im linken Vorhof wegen des gesteigerten Rückstroms aus den Pulmonalvenen. Darüber hinaus steigert der Verschluß der Umbilikalgefäße Widerstand und Druck im großen Kreislauf. Die Druckumkehr zwischen den Vorhöfen verschließt normalerweise das Foramen ovale, die Druckumkehr zwischen Aorta und Pulmonalarterien zu Strömungsumkehr und Verschluß im Ductus arteriosus. Im Laufe von Monaten werden Foramen ovale und Ductus arteriosus in der Regel dauerhaft verschlossen. Bei defektem Verschluß fließt Blut durch das Foramen ovale vom linken in den rechten Vorhof bzw. durch den Ductus arteriosus von der Aorta in die Arteria pulmonalis. In beiden Fällen ist der Blutfluß durch die Pulmonalgefäße gesteigert. Eine erheblich gesteigerte Durchblutung der Pulmonalgefäße führt auf die Dauer zu einer Hypertrophie der Gefäßmuskulatur mit Zunahme des Widerstandes im Pulmonalkreislauf. Die Druckbelastung des rechten Ventrikels kann letztlich zum Herzversagen führen. Daher muß eine hämodynamisch relevante Verbindung

pulmonalis ausgeworfen. Nur ein Viertel dieses Blutes wird durch die Lunge in den linken Vorhof gepumpt, drei Viertel strömen über den Ductus arteriosus (Botalli) in durch Foramen ovale oder persistierendem Ductus arteriosus operativ verschlossen werden.

14.8 Ischämie

Unmittelbare Folge einer Ischämie ist
- Energiemangel mit Hemmung der Na^+/K^+-ATPase-Aktivität,
- Zunahme der intrazellulären Na^+-Konzentration,
- Abnahme der intrazellulären und Zunahme der extrazellulären K^+-Konzentration,
- Depolarisation,
- Cl^--Einstrom
- Zellschwellung und
- Zelltod.

Ischämie des Gehirns. Ischämie (z. B. Arteriosklerose) oder Blutungen (z. B. Traumen, Gefäßaneurysmen, Hypertonie) können zum Schlaganfall führen. Durch Kompression benachbarter Gewebe lösen auch Blutungen Ischämien aus.

Ein völliger Ausfall der Hirndurchblutung führt binnen 15–20 Sekunden zur *Bewußtlosigkeit* (s. Kap. 10.4) und nach 7 bis 10 Minuten zu *irreversibler Schädigung* des Gehirns. Der Energiemangel führt über Hemmung der Na^+/K^+-ATPase letztlich (s. o.) zu Depolarisation, Zellschwellung und Zelltod. Die Depolarisation fördert die Ausschüttung von Glutamat, das über Einstrom von Na^+ und Ca^{++} den Zelltod beschleunigt. Zellschwellung, Freisetzung vasokonstriktorischer Mediatoren und Verlegung der Gefäßlumina durch Granulozyten verhindert bisweilen bei Behebung der primären Ursache die Reperfusion. Der nekrotische Zelluntergang löst eine Entzündung aus, die auch Zellen im ischämischen Randbezirk (Penumbra) schädigen kann.

Ischämie vegetativer Organe. Ähnlich kurz wie das Gehirn überlebt der arbeitende Herzmuskel, der sich bereits nach 3–4 Minuten vollständiger Ischämie nur mehr langsam und teilweise erholt. Ruhendes Herz, Niere und Leber können dagegen mehrere Stunden ohne bleibende Schäden von der Blutzufuhr abgeschnitten werden.

Wiederbelebungszeit. Die Wiederbelebungszeit ist derjenige Zeitabschnitt, den ein Organ von der Blutzufuhr abgeschnitten sein kann, ohne daß bleibende Schäden zurückbleiben. Sie hängt unter anderem von der Stoffwechselaktivität des Organs ab. So kann die Wiederbelebungszeit durch Kühlen des Organs erheblich gesteigert werden. Wegen der beschränkten Überlebenszeit von Herz und Gehirn (s. oben) beträgt die Wiederbelebungszeit des Organismus normalerweise nur wenige Minuten. Bei Unterkühlung (z. B. Lawinenopfer) kann diese Zeit allerdings massiv gesteigert sein.

14.9 Messung von Kreislaufparametern

Blutdruckmessung nach Riva-Rocci. Wird auf ein Gefäß von außen ein Druck ausgeübt, der zwischen dem systolischen und diastolischen Druck liegt, dann kollabiert das Gefäß während der Diastole und wird durch den Gefäßdruck während der Systole geöffnet. Die Strömung ist bei Öffnen des Gefäßes turbulent und erzeugt ein Geräusch (Korotkow). Darüber hinaus entstehen durch den Wechsel von Gefäßöffnung und Kollaps Oszillationen. Sinkt der äußere Druck unter den diastolischen Druck, dann bleibt das Gefäß anhaltend offen, das Geräusch verschwindet in der Regel und die Oszillationen werden schwächer. Ist der äußere Druck höher als der systolische Druck, dann bleibt das Gefäß dauerhaft kollabiert, es entstehen keine Geräusche und Oszillationen.

In der Praxis legt man eine Manschette um den Oberarm in Höhe des Herzens an und pumpt sie mit Luft auf, bis ein Druck erreicht ist, der sicher (!) über dem systolischen Druck liegt. Dann läßt man den Druck langsam ab und registriert den

Druck bei Auftreten (systolischer Druck) und bei Verschwinden bzw. Schwächerwerden (diastolischer Druck) der Geräusche bzw. der Oszillationen (s. Abb. 14.13). Der systolische Druck ist ferner am Auftreten von Pulsationen an der Arteria radialis erkennbar, die spürbar werden, sobald der Manschettendruck unter den systolischen Druck fällt. Der systolische Blutdruck kann daher durch Palpation erfaßt werden. Auch ohne Kompression von außen entstehen Strömungsgeräusche bei herabgesetzter Viskosität des Blutes (Anämie) und bei gesteigerter Stromstärke (hohes Herzzeitvolumen). Bei Schwangerschaft, Hyperthyreose etc. sind daher Strömungsgeräusche noch hörbar, wenn der Druck in der Manschette unter dem diastolischen Druck oder sogar bei 0 liegt. Das Unterschreiten des diastolischen Druckes ist dann meist am Dumpferwerden des Geräusches erkennbar.

Direkte Druckmessung. Der Blutdruck kann auch direkt („blutig") gemessen werden. Dabei wird das entsprechende Gefäß punktiert und die Nadel über einen Katheter mit einem Druckmeßgerät (Manometer) verbunden. Den zentralen Venendruck mißt man am einfachsten durch Verbindung des Katheters mit einem Steigrohr. Der Druck kann dann an der Höhe der Wassersäule abgelesen werden.

Venenplethysmographie. Um die Durchblutung einer Extremität zu messen, kann der Druck in einer Manschette auf einen Wert aufgepumpt werden, der die Venen, nicht jedoch die Arterien komprimiert. Damit ist bei erhaltenem arteriellem Zustrom der venöse Abfluß unterbunden, und das Volumen der Extremität nimmt um den Blutfluß zu. Gemessen wird dabei die Volumenzunahme der Extremität durch Verdrängung von Wasser oder die Zunahme des Umfanges der Extremität durch einen Dehnungsmeßstreifen.

Doppler-Sonographie. Ultraschall wird durch Gegenstände höherer Dichte, wie etwa Erythrozyten reflektiert. Bewegt sich der reflektierende Gegenstand auf die Schallquelle zu, dann weist die reflektierte Welle eine höhere Frequenz auf. Die Änderung der Frequenz kann dann als Maß für die Geschwindigkeit des reflektierenden Körpers genommen werden. Diese Methode wird nicht nur eingesetzt, um Geschwindigkeits-übertretende Verkehrssünder zu über-

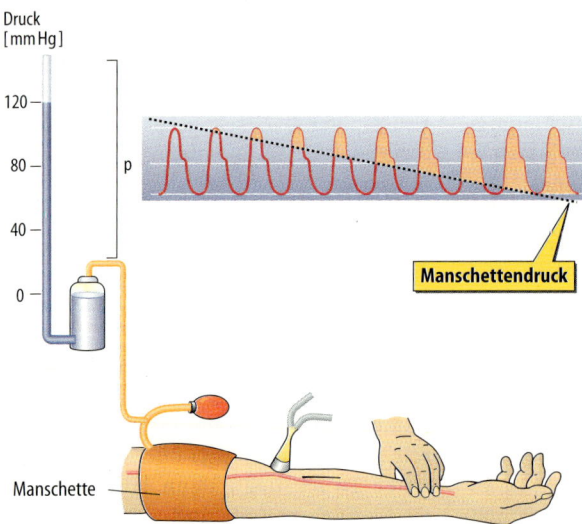

Abb. 14.13. Blutdruckmessung nach Riva-Rocci: Bei langsamer Senkung des Druckes in der Manschette wird zunächst der systolische Bludruck erreicht. Sobald der Druck in der Arterie den Manschettendruck übersteigt, kommt es zu Strömungsgeräuschen, die typischerweise solange anhalten, bis der Druck in den Gefäßen dauerhaft über dem Manschettendruck bleibt. Registriert werden der Druck beim ersten Auftreten eines Geräusches und der Druck beim Verschwinden des Geräusches. Bei zu schnellem Absenken des Manschettendruckes wird der systolische Blutdruck unterschätzt und der diastolische Blutdruck überschätzt (nach Busse aus Schmidt et al. 2000)

führen, sondern auch, um die Strömungsgeschwindigkeit in Gefäßen zu erfassen.

Fick'sches Prinzip. Definitionsgemäß gilt für eine Konzentration: $c = M/V$ (Menge/Volumen). Diese Beziehung erlaubt die Bestimmung von c, M oder V, wenn die beiden anderen Größen bekannt sind. Injiziert man eine bekannte Menge eines Indikators (M_i) in ein unbekanntes Volumen (V_x) und ermittelt nach hinreichender Mischung die Konzentration des Indikators (c_i), dann läßt sich das Volumen aus M_i und c_i errechnen:

$$V_x = M_i / c_i$$

Im Kreislauf lassen sich in analoger Weise Stromstärken ermitteln, wenn die Menge und mittlere Konzentration einer Substanz in einem strömenden Volumen bekannt sind. Die Menge an O_2, die pro Minute in der Lunge aufgenommen wird (M_{O_2}), ist beispielsweise für die Zunahme der O_2-Konzentration (ΔC_{O_2}) im Blut, das die Lunge passiert, verantwortlich. Bestimmt man also M_{O_2} und die Konzentration von O_2 im venösen ($c_{O_2,v}$) und arterialisierten ($c_{O_2,a}$) Mischblut, dann läßt sich das pro Minute durch die Lunge fließende Blut (= Herzzeitvolumen, HZV) errechnen:

$$HZV = M_{O_2} / (c_{O_2,a} - c_{O_2,v})$$

In gleicher Weise können Testgase und Indikatorsubstanzen eingesetzt werden. Bei der Thermodilutionsmethode kann in analoger Weise die Temperaturabnahme des Blutes nach Injektion eines Bolus kalter Flüssigkeit als Maß für das strömende Blutvolumen herangezogen werden.

15 Atmung

Wir beziehen unsere Energie im wesentlichen aus der oxidativen Verbrennung von Nährstoffen, wie Kohlenhydraten, Fetten und Eiweiß zu CO_2 und H_2O. Dazu muß O_2 zugeführt und CO_2 eliminiert werden. Anders als die Nährstoffe kann O_2 nicht in nennenswerten Mengen gespeichert, sondern muß ständig entsprechend dem Bedarf aufgenommen werden. Das ist Aufgabe der Atmung. O_2 wird mit der Atemluft über Konvektion in die Lunge befördert (eingeatmet), wo es in den Lungenalveolen in engen Kontakt mit dem Blut tritt. Durch Diffusion gelangt es ins Blut, wird mit dem Blut über Konvektion in die verschiedenen Gewebe befördert und diffundiert dort zu den Zellen. CO_2 nimmt den umgekehrten Weg über Blut und Alveolen zur Ausatemluft (bzw. dem expirierten Gasgemisch).

15.1 Atemwege, Atemvolumina

Aufgaben der Atemwege. Der Weg der Atemluft zu den Alveolen führt über Rachenraum, Trachea, Bronchien, Bronchiolen, Bronchioli respiratorii und Ductus alveolares zu den Alveolen. Ab den Bronchioli alveolares hat die Atemluft bereits Kontakt mit den Blutgefäßen. Die *Aufgabe der zuführenden Atemwege* ist keinesfalls nur die Verteilung der Luft auf die Vielzahl der Alveolen. Bis zum Kontakt mit den Alveolen muß die Luft auf Körpertemperatur angewärmt, mit Wasserdampf gesättigt und gereinigt werden. Vor allem die Reinigung der Inspirationsluft ist von vitaler Bedeutung, da sonst Krankheitserreger ungehinderten Zugang zum Blut finden könnten. Um das zu verhindern, wird *Schleim* in die Atem-

wege sezerniert, in dem Luftverunreinigungen hängen bleiben. Das Epithel der zuführenden Atemwege befördert den Schleim mit Hilfe von Flimmerhaaren in Richtung Rachenraum (s. Abb. 15.1). Dort wird der Schleim verschluckt und gelangt in das saure Magenmilieu, das die Erreger normalerweise vernichtet. Die Flimmerhaare können freilich nicht schlagen, wenn sie im zähflüssigen Schleim stecken. Daher wird ein dünnflüssiges Sekret abgesondert, das den zähflüssigen Schleim von den Flimmerhaaren abhebt. Der Schleim schwimmt also wie ein Boot auf einem durch die Flimmerhaare bewegten Flüssigkeitsfilm. Ist die Absonderung des dünnflüssigen Sekretes gestört (bei der zystischen Fibrose, einer Erbkrankheit), dann bleibt der Schleim auf den Flimmerhaaren sitzen und verstopft förmlich die Bronchien.

Regulation der Atemwege. Die Wahrscheinlichkeit, daß Fremdkörper bis in die Alveolen verschleppt werden, hängt von der Weite der Bronchien und Bronchiolen ab. Die Bronchi(ol)en sind von einer Muskulatur umgeben, welche die Weite des Lumens regulieren können. Der *Parasympathikus* (Acetylcholin) aktiviert v.a. während der Exspiration die Bronchialmuskulatur und verengt damit die Bronchien. Der *Sympathikus* (β_2-Rezeptoren, s. Kap. 9.1), hemmt v.a. während der Inspiration die Kontraktion der Bronchialmuskulatur und erweitert damit die Bronchien. Die Wirkung des Sympathikus mindert den *Atemwegswiderstand* (s. unten), steigert jedoch gleichzeitig das Risiko, daß Erreger und Partikel tiefer in die Lunge eindringen können. Bronchodilatatorische Wirkung erzielt ferner *VIP*, ein Peptid, das gleichfalls von Nervenendigun-

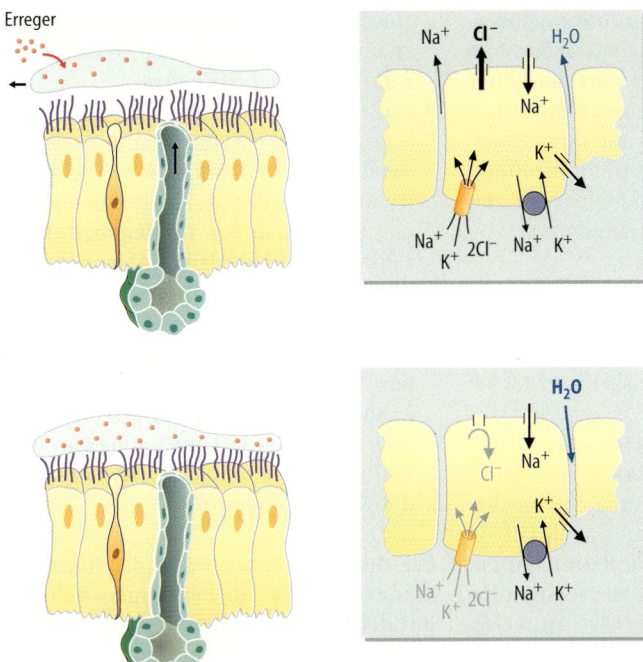

Abb. 15.1. Die Beförderung von Schleim in den Atemwegen. In den Atemwegen wird Schleim sezerniert, in dem Erreger hängen bleiben. NaCl-Sekretion in den Bronchialepithelien treibt osmotisch Wasser in das Lumen. Dadurch wird der Schleim vom Epithel abgehoben und die epithelialen Flimmerhaare können in der dünnflüssigen Elektrolytlösung schlagen (oben). Bei einem Defekt der Cl⁻-Kanäle (cystic fibrosis transmembrane regulator, CFTR) ist die Cl⁻-Sekretion unterbunden und sind die Na⁺-Kanäle aktiviert. Aufgrund der folgenden H_2O-Resorption setzt der Schleim auf den Flimmerhaaren auf und kann nicht mehr zum Rachen transportiert werden (unten). Der Schleim verstopft die Atemwege und die Erreger werden nicht abtransportiert, sondern vermehren sich im Schleim und erzeugen eine lokale Entzündung

gen freigesetzt wird. Die Atemwege sind, da die Lunge eine besonders gefährdete Eintrittspforte für Erreger darstellt, in hohem Maße von Zellen der *Immunabwehr* besiedelt, wie Lymphozyten, Alveolarmakrophagen und Gewebsmastzellen. Bei einer Immunantwort (s. Kap. 12.3) geben die Zellen Mediatoren wie Histamin, Prostaglandine und Leukotriene ab, welche einerseits die Schleimproduktion fördern und andererseits über Kontraktion der Bronchialmuskulatur eine Verengung der Bronchien bewirken. Die Atemwege sind ferner afferent mit Nerven versorgt. Werden die Nervenendigungen z. B. durch Fremdkörper gereizt, dann wird ein *Husten- oder Niesreflex* eingeleitet, der nach langsamer Inspiration durch „explosionsartige" Exspi-

ration den Fremdkörper hinauskatapultieren soll.

Totraum. Nur die letzten Verzweigungen der Atemwege nehmen am Gasaustausch teil. Die übrigen Atemwege sind sogenannter *Totraum*, der beim Gesunden etwa 150 ml umfaßt. Das heißt, bei einem Atemzug von 150 ml wird lediglich der Totraum mit frischer Luft gefüllt, während das bei der vorausgegangenen Ausatmung aus den Alveolen stammende und im Totraum verbliebene Gasgemisch nun erneut in die Alveolen bewegt wird. Bei einem Atemzug von 150 ml oder weniger findet also keine Erneuerung des Gasgemisches in den Alveolen statt. Der durch den Bronchialbaum vorgegebene *anatomische Totraum* muß vom sogenannten *funktionellen Totraum* unterschieden werden, der alle, am Gasaustausch nicht teilnehmenden Volumina der Lunge umfaßt. Erkrankungen können den Gasaustausch zwischen Alveolen und ihren Kapillaren beeinträchtigen und somit den funktionellen Totraum auf ein Mehrfaches des anatomischen Totraumes steigern.

Weitere Lungenvolumina. Abb. 15.2 stellt die verschiedenen weiteren Lungenvolumina zusammen. Dabei wird die Summe von zwei Volumina immer als Kapazität bezeichnet:

- Das *Atemzugvolumen* beträgt bei normaler Atmung etwa 0,5 Liter.
- Nach normaler Ausatmung (Atemruhelage) befindet sich immer noch Luft in der Lunge (*funktionelle Residualkapazität*). Selbst bei maximaler Ausatmung bleibt noch etwa ein Liter alveolares Gasgemisch in der Lunge (*Residualvolumen*). Die Differenz von funktioneller Residualkapazität und Residualvolumen ist das *exspiratorische Reservevolumen.*
- Maximale Inspiration aus der Atemruhelage ergibt die *inspiratorische Kapazität.*

Die Differenz von inspiratorischer Kapazität und Atemzugvolumen ist das *inspiratorische Reservevolumen.*

- Das maximale Volumen, das nach maximaler Inspiration ausgeatmet werden kann, ist die *Vitalkapazität*. Die Vitalkapazität und das Residualvolumen können schließlich zur *Totalkapazität* zusammengefaßt werden (s. Abb. 15.2).
- Bei maximaler Ausatmung kollabieren die basalen vor den apikalen Alveolen. Das Volumen, das nach Kollaps der basalen Alveolen noch ausgeatmet werden kann, ist das sogenannte *Verschlußvolumen* (s. Abb. 15.2). Die Summe von Verschlußvolumen und Residualvolumen ist die *Verschlußkapazität.*

Die Atemvolumina sind in der Regel bei Männern größer als bei Frauen, nehmen mit der Körpergröße zu und hängen vom Zustand des Individuums und der Beweglichkeit seines Thorax ab. So ist bei Hochleistungssportlern in der Regel die Vitalkapazität relativ groß. Regelmäßig nehmen mit höherem *Alter* Totalkapazität und Vitalkapazität ab, das Residualvolumen und

Lungenvolumen [l]

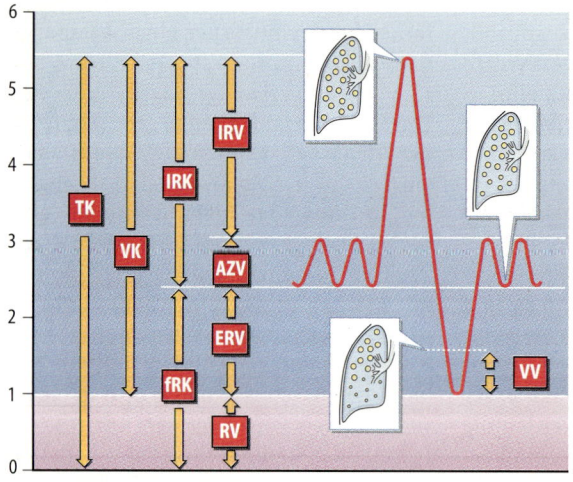
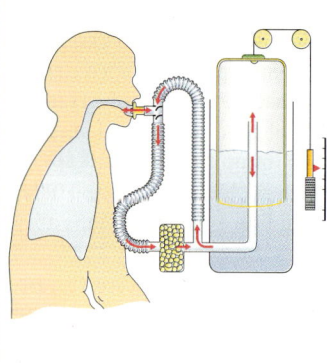

Abb. 15.2. Die verschiedenen Lungenvolumina: *AZV* = Atemzugvolumen, *ERV* = exspiratorisches Reservevolumen, *fRK* = funktionelle Residualkapazität, *IRV* = Inspiratorisches Reservevolumen, *RV* = Residualvolumen, *TK* = Totalkapazität, *VK* = Vitalkapazität, *VV* = Verschlußvolumen. Erklärungen siehe Text

die funktionelle Residualkapazität jedoch zu.

Bedeutung der funktionellen Residualkapazität. Während der normalen Atemtätigkeit wird nur ein kleiner Teil (ca. 0,5 Liter) des Lungenvolumens ausgeatmet und die funktionelle Residualkapazität verbleibt in der Lunge. Durch die Atemzüge wird die Luft in der Lunge periodisch aufgefrischt, ohne die Zusammensetzung der Inspirationsluft zu erreichen. Die physiologische Bedeutung der funktionellen Residualkapazität liegt darin, daß nach der Ausatmung immer noch O_2 in der Lunge verbleibt und in das kontinuierlich durchströmende Blut aufgenommen werden kann.

15.2 Atemmechanik

Luft folgt während der Atmung einem *Druckgradienten.* Bei der Inspiration muß der Druck in den Alveolen niedriger sein als in der Außenluft, damit Luft über den Strömungswiderstand hinweg in die Alveolen einströmt. Bei der Exspiration muß umgekehrt der Druck in den Alveolen höher sein als in der Außenluft. Die Druckänderungen in den Alveolen sind Folge von Volumenänderungen der Lunge, hervorgerufen durch die Atembewegungen von Thorax und Zwerchfell. Den Volumen- und Formveränderungen setzt die Lunge Widerstände entgegen, die bei der Atmung überwunden werden müssen.

Widerstände bei der Atmung. Bei Formveränderungen eines Gewebes wie der Lunge gibt es immer Reibungsverluste innerhalb des Gewebes, die als *visköser Widerstand* der Formveränderung entgegen wirken. Wird die Formveränderung rückgängig gemacht, dann wirkt der visköse Widerstand der erneuten Formveränderung gleichermaßen entgegen. Zu den viskösen Widerständen wird auch der *Strömungswiderstand* (Atemwegswiderstand, Resistance, R) gezählt, den die bewegte Luft überwin-

den muß. Er tritt sowohl bei der Inspiration als auch bei der Exspiration auf. Die Resistance (R) entscheidet darüber, wieviel Volumen pro Zeiteinheit (V) bei einem gegebenen Druckgradienten zwischen Alveole und Außenluft (ΔP) bewegt wird:

$$V = \Delta P / R$$

Visköse Widerstände wirken nicht bei Anhalten der Luft, also wenn keine Formveränderung des Gewebes auftritt und keine Luft bewegt wird, unabhängig davon, ob die Luft in Inspirations- oder Exspirationsstellung angehalten wird. Das ist bei den *elastischen Widerständen* der Lunge anders. Sie entstehen durch die Dehnung elastischer Elemente und die Oberflächenspannung der Alveolen und wirken auch noch nach Anhalten der Luft in Inspirationsstellung. Die elastischen Widerstände müssen überwunden werden, um ein gegebenes Volumen der Lunge in Abwesenheit eines Atemgasstromes aufrechtzuerhalten. Sie summieren sich zur Retraktionskraft der Lunge, welche die Ausatmung begünstigt und die isolierte Lunge kollabieren läßt.

Surfactants. Von Alveolarzellen (Typ II) werden oberflächenaktive Substanzen (*Surfactants,* v.a. Lezithinderivate) gebildet, welche die Oberflächenspannung der Alveolarwände herabsetzen. Die Oberflächenspannung des Wassers würde sonst eine Entfaltung der Lungenalveolen verhindern. Ein Mangel an Surfactants behindert tatsächlich bei Frühgeburten die Entfaltung der Lungen. Ohne Surfactants wäre keine gleichmäßige Größe der Alveolen gewährleistet: Bei benachbarten Alveolen würde die Alveole mit kleinerem Durchmesser eine größere Oberflächenspannung aufweisen und daher kollabieren, wobei die größere Alveole an Radius gewinnen würde. Letztlich würden nur wenige große Alveolen übrig bleiben. Bei Verkleinerung einer Alveole nimmt jedoch die Konzentration an Surfactants zu und damit die Oberflächenspannung ab. Die größere Alveole weist umgekehrt eine ge-

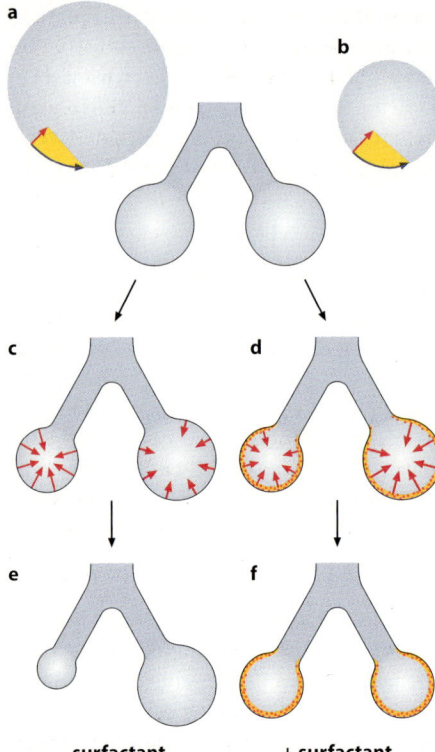

rationsmuskulatur vom Verhältnis der elastischen zu den viskösen Widerständen ab. Bei herabgesetzter Retraktionskraft (vermindertem elastischen Widerstand) ist die maximale Exspirationsgeschwindigkeit genauso eingeschränkt wie bei gesteigertem Strömungswiderstand. Der Versuch, eine verminderte Retraktionskraft durch maximale Aktivierung der Exspirationsmuskulatur mit der Folge gesteigerten Druckes auf die Lunge auszugleichen, führt zum Kollabieren der Atemwege und damit zu einer steilen Zunahme des Strömungswiderstandes (s. Abb. 15.4)

Abb. 15.3. Retraktionskraft der Lunge, funktionelle Bedeutung der Surfactants: Bei Dehnung der Alveolen nimmt – bei konstanter Wandspannung (Oberflächenspannung der Wasseroberfläche (blaue Pfeile)) – der nach innen gerichtete Vektor ab (**a, b**). Dadurch ist der nach innen gerichtete Vektor (Retraktionskraft [rote Pfeile]) bei den kleinen Alveolen (**b**) größer als bei den größeren Alveolen (**a**). Durch die unterschiedlichen Retraktionskräfte werden die kleinen Alveolen noch kleiner und die großen Alveolen noch größer (**c**), bis die kleinen Alveolen völlig kollabiert sind (**e**). Surfactants (rot) setzen die Oberflächenspannung herab. Wird eine Alveole kleiner, so nimmt die Surfactantkonzentration zu und die Oberflächenspannung sinkt (**d**). Auf diese Weise überwiegt die Retraktionskraft der großen Alveolen und es stellt sich eine mittlere Alveolengröße ein (**f**)

ringere Surfactantkonzentration auf. Daher ist die Oberflächenspannung bei kleinen Alveolen herabgesetzt und bei großen Alveolen gesteigert und die Alveolen streben eine mittlere Größe an (Abb. 15.3).

Maximale Exspirationsgeschwindigkeit.
Sie hängt neben der Aktivierung der Exspi-

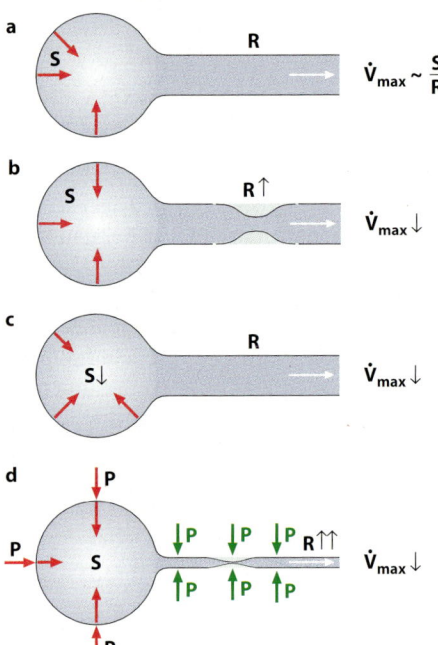

Abb. 15.4. Verhältnis von Retraktionskraft und Strömungswiderstand als Determinanten der maximalen Exspirationsstromstärke. Die maximale Exspirationsstromstärke ($\dot{V}_{max}$) ist dem Verhältnis von Retraktionskraft (S) und Strömungswiderstand (R) proportional (**a**). Eine Abnahme der Retraktionskraft (**c**) mindert $\dot{V}_{max}$ gleichermaßen wie eine Zunahme des Strömungswiderstandes (**b**). Der Versuch, bei herabgesetzter Retraktionskraft V_{max} durch Kompression der Lunge zu steigern (**d**), schlägt fehl, weil dabei die Atemwege komprimiert werden und damit der Widerstand ansteigt

Atembewegungen. Der Pleuradruck wird durch die Atembewegungen verändert: Während der Inspiration wird der Thoraxraum durch Kontraktion des Zwerchfellmuskels oder durch Heben der Rippen vergrößert und damit der Druck im Pleuraraum gesenkt (s. Abb. 15.5). Die Lunge, die von der Thoraxwand bzw. dem Zwerchfell nur durch einen dünnen Flüssigkeitsfilm getrennt wird (Pleurawasser), folgt der Vergrößerung des Thorax. Senken der Rippen oder Erschlaffen des Zwerchfellmuskels verkleinert wieder den Thoraxraum, steigert den Pleuradruck und erlaubt der Lunge die Ausatmung. Durch die besondere Lage der Rippenachsen führt eine *Bewegung der Rippen* nach oben zu einer Ausdehnung des Thorax nach vorne und zur Seite (s. Abb 15.5). Ein Senken der Rippen verkleinert umgekehrt den Thoraxraum. Die Rippen werden durch die Gesamtheit der Musculi intercostales externi gehoben und durch die Musculi intercostales interni gesenkt. Die Tätigkeit der Musculi intercostales externi kann bei Inspiration u.a. durch die Musculi pectorales maior und minor, die Musculi scaleni und die Musculi sternocleidomastoidei unterstützt werden. Bei Kontraktion des *Zwerchfellmuskels* bewegt sich der Muskel vom Thorax zum Bauchraum. Kontraktion des Zwerchfells steigert also nicht nur das intrathorakale Volumen und senkt damit den Pleuradruck, sondern steigert gleichzeitig den Druck im Bauchraum. Bei Erschlaffung des Zwerchfells wird der Muskel passiv durch den Druckgradienten zwischen Bauchraum und Thorax wieder nach oben gewölbt. Die Bauchmuskulatur kann über Steigerung des Druckes im Bauchraum die Expiration beschleunigen.

Druckverläufe in Pleura und Alveolen. Aufgrund ihrer Retraktionskraft würde die Lunge kollabieren, wenn sie nicht von einem *Pleuraraum* umgeben wäre, der flüssigkeitsgefüllt ist und sich daher bei Drucksenkung nicht ausdehnt. Der Druck im Pleuraraum ist durch die Retraktion der Lunge normalerweise niederer als in den Alveolen. Bei Inspiration sinkt der Druck im Pleuraraum weiter ab, entfaltet die Lunge und schafft damit den erforderlichen Unterdruck in den Alveolen. Bei der Exspiration wird der Unterdruck im Pleuraraum vermindert. Damit kann sich die Lunge wieder zusammenziehen, getrieben durch ihre Retraktionskraft (s. Abb. 15.4). Die Exspiration wird also nicht durch Kompression der Lunge, sondern durch die Retraktionskraft der Lunge bewerkstelligt. Bei einer Kompression der Lunge würden nämlich die Bronchien kollabieren und damit wäre der Weg zur Außenluft versperrt. Da aber die Retraktionskraft der Lunge selbst die Ausatmung besorgt, kann der Pleuraraum auch während der Ausatmung einen negativen Druck aufweisen und ein Kollabieren der Bronchiolen wird unterbunden. In der *Atemruhelage* halten sich die Rückstellkräfte der Lunge und das Ausdehnungsbe-

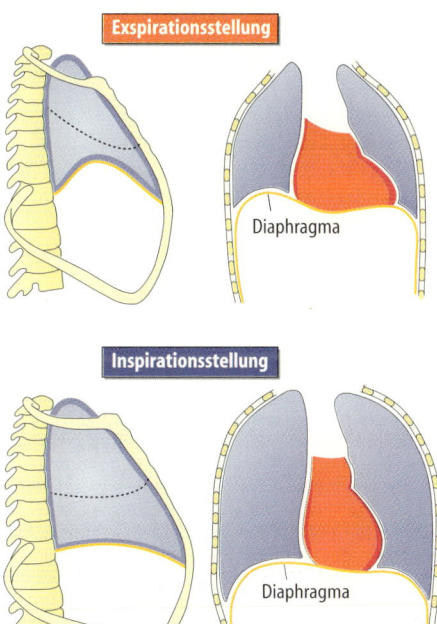

Abb. 15.5. Die Atembewegungen von Rippen und Zwerchfell: Bei Inspiration heben sich die Rippen, wodurch der Radius des Brustkorbes zunimmt. Gleichzeitig senkt sich das Zwerchfell und steigert zusätzlich das intrathorakale Volumen

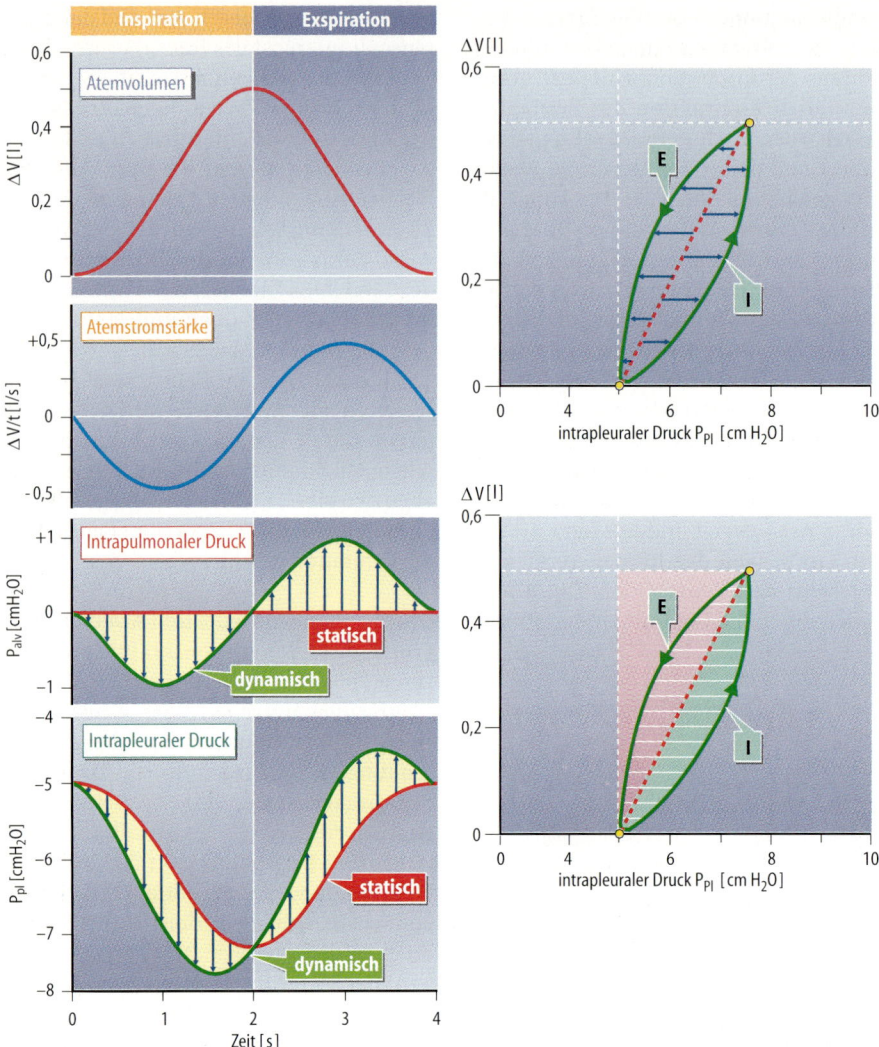

Abb. 15.6. Pleuradruck, Alveolardruck und Lungenvolumen bei Inspiration (*I*) und Exspiration (*E*). Der Druck in der Pleura kann mit einem Druckaufnehmer im Ösophagus gemessen werden, da der Ösophagus intrathorakal liegt und über seine Wand kein wesentlicher Druckgradient existiert. Links: Der zeitliche Verlauf von Volumen (ΔV), Stromstärke ($\Delta V/t$), Druck in den Alveolen (P_{alv}) und im Pleuraraum bzw. Ösophagus (P_{pl}). Dabei sind bei P_{alv} und P_{pl} diejenigen Druckwerte rot eingezeichnet, die auftreten würden, wenn keine viskösen Widerstände zu überwinden wären. Die jeweilige Druckänderung von P_{pl} ist für die Überwindung der Lungenretraktionskraft (elastische Widerstände) erforderlich. Grün sind die wirklichen Druckverläufe eingetragen. Rechts: Beziehung zwischen Änderungen des Lungenvolumens (ΔV) und des Pleuradruckes (P_{pl}). Rot ist diejenige Beziehung eingezeichnet, die auftreten würde, wenn keine viskösen Widerstände zu überwinden wären. Grün ist die wirkliche Beziehung eingetragen. Die rote Fläche rechts unten zeigt diejenige Arbeit ($\Delta V \cdot p$), die zur Überwindung der elastischen Widerstände aufgewendet werden muß. Bei der Inspiration muß zusätzlich Arbeit zur Überwindung der viskösen Widerstände aufgewandt werden (grüne Fläche). Die Exspiration kann bei normaler Atmung ohne zusätzlichen Einsatz von Arbeit geleistet werden, da die Retraktionskraft der bei Inspiration gedehnten Lunge für eine normale Exspiration ausreicht und die während der Inspiration geleistete Arbeit (rot) die Arbeit zur Überwindung der viskösen Widerstände bei der Exspiration beinhaltet (nach Thews aus Schmidt et al. 2000)

streben des Thorax die Waage. Dabei bleibt der Pleuradruck unter dem Alveolardruck bzw. atmosphärischen Druck. Die Atembewegungen führen zu den entsprechenden *Änderungen von Pleuradruck und Alveolardruck* (s. Abb. 15.6) und schaffen dadurch die Voraussetzung für die Bewegung der Luft. Die erforderlichen Druckschwankungen in den Alveolen hängen von der Stromstärke ab, mit der die Luft hin- und herbewegt werden soll. Eine hohe Stromstärke (bei forcierter Atmung) ist nur durch gesteigerten Alveolardruck zu erzielen. Die Bronchien können durch Kontraktion der Bronchialmuskulatur oder durch Verlegung mit Schleim verengt werden. Dann ist der Atemwegswiderstand gesteigert, und es sind gleichfalls gesteigerte Auslenkungen des Alveolardruckes zur Atmung erforderlich.

Pneumothorax. Wird eine Verbindung zwischen der Außenluft und dem Pleuraraum geschaffen (z. B. durch einen Messerstich), dann kollabiert der betroffene Lungenflügel und die in ihr enthaltene Luft entweicht über Bronchien und Trachea bis auf wenige 100 ml (*Pneumothorax*). Während der Inspiration dringt dabei Luft durch das Leck in den Pleuraraum, der Pleuradruck sinkt also nicht ab und die Lunge wird nicht entfaltet. Bei einem Pneumothorax sind die Atembewegungen also wirkungslos, die Lunge ist von den Atembewegungen entkoppelt. Bei einseitigem Pneumothorax weicht das Mediastinum durch das neue Druckgefälle auf die gesunde Seite aus und behindert auch dort die Entfaltung der Lunge. Da der Pleuraunterdruck auf der gesunden Seite bei Inspiration besonders groß ist, weicht das Mediastinum v.a. während der Inspiration zur gesunden Seite und kehrt bei Exspiration wieder zurück (*Mediastinalflattern*). Bisweilen kann sich ein Ventilmechanismus entwickeln, der während der Inspiration das Eindringen von Luft in den Pleuraraum zuläßt, nicht aber das Entweichen der Luft bei Exspiration. Dabei kommt es zu einer immer größeren Ansammlung von Luft im Pleuraraum und

zu einem entsprechenden Druckanstieg, der das Mediastinum maximal verschiebt und die Atmung der gesunden Seite massiv beeinträchtigt (*Spannungspneumothorax*).

Druck-Volumen-Diagramm der Lunge. Der Alveolardruck kehrt nach erfolgter Inspiration und Atemanhalten in Inspirationsstellung bei offenen Atemwegen wieder zum Atmosphärendruck zurück. Der Pleuradruck bleibt hingegen erniedrigt, bis wieder ausgeatmet wird. Solange die Inspirationsstellung gehalten wird, bleibt auch die Dehnung der Lunge und damit der stärkere Unterdruck in der Pleura aufrecht. Das wird auch im *Druck-Volumen-Diagramm* der Lunge deutlich (Abb. 15.7): Die Retraktionskraft steigt mit zunehmender Füllung (bzw. Dehnung) der Lunge und dazu ist ein immer größer werdender Druckgradient zwischen Alveolarraum und Pleuraraum erforderlich. Dabei ist es unerheblich, ob der Druckgradient durch Senken des Pleuradruckes (bei normaler Atmung) oder durch Steigerung des Alveolardruckes (bei Dehnung der Lunge durch Einblasen von Luft) gesteigert wird.

Compliance. Der Zuwachs an Volumen (ΔV) pro Drucksteigerung (Δp) ist die *Compliance* (C), ein Maß für die Dehnbarkeit des Atemapparates:

$$C = \Delta V / \Delta p$$

Normalerweise beträgt die Compliance der Lunge etwa 2 l/kPa. Sie wird ermittelt, indem als ΔP die Änderung des Druckgradienten zwischen Alveolarraum und Pleuraraum eingesetzt wird (s. Abb. 15.7). Bei der Inspiration wird jedoch nicht nur die Lunge, sondern auch der Thorax gedehnt und damit dessen elastische Rückstellkräfte überwunden. Die Compliance des Thorax (beim Gesunden ebenfalls ca. 2 l/kPa) wird errechnet, indem als ΔP die Änderung des Druckgradienten zwischen Pleuraraum und Außenluft eingesetzt wird. Wird für ΔP die Änderung des Druckgradienten zwischen

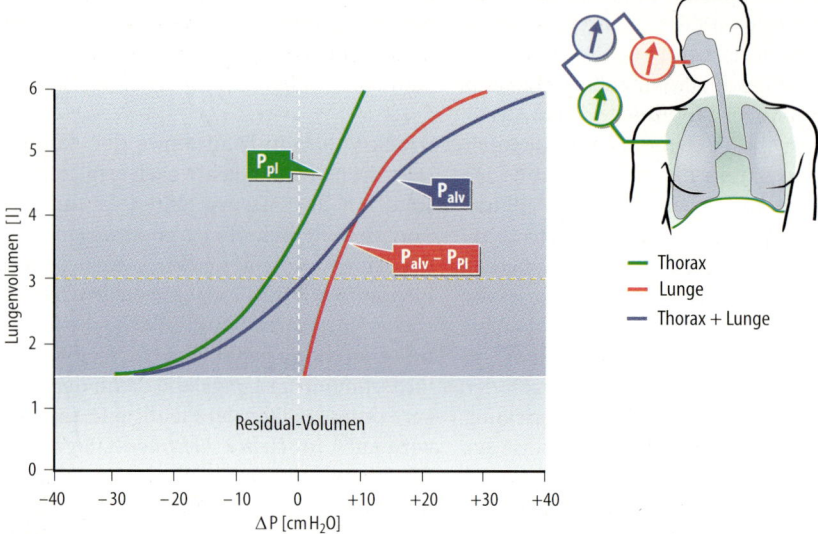

Abb. 15.7. Druck-Volumendiagramm der Lunge bei passiver Dehnung. Beziehung zwischen Lungenvolumen (V_L) und dem Druckgradienten zwischen Außenluft und den Alveolen (P_{alv}) bzw. der Pleura (P_{pl}). In der Ruhelage (normale Exspirationsstellung, gelbe gestrichelte Linie) ist $P_{alv} = 0$. Dabei herrscht ein Gleichgewicht zwischen der Retraktionskraft der Lunge (K_L), die eine weitere Exspiration begünstigen würde und der von Thorax und Zwerchfell (K_{Th}), die eine Inspiration begünstigen würde. Die Lunge wird dabei vom Druckgradienten zwischen Alveolen und Pleura ($P_{alv} - P_{pleu}$) an einer weiteren Exspiration gehindert, der Thorax durch den Druckgradienten zwischen Pleura und Außenluft (P_{pl}) an einer weiteren Inspiration. Dadurch wird P_{pl} negativ (nach Thews aus Schmidt et al. 2000)

Alveolarraum und Außenluft eingesetzt, dann erhält man die Compliance des gesamten Atemapparates. Da nun die Rückstellkräfte sowohl der Lunge als auch des Thorax überwunden werden müssen, ist diese Compliance geringer (beim Gesunden ca. 1 l/kPa). Bei *herabgesetzter Compliance* muß für die Einatmung mehr Unterdruck erzeugt und damit mehr Atemarbeit geleistet werden. Bei *gesteigerter Compliance* ist wegen der herabgesetzten Retraktionskraft die maximale Ausatmungsgeschwindigkeit vermindert. Dieser Nachteil kann nicht durch verstärkte Kontraktion der Exspirationsmuskulatur ausgeglichen werden, da bei einer Kompression der Lunge die Atemwege kollabieren (s. Abb. 15.4).

Visköser Widerstand. Zur Überwindung der viskösen Widerstände muß der Pleuradruck während der Einatmung stärker abgesenkt werden, als dem jeweiligen Lungenvolumen im Gleichgewicht entspricht. Bei der Exspiration ist der Pleuradruck umgekehrt weniger negativ als im Gleichgewicht. Im Druck-Volumen-Diagramm liegen daher die Kurven für Inspiration und Exspiration nicht übereinander (s. Abb. 15.6). Bei einem *gesteigerten viskösen Widerstand* bzw. bei gesteigerter Resistance ist die Abweichung des Druck-Volumen-Verlaufes entsprechend größer.

Atemarbeit. Während der Inspiration muß Arbeit für die Dehnung der Lunge und zur Überwindung der viskösen Atemwegswiderstände geleistet werden. Im Druck-Volumen-Diagramm ist die Atemarbeit als Fläche erkennbar (s. Abb. 15.6). Die zur Dehnung der Lunge geleistete Arbeit geht nicht verloren, sondern wird zur Ausatmung genutzt. Sie reicht normalerweise völlig aus, um die viskösen Atemwegswiderstände bei der Exspiration zu überwinden.

Störungen der Atemmechanik. Die Ventilation der Alveolen kann durch herabgesetzte Compliance der Lunge (restriktive Lungenerkrankungen), durch gesteigerte Compliance („schlaffe Lunge") und durch gesteigerten Widerstand in den Atemwegen (obstruktive Lungenerkrankungen) beeinträchtigt sein.

Restriktive Lungenerkrankungen. Bei restriktiven Lungenerkrankungen ist die Compliance herabgesetzt. Da für die Inspiration eines bestimmten Volumens ein größerer Unterdruck erforderlich ist (s. oben), muß mehr Arbeit zur Inspiration aufgewendet werden. Wichtigstes Beispiel einer restriktiven Lungenerkrankung ist die Lungenfibrose, bei der gesteigerte Bildung von Bindegewebe zu einer Einengung der Alveolen führt. Inspiration erfordert dabei mehr Arbeit/Volumen zur Dehnung der Lunge. Da sich das Bindegewebe auch zwischen Alveolen und Kapillaren drängt, ist dabei auch die Diffusion behindert und der maximale Gasaustausch beeinträchtigt (s. unten).

Schlaffe Lunge, Emphysem. Auch eine gesteigerte Compliance (herabgesetzte Rückstellkraft, *„schlaffe Lunge"*) wirkt sich nachteilig auf die Atmung aus, da die Ausatmung durch die Rückstellkraft (Retraktionskraft) der Lunge gewährleistet wird (s. oben). Ein Verlust an elastischen Fasern liegt beim Emphysem vor. Ursache ist in einigen Fällen ein genetischer Defekt in der Synthese des Plasmaproteins α_1-Antitrypsin, das normalerweise Bindegewebe vor Abbau durch Proteasen hemmt (s. Kap. 12.5). Die fehlende Retraktionskraft führt zur Überblähung der Alveolen und beeinträchtigt die Exspiration. Der Versuch, die Exspiration durch gesteigerte Aktivität der Exspirationsmuskulatur zu fördern, schlägt fehl, da der gesteigerte Druck auf die Lunge zum Kollabieren der Bronchien führt. Hingegen kann die Retraktionskraft durch verstärkte Inspiration gesteigert werden. Die Atemruhelage wandert bei den Patienten dann allmählich in Richtung Inspiration und der Thorax nimmt in Ruhe immer mehr eine tiefe Inspirationsstellung ein (Faßthorax).

Obstruktive Lungenerkrankungen. Sie sind meist Folge einer Verlegung und/oder Verengung des Lumens der Bronchien. Ursachen sind eine gesteigerte Schleimsekretion und/oder eine Kontraktion der Bronchialmuskulatur. Beim Asthma (Allergie Typ I, s. Kap. 12.3) führt die Inhalation von Substanzen, gegen die der Patient allergisch ist, zur Bildung von Antigen-IgE-Antikörperkomplexen. Folge ist die Ausschüttung von Histamin und Leukotrienen. Die Mediatoren lösen Kontraktion der Bronchialmuskulatur aus, stimulieren die Schleimsekretion und steigern die Gefäßpermeabilität, sodaß ein Schleimhautödem auftritt. Alle drei Wirkungen engen das Lumen ein und erzeugen so eine obstruktive Lungenerkrankung. *= Mukoviszidose*

Bei zystischer Fibrose (s. Kap. 15.1) wird das Lumen durch Bildung eines zähflüssigen Schleims eingeengt. Eine intrathorakale Verengung der Atemwege beeinträchtigt vor allem die Exspiration, da die Dehnung der Lunge bei Inspiration einen Zug auf die Bronchien ausübt und damit das Lumen erweitert. Der Versuch der Patienten, durch Inspiration die Bronchien zu weiten und die Retraktionskraft zu steigern, führt wie bei der schlaffen Lunge zum Faßthorax (s. oben).

15.3 Lungenfunktionsprüfungen

Messung der Lungenvolumina. Hierzu kann ein Spirometer eingesetzt werden, ein wassergefüllter Behälter, in dem die ausgeatmete Luft aufgefangen und gemessen wird (s. Abb. 15.2). Die Vitalkapazität ist z. B. jenes maximale Volumen, das nach maximaler Inspiration in das Spirometer ausgeatmet werden kann. Das Volumen kann ferner durch ein Gerät ermittelt werden, das den Luftstrom während der gesamten Ausatmung mißt und die Meßwerte über die Zeit integriert, woraus das ausgeatmete Volumen resultiert (Pneumotachographie). Mit der Spirometrie nicht direkt meßbare Volumina sind das Totraumvolumen und das Residualvolumen. Bei der Bestimmung des Totraumvolumens macht man sich zunutze, daß die Inspirationsluft praktisch kein CO_2 enthält, die Menge an CO_2 im ausgeatmeten Gasgemisch (M) also vollständig aus den Alveolen stammt. Nach der Definition der Konzentration (Konzentration = Menge/Volumen) folgt, daß die Menge das Produkt von Konzentration (C) und Volumen (V) ist:

$$M = C \cdot V$$

Die ausgeatmete Menge von CO_2 ($M_e = C_e \cdot V_e$) stammt ausschließlich aus den Alveolen ($M_e = M_a = C_a \cdot V_a$) und es folgt:

$$C_e \cdot V_e = C_a \cdot V_a$$

C_e ist die Konzentration von CO_2 im exspirierten Gasgemisch und C_a die Konzentration von CO_2 im Gasgemisch, das gegen Ende eines Atemzuges ausgeatmet wird (= alveolares Gasgemisch). V_e, C_e und C_a können gemessen und daraus V_a errechnet werden ($V_a = C_e \cdot V_e / C_a$). Das Totraumvolumen ($V_d$) ergibt sich dann als Differenz von V_e und V_a ($V_d = V_e - V_a$).
Bei der Ermittlung des Residualvolumens läßt man eine Person maximal ausatmen, damit nurmehr das Residualvolumen (V_r) in der Lunge verbleibt und läßt dann die Person aus einem Behälter mit einem bestimmten Volumen (V_b) Gasgemisch mit bestimmter Konzentration (C_b) eines Testgases einatmen. Durch mehrmaliges Hin- und Heratmen wird das Gasgemisch im Behälter mit dem Gasgemisch im Residualvolumen gemischt, und es stellt sich nun eine neue Konzentration ($C_{b'}$) ein, die gemessen werden kann. Wenn das Testgas in der Lunge die Alveolen nicht verlassen hat, was z. B. für das extrem schlecht wasserlösliche Helium zutrifft, dann ist die Menge an Testgas gleich geblieben und es gilt:

$$V_b \cdot C_b = (V_b + V_r) \cdot C_{b'} \quad \text{oder:}$$

$$V_r = - V_b + V_b \cdot C_b/C_{b'}$$

Ventilation. Sie kann mit dem Pneumotachometer (s. oben) gemessen werden. Das Atemzeitvolumen ($\dot{V}$) ergibt sich aus dem jeweils ausgeatmeten Atemzugvolumen ($\dot{V}_e$) und der Atemfrequenz (f):

$$\dot{V} = \dot{V}_e \cdot f$$

Für den Gasaustausch relevant ist jedoch nicht das Atemzeitvolumen, sondern die alveoläre Ventilation ($\dot{V}_a$), die man durch Subtraktion des Totraumes ($\dot{V}_d$) vom Atemzugvolumen erhält:

$$\dot{V}_a = (\dot{V}_e - \dot{V}_d) \cdot f$$

Ganzkörperplethysmograph. Die Bestimmung von Lungenvolumina, Alveolardrücken und Widerständen können durch den Ganzkörperplethysmographen ermittelt werden (s. Abb. 15.8). Dabei nutzt man die Tatsache, daß p · V einer bestimmten Gasmenge bei konstanter Temperatur konstant ist, d.h. Änderungen des Volumens einer bestimmten Gasmenge können aus den entsprechenden Druckänderungen errechnet werden (Boyle-Marriot'sches Gesetz). Der Patient sitzt in einem geschlossenen Raum, dessen Druck ständig registriert wird. Zwischen Raum und Mund des Patienten sind ein Druckmeßgerät, ein Pneumotachymeter und ein Ventil (s. Abb. 15.8). Mit einem Stempel wird das Kammervolumen um ein bestimmtes Eichvolumen (V_E) reduziert. Aus der Druckzunahme in der Kammer (von P_{K1} zu P_{K2}) läßt sich dann das Volumen der Kammer (V_K) errechnen:

$$V_K \cdot P_{K1} = P_{K2} \cdot (V_K - V_E)$$

Läßt man nun den Patienten bei geschlossenem Ventil pressen, dann nimmt das intrathorakale Volumen zugunsten des Kammervolumens ab (ΔV). Die Kenntnis

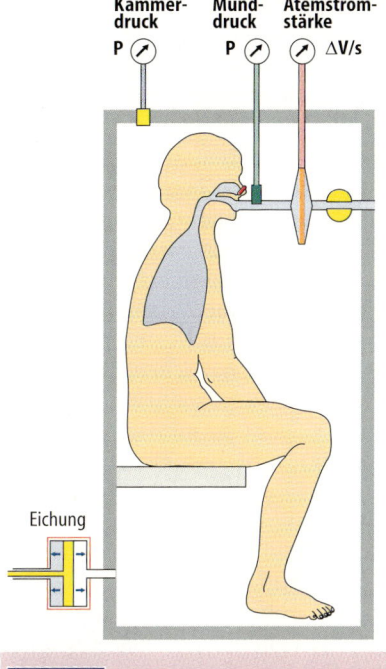

Kammer-
druck
P 🖉

Mund-
druck
P 🖉

Atemstrom-
stärke
🖉 ΔV/s

Eichung

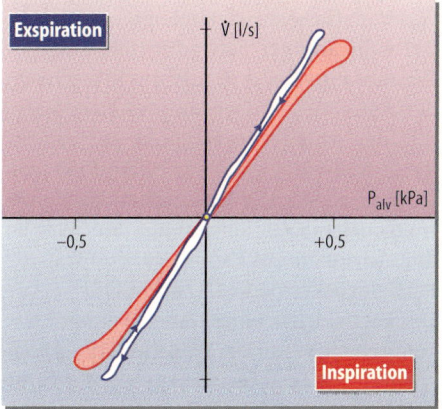

Exspiration

$\dot{V}$ [l/s]

P_{alv} [kPa]

−0,5   +0,5

Inspiration

Abb. 15.8. Ganzkörperplethysmograph. Oben: Meßanordnung, unten typische Aufzeichnung der Beziehung zwischen Atemstromstärke und Alveolardruck bei normalen (blau) und gesteigerten (rot) Atemwegswiderständen (Erklärungen siehe Text) (nach Thews aus Schmidt et al. 2000)

der Drücke in Kammer (P_K) und in der Lunge (P_L, am Mund gemessen) vor (P_{K1}, P_{L1}) und während (P_{K2}, P_{L2}) des Pressens erlaubt dann die Errechnung des intrathorakalen Volumens (V_L) aus folgenden zwei Gleichungen:

$$V_K \cdot P_{K1} = (V_K + \Delta V) \cdot P_{K2}$$

$$V_L \cdot P_{L1} = (V_L + \Delta V) \cdot P_{L2}$$

Die Gleichung setzt voraus, daß alle gasgefüllten intrathorakalen Räume die gleichen Druckveränderungen beim Pressen erfahren, was in aller Regel auch gegeben ist. Nachdem man auf diese Weise das Lungenvolumen und die Luftmenge zu einem Zeitpunkt kennengelernt hat, läßt sich durch Verrechnung der Luftbewegungen am Pneumotachygraphen ständig die gerade in der Lunge befindliche Luftmenge errechnen. Gleichzeitig kann das Lungenvolumen durch die entsprechenden Änderungen des Kammerdruckes errechnet werden. Die Kenntnis der Luftmenge und des Lungenvolumens erlaubt die Errechnung des alveolaren Druckes zu jedem Zeitpunkt. Die Kenntnis von Druck und Volumen ermöglicht schließlich die Errechnung des Strömungswiderstandes ($R = \Delta p/V$).

Tiffeneau-Test. Ein einfacher Test zur Ermittlung des Verhältnisses von Retraktionskraft und Strömungswiderstand ist die sogenannte Sekundenkapazität (*Tiffeneau-Test*) (s. Abb. 15.9): Der Proband atmet maximal ein und dann mit maximaler Geschwindigkeit aus. Normalerweise beträgt das innerhalb einer Sekunde ausgeatmete Volumen etwa 70–80 % der Vitalkapazität, im höheren Alter nimmt der Wert ab. Der Wert ist bei obstruktiven Lungenerkrankungen herabgesetzt. Allerdings werden auch bei eingeschränkter Beweglichkeit des Thorax und bei Lähmungen der Exspirationsmuskulatur pathologische Werte gemessen.

Atemstoß. Wie beim Tiffeneau-Test wird der Patient aufgefordert, nach maximaler Inspiration möglichst schnell auszuatmen. Die dabei erreichte *maximale exspiratorische Atemstromstärke* (Normwert etwa 10 l/Sek.) wird dabei mit dem Pneumotachygraphen gemessen. Die maximale Atemstromstärke ist bei obstruktiven Lungenerkrankungen reduziert.

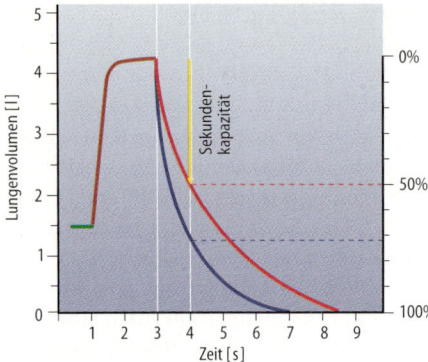

Abb. 15.9. Tiffeneau-Test bzw. Sekundenkapazität. Der Proband atmet aus der Atemruhelage (grün) maximal ein (braun) und dann anschließend möglichst schnell maximal aus (blau bzw. rot). Das Volumen (V_L), das binnen einer Sekunde ausgeatmet werden kann, ist ein Maß für den Atemwegswiderstand (blau: normaler, rot: gesteigerter Atemwegswiderstand). Der Wert kann in Litern (absolute Sekundenkapazität) oder in % der Vitalkapazität (relative Sekundenkapazität) ausgedrückt werden (nach Thews aus Schmidt et al. 2000)

Atemgrenzwert. Die über 10 Sekunden mit dem Pneumotachographen gemessene maximale Ventilation erreicht normalerweise über 100 Liter/Minute. Ein herabgesetzter Wert kann Folge von einer obstruktiven und/oder einer restriktiven Lungenerkrankung sein.

15.4 Gasaustausch

Für die Aufnahme von O_2 aus dem alveolaren Gasgemisch in das Blut und die Abgabe von CO_2 aus dem Blut in die Alveolen ist der Druck maßgebend, den das jeweilige Gas im alveolaren Gasgemisch und Blut ausübt. Treibende Kraft für die Diffusion von Gasen über die Alveolarwand ist ein Druckgradient zwischen Blut und Alveole. Das Verständnis der Faktoren, welche den Druckgradienten und damit die Diffusion beeinflussen, erfordert einige grundsätzliche Überlegungen zu den physikochemischen Eigenschaften der Gase.

Physikochemie der Gase. Der Druck, den ein Gas ausübt (P), ist eine Funktion der Konzentration (c) dieses Gases (mol/l) und der absoluten Temperatur in °K (T):

$$P = c \cdot R \cdot T = R \cdot T \cdot n/V$$

wobei R die Gaskonstante (0,831 J/°K mol), n die Menge des Gases in mol ist.

Der Gesamtdruck eines Gasgemisches ist die Summe der Drücke (*Partialdrücke*), die von den einzelnen Gasen erzeugt werden. Trockene Luft hat eine Zusammensetzung von etwa 21% O_2, 79% N_2 und 0,3% CO_2. Bei einem atmosphärischen Druck von 100 kPa üben die Gase somit einen Partialdruck von 21 kPa (160 mmHg) O_2, 79 kPa (600 mmHg) N_2 und 0,3 kPa (2,3 mmHg) CO_2 aus. Wird die Luft auf zwei Atmosphären komprimiert, dann steigen auch die Partialdrücke auf jeweils das Doppelte. Der Partialdruck eines Gases in einem Gasgemisch ist also vom Gesamtdruck des Gasgemisches und dem prozentualen Anteil des Gases im Gasgemisch abhängig.

Bei vollständiger Sättigung von Luft mit *Wasserdampf* bei 37 °C und 100 kPa erreicht der Anteil des Wasserdampfes etwa 6,2%, d.h. der Anteil von O_2 sinkt auf 19,6%, der Anteil von N_2 auf 74,2% und der von CO_2 auf 0,28%. Die Wasserdampfsättigung trockener Inspirationsluft auf dem Weg zu den Alveolen senkt somit geringfügig die Partialdrücke von O_2, N_2 und CO_2.

Der Partialdruck eines Gases in einem Gasgemisch sinkt mit der Abnahme des *atmosphärischen Druckes*, wie etwa in der Höhe (s. Abb. 15.10). Während der atmosphärische Druck am Meeresspiegel ca. 101 kPa (760 mmHg) beträgt, sinkt er bei 8000 m auf nur noch 36 kPa (274 mmHg). Da Sauerstoff schwerer ist als N_2, und damit im Gasgemisch der Luft absinkt, nimmt dabei zusätzlich der prozentuale Anteil von O_2 in der Luft mit zunehmender Höhe ab. Der Partialdruck von O_2 sinkt also stärker als der atmosphärische Druck.

Standardbedingungen. Um die, unter verschiedenen experimentellen (bzw. klinischen) Bedingungen ermittelten inspirier-

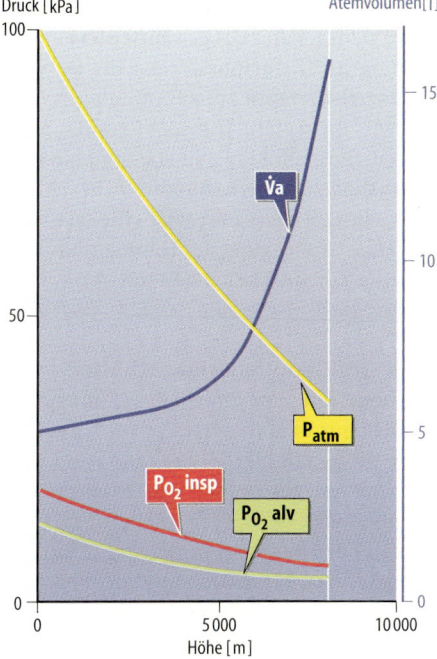

Druck [kPa]   Atemvolumen[l]

Abb. 15.10. Druck (P_{atm}) und O_2-Partialdruck ($P_{O_2, insp}$.) wasserdampfgesättigter Luft in Abhängigkeit von der Höhe. Bei zunehmender Höhe sinkt der atmosphärische Druck (P_{atm}) sowie der Anteil von O_2 am atmosphärischen Druck. Der alveolare O_2-Partialdruck ($P_{O_2, alv}$.) nimmt weniger stark ab als $P_{O_2, insp}$, da durch die Hypoxie die alveolare Ventilation ($\dot{V}a$) gesteigert wird

ten oder exspirierten Gasvolumina miteinander vergleichen zu können, muß der Einfluß des atmosphärischen Druckes, der Temperatur und der Wasserdampfsättigung berücksichtigt werden. Gebräuchlich sind v.a. drei Standardbedingungen:

- **STPD:** 0 °C (273 °K) (standard *t*emperature), atmosphärischer Druck von 760 mmHg bzw. 101 kPa (standard *p*ressure) und trocken (*d*ry).
- **BTPS:** Körpertemperatur (*b*ody temperature = 37 °C = 310 °K), der jeweils herrschende atmosphärische Druck (*p*ressure) und wasserdampfgesättigt (*s*aturated).
- **ATPS:** Raumtemperatur (*a*mbient temperature), der jeweils herrschende atmosphärische Druck (*p*ressure) und Wasserdampfsättigung (*s*aturated).

Die unter BTPS- oder ATPS- Bedingungen ermittelten Meßwerte lassen sich auf STPD-Bedingungen umrechnen, wie etwa das unter BTPS-Bedingungen gewonnene Volumen eines Gasgemisches (V_{BTPS}) in das entsprechende Volumen unter STPD Bedingungen:

$$V_{STPD} = V_{BTPS} \cdot (273 \,°K / 310 \,°K) \cdot (P_B - 6,3)/101 \text{ kPa}$$

wobei P_B der herrschende Barometerdruck ist.

Alveolare Gasdiffusion. Der Transport von O_2 und CO_2 über die Alveolarwand ins Blut und vom Blut geschieht durch *Diffusion.* Sauerstoff, der in die Bronchioli alveolares und Alveolen gelangt, muß über die Wand der Alveolen in das Blut diffundieren. Umgekehrt diffundiert CO_2 aus dem Blut in die Alveolen. Die Menge an O_2 oder CO_2, welche pro Zeiteinheit diffundiert ($\dot{M}$), ist eine Funktion von Partialdruckunterschied zwischen Blut und Alveole (ΔP), der Diffusionsfläche (F) und dem Diffusionsweg (d):

$$\dot{M} = K \cdot F \cdot \Delta P / d$$

K (sogenannter Krogh'scher Diffusionskoeffizient) ist ein Maß für die Diffusionsleitfähigkeit der Alveolarwand. Sie ist für CO_2 etwa 20mal größer als für O_2, d.h. die Diffusion für CO_2 benötigt einen wesentlich geringeren Gradienten (ΔP). Ursache ist die entsprechend bessere Löslichkeit von CO_2 im Wasser (0,03 mmol/l · mmHg). Die Diffusionsfläche (in etwa die Alveolaroberfläche) erreicht normalerweise annähernd 100 m². Die Diffusionsstrecke, also die Strecke über Alveolarepithel, Interstitium und Kapillarendothel, weist eine Dicke von weniger als einem µm auf. K, F und d können zur Diffusionskapazität der Lunge ($D_L = K \cdot F/d$) zusammengefaßt werden. Für O_2 erreicht sie normalerweise etwa 0,2 l/min kPa. Aufgrund der großen Diffusionskapazität der Lunge reicht die geringe Kontaktzeit des durchströmenden Blutes mit den Alveolen (normalerweise ca. 0,7 Sekunden) aus, um das Blut mit den alveolaren Partialdrucken zu equilibrieren. Bei *Steigerung des Herzminutenvolumens* muß pro Zeiteinheit mehr Blut die Alveolen passieren und die Kontaktzeit des Blutes mit den Alveolen wird herabgesetzt. Bei Gesunden wird die Diffusion allerdings erst bei extremer körperlicher Belastung zum limitierenden Faktor der O_2-Aufnahme.

Diffusionsstörungen. Bei einigen restriktiven Lungenerkrankungen (z. B. Lungenfibrose, s. Kap. 15.2, Lungenödem, s. Kap. 14.3), ist die Diffusionsstrecke gesteigert. Bei anderen restriktiven Lungenerkrankungen (z. B. chrirurgische Entfernung eines Lungenflügels) ist die Diffusionsfläche herabgesetzt, ein größerer Anteil des Herzminutenvolumens muß an der verbleibenden Diffusionsfläche vorbeigeschleußt werden, und die Kontaktzeit in den Alveolen nimmt ab. Folge ist in beiden Fällen eine *Diffusionsstörung.* Bei Arbeit und zunehmendem Herzminutenvolumen entwickelt sich die Kontaktzeit dann schnell zum limitierenden Faktor bei der O_2-Aufnahme. Der sich dabei entwickelnde Abfall der O_2-Konzentration im Blut (Hypoxämie) kann durch Hyperventilation nur in Grenzen beeinflußt werden, da ja auch bei maximaler Ventilation der alveolare O_2-Partialdruck nicht über 20 kPa gesteigert werden kann. Die Diffusion von CO_2 ist im Gegensatz zu der von O_2 bei Diffusionsstörungen nur wenig beeinträchtigt, da CO_2 ja sehr viel leichter diffundiert als O_2 (s. oben).

15.5 O_2-Transport

Die bei normalem Alveolarpartialdruck physikalisch gelöste Menge an O_2 reicht bei weitem nicht aus, um die Gewebe hinreichend mit Sauerstoff zu versorgen. Etwa 98 % des O_2 wird an Hämoglobin gebunden zur Peripherie transportiert. Der O_2-Transport im Blut ist daher von den Bindungseigenschaften des Hämoglobins in entscheidender Weise abhängig. Die Form der Erythrozyten (s. Kap. 12.2) gewährleistet ein Minimum an Diffusionsstrecke für O_2 vom Extrazellulärraum zum Hämoglobin. Der intraerythrozytäre Transport von O_2 wird zudem durch Bindung an Hämoglobin und Diffusion von Oxyhämoglobin beschleunigt. Nur auf diese Weise ist eine fast vollständige Absättigung des Hämoglobin binnen der kurzen Kontaktzeit mit den Alveolen möglich.

Sauerstoffbindungseigenschaften von Hämoglobin. Eine Einheit des Hämoglobin besteht aus dem tetrazyklischen *Häm* und dem Proteinanteil *Globin* (Abb. 15.11). Das Häm enthält ein zweiwertiges Eisen, an das O_2 gebunden wird. Vier solcher Einheiten bilden das Hämoglobinmolekül (Molekulargewicht 64 kDa), das somit maximal vier O_2-Moleküle binden kann. Dabei besteht der Proteinanteil beim Erwachsenen aus je zwei α- und β-Ketten (HbA). Fetales Hämoglobin (HbF) enthält statt der beiden β-Ketten zwei γ-Ketten (s. unten). Die *O_2-Bindungskapazität* des Blutes ist praktisch mit der Menge an Bindungsstellen für O_2 am Hämoglobin identisch. Die Affinität der Bindungsstellen entscheidet bei gegebenem O_2-Partialdruck über das Ausmaß der *Sättigung* von Hämoglobin mit O_2. Die Bindung von O_2 an die erste Einheit steigert die Affinität der übrigen Einheiten für O_2. Dadurch entsteht eine sigmoide O_2-Bindungskurve des Hämoglobin. Bei niederen O_2-Partialdrücken bindet Hämoglobin O_2 mit relativ geringer Affinität, d.h. die Steilheit der *O_2-Bindungskurve* ist niedrig. Mit zunehmendem O_2-Partialdruck nimmt die Steilheit der Kurve zu und O_2 wird überproportional gut gebunden. Das Bindungsverhalten von Hämoglobin gewährleistet wegen der hohen O_2-Affinität bei höheren O_2-Partialdrücken eine annähernd *maximale O_2-Aufnahme in der Lunge.* Bei einer Halbierung des normalen O_2-Partialdruckes von etwa 100 mmHg auf 50 mmHg erreicht die O_2-Sättigung immer noch annähernd 90 %, d.h. die O_2-Bindung in der

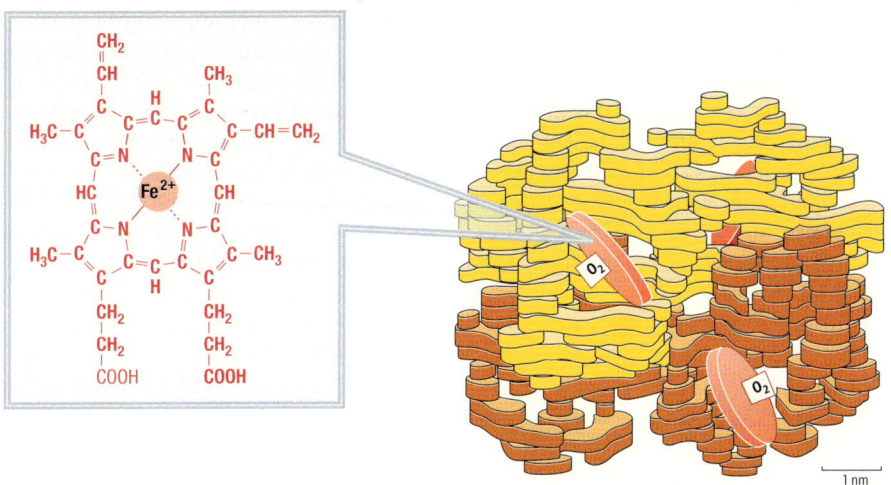

Abb. 15.11. Struktur des Hämoglobin (nach Thews aus Schmidt et al. 2000)

Lunge wird durch mässige Abnahme der Ventilation nicht beeinträchtigt. Die *O₂-Abgabe wird im Gewebe* durch den sigmoiden Verlauf der O_2-Bindungskurve begünstigt. Eine Betrachtung der Abb. 15.12 lehrt, daß O_2-gesättigtes Hämoglobin bei Passage von Gewebe mit einem O_2-Partialdruck um 15 mmHg etwa 80 % des gebundenen O_2 abgibt, während bei einem Gewebepartialdruck von 40 mmHg nur etwa 20 % freigesetzt werden. Die O_2-Abgabe reagiert also im Bereich zwischen 15 und 40 mmHg äußerst empfindlich auf den O_2-Partialdruck im Gewebe. Damit wird erreicht, daß der

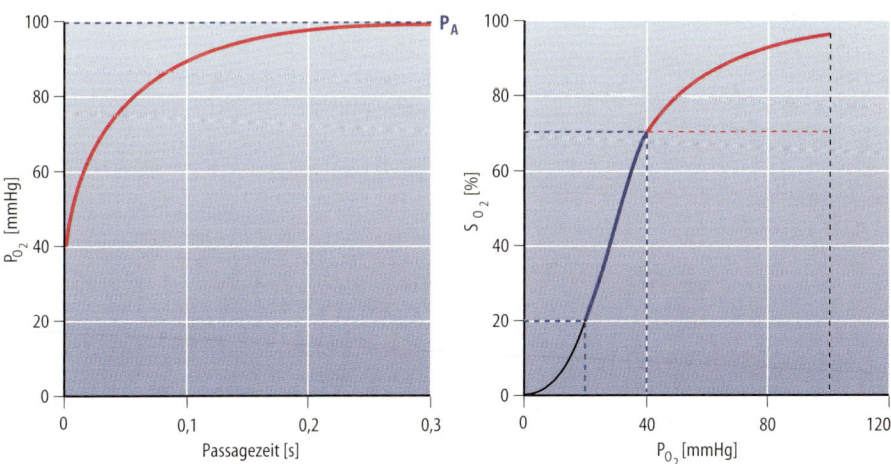

Abb. 15.12. O_2-Aufnahme aus den Alveolen. Links: Trotz der kurzen Kontaktzeit mit den Alveolen, erreicht der O_2-Partialdruck im vorbeiströmenden Blut praktisch den alveolären O_2-Partialdruck. Rechts: Die O_2-Bindungskurve ist im Bereich der alveolaren Drucke flach (rot) und im Bereich der Gewebspartialdrucke steil (blau). Die O_2-Aufnahme in der Lunge ist in weiten Grenzen nur gering vom alveolaren O_2-Partialdruck abhängig (rot), d.h. Hyperventilation und mäßige Hypoventilation beeinträchtigen die O_2-Aufnahme kaum. Die O_2-Abgabe im Gewebe wird bei sinkendem O_2-Gewebspartialdruck massiv gesteigert (blau)

O_2-Partialdruck in peripheren Kapillaren meist nicht unter 15 – 40 mmHg sinkt.

Wirkung von CO_2, pH, 2,3-DPG und Temperatur auf die O_2-Affinität (s. Abb. 15.13). Die O_2-Affinität des Hämoglobin wird bei einer Zunahme von CO_2-Partialdruck, Temperatur und erythrozytärem Diphosphoglyzerat (2,3-DPG = Biphosphoglycerat,

BPG), sowie bei einer Abnahme des pH herabgesetzt (sogenannte Rechtsverschiebung der O_2-Bindungskurve). Durch die Wirkung von CO_2 und pH wird die O_2-Abgabe im relativ CO_2-reichen und sauren peripheren Gewebe erleichtert, während der relativ geringe CO_2-Partialdruck und der relativ alkalische pH in der Lunge die O_2-Aufnahme begünstigen (Bohr-Effekt).

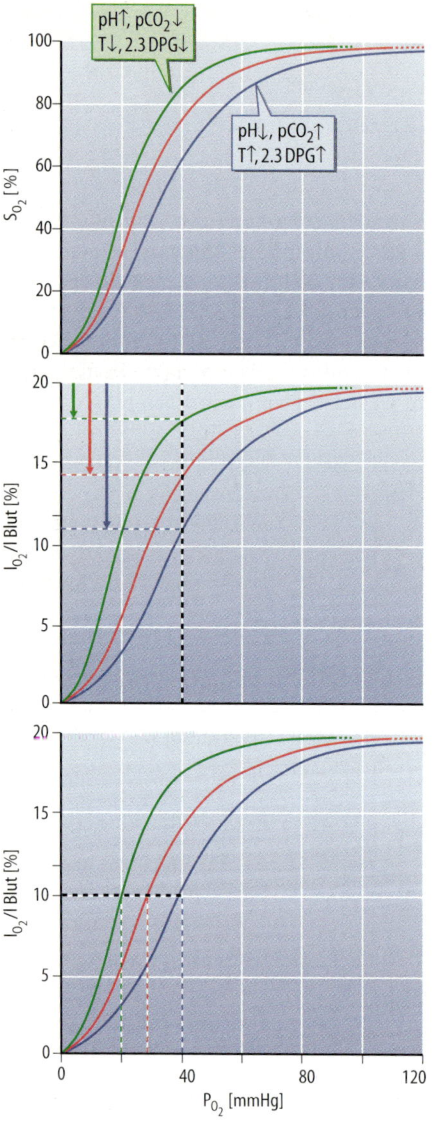

Maternofetale O_2-Diffusion. Der Hämoglobingehalt und damit die O_2-Bindungskapazität ist im fetalen Blut deutlich höher als beim Erwachsenen. Dadurch wird in der Plazenta die Übernahme von O_2 aus dem mütterlichen in das fetale Blut begünstigt. Fetales Hämoglobin (HbF) weist ferner eine etwas höhere O_2-Affinität auf als das Hämoglobin des Erwachsenen. Darüber hinaus nimmt bei Schwangeren die O_2-Affinität des Hämoglobin ab, u.a. durch Zunahme des erythrozytären 2,3-DPG. Das fetale Blut wird in der Plazenta annähernd zur Hälfte mit O_2 gesättigt, wobei das mütterliche Blut zu annähernd zwei Drittel desoxygeniert wird. Der plazentare Übergang von O_2 wird durch die plazentare Ansäuerung des mütterlichen Blutes und Alkalisierung des fetalen Blutes gefördert (doppelter Bohr-Effekt).

Zyanose. Die Bindung von O_2 bewirkt eine Änderung der Absorptionseigenschaften

Abb. 15.13. Sauerstoffbindungskurve von Hämoglobin. Oben: Einfluß von Temperatur, pH, Diphosphoglycerat (DPG). Mitte: Wirkung veränderter O_2-Affinität auf die O_2-Abgabe. Bei einem alveolaren O_2-Partialdruck von 100 mmHg und einem Gewebspartialdruck von 30 mmHg ist die Menge an O_2, die an das Gewebe abgegeben wird (Länge der Pfeile), in hohem Maße von der O_2-Affinität des Hämoglobin abhängig. Die O_2-Abgabe ist bei gesteigerter Affinität (grün) wesentlich geringer als bei normaler (rot) oder herabgesetzter (blau) Affinität. Unten: Wirkung veränderter O_2-Affinität auf den Gewebs-O_2-Partialdruck. Der Gewebs-O_2-Partialdruck, der die Abgabe von der Hälfte des an Hämoglobin gebundenen O_2 bewirkt, hängt in hohem Maße von der O_2-Affinität von Hämoglobin ab. Der Druck muß bei gesteigerter Affinität (grün) sehr viel stärker absinken, als bei normaler (rot) oder herabgesetzter (blau) Affinität des Hämoglobins. Daher ist O_2-gesättigtes Blut rot und desoxygeniertes Blut bläulich. Eine Blaufärbung der Haut (*Zyanose*) bzw. der Lippen tritt zutage, wenn die mittlere Konzentration von desoxygeniertem Hämoglobin 0,7 mmol/l (5 g/100 ml) übersteigt. Bei hohen Hämoglobinkonzentrationen wird dieser Wert relativ leicht erreicht und eine Zyanose kann auch bei adäquater O_2-Versorgung des Gewebes auftreten. Umgekehrt kann eine Zyanose bei Anämie trotz O_2-Mangel des Gewebes ausbleiben.

Methämoglobin. Die Bindung von O_2 an Hämoglobin kann nur erfolgen, wenn das Eisen im Häm zweifach (Fe^{2+}) geladen ist. Bei Oxidation des Eisens zu Fe^{3+} (Methämoglobin) ist keine Bindung von O_2 mehr möglich. Da das Eisen spontan oxidiert wird, muß es durch ein Enzym des Erythrozyten (Methämoglobinreduktase) ständig wieder in Fe^{2+} überführt werden. Mangelnde Funktion oder Überforderung der Reduktase führt zur Methämoglobinämie, die mit entsprechender Einschränkung des O_2-Transportes einhergeht. Die Patienten sind wegen der Farbe des Hämoglobin zyanotisch.

CO-Vergiftung. O_2 kann durch Kohlenmonoxid (CO) aus der Bindungsstelle im Hämoglobin verdrängt werden, wobei die Affinität des CO zu Hämoglobin um den Faktor 350 höher ist als die von O_2. Daraus resultiert, daß bei einem CO-Gehalt der Luft von nur 0,06 % etwa die Hälfte des Hämoglobin CO binden. Verschärfend kommt hinzu, daß die Bindung von CO an ein Häm die O_2-Affinität der übrigen Bindungsstellen steigert, wodurch die O_2-Abgabe im Gewebe beeinträchtigt wird. .

Sauerstofftransport und -verbrauch im Gewebe. Im Gewebe muß O_2 nach Freisetzung aus dem Hämoglobin über die Kapillarwand und den Extrazellulärraum zu den Zellen diffundieren. Dazu ist ein Konzentrationsgradient erforderlich, sodaß der *O_2-Partialdruck an den Zellen* deutlich geringer ist als im Blut. Der aktuelle O_2-Partialdruck in einer Zelle hängt vom O_2-Verbrauch der Zelle, dem Abstand zur nächsten Kapillare und dem O_2-Partialdruck in dieser Kapillare ab. Ist der O_2-Verbrauch groß, die Distanz zur nächsten Kapillare weit und handelt es sich dabei um den venösen Schenkel einer Kapillare, dann ist der O_2-Partialdruck entsprechend niedrig. Die minimalen Werte, die von Zellen ohne Einschränkung ihrer Funktion und Integrität toleriert werden, liegen im Bereich von 0,3–1 kPa (0,2–0,8 mmHg). Bei Organen mit hohem O_2-Bedarf, wie dem Herzen und dem Gehirn, sind die Kapillaren dicht beieinander und die Diffusionsstrecken von den Kapillaren zu den Zellen entsprechend kurz. Letztlich wird O_2 für die Energiegewinnung durch oxidative Phosphorylierung in den *Mitochondrien* der Zellen benötigt. O_2 muß also zu den Mitochondrien diffundieren. Vor allem im Skelettmuskel sind die intrazellulären Diffusionswege nicht unerheblich. In den Skelettmuskel- und Herzmuskelzellen fördert *Myoglobin* die Diffusion von O_2. Myoglobin bindet O_2 mit einer deutlich höheren Affinität als Hämoglobin, die halbmaximale Sättigung wird bereits bei etwa 5–6 mmHg (0,7–0,8 kPa) erreicht. Myoglobin ist ferner ein kurzfristiger O_2-Speicher, der im Myokard für 3–4 Sekunden den O_2-Bedarf decken kann. Im Herzen ist das O_2 aus dem Myoglobin vor allem während der Systole wertvoll, da durch die Kontraktion des Herzmuskels der Energiebedarf hoch und durch die Kompression der intramyokardialen Kapillaren die Blutzufuhr gedrosselt ist.

Sauerstoffausschöpfung. Der O_2-Verbrauch eines Organs ($\dot{V}_{O_2}$) ist das Produkt aus der Durchblutung ($\dot{V}$) und der arteriovenösen O_2-Differenz, d.h. der Differenz von O_2 Konzentration in arteriellem ($[O_2]_a$) und venösem ($[O_2]_v$) Blut:

$$\dot{V}_{O_2} = ([O_2]_a - [O_2]_v) \cdot \dot{V}$$

Das Verhältnis von Sauerstoffverbrauch und

Sauerstoffangebot ($\dot{V} \cdot [O_2]_a$) ist die *Sauerstoffausschöpfung (A_{O_2})*:

$$A_{O_2} = ([O_2]_a - [O_2]_v) \cdot \dot{V}/(\dot{V} \cdot [O_2]_a)$$
$$= ([O_2]_a - [O_2]_v)/[O_2]_a$$

Die O_2-Ausschöpfung und damit die arteriovenöse O_2-Differenz ist in den verschiedenen Organen ganz unterschiedlich. Sie kann im Herzen bei maximaler Arbeit 90 % erreichen und liegt andererseits in der Niere bei weniger als 10 % (s. Tabelle 14.1).

Anpassung des Sauerstoffangebotes an den Bedarf. Der Energieverbrauch und damit der O_2-Bedarf vor allem des Herzens und des Skelettmuskels ist je nach Arbeitsbelastung ganz unterschiedlich. Die O_2-Aufnahme kann zunächst durch *Zunahme der O_2-Ausschöpfung* gesteigert werden, also durch Zunahme der arteriovenösen O_2-Differenz. Das ist vor allem in denjenigen Organen möglich, die in Ruhe eine geringe O_2-Ausschöpfung aufweisen, während beispielsweise dem Herzen hier enge Grenzen gesetzt sind. Die gesteigerte O_2-Ausschöpfung wird durch Absinken des O_2-Partialdruckes im Gewebe und vermehrte Desoxygenierung von durchströmendem Blut erzielt. Das O_2-Angebot kann ferner durch *Vasodilatation* in dem arbeitenden Organ gesteigert werden. Ist nur ein kleines Organ betroffen, dann wird das O_2-Angebot durch die maximale Gefäßweite der zuführenden Gefäße limitiert. Bei vermehrtem O_2-Bedarf großer Organe (z. B. schwere Muskelarbeit) kann der Blutdruck bei Vasodilatation nur aufrecht erhalten werden, wenn das Herzzeitvolumen zunimmt. Dabei passiert ein größeres Blutvolumen pro Zeiteinheit die Lunge, und die Kontaktzeit des Blutes mit den Alveolen nimmt ab. Bei Zunahme des Herzzeitvolumens und des Atemzeitvolumens während Arbeit werden auch die sonst wenig perfundierten und ventilierten apikalen Lungenabschnitte perfundiert und ventiliert und damit steht eine größere Diffusionsfläche zur Verfügung. Dennoch kann auch beim Gesunden bei extremen Herzminutenvolumina die Kontaktzeit des Blutes mit den Alveolen zum limitierenden Faktor der O_2-Aufnahme werden, d.h. die O_2-Sättigung des arteriellen Blutes nimmt ab. Langfristig kann das O_2-Angebot durch vermehrte Bildung von Erythrozyten und damit Zunahme der *O_2-Transportkapazität* des Blutes gesteigert werden. Diese Anpassung erfordert mehrere Tage bis Wochen und ist limitiert, da eine zu hohe Erythrozytenzahl die Fließeigenschaften des Blutes verschlechtert.

Störungen von O_2-Transport und O_2-Nutzung. Die Energiegewinnung aus O_2 erfordert die hinreichende Aufnahme von O_2 mit der Atmung, den Transport von O_2 im Blut zum Gewebe und schließlich die Utilisation des O_2 in den Mitochondrien. Störungen können an jedem dieser Schritte auftreten.

- **Gestörte Aufnahme.** Bei herabgesetztem O_2-Angebot in der Inspirationsluft (z. B. in großer Höhe, s. Kap. 15.10) sowie bei behinderter Ventilation oder Diffusion in der Lunge kann das Blut nicht mehr hinreichend mit O_2 gesättigt werden und es entwickelt sich eine arterielle Hypoxie.
- **Eingeschränkte Bindung.** Der O_2-Transport im Blut ist bei Mangel an Erythrozyten mit Mangel an Hämoglobin (Anämie) oder bei funktionellem Ausfall des Hämoglobin (Methämoglobinämie, CO-Vergiftung) beeinträchtigt (s. Kap. 12.2).
- **Ischämie.** Der Transport von O_2-beladenem Hämoglobin zum verbrauchenden Gewebe ist bei zu engen Gefäßen oder bei Kreislaufversagen eingeschränkt (Ischämie). Bei einem Kreislaufstillstand kommt es innerhalb einer Minute auch zu einem Atemstillstand. Darüber hinaus kann primär ein Atemstillstand eintreten. Ohne künstliche Beatmung ist dann in wenigen Minuten mit einer irreversiblen Schädigung des Gehirns zu rechnen (s. Kap. 14.8).

• **Gestörte O_2-Utilisation.** Schließlich kann trotz ausreichendem O_2-Angebot die Utilisation beeinträchtigt sein, wie etwa bei Vergiftung der Mitochondrien (zytotoxisch).

Anaerobe Glykolyse. Da die Zellen über keine hinreichenden O_2-Speicher verfügen (s. Kap. 15.5), ist das Gewebe bei mangelhaftem O_2-Angebot gezwungen, auf *anaerobe Energiegewinnung* auszuweichen, also auf die Gewinnung von Energie aus dem Abbau von Glukose zu Laktat (s. Kap. 20.1). Folge ist eine Anhäufung von Milchsäure mit Entwicklung einer Azidose, die zum limitierenden Faktor werden kann (s. Kap. 20.1).

Hyperoxie. Einem O_2-Mangel kann durch gesteigerte O_2-Konzentration in der Inspirationsluft entgegnet werden (*Sauerstoffbeatmung*). Die hohe O_2-Konzentration begünstigt freilich das Kollabieren schlecht belüfteter Alveolen (Atelektase), da die O_2-Aufnahme in das vorbeiströmende Blut zu einem Schwinden des Alveolarvolumens führt. Darüber hinaus kann ein hoher O_2-Partialdruck (*Hyperoxie*) wegen der Reaktionsfreudigkeit von O_2 und der Bildung aggressiver O_2-Radikale schädliche Wirkungen entfalten. In der Lunge löst O_2 über Reizung der Atemwege Husten und Schmerzen aus und steigert über Schädigung von Endothel und Alveolarepithel die Gefäßpermeabilität. Folge ist die Entwicklung eines Lungenödems, das paradoxerweise die O_2-Aufnahme in das Blut mindert. Gesteigerte O_2-Partialdrucke im Blut führen zu Abnahme von Herzminutenvolumen und Einschränkung der Durchblutung von Gehirn und Niere. Letztlich treten Schwindel und Krämpfe auf. Sehr hohe O_2-Partialdrücke (>300 kPa), wie sie beim Gerätetauchen auftreten können (s. Kap. 15.9), lösen bereits bei kurzfristiger Exposition Schädigungen des Lungengewebes und Krämpfe aus. Bei *Neugeborenen* kann reiner Sauerstoff eine retrolentale Fibroplasie im Auge, und damit Erblinden hervorrufen. Neugeborenen bietet man daher nur Gemische mit maximal 40 % bzw. 40 kPa O_2 an.

15.6 CO_2-Transport

Das in der Peripherie gebildetet CO_2 muß im Gewebe vom Blut aufgenommen und zur Lunge transportiert werden, wo es in die Alveolen diffundiert und abgeatmet wird. CO_2 ist zwar 20mal besser in Wasser löslich als O_2, der Transport von physikalisch gelöstem CO_2 reicht jedoch nicht aus, um die erforderlichen Mengen an CO_2 zu transportieren.

Bikarbonat. Der größte Anteil (etwa 3/4) von CO_2 wird in Form von HCO_3^- transportiert. CO_2 reagiert im Blut bei Passage des Gewebes mit Wasser zu Kohlensäure (H_2CO_3), die zu H^+ und HCO_3^- dissoziiert (s. Kap. 17). Die Hydratisierung von CO_2 zu H_2CO_3 ist eine langsame Reaktion und erfordert bei den kurzen Passagezeiten des Blutes eine Beschleunigung durch das Enzym Karboanhydrase. Da dieses Enzym in den Erythrozyten sitzt, kann die Reaktion nur dort mit der erforderlichen Geschwindigkeit ablaufen (s. Abb. 15.14). CO_2 diffundiert in die Erythrozyten und reagiert dort zu HCO_3^-, das die Erythrozyten dann zum Teil (2/3) im Austausch gegen Cl^- verläßt (Hamburger Shift). Die dabei gebildeten H^+-Ionen werden an Hämoglobin gebunden. In der Lunge sinkt durch Abdiffusion von CO_2 in die Alveolen die CO_2-Konzentration und HCO_3^- reagiert zu CO_2. Dazu muß HCO_3^-, wiederum im Austausch gegen Cl^-, in die Erythrozyten aufgenommen werden. Mit dem CO_2 verschwindet auch das im Gewebe an Hämoglobin gebundene H^+.

Karbaminobindung. Ein kleinerer Teil von CO_2 (ca. 10 %) wird in den Erythrozyten an Aminogruppen des Globins gebunden (Karbaminobindung).

Haldane-Effekt. Sowohl die Reaktion von CO_2 zu HCO_3^-, als auch die Bindung von

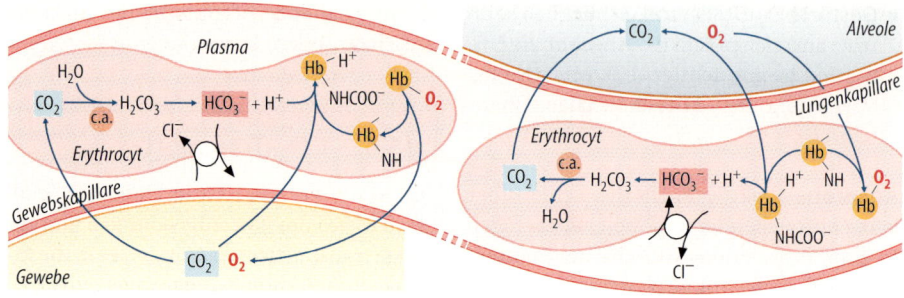

Abb. 15.14. CO_2-Transport im Blut. Links: CO_2-Aufnahme aus dem Gewebe, rechts: CO_2-Abgabe in die Alveolen

CO_2 an das Hämoglobin werden durch die Desoxygenierung des Hämoglobins im Gewebe begünstigt, da desoxygeniertes Hämoglobin eine schwächere Säure ist als oxygeniertes Hämoglobin. In der Lunge begünstigt die Oxygenierung des Hämoglobins umgekehrt die Bildung von CO_2 aus HCO_3^- und die Freisetzung von CO_2 aus der Karbaminobindung. Durch diesen Einfluß wird daher die CO_2-Aufnahme im Gewebe und die CO_2-Abgabe in der Lunge gefördert (Haldane-Effekt).

Beziehung zwischen CO_2-Partialdruck und alveolärer Ventilation. Normalerweise ist die Konzentration von CO_2 in der Inspirationsluft vernachlässigbar gering und die abgeatmete Menge an CO_2 ist das Produkt aus alveolarer Ventilation ($\dot{V}_A$) und der CO_2-Konzentration in den Alveolen ($C_{CO_2,\,alv}$). Der CO_2-Partialdruck ist wiederum eine Funktion von atmosphärischem Druck und dem CO_2-Anteil ($P_{CO_2} = P_{atm} \cdot C_{CO_2,\,alv}$ [ml/ml]). Arterialisiertes Blut weist den gleichen CO_2-Partialdruck ($P_{CO_2,\,art}$) auf wie das alveolare Gasgemisch. Nun muß im Gleichgewicht genau soviel CO_2 abgeatmet werden ($\dot{V}_A \cdot C_{CO_2,\,alv}$) wie gebildet wird ($\dot{V}_{CO_2}$) und daher gilt:

$$C_{CO_2,\,art} = \dot{V}_{CO_2} / \dot{V}_A$$

$P_{CO_2,\,art}$ ist daher eine Funktion von alveolärer Ventilation ($\dot{V}_A$) und CO_2-Produktion (s. Abb. 15.15):

Hyperkapnie-Hypokapnie. Eine Zunahme des CO_2-Partialdruckes im arterialisierten Blut wird als Hyperkapnie, eine Abnahme von $P_{CO_2,\,art}$ als Hypokapnie bezeichnet. Der Transport und die Abatmung von CO_2 spielen bei der Regulation der H^+ Konzentration (*Säure-Basen-Haushalt*) in Blut und Gewebe eine hervorragende Rolle, wie später noch ausgeführt wird (s. Kap. 17.6). Bei Hyperkapnie reagiert CO_2 zu H_2CO_3, das zu HCO_3^- und H^+ dissoziiert. Dadurch steigt die H^+-Konzentration (Azidose). Bei Hypokapnie reagieren umgekehrt HCO_3^-

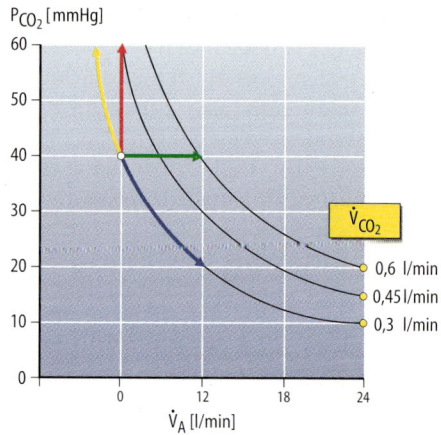

Abb. 15.15. Einfluß der alveolaren Ventilation ($\dot{V}_A$) auf den alveolaren CO_2-Partialdruck (P_{CO_2}) bei unterschiedlicher CO_2-Produktion. Bei Hyperventilation (blau) sinkt, bei Hypoventilation (gelb) steigt der P_{CO_2}. Bei gesteigerter CO_2-Produktion ($\dot{V}_{CO_2}$) steigt der P_{CO_2} (rot), wenn nicht gleichzeitig hyperventiliert wird (grün)

und H^+ über H_2CO_3 zu CO_2 und die H^+-Konzentration sinkt (Alkalose). Umgekehrt kann gesteigerte Abatmung von CO_2 eine nichtrespiratorische Azidose korrigieren (s. Kap. 17.6).

15.7 Atemregulation

Die atemregulierenden Neurone. Über die gesamte Medulla oblongata sind Gruppen von Neuronen verstreut, die bei Inspiration (*inspiratorische Neurone*) oder Exspiration (*exspiratorische Neurone*) aktiviert werden (s. Abb. 15.16). Dabei lassen sich aufgrund ihrer zeitlichen Aktivierung und neuronalen Verschaltungen mehrere Untergruppen unterscheiden. Die Neurone erzeugen durch gegenseitige, abwechselnde Erregung oder Hemmung den Atemrhythmus. Sie erhalten Afferenzen aus Mechanorezeptoren der Lunge und der Atemmuskulatur und aus Chemorezeptoren, die den Gehalt von CO_2, pH und O_2 im Blut messen. Darüber hinaus wird ihre Tätigkeit durch verschiedene Strukturen des Nervensystems gesteuert. So stehen sie unter dem Einfluß benachbarter Neurone in der Formatio reticularis.

Beeinflussung der Atmung durch Mechanorezeptoren. In der Lunge sind Rezeptoren, die bei Dehnung der Lunge, also bei Inspiration, erregt werden. Ihre Afferenzen führen über den Nervus vagus zu den atemregulierenden Neuronen und hemmen die Inspiration (*Hering-Breuer-Reflex*). Die Afferenzen spielen für den normalen Atemrhythmus keine Rolle, verhindern jedoch durch Begrenzung tiefer Inspiration eine Überdehnung der Lungen. Die atemregulierenden Neurone erhalten ferner Afferenzen aus den *Muskelspindeln* der Atemmuskulatur (außer dem Zwerchfell), die über die jeweilige Muskellänge informieren. Durch Deflation der Lunge (Pneumothorax) werden bronchiale *Irritationsendigungen* des Nervus vagus erregt, welche die Inspiration fördern (*Head-Reflex*). Schadstoffe in der Inspirationsluft können einen *Hustenreflex* und Apnoe in Inspirationsstellung auslösen. Afferenzen an den Gefäßen und Alveolarwänden werden durch lokales Ödem (Lungenödem) und Entzündungsmediatoren (z. B. Histamin) gereizt. Sie vermitteln eine Hemmung der Atmung (Apnoe), eine Senkung von Herzfrequenz und Blutdruck und eine Hemmung der Skelettmuskelaktivität (*juxtakapillärer Reflex*).

Regulation der Ventilation durch CO_2. Wenn O_2-Aufnahme und CO_2-Abgabe an den jeweiligen Bedarf angepaßt werden sollen, dann ist eine Rückkopplung zwischen Ventilation und den arteriellen Partialdrücken erforderlich. Tatsächlich spielt der arterielle *CO_2-Partialdruck* die entschei-

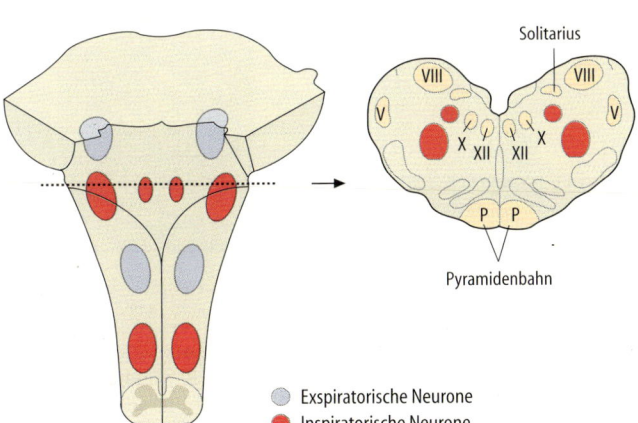

● Exspiratorische Neurone
● Inspiratorische Neurone

Abb. 15.16. Lage der atemregulierenden Neurone

dende Rolle bei der Atemregulation. Der CO_2-Partialdruck wird von Chemorezeptoren an der Karotis (Glomera carotica) und der Aorta (Glomera aortica), sowie von atemregulierenden Neuronen im Hirnstamm gemessen. Bei Zunahme des CO_2-Partialdruckes reagiert zelluläres CO_2 über H_2CO_3 zu HCO_3^- und H^+ (s. oben). Die H^+-Ionen hemmen K^+-Kanäle in den Chemorezeptoren. Die folgende Depolarisation aktiviert spannungsabhängige Ca^{++}-Kanäle, der Ca^{++}-Einstrom vermittelt die Ausschüttung von Dopamin, das afferente Nervenendigungen des Nervus vagus aktiviert. Durch Beeinflussung der atemregulierenden Neurone führt eine Zunahme des CO_2-Partialdruckes zu einer steilen Zunahme der Ventilation (Abb. 15.17). Darüber hinaus führt eine Zunahme des CO_2-Partialdruckes zu Erstickungsgefühlen.

Regulation der Ventilation durch den pH.

Weniger wirkungsvoll als eine Zunahme des CO_2-Partialdruckes steigert ein Abfall des arteriellen pH (bei konstantem CO_2-Partialdruck) die Ventilation. Da H^+ die Blut-Hirnschranke schwer passieren können, wirken sich Änderungen des Blut-pH nur relativ gering auf den pH um die atemregulierenden Neurone aus.

Regulation der Ventilation durch O_2.

Änderungen des O_2-Partialdruckes spielen bei der Atemregulation normalerweise eine untergeordnete Rolle. Trotz seiner überragenden Bedeutung eignet sich O_2 nicht für die Regulation der Ventilation, da die O_2-Bindungskurve von Hämoglobin die O_2-Aufnahme ja in weiten Grenzen von der Ventilation unabhängig macht. Nur bei erheblichem Abfall des O_2-Partialdruckes kommt es durch Aktivierung der Chemorezeptoren in den Glomera carotica und aortica zur Steigerung der Ventilation (s. Abb. 15.7). Mäßige Abnahme des O_2-Partialdruckes hat zudem eine euphorisierende Wirkung, wohl über Stimulation der Freisetzung von Endorphinen. Damit wird bisweilen einer Hypoxie nicht konsequent ausgewichen (Höheneuphorie).

Steuerung der Atmung.

Die Atmung steht unter dem Einfluß des zentralen Nervensystems und damit einer Vielfalt von Faktoren.

- Zunahme der *Körpertemperatur*, etwa bei Fieber, steigert die Ventilation, plötzliche Kaltreize führen zu kurzer Apnoe.
- Die Atmung wird ferner durch *Emotionen*, *Schmerzreize* und *Blutdruckabfall* stimuliert.

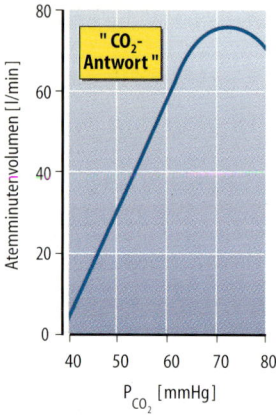 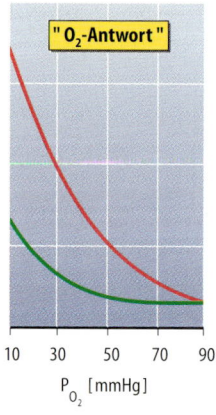 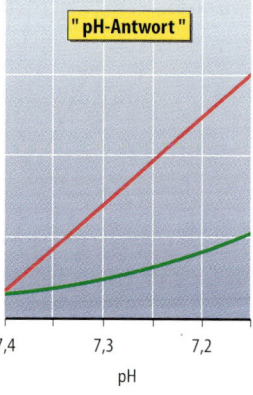

Abb. 15.17. Einfluß des Partialdruckes von CO_2 (P_{CO_2}) und O_2 (P_{O_2}), sowie des pH (*pHa*) im arterialisierten Blut auf das Atemminutenvolumen. Die Reaktion der Atemregulation auf Abfall von P_{O_2}- und Zunahme des pHa sind bei konstant gehaltenem P_{CO_2} (rot) stärker, als wenn durch die Hyperventilation der P_{CO_2} absinkt (grün) (nach Richter aus Schmidt et al. 2000)

- Bei Muskelarbeit wird die Ventilation gesteigert, bereits bevor durch gesteigerte CO_2-Produktion und O_2-Verbrauch die Chemorezeptoren gereizt werden (*Mitinnervation* der atemregulierenden Neurone).
- *Progesteron* fördert neben seiner stimulierenden Wirkung auf den Energieverbrauch und die Körpertemperatur auch die Ventilation.
- Die Atmung wird beim Sprechen, Singen, Pressen etc. *willkürlichen Aufgaben* untergeordnet, sodaß dabei durchaus erhebliche Hyperventilation oder Hypoventilation auftreten können.
- Die Ventilation nimmt schließlich im *Schlaf* ab, wobei Hypoxie und Hyperkapnie auftreten können.

Störungen der Atemregulation. Aktivierung der atemregulierenden Neurone kann die Ventilation über den Bedarf des Körpers steigern (*Hyperventilation*). Folglich sinkt der CO_2-Partialdruck unter 40 mmHg ab. Die adäquat gesteigerte Ventilation bei vermehrtem Bedarf, wie etwa bei Arbeit, wird hingegen als *Hyperpnoe* bezeichnet. Eine Hyperpnoe tritt regelmäßig bei massiver metabolischer Azidose auf (*Kußmaul'sche Atmung*), wie etwa im Coma diabeticum (s. Kap. 21.7). Unzureichende Aktivität der Neurone führt zur *Hypoventilation* und einem Ansteigen des CO_2-Partialdruckes.
- Bei normaler Ventilation spricht man von *Normoventilation*,
- bei normaler Ruheatmung von *Eupnoe*,
- bei herabgesetzter Atemfrequenz von *Bradypnoe*,
- bei gesteigerter Atemfrequenz von *Tachypnoe*,
- bei Aussetzen der Atmung von *Apnoe*.

Führt das (weitgehende) Aussetzen der Tätigkeit der atemregulierenden Neurone zu massiver Hypoxie und Hyperkapnie, dann spricht man von *Asphyxie*. *Dyspnoe* ist durch das subjektive Gefühl der Atemnot charakterisiert, unabhängig davon, ob eine Hyper- oder Hypoventilation vorliegt. Bei

Orthopnoe ist der Patient gezwungen, zur Vermeidung einer Dyspnoe aufrecht zu sitzen oder zu stehen. Sie tritt insbesondere bei Lungenödem auf, da der gesteigerte hydrostatische Druck im Liegen die Filtration von Flüssigkeit aus den Lungengefäßen in die Alveolen begünstigt. Bei Schädigung der atemregulierenden Neurone treten verschiedene Formen pathologischer Atmung auf, wie *Cheyne-Stokes'sche Atmung, Seufzer-Atmung, Biot'sche Atmung* und *Schnappatmung* (s. Abb. 15.18).

15.8 Verteilung von Ventilation und Perfusion

Eine ökonomische Atmung erfordert, daß Ventilation und Perfusion einer Alveole aufeinander abgestimmt sind. Die Ventilation nicht perfundierter Alveolen entspricht der Belüftung von Totraum und die Perfusion von nicht belüfteten Alveolen einem Rechts-Links-Shunt des Pulmonalblutes. Trotz erheblicher regionaler Unterschiede sowohl der Belüftung als auch der Perfusion der Lungenabschnitte treten normalerweise nur mäßige Unterschiede des Verhältnisses von Belüftung und Perfusion auf.

Einfluß von O_2 auf die Perfusion. Für die Anpassung der Perfusion an die Ventilation einzelner Alveolen spielt die O_2-Empfindlichkeit der Pulmonalgefäße eine entscheidende Rolle. In schlecht ventilierten Alveolen sinkt der O_2-Partialdruck und führt zu einer Vasokonstriktion der zuführenden Pulmonalgefäße (*Euler-Liljestrand-Mechanismus*). Auf diese Weise wird gewährleistet, daß nur diejenigen Alveolen perfundiert werden, die auch hinreichend ventiliert sind.

Bedeutung der Körperstellung. Der Kapillardruck in den Lungenkapillaren beträgt im Mittel nur etwa 7 mmHg. In *aufrechter Haltung* wird der Kapillardruck durch die Schwerkraft in den oberen Lungenabschnitten herabgesetzt und in den basalen Lungenabschnitten gesteigert. In der Lun-

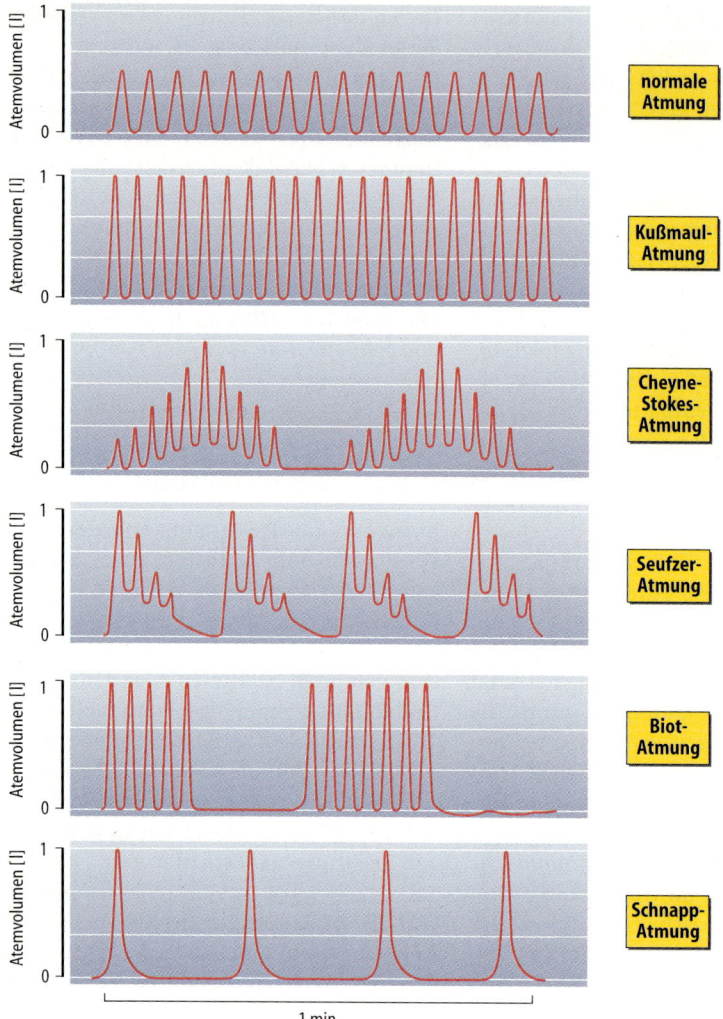

Abb. 15.18. Normale und pathologische Atemmuster

genspitze kann der Perfusionsdruck unter den Alveolardruck sinken, folglich kollabieren die Kapillaren und die Perfusion bricht zusammen. Gleichzeitig ist auch die Ventilation der apikalen Lungenabschnitte in aufrechter Haltung eingeschränkt. Das Ventilationsperfusionsverhältnis ist in den oberen Lungenabschnitten dennoch etwas höher als in den unteren Lungenabschnitten, d.h. das Blut, das die oberen Lungenabschnitte passiert, wird besser mit Sauerstoff gesättigt.

Einfluß von Muskelarbeit. Bei gesteigertem O_2-Bedarf des Körpers, z. B. während schwerer Muskelarbeit, nehmen Herzminutenvolumen und Perfusionsdruck im Pulmonalkreislauf zu und die apikalen Lungenabschnitte werden verstärkt perfundiert. Durch Zunahme der Atemtiefe werden die apikalen Lungenabschnitte dann auch stärker ventiliert, sodaß die regionalen Unterschiede von Perfusion und Ventilation schwinden.

Störungen der Ventilations- und Perfusionsverteilung. Bei Störungen der Ventilation einzelner Alveolen wird der Blutfluß zu diesen Alveolen gedrosselt. Sind größere Lungenbereiche betroffen, wie bei obstruktiven Lungenerkrankungen, dann steigt wegen der Widerstandszunahme im Pulmonalkreislauf der Pulmonaldruck und das rechte Herz wird einer Druckbelastung ausgesetzt. Bei anhaltend hohem Widerstand im kleinen Kreislauf kommt es dadurch zur Rechtsherzhypertrophie (*Cor pulmonale*). Bei unzureichender Drosselung des Blutstroms zu hypoventilierten Alveolen kommt es zur Beimischung von nicht O_2-gesättigtem Blut in den Pulmonalvenen. Die herabgesetzte O_2-Sättigung des beigemischten Blutes kann durch gesteigerte O_2-Sättigung im Blut gut ventilierter Alveolen nicht ausgeglichen werden, da die O_2-Sättigung ja bereits normalerweise 98 % erreicht. Das *Mischblut* weist daher eine entsprechend reduzierte O_2-Sättigung auf. Im Gegensatz dazu kann eine gesteigerte CO_2-Abatmung in gut ventilierten Alveolen die herabgesetzte CO_2-Abatmung in schlecht belüfteten Alveolen ausgleichen.

15.9 Atmen unter besonderen Bedingungen

Atemspende. Bei einem Atemstillstand kann durch künstliche Beatmung ein Absinken der Sauerstoffkonzentration und eine Zunahme der CO_2-Konzentration im Blut verhindert werden: Bei der Atemspende bläst der Spender dem Empfänger Luft in die Nase (Mund-zu-Nase-Beatmung) oder in den Mund (Mund-zu-Mund-Beatmung). Dabei ist das Totraumvolumen des Spenders gleichwertig wie normale Inspirationsluft und der O_2-Gehalt ist bei einem insufflierten Volumen von etwa einem halben Liter völlig hinreichend. Die Retraktionskraft der Lunge des Empfängers vermittelt die Exspiration. Die Insufflation kann auch durch einen Beutel erzielt werden, der über eine Atemmaske oder einen Schlauch in der Trachea mit den Atemwegen des Atemempfängers verbunden ist. Ein Nachteil der Atemspende gegenüber der normalen Atmung ist das Fehlen des thorakalen Druckabfalls während der Inspiration. Damit besteht weniger Druckgradient für den Rückstrom aus den extrathorakalen Gefäßen zum Herzen und das Herzzeitvolumen wird entsprechend beeinträchtigt. Daher ist eine *Beatmung mit wechselndem Über- und Unterdruck* vorteilhafter. In der sogenannten *eisernen Lunge* liegt der Körper bis zum Hals in einem Hohlraum, in dem ein wechselnder Unterdruck erzeugt und damit die entsprechenden Atembewegungen erzwungen werden.

Atmen in der Höhe. Die Abnahme des O_2-Partialdruckes in der Inspirationsluft in großer Höhe (s. Abb. 15.10) senkt bei unveränderter Atmung – den alveolären O_2-Druck und mindert damit die O_2-Sättigung des Hämoglobin. Relevant werden diese Wirkungen erst, wenn der alveoläre O_2-Partialdruck in den steilen Bereich der O_2-Bindungskurve fällt, das ist bei Höhen über 3000 m der Fall. Die Hypoxie zwingt zur *Hyperventilation*, die Hypokapnie und respiratorische Alkalose zur Folge hat. Die Hypokapnie hemmt die Ventilation und erschwert die Anpassung der Ventilation an das O_2-Angebot. Darüber hinaus eignet sich O_2 nicht zur Atemregulation (s. oben) und die Atmung wird unregelmäßig. Die Hypokapnie und Alkalose führen zu einer *Vasokonstriktion der Hirngefäße*, die andererseits durch die Hypoxie erweitert werden. Die respiratorische Alkalose fördert mittelfristig die *renale Ausscheidung von HCO_3^-* (s. Kap. 17.6), sodaß trotz Hypokapnie ein normaler Blut-pH erreicht wird. Dadurch wird auch die ventilationshemmende Wirkung der Hypokapnie abgeschwächt und die für eine adäquate O_2-Aufnahme erforderliche Steigerung der Ventilation erleichtert.

Die Hypoxie stimuliert die Ausschüttung von Erythropoietin, das die *Erythropoiese* anregt. Langfristig wird dadurch die O_2-Transportkapazität gesteigert. Die Anpassungsvorgänge erlauben einen langfristigen Aufenthalt in Höhen um 5000 m. Auch bei einem kurzfristigen Anstieg auf 8000 m ohne künstliche O_2-Zufuhr ist trotz vorhergehender Adaptation mit irreversiblen Schäden des Gehirns zu rechnen.

In Flugzeugen, die in größerer Höhe fliegen, wird der Kabinendruck bei etwa 70 kPa gehalten, was einer Höhe von etwa 3000 m entspricht.

Tauchen. Unter Wasser übt die Wassersäule über dem Taucher einen Druck aus, der pro Meter Wassersäule 10 kPa (75 mmHg) beträgt. Dieser Druck addiert sich zum atmosphärischen Druck und komprimiert die luftgefüllten Räume des Körpers. Bei *angehaltener Atmung* wird durch diesen Druck das Lungenvolumen komprimiert und die Partialdrücke in den Alveolen steigen entsprechend. Wurde vorher nicht hyperventiliert, dann löst der Anstieg des alveolären CO_2-Partialdruckes vorzeitig Atemnot aus und veranlaßt den Taucher zum Auftauchen. Durch Hyperventilation vor dem Tauchen wird CO_2 vermehrt abgeatmet, und der Anstieg des CO_2-Parialdruckes ist verzögert. Nachdem durch die Hyperventilation nicht wesentlich mehr O_2 aufgenommen wird, entwickelt sich der O_2-Partialdruck zur limitierenden Größe. Die zusätzliche Kompression durch die Wassersäule hält den O_2-Partialdruck jedoch lange hoch und der Taucher wird erst spät gewarnt. Beim Auftauchen sinkt der O_2-Partialdruck wegen der abnehmenden Kompression dramatisch ab und die Hypoxie kann Bewußtlosigkeit auslösen.

Schnorcheln. Beim Schnorcheln bleibt in den Alveolen der Druck auch unter Wasser konstant, d.h. der zunehmende Außendruck komprimiert den Thorax. Die Atemmuskulatur kann jedoch nur gegen einen Druckgradienten von 100 kPa inspirieren, die Tauchtiefe bleibt daher beim Schnorcheln auf weniger als einen Meter begrenzt.

Tauchen mit Atemgeräten. Längeres Tauchen in größerer Tiefe ist nur mit Hilfe von Atemgeräten möglich. Das inspirierte Gasgemisch wird aus Flaschen mit Überdruck angeboten, sodaß der Alveolardruck parallel zum umgebenden Wasserdruck gesteigert wird. Bei Verwendung von komprimierter Luft wird jedoch bald ein O_2-Partialdruck erreicht, der Schäden v.a. an Lunge und Gehirn auslösen kann (s. Kap. 15.5). Darüber hinaus wird N_2 bei den hohen Drücken unter Wasser vermehrt in das Blut und die Gewebe aufgenommen. Bei Druckwerten von mehr als 500 kPa kann auch N_2 zentralnervöse Störungen auslösen. Eine besondere Gefahr tritt beim Auftauchen auf, wenn der Druck nachläßt und das im Blut und den Geweben gelöste N_2 wieder frei wird. Bei zu schnellem Auftauchen entstehen wie beim Öffnen einer Sprudelflasche Bläschen, die wie bei einer Luftembolie periphere Kapillaren verstopfen. Diese sogenannte Dekompressionskrankheit kann durch schnelle Rekompression behandelt werden. Die Verwendung von weniger löslichen Gasen, wie Helium und H_2 mindert die Gefahr einer toxischen Schädigung des Gehirns und einer Dekompressionskrankheit.

Die Niere ist das wichtigste Ausscheidungsorgan des Körpers. Sie eliminiert eine Reihe von überflüssigen oder schädlichen Substanzen (sog. harnpflichtige Substanzen). Darüber hinaus spielt die Niere eine überragende Rolle in der Kontrolle des Volumens und der Elektrolytzusammensetzung des Extrazellulärraums. Über den Wasser- und Kochsalz-Haushalt kontrolliert sie das Blutvolumen und damit auch den Blutdruck. Zudem wirkt sie bei der Bildung von kreislaufaktiven Hormonen mit. Über den Mineralhaushalt beeinflußt sie indirekt die Mineralisierung des Knochens. Dabei bildet sie selbst Kalzitriol, ein für den Mineralhaushalt bedeutsames Hormon. Über die H^+- und HCO_3^--Ausscheidung wirkt sie in entscheidender Weise bei der Regulation des Säure-Basen-Haushaltes mit. Ferner scheidet sie H^+ als NH_4^+ aus, das sie aus Glutamin gewinnt. Das nach Desaminierung übrige Kohlenstoffskelett baut sie zu Glukose auf (Glukoneogenese). Schließlich bildet die Niere Erythropoietin, das die Erythropoiese reguliert.

Im Zentrum ihrer Aktivität steht freilich die Kontrolle der Zusammensetzung des Extrazellulärraums. Um dieser Aufgabe gerecht werden zu können, muß die Niere pro Zeiteinheit ein möglichst großes Volumen ihrer Kontrolle unterziehen. Tatsächlich werden am Tag etwa 150 l Plasmawasser in den etwa 2 Millionen Glomerula filtriert und damit der Kontrolle durch die Niere unterworfen. Die filtrierte Flüssigkeit passiert dann ein System von Tubuli (Abb. 16.1), die den weitaus größten Teil der Flüssigkeit und der gelösten Teilchen wieder zurücknehmen. Übrig bleibt der Urin, der über die Harnwege abgeleitet wird.

16.1 Durchblutung und glomeruläre Filtration

Normalerweise passieren etwa 20 % des Herzminutenvolumens (ca. 1,2 l/min) die beiden Nieren (Tabelle 16.1). Bezogen auf ihr Gewicht (ca. 300 g) sind die Nieren die am besten durchbluteten Organe des Körpers. Allerdings verteilt sich das Blut sehr ungleich über das Organ, die Nierenrinde ist hervorragend, das Nierenmark nur gering durchblutet. Im folgenden soll die Physiologie der renalen Durchblutung erläutert werden.

Nierengefäße. Das Blut aus der Arteria renalis gelangt zunächst über die Aa. interlobares zu den Aa arcuatae, aus denen senkrecht die Aa. interlobulares entspringen. Die Aa. interlobulares geben die Vasa afferentia ab, die sich in den Glomerula in viele parallele Gefäßschlingen aufteilen. Die Kapillarschlingen münden in die Vasa efferentia, die sich nun erneut aufzweigen. Die Vasa efferentia oberflächlicher Nephrone geben die peritubulären Kapillaren ab, die ein Gefäßnetz um die Tubuli in der Nierenrinde bilden. Vasa efferentia aus tiefer gelegenen Glomerula (sog. juxtamedullären Glomerula) geben die Vasa recta ab, die in langen Kapillarschleifen in das Nierenmark eintauchen. Vasa recta und peritubuläre Kapillaren münden schließlich in die Vv. interlobulares, die das Blut über die Vv. arcuatae und Vv. interlobares zur V. renalis leiten. In der Niere sind somit zwei Kapillarnetze (Glomerulumkapillaren und peritubuläre Kapillaren bzw. Vasa recta) hintereinandergeschaltet.

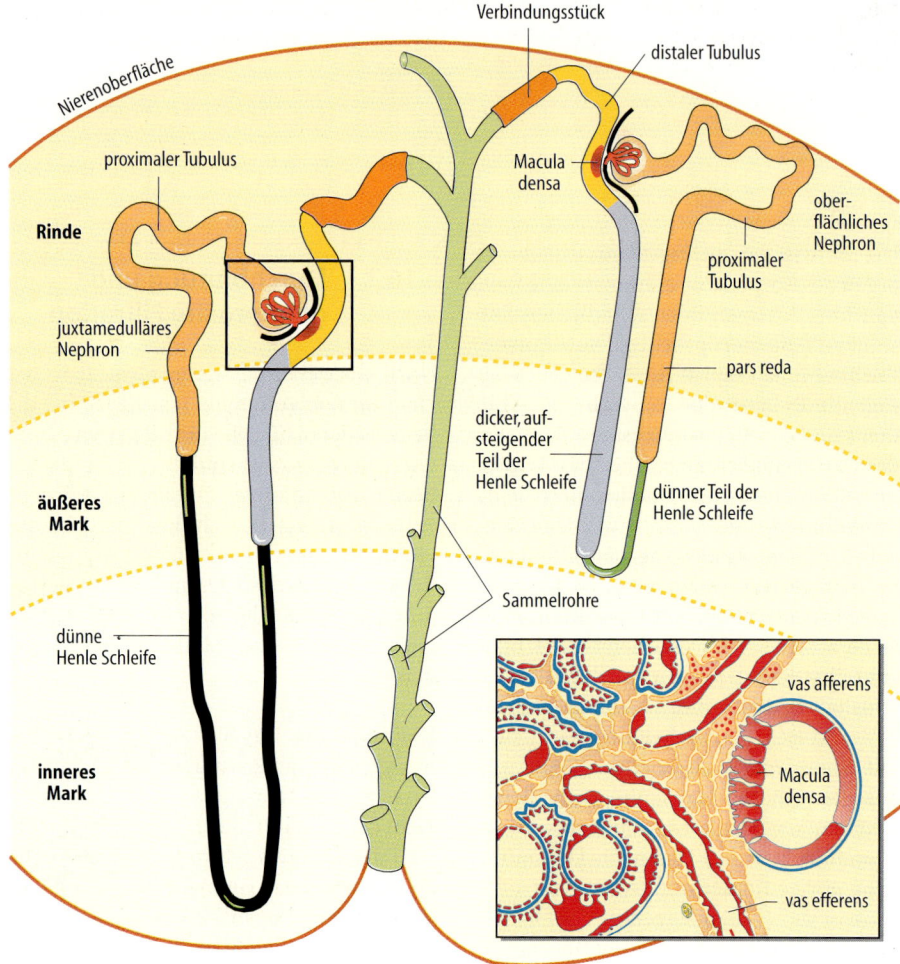

Abb. 16.1. Struktur der Niere. Lage von oberflächlichen und tiefen Nephronen. Ausschnitt: Macula densa mit Glomerulum

Druck und Widerstand in den Nierengefäßen. Der Druckverlauf in den einzelnen Gefäßabschnitten der Niere ist in Abb. 16.2 dargestellt: In Aorta und Nierenarterie findet beim Gesunden kein wesentlicher Druckabfall statt, da der Widerstand dieser Gefäßabschnitte sehr gering ist. Die Arteria interlobaris weist bereits einen deutlichen Widerstand auf. Der größte Widerstand liegt jedoch normalerweise im Vas afferens, hier findet also der größte Druckabfall statt. Das Vas afferens steht darüber hinaus unter dem Einfluß einer Reihe von Faktoren, welche den Widerstand dieses Gefäßabschnittes modulieren (Tabelle 16.1). Das Vas afferens gibt eine Vielzahl paralleler Glomerulumkapillaren ab, die – weil sie parallel geschaltet und sehr kurz sind – einen sehr geringen Widerstand aufweisen. Damit tritt in den Glomerulumkapillaren praktisch kein Druckabfall auf. Die Glomerulumkapillaren münden in das Vas efferens, das wiederum einen erheblichen Widerstand aufweist und einen entsprechenden Druckabfall bewirkt.

Tabelle 16.1. Die wichtigsten Wirkungen von Hormonen auf die Nierenfunktion. (PT = proximaler Tubulus, dHL = dicker aufsteigender Teil der Henle-Schleife, DT = distaler Tubulus, SR = Sammelrohr, RBF = renaler Blutfluß, GFR = glomeruläre Filtrationsrate)

Hormon	Wirkung
Aldosteron[1]	Aktivierung von Na^+-Kanälen, K^+-Kanälen, Na^+/K^+-ATPase und Energiegewinnung in DT und SR
Kortisol[2]	Steigerung GFR, Aktivierung von Na^+/H^+-Austauscher und Na^+-HPO_4^{2-}-Cotransport in PT, und der Na^+/K^+-ATPase in dHL, DT, SR
Progesteron	Antimineralokortikoide Wirkung
Schilddrüsenhormone	Steigerung von RBF und GFR, Aktivierung von Na^+/K^+-ATPase, K^+-Kanälen und Na^+,HPO_4^{2-}-Cotransport im PT
ADH	Aktivierung von Wasserkanälen und Na^+-Kanälen in DT und SR sowie von Cl^--Kanälen und Na^+-K^+-$2\,Cl^-$-Cotransport im dHL
Atriopeptin	Steigerung von RBF und GFR, Hemmung des Na^+-HPO_4^{2-}-Cotransport im PT und der Na^+-Resorption im SR
Ouabain	Hemmung der Na^+/K^+-ATPase in allen Nephronsegmenten
Parathormon	Hemmung des Na^+-HPO_4^{2-}-Cotransport und der HCO_3^--Resorption, Stimulation des Na^+/Ca^{2+}-Austauschers im PT, Stimulation der Ca^{2+}-Resorption im DT
Kalzitonin	Hemmung des Na^+-HPO_4^{2-}-Cotransport im PT
Somatotropin	Stimulation Na^+-gekoppelter Transportprozesse im PT
Insulin	Stimulation des Na^+-HPO_4^{2-}-Cotransport im PT, Stimulation von Na^+-Resorption und K^+-Sekretion im DT
Glukagon	Steigerung von RBF und GFR, Hemmung von Na^+- und Ca^{2+}-Resorption im PT
Angiotensin	Senkung von RBF und GFR, Stimulation des Na^+/H^+-Austauschers im PT
Prostaglandin E_2	Steigerung von RBF und GFR, Hemmung der Na^+-Resorption in dHL und SR
Thromboxan	Senkung von RBF und GFR
Leukotriene	Senkung von RBF und GFR
Adenosin (akut)	Senkung von RBF und GFR
Bradykinin	Steigerung von RBF und GFR, Hemmung der Na^+-Resorption in dHL und SR
Adrenalin (α)	Hemmung der Reninausschüttung, Stimulation der Na^+-Resorption im PT, Hemmung der Na^+-Resorption im SR
Adrenalin (β)	Stimulation der Reninausschüttung, Steigerung der NaCl-Resorption in dHL, DT und SR
Acetylcholin	Steigerung des RBF
Dopamin	Steigerung von RBF und GFR, Hemmung des Na^+-HPO_4^{2-}-Cotransport im PT
Histamin	Steigerung von RBF und GFR, Hemmung der Na^+-Resorption im PT
NO	Steigerung von RBF und GFR
Endothelin	Senkung von RBF und GFR

[1] bzw. Mineralokortikoide
[2] und andere Glukokortikoide

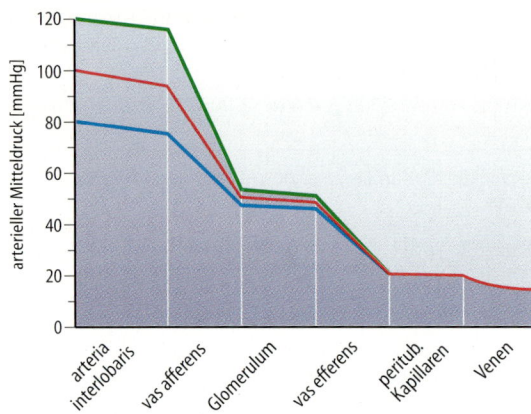

Abb. 16.2. Druckverlauf in den einzelnen Gefäßabschnitten der Niere. Der größte Druckabfall findet in den Gefäßabschnitten mit größtem Widerstand statt (vas afferens und vas efferens). Bei Anstieg des systemischen Druckes (grün) wird der Widerstand im vas afferens gesteigert, bei Abfall des systemischen Druckes wird der Widerstand im vas afferens gesenkt, sodaß der Druck in den glomerulären Kapillaren annähernd gleich bleibt (Autoregulation)

Die weiteren Gefäßabschnitte, wie peritubuläre Kapillaren und Venen, setzen dem Blutfluß wiederum einen geringen Widerstand entgegen. Der relativ hohe Widerstand im Vas efferens hält den Druck in den Glomerulumkapillaren hoch und gewährleistet damit den für eine normale Filtrationsrate erforderlichen Filtrationsdruck (s. unten). Aus den Vasa efferentia der juxtamedullären Nephrone entspringen die Vasa recta, die trotz ihrer enormen Länge normalerweise keinen sehr hohen Widerstand aufweisen, da eine Vielzahl von Vasa recta parallel geschaltet sind. Allerdings ist der Blutfluß in den Vasa recta bei Beeinträchtigung der Fließeigenschaften des Blutes in hohem Maße gefährdet. So nimmt man an, daß im postischämischen Nierenversagen die Strömungsverlangsamung in den Vasa recta zum Erliegen der Durchblutung dieser Gefäßabschnitte führt, sodaß eine Mangelversorgung der benachbarten Zellen folgt.

Intrarenale Durchblutungsverteilung. Das die Niere durchströmende Blut verteilt sich sehr ungleich auf Nierenrinde und Nierenmark: Praktisch das gesamte Blut passiert die in der Nierenrinde liegenden Glomerula. Die Vasa efferentia der oberflächlichen Glomerula geben die peritubulären Kapillaren der Nierenrinde ab, die proximale und distale Konvolute umspülen. Vasa efferentia aus den tiefer gelegenen juxtamedullären

Glomerula geben die Vasa recta ab, welche die Durchblutung des Nierenmarks bewerkstelligen. Das Nierenmark, das immerhin 1/3 des Nierengewichtes ausmacht, erhält weniger als 10 % der renalen Durchblutung. Die relativ schlechte Blutversorgung des Nierenmarks wird noch dadurch verschärft, daß die Anordung der Vasa recta in Form von Schleifen die Zulieferung von O_2 sowie den Abtransport von CO_2 und Stoffwechselprodukten erschwert (s. unten). Die Durchblutung von Nierenrinde und Nierenmark wird durch verschiedene Faktoren unterschiedlich beeinflußt. Zu den Substanzen, welche Vasodilatation vorwiegend im Nierenmark bewirken, gehören Prostaglandine, Acetylcholin und Bradykinin. Darüber hinaus kommt es bei mäßigem Blutdruckabfall sowie bei Steigerung des Ureterdruckes vorwiegend zu einer Vasodilatation im Nierenmark.

Bau der Glomerula. Die Endothelzellen der Glomerulumkapillaren sind von einer Basalmembran umgeben. Auf der anderen Seite der Basalmembran werden die Gefäße durch Fußfortsätze der sogenannten Podozyten gestützt. Zwischen den Kapillarschlingen liegen ferner noch Mesangialzellen, die u.a. liegengebliebene Proteine phagozytotisch aufnehmen und intrazellulär abbauen können. In den Vas afferens und Vas efferens besteht ein enger Kontakt zwischen dem Tubulusepithel und den Gefäßen. Das anliegende Tubulusepithel ist dabei besonders hoch (Macula densa) und die Gefäßmuskelzellen enthalten Speichergranula, aus denen sie Renin freisetzen können (juxtaglomerulärer Apparat).

Permselektivität des glomerulären Filters. Eine für die Funktion der Niere wesentliche Eigenschaft des glomerulären Filters ist seine Selektivität gegenüber Inhaltsstoffen des Plasmas. Für die Passage durch den glomerulären Filter ist u.a. die Größe eines Moleküls maßgebend. Moleküle mit einem Durchmesser > 4 nm bzw. von einem Molekulargewicht > 50 kDa können den Filter nicht passieren. Darüber hinaus spielt die Ladung der Moleküle eine wesentliche Rolle (Abb. 16.3). Negativ geladene Moleküle werden von negativen Fixladungen des glomerulären Filters abgestossen und passieren erheblich schwerer als positiv geladene Moleküle. Da die meisten Plasmaproteine negativ geladen sind, wird ihre Filtration durch die Ladung erschwert. Bei Entzündungen des Glomerulum (Glomerulonephritis) werden die negativen Fixladungen am glomerulären Filter neutralisiert, die Permselektivität des Filters geht verloren und negativ geladene Plasmaproteine können leichter filtriert werden (Abb. 16.3). So kommt es auch bei mikroskopisch kaum erkennbaren Schädigungen des Glomerulum (sog. minimal change nephropathy) zur mitunter massiven Ausscheidung von Proteinen (Proteinurie).

Eine Vielzahl von Substanzen wird an Proteine gebunden, wie etwa eine Reihe von Hormonen (v.a. Schilddrüsenhormone und Steroidhormone) sowie einige Fremdstoffe (Pharmaka und Gifte). Der proteingebundene Anteil wird nicht filtriert. Ca^{++} wird zu etwa 40% an Proteine gebunden, und die filtrierte Menge an Ca^{++} ist entsprechend gering.

Gibbs-Donnan-Potential. Die Tatsache, daß die negativ geladenen Plasmaproteine zurückgehalten werden, führt darüber hinaus zu einer geringfügig ungleichen Verteilung von frei diffundierenden Ionen: Die Retention der negativ geladenen Proteine führt zu einem negativen Ladungsüberschuß auf der Blutseite, der ein Potential von etwa 1,5 mV über den glomerulären Filter erzeugt (sog. Gibbs-Donnan-Potential). Dieses Potential hält Kationen zurück und begünstigt die Filtration von Anionen. Im Ergebnis ist die Konzentration im Filtrat an frei filtrierbaren einwertigen Kationen um etwa 5% niedriger und an frei filtrierbaren einwertigen Anionen um etwa 5% höher als im Plasmawasser.

Determinanten der glomerulären Filtrationsrate. Die pro Zeiteinheit filtrierte Flüs-

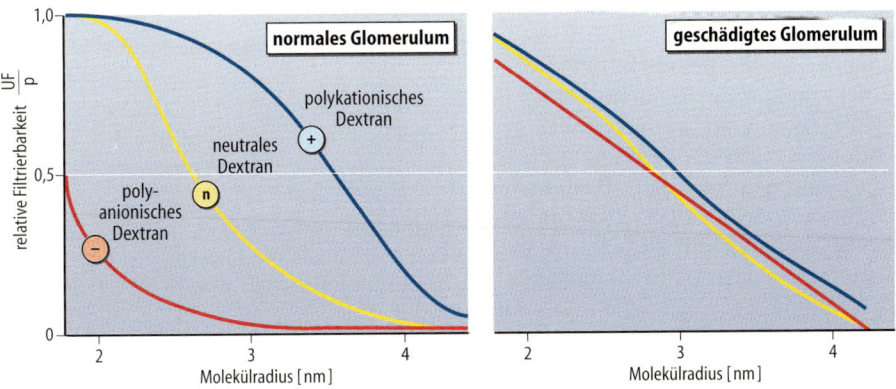

Abb. 16.3. Permselektivität des glomerulären Filters. Der Anteil filtrierter Makromoleküle (*UF/P*) als Funktion der Molekülgröße (Radius) und der Ladung (positiv geladen +, negativ geladen –, oder neutral n). Links: Normales Glomerulum, rechts: entzündlich geschädigtes Glomerulum (Glomerulonephritis)

sigkeitsmenge (GFR) ist abhängig von der Fläche (F) und der hydraulischen Leitfähigkeit des glomerulären Filters (Lp), sowie vom effektiven Filtrationsdruck (Peff):

$$\text{GFR} = \text{Lp} \cdot \text{F} \cdot \text{Peff}$$

Die hydraulische Leitfähigkeit und die Filtrationsfläche sind nicht getrennt bestimmbar und lassen sich zu einem Ultrafiltrationskoeffizienten (Kf) zusammenfassen:

$$\text{Kf} = \text{Lp} \cdot \text{F}$$

Der effektive Filtrationsdruck errechnet sich wiederum aus hydrostatischem (Δp) und kolloidosmotischem ($\Delta \pi$) Druckunterschied zwischen Glomerulumkapillare (p_K, π_K) und glomerulärem (Bowman'schem) Kapselraum (p_B, π_B):

$$\text{Peff} = \Delta p - \Delta \pi = (p_K - p_B) - (\pi_K - \pi_B)$$

p_K und p_B können beim Menschen nicht bestimmt werden. Aus Tierversuchen vermutet man Werte um 50 mmHg (p_K) und 15 mmHg (p_B). π_K liegt bei 25 mmHg, π_B ist vernachlässigbar.

Der kolloidosmotische Druck wird im wesentlichen durch die nichtfiltrierbaren Proteine hervorgerufen. Durch den Filtrationsprozeß werden diese Proteine im Blut konzentriert, so daß die Proteinkonzentration und mit ihr π_K ansteigen (Abb. 16.4). Auf diese Weise wird der effektive Filtrationsdruck entlang der Glomerulumkapillare kleiner und sinkt normalerweise gegen Ende der Kapillarschlingen sogar gegen null (Filtrationsgleichgewicht). Der durch die Filtration zunehmende kolloidosmotische Druck limitiert somit die glomeruläre Filtration. Die glomeruläre Filtrationsrate läßt sich zumindestens theoretisch über Änderungen jedes der genannten Faktoren beeinflussen (Abb. 16.5):
- Eine Abnahme des **Ultrafiltrationskoeffizienten** (Kf), also der hydraulischen Leitfähigkeit und/oder der Fläche des glome-

rulären Filters mindert die glomeruläre Filtrationsrate, wenn bei dem herabgesetzten Kf das Filtrationsgleichgewicht nicht mehr erreicht wird. Die Wirkung eines herabgesetzten Kf wird dadurch abgeschwächt, daß durch die Abnahme der glomerulären Filtrationsrate der kolloidosmotische Druck in den Kapillaren vermindert ansteigt und daher ein relativ hoher effektiver Filtrationsdruck bis zum Ende der Glomerulumkapillare wirksam bleibt. Umgekehrt führt eine Zunahme des Ultrafiltrationskoeffizienten nur dann zu einer Zunahme der glomerulären Filtrationsrate, wenn vorher das Filtrationsgleichgewicht noch nicht erreicht worden ist.
- Eine Zunahme des **Widerstandes im Vas efferens** steigert den hydrostatischen Druck in den Glomerulumkapillaren, eine Wirkung, welche eine Zunahme der Fil-

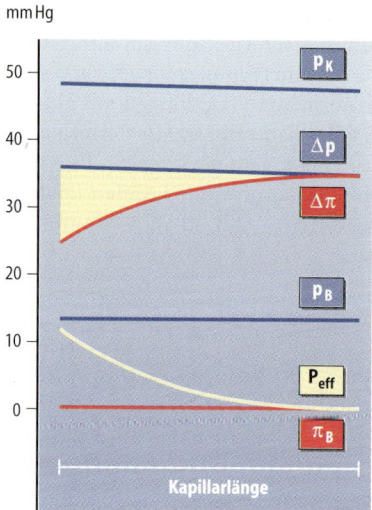

Abb. 16.4. Hydrostatischer (p) und onkotischer (π) Druck in Glomerulumkapillaren (*pK*, $\Delta \pi$) und Bowman-Kapselraum (*pB*, πB) als Funktion der Länge der glomerulären Kapillarschlinge. Δp und $\Delta \pi$ sind die entsprechenden Druckgradienten über den glomerulären Filter. Da πB praktisch null ist, ist $\Delta \pi$ identisch mit dem onkotischen Druck der Kapillare. Der Druckgradient $\Delta p - \Delta \pi$ (gelbe Fläche) ist die treibende Kraft für die glomeruläre Filtration. Sie kann gegen Ende der Kapillarschlinge gegen null gehen (Filtrationsgleichgewicht)

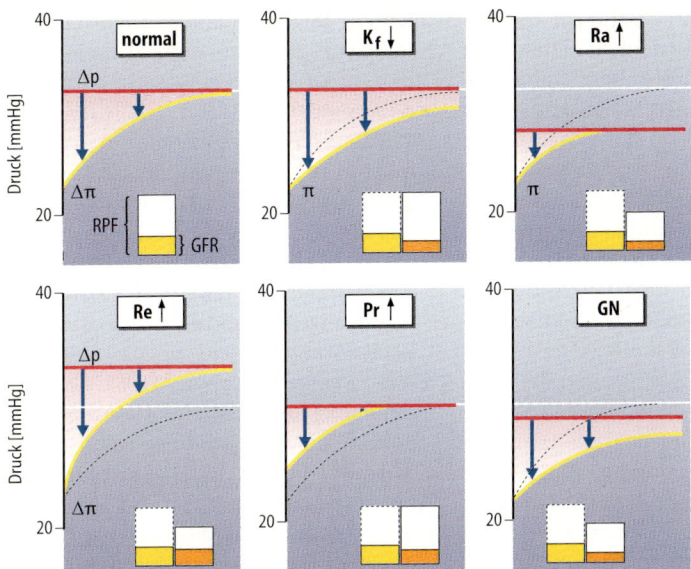

Abb. 16.5. Die treibenden Kräfte der glomerulären Filtration unter verschiedenen Bedingungen. Hydrostatischer (Δp) und onkotischer ($\Delta \pi$) Druckgradient über die Glomerulum-Membran, sowie renaler Plasmafluß (*RPF*) und glomeruläre Filtrationsrate (*GFR*). Auswirkungen eines herabgesetzten Filtrationskoeffizienten (*Kf↓*), eines gesteigerten Widerstandes in vas afferens (*Ra↑*) und vas efferens (*Re↑*), sowie einer gesteigerten Proteinkonzentration (*Pr↑*). Verhältnisse bei entzündlicher Schädigung des Glomerulum (*GN*). Zum Vergleich jeweils die Normalwerte von Δp (weiß), von $\Delta \pi$ (schwarz) sowie von *RBF* und *GFR* (jeweils linke Säule)

trationsrate begünstigt. Durch die Zunahme des Widerstandes im Vas efferens nimmt freilich gleichzeitig der renale Plasmafluß ab. Das bedeutet, daß pro filtriertem Volumen mehr Steigerung des kolloidosmotischen Druckes zu erwarten ist. Der Anstieg des kolloidosmotischen Druckes führt dann relativ schnell zu einer Limitierung der Filtration. Eine Kontraktion des Vas efferens kann also letztlich trotz Steigerung des hydrostatischen Druckes in den Glomerulumkapillaren eine Abnahme der glomerulären Filtrationsrate zur Folge haben.

- Eine Zunahme des *Widerstandes im Vas afferens* senkt den hydrostatischen Druck in den Glomerulumkapillaren und senkt den renalen Plasmafluß. Die Abnahme des renalen Plasmaflusses führt zu einem schnelleren Anstieg des kolloidosmotischen Druckes pro filtriertem Volumen. Somit führen beide Wirkungen zu einer

Herabsetzung der glomerulären Filtrationsrate.

- Eine Zunahme der *Plasmaproteinkonzentration* steigert den kolloidosmotischen Druck und senkt daher die glomeruläre Filtrationsrate. Umgekehrt führt eine Abnahme der Plasmaproteinkonzentration zu einer Zunahme der glomerulären Filtrationsrate.

Bei entzündlicher Schädigung des Glomerulum (Glomerulonephritis) nimmt der Gefäßwiderstand durch Einengung des glomerulären Gefäßbettes zu und der Ultrafiltrationskoeffizient durch Herabsetzung von Filterfläche und -durchlässigkeit ab. Folge ist eine Abnahme des glomerulären Plasmaflusses und der GFR.

Autoregulation von Nierendurchblutung und glomerulärer Filtrationsrate. Die Fähigkeit der Niere, ihre Durchblutung und

Filtration auch bei wechselndem systemischem Blutdruck konstant zu halten, wird als Autoregulation bezeichnet. Abbildung 16.6 zeigt, daß die Niere normalerweise in der Lage ist, innerhalb des systemischen Blutdruckbereichs von etwa 80–180 mmHg sowohl Durchblutung als auch glomeruläre Filtrationsrate annähernd konstant zu halten. Die Niere erzielt die Konstanz ihrer Durchblutung durch Vasokonstriktion bei Blutdruckanstieg und durch Vasodilatation bei Blutdruckabfall. Bei plötzlichen Änderungen des Blutdruckes benötigt die Niere freilich einige Sekunden, um den Widerstand entsprechend anzupassen. Die Autoregulation der Nierendurchblutung könnte theoretisch sowohl durch das Vas afferens als auch durch das Vas efferens bewerkstelligt werden. Eine gleichzeitige Autoregulation von Nierendurchblutung und glomerulärer Filtrationsrate ist jedoch nur durch Widerstandsänderung am Vas afferens möglich, da das Vas efferens ja renale Durchblutung und glomeruläre Filtrationsrate unterschiedlich beeinflußt (s. oben). Für die Autoregulation ist nicht ein einzelner Mechanismus verantwortlich, sondern eine Reihe von Mechanismen, die möglicherweise an unterschiedlichen Segmenten des Vas afferens wirksam werden. Dabei gewährleistet das Zusammenspiel vor allem der folgenden drei Mechanismen die annähernd perfekte Autoregulation der Niere:

- Wie eine Reihe anderer Gefäße reagieren Nierengefäße bei Zunahme des intramuralen Druckes (bei Blutdruckanstieg) mit einer *myogenen Vasokonstriktion* (sogenannter Bayliss-Effekt, nach seinem Entdecker benannt). Auf diese Weise wird der Widerstand dem jeweiligen Perfusionsdruck angepaßt und eine autoregulatorische Wirkung erzielt.
- Eine Mangeldurchblutung v.a. des Nierenmarks löst die Bildung von vasodilatorischen *Prostaglandinen* aus. Dadurch wird v.a. die Durchblutung des Nierenmarks gewährleistet.
- Eine Zunahme der glomerulären Filtrationsrate führt zu einer Zunahme des filtrierten Angebotes an Kochsalz. Hält die Resorption von Kochsalz in proximalem Tubulus und Henle-Schleife nicht Schritt, dann gelangt mehr Kochsalz bis zur Macula densa, Epithelzellen des distalen Tubulus, die in engem Kontakt mit dem Vas afferens des gleichen Nephrons stehen (Abb. 16.1). Über noch nicht vollständig aufgeklärte Mechanismen wird bei Zunahme der Kochsalzkonzentration an der Macula densa das zugehörige Vas afferens konstringiert. Folge ist eine Drosselung der glomerulären Filtration. Diese tubuloglomeruläre Rückkopplung (*tubuloglomerular feedback*) gewährleistet nicht nur eine Autoregulation der Nierendurchblutung, sondern vor allem eine Anpassung der Filtrationsrate an die tubuläre Transportkapazität. Ist bei Schädigung der Niere die Transportkapazität eingeschränkt, dann sinkt über das Tubuloglomerular feedback auch die Filtrationsrate.

Renin-Angiotensin-Aldosteron. Ein gesteigertes Kochsalzangebot an die Macula densa löst nicht nur eine Konstriktion des Vas afferens aus, sondern hemmt auch die Ausschüttung von Renin aus spezialisierten Zellen im Vas afferens (sog. myoepitheliale

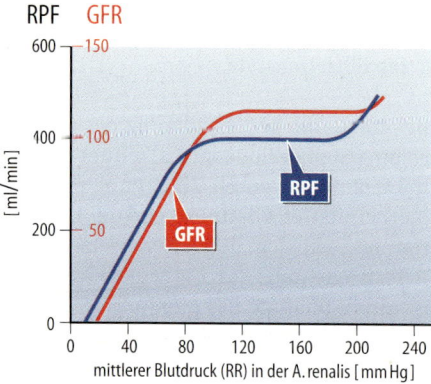

Abb. 16.6. Autoregulation von renalem Plasmafluß (*RPF*) und glomerulärer Filtration (*GFR*). *RPF* und *GFR* als Funktion des systemischen Mitteldruckes (*RR*)

Zellen). Die Ausschüttung von Renin wird ferner durch Abnahme der Gefäßdehnung im Vas afferens stimuliert, in der Regel also dann, wenn der Blutdruck abfällt oder wenn Gefäßabschnitte vor dem Vas afferens konstringiert werden (z. B. unter dem Einfluß des Sympathikus). Renin spaltet von dem aus der Leber stammenden Protein Angiotensinogen ein Dekapeptid (Angiotensin I) ab. Ein ubiquitär vorkommendes angiotensin converting enzyme (ACE) bildet daraus durch Abspaltung von zwei weiteren Aminosäuren Angiotensin II. Angiotensin II löst Vasokonstriktion aus und stimuliert die proximaltubuläre Na^+-Resorption sowie die Ausschüttung von Aldosteron und ADH (s. Kap. 17.2). Aldosteron fördert die distaltubuläre Kochsalzresorption und ADH die distaltubuläre Wasserresorption. Der Renin-Angiotensin-Aldosteron-Mechanismus spielt eine hervorragende Rolle in der Regulation des Kochsalz-Wasser-Haushaltes (s. Kap. 17.2) und des Blutdruckes (s. Kap. 14.5). Die myoepithelialen Zellen und die Macula densa bilden gemeinsam den sogenannten *juxtaglomerulären Apparat.*

Steuerung von Nierendurchblutung und glomerulärer Filtrationsrate. Eine Vielzahl von *Mediatoren* beeinflußt die renale Durchblutung und glomeruläre Filtration (s. Tabelle 16.1). Darüber hinaus steigert u. a. *eiweißreiche Diät* renale Durchblutung und glomeruläre Filtrationsrate.

(Macula densa) und dem jeweiligen Vas afferens hergestellt wird. Über distalen Tubulus und Verbindungsstück in der Nierenrinde erreicht die Tubulusflüssigkeit ein Sammelrohr, in das jeweils annähernd 3000 Nephrone münden. Über 300 Sammelrohre leiten die Tubulusflüssigkeit (bzw. den Urin) in das Nierenbecken.

Normalerweise werden annähernd 99 % des filtrierten Wassers und über 90 % der im Filtrat gelösten Substanzen durch die Nierentubuli wieder resorbiert. Darüber hinaus werden einige Substanzen sezerniert. Durch tubuläre Resorption und Sekretion wird schließlich ein Urin erzeugt, dessen Zusammensetzung weit von der des Plasmawassers abweicht. Die zwei Aufgaben, Resorption großer Mengen und Feineinstellung der Urinzusammensetzung werden durch verschiedene Tubulussegmente in unterschiedlichem Ausmaß wahrgenommen. Im folgenden sollen die Transporteigenschaften von proximalem Tubulus, Henle-Schleife, distalem Tubulus und Sammelrohr beschrieben werden. Keines der genannten Segmente ist in sich homogen und es gibt Unterschiede zwischen oberflächlichen und tiefen (juxtamedullären) Nephronen. Etwa 80 % der filtrierten gelösten Substanzen sind Na^+ und Cl^-. Die Resorption von NaCl spielt daher in allen Segmenten die dominierende Rolle. Tabelle 16.2 stellt die Merkmale renaler Behandlung der wichtigsten Substanzen zusammen.

16.2 Tubulussystem

Das Tubulussystem besteht aus mehreren, morphologisch und funktionell unterschiedlichen Abschnitten (Abb. 16.1). Die filtrierte Flüssigkeit gelangt zunächst in den proximalen Tubulus, der in die Henle-Schleife mündet. Die Henle-Schleife leitet die Tubulusflüssigkeit von der Nierenrinde in das Nierenmark und wieder zurück. Die Tubulusflüssigkeit wird dann zum juxtaglomerulären Apparat geführt, wo ein enger Kontakt zwischen den Tubulusepithelzellen

16.3 Proximaltubuläre Transportprozesse

Im proximalen Tubulus werden etwa 2/3 des filtrierten Wassers und Kochsalzes, 95 % des filtrierten Bikarbonats, und annähernd 100 % der filtrierten Glukose und Aminosäuren resorbiert. Darüber hinaus sezerniert der proximale Tubulus einige Säuren und Basen. Ganz allgemein läßt sich sagen, daß der proximale Tubulus sehr große Transportkapazitäten aufweist, jedoch keine hohen Gradienten aufbauen kann. Die wich-

Tabelle 16.2. Transport von Wasser und Substanzen in verschiedenen Tubulusabschnitten. Resorption und Sekretion (–) in % von der filtrierten Menge in den einzelnen Tubulusabschnitten (PT = Proximaler Tubulus, HL = Henle-Schleife inklusive Pars recta und aufsteigendem dicken Teil, DT + SR = Distaler Tubulus und Sammelrohr). Ausscheidung im Urin in % der filtrierten Menge. Die Zahlen sind nur Anhaltswerte. Die mit einem * versehenen Urinwerte unterliegen starken Schwankungen

Substanz	Resorption bzw. Sekretion (–) in			Ausscheidung Urin	beteiligte Transportmechanismen
	PT	HL	DT+SR		
Wasser	60	20	15	5*	osmotischem Gradienten folgend (Diffusion)
Kreatinin	0	0	0	100	kein nennenswerter Transport
Natrium	60	34	6	0,5*	aktiv, Diffusion, solvent drag
Chlorid	55	38	6	1*	Diffusion, solvent drag, sekundär aktiv
Kalium	60	25	−5	20*	aktiv, Diffusion, solvent drag
Bikarbonat	90	0	10	0,1*	sekundär aktiv
Kalzium	60	30	9	1	sekundär aktiv, Diffusion
Phosphat	70	10	0	20	sekundär aktiv
Magnesium	30	60	0	10	aktiv, Diffusion
Glukose	99	1	0	0	sekundär aktiv
Glyzin, Histidin	90	5	0	5	sekundär aktiv
weitere Aminosäuren	99	0	0	1	sekundär aktiv
Harnstoff	50	−60	60	50	Diffusion, Solvent drag
Harnsäure	60	30	0	10	tertiär aktiv, Diffusion
Oxalat	−20	−10	0	130	tertiär aktiv, Diffusion

tigsten Transportsysteme des proximalen Tubulus sind in Abb. 16.7 zusammengestellt. Die luminale Zellmembran der proximalen Tubuluszellen weist eine Reihe Na^+-gekoppelter Transportprozesse auf (u.a. für Glukose/Galaktose, Aminosäuren, organische Säuren, Vitamin, C-Phosphat, Sulfat). Treibende Kraft dieser Transportprozesse ist der steile elektrochemische Gradient für Na^+ aus dem Extrazellulärraum in die Zelle. Er wird durch die Na^+/K^+-ATPase an der basolateralen Zellmembran aufrecht erhalten, die Na^+ im Austausch gegen K^+ aus der Zelle pumpt (s. Kap. 1.2). Das auf diese Weise in der Zelle akkumulierte K^+ verläßt z.T. die Zelle über K^+-Kanäle und erzeugt damit das außen positive Zellmembranpotential.

Bikarbonatresorption. Der quantitativ bedeutsamste Na^+-gekoppelte Transportprozeß im proximalen Tubulus ist der Na^+/H^+-Austauscher, der H^+-Ionen im Austausch gegen Na^+ aus der Zelle transportiert. Die H^+-Ionen reagieren im Tubuluslumen mit filtriertem HCO_3^- zu CO_2. Diese Reaktion läuft normalerweise sehr langsam ab, wird jedoch durch die in der luminalen Zellmembran sitzende **Karboanhydrase** (IV) beschleunigt. Das gebildete CO_2 diffundiert (z.T. durch Wasserkanäle) in die Zelle und wird dort, unter Vermittlung von Carboanhydrase, wieder in H^+ und HCO_3^- umgewandelt. HCO_3^- verläßt die Zelle über einen Na^+-$3 HCO_3^-$-Cotransport. Treibende Kraft für diesen Transport ist das Zellmembranpotential, das sowohl HCO_3^- als auch Na^+ gegen einen chemischen Gradienten aus der Zelle treibt. Durch die genannten Mechanismen wird der größte Teil an filtriertem HCO_3^- resorbiert.

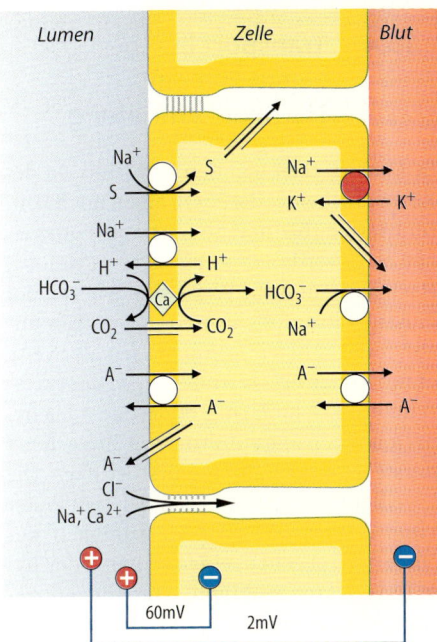

Abb. 16.7. Die wichtigsten Transportprozesse im proximalen Tubulus. S = Substrate für Na^+-gekoppelte Transportprozesse (Aminosäuren, Glukose, Phosphat, Laktat, etc.). A^- = organische Anionen (ähnliche Transporter existieren auch für organische Kationen)

Na^+-gekoppelter Transport von organischen Substraten und Anionen.

Weitere Transportprozesse koppeln den Transport von Na^+ über die luminale Zellmembran an die Resorption jeweils verschiedener Substrate, wie Glukose, Aminosäuren, Laktat, Phosphat, Sulfat etc. Die auf diese Weise zellulär akkumulierten Substrate verlassen die Zellen über verschiedene passive Transportprozesse in der basolateralen Zellmembran. Die Na^+-gekoppelten Transportprozesse entziehen dem Lumen das positiv geladene Na^+ und erzeugen somit zu Beginn des proximalen Tubulus ein lumennegatives Potential. In der zweiten Hälfte des proximalen Tubulus sind die meisten Substrate bereits resorbiert und das Potential wird lumenpositiv (s. unten).

NH_4^+-Produktion und -Sekretion.

Der proximale Tubulus produziert NH_4^+ durch Desaminierung von Glutamin, das über einen Na^+-gekoppelten Transport aus dem Blut in die Zelle aufgenommen wird. NH_3 verläßt die Zelle vorwiegend durch die luminale Zellmembran und bindet im sauren Tubuluslumen H^+. Das bei der Desaminierung von Glutamin gebildete α-Ketoglutarat wird z.T. zu Glukose aufgebaut (s. Kap. 16.7)

Sekretion und Resorption organischer Säuren.

Na^+-gekoppelte Transportprozesse in der basolateralen Zellmembran ermöglichen die zelluläre Aufnahme von Substraten aus dem Blut. Durch einen Na^+-Dicarboxylattransporter werden Dicarboxylsäuren aufgenommen, die teilweise zur Energiegewinnung eingesetzt werden, teilweise jedoch auch für den Austausch gegen andere organische Säuren zur Verfügung stehen. Gleichermaßen steht α-Ketoglutarat (s. oben) für den Austausch bereit. Der Gradient von Dicarboxylat und 2-Oxoglutarat über die Zellmembran liefert dabei die Triebkraft für die zelluläre Aufnahme anderer organischer Säuren (tertiär aktiver Transport). Die in der Zelle akkumulierten Säuren verlassen die Zelle über Anionenaustauscher oder Uniporter in der luminalen Zellmembran. Auf diese Weise wird u.a. Paraaminohippursäure (PAH) sezerniert, die zur Messung der Nierendurchblutung eingesetzt wird (s. Kap. 16.12). Harnsäure kann über die Anionentransporter sowohl sezerniert als auch resorbiert werden. In der Regel überwiegt die Resorption bei weitem. Über einen Anionenaustauscher werden u.a. Formiat und Oxalat im Austausch gegen Cl^- sezerniert.

Durch Bindung von H^+ reagiert Formiat im Lumen zu Ameisensäure und diffundiert als solche wieder in die Zelle zurück. Dort dissoziiert die Ameisensäure erneut zu Formiat und steht für den Austausch gegen Cl^- bereit. Auf diese Weise können erhebliche Mengen Cl^- resorbiert werden.

Transport organischer Basen.

Organische Kationen können gleichfalls durch Uniporter und Austauscher resorbiert und/oder sezerniert werden.

Homeostatischer basolateraler H$^+$- und Ca^{++}-Transport. An der basolateralen Zellmembran wirken ein *Na$^+$/Ca^{++}-Austauscher* und ein *Na$^+$/H$^+$-Austauscher*, die in erster Linie die intrazelluläre Ca^{++}- und H$^+$-Konzentration konstant halten.

Resorption durch den parazellulären Shuntweg. Die Resorption v.a. von Na$^+$, HCO$_3^-$, Glukose, Aminosäuren entzieht der Tubulusflüssigkeit osmotisch aktive Substanzen. Wasser folgt durch Wasserkanäle in der Zellmembran und durch die Tight junctions. Im Strom resorbierten Wassers werden gelöste Teilchen (u.a. Na$^+$, Cl$^-$) mitgerissen (*solvent drag*). Die luminale Konzentration von Substanzen, die nicht oder relativ gering resorbiert werden, steigt an. Unter anderem nimmt die luminale Konzentration von Cl$^-$ zu. Das lumennegative Potential zu Beginn des proximalen Tubulus treibt zwar das negativ geladene Cl$^-$ durch den parazellulären Shunt, die Resorption hinkt aber dennoch hinter der Resorption anderer Substanzen und Wasser hinterher. Der Anstieg der luminalen Cl$^-$-Konzentration fördert die Diffusion von Cl$^-$ aus dem Tubuluslumen. Die Cl$^-$-Diffusion hinterläßt in der zweiten Hälfte des proximalen Tubulus ein lumenpositives Potential. Dieses Potential treibt Kationen, wie Na$^+$, K$^+$ und Ca^{2+} durch die Tight junctions an den Zellen vorbei aus dem Lumen. Insgesamt ist mehr als die Hälfte der proximal tubulären Resorption von Na$^+$ passiv, getrieben durch solvent drag und elektrisches Potential.

Bedeutung passiver Na$^+$-Resorption. Durch parazellulären Transport und Na$^+$-3 HCO$_3^-$-Cotransport (s. oben) wird ein großer Teil des Na$^+$ passiv bzw. tertiär aktiv resorbiert. Während die Na$^+$/K$^+$-ATPase ein ATP für den Transport von 3 Na$^+$-Ionen verbraucht, kann der proximale Tubulus fast 10 Na$^+$-Ionen pro ATP resorbieren. Da die Niere in erster Linie für die Na$^+$-Resorption Energie verbraucht, ist die Ökonomie der Na$^+$-Resorptionsmechanismen bedeutsam.

16.4 Transport in Henle-Schleife, Harnkonzentrierung

In Abhängigkeit von den Bedürfnissen des Körpers scheidet die Niere einen hoch konzentrierten (bis zu 1200 mosmol/l) oder einen stark verdünnten (bis zu 50 mosmol/l) Harn aus. Auf diese Weise sind wir von der Flüssigkeitszufuhr in weiten Grenzen unabhängig, d.h. wir können normalerweise ohne nennenswerte Änderungen der extrazellulären Osmolarität hypotone oder hypertone Nahrung zuführen, vorübergehend dursten oder „über den Durst" trinken. Die jeweiligen Grenzen werden dabei in erster Linie durch die maximale Fähigkeit der Nieren vorgegeben, einen hyper- oder hypotonen Harn zu bilden. Die Konzentrierung bzw. Verdünnung des Harns ist eine Leistung der *Henle-Schleife.*

Transportprozesse der Henle-Schleife. Die Henle-Schleife besteht aus drei völlig unterschiedlichen Nephronsegmenten:

- Der absteigende dicke Teil der Henle-Schleife gehört zum proximalen Tubulus und verfügt über die in Abb. 16.7 gezeigten Transportsysteme.
- Der dünne Teil der Henle-Schleife weist praktisch keine aktive Transportaktivität auf, sondern erlaubt lediglich passiven Elektrolyttransport über Cl$^-$-Kanäle in der luminalen und basolateralen Zellmembran sowie kationendurchlässige Tight junctions.
- Der wichtigste Nephronabschnitt der Henle-Schleife ist der wasserimpermeable dicke, aufsteigende Teil. Die wichtigsten Transportsysteme dieses Nephronabschnittes sind in Abb. 16.8 dargestellt. Na$^+$ wird in diesem Segment durch den Na$^+$-K$^+$-2 Cl$^-$-Cotransport in die Zelle transportiert. Der steile elektrochemische Gradient für Na$^+$ wird dabei genutzt, um K$^+$ und Cl$^-$ in die Zelle zu transportieren. Das so in die Zelle aufgenommene K$^+$ rezirkuliert zum größten Teil wieder zurück

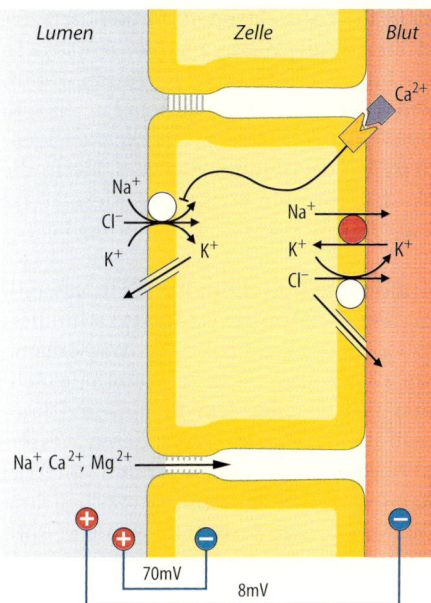

Abb. 16.8. Die wichtigsten Transportprozesse im dicken aufsteigenden Teil der Henle-Schleife. Der Na^+, K^+, $2Cl^-$-Cotransport wird über einen Ca^{2+}-Rezeptor durch hohe extrazelluläre Ca^{2+}-Konzentrationen gehemmt

NH_4^+ in der dicken Henle-Schleife führt zur Akkumulierung von NH_4^+ im Nierenmark. Da das Sammelrohr für NH_3/NH_4^+ durchlässig ist, gewährleisten die hohen NH_4^+-Konzentrationen eine effiziente Ausscheidung von NH_4^+ in den Urin.

Gegenstrommultiplikation. Der aufsteigende Teil der Henle-Schleife resorbiert Kochsalz, ohne daß Wasser folgen kann (Abb. 16.9). Der Transport in der aufsteigenden Henle-Schleife mindert somit die Osmolarität im Tubuluslumen und steigert die Osmolarität im Interstitium. Durch die gesteigerte interstitielle Osmolarität wird dem absteigenden Schenkel der Henle-Schleife mehr Wasser als Osmolarität entzogen und die luminale Osmolarität steigt bis zur Schleifenspitze an. Durch die Anordnung des Tubulus in Form einer Schleife wird bis zur Schleifenspitze das Vierfache der Blutosmolarität erzielt, ohne daß große Gradienten über einzelne Tubulusepithelien aufgebaut werden müssen (*Gegenstromsystem* bzw. *Gegenstrommultiplikation*). Auf ihrem Weg zurück in Richtung Nierenrinde gibt die Henle-Schleife wieder Kochsalz ohne Wasser ab und die Osmolarität sinkt wieder. Am Ende der Henle-Schleife ist die Tubulusflüssigkeit hypoton. Im Verlauf der Henle-Schleife wurde der Tubulusflüssigkeit also insgesamt mehr gelöste Substanz als Wasser entzogen. Die auf diese Weise aufgebaute hohe Osmolarität des Nierenmarks schafft den osmotischen Gradienten für die Wasserresorption im Sammelrohr. Somit kann letztlich ein Urin erzeugt werden, der die hohe Osmolarität des Nierenmarks erreicht. Im dicken Teil der Henle-Schleife ist die NaCl-Resorption sekundär aktiv und auf Energiezufuhr angewiesen. Im dünnen Teil der Henle-Schleife ist die NaCl-Resorption passiv. Das in das Interstitium gelangte NaCl entzieht der relativ NaCl-impermeablen, absteigenden, dünnen Henle-Schleife Wasser und konzentriert damit gleichfalls deren luminale Flüssigkeit.

in das Lumen, das aufgenommene Cl^- verläßt die Zelle vorwiegend über Cl^--Kanäle in der basolateralen Zellmembran. Na^+ wird im Austausch gegen K^+ durch die Na^+/K^+-ATPase der basolateralen Zellmembran aus der Zelle gepumpt. Das dabei aufgenommene K^+ verläßt die Zelle z. T. über einen KCl-Cotransport. Das in das Lumen zurückkehrende K^+ und das die Zelle basolateral verlassende Cl^- erzeugen ein lumenpositives transepitheliales Potential, das Kationen (Na^+, Ca^{++}, Mg^{++}) durch die Tight junctions aus dem Lumen treibt. Neben den genannten Transportprozessen kann Na^+ in der Henle-Schleife noch durch einen Na^+/H^+-Austauscher resorbiert werden. Normalerweise spielt dieser Transport jedoch eine untergeordnete Rolle für die Na^+-Resorption in diesem Segment. Der Na^+-K^+-$2Cl^-$-Cotransport kann statt K^+ auch NH_4^+ resorbieren. Die Resorption von

Harnstoff. Bei der Harnkonzentrierung spielt neben Kochsalz auch Harnstoff eine wesentliche Rolle: Dicke Henle-Schleife, distaler Tubulus und kortikales Sammelrohr sind nur schlecht für Harnstoff permeabel. Die Wasserresorption in distalem Tubulus und kortikalem Sammelrohr steigert die luminale Konzentration von Harnstoff und schafft damit einen hohen Gradienten für Harnstoff vom Tubuluslumen in das Interstitium. Die Zellen des medullären Sammelrohres verfügen über Harnstofftransporter und sind daher (bei Antidiurese) für Harnstoff sehr gut durchlässig. Harnstoff folgt dem chemischen Gradienten vom Lumen des medullären Sammelrohres in das Interstitium des Nierenmarks. Auf diese Weise können mehrere hundert mmol/l Harnstoff im Nierenmark akkumuliert werden (Abb. 16.9). Interstitieller Harnstoff entzieht dem absteigenden dünnen Teil der Henle-Schleife Wasser und konzentriert so die luminale NaCl-Konzentration. Damit wird ein Kochsalzgradient vom Lumen zum Interstitium geschaffen, der im aufsteigenden Teil der dünnen Henle-Schleife die NaCl-Resorption treibt. Auf diese Weise trägt Harnstoff zur Konzentrierung bei.

Antidiuretisches Hormon (ADH). Das antidiuretische Hormon (ADH) stimuliert (über cAMP) den Einbau von Wasserkanälen (Aquaporin 2) in die luminale Zellmembran von distalem Tubulus und Sammelrohr und steigert damit deren Wasserpermeabilität. Unter dem Einfluß von ADH kann Wasser somit dem osmotischen Gradienten folgend resorbiert werden (Antidiurese). Das Hormon stimuliert ferner den Na^+-Transport in der Henle-Schleife und

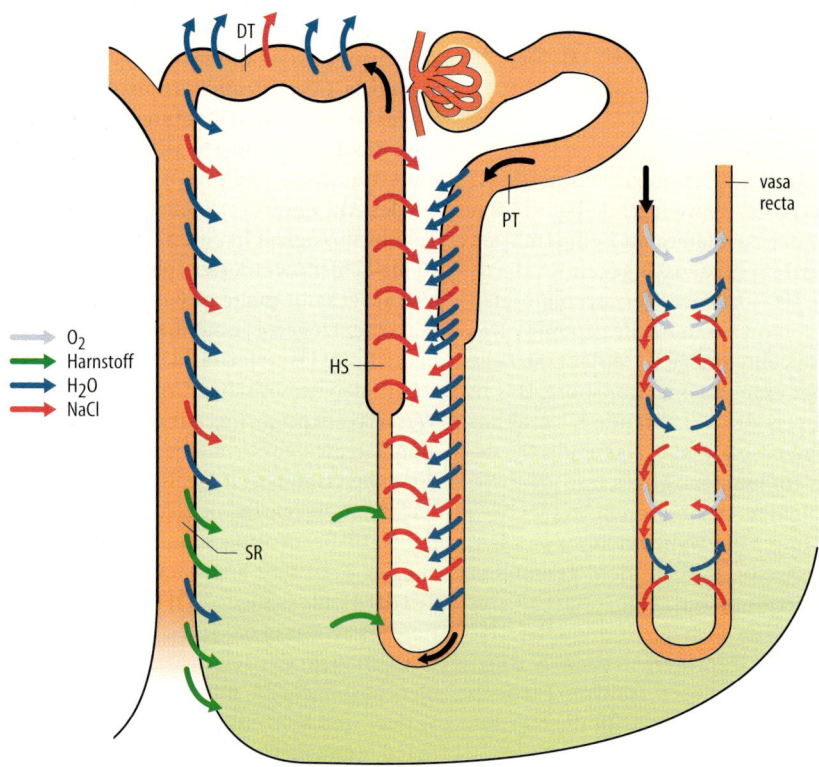

Abb. 16.9. Harnkonzentrierung. Transport von Kochsalz (rot), Harnstoff (grün) und Wasser (blau) als Pfeile dargestellt. *PT* = Proximaler Tubulus, *HS* = Henle-Schleife, *DT* = Distaler Tubulus, *SR* = Sammelrohr

fördert den Einbau von Harnstofftransportern im medullären Sammelrohr (s. oben). In Abwesenheit des Hormons werden distaler Tubulus und Sammelrohr jedoch impermeabel für Wasser und trotz hoher Osmolarität im Nierenmark wird ein hypoosmolarer Harn ausgeschieden (Wasserdiurese). Dabei wird also mehr Wasser ausgeschieden, als für die isoosmolare Lösung der ausgeschiedenen Substanzen erforderlich wäre (sog. freies Wasser, s. Kap. 16.12).

Vasa recta. Die Hyperosmolarität des Nierenmarks würde sehr schnell ausgewaschen werden, wenn das Nierenmark normal durchblutet wäre. Die Anordnung der Vasa recta in Form langer Schleifen verhindert jedoch den schnellen Abtransport von Kochsalz und Harnstoff. Die absteigenden Vasa recta nehmen, entsprechend den chemischen Gradienten, NaCl und Harnstoff von Interstitium und aufsteigenden Vasa recta auf und erreichen damit bis zur Schleifenspitze eine ähnlich hohe Osmolarität wie das Interstitium. Im Verlauf der aufsteigenden Vasa recta verlassen NaCl und Harnstoff wieder das Blut, so daß am Ende der Vasa recta eine nur geringfügig gesteigerte Osmolarität vorliegt, die Gefäße also nur wenig der medullären Osmolarität mitnehmen.

Versorgungsmangel im Nierenmark. Die Anordnung der Vasa recta in Schleifen bedeutet freilich, daß auch die Zulieferung von Substraten wie Glukose und O_2, sowie der Abtransport von Stoffwechselprodukten wie CO_2 und Laktat erschwert ist. Beispielsweise geben die oxygenierten Erythrozyten der absteigenden Vasa recta ihr O_2 an die desoxygenierten Erythrozyten der aufsteigenden Vasa recta ab und verarmen damit an O_2, bereits bevor sie das Nierenmarkgewebe erreichen. Das Gegenstromsystem führt demnach zum Mangel an allem, was im Nierenmark verbraucht wird und zur Anhäufung an allem, was im Nierenmark produziert wird. Aus diesem Grund sind energieverbrauchende Transportprozesse im

tiefer gelegenen dünnen Teil der Henle-Schleife nicht mehr möglich und die Konzentrierung muß durch passive Cl^-- und Harnstoff-Diffusion getrieben werden (s. oben).

Störungen der Harnkonzentrierung. Die Harnkonzentrierung ist eingeschränkt, wenn die Hyperosmolarität des Nierenmarks nicht aufgebaut werden kann oder wenn eine herabgesetzte Wasserpermeabilität des Sammelrohrs einen osmotischen Ausgleich zwischen Tubulusflüssigkeit und Interstitium verhindert. Die Osmolarität ist v.a. dann herabgesetzt, wenn die NaCl-Resorption in der dicken Henle-Schleife beeinträchtigt ist:

- Sogenannte Schleifendiuretika hemmen den Na^+-K^+-$2\,Cl^-$-Cotransporter direkt. Auch toxische Schädigung oder genetische Defekte der Transportprozesse beeinträchtigen die NaCl-Resorption in dickem oder dünnem Teil der Henle-Schleife (s. Kap. 16.6).
- Bei Kaliummangel steht im Tubuluslumen nicht genügend K^+ für den Na^+-K^+-$2\,Cl^-$-Cotransporter bereit und die NaCl-Resorption wird eingeschränkt.
- Bei Hyperkalzämie verschließt Ca^{++} die Tight junctions und behindert damit die parazelluläre Resorption von Na^+, Ca^{++} und Mg^{++}. Darüberhinaus aktivieren gesteigerte extrazelluläre Ca^{++}-Konzentrationen einen Ca^{++}-Rezeptor in der Zellmembran, der einen hemmenden Einfluß auf die Resorption in der dicken Henle-Schleife ausübt.
- Die Osmolarität im Nierenmark ist auch bei proteinarmer Ernährung reduziert, da hierbei weniger Harnstoff zur Verfügung steht.
- Nierenentzündungen führen zu einer Dilatation der Vasa recta. Damit wird die Hyperosmolarität des Nierenmarks ausgewaschen.
- Bei Blutdrucksteigerung autoreguliert das Nierenmark nicht perfekt und die Stromstärkenzunahme führt gleichfalls zum Auswaschen des Nierenmarks (Druckdiurese).

- Werden nicht oder nur teilweise resorbierbare osmotisch aktive Substanzen filtriert, dann wird die Flüssigkeitsresorption beeinträchtigt. Darunter leidet auch die Flüssigkeitsresorption aus der absteigenden Henle-Schleife und damit der Gegenstrommechanismus. Bei forcierter osmotischer Diurese werden letztlich große Mengen isotonen Harns ausgeschieden.

Die Wasserpermeabilität ist bei ADH-Mangel (zentraler Diabetes insipidus) oder bei Unempfindlichkeit der Nierenepithelien gegen ADH (renaler Diabetes insipidus) herabgesetzt:

- Ein zentraler Diabetes insipidus entsteht bei herabgesetzter Ausschüttung des Hormons aus der Hypophyse (s. Kap. 21.3)
- Ein renaler Diabetes insipidus entsteht bei Unfähigkeit der distalen Epithelzellen, auf Stimulation durch ADH funktionstüchtige Wasserkanäle in die luminale Membran einzubauen.

In beiden Fällen entsteht ein Diabetes insipidus, bei dem bis zu 20 l hypotonen Harns pro Tag ausgeschieden werden.

16.5 Transportprozesse in distalem Tubulus und Sammelrohr

Das distale Nephron (distaler Tubulus und Sammelrohr) ist für die endgültige Zusammensetzung des Harns verantwortlich. Es kann gegen hohe Gradienten transportieren, verfügt jedoch nur über eine geringe Transportkapazität. Eine herabgesetzte Transportleistung des proximalen Tubulus und der Henle-Schleife kann nur zu einem geringen Teil durch gesteigerte Resorption im distalen Nephron ausgeglichen werden. Das distale Nephron (distaler Tubulus, Verbindungsstück und Sammelrohr) besteht aus mehreren sehr heterogenen Segmenten und jedes einzelne

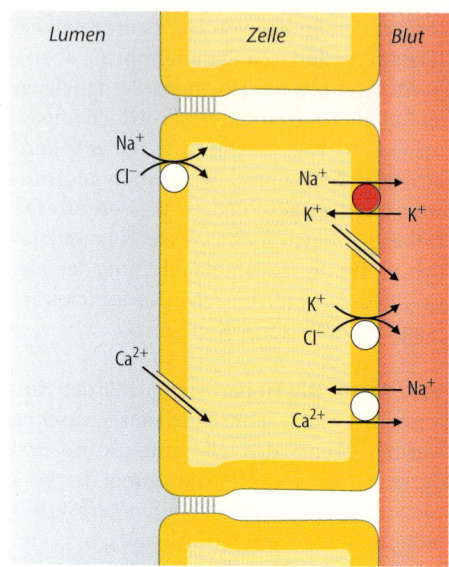

Abb. 16.10. Die wichtigsten Transportprozesse in der distalen Tubuluszelle

Segment ist aus unterschiedlichen Zellen zusammengesetzt.

Distale Tubuluszelle. Die meisten Zellen des frühen distalen Tubulus resorbieren Na^+ vorwiegend durch einen NaCl-Cotransport (Abb. 16.10). Cl^- verläßt die Zelle über einen KCl-Cotransport an der basolateralen und möglicherweise an der luminalen Zellmembran. Na^+ wird aus der Zelle durch die Na^+/K^+-ATPase transportiert, das dabei akkumulierte K^+ verläßt die Zelle z.T. durch K^+-Kanäle. Die Zellen können Ca^{++} resorbieren, und zwar in erster Linie durch luminale Ca^{++}-Kanäle und basolaterale Na^+/Ca^{++}-Austauscher.

Hauptzellen. Im späten distalen Tubulus und Sammelrohr findet man vorwiegend Hauptzellen, die durch Na^+-Kanäle und K^+-Kanäle in der luminalen Zellmembran charakterisiert sind (Abb. 16.11). Na^+, das in die Zelle gelangt, wird durch die Na^+/K^+-ATPase in der basolateralen Zellmembran wieder aus der Zelle gepumpt. Die Zelle resorbiert somit Na^+ im Austausch gegen K^+,

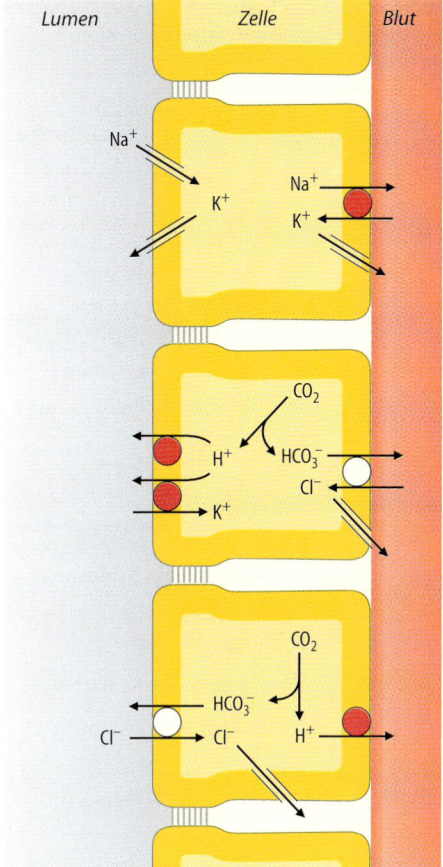

Lumen	Zelle	Blut

Abb. 16.11. Transportprozesse in Zellen des Sammelrohres. Oben: Hauptzelle, Mitte: Zwischenzelle Typ A, Unten: Zwischenzelle Typ B

d.h. eine gesteigerte Na^+-Resorption im distalen Nephron zieht in der Regel eine gesteigerte K^+-Sekretion und K^+-Ausscheidung nach sich.

Schaltzellen. Zwischen den Hauptzellen sind im distalen Nephron sog. Schaltzellen eingestreut, die entweder H^+ (Typ A) oder HCO_3^- (Typ B) sezernieren.
In den Schaltzellen des Typ A wird die H^+-Sekretion durch eine H^+-ATPase oder (bei K^+-Mangel) durch eine H^+/K^+-ATPase bewerkstelligt (Abb. 16.11). Das in der Zelle gebildete HCO_3^- verläßt die Zelle über einen

Cl^-/HCO_3^--Austauscher in der basolateralen Zellmembran. Das so akkumulierte Cl^- wird über basolaterale Cl^--Kanäle aus der Zelle ausgeschleust.
Die HCO_3^--Sekretion in den Schaltzellen Typ B wird vorwiegend durch einen luminalen Cl^-/HCO_3^--Austauscher, basolaterale Cl^--Kanäle und eine basolaterale H^+-ATPase bewerkstelligt. Durch luminale Cl^-/HCO_3^--Austauscher und Cl^--Kanäle an beiden Membranen resorbieren Schaltzellen Cl^-. Cl^- kann das Lumen möglicherweise auch parazellulär verlassen. Die Cl^--Resorption über Kanäle und den parazellulären Weg wird durch das, von den Na^+-Kanälen der Hauptzellen erzeugte, lumennegative Potential begünstigt.

16.6 Transportdefekte, Wirkung von Diuretika

Transportdefekte. Eine gesteigerte oder – häufiger – herabgesetzte Aktivität der renalen Transportprozesse führt zu inadäquater Ausscheidung der betroffenen Substanz. Die Transportmechanismen können durch genetische Defekte oder durch Schädigung der Niere (z. B. Schwermetallvergiftung) beeinträchtigt werden. In Tabelle 16.3 sind einige genetische Transportdefekte erwähnt. Über Änderungen der Plasmakonzentration oder Zunahme der Harnkonzentrationen können dann negative Auswirkungen auftreten.

- Störungen der proximalen HCO_3^--Resorption oder der distaltubulären H^+-Sekretion führen zu proximaltubulärer oder distaltubulärer Azidose.
- Eine Überaktivität des epithelialen Na^+-Kanals führt über Kochsalzüberschuß zu Blutdrucksteigerungen (Liddle-Syndrom).
- Genetische Defekte der Kochsalzresorption in der Henle-Schleife (Bartter-Syndrom) oder dem frühdistalen Tubulus (Gitelman-Syndrom) führen zu massiven Kochsalzverlusten.
- Beim renalen Diabetes mellitus ist die Affinität oder maximale Transportrate

Tabelle 16.3. Molekulare Physiologie und Pathophysiologie renaler Transportprozesse: ↓ = herabgesetzte Funktion, ↑ = gesteigerte Funktion (* = gleichzeitiger Defekt enteraler Absorption, [1] = defekter Transporter, [2] = gestörte Regulation, [?] = Defekt noch nicht molekular definiert)

Transporter	genetischer Transportdefekt	Wichtigste Wirkungen
Na^+-Glukose/Galaktose-Cotransporter (SGLT-1)	↓ Glukose-Galaktosemalabsorption[*,1]	Glukosurie, osmotische Diurese
Na^+-Glukose-Cotransport	↓ isolierte Glukosurie[?],	Glukosurie
Aminosäure-Austauscher für neutrale und basische Aminosäuren (rBAT)	↓ Zystinurie[*,1]	Gesteigerte Ausscheidung von Zystin und basischen Aminosäuren, Nierensteine
Resorption neutraler Aminosäuren	↓ Hartnup-Syndrom[*,?]	Schädigung Nervensystem, Nikotinsäuremangel
Resorption von Glyzin, Prolin, Hydoxyprolin	↓ Iminoglyzinurie[?]	Keine Symptome
Resorption basischer Aminosäuren (LAT)	↓ Familiäre Proteinintoleranz[*,?]	Erbrechen, Durchfall
Resorption neutraler und basischer Aminosäuren	↓ Lowe Syndrom[*]	Demenz, Katarakt, Azidose
Harnsäureresorption	↑ Hypourikosurie?	Hyperurikämie, Gicht
Na^+-Phosphat-Cotransport	↓ Phosphaturie[2,?],	Vitamin-D-resistente Rachitis
(NaPi-II)	↑ Pseudohypoparathyreoidismus[2]	Hypokalziämie
Cl^--Transport in proteinresorbierenden Vesikeln (ClC-5)	↑ Phosphaturie, Kalziurie, Proteinurie[1]	Nierensteine, Rachitis
Ca^{++}-Kanal (ECAC)	↓ Kalziurie[1,2] ↑ Hypokalziurische Hyperkalziämie[2]	Nierensteine
Na^+/H^+-Austauscher, Karboanhydrase II	↓ proximaltubuläre Azidose	Azidose, Hyperkaliämie
H^+-ATPase, Cl^-/HCO_3^--Austauscher	↓ distaltubuläre Azidose	Azidose, Hyperkaliämie, Nierensteine, Rachitis
Na^+-K^+-2Cl^--Cotransporter (NKCC-2), K^+ Kanal (ROMK), Cl^--Kanal (ClC$_{Kb}$) in dicker Henle-Schleife	↓ Bartter-Syndrom[1]	Volumenmangel, Hypokaliämie, Alkalose, Reninismus, massive Prostaglandinbildung
Na^+-Cl^--Cotransport	↓ Gitelman Syndrom[1]	wie Bartter, aber wesentlich milder
Na^+-Kanal (ENaC)	↓ Pseudohypoaldosteronismus[1,2]	Dehydration, Hyperkaliämie, Azidose
	↑ Liddle-Syndrom	Hypertonie, Hypokaliämie
Wasserkanäle (AQ-2)	↓ Diabetes insipidus renalis[1,2]	Hypertone Dehydratation

der tubulären Glukosetransporter eingeschränkt.

- Verschiedene Transportdefekte beeinträchtigen die Resorption von Aminosäuren.

Neben dem Verlust der Substrate kann die gesteigerte Konzentration im Urin pathophysiologische Relevanz erlangen. Insbesondere kann die gesteigerte Ausscheidung schwer löslicher Substanzen Urolithiasis erzeugen.

Urolithiasis. Einige Ionen oder organische Substanzen erreichen bisweilen im Harn Konzentrationen, die nicht mehr löslich sind (Übersättigung). Wird der sogenannte metastabile Bereich (s. unten) überschritten, dann fallen diese Substanzen aus (Tabelle 16.4). Besonders häufig bilden Kalziumoxalat und Kalziumphosphat Nierensteine, wobei sekundär weitere Ionen, wie Mg^{++} und NH_4^+ beteiligt sein können. Seltener ist eine Harnsäure-, Zystin- oder Xanthinurolithiasis. Primäre Ursache der Urolithiasis kann ein genetischer oder erworbener Transportdefekt sein. So sind Zystinsteine in der Regel Folge eines Transportdefektes in der Niere (Zystinurie). Die Ausscheidung ist bei normalem tubulärem Transport gesteigert, wenn aufgrund prärenaler Faktoren die Plasmakonzentration gesteigert ist und damit mehr filtriert wird. So begünstigt gesteigerte intestinale Absorption von Oxalat, Purinen oder Kalzium gleichermassen Urolithiasis wie gesteigerte Mobilisierung von Kalzium aus dem Knochen oder vermehrte Bildung von Harnsäure bei gesteigertem Zelluntergang. Für das Auftreten von Urolithiasis ist freilich nicht nur die Ausscheidung der konkrementbildenden Substanzen maßgebend. Die Konzentration wird auch durch das Harnvolumen diktiert. Starke Antidiurese fördert demnach die Bildung von Harnsteinen. Der Ca^{++}-Rezeptor in der Henle-Schleife hemmt bei Hyperkalzämie die NaCl-Resorption in diesem Segment und setzt die Fähigkeit zur Urinkonzentrierung herab. Damit wird ein Zusammentreffen von gesteigerter Kalziumausscheidung und Antidiurese normalerweise unterbunden. Die Steinbildung wird ferner vom Urin-pH beeinflußt. Saurer pH führt das mäßig lösliche Urat vermehrt in die sehr schlecht lösliche Harnsäure über und begünstigt damit die Entwicklung von Harnsäuresteinen. Kalziumphosphatsteine sind wiederum in alka-

Tabelle 16.4. Häufigste Ursachen von Nierensteinen. Die meisten Nierensteine (ca. 80 %) enthalten Kalziumoxalat, ca. 30 % Kalzium-Magnesium-Phosphat. 10 % Harnsäure, nur wenige Zystin oder Xanthin. (* Produktion im Stoffwechsel, Absorption im Darm oder Mobilisierung aus dem Knochen)

Steine	Ursachen*	begünstigte Faktoren (außer geringem Harnvolumen)
Ca-Oxalat	Gesteigerte Produktion oder Absorption von Oxalat, gesteigerte Absorption oder Mobilisierung von Ca^{2+}	verminderte Ausscheidung von Phosphat oder Zitrat (Kalziumbinder) oder Pyrophosphat
$Ca-CO_3-PO_4$, $Mg-NH_4-PO_4$	gesteigerte Absorption oder Mobilisierung von Kalziumphosphat	alkalischer Urin (Harnwegsinfekte), Mangel an Zitrat
Harnsäure	Überproduktion von Harnsäure	saurer Urin
Natrium-Urat	Überproduktion von Harnsäure	alkalischer Urin, hohe Na^+-Konzentration
Zystin	renaler Resorptionsdefekt	saurer Urin
Xanthin	gestörter Abbau	

lischem Milieu sehr viel schlechter löslich als im sauren Milieu, und ein alkalischer Urin fördert die Bildung von $CaHPO_4$-Steinen. Allerdings hemmt Alkalose die proximal-tubuläre Zitratresorption und damit wird bei Alkalose Zitrat ausgeschieden, das mit Ca^{++} sehr gut lösliche Komplexe bildet. Auf diese Weise wird normalerweise einer Ausfällung von $CaHPO_4$ vorgebeugt, wenn eine Alkalose die Ausscheidung von Bikarbonat erfordert.

Eine Übersättigung führt nicht sofort zum Ausfällen der gelösten Substanzen, sondern im sogenannten metastabilen Bereich bleiben die Substanzen zunächst gelöst. Lange Verweildauer (inkomplette Entleerung der ableitenden Harnwege) und das Auftreten von Kristallisationskernen fördert das Ausfallen. Steigen die Konzentrationen über den metastabilen Bereich, dann bilden sich auf jeden Fall Kristalle.

Diuretika. Einige Transportprozesse können durch Pharmaka gehemmt, und damit eine Diurese (Diuretika) bzw. Natriurese (Saluretika) ausgelöst werden. Tabelle 16.5 stellt die wichtigsten Gruppen von Diuretika zusammen.

- *Proximale Diuretika.* Die proximale NaCl-Resorption kann durch Hemmung des luminalen Na^+/H^+-Austauschers oder der Karboanhydrase eingeschränkt werden. Dabei kommt es gleichzeitig zu gesteigerter Ausscheidung von Bikarbonat. Proximale Diuretika werden daher zur Steigerung der Kochsalzausscheidung allein derzeit nicht eingesetzt.

- *Schleifendiuretika.* Am stärksten wirksam sind Diuretika, die den Na^+-K^+-$2\,Cl^-$-Cotransport in der Henle-Schleife hemmen (Schleifendiuretika). Das gesteigerte Angebot von Na^+ an den distalen Tubulus fördert dort die Na^+-Resorption über die Na^+-Kanäle, wodurch die distaltubuläre K^+-Sekretion gesteigert wird. Die Schleifendiuretika führen daher auch zu K^+-Verlusten. Die Dosis der Schleifendiuretika kann nicht beliebig gesteigert werden, da die Substanzen auch Na^+-K^+-$2\,Cl^-$-Cotransporter in anderen Epithelien (u.a. Stria vascularis des Innenohrs) hemmen können. Normalerweise erreichen die Schleifendiuretika jedoch durch proximaltubuläre Sekretion im Lumen der Henle-Schleife Konzentrationen, die weit über den Blutkonzentrationen liegen. Nur so ist es möglich, eine Diurese ohne gleichzeitiges Auftreten von Taubheit (durch Hemmung des Na^+-K^+-$2\,Cl^-$-Cotransporters im Innenohr) zu erzielen.

- *Frühdistale Diuretika.* Thiazide hemmen den NaCl-Cotransporter im frühdistalen Tubulus. Auch dabei gelangt mehr Na^+ in den späteren distalen Tubulus und es kommt zu gesteigerter K^+-Sekretion.

- *K^+-sparende Diuretika.* Hemmung der distaltubulären Na^+-Kanäle durch Na^+-Kanalblocker oder Aldosteronantagonisten mindert nicht nur die Na^+-Resorption, sondern auch die K^+-Sekretion (sogenannte K^+-sparende Diuretika). Auch die Na^+-Kanalblocker erreichen luminal hohe Konzentrationen und erlauben eine

Tabelle 16.5. Diuretika

Diuretikagruppe	Zielmolekül	Wirkung*
Proximale Diuretika	Karboanhydrase, Na^+/H^+-Austauscher	$Na^+\uparrow$, $K^+\uparrow$, $HCO_3^-\uparrow\uparrow$
Osmo-Diuretika	keine vorhanden	$Na^+\uparrow$, $Cl^-\uparrow$, $HCO_3^-\uparrow$
Schleifendiuretika	Na^+-K^+-$2\,Cl^-$-Cotransport	$Na^+\uparrow\uparrow\uparrow$, $K^+\uparrow\uparrow$, $Cl^-\uparrow\uparrow\uparrow$
Frühdistale Diuretika (Thiazide)	NaCl-Cotransport	$Na^+\uparrow\uparrow$, $Cl^-\uparrow\uparrow$, $K^+\uparrow\uparrow$, $HCO_3^-\uparrow$
K^+-sparende Diuretika	Na^+-Kanäle	$Na^+\uparrow$, $Cl^-\uparrow$, $K^+\downarrow$
	Mineralokortikoidrezeptoren	$Na^+\uparrow$, $Cl^-\uparrow$, $K^+\downarrow$

* Wirkung auf die Ausscheidung der genannten Elektrolyte ($\downarrow$ = Abnahme, $\uparrow$ = Zunahme der Ausscheidung)

selektive Hemmung der distaltubulären Na^+-Resorption ohne gleichzeitige Hemmung von Na^+-Kanälen z. B. in den Alveolen.

- *Osmotische Diurese.* Eine Diurese kann auch durch Infusion von Substanzen erzielt werden, die in der Niere nicht oder nur schlecht resorbiert werden können. Therapeutisch wird beispielsweise der Polyalkohol Mannitol eingesetzt. Mannitol wird filtriert und durch die Flüssigkeitsresorption im Nephron zunehmend konzentriert. Die hohe luminale Mannitolkonzentration hält osmotisch Wasser zurück und behindert damit die Wasserresorption. Die Resorption von NaCl senkt bei eingeschränkter Wasserresorption die luminale NaCl-Konzentration ab und muß daher zunehmende Gradienten überwinden. Auf diese Weise wird auch die NaCl-Resorption behindert und es kommt zur Natriurese. Osmotische Diurese kann auch durch endogene Substanzen wie Glukose oder Bikarbonat ausgelöst werden, wenn die Resorption mit der Filtration nicht Schritt hält.

16.7 Stoffwechsel und biochemische Leistungen der Niere

O_2-Verbrauch. Normalerweise wird ein Fünftel des Herzminutenvolumens durch die Glomerula geschleust (s. Kap. 16.1). Die Durchblutung der Nieren ist damit sehr viel größer, als für die O_2-Versorgung der kleinen Organe erforderlich wäre. Die Niere benötigt normalerweise weniger als 10% des angebotenen O_2 (Sauerstoffausschöpfung). O_2 wird in erster Linie für die Energetisierung des Na^+-Transportes benötigt und korreliert mit der tubulären Na^+-Resorption. Eine Steigerung der Nierendurchblutung geht in aller Regel mit einer Steigerung der glomerulären Filtrationsrate (GFR) einher (s. Kap. 16.1) und bedeutet für die Niere mehr Arbeit, da ja nun auch mehr Na^+ resorbiert werden muß.

Fettsäureabbau. Der proximale Tubulus verwendet für die Energiegewinnung überwiegend Fettsäuren, Azetazetat und β-Hydroxybutyrat. Glukose wird vom proximalen Tubulus nicht verbraucht.

Glukoneogenese. Eine wichtige biochemische Leistung der Niere ist die Glukoneogenese. Glutamin wird von beiden Membranen der proximalen Tubuluszelle aufgenommen und durch die mitochondriale Glutaminase zu Glutamat desaminiert. Glutamat wird im Zytosol zu 2-Oxoglutarat desaminiert, das schließlich zu Glukose aufgebaut wird. Glukose wird in das Blut abgegeben und die beiden anfallenden NH_4^+-Ionen zur Säureeliminierung verwendet (s. Kap. 17.6). Bei Azidose ist die Niere gezwungen, vermehrt H^+ auszuscheiden. Dabei werden im proximalen Tubulus Glutaminabbau und Glukoneogenese gesteigert. Die Niere kann im übrigen auch aus Laktat Glukose aufbauen. Im Gegensatz zum proximalen Tubulus verbrauchen medulläre Henle-Schleife, distaler Tubulus und Sammelrohr Glukose für die Energiegewinnung.

Aminosäurestoffwechsel. Die Niere baut Glutamin unter Bildung von Glukose und NH_4^+ ab. Umgekehrt bildet die Niere Arginin aus Aspartat und Zitrullin. Schließlich kann sie β-Alanin und Serin produzieren.

Die Niere verfügt zwar über alle Enzyme für die Harnstoffsynthese, bildet jedoch keine relevanten Mengen an Harnstoff.

Inaktivierung von Hormonen. Die Niere spielt eine wesentliche Rolle in der Inaktivierung von Hormonen, vor allem von Peptidhormonen (u.a. Glukagon, Insulin, Parathormon). Oligopeptide und kleinere Proteine werden filtriert (s. Kap. 16.1) und werden durch Peptidasen im proximalen Tubuluslumen teilweise abgebaut. Die einzelnen Aminosäuren werden dann über die entsprechenden Transportsysteme in die Zellen aufgenommen. Darüber hinaus werden filtrierte Proteine über Pinozytose in proximale Tubuluszellen eingeschleust und intrazellulär abgebaut.

Auch im Stoffwechsel von Steroidhormonen spielt die Niere eine wichtige Rolle. Steroidhormone können die Zellmembranen leicht passieren und werden in den Tubuluszellen durch Oxidoreduktasen und Hydroxylasen metabolisiert. Zellen, welche Mineralokortikoidrezeptoren (Typ I-Kortikosteroidrezeptoren) aufweisen, exprimieren gleichzeitig eine 11β-Hydroxysteroiddehydrogenase, die Kortisol in Kortison umwandelt. Im Gegensatz zu Kortisol und Aldosteron kann Kortison an den Typ-I-Rezeptor nicht binden und die typischen Aldosteronwirkungen auslösen. Die 11β-Hydroxysteroiddehydrogenase verhindert somit die Auslösung von mineralokortikoiden Wirkungen durch Kortisol (Tabelle 16.1), das ja im Blut eine viel höhere Konzentration als Aldosteron aufweist (s. Kap. 21.10).

Entgiftung von Fremdstoffen. Die Niere kann Xenobiotika selbst umwandeln, wie etwa die Kopplung an Azetylzystein unter Bildung von Merkaptursäure.

16.8 Regulation der Nierenfunktion

Wenn die Niere als zentrales Organ in der Regulation von Volumen und Zusammensetzung der Körperflüssigkeiten (s. Kap. 17) sowie der Blutdruckregulation (s. Kap. 14.5) ihrer Aufgabe gerecht werden soll, müssen ihre Partialfunktionen einer präzisen Kontrolle unterzogen werden. Die Kontrolle geschieht durch intrarenale homeostatische Mechanismen, nervale und hormonelle Einflüsse.

Glomerulotubuläre Balance. Eine Zunahme der GFR ist in aller Regel mit einer proportionalen Zunahme der proximaltubulären Resorption verbunden. Na^+-Resorption und maximale Transportraten (etwa für Glukose) steigen mit der GFR an, sodaß die zusätzlich filtrierten Mengen an

Wasser und Substanzen am Ende des proximalen Tubulus weitgehend wieder resorbiert sind. Auf welche Weise die Transportkapazität der GFR angeglichen wird, ist derzeit weitgehend unbekannt. Ein wahrscheinlich geringer Teil dieses Zusammenhanges könnte über den interstitiellen Druck hergestellt werden. Eine Zunahme des interstitiellen Druckes behindert die passive, parazelluläre Resorption von Wasser und Kochsalz, die ja sehr geringe treibende Kräfte aufweist. Die Aufnahme von filtrierter Flüssigkeit in die peritubulären Gefäße mindert den interstitiellen Druck und fördert damit die proximaltubuläre Resorption. Eine Zunahme der Filtration steigert den onkotischen Druck in den peritubulären Kapillaren und stimuliert damit indirekt auch die tubuläre Resorption.

Tubuloglomeruläre Balance. Der enge Kontakt von Tubulusepithel und Vas afferens am juxtaglomerulären Apparat dient unter anderem der Anpassung der glomerulären Filtration an die Transportkapazität von proximalem Tubulus und Henle-Schleife. Hält der Transport in den beiden Segmenten mit der Filtration nicht Schritt, dann steigt die Kochsalzkonzentration an der Macula densa und die GFR wird durch Kontraktion des Vas afferens gesenkt. Auf diese Weise wird verhindert, daß bei eingeschränkter Transportkapazität von proximalem Tubulus und Henle-Schleife Kochsalz- und Wasserverluste auftreten, die sonst angesichts der geringen Transportkapazität des distalen Tubulus und Sammelrohrs unvermeidlich wären.

Nierenschwelle. Die meisten Transportprozesse der Niere sind sättigbar. Insbesondere die Resorption der organischen Substanzen (u.a. Glukose, Aminosäuren), aber auch von Phosphat und Sulfat wird durch ein Transportmaximum charakterisiert. Wird das Transportmaximum dieser Substanzen überschritten, dann wird die zusätzlich filtrierte Menge ausgeschieden. Die Niere limitiert somit einen Anstieg der Plasmakonzentrationen der betroffenen Substanzen durch automatische Zunahme der Ausscheidung.

Autoregulation von Ca^{++}. Hohe Ca^{++}-Konzentrationen blockieren die Tight junctions und unterbinden auf diese Weise den parazellulären Transport u.a. von Ca^{++}. Darüberhinaus hemmt Ca^{++} über den Ca^{++}-Rezeptor die Resorption in der dicken aufsteigenden Henle-Schleife, eines der wichtigsten Segmente der tubulären Ca^{++}-Resorption. Auf diese Weise führt Hyperkalziämie auch ohne Vermittlung von Hormonen zur Hyperkalziurie.

Intrazelluläre Konzentrationen. Die Tätigkeit von Transportproteinen ist häufig eine Funktion intrazellulärer Konzentrationen der transportierten Substanzen. Eine Abnahme der intrazellulären K$^+$-Konzentration inaktiviert luminale K$^+$-Kanäle und senkt auf diese Weise die renale K$^+$-Ausscheidung. Proximaltubulärer Na$^+$/H$^+$-Austauscher und distaltubuläre H$^+$-ATPase werden bei intrazellulärer Azidose stimuliert und bei intrazellulärer Alkalose abgeschaltet. Darüber hinaus bilden die proximalen Tubuluszellen bei intrazellulärer Azidose vermehrt NH$_4^+$. So wird bei zellulärer Azidose vermehrt H$^+$ renal ausgeschieden. Der Phosphatcarrier wird bei intrazellulärem Phosphatmangel vermehrt in die Zellmembran eingebaut. Auf diese Weise wird die renale Phosphatresorption gesteigert und die renale Phosphatausscheidung gedrosselt. Intrazellulärer Phosphatmangel fördert ferner die proximaltubuläre Bildung von Kalzitriol, das in die Regulation des Kalzium-Phosphat-Stoffwechsel eingreift (s. Kap. 17.5).

Nervale Kontrolle. Die Nieren stehen unter der Kontrolle von sympathischen Nerven, die normalerweise jedoch eine geringe Aktivität aufweisen. Bei Volumenmangel oder sonstiger Aktivierung des Sympathikus senken die Nerven über Kontraktion von Aa. interlobulares sowie von Vasa afferentia und efferentia die glomeruläre Filtrationsrate. Darüberhinaus stimulieren sie die tubuläre Resorption u.a. von Na$^+$, HCO$_3^-$, Cl$^-$ und Wasser. Schließlich regen die Nerven vorwiegend über β_1-Rezeptoren die Ausschüttung von Renin an (s. Kap. 16.9). Die Reninausschüttung wird umgekehrt über α_1-Rezeptoren gedrosselt.

Blutdruck. Obgleich die Niere Durchblutung und Filtration bei Änderungen des arteriellen Mitteldruckes zwischen 80 und 180 mmHg weitgehend konstant hält (s. Kap. 16.1), steigt die Nierenmarkdurchblutung doch bei Zunahme des Blutdruckes. Damit werden Harnkonzentrierung und Na$^+$-Resorption beeinflußt. Darüber hinaus wird die Aktivität der Nierennerven durch den Blutdruck beeinflußt. Die renale Na$^+$-Ausscheidung ist somit eine steile Funktion des systemischen Blutdruckes (s. Kap. 14.5).

Hormonelle Kontrolle. Nierendurchblutung, glomeruläre Filtrationsrate und tubuläre Transportprozesse werden durch eine Vielzahl von Hormonen kontrolliert (Tabelle 16.1). Die Bedeutung der renalen Wirkung dieser Hormone wird im Zusammenhang mit der Regulation des Blutdruckes (s. Kap. 14.5), dem Salz-Wasser- und Mineralhaushalt (s. Kap. 17) sowie den Wirkungen von Hormonen (s. Kap. 21) näher erläutert.

16.9 Renale Hormone

Die Niere ist nicht nur Zielorgan von Hormonen, sondern bildet selbst mehrere Hormone, die für den übrigen Körper bedeutsam sind:

Erythropoietin. In der Niere wird Erythropoietin gebildet, ein Peptidhormon, das die Erythropoiese stimuliert (s. Kap. 12.2). Die Bildung und Ausschüttung des Hormons wird durch Anämie und Hypoxie stimuliert. Bei Niereninsuffizienz führt die herabgesetzte Bildung des Hormons zur Anämie.

Thrombopoietin. Die Niere bildet ferner Trombopoietin, ein Peptidhormon, das die Bildung von Megakaryozyten und damit von Thrombozyten stimuliert.

Kalzitriol. Durch eine mitochondriale 1α-Hydroxylase des proximalen Tubulus wird das Hormon Kalzitriol $(1,25(OH)_2D_3)$ aus 25(OH)-Cholekalziferol $(25(OH)D_3)$ gebildet. Die 1α-Hydroxylase wird durch das Nebenschilddrüsenhormon Parathormon, durch Ca^{++}- und Phosphatmangel stimuliert. Kalzitriol steigert die enterale und renale Ca^{++}- und Phosphatresorption und fördert auf diese Weise die Mineralisierung des Knochens (s. Kap. 17.5).

Urodilatin. Die Niere bildet Urodilatin, ein dem Atriopeptin sehr ähnliches Peptid, das gleichfalls die GFR steigert und Natriurese auslöst.

Gewebshormone. Die Niere bildet wie andere Gewebe eine Reihe von Mediatoren, wie u.a. Prostaglandine, Endothelin und Kinine, die ihre Wirkungen vor allem in der Niere selbst ausüben (Tabelle 16.1).

Renin-Angiotensin. Wie bereits unter Kapitel 16.1 ausgeführt, wird das Enzym Renin in juxtaglomerulären Zellen gebildet und bei Drosselung der Nierendurchblutung ausgeschüttet. Es spaltet aus dem hepatischen Plasmaprotein Angiotensinogen das Peptid Angiotensin I ab, aus dem unter dem Einfluß von Angiotensin-converting-Enzym (ACE) das stark vasokonstriktorisch und antinatriuretisch wirksame Angiotensin II entsteht. Die Wirkungen von Angiotensin II sind vor allem bei der Blutdruckregulation von hervorragender Bedeutung (s. Kap. 14.5).

16.10 Ableitende Harnwege

Der in der Niere gebildete Harn sammelt sich zunächst im Nierenbecken, um dann über den Ureter in die Harnblase transportiert zu werden. Der Harn wird im Ureter durch peristaltische Kontraktionswellen (2–6/min) vorwärts getrieben, die vom Nierenkelch zur Harnblase laufen (2–6 cm/s). Dilatation des Ureters steigert die Frequenz und mechanische Reizung kann spontane Kontraktionen auslösen. Bei Füllung der Harnblase wird die Wandmuskulatur zunächst passiv gedehnt, bis schließlich der Blasenentleerungsreflex ausgelöst wird (s. Kap. 9.1).

16.11 Nierenversagen, Dialyse

Ischämisches akutes Nierenversagen. Eine der Mechanismen zur Aufrechterhaltung des Blutdruckes, z. B. bei schweren Blutverlusten, ist die durch den Sympathikus ausgelöste Konstriktion von Nierengefäßen (s. Kap. 14.6). Dabei kann es zu einer Ischämie des Nierengewebes kommen, die ein ischämisches akutes Nierenversagen auslöst. Selbst nach Wiederherstellung von Blutvolumen und Blutdruck (z. B. durch Transfusionen) bleibt die GFR massiv erniedrigt und die Niere scheidet keinen (*Anurie*) oder wenig (*Oligurie*) Urin aus. Die Mechanismen, welche die GFR erniedrigt halten, sind immer noch nicht voll verstanden, es wird allerdings angenommen, daß die ischämischen Tubuluszellen Adenosin bilden, das in der Niere im Gegensatz zu anderen Organen eine starke vasokonstriktorische Wirkung ausübt. Die Drosselung der GFR verhindert, daß die ischämischen Tubuluszellen zu energetisch aufwendiger Na^+-Resorption gezwungen werden. Wenn sich die Tubuluszellen teilweise erholen, dann setzt die GFR wieder ein. Allerdings bleibt die Transportkapazität der Tubuluszellen häufig für einige Wochen eingeschränkt und es kommt trotz herabgesetzter GFR zu massiver Ausscheidung von Wasser und Elektrolyten (polyurische Phase des akuten Nierenversagens). Bisweilen erholt sich die Niere nicht mehr und es bleibt eine dauerhafte (chronische) Niereninsuffizienz zurück.

Weitere Ursachen von Nierenversagen.
Die Nieren können durch eine Reihe weiterer Erkrankungen in Mitleidenschaft gezogen werden.

- Anhaltend hoher Blutdruck (Hypertonie),
- Entzündungen (Glomerulonephritis und Pyelonephritis),
- Diabetes mellitus und
- Vergiftungen

können zur vollständigen Zerstörung der Nieren führen. Auch der Rückstau von Urin bei Verlegung des Harnleiters durch Harnsteine kann über direkte Schädigung der Tubuli oder folgende Besiedlung mit Erregern die betroffene Niere zerstören.

Folgen eingeschränkter Nierenfunktion.
Äußerlich erkennbar ist die eingeschränkte Nierenfunktion zunächst an einer herabgesetzten (Oligurie) oder völlig eingestellten (Anurie) Harnproduktion. In aller Regel täuscht das Urinvolumen jedoch über das wirkliche Ausmaß der Störung hinweg, denn die mitunter massiv eingeschränkte GFR läuft parallel mit einer herabgesetzten tubulären Resorption, sodaß die Minderung des Harnzeitvolumens zunächst nur mäßig ausfällt. Der Urin ist jedoch wenig konzentriert und die Ausscheidung wesentlicher Bestandteile des Urins ist herabgesetzt.

- Eine der wichtigsten Konsequenzen der eingeschränkten Ausscheidungsfähigkeit der Niere ist eine Retention von Phosphat, das im Blut Kalzium komplexiert und dadurch eine massive Störung des Mineralhaushaltes auslöst (s. Kap. 17.5).
- Die herabgesetzte renale Eliminierung von H^+ führt zur Azidose (s. Kap. 17.6). Die Retention von Kochsalz und Wasser hat eine Hyperhydration (s. Kap.17.2) zur Folge
- Die Retention von K^+ löst eine Hyperkaliämie (s. Kap. 17.3) aus.
- Durch die renale Retention der schlecht löslichen Harnsäure kann es (in seltenen Fällen) zu Hyperurikämie und schmerzhaften Harnsäureausfällungen v.a. in Gelenken kommen (Gicht).

- Schließlich zieht die verminderte Ausschüttung von Erythropoietin regelmäßig eine Anämie nach sich (s. Kap. 12.2).

Dialyse. Die im Körper akkumulierten Elektrolyte und organischen Substanzen können durch Dialyse aus dem Körper eliminiert werden. Dabei wird Blut durch semipermeable Schläuche geleitet, welche die Diffusion der Substanzen in eine externe Elektrolytlösung erlauben (Hämodialyse). Als Alternative kann der Peritonealraum mit künstlichen Lösungen durchspült werden. Aus dem Blut diffundieren dabei die „harnpflichtigen Substanzen" in den Peritonealraum und werden auf diese Weise entfernt. Wasser wird dabei durch Verwendung hypertoner Lösungen eliminiert.

16.12 Meßgrößen der Nierenfunktion

Glomeruläre Filtrationsrate. Substanzen, die frei filtriert werden, weisen im Filtrat praktisch die gleiche Konzentration auf wie im Plasma (P). Ihre filtrierte Menge ist demnach $P \cdot GFR$ (GFR = glomeruläre Filtrationsrate). Werden sie weder resorbiert noch sezerniert, dann ist ihre Ausscheidung (M_e) gleich der filtrierten Menge, d.h.:

$$M_e = M_f \quad \text{oder} \quad U \cdot V_U = GFR \cdot P$$

Dabei ist U die Konzentration der Substanz im Urin, V_U die Urinstromstärke. Bestimmt man U, V und P, dann kann man aus diesen Werten die GFR errechnen:

$$GFR = U \cdot V_U / P$$

Das Polysaccharid Inulin ist praktisch frei filtrierbar und wird weder resorbiert noch sezerniert. Es wird daher zur GFR-Bestimmung eingesetzt. Dazu muß Inulin allerdings infundiert werden. Einfacher ist die Bestimmung der GFR mit Hilfe von Kreatinin, dem Anhydrit von Kreatin. Kreatinin wird ständig von der Muskulatur abgegeben, muß also nicht von außen zugeführt werden. Da es tubulär nur geringfügig transportiert wird, erlaubt es ebenfalls eine Abschätzung der GFR.

Die Kreatininkonzentration im Plasma (P) eines Patienten sei 0,1 mmol/l, die Konzentration im Urin (U) 5 mmol/l, die Urinstromstärke 2 ml/min. Dann beträgt die GFR = 5 [mmol/l] · 2 [ml/min]/0,1 [mmol/l] = 100 ml/min.

Im klinischen Alltag wird häufig die Kreatininplasmakonzentration als erstes Maß für die Nierenfunktion herangezogen. Da Kreatinin praktisch ausschließlich über die Niere ausgeschieden wird, muß die pro Zeiteinheit gebildete Kreatininmenge auch renal ausgeschieden werden. Bei Abnahme der GFR sinkt die renale Ausscheidung von Kreatinin (M_e) zunächst unter die pro Zeiteinheit produzierte Kreatininmenge (M_p). Da weniger ausgeschieden als produziert

wird, steigt die Plasmakonzentration solange an, bis die pro Zeiteinheit filtrierte Menge wieder die produzierte Menge erreicht hat. Im Gleichgewicht ist $M_e = M_p$. Bei konstanter Kreatininproduktion ist somit das Produkt von GFR und Plasmakonzentration konstant (GFR · P = $M_e = M_p$), und die Plasmakonzentration steigt umgekehrt proportional zur GFR (Abb. 16.12). Allerdings ist die Kreatininproduktion u.a. eine Funktion der Muskelmasse und keineswegs konstant. Eine gesteigerte Kreatininproduktion erfordert eine gesteigerte renale Ausscheidung, d.h. bei gleicher GFR entsteht eine erhöhte Plasmakreatininkonzentration. Eine mäßige Abnahme der GFR kann daher leicht übersehen werden, wenn gleichzeitig weniger Kreatinin produziert wird.

Clearance und fraktionelle Ausscheidung. Die filtrierte Menge von Inulin und Kreatinin wird zur Gänze ausgeschieden. Das

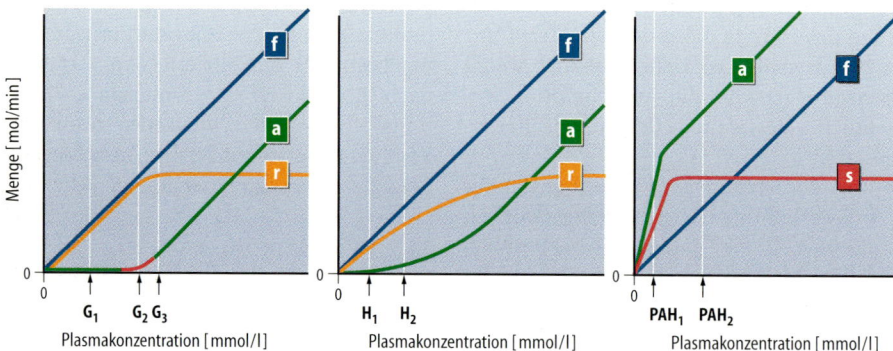

Abb. 16.12. Filtration, Resorption und Ausscheidung von Substanzen, die in der Niere sättigbar transportiert werden. Die jeweils filtrierte (*f*, blau), resorbierte (*r*, braun), sezernierte (*s*, rot) und ausgeschiedene (*a*, grün) Menge an Substanz (Menge in mol/min) in Abhängigkeit von der Plasmakonzentration: *Links*: Resorption mit hoher Affinität (Beispiel Glukose, Phosphat). Im roten Bereich wird die maximale Transportrate erreicht (Nierenschwelle). Die gesamte, zusätzlich filtrierte Menge wird dann ausgeschieden. Die Glukosekonzentration ist normalerweise (5 mmol/l, G_1) weit unter der Nierenschwelle. Erst bei einem Anstieg auf das Doppelte (10 mmol/l, G_2) wird die Nierenschwelle erreicht. Eine nur mäßige zusätzliche Steigerung der Glukoseplasmakonzentration (auf 12 mmol/l, G_3) führt zur massiven Glukosurie. *Mitte*: Resorption mit niederer Affinität (Beispiel Harnsäure). Harnsäure wird bereits bei Plasmakonzentrationen ausgeschieden, bei denen der Resorptionsmechanismus noch nicht gesättigt ist (0,3 mmol/l, H_1). Bei Steigerung der Plasmakonzentration nehmen Resorption und Ausscheidung zu. *Rechts*: Sekretion (Beispiel Paraaminohippursäure, *PAH*). Bei niederen Plasmakonzentrationen (PAH_1) ist der Sekretionsmechanismus noch nicht gesättigt und die gesamte, in die Niere gelangende *PAH*-Menge wird ausgeschieden. Die *PAH*-Clearance ist dabei gleich dem renalen Plasmafluß RPF (ca 5-fache der GFR). Bei hohen Plasmakonzentrationen ist der Sekretionsmechanismus gesättigt und die Ausscheidung ist nicht mehr proportional dem RPF

Plasmavolumen, das von Inulin und Kreatinin „geklärt" wurde (Clearance), ist somit die GFR. Bei Substanzen, die teilweise resorbiert werden, ist die renale Clearance ($C = U \cdot V/P$) kleiner als die GFR, bei Substanzen, die sezerniert werden, ist die Clearance größer als die GFR. Das Verhältnis der Clearance einer Substanz zur GFR wird fraktionelle Ausscheidung genannt. Die fraktionelle Ausscheidung von Kreatinin ist 1.

Bei einem Patienten wird eine Harnstoffkonzentration von 5 mmol/l im Plasma, und eine Harnstoffkonzentration von 80 mmol/l im Urin gemessen. Die Harnstromstärke sei 3 ml/min. Die Harnstoffclearance beträgt somit

$C = 80 \,[\text{mmol/l}] \cdot 3 \,[\text{ml/min}] / 5 \,[\text{mmol/l}]$
$= 48 \text{ ml/min}.$

Ist die Kreatininclearance des Patienten 100 ml/min, dann ist seine fraktionelle Harnstoffausscheidung 0,48. Das heißt, der Patient scheidet etwa die Hälfte des filtrierten Harnstoffs aus.

Freie Wasser-Clearance.
In Analogie zur Clearance gelöster Substanzen kann auch eine freie Wasserclearance (C_{H_2O}) errechnet werden. Sie wird ermittelt, indem vom Urinvolumen dasjenige Volumen abgezogen wird, das zur plasmaisotonen (P_{osm}) Ausscheidung der im Urin ausgeschiedenen osmotisch aktiven Substanzen erforderlich wäre. Das abgezogene Volumen ist umso größer, je höher die Urinosmolarität (U_{osm}) ist:

$$C_{H_2O} = V_U \left(1 - U_{osm} / P_{osm}\right)$$

Ist die Urinosmolarität höher als im Plasma, dann resultiert eine negative freie Wasserclearance.

Ein Patient scheidet 6 ml/min eines Harns mit 145 mosmol/kg Wasser aus. Zur plasmaisotonen ($P_{osm} = 290$ mosmol/kg H_2O) Lösung der ausgeschiedenen osmotisch aktiven Substanzen wären 6 [ml/min] $\cdot$ 145 [mosmol/kg Wasser] / 290 [mosmol/kg Wasser] = 3 ml/min erforderlich. Die freie Wasserclearance beträgt demnach 6 ml/min –

3 ml/min = 3 ml/min. Beträgt die Urinosmolarität 580 mosmol/kgH_2O, dann wären (bei einer Urinstromstärke von 6 ml/min) 12 ml/min zur plasmaisotonen Lösung der Urinbestandteile erforderlich. Es resultiert somit eine negative Wasserclearance von 6 – 12 = – 6 ml/min.

Transportmaximum und Affinität sättigbarer Transportprozesse.
Eine Reihe von renalen Transportprozessen weist eine maximale Transportrate auf, die im Bereich bzw. nicht weit über der filtrierten Menge (M_f) liegt (Abb. 16.12). Für die Ausscheidung der betroffenen Substanzen (M_e) sind die kinetischen Parameter des Transportsystems, wie maximale Transportrate (T_m) und Affinität entscheidend. Bei Vorliegen einer einfachen Kinetik gilt für die Transportrate (M_t):

$$M_t = C \cdot T_m / (C + C_{1/2})$$

wobei $C_{1/2}$ diejenige Substratkonzentration ist, bei welcher halbmaximal transportiert wird. Für die Ausscheidung der Substanz gilt:

$$M_e = M_f - M_t$$

Bei Nettoresorption ist M_t positiv, bei Nettosekretion ist M_t negativ. Mit zunehmender Plasmakonzentration (P) steigt einerseits die filtrierte Menge: ($M_f = P \cdot$ GFR) und andererseits die Konzentration am Transporter (C) und damit die Transportrate.

Resorptionsprozesse mit hoher Affinität.
Bei hoher Affinität bzw. kleinem $C_{1/2}$ sind nur geringe Substratkonzentrationen erforderlich, um die maximale Transportrate zu erreichen, und die Substanz wird fast vollständig resorbiert, solange die filtrierte Menge nicht die maximale Transportrate übersteigt (s. Abb. 16.12). Sobald die maximale Transportrate überschritten ist, kommt es zu einer fast vollständigen Ausscheidung der überschüssig filtrierten Menge. Der Übergang von vollständiger Re-

sorption und quantitativer Ausscheidung überschüssig filtrierter Substanz (Nierenschwelle) ist scharf (s. Abb. 16.12). Für Phosphat ist die Nierenschwelle normalerweise etwa 20 % niedriger als die Plasmakonzentration, es werden also etwa 20 % der filtrierten Menge ausgeschieden. Für Glukose ist die Nierenschwelle (10 mmol/l) etwa doppelt so hoch wie die Plasmakonzentration im Nüchternzustand (ca. 5 mmol/l). Glukose wird daher nur bei massiv gesteigerten Plasmakonzentrationen ausgeschieden (>10 mmol/l), wie sie bei Diabetes mellitus auftreten können. Weitere Substrate von Transportprozessen mit hoher Affinität sind einige Aminosäuren (s. Abb. 16.12).

Ein Patient mit schlecht kontrolliertem Diabetes mellitus weist eine Plasmaglukosekonzentration von 15 mmol/l auf. Seine GFR beträgt 100 ml/min (0,1 l/min), sein Transportmaximum für Glukose 1 mmol/min. Seine Glukoseausscheidung beträgt demnach:

0,1 [l/min] · 15 [mmol/l] – 1 [mmol/min]
= 0,5 mmol/min.

Er scheidet demnach ein Drittel der filtrierten Glukosemenge aus.

Resorptionsprozesse mit niedriger Affinität (großes $C_{1/2}$).

Niederaffine Transportprozesse arbeiten bei niedrigen Substratkonzentrationen weit unter dem Transportmaximum und es wird Substanz ausgeschieden, bevor die filtrierte Menge die maximale Transportrate übersteigt. Eine weitere Zunahme der Plasmakonzentration steigert nicht nur die filtrierte Menge, sondern auch die Resorptionsrate, die Ausscheidung steigt also weniger steil an als die

filtrierte Menge (s. Abb. 16.12). Beispiele sind Harnsäure und Glyzin.

Sekretionsprozesse, Bestimmung des renalen Plasmaflusses.

Wird eine Substanz sezerniert, dann addieren sich filtrierte und transportierte Menge. Bei Sekretionsprozessen mit hoher Affinität (z. B. Paraaminohippursäure, PAH) wird die gesamte, die Niere passierende Substanz ausgeschieden, solange der Transportprozeß noch nicht gesättigt ist (s. Abb. 16.12):

$$M_e = P \cdot RPF$$

Dabei ist RPF das pro Zeiteinheit die Niere passierende Volumen (renaler Plasmafluß, RPF). Für die Substanzen ist die renale Clearance somit identisch mit dem RPF. Übersteigt die im renalen Plasma antransportierte Substanz die maximale Sekretionsrate, dann ist die renale Clearance geringer als der RPF. Aus dem RPF und dem Hämatokrit (Hkt) kann der renale Blutfluß (RBF) errechnet werden:

$$RBF = RPF / (1 - Hkt)$$

Ist die PAH-Konzentration im Plasma eines Probanden 0,2 mmol/l (nichtsättigende Konzentration) und im Urin 20 mmol/l und beträgt die Urinstromstärke 6 ml/min, dann ergibt sich ein renaler Plasmafluß von:

RPF = 20 [mmol/l] · 6 [ml/min]/0,2 [mmol/l]
= 600 ml/min.

Bei einem Hämatokrit von 0,40 ist der renale Blutfluß dann:

RBF = 600 [ml/min]/0,6 = 1 [liter/min].

17.1 Die Kompartimente des Körpers

In Abhängigkeit vom Alter, Geschlecht und Fettgewebe sind etwa 60–70 % des Körpergewichtes Wasser (s. Abb. 17.1). Das Wasser verteilt sich auf verschiedene Kompartimente, die jeweils durch Membranen voneinander getrennt sind (s. Tabelle 17.1). Der Intrazellulärraum wird vom Extrazellulärraum durch die Zellmembranen getrennt. Im Extrazellulärraum trennt die Gefäßwand das Blutplasma von der interstitiellen Flüssigkeit ab. Die extrazelluläre Flüssigkeit in Pleurahöhle (s. Kap. 15.2), Peritonealhöhle, Liquorraum (s. Kap. 11.1), Augenkammern (s. Kap. 5.2) und in den Lumina von Nierentubuli, Darm etc. ist vom übrigen Extrazellulärraum jeweils durch eine Zellschicht (Epithel) getrennt und wird daher transzelluläres Wasser genannt (s. Tabelle 17.1).

Die Elektrolytzusammensetzung der verschiedenen Kompartimente ist in Tabelle 17.2 wiedergegeben. Die Elektrolytzusammensetzung ist fast gleich in Plasma und

Tabelle 17.1. Flüssigkeitsräume des Körpers. Gesamtkörperwasser: ca. 60 % des Körpergewichtes (Säuglinge ca. 75 %, ältere Frauen ca. 50 %, bei stark adipösen Personen weniger)

35 %	Intrazellulärraum
25 %	Extrazellulärraum
18 %	interstitieller Raum
5 %	Plasmawasser
2 %	transzelluläres Wasser

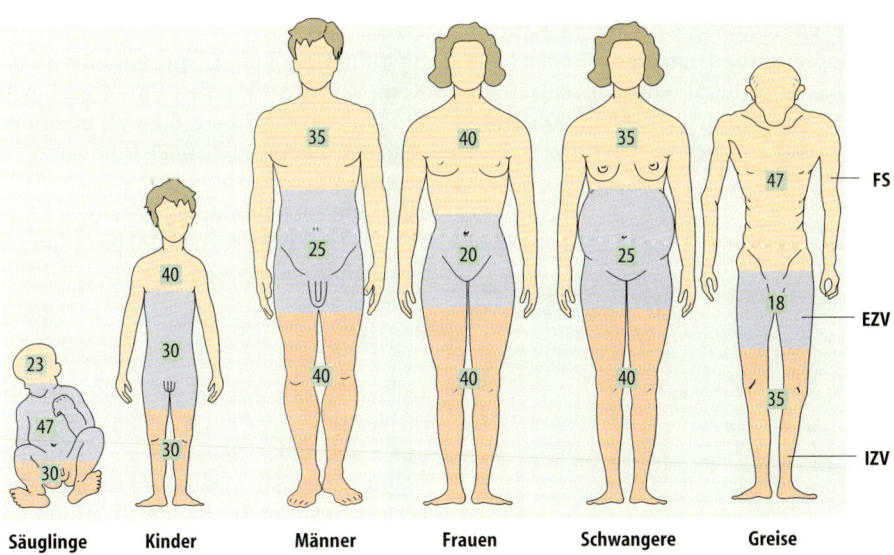

Abb. 17.1. Anteil von intra- und extrazellulärem Wasser am Körpergewicht. Einfluß von Geschlecht und Alter

Tabelle 17.2. Elektrolytkonzentrationen in den Flüssigkeitsräumen des Körpers

	Plasma[a]		Interstitielle Flüssigkeit		Intrazelluläre Flüssigkeit	
	mval/l	mmol/l	mval/l	mmol/l	mval/l	mmol/l
Na^+	141	141	143	143	15	15
K^+	4	4	4	4	140	140
Ca^{++}	5	2,5	2,6	1,3	0,0002[b]	0,0001[b]
Mg^{++}	2	1	1,4	0,7	30	15
Summe	152		151		185	
Cl^-	103	103	115	115	8	8
HCO_3^-	25	25	28	28	15	15
HPO_4^{2-}	2	1	2	1	85[c]	60[c]
SO_4^{2-}	1	0,5	1	0,5	20	10
org. Säuren	4	4	5	5	2	2
Proteine	17	2	<1	≪1	60	6
Summe	152		151		185	
pH	7,4		7,4		7,1	
Volumen (l)	3[a]		10		20	

[a] davon sind nur 94% Wasser, 6% sind Proteinvolumen, d.h. die Konzentrationen der Elektrolyte im Plasmawasser sind um etwa 6% größer als im Plasma.
[b] freies Kalzium im Zytosol
[c] davon der größte Teil organisch (Hexose-, Kreatin-, Adenosinphosphat etc.)

Interstitium, weist jedoch große Unterschiede auf zwischen intra- und extrazellulärem Raum sowie zwischen Interstitium und einigen transzellulären Räumen (s. Tabelle 17.3 und 18.6). Die Konzentrationsunterschiede in den einzelnen Kompartimenten führen auch zu einer unterschiedlichen Verteilung der einzelnen Elektrolyte im Körper (s. Tabelle 17.4).

Bestimmung von Körpervolumina. Die Kompartimente werden durch geeignete Indikatoren bestimmt, die sich in den jeweiligen Flüssigkeitsräumen (und nur dort) verteilen.

Die Konzentration einer beliebigen Substanz (c) ist als die Menge (M) pro Volumen (V) definiert:

$$c = M/V$$

Umkehr dieser Formel ($V = M/c$) erlaubt die Bestimmung eines Volumens, wenn von einer beliebigen Substanz die in diesem Volumen gelöste Menge und die Konzentration bekannt ist. Bei der Bestimmung des Plasmavolumens injiziert man beispielsweise eine bekannte Menge Evansblau in eine Vene, wartet, bis sich Evans-

Tabelle 17.3. Mittlere Konzentrationen (mmol/l)

	GFR	Urin	Schweiß
Na^+	142	150	5–80
K^+	4	60	10
Ca^{++}	1,3	1	1
Cl^-	115	150	5–70
HCO_3^-	28	–	–
pH	7,4	5,8	–
Volumen (l/24 h)	170	1,5	1

Tabelle 17.4. Verteilung von Elektrolyten in verschiedenen Kompartimenten (in %; die Zahlen sind gerundet, die Summe ist daher z.T. >100. IZR = Intrazellulärraum, EZR = Extrazellulärraum)

	IZR	EZR	Knochen
K^+	88	3	9
Na^+	7	50	43
Ca^{2+}	<0,1	0,1	100
Mg^{2+}	60	0,1	40
PO_4	12	0,1	8
Cl^-	5	95	0

blau gleichmäßig verteilt hat und entnimmt dann (aus einer anderen Vene) ein Probevolumen zur Bestimmung der Konzentration. Voraussetzungen für die Tauglichkeit des Indikators ist, daß sich der Indikator gleichmäßig im fraglichen Volumen (und nur dort) verteilt, daß er ungiftig ist und das Volumen nicht verändert. Wird die Indikatorsubstanz in der Mischperiode z.T. ausgeschieden, dann muß die ausgeschiedene Menge von der injizierten Menge abgezogen werden. Alternativ wird die Indikatorkonzentration mehrfach gemessen, und die Meßwerte werden logarithmisch gegen die Zeit aufgetragen. Nach der Mischzeit fällt der Logarithmus der Indikatorkonzentration linear ab. Extrapolation der Gerade auf den Zeitpunkt der Indikatorapplikation ergibt diejenige Konzentration, die bei vollständiger Mischung des gesamten injizierten Farbstoffes erreicht worden wäre.

Das Plasmavolumen kann auch mit Hilfe von radioaktiv markierten Proteinen, das Blutvolumen mit ^{51}Cr-markierten Erythrocyten, das Extrazellulärvolumen mit radioaktiven Na^+, Cl^-, Thiozyanat, Inulin oder Sucrose, und das Gesamtkörperwasser mit tritiiertem Wasser oder Antipyrin geschätzt werden. Das Intrazellulärvolumen wird aus der Differenz von Gesamtkörperwasser und Extrazellulärvolumen ermittelt.

Regulation des Zellvolumens. Die Zellmembranen sind mit wenigen Ausnahmen für Wasser frei permeabel. Wasser folgt dem osmotischen Gradienten (s. Kap. 1.2). Um ihr Volumen konstant zu halten, müssen die Zellen somit ein osmotisches Gleichgewicht über die Zellmembran schaffen. Zur Betreibung ihres Stoffwechsels müssen Zellen jedoch eine Vielzahl osmotisch aktiver Substanzen akkumulieren, wie beispielsweise Aminosäuren, Glukose und Proteine. Die meisten Zellen lösen das Problem folgendermaßen (s. Abb. 1.5): Die Na^+/K^+-ATPase pumpt Na^+ im Austausch gegen K^+ aus der Zelle. Die Zellmembran ist in aller Regel wenig für Na^+, jedoch gut für K^+ permeabel. K^+ verläßt, seinem chemischen Gradienten folgend, die Zelle und erzeugt dadurch ein außen positives Potential über die Zellmembran. Dieses Potential verhindert nicht nur den weiteren Ausstrom von K^+, sondern treibt auch Cl^- aus der Zelle. Bei einem Zellmembranpotential von −90 mV ist die intrazelluläre Cl^--Konzentration im Gleichgewicht nur etwa 1/30 der extrazellulären Cl^--Konzentration (s. Abb. 1.5). Die niedrige intrazelluläre Cl^--Konzentration wird z.T. durch negative Ladungen intrazellulärer Proteine kompensiert, sodaß intra- und extrazellulär Elektroneutralität herrscht. Da die Proteine jedoch viele Ladungen pro Molekül aufweisen üben sie pro Ladung eine geringere osmotische Aktivität aus als Cl^-. Dadurch ist es der Zelle möglich, osmotisch aktive Substrate (z.B. Aminosäuren) zu akkumulieren, ohne das osmotische Gleichgewicht über die Zellmembran zu stören.

Die Erhaltung des Membranpotentials und damit des osmotischen Gleichgewichts erfordert den ständigen Einsatz von Energie in Form von ATP, da die Zellmembran für Na^+ nicht völlig impermeabel ist. Hemmung der Na^+/K^+-ATPase bei Energiemangel führt zum allmählichen Schwinden der Gradienten für Na^+ und K^+, zur Depolarisation und zur Zunahme der intrazellulären Cl^--Konzentration (s. Abb. 1.5). Folge ist u.a. eine Zellschwellung. Eine Unterbrechung der O_2-Versorgung des Gehirns z.B. führt in kurzer Zeit zur Schwellung der Neurone und damit zum Hirnödem (s. Kap. 11.1). Die Zellen sind normalerweise bei Änderungen ihres Volumens in der Lage, durch Transport von Ionen das osmotische Gleichgewicht wiederherzustellen. Bei *Schwellung* geben die Zellen durch Aktierung von KCl-Cotransportern, K^+- und Cl^--Kanälen Elektrolyte ab. Bei *Zellschrumpfung* nehmen sie über Aktivierung von Na^+-Kanälen, Na^+-K^+-$2Cl^-$-Cotransportern, Na^+/H^+-Austauschern und Cl^-/HCO_3^--Austauschern Elektrolyte auf. Ferner akkumulieren Zellen bei Zellschrumpfung sogenannte Osmolyte, organische Substanzen, die in erster Linie für die Erzeugung intrazellulärer Osmolarität eingesetzt werden. Die wichtigsten Osmolyte sind Taurin, die Alkohole Sorbitol und Inositol und die Methylamine Betain und Glyzerophosphorylcholin. Schließlich verwenden Zellen Aminosäuren als Osmolyte. Bei Zellschrumpfung erhöhen sie ihre intrazelluläre Aminosäurekonzentration durch gesteigerte Proteolyse, bei Zellschwellung mindern sie die intrazelluläre Aminosäurekonzentration durch überwiegende Proteinsynthese.

17.2 Wasser- und Kochsalzhaushalt

Physiologische Bedeutung von Kochsalz. Normalerweise stellen Na^+ und Cl^- etwa 80 % der extrazellulären Osmolarität. Daher wird der Anteil des Körperwassers, der im Extrazellulärraum bleibt, im wesentlichen von der NaCl-Konzentration im Extrazellulärraum diktiert. NaCl beeinflußt somit sowohl Intra- als auch Extrazellulärvolumen. Der Kochsalzgehalt des Körpers bestimmt damit auch das Plasmavolumen, das über den Vorhofdruck die Herzfüllung, das Schlagvolumen und damit den Blutdruck beeinflußt (s. Abb. 14.5). Na^+ ist von entscheidender Bedeutung für die schnelle Depolarisation erregbarer Zellen (s. Kap. 1.4). Schließlich wird der steile Gradient von Na^+ über die Zellmembran für den Transport anderer Elektrolyte und einer Vielzahl von organischen Substanzen genutzt. Freilich ist die Tätigkeit von Na^+-Kanälen und den Na^+-gekoppelten Transportprozessen nur bei massiven Änderungen der extrazellulären Na^+-Konzentration beeinträchtigt, wie sie beim Lebenden nicht vorkommen. Störungen des NaCl-Haushaltes wirken daher im wesentlichen über Änderungen im Volumen des Intra- und Extrazellulärraums.

Regulation des Wasser- und Kochsalzhaushaltes. Ein konstanter Bestand an Körperwasser erfordert ein Gleichgewicht von oraler Aufnahme und Produktion (Oxidationswasser) auf der einen Seite sowie Verdunstung und Ausscheidung auf der anderen (s. Tabelle 17.5). Die Bilanz von Kochsalz ist eine Funktion von oraler Aufnahme auf der einen und Ausscheidung über Urin, Kot und Schweiß auf der anderen (s. Tabelle 17.6). Die orale Aufnahme wird durch Durst gesteuert. Durst wird durch Zellschrumpfung (Hyperosmolarität) oder herabgesetztes Plasmavolumen (geringe Füllung des rechten Vorhofes) ausgelöst, also durch

Tabelle 17.5. Täglicher Wasserumsatz des Körpers bei Erwachsenen (Säuglinge tauschen täglich ca. 10 % des Körpergewichts an Wasser aus)

Aufnahme (l/24 h)		Abgabe (l/24 h)	
Nahrungsmittel	0,7	Verdunstung (Haut und Lunge)	0,8
Oxidationswasser	0,3	Kot	0,1
Trinkmenge	>0,6	Harn	>0,7
		Schweiß	0–10

Tabelle 17.6. Täglicher Elektrolytumsatz des Körpers bei Erwachsenen

	Gesamtumsatz (mmol/24 h)	Ausscheidung in % der Gesamtausscheidung		
		Urin	Kot	Schweiß
Natrium	150	95	4	1
Kalium	100	90	10	–
Chlorid	100	98	1	1
Kalzium	20	30	70	–
Magnesium	15	30	70	–

Mangel an Wasser. Die orale Aufnahme von Kochsalz kann durch Salzappetit stimuliert werden. Allerdings wird die Salzaufnahme im Gegensatz zur Wasseraufnahme nicht präzise reguliert. Ein Überschuß an Wasser führt zu gesteigerter renaler Wasserausscheidung (Diurese), ein Mangel an Wasser zu Antidiurese. Ein Überschuß an Kochsalz fördert die renale Na^+-Ausscheidung (Natriurese), bei Mangel an Kochsalz drosselt die Niere die Na^+-Ausscheidung (Antinatriurese). Die renale Cl^--Ausscheidung ist eine Funktion der Na^+-Ausscheidung und der Ausscheidung anderer Anionen. Die Mechanismen, welche die renale Ausscheidung von Wasser und Kochsalz an die jeweilige Aufnahme anpassen, sind in Abb. 17.2 zusammengestellt.

• **Aufnahme isotoner Kochsalzlösung** steigert ausschließlich das Extrazellulärvolumen. Über das Fitrationsgleichgewicht in peripheren Kapillaren steigt auch das Plasmavolumen. Folge ist ein Anstieg des Vorhofdruckes. Die Vorhofdehnung stimuliert die Ausschüttung des atrialen natriuretischen Faktors (ANF, Atriopeptin), Peptide, die periphere Vasodilatation, Zunahme der renalen Durchblutung, Diurese und Natriurese auslösen. Die Vorhofdehnung hemmt ferner über vagale Afferenzen die Ausschüttung von antidiuretischem Hormon (ADH). Der Wegfall der ADH-Wirkung hemmt die Wasserresorption im distalen Nephron und führt damit zur Diurese. Die gesteigerte Vorhoffüllung steigert ferner das Schlagvolu-

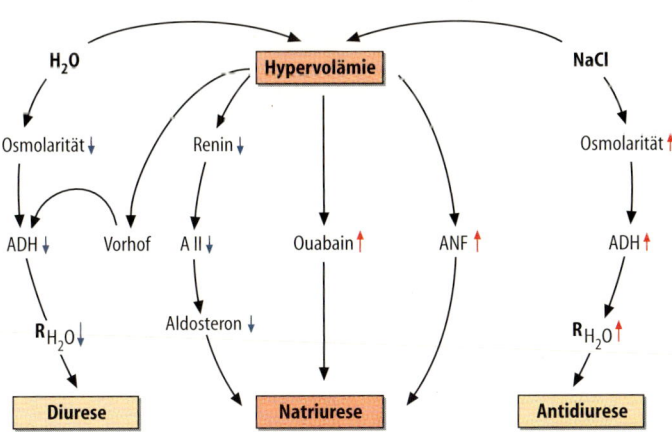

Abb. 17.2. Regulation renaler Wasser- (H_2O-) und Kochsalz-($NaCl$-)Ausscheidung nach Wasser und/ oder NaCl-Zufuhr (AII = Angiotensin II, RH_2O = Wasserrückresorption in der Niere)

men und begünstigt damit eine Zunahme des Blutdruckes. Die gesteigerte Dehnung der Rezeptoren im Karotissinus stimuliert den Parasympathikus und hemmt den Sympathikus. Folge ist wiederum eine Herabsetzung des präglomerulären Vasotonus. Eine Steigerung der Nierendurchblutung wird durch die renale Autoregulation weitgehend unterbunden. Es kommt aber zu einer Hemmung der Reninausschüttung. Über eine herabgesetzte Bildung von Angiotensin II wird damit die Ausschüttung von Aldosteron und ADH gehemmt. Folgen sind gesteigerte renale Eliminierung von NaCl und Wasser. Schließlich soll bei Volumenüberschuß in der Nebenniere Ouabain gebildet werden, das über Hemmung der Na^+/K^+-ATPase die renale Na^+-Resorption hemmt.

- Im Gegensatz zur Aufnahme von isotoner Kochsalzlösung führt *Zufuhr reinen Wassers* zur Zunahme von intra- und extrazellulärem Volumen. Die Zunahme des Zellvolumens und die Vorhofdehnung hemmen die Ausschüttung von ADH. Die folgende Hemmung der distal-tubulären Wasserresorption sorgt für die renale Ausscheidung des überschüssigen Wassers.
- Bei *Mangel an Wasser* wird über Stimulation der ADH-Ausschüttung die renale Ausscheidung von Wasser herabgesetzt, bei *Mangel an Wasser und Kochsalz* wird über Hemmung der Ausschüttung von ANF und Ouabain sowie Stimulation der Ausschüttung von Aldosteron und ADH die renale Ausscheidung von Kochsalz und Wasser gedrosselt.

Atriopeptin. Die Vorhöfe des Herzens bilden eine Gruppe von Peptiden (Atriopeptin, atrialer natriuretischer Faktor, ANF), die eine Steigerung der renalen Na^+-Ausscheidung bewirken. Die Atriopeptinausschüttung wird v.a. durch Vorhofdehnung gefördert. Die Bildung und/oder Ausschüttung von Atriopeptin wird durch Glukokortikoide, T_3/T_4, Adiuretin, Angiotensin II und Adrenalin (α, β) gesteigert.

Atriopeptin erzeugt
- eine Dilatation von Widerstands- und Kapazitätsgefäßen,
- eine gesteigerte kapilläre Filtration von Flüssigkeit in das Interstitium,
- einen verzögerten lymphatischen Rückfluß filtrierter Flüssigkeit,
- eine gesteigerte Nierendurchblutung,
- eine Erhöhung der glomerulären Filtrationsrate,
- eine Hemmung der Na^+-Resorption im Sammelrohr,
- eine Hemmung der Renin- und Aldosteronausschüttung.

Atriopeptin steigert somit die renale Ausscheidung von Na^+ und Wasser. Durch die genannten Wirkungen reduziert Atriopeptin das Blutvolumen. Darüber hinaus senkt Atriopeptin über Minderung von Herzfrequenz und Herzkraft das Herzzeitvolumen. Die Wirkungen von Atriopeptin senken auf diese Weise den Blutdruck.

Weitere natriuretische Peptide. Atriopeptin und ähnliche Peptide (brain natriuretic peptide, BNP, oder C-type-related natriuretic peptide, CNP) werden auch im Gehirn (v.a. Hypothalamus) gefunden, wo sie u.a. den Durst und die ADH-Ausschüttung unterdrücken. Auch in der Niere selbst wird ein natriuretisches Peptid gebildet, das Urodilatin, dessen Struktur und Wirkungen denen von Atriopeptin sehr ähnlich sind.

Digitalisähnliche natriuretische Faktoren. Im Körper werden ferner natriuretische Faktoren gefunden, die dem Digitalisglykosid Ouabain strukturell sehr ähnlich oder mit Ouabain identisch sind. Ouabain wurde aufgrund seiner herzkraftsteigernden Wirkung früher als Medikament bei Herzinsuffizienz eingesetzt. Durch Hemmung der Na^+/K^+-ATPase steigert es die intrazelluläre Na^+-Konzentration und durch die Abnahme des Na^+-Gradienten für den Na^+/Ca^{2+}-Austauscher auch die intrazelluläre Ca^{2+}-Konzentration. Die Zunahme der intrazellulären Ca^{++}-Konzentration steigert dann die

Herzkraft. Die Hemmung der Na^+/K^+-ATPase sollte auch die die renale Na^+-Resorption beeinträchtigen, obgleich das experimentell nicht immer gezeigt werden konnte. Ouabain wird in der Nebenniere gebildet. Die Rolle von Ouabain und ähnlicher endogener Na^+/K^+-ATPase-Hemmer bei der Regulation des Salz-Wasser-Haushaltes ist noch immer umstritten.

Weitere natriuretische Faktoren. Neben den atrialen und extrakardialen natriuretischen Peptiden sowie den digitalisähnlichen natriuretischen Faktoren werden noch einige weitere Hormone bzw. Mediatoren im Körper bzw. in der Niere gebildet, die eine natriuretische Wirkung ausüben können, wie u.a. *Parathormon* (s. unten), *Prostaglandine* und *Dopamin*.

- Parathormon hemmt die proximal-tubuläre Na^+-Resorption.

- Prostaglandine steigern die Durchblutung und hemmen die Kochsalzresorption in dicker Henle'scher Schleife und Sammelrohr. Prostaglandin E_2 weist zudem eine starke vasodilatatorische Wirkung in der Peripherie auf.
- Dopamin steigert die renale Durchblutung und glomeruläre Filtrationsrate und hemmt die Rückresorption von Na^+.

Störungen des Wasser- und Kochsalzhaushaltes. Ein Überschuß an Wasser wird als Hyperhydration, ein Mangel an Wasser als Dehydration bezeichnet. Die Störungen können ohne (isoton) oder mit (hyperton oder hypoton) Änderung der extrazellulären (und intrazellulären) Osmolarität einhergehen. Die einzelnen Störungen des Salz-Wasser-Haushaltes sind in Abb. 17.3 zusammengestellt. *Folgen* von Störungen des Salz-Wasser-Haushaltes sind Änderungen

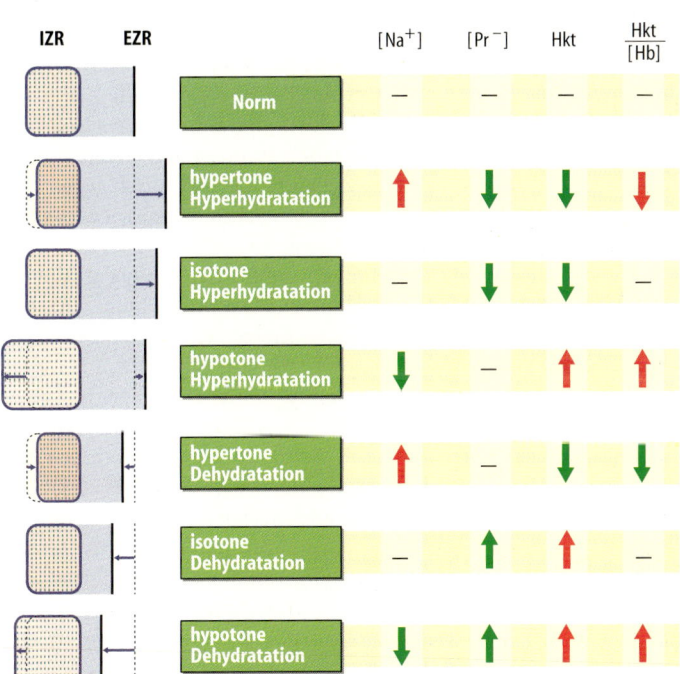

Abb. 17.3. Störungen des Wasser- und NaCl-Haushaltes. Links die jeweiligen Änderungen von Intrazellulärraum (*IZR*, grün) und Extrazellulärraum (*EZR*, blau). Rechts die jeweiligen Änderungen der extrazellulären Na^+-Konzentration ([*Na^+*]), der Plasmaproteinkonzentration ([*Pr^-*]), des Hämatokrit (*Hkt*) und des Verhältnisses von Hämatokrit und Hämoglobinkonzentration (*Hkt*/[*Hb*])

des intra- oder extrazellulären Volumens oder beidem.

- Eine *Zunahme des Intrazellulärvolumens* bedroht vor allem das Gehirn (zelluläres Hirnödem), das zu zwei Dritteln aus Intrazellulärraum besteht und wegen der unnachgiebigen knöchernen Hülle keinen Spielraum zur Volumenzunahme aufweist. Eine Schwellung von Neuronen und Gliazellen wird zunächst durch Verdrängung von Liquor kompensiert, der normalerweise etwa 15 % des intrakraniellen Raumes einnimmt. Bei weiterer Volumenzunahme steigt der intrakranielle Druck steil an, durch Kompression der Gefäße wird die Gehirndurchblutung eingeschränkt und durch Energiemangel kommt es zu weiterer Zellschwellung. Zeichen gestörter neuronaler Funktion bei Hirnödem sind Übelkeit, Erbrechen, Bradykardie, Verwirrtheit und Koma.
- Auch eine *Zellschrumpfung* beeinträchtigt unter anderem die Funktion des Gehirns und kann letztlich Verwirrtheit und Koma auslösen.
- Eine *Zunahme des Extrazellulärraums* führt zur Bildung von Ödemen. Besonders gefürchtet ist das Lungenödem, das den Gasaustausch in der Lunge beeinträchtigt. Über gesteigerte Vorhoffüllung und Herzminutenvolumen kann der Blutdruck steigen.
- Bei einer *Abnahme des Extrazellulärvolumens* sinken umgekehrt Vorhoffüllung und Herzminutenvolumen und es droht Blutdruckabfall. Durch renale Vasokonstriktion, Renin, Angiotensin, Aldosteron und ADH wird Antidiurese ausgelöst, die ein Ausfallen schwer löslicher Urinbestandteile, also Nephrolithiasis begünstigt.

17.3 Kalium

Physiologische Bedeutung von Kalium. K^+ wird in den Zellen akkumuliert und der chemische Gradient treibt K^+ aus der Zelle. In den meisten Zellen ist der K^+-Gradient Voraussetzung für die Schaffung der Potentialdifferenz über die Zellmembran (s. Kap. 1.3). Über das Zellmembranpotential beeinflußt K^+ die Erregbarkeit von Skelettmuskeln, Herz, glatter Muskulatur, Neuronen, die Ausschüttung von Hormonen (u.a. Insulin), elektrogene epitheliale Transportprozesse, die Aktivierung von Lymphozyten, sowie die Verteilung von HCO_3^- über die Zellmembran und damit den Säure-Basen-Haushalt. Da K^+ einen wesentlichen Anteil der intrazellulären Osmolarität beisteuert, beeinflußt K^+ schließlich das Zellvolumen.

Regulation der zellulären Kaliumaufnahme. Da sich der größte Anteil von K^+ in den Zellen aufhält, spielt der Transport von K^+ über die Zellmembran für die extrazelluläre K^+-Konzentration eine überragende Rolle (s. Abb. 17.4). Geben etwa die Zellen nur 3 % ihres K^+-Gehaltes ab, dann steigt die extrazelluläre K^+-Konzentration auf mehr als das Doppelte. Umgekehrt zieht K^+-Aufnahme in die Zellen eine massive Abnahme der extrazellulären K^+-Konzentration nach sich. Der K^+-Transport über die Zellmembran wird durch den *Säure-Basen-Haushalt* beeinflußt: Bei (extrazellulärer) Alkalose geben die Zellen H^+ im Austausch gegen Na^+ ab (Na^+/H^+-Austauscher), das wiederum im Austausch gegen K^+ (Na^+/K^+-ATPase) aus der Zelle gepumpt wird. Alkalose stimuliert damit die zelluläre Aufnahme von K^+. Umgekehrt mindert eine (extrazelluläre) Azidose die zelluläre Abgabe von H^+ über den Na^+/H^+-Austauscher, weniger Na^+ steht für die Na^+/K^+-ATPase zur Verfügung und weniger K^+ wird zellulär aufgenommen. Auf diese Weise führt eine Alkalose zu Hypokaliämie und Azidose zu Hyperkaliämie. Die K^+-Aufnahme in Zellen wird ferner durch *Insulin* stimuliert. Insulin fördert die zelluläre K^+-Aufnahme über den Na^+-K^+-$2Cl^-$-Cotransport und die Na^+/K^+-ATPase. Bei langanhaltendem Insulinmangel (z. B. Diabetes mellitus, Mangelernährung) kommt es zu zellulären K^+-Verlusten. Die Verabreichung von Insulin bzw. die Zufuhr von Nahrung mit folgender endogener In-

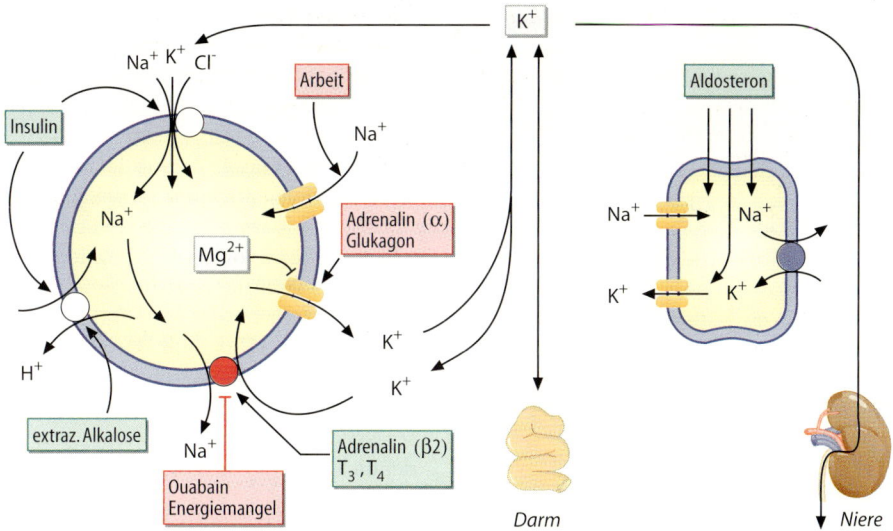

Abb. 17.4. K^+-Haushalt. Grün: Faktoren, welche die extrazelluläre K^+-Konzentration steigern, rot: Faktoren, welche die extrazelluläre K^+-Konzentration senken

sulinausschüttung lösen dann lebensbedrohliche Hypokaliämien aus. *Adrenalin* aktiviert über α-Rezeptoren zelluläre K^+-Kanäle, über β-Rezeptoren die Na^+/K^+-ATPase. Je nach Überwiegen der Rezeptoren kann Adrenalin zelluläre K^+-Abgabe (α) oder K^+-Aufnahme (β) bewirken.

Regulation der renalen K^+-Ausscheidung.

Neben einer adäquaten Verteilung über die Zellmembran ist für die K^+-Konzentration im Blut auch eine ausgeglichene Bilanz Voraussetzung. Sie wird im wesentlichen durch orale Aufnahme auf der einen Seite und *renale Ausscheidung* auf der anderen diktiert. Für die renale Ausscheidung von K^+ spielen vor allem distaler Tubulus und Sammelrohr eine entscheidende Rolle (s. Abb. 17.5). In diesen Nephronsegmenten kann bei massivem K^+-Mangel K^+ über die K^+/H^+-ATPase resorbiert werden. Normalerweise wird jedoch K^+ sezerniert. Faktoren, welche die distal-tubuläre K^+-Sekretion und damit die K^+-Ausscheidung, beeinflussen, sind in Abb. 17.5 zusammengestellt. Die K^+-Sekretion wird durch eine Zunahme der luminalen K^+-Konzentration und eine Abnahme

der zellulären K^+-Konzentration gehemmt. Die luminale K^+-Konzentration steigt bei geringer luminaler Stromstärke aufgrund der Kaliumsekretion schnell an und limitiert die weitere K^+-Sekretion. Hohe luminale Stromstärke begünstigt hingegen die K^+-Sekretion. Die K^+-Sekretion wird ferner durch die Na^+-Resorption gefördert, da Na^+-Einstrom die luminale Zellmembran depolarisiert und damit die treibende Kraft für die K^+-Sekretion steigert. Darüber hinaus wird Na^+ an der basolateralen Membran über die Na^+/K^+-ATPase im Austausch gegen K^+ aus der Zelle transportiert. Luminale Stromstärke und Na^+-Resorption im distalen Tubulus und damit die renale K^+-Sekretion sind bei Hemmung der Na^+-Resorption in proximalem Tubulus (z. B. Karboanhydrasehemmer) und Henle-Schleife (Schleifendiuretika) gesteigert. Die distal-tubuläre Na^+-Resorption und K^+-Sekretion werden v. a. durch Aldosteron gesteigert. Das Hormon aktiviert u. a. den distal-tubulären Na^+-Kanal. Hemmung der Na^+-Kanäle (z. B. Amilorid) oder der Aldosteronrezeptoren (Spironolakton) setzen die K^+-Sekretion und renale K^+-Ausscheidung

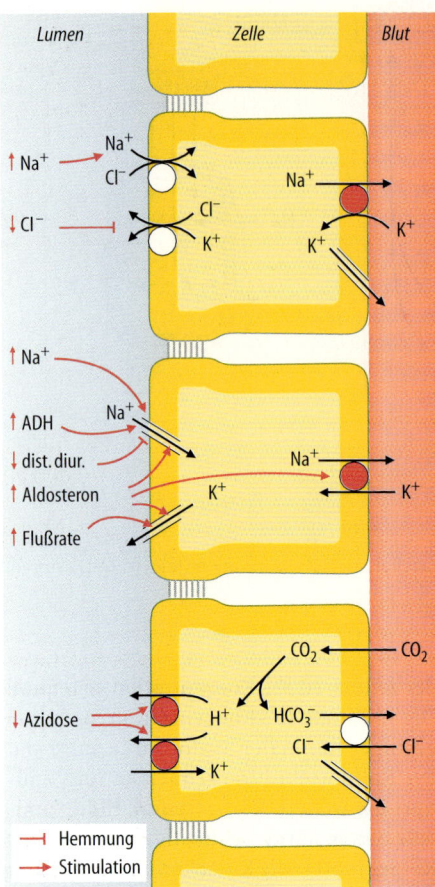

Lumen | Zelle | Blut

$\uparrow Na^+$
Na^+
Cl^-
$\downarrow Cl^-$
Na^+
Cl^-
K^+
Na^+
K^+
K^+

$\uparrow Na^+$
$\uparrow ADH$ Na^+
$\downarrow dist. diur.$
Na^+
$\uparrow Aldosteron$ K^+ K^+
$\uparrow Flußrate$

CO_2 CO_2

$\downarrow Azidose$ H^+ HCO_3^-
Cl^- Cl^-
K^+

⊣ Hemmung
→ Stimulation

Abb. 17.5. Faktoren, welche die renale K^+-Ausscheidung beeinflussen ($\uparrow$ = Steigerung der K^+-Ausscheidung, $\downarrow$ = Minderung der K^+-Ausscheidung)

herab. Katecholamine haben eine geringfügig hemmende Wirkung auf die distal tubuläre K^+-Sekretion. Die K^+-Sekretion wird bei Azidose gehemmt, da die K^+-Kanäle durch H^+ verschlossen werden und die Sekretion von H^+ über Positivierung des Lumens die treibende Kraft für die K^+-Sekretion herabsetzt. Alkalose fördert umgekehrt die renale K^+-Ausscheidung.

Regulation der extrarenalen Ausscheidung. Die extrarenale Ausscheidung von K^+ spielt normalerweise eine geringfügige Rolle. Auch im Kolon wird unter dem sti-

mulierenden Einfluß von Aldosteron Na^+ im Austausch gegen K^+ resorbiert. Bei Durchfall kann es daher zu erheblichen K^+-Verlusten kommen.

Hypokaliämie. Eine Abnahme der extrazellulären K^+-Konzentration (Hypokaliämie) ist das Ergebnis von K^+-Verlusten oder einer Verschiebung von K^+ in die Zellen.

- Renale K^+-Verluste treten bei gesteigerter Aldosteronwirkung (Hyperaldosteronismus), Behandlung mit Diuretika oder Schädigung von Nierentubuli auf.
- Beim seltenen genetisch bedingten Bartter-Syndrom ist die Na^+-Resorption in der dicken Henle-Schleife gestört und das gesteigerte NaCl-Angebot an den distalen Tubulus stimuliert die K^+-Sekretion.
- Mit extrarenalen K^+-Verlusten muß man bei Durchfall rechnen.
- Eine Verschiebung von K^+ in die Zellen tritt bei Gabe von Insulin und bei Alkalose auf.

Hypokaliämie kann durch Zunahme des elektrochemischen Gradienten über die Zellmembran für K^+ und Hyperpolarisation die neuromuskuläre Erregbarkeit und die Aktivität glatter Muskulatur herabsetzen. Folgen sind u.a. Hyporeflexie und Darmatonie. Auf der anderen Seite ist bei K^+-Mangel die K^+-Leitfähigkeit herabgesetzt und im Herzen die Phase-4-Depolarisation (s. Kap. 13.1) beschleunigt. Wie oben erläutert wurde, kann Hypokaliämie zu Alkalose führen. Über herabgesetzte Verfügbarkeit von K^+ für den Na^+-K^+-2Cl^--Cotransport in der Henle-Schleife kann eine Hypokaliämie schließlich die Na^+-Resorption in diesem Segment und damit die Konzentrierungsfähigkeit der Niere beeinträchtigen.

Hyperkaliämie. Eine Zunahme der extrazellulären K^+-Konzentration (Hyperkaliämie) ist meist Folge von exzessiver K^+-Zufuhr, von zellulären K^+-Verlusten wie bei Azidose, Insulinmangel und Zelluntergang (z. B. Crush syndrome, Hämolyse) oder von herabgesetzter renaler K^+-Ausscheidung

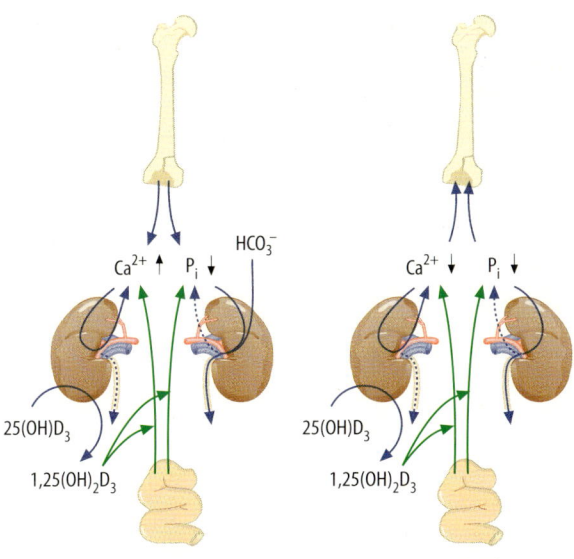

Abb. 17.6. Die Wirkungen von Parathormon (links) und von Kalzitonin (rechts). Direkte Wirkungen blau, Wirkungen über Bildung von Kalzitriol (*1,25(OH)$_2$D$_3$*) grün. P$_i$ = Phosphat

(z. B. bei Niereninsuffizienz, Hypoaldosteronismus, Azidose, und Behandlung mit Amilorid). Hyperkaliämie steigert über Depolarisation der Zellmembranen die neuromuskuläre Erregbarkeit. Anhaltende Depolarisation bei Hyperkaliämie kann andererseits über Inaktivierung der muskulären Na$^+$-Kanäle zu Lähmungen führen (s. Kap. 1.4). Im Herzen verkürzt Hyperkaliämie das Plateau des Aktionspotentials und kann damit Kammerflimmern auslösen. Massive Hyperkaliämie löst durch anhaltende Depolarisation Herzstillstand aus.

17.4 Magnesiumhaushalt

Physiologische Bedeutung von Magnesium. Eine Vielzahl von Enzymen ist von der Anwesenheit von Mg^{++} abhängig. Insbesondere erfordert die Aktivität einer Reihe von Kinasen und Phosphatasen die Komplexierung von Phosphat mit Mg^{++}. Zum Beispiel beeinflußt Mg^{++} über seinen Einfluß auf die Myosin-ATPase die Kontraktion des Herzmuskels und über Stimulation der Na$^+$/K$^+$-ATPase die zelluläre Aufnahme von K$^+$. Darüber hinaus hemmt

Mg^{++} die Ausschüttung von Neurotransmittern und einer Reihe von Hormonen wie Parathormon, Kalzitonin, Glukagon und Insulin.

Regulation des Mg^{++}-Haushaltes. Die intrazelluläre Mg^{++}-Konzentration beträgt etwa das Zehnfache der extrazellulären Mg^{++}-Konzentration. Getrieben durch das Zellmembranpotential kann Mg^{++} über Ionenkanäle in die Zelle aufgenommen werden. Eine Mg^{++}-ATPase transportiert Mg^{++} aus der Zelle heraus. Die zelluläre Mg^{++}-Aufnahme wird durch akute respiratorische Alkalose und durch Insulin gefördert. Die Mg^{++}-Bilanz wird normalerweise durch das Gleichgewicht von intestinaler Absorption und renaler Ausscheidung bestimmt. Die intestinale Absorption wird durch luminale Komplexierung von Mg^{++} an Phosphat, Oxalat oder Fettsäuren behindert. Sie wird stimuliert durch Parathormon, Kalzitriol und Somatotropin und gehemmt durch Ca^{++}, Aldosteron und Kalzitonin. Die renale Resorption von Mg^{++} wird u.a. durch Magnesiummangel, Parathormon und ADH stimuliert und u.a. durch Magnesiumüberschuß, Schleifendiuretika, Hyperkalzämie,

Alkohol und Phosphatmangel gehemmt. Erhebliche Mengen an Mg^{++} können schließlich über den Schweiß ausgeschieden und in die Muttermilch abgegeben werden.

Störungen des Mg^{++}-Haushaltes. *Mg^{++}-Mangel* ist Folge herabgesetzter Zufuhr, gestörter intestinaler Absorption, sowie renaler und extrarenaler (Schweiß, Muttermilch) Verluste. Mg^{++}-Mangel führt über Hemmung der Na^+/K^+-ATPase und gesteigerte K^+-Kanal-Aktivität zu zellulären K^+-Verlusten.

Folgen von Mg^{++} Mangel sind u.a.
- gesteigerte neuromuskuläre Erregbarkeit,
- kardiale Arrhythmien und
- herabgesetzte Herzkraft.

Mg^{++}-Überschuß tritt bei gestörter renaler Eliminierung oder exzessiver Mg^{++}-Aufnahme auf.

Folgen von Mg^{++}-Überschuß sind u.a.
- herabgesetzte neuromuskuläre und
- kardiale Erregbarkeit.

17.5 Kalzium- und Phosphathaushalt

Kalzium und Phosphat sind durch die begrenzte Löslichkeit von Kalziumphosphatsalzen miteinander verknüpft. Mit dem Produkt der Konzentrationen von Ca^{++} ($[Ca^{++}]$) und HPO_4^{2-} ($[HPO_4^{2-}]$) steigt auch die Konzentration an $CaHPO_4$ · $[CaHPO_4^{2-}]$, bis dessen maximal lösliche Konzentration erreicht wird. Um eine Mineralisierung des Knochens durch Ausfällen von $CaHPO_4$ zu ermöglichen, muß das Ionenprodukt von Ca^{++} und HPO_4 nahe dem Wert gehalten werden, bei dem $CaHPO_4$ ausfällt (Löslichkeitsprodukt). Im Extrazellulärraum ist das Produkt $[Ca^{++}] \cdot [HPO_4^{2-}]$ daher nur geringfügig unter dem Löslichkeitsprodukt. Ein Ansteigen von $[Ca^{++}]$ führt also zum Ausfallen von $CaHPO_4$, wenn nicht gleichzeitig $[HPO_4^{2-}]$ gesenkt wird und eine Zunahme von $[HPO_4^{2-}]$ ist ohne Ausfallen von $CaHPO_4$

nur bei gleichzeitiger Senkung von $[Ca^{++}]$ möglich.

Physiologische Bedeutung von Kalzium. Gemeinsam mit Phosphat ist Kalzium wichtigster Bestandteil des Knochens. Über 99% des Körperkalziums sind im Knochen eingebaut. Darüber hinaus ist Kalzium ein wichtiger Regulator zellulärer Funktionen. In unstimulierten Zellen ist die intrazelluläre Ca^{++}-Aktivität nur etwa 0.1 µmol/l, d.h. nur ein zehntausendstel der extrazellulären Ca^{++}-Aktivität. In vielen Zellen (v.a. Muskelzellen, Neuronen, Hormon-produzierenden Zellen) öffnet Depolarisation spannungsabhängige Ca^{++}-Kanäle und steigert damit die intrazelluläre Ca^{++}-Konzentration. Darüber hinaus öffnen viele Hormone sogenannte rezeptoroperiert Ca^{++}-Kanäle in der Zellmembran und lösen damit die Ca^{++}-abhängigen zellulären Wirkungen aus, wie
- etwa Muskelkontraktion,
- Ausschüttung von Hormonen und Neurotransmittern,
- Aktivierung von Ionenkanälen und von Enzymen.

Extrazelluläres Kalzium hyperpolarisiert die Schwelle von Na^+-Kanälen in erregbaren Zellen und mindert damit die neuromuskuläre Erregbarkeit. Ca^{++} setzt ferner die Permeabilität von Tight junctions in endothelialen und epithelialen Zellen herab und ist schließlich für die Blutgerinnung erforderlich.

Physiologische Bedeutung von Phosphat. Zusammen mit Kalzium ist Phosphat wichtigster Bestandteil des Knochens. In Zellen dient Phosphat einer Vielzahl von Funktionen. Phosphat ist u.a. Bestandteil von Membranlipiden, von energiereichen Phosphaten (v.a. ATP), und Botenstoffen wie cAMP. Schließlich werden durch Koppelung von Phosphat an Proteine (Phosphorylierung) deren Eigenschaften verändert und damit Enzyme oder Transportproteine aktiviert oder inaktiviert.

Regulation des Kalzium-Phosphathaushaltes. Die phosphatabhängigen Reaktionen werden erst bei massivem Phosphatmangel beeinträchtigt, sind sonst jedoch weitgehend unabhängig von den extrazellulären Phosphatkonzentrationen. Im Gegensatz dazu ist die Menge an Ca^{++}, die bei Stimulation durch rezeptoroperierte oder spannungsabhängige Ca^{++}-Kanäle in die Zelle gelangen, eine Funktion der extrazellulären Ca^{++}-Aktivität. Diese Menge entscheidet aber über die zellulären Wirkungen einer Depolarisation oder eines Hormons. Demnach hat die Konstanz der extrazellulären Ca^{++}-Aktivität bei der Regulation des Kalzium-Phosphathaushaltes unbedingten Vorrang. Sie ist Aufgabe von *Parathormon* (Parathyrin, PTH). Das Hormon wird bei Abnahme der extrazellulären Ca^{++}-Konzentration aus der Nebenschilddrüse ausgeschüttet und seine Wirkungen zielen auf eine Steigerung der extrazellulären Ca^{++}-Aktivität ab (s. Abb. 17.6). Parathormon stimuliert die Mobilisierung von Knochenmineralien (u.a. Kalziumphosphat und Kalziumkarbonat) und fördert die renale Ca^{++}-Resorption. Es hemmt die renale Resorption von Phosphat und Bikarbonat, und erleichtert durch eine Senkung der Phosphat- und Bikarbonatplasmakonzentrationen die weitere Mobilisierung von Knochenmineralien. Bei Anstieg der Phosphatkonzentration würde eine Komplexierung von $CaHPO_4$ im Blut drohen. Die akuten Wirkungen von Parathormon sind hervorragend geeignet, eine schnelle Korrektur der Plasmakalziumkonzentration zu erzielen. Wiederholte Wirkungen von Parathormon würde jedoch schließlich zu einer Demineralisierung des Knochens führen. Daher stimuliert Parathormon die Bildung von Kalzitriol ($1,25(OH)_2D_3$) in der Niere. *Kalzitriol* fördert die enterale Absorption und renale Resorption von Kalzium und Phosphat und begünstigt über einen Anstieg des Ionenproduktes die Mineralisierung des Knochens (s. Abb. 17.7). Vorstufe von Kalzitriol ist Vitamin D (Cholekalziferol), das entweder diätetisch zugeführt oder in der Haut

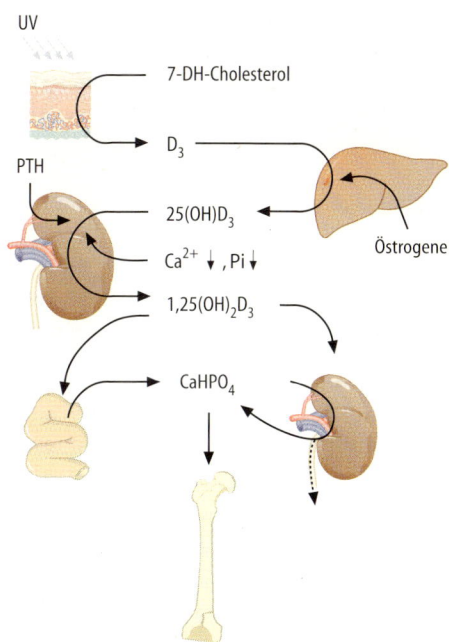

Abb. 17.7. Bildung und Wirkungen von Kalzitriol ($1,25(OH)_2D_3$)

unter dem Einfluß von UV-Strahlen aus 7-Dehydrocholesterin gebildet wird. In der Leber wird aus Vitamin D das Kalzidiol [$25(OH)D_3$] gebildet, das in der Niere zum wirksamen Kalzitriol [$1,25(OH)_2D_3$] umgewandelt wird. Die Bildung von $25(OH)D_3$ in der Leber wird durch Östrogene, die Bildung von $1,25(OH)_2D_3$ in der Niere durch Parathormon, Kalzium- und Phosphatmangel stimuliert.

Der Kalzium-Phosphathaushalt wird schließlich durch *Kalzitonin* aus der Schilddrüse reguliert. Das Hormon wird bei Hyperkalzämie ausgeschüttet. Es stimuliert die renale Bildung von Kalzitriol und fördert somit die intestinale Kalzium- und Phosphatabsorption (s. Abb. 17.6). Gleichzeitig fördert es in physiologischen Konzentrationen die renale Ca^{++}-Resorption, hemmt die renale Phosphatresorption und stimuliert die Mineralisierung des Knochens. Das Hormon fördert die Mineralisierung des fetalen und kindlichen Knochens und schützt das mütterliche Skelett während der Schwangerschaft vor Demineralisierung. Sein Ausfall bleibt jedoch im Gegensatz zu Parathormon und Kalzitriol ohne nennenswerte Konsequenzen.

Hypokalzämie. Die Konzentration an freiem Ca^{++} im Plasma sinkt bei herabgesetzter Mobilisierung von Kalzium aus dem Knochen, mangelhafter intestinaler Aufnahme, renalen Verlusten oder Komplexierung von Ca^{++} an Phosphat, Bikarbonat, Proteine oder Fettsäuren. Bei *Mangel an Kalzitriol* (z. B. Vitamin-D-Mangel oder Nierensuffizienz) ist v.a. die intestinale Ca^{++}-Absorption beeinträchtigt. Eine Hypokalzämie wird jedoch dabei in der Regel durch Ausschüttung von Parathormon verhindert. Herabgesetzte Ausschüttung (*Hypoparathyroidismus*) oder Wirksamkeit (*Pseudohypoparathyroidismus*) von Parathormon führt hingegen über eingeschränkte Kalzitriolbildung, herabgesetzte renale und intestinale Resorption sowie verminderte Mobilisierung aus dem Knochen regelmäßig zur Hypokalzämie. Bei eingeschränkter Nierenfunktion (*Nierensuffizienz*) ist die renale Phosphatausscheidung eingeschränkt, die Phosphatkonzentration im Blut steigt und komplexiert Ca^{++}. Die Hypokalzämie stimuliert die Ausschüttung von Parathormon, das u.a. Knochenmineralien mobilisiert. Der Versuch bleibt jedoch weitgehend wirkungslos, da das gleichzeitig mobilisierte Phosphat nicht durch die Niere ausgeschieden werden kann und Phosphat weiterhin Ca^{++} komplexiert. Ca^{++}-Komplexierung an Fettsäuren wird bei Pankreatitis beobachtet, bei der Fettsäuren durch die Pankreaslipase freigesetzt werden. Bei Alkalose (Hyperventilation) dissoziieren Plasmaproteine und binden Ca^{++}. Bei metabolischer Alkalose wird Ca^{++} zusätzlich an Bikarbonat komplexiert.

Die wichtigste *Auswirkung von Hypokalzämie* ist gesteigerte neuromuskuläre Erregbarkeit (z. B. Hyperventilationstetanie, die allerdings v. a. durch die Alkalose selbst hervorgerufen wird, da H^+ ähnliche Wirkungen wie Ca^{++} entfaltet). Im Herzen ist das Aktionspotential wegen verzögerter Aktivierung Ca^{++}-sensitiver K^+-Kanäle verlängert.

Hyperkalzämie. Sie ist häufig das Ergebnis von gesteigerter Mobilisierung von Knochenmineralien bei Hyperparathyroidismus, Knochentumoren und Immobilisierung. Darüber hinaus kann die enterale Absorption gesteigert sein, wie bei Überschuß an Vitamin D oder exzessiver Ca^{++}-Zufuhr. Folgen der Hyperkalzämie sind u.a. Störungen der Erregung des Herzens und durch Stimulation des Ca^{++}-Rezeptors eingeschränkte Konzentrierungsfähigkeit der Niere. Schließlich können Ca^{++}-Salze ausfallen und u.a. Nierensteine erzeugen.

Phosphatmangel. Er ist das Ergebnis mangelhafter Zufuhr, (z. B. bei Alkoholismus, Fasten), eingeschränkter intestinaler Absorption (Malabsorption, Vitamin-D-Mangel), oder renaler Verluste (Vitamin-D-Mangel, renaler Transportdefekt). Folgen massiven Phosphatmangels sind u.a. eingeschränkte ATP-Bildung mit Muskelschwäche, Herzinsuffizienz und gestörter Funktion des Nervensystems. Anhaltender Mangel an Phosphat zieht Entmineralisierung des Knochens nach sich.

Phosphatüberschuß. Er ist meist Folge herabgesetzter renaler Ausscheidung von Phosphat, wie bei Nierensuffizienz (häufig, s. oben), Hypoparathyreoidismus (selten) und Pseudohypoparathyroidismus (sehr selten). Darüber hinaus können exzessive Zufuhr und Demineralisierung der Knochen zu Hyperphosphatämie führen. Phosphatüberschuß führt zur Komplexierung von Ca^{++} mit Ausfallungen v.a. in Gelenken und der Haut. Die resultierende Hypokalzämie stimuliert die Ausschüttung von Parathormon, das weiteres $CaHPO_4$ aus dem Knochen mobilisiert und damit einen Circulus vitiosus auslöst (s. oben).

17.6 Säure-Basenhaushalt

Die physiologische Bedeutung des pH.
Die Eigenschaften von Enzymen, Transportproteinen, Rezeptoren etc. werden durch die Dissoziation von sauren und basischen Aminosäuren und damit vom umgebenden pH in hohem Maße beeinflußt. Damit sind praktisch alle zellulären Funktionen vom zellulären pH abhängig.

- Unter anderem werden die Schrittmacherenzyme der Glykolyse, v.a. die Phosphofruktokinase durch Azidose gehemmt und durch Alkalose stimuliert.
- Alkalose fördert die Glykolyse und Laktatproduktion, hemmt die Glukoneogenese und begünstigt die Anhäufung von Zitrat. Azidose fördert andererseits den Abbau von Glukose über den Pentosephosphatzyklus.
- DNA-Synthese und Zellproliferation werden durch intrazelluläre Azidose gehemmt. Wachstumsfaktoren stimulieren daher den Na^+/H^+-Austauscher.
- K^+-Kanäle werden in aller Regel durch Alkalose geöffnet und durch Azidose verschlossen.
- Azidose setzt die Durchlässigkeit von Ca^{++}-Kanälen herab, der herabgesetzte Ca^{++}-Einstrom z. B. in Herzmuskelzellen mindert die Herzkraft.
- H^+ begünstigen Vasodilatation, Alkalose Vasokonstriktion.
- Azidose reduziert die Durchlässigkeit von Gap junctions. Dadurch wird u.a. die Erregungsfortleitung im Herzen verzögert.
- Azidose mindert und Alkalose steigert die Sauerstoffaffinität von Hämoglobin.
- Alkalose stimuliert die Dissoziation von Plasmaproteinen, die dann besser Ca^{++} binden. Andererseits komplexiert HCO_3^- Ca^{++}. Bei metabolischer Alkalose addieren sich beide Wirkungen und die Ca^{++}-Aktivität im Plasma sinkt stark ab.

Grundeigenschaften von Puffern. Ein Puffersystem kann reversibel H^+ binden oder abgeben:

$$AH \rightleftarrows H^+ + A^-$$

Dabei ist AH die undissoziierte Säure und A^- das dissoziierte Anion. Die Zahl der Moleküle AH, welche pro Zeiteinheit H^+ abgeben (J^1), ist proportional zur Konzentration von AH ([AH]):

$$J^1 = k^1 \cdot [AH]$$

Umgekehrt ist die Reaktion von H^+ und A^- zu AH (J^{-1}) eine Funktion der Konzentrationen von H^+ ([H^+]) und A^- ([A^-]):

$$J^{-1} = k^{-1} \cdot [H^+] \cdot [A^-]$$

k^1 und k^{-1} sind „Konstanten", welche die Geschwindigkeit der Reaktion beschreiben. Sie hängen beispielsweise von Temperatur und Ionenstärke ab, nicht aber von [H^+], [A^-] und [AH].
Im Gleichgewicht ist $J^1 = J^{-1}$ und

$$k^1 [AH] = k^{-1} \cdot [H^+] \cdot [A^-]$$

sowie

$$k^1/k^{-1} = K = [H^+] \cdot [A^-]/[AH]$$

Logarithmieren der Gleichung führt zu:

$$\lg K = \lg [H^+] + \lg ([A^-]/[AH])$$

und, da $\lg [H^+] = - pH$, und $\lg K = - pK$

$$pH = pK + \lg ([A^-]/[AH])$$

Diese sogenannte *Henderson-Hasselbalch-Gleichung* beschreibt den Zusammenhang zwischen dem pH und dem Verhältnis von [A^-]/[AH].

Bei einem pH von 5,0 liegt eine Säure mit einem pK von 4,0 z. B. zu über 90% in dissoziierter Form [A^-] vor: $\lg [A^-]/[AH] = 1,0$ das heißt [A^-]/[AH] = 10.

Die Gleichung kann für alle schwachen Säuren eingesetzt werden. Für schwache Basen gilt:

$$pH = pK + \lg([B]/[BH^+]),$$

wobei [B] und [BH$^+$] die Konzentrationen der freien und der H$^+$-bindenden Base sind. Da ein Puffersystem H$^+$ bei zunehmender H$^+$-Konzentration bindet und bei abnehmender H$^+$-Konzentration abgibt, dämpft es entsprechende Änderungen der H$^+$-Konzentration. Das Ausmaß dieser Dämpfung wird durch die sogenannte Pufferkapazität (K$_p$) zum Ausdruck gebracht:

$$K_p = \Delta[H^+]/\Delta pH$$

Die Pufferkapazität steigt mit der Konzentration der Puffer. Darüber hinaus sinkt die Pufferkapazität mit dem Abstand von pH und pK.

Die Puffer im Blut. Die Pufferbasen des Blutes (ca. 48 mmol/l) sind etwa zur Hälfte dissoziierte (negativ geladene) Proteine. Die Pufferkapazität des Blutes liegt im Bereich von 15 mmol/l/pH. Sie beruht hauptsächlich auf der Puffereigenschaft von Hämoglobin. Das wichtigste Puffersystem des Blutes ist freilich das H_2CO_3/HCO_3^--System (pK = 3,3). H_2CO_3/HCO_3^- ist nämlich ein sogenanntes offenes Puffersystem, in dem beide Komponenten (H_2CO_3 und HCO_3^-) schnell nachgebildet oder entfernt werden können. In der Anwesenheit des Enzyms Karboanhydrase steht H_2CO_3 im Gleichgewicht mit CO_2:

$$[CO_2] = 10^{2,8}[H_2CO_3]$$

und damit kann die Henderson-Hasselbalch-Gleichung folgendermaßen formuliert werden:

$$pH = 6,1 + \lg[HCO_3^-]/[CO_2]$$

oder, wenn man statt der CO$_2$-Konzentration den CO$_2$-Druck einsetzt:

$$pH = 6.1 + \lg[HCO_3^-]/0,24 \cdot pCO_2 \text{ [kPa]}$$

Bei einer Bikarbonatkonzentration ([HCO$_3^-$]) von 25 mmol/l und einem pCO$_2$ von 5 kPa ist der pH 7,4 (6,1 + lg 20).

CO_2 wird im Stoffwechsel ständig gebildet und von der Lunge ständig abgeatmet (s. Kap. 15.6). Auf der anderen Seite kann HCO$_3^-$ von der Niere in Kooperation mit der Leber gebildet oder eliminiert werden (s. unten).

Die Bedeutung der Puffer im Harn. Täglich fallen normalerweise 100 mmol H$^+$ an, die durch die Niere ausgeschieden werden müssen. Jedoch selbst bei einem Urin-pH von 4,5 ist die freie H$^+$-Konzentration nur etwa 30 µmol/l. Daher kann die Niere H$^+$ nur mit Hilfe von Puffern ausscheiden. Zwei Puffersysteme sind von besonderer Bedeutung: Das NH_3/N_4^+-System, das normalerweise etwa 60 % zur täglichen H$^+$ Ausscheidung beiträgt, sowie das $HPO_4^{2-}/H_2PO_4^-$-System, das etwa 30 % beisteuert. Ein kleiner Teil von H$^+$ wird an Harnsäure gebunden ausgeschieden.

NH_3/NH_4-Puffer im Harn. *NH$_3$* ist eine schwache Base mit einem pK von 9, beim Blut pH von 7,4 ist das Verhältnis NH_4^+/NH_3 etwa 40 : 1. Im allgemeinen sind die Zellmembranen gut für NH$_3$ permeabel, während NH$_4^+$ die Zellmembran nur mit Hilfe von Transportsystemen passieren kann. Ein solches Transportsystem ist der Na$^+$-K$^+$-2Cl$^-$-Cotransport in der Henle-Schleife, der NH$_4^+$ statt K$^+$ akzeptiert. NH$_3$ wird im proximalen Tubulus aus Glutamin unter dem Einfluß der Glutaminase gewonnen. Es diffundiert in das saure Tubuluslumen, bindet dort H$^+$ und kann als NH$_4^+$ das Tubuluslumen nicht mehr verlassen. Im dicken Teil der Henle-Schleife wird es z.T. über den Na$^+$-K$^+$-2Cl$^-$-Cotransport resorbiert und damit im Nierenmark akkumuliert. Die Diffusion von NH$_3$ in das Lumen des Sammelrohrs und die dortige Bildung von NH$_4^+$ erlaubt dann die effiziente Ausscheidung von NH$_4^+$. Mit jedem ausgeschiedenen NH$_4^+$ wird somit ein H$^+$ eliminiert. Bei Titrieren des sauren Harns mit NaOH bis zum pH 7,0 bleibt H$^+$ an NH$_4^+$ gebunden (pK = 9). NH$_4^+$ wird demnach als *nichttitrierbare Säure* des Harns bezeichnet. Die proximal-tubuläre

Bildung von NH_3 ist in hohem Maße abhängig vom Säure-Basenhaushalt: Azidose stimuliert und Alkalose hemmt die renale Glutaminase. Eine anhaltende renale Bildung von NH_3 bei Alkalose wäre schädlich, da bei Alkalose weniger H^+ sezerniert werden, das Tubuluslumen relativ alkalisch ist und damit NH_3 im Tubuluslumen in geringerem Maße zu NH_4^+ reagiert und zurückgehalten wird. Das im proximalen Tubulus gebildete NH_3 würde also zum Teil statt ausgeschieden in das Blut abgegeben werden. NH_3 bzw. NH_4^+ ist jedoch bereits in sehr geringen Konzentrationen toxisch (v.a. für das Nervensystem).

Phosphatpuffer im Harn. *Phosphat* ist eine trivalente Säure, die in Abhängigkeit vom herrschenden pH völlig, teilweise oder gar nicht dissoziiert ist:

$$PO_4^{3-} + H^+ \rightarrow HPO_4^{2-} + H^+$$
$$\rightarrow H_2PO_4^- + H^+ \rightarrow H_3PO_4$$

Die pK's der jeweiligen Reaktionen liegen bei 2,0, 6,8 und 12,3.
Beim pH des Blutes (pH 7,4) liegt Phosphat zu 80 % als HPO_4^{2-} und zu 20 % als $H_2PO_4^-$ vor. Weit unter 1 % sind PO_4^{3-} oder H_3PO_4. Bei einem Harn-pH von 5,8 sind etwa 90 % $H_2PO_4^-$ und etwa 10 % HPO_4^{2-}. Demnach haben bei diesem Harn-pH etwa 70 % des ausgeschiedenen Phosphats zusätzlich H^+ gebunden. Bei Bildung eines noch saureren Harns können maximal weitere 10 % Phosphat zusätzlich H^+ binden. Eine Azidifizierung des Harns unter pH 5,8 hat daher nur eine bescheidene Auswirkung auf die H^+-Ausscheidung in Form von Phosphat. Bei einem Harn-pH von 6,8 binden freilich nur 30 % des ausgeschiedenen Phosphats H^+ und bei einem Urin pH von 7,4 wird kein H^+ als Phosphat mehr ausgeschieden. Bei Titrieren des sauren Harns mit NaOH bis zum pH 7,0 gibt HPO_4^{2-} H^+-Ionen ab. Phosphat ist demnach im Gegensatz zu NH_4^+ eine *titrierbare Säure* des Harns. Für die Ausscheidung von H^+ als Phosphat ist daher neben der Menge an ausgeschiedenem Phosphat auch der Harn pH maßgebend. Bei Überlegungen zur Bedeutung von Phosphat für die Eliminierung von H^+ muß berücksichtigt werden, woher das Phosphat kommt. Häufig wird das Phosphat aus dem Knochen mobilisiert, wo es in extrem alkalischen Salzen als HPO_4^{2-} und PO_4^{3-} abgelagert ist. Bereits bei der Mobilisierung des Phosphats aus dem Knochen werden daher H^+ verbraucht.

Das Zusammenwirken von Lunge und Niere in der Regulation des Blut-pH. Die Lunge und die Niere sind gleichermaßen bedeutsam für die Regulation des Säure-Basenhaushaltes. Die Lunge beeinflußt den pH, indem sie CO_2 abatmet, die Niere erfüllt ihre Funktion über die Ausscheidung von H^+ oder HCO_3^- (s. Abb. 17.8). Wenn die renale H^+-Ausscheidung mit der metabolischen Produktion von H^+ nicht Schritt hält, dann muß die Lunge vermehrt CO_2 abatmen, um eine Zunahme der H^+-Konzentration zu verhindern:

$$H^+ + HCO_3^- \rightarrow CO_2 + H_2O$$

Die täglich abgeatmete Menge von CO_2 ist normalerweise im Bereich von 20 mol, ein Vielfaches der von der Niere ausgeschiede-

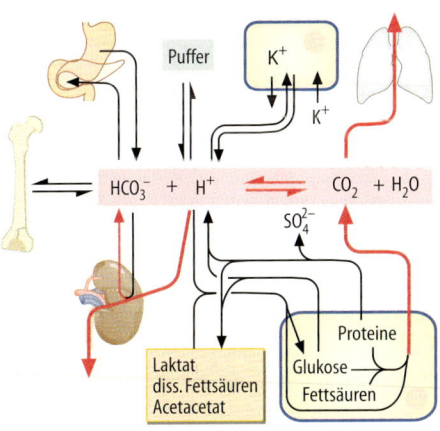

Abb. 17.8. Zusammenstellung von Faktoren, welche den Säure-Basenhaushalt beeinflussen. Die Bedeutung der Leber siehe Abb. 17.9

nen H^+-Menge (100 mmol, s. oben). Trotzdem kann die Lunge eine anhaltend herabgesetzte renale H^+-Ausscheidung nicht kompensieren: Die Entfernung von H^+ durch Abatmung von CO_2 verbraucht HCO_3^- und mindert daher die HCO_3^--Konzentration im Blut. Andererseits ist der Blut-pH eine Funktion des Verhältnisses von $[HCO_3^-]/[CO_2]$. Bei abnehmender HCO_3^--Konzentration muß daher auch die CO_2-Konzentration im Blut gesenkt werden, um den pH konstant zu halten. Nun ist die Menge an CO_2, die abgeatmet wird ($\dot{M}_{CO2}$) eine Funktion der CO_2-Konzentration in den Alveolen und diese ist identisch zu $[CO_2]$ im Blut:

$$\dot{M}_{CO2} = \dot{V}a \cdot [CO_2]$$

wobei $\dot{V}a$ die Ventilation der Alveolen ist (s. Kap. 15.6). Um also die Menge metabolisch produzierten CO_2 abatmen zu können, muß die Lunge $\dot{V}a$ in dem Maße steigern, wie $[CO_2]$ abgesunken ist. Wird also eine vorübergehend herabgesetzte renale Säureausscheidung durch gesteigerte Abatmung von CO_2 kompensiert und auf diese Weise die HCO_3^--Konzentration im Blut halbiert, dann ist die Lunge zur Aufrechterhaltung des Blut-pH gezwungen, auch $[CO_2]$ zu halbieren und entsprechend $\dot{V}a$ zu verdoppeln, und das solange, bis die Niere ihr Versäumnis nachgeholt und die HCO_3^--Konzentration im Blut wieder normalisiert hat. Wenn die Niere anhaltend zu wenig H^+ ausscheidet (z. B. bei Nierenversagen), dann kann die Lunge das Auftreten einer Azidose zwar verzögern, aber nicht verhindern.

Das Zusammenwirken von Leber und Niere bei der Regulation des Säure-Basenhaushaltes. Die renale Ausscheidung von H^+ geschieht normalerweise zu etwa 2/3 in der Form von NH_4^+. Um NH_3 produzieren zu können, ist die Niere auf die Zufuhr von Glutamin angewiesen. Die Glutaminkonzentration im Blut hängt wiederum vom Glutaminstoffwechsel in der Leber ab (s. Abb. 17.9): Normalerweise verbraucht die

Leber Glutamin für die Harnstoffsynthese, bei der formal zwei NH_4^+ und zwei HCO_3^- eingesetzt werden:

$$2\,NH_4^+ + 2\,HCO_3^- = CO(NH_2)_2 + 2\,H_2O$$

Die Glutaminase in den periportalen Zellen der Leber liefert dabei NH_4^+. Die perivenösen Zellen der Leber sind umgekehrt unter Vermittlung der Glutaminsynthetase in der Lage, unter Verbrauch von NH_4^+ Glutamin zu bilden. Bei Alkalose überwiegt in der Leber die Glutaminaseaktivität und der Nettoverbrauch von NH_4^+. Bei Azidose wird die hepatische Glutaminase gehemmt und die Nettoproduktion von Glutamin überwiegt. Bei Azidose steht daher der Niere mehr Glutamin für die NH_4^+-Produktion zur Verfügung. Im Gegensatz zur hepatischen Glutaminase wird die renale Glutaminase durch Azidose stimuliert. Das in der Niere gebildete NH_4^+ wird ausgeschieden und nicht wie in der Leber unter Verbrauch von HCO_3^- zur Harnstoffsynthese herangezogen. Das beim Glutaminabbau gebildete HCO_3^- bleibt dem Körper somit erhalten. Bei Alkalose wird das NH_4^+ aus Glutamin unter Verbrauch von HCO_3^- in Harnstoff eingebaut und mit dem Harnstoff werden nicht nur NH_4^+, sondern auch HCO_3^- eliminiert.

Bedeutung des Stoffwechsels. Im Stoffwechsel entstehen durch den Abbau von Substraten täglich etwa 20 mol CO_2. Eine gesunde Lunge ist in der Lage, die CO_2-Abgabe in hohem Maße zu steigern und eine Zunahme der CO_2-Produktion führt in aller Regel zu keiner Zunahme der CO_2-Konzentration im arterialisierten Blut. Zusätzlich zu CO_2 (bzw. H_2CO_3) entstehen im Stoffwechsel Säuren, die nicht durch die Lunge eliminiert werden können (fixe Säuren), deren H^+ letztlich durch die Niere ausgeschieden werden muß: Der vorwiegende Anteil fixer Säure entsteht beim Abbau schwefelhaltiger Aminosäuren: SH-Gruppen werden zu SO_4^{2-} und $2\,H^+$ oxidiert. Andere fixe Säuren sind Laktat, das bei der anaeroben Glykolyse entsteht, sowie Fett-

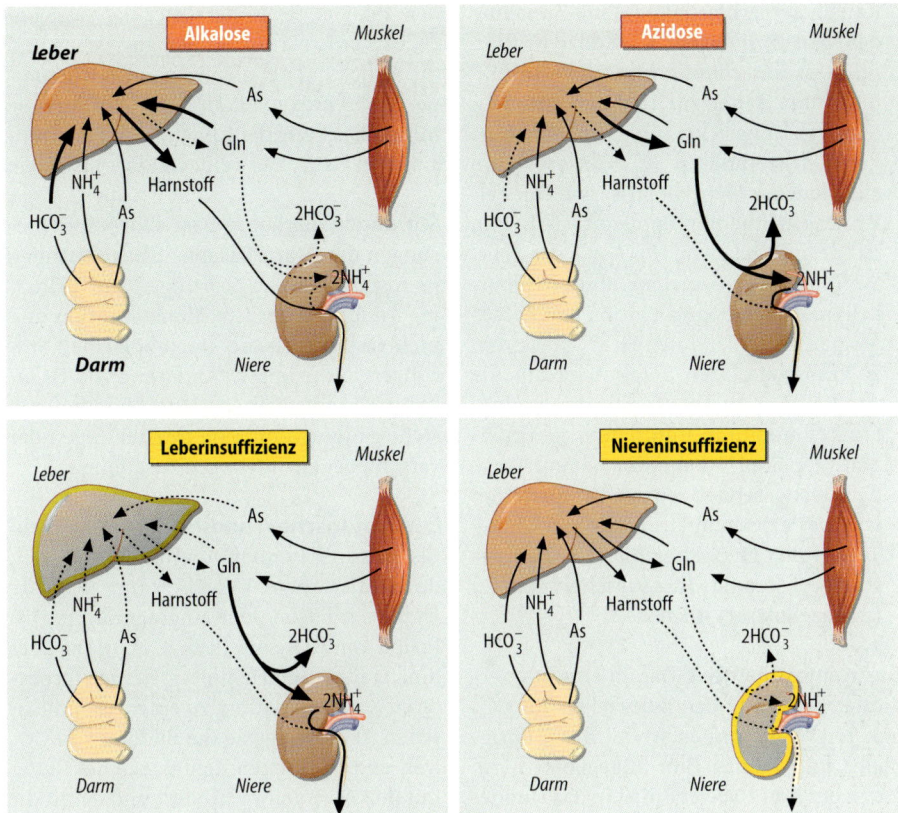

Abb. 17.9. Die Kooperation von Leber und Niere im Säure-Basenhaushalt, Folge von Leberinsuffizienz und von Niereninsuffizienz (As = Aminosäuren, Gln = Glutamin)

säuren, die aus Triglyzeriden freigesetzt werden (s. Abb. 17.8). Die Fettsäuren können zu Azetazetat und ß-Hydroxybutyrat umgebaut werden, wiederum beim Blut-pH völlig dissoziierte Säuren. Außer SO_4^{2-} können alle genannten Säuren wieder verstoffwechselt werden, wobei das freigesetzte H^+ wieder verschwindet (s. Abb. 17.8).

Wirkung von Elektrolyten. Renaler und zellulärer HCO_3^-- und H^+-Transport hängen vom Transport anderer Elektrolyte ab, die damit auch einen Einfluß auf den Säure-Basenhaushalt nehmen:

- Die Infusion von *NaCl* führt zur Hemmung der proximal-tubulären Na^+-Resorption, die eng mit der proximal-tubulären HCO_3^--Resorption gekoppelt ist. Daher kann Infusion von NaCl zur Bikarbonaturie und somit zur Azidose führen. Umgekehrt ist die Niere bei einem Mangel an NaCl bzw. extrazellulärem Volumen zur gesteigerten proximal-tubulären Na^+-Resorption gezwungen und ist unfähig, nennenswerte Mengen an HCO_3^- auszuscheiden. Zum Beispiel treffen nach Erbrechen von saurem Mageninhalt (Verlust von H^+) metabolische Alkalose und Volumenmangel zusammen und die Niere ist nicht imstande, die Alkalose auszugleichen (Volumendepletionsalkalose).
- Für den Säure-Basenhaushalt ist K^+ noch bedeutsamer als NaCl. Das Zellmembranpotential fast aller Zellen wird durch K^+-

Kanäle aufrechterhalten. Eine Zunahme der extrazellulären K^+-Konzentration mindert das chemische Gefälle für K^+ und führt daher zur Depolarisation (s. Kap. 1.3). Umgekehrt führt eine Abnahme der extrazellulären K^+-Konzentration eher zu einer Hyperpolarisation von Zellen. Das Zellmembranpotential treibt nun das negativ geladene HCO_3^- aus der Zelle. So führt im proximalen Tubulus Hyperkaliämie über Depolarisation und herabgesetzten basolateralen HCO_3^--Ausstrom zu einer zellulären Alkalinisierung, die den Na^+/H^+-Austauscher an der luminalen Zellmembran und damit die proximal-tubuläre H^+-Sekretion hemmt. Folge der herabgesetzten renalen H^+-Sekretion ist eine (extrazelluläre) Azidose. Umgekehrt führt Hypokaliämie z. T. über gesteigerte renale H^+-Ausscheidung zu (extrazellulärer) Alkalose.

Gastrointestinaltrakt. Das im *Magen* sezernierte H^+ wird in den Belegzellen aus CO_2 bzw. H_2CO_3 gewonnen, wobei HCO_3^- übrigbleibt und in das Blut abgegeben wird. Wenn der saure Mageninhalt in das Duodenum gelangt, wird dort die Sekretion HCO_3^--reichen *Pankreassaftes* stimuliert, wodurch das Darmlumen wieder neutralisiert und andererseits das bei der H^+-Sekretion im Magen gebildete HCO_3^- wieder verbraucht wird (s. Abb. 17.8). Bei Erbrechen von saurem Mageninhalt entfällt die Neutralisierung im Duodenum und es entsteht im Körper ein HCO_3^--Überschuß, also eine metabolische Alkalose. Umgekehrt können Pankreasfisteln und Durchfälle eine Azidose auslösen.

Knochen. Alkalische Phosphatsalze und Karbonat sind schwer wasserlöslich und werden daher zur Mineralisierung des Knochens eingesetzt. Eine Azidose fördert die Auflösung der Knochenmineralien und eine Alkalose fördert die Mineralisierung der Knochen (s. Abb. 17.8). Umgekehrt muß zur Mineralisierung der Knochen stark alkalisches Phosphat bzw. Karbonat gebildet wer-

den, d.h. bei der Mineralisierung des Knochens werden H^+ in das Blut abgegeben und die Auflösung der alkalischen Knochenmineralien verbraucht H^+. Ca^{++} fördert die Mineralisierung der Knochen und die Infusion von $CaCl_2$ kann eine Azidose auslösen.

Störungen des Säure-Basenaushaltes. Störungen des Säure-Basenhaushaltes können in respiratorische Störungen mit primärer Änderung der CO_2-Konzentration und nichtrespiratorische (metabolische) Störungen mit primärer Änderung von HCO_3^- (oder H^+) eingeteilt werden. Abbildung 17.10 stellt einige graphische Darstellungen der verschiedenen Störungen zusammen.

Respiratorische Azidose. Sie ist das Ergebnis unzureichender Abatmung von CO_2 durch die Lunge. Ursache kann alveoläre Hypoventilation oder eingeschränkte Diffusion von CO_2 sein (s. Kap. 15.6). Darüber hinaus führt die Hemmung der erythrozytären Karboanhydrase zu einer respiratorischen Azidose, da sie die Bildung von CO_2 während der kurzen Kontaktzeit des Blutes mit den Alveolen verhindert und damit die CO_2-Abatmung einschränkt. Die respiratorische Azidose kann in begrenztem Umfang durch gesteigerte renale Bildung von HCO_3^- und Ausscheidung von H^+ kompensiert werden (renale Kompensation).

Respiratorische Alkalose. Sie entsteht durch gesteigerte Abatmung von CO_2 (Hyperventilation), unter dem Einfluß bestimmter Hormone, Neurotransmittern und exogenen Substanzen (s. Kap. 15.7). Die respiratorische Alkalose kann durch gesteigerte renale HCO_3^--Ausscheidung kompensiert werden. Darüber hinaus führt die Stimulation der Glykolyse bei Alkalose (s. oben) zu gesteigerter Laktatbildung und damit vermehrtem Anfallen von H^+.

Nichtrespiratorische Azidose. Die nichtrespiratorische bzw. metabolische Azidose ist durch erniedrigte HCO_3^--Konzentration im Blut charakterisiert. Ursache können

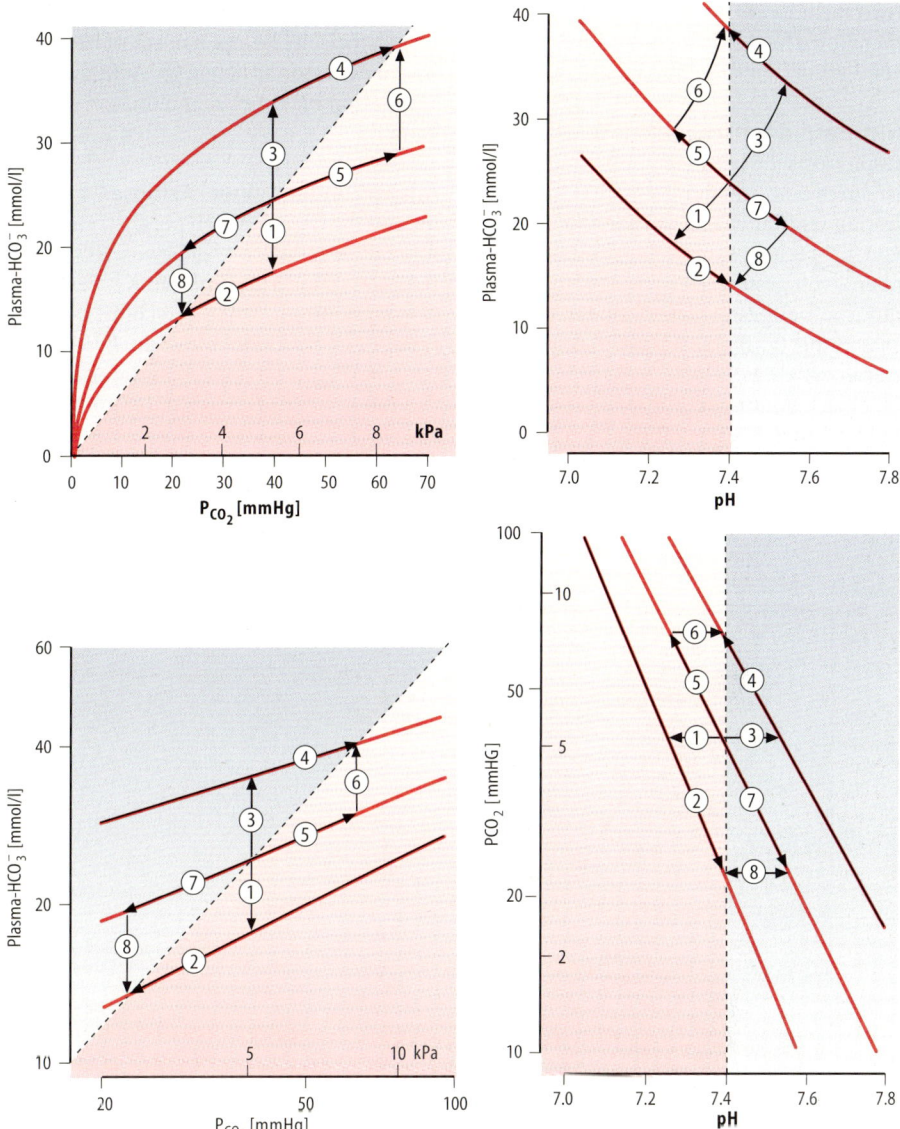

Abb. 17.10. Verhalten von *pCO₂*, *pH* und *HCO₃⁻*-Konzentration bei verschiedenen Störungen des Säure-Basenhaushaltes und ihren Kompensationen. *1* = nichtrespiratorische Azidose, *2* = respiratorische Kompensation, *3* = nichtrespiratorische Alkalose, *4* = respiratorische Kompensation, *5* = respiratorische Azidose, *6* = renale Kompensation, *7* = respiratorische Alkalose, *8* = renale Kompensation. Rot: Azidose, Blau: Alkalose

HCO₃⁻-Verluste über Nieren oder Darm oder herabgesetzte HCO₃⁻-Bildung in der Niere (bzw. verminderte H⁺ Ausscheidung) sein. Darüber hinaus kann der Überschuß an H⁺ Folge von Stoffwechselstörungen sein, die zu gehäufter Bildung von Laktat (z. B. bei Sauerstoffmangel, s. Kap. 15.5), Fettsäuren, Azetazetat und β-Hydroxybutyrat (z. B. bei Fasten, Insulinmangel) führen. Darüber hinaus führt Hyperkaliämie zur (extrazellulären) Azidose (s. Kap. 17.3). Die metabolische Azidose kann durch Hyperventilation (teilweise) kompensiert werden.

Nichtrespiratorische Alkalose. Die nichtrespiratorische bzw. metabolische Alkalose ist durch eine Zunahme der HCO_3^--Konzentration im Blut charakterisiert. Sie ist Folge von Erbrechen sauren Mageninhaltes (s. oben), von gesteigerter renaler HCO_3^--Produktion bei gesteigerter renaler H^+-Ausscheidung (z. B bei Überschuß an Aldosteron, s. Kap. 21.11) oder von Hypokaliämie (s. oben). Volumenmangel unterstützt die Entwicklung einer metabolischen Alkalose, da er die bei Alkalose erforderliche Bikarbonaturie verhindert (s. oben). Eine metabolische Alkalose kann nur sehr bedingt respiratorisch kompensiert werden, da wegen der erforderlichen O_2-Aufnahme die Ventilation nicht beliebig reduziert werden kann.

Auswirkungen einer Azidose. Azidose hemmt die Glykolyse (Hyperglykämie) und führt über zelluläre Abgabe von HCO_3^- und Depolarisation zu zellulären K^+-Verlusten (Hyperkalämie). Über Verschluß der Gap junctions wird bei Azidose die Erregungsfortleitung im Herzen verlangsamt. Da Azidose gleichzeitig die Herzkraft senkt und zu peripherer Vasodilatation führt, droht bei Azidose Blutdruckabfall. Die bei respiratorischer Azidose stark ausgeprägte Vasodila-

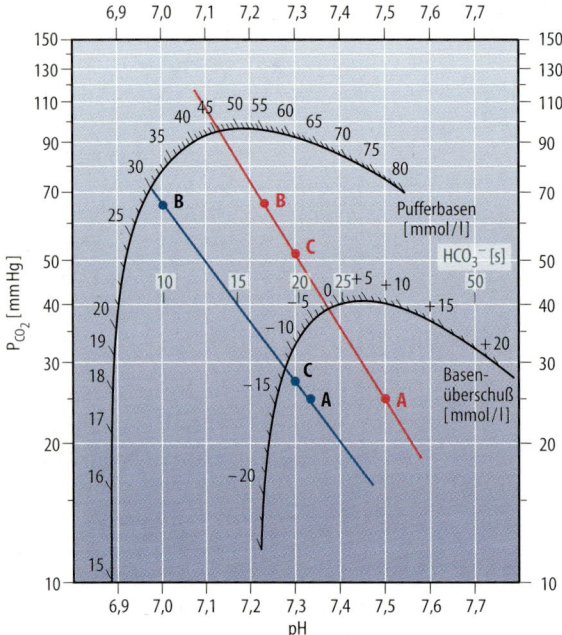

Abb. 17.11. Astrup-Nomogramm zur Bestimmung von PCO_2, HCO_3^-, Basenüberschuß und Pufferbasen aus pH-Messungen im Blut. Bei der Astrupmethode wird der aktuelle pH (pHa) und dann der pH nach Equilibration mit zwei verschiedenen pCO_2 (in unserem Beispiel mit 25 mmHg und 65 mmHg) gemessen. Die jeweiligen Wertepaare (pH gegen pCO_2) werden als Punkte in ein Nomogramm eingetragen (A,B). Auf der Verbindungslinie kann man den pCO_2 beim aktuellen pH ablesen (C). Bei 40 mmHg pCO_2 läßt sich ferner das sog. Standardbikarbonat ($[HCO_3^-]_S$) ablesen. Extrapolation der Gerade erlaubt schließlich die Bestimmung von Basenüberschuß (base excess, BE) und Pufferbasen (buffer base, BB). Die beiden Beispiele zeigen eine teilweise respiratorisch kompensierte nichtrespiratorische Azidose (rot, Werte ca.: pHa = 7,3, pCO_2 = 28 mmHg, $[HCO_3^-]_S$ = 15 mmol/l, BE = 12 mmol/l, BB = 30 mmol/l) sowie eine nichtkompensierte respiratorische Azidose (blau: pHa = 7,3, pCO_2 = 52 mmHg, $[HCO_3^-]$ = 27 mmol/l, BE = 2 mmol/l, BB = 46 mmol/l)

Tabelle 17.7. Blutparameter bei Alkalosen und Azidosen

	pH	pCO$_2$	[HCO$_3^-$]$_a$	HCO$_3^-$ s	BE
Normalwerte	7,40	40 mmHg	25 mmol/l	25 mmol/l	48 mmol/l
resp. Alkalose	↑	↓	↓	–	–
resp. Azidose	↓	↑	↑	–	–
nichtresp. Alkalose	↑	–	↑	↑	↑
nichtresp. Azidose	↓	–	↓	↓	↓

tation der Gehirngefäße (s. Kap. 14.4) kann zu Drucksteigerung im Gehirn führen.

Auswirkungen einer Alkalose. Alkalose stimuliert die Glykolyse, hemmt die Glukoneogenese (mit drohender Hypoglykämie), und steigert die zelluläre Aufnahme von K^+, sodaß die extrazelluläre K^+-Konzentration absinkt (Hypokaliämie). Alkalose senkt die freie Konzentration von Ca^{++} durch gesteigerte Bindung an Plasmaproteine und (bei metabolischer Alkalose) an HCO$_3^-$. Die Kombination von Alkalose und Hypokaliämie begünstigt das Auftreten von Herzrhythmusstörungen. Respiratorische Alkalose führt zusätzlich zu zerebraler Vasokonstriktion und gesteigerter neuromuskulärer Erregbarkeit. Bei der sogenannten Hyperventilationstetanie werden die spannungsabhängigen Na^+-Kanäle (s. Kap. 1.4) durch herabgesetzte extrazelluläre H^+- und Ca^{++}-Bindung an die Außenseite der Kanäle leichter erregt.

Diagnostik von Säure-Basenstörungen. Respiratorische und nichtrespiratorische Säure-Basenstörungen lassen sich durch Messungen von pH und pCO$_2$ leicht unterscheiden (s. Abb. 17.10, Tabelle 17.7). pCO$_2$ kann entweder direkt gemessen (CO_2-Elektrode) oder durch die Astrup-Methode indirekt bestimmt werden (s. Abb. 17.11). Bei

Kenntnis von pH und pCO$_2$ läßt sich [HCO$_3^-$] mit der Hendersson-Hasselbalch-Gleichung errechnen. Darüber hinaus können die Bikarbonatkonzentration und das Standardbikarbonat graphisch ermittelt werden. Das Standardbikarbonat ist die HCO$_3^-$-Konzentration bei einem pCO$_2$ von 40 mmHg. Es ist also bei reinen respiratorischen Störungen konstant.

Durch graphische Verfahren können ferner die Pufferbasen im Blut sowie der sogenannte Basenüberschuß bestimmt werden (s. Abb. 17.11). Bei vermehrter Abatmung von CO_2 ändert sich die Konzentration an Pufferbasen praktisch nicht, da mit jedem HCO$_3^-$, das mit H^+ zu H_2CO_2 reagiert und dann als CO_2 abgegeben wird, ein H^+ durch die Proteine abgegeben wird und damit eine Pufferbase entsteht. Bei reinen respiratorischen Störungen bleibt die Konzentration an Pufferbasen somit konstant. Bei nichtrespiratorischer Alkalose (z. B. bei Erbrechen) entsteht hingegen ein **Basenüberschuß** (base escess, BE), bei nichtrespiratorischer Azidose (z. B. bei renalen HCO$_3^-$-Verlusten) ein Basendefizit (negativer Basenüberschuß). Das Ausmaß von Basenüberschuß oder Basendefizit erlaubt eine erste Schätzung der für einen therapeutischen Ausgleich erforderlichen HCO$_3^-$-Mengen.

18.1   Ernährung

Für die Unterhaltung der Körperfunktionen ist die ständige Zufuhr chemischer Energie erforderlich. Durch die Ernährung wird normalerweise die Aufnahme energiereicher Verbindungen gewährleistet. Darüber hinaus sollen durch die Ernährung weitere essentielle Nahrungsbestandteile bereitgestellt werden, die für den Aufbau und die Funktion des Körpers benötigt werden. Daher treten selbst bei kalorisch adäquater Ernährung Mangelerscheinungen auf, wenn bestimmte Bestandteile der Nahrung nicht in hinreichender Menge zugeführt werden (s. Tabelle 18.1).

Energiesubstrate. Der Körper gewinnt seine Energie im wesentlichen durch Abbau von Fetten, Kohlenhydraten und Eiweiß. Letztlich wird aus allen drei Stoffgruppen ATP gewonnen (s. Kap. 19.1.). Pro aufgenommenem Gramm Nährstoff ist die Energieausbeute (*biologischer Brennwert*) bei Zufuhr von Fetten (39 kJ/g) etwa doppelt so groß wie bei Zufuhr von Kohlenhydraten oder Eiweiß (je 17 kJ/g) (s. Tabelle 18.2). Die verschiedenen Energiesubstrate sind teilweise austauschbar (*Isodynamie*), d.h. eine herabgesetzte Zufuhr von Kohlenhydraten kann z. B. durch gesteigerte Zufuhr von Eiweiß kompensiert werden. Die Austauschbarkeit ist freilich nicht unbegrenzt. Im Körper muß ständig Glukose als Energiesubstrat zur Verfügung stehen. Die Bildung von ATP geschieht in Erythrozyten ausschließlich und in Neuronen vorwiegend durch Abbau von Glukose. Bei vorübergehend herabgesetzter Glukosezufuhr kann Glukose aus Glykogen der Leber bereitgestellt werden. Bei anhaltend mangelhafter Kohlenhydratzufuhr muß freilich Glukose aus den anderen Nährstoffen gebildet werden (Gluko-

Tabelle 18.1. Essentielle Nahrungsbestandteile

Bestandteil		wichtigste Mangel-erscheinung
Brennstoffe	(Bedarf ca. 8000 kJ/Tag, in Form von Eiweiß 17 kJ/g, Fett 40 kJ/g, oder Kohlenhydraten 17 kJ/g)	Gewichtsverlust, verminderte Leistungsfähigkeit
Eiweiß	(Bedarf ca. 1 g/kg KG/Tag)	Ödeme
essentielle Aminosäuren	(Valin, Leucin, Isoleucin, Lysin, Methionin, Threonin, Tryptophan, Phenylalanin)	Ödeme
essentielle Fettsäuren	(z. B. Linolsäure)	Dermatosen, Hämaturie
Vitamine und Spurenelemente		s. Tabelle 18.3
Wasser und Elektrolyte		s. Tabellen 17.5, 17.6

Tabelle 18.2. Energetische Eigenschaften der Nahrungsstoffe

	Eiweiß	Fett	KH	Einheit
biologischer Brennwert	17,0	39,0	17,0	kJ/g
energetisches Äquivalent	19,3	19,6	20,7	kJ/lO_2
Respiratorischer Quotient (RQ) (s. Kap. 19.1)	0,8	0,7	1,0	lO_2/lCO_2
spez. dyn. Wirkung (s. Kap. 19.1)	40,0	0,0	10,0	%

neogenese), wie aus Succinyl-CoA, das beim Abbau verschiedener Aminosäuren und Glycerin sowie verzweigter und ungeradzahliger Fettsäuren entsteht. Der Abbau von Fettsäuren mündet jedoch hauptsächlich in Acetyl-CoA, das nicht zur Glukoneogenese eingesetzt werden kann. Somit kann die Zufuhr von Fett die Kohlenhydratzufuhr nur eingeschränkt kompensieren.

Eiweiß. Zunächst erfordert die Aufrechterhaltung der Proteinsynthese die regelmäßige Zufuhr von *Eiweiß*. Bei Zufuhr von weniger als 30–40 g Eiweiß (Bilanzminimum) überwiegt der Eiweißabbau und es entsteht eine negative Stickstoffbilanz. Bei völliger Eiweißkarenz, aber kalorisch hinreichender Ernährung werden täglich etwa 15 g körpereigenes Eiweiß abgebaut (absolutes Eiweißminimum). Die empfohlene tägliche Zufuhr von Eiweiß beträgt 0,8 g/kg Körpergewicht. Eine höhere Zufuhr wird u.a. für Kinder, Schwangere und alte Menschen empfohlen.

Essentielle Aminosäuren. Selbst bei quantitativ ausreichender Eiweißzufuhr kann es zu Störungen kommen, wenn die sogenannten essentiellen Aminosäuren nicht in genügender Menge enthalten sind. Zu den essentiellen Aminosäuren zählen Valin, Leucin, Isoleucin, Lysin, Methionin, Threonin, Tryptophan und Phenylalanin. Sie können im menschlichen Körper nicht aus den übrigen Aminosäuren synthetisiert werden. Wegen der vom Menschen abweichenden Aminosäurezusammensetzung pflanzlicher Proteine müssen diese in größeren Mengen als tierische Proteine zugeführt werden. Daher spricht man von einer geringeren *biologischen Wertigkeit* pflanzlicher Proteine.

Essentielle Fettsäuren. Im menschlichen Körper können Fettsäuren aus Acetyl-CoA gebildet werden, das beim Abbau von Kohlenhydraten und Aminosäuren entsteht. Nicht synthetisiert werden können freilich die ungesättigten Fettsäuren Linolsäure und Linolensäure, die Doppelbindungen aufweisen, die mehr als 9-C-Atome von der Karboxylgruppe entfernt sind. Sie müssen als essentielle Fettsäuren zugeführt werden.

Vitamine. Notwendige Nahrungsbestandteile sind ferner die Vitamine. Sie können – außer Vitamin D – vom menschlichen Körper nicht hergestellt werden. Im Gegensatz zu Energiesubstraten oder etwa essentiellen Aminosäuren, müssen Vitamine nur in sehr geringen Mengen zugeführt werden. Die meisten Vitamine (v.a. wasserlösliche Vitamine) werden im Körper zum Aufbau von sogenannten Coenzymen benötigt, d.h. von Substanzen, welche für die Tätigkeit von Enzymen erforderlich sind. Bei Mangel an bestimmten Vitaminen kann die jeweilige Reaktion im Körper nicht in der normalen Weise ablaufen und es kommt zu Mangelerscheinungen. Man unterscheidet fettlösliche von wasserlöslichen Vitaminen. Die fettlöslichen Vitamine sind A (Retinol), D (Cholecalciferol), E (Tocopherol), K_1 (Phyllochinon) und K_2 (Menachinon), die wasserlöslichen Vitamine C (Ascorbinsäure), B_1 (Thiamin), B_2 (Riboflavin), B_6 (Pyridoxin), B_{12} (Cobalamin), Niacinamid, Pantothensäure, Biotin, Cholin und Folsäure. Die einzelnen Vitamine sind in Tabelle 18.3 zusammengestellt.

Tabelle 18.3. Vitamine

Vitamine	Aufgaben bzw. Reaktionen	Mangelsymptome
fettlösliche Vitamine		
A (Retinol)	Vorstufe von Rhodopsin; als Retinsäure (Ligand für Kernrezeptoren) wichtig für Wachstum und Differenzierung über Steuerung der Expression diverser Proteine	Nachtblindheit, Verhornung von Epithelien (Bindehaut → Xerophthalmie, Haut- und Schleimhäute → Hyperkeratose), Knochenwachstumsstörungen
D (Kalzipherole)	als 1,25 $(OH)_2D_3$ Einfluß auf Ca-HPO$_4$-Stoffwechsel (Kap. 17.5), Beeinflussung der Mitoserate	Rachitis, Osteomalazie
E (Tocopherole)	antioxidativ wirksam	Ödeme, Hämolyse, Thrombozytose (beim Menschen nahezu unbekannt)
K (Phyllochinone)	Synthese der Gerinnungsfaktoren II, VII, IX und X	herabgesetzte Blutgerinnung, Blutungen
wasserlösliche Vitamine		
B_1 (Thiamin) (Aneurin)	oxidative Decarboxylierung von Pyruvat, Zitronensäurezyklus, Transketolase, Pentosephosphatzyklus	Beri-Beri: Polyneuropathie (Sensibilitätsausfälle, Lähmungen), Enzephalopathie, Herzinsuffizienz, Vasodilatation, Muskelatropie, Dermatonie, Diarrhö
B_2 (Riboflavin)	Wasserstoff übertragende Fermente (FAD + FMN) in Atmungskette, β-Oxidation, Aminosäureoxidase, Xanthinoxidase	Mundwinkelrhagaden, Cheilose, Zungenpapillenatrophie, Dermatosen, Nagelveränderungen, Vaskularisierung der Kornea, Anämie, Mißbildungen
Niacinamid	Wasserstoffüberträger (NAD$^+$, NADP$^+$)	Pellagra, Entzündung von Haut, Schleimhäuten (Glossitis, Stomatitis, Gastroenterokolitis, Proktitis), Schädigung des ZNS (Neuritiden, Demenz)
B_6 (Pyridoxin)	als Pyridoxalphosphat Transaminierung und Dekarboxylierung von Aminosäuren, Bildung von GABA, Umwandlung von Tryptophan zu Serotonin, Oxalat zu Glyzin; δ-Aminolävulinsäuresynthese	Störung des ZNS (Übererregbarkeit, Krämpfe, Hyperakusis), Oxalose, Anämie, Dermatose
Panthothensäure	Bestandteil von CoA	Schwäche, Müdigkeit, Krämpfe
Biotin	Carboxylierungen (z. B. Pyruvate, Acetyl-CoA)	Hauterkrankungen (Dermatitis, Seborrhö), Anämie, Müdigkeit
B_{12} (Kobalamin)	Umwandlung von Neutralfetten in Phosphatide, Purinsynthese, Folsäuremetabolismus	funikuläre Myelose, perniziöse Anämie, gesteigerte Methylmalonatausscheidung
Folsäure	als Tetrahydrofolat Übertragung von C_1-Bruchstücken Synthese von Aminosäuren, Pyrimidin, Purin und Porphyrin	makrozytäre Anämie, Leuko-, Lympho- und Thrombozytopenie, Glossitis, Störungen des Knochenwachstums, gesteigerte Formiminoausscheidung (Zwischenprodukt des Histaminabbaues)
C (Askorbinsäure)	Redoxreaktionen, Aufbau von Kollagen und Glykosaminoglykanen	Skorbut (Zahnausfall, Blutungen), Müdigkeit, Schwäche, Infektanfälligkeit, Gelenkschwellungen

Spurenelemente. Weitere notwendige Nahrungsbestandteile sind bestimmte Spurenelemente, wie Eisen, Kobalt, Kupfer, Zink, Mangan, Vanadium, Selen, Jod und Fluor. Ihre jeweilige physiologische Bedeutung ist in Tabelle 18.4 gezeigt.

Wasser, Elektrolyte. Schließlich ist eine ausreichende Zufuhr von Wasser und Elektrolyten lebensnotwendig, wie in Kapitel 17 ausführlicher dargestellt wird.

Tabelle 18.4. Essentielle Spurenelemente (Folgen eines Mangels an Nickel, Chrom, Molybdän, Silizium und Zinn sind beim Menschen nicht beschrieben)

Element	wichtigste Aufgaben bzw. Wirkungen	wichtigste Auswirkungen eines	
		Mangels	Überschusses
Eisen	u.a. Bestandteil von Hämoglobin, Enzyme der Atmungskette, der Biotransformation	Anämie, Haarausfall, brüchige Fingernägel	Hämochromatose, Hämosiderose
Kobalt	Bestandteil von Vitamin B12	s. Mangel an Vitamin B_{12}	Erbrechen, Durchfall, Schädigung des Herzens
Kupfer	Bestandteil von Oxidoreduktasen (u.a. Lysyloxidase, Tyrosinase, Monoaminoxidase, Ferrioxidase)	Störungen im Kollagenaufbau, Anämie, Leukopenie, ZNS-Störungen, gesteigerte Cholesterinsynthese	Gastrointestinale Störungen, Schädigung der Leber (Indian Childhood Cirrhosis) und selten ZNS, Niere, Hämolyse
Zink	Bestandteil einer Vielzahl (über 70) von Enzymen jeder Klasse, beeinflußt Fluidität von Zellmembranen	Hauterkrankungen, Störung der Wundheilung, des ZNS, Infektanfälligkeit, Wachstumsverzögerung, Impotenz	gastrointestinale Störungen, Kupfermangel, Störungen des ZNS
Mangan	stimuliert eine Reihe von Enzymen, hemmt Katecholaminspeicherung und Transmitterausschüttung	Gewichtsverlust, Störungen der Haut, Magen-Darmtrakt, Knochen, Nervensystem	Morbus Parkinson, Psychosen
Vanadium (Vanadat)	hemmt eine Vielzahl von Enzymen, v.a. Na^+/K^+-ATPase, Ca^{2+}-ATPase, HMG-Reduktase, Phosphatasen, stimuliert u.a. Adenylatzyklase	Hypercholesterinämie?	Natriurese? Hypertonie? Depressionen; bei Inhalation Atembeschwerden
Selen	Bestandteil der Glutathionperoxidase und von weiteren Selenproteinen	Keshan Disease (u.a. Untergang von Herzmuskelzellen)	gastrointestinale Störungen, lokal Entzündungen
Jod	Aufbau von Schilddrüsenhormonen	Hypothyreose	Allergie, Hypothyreose
Fluor	Mineralisierung des Knochens, Stimulation Adenylatzyklase, Stimulation Osteoklasten	Karies, Osteoporose	Störungen Mineralisierung des Knochens, gastrointestinale Störungen, Blutdruckabfall

Ballaststoffe. Weitere physiologisch bedeutsame, wenn auch nicht lebensnotwendige Inhaltsstoffe von Nahrungsmitteln sind die Ballaststoffe, zu denen v.a. die unverdaulichen Polysaccharide zählen. Sie werden im Darm nicht absorbiert, ziehen osmotisch Wasser an und dehnen damit das Darmlumen. Die Dehnung der Darmmuskulatur fördert die Darmmotilität und beschleunigt auf diese Weise die Darmpassage (s. Kap. 18.2). Ballaststoff-arme Kost führt umgekehrt zu verlangsamter Darmpassage (Verstopfung). Die größere Verweildauer des Darminhaltes bei Ballaststoff-armer Kost begünstigt u.a. die Anhäufung von bakteriellen Abbauprodukten, die das Darmepithel schädigen und u.a. die Entwicklung von Darmtumoren fördern können.

Parenterale Ernährung. Ist die enterale Aufnahme notwendiger Nahrungsstoffe über den Darm nicht gewährleistet (z. B. bei massiven Durchfallerkrankungen), dann können die Nahrungsstoffe auch parenteral zugeführt, also in die Blutbahn infundiert werden. Bei langfristiger parenteraler Ernährung müssen wie bei oraler Ernährung Energiesubstrate, Aminosäuren, essentielle Aminosäuren und Fettsäuren, Vitamine, Spurenelemente, Wasser und Elektrolyte in hinreichenden Mengen verabreicht werden. Die parenteral zugeführten Nahrungsbestandteile müssen in löslicher Form vorliegen, wobei die Osmolarität der zugeführten Lösung idealerweise um die 300 mosmol/l (Isotonie) liegen sollte. Insbesondere die Zufuhr von Energiesubstraten bereitet dabei Schwierigkeiten. Die Deckung der erforderlichen Energie durch isotone Glukoselösung (300 mmol/l, d.h. 54 g/l) würde bei einem Energiebedarf von nur etwa 10 000 kJ (entspricht 580 g Glukose) die Infusion von über 10 Litern Lösung erfordern, eine Menge, welche die Gefahr einer Hyperhydration des Patienten mit sich bringen würde. Auf der anderen Seite sind die energetisch viel ergiebigeren Fettsäuren schwer löslich. Durch Einsatz von besser löslichen kurzkettigen Fettsäuren sowie neuen Emul-gierungsverfahren versucht man die erforderlichen Volumina an Infusionslösung zu reduzieren.

18.2 Gastrointestinale Motorik

Zugeführte Nahrungsbestandteile werden durch die gastrointestinale Motorik
- *zerkleinert,*
- mit Sekreten des Gastrointestinaltraktes *vermischt,*
- in unmittelbaren *Kontakt* mit absorbierendem Epithel gebracht und
- durch die verschiedenen Abschnitte des Gastrointestinaltraktes *transportiert.*

Die verschiedenen Aufgaben erfordern unterschiedliche Formen der gastrointestinalen Motorik, die zudem in verschiedenen Abschnitten des Gastrointestinaltraktes unterschiedlich ausgeprägt sind. Im allgemeinen kann man Propulsionsbewegungen von Segmentationsbewegungen unterscheiden. Bei *Propulsionsbewegungen* wird der Speisebolus durch Kontraktion der Ringmuskulatur eines Darmabschnittes sowie gleichzeitige Kontraktion der Längsmuskulatur und Erschlaffung der Ringmuskulatur des unmittelbar benachbarten aboral gelegenen Darmabschnittes weiterbefördert. *Segmentationsbewegungen* durchmischen den Speisebolus durch Kontraktion eines Darmsegmentes und Erschlaffung der jeweils oral und aboral gelegenen Darmabschnitte (s. Abb. 18.1).

Strukturelle Organisation der gastrointestinalen Muskulatur. Zu Beginn und Ende des Gastrointestinaltraktes wird die Motorik durch quergestreifte, willkürlich steuerbare Muskulatur unterstützt, während die Motorik vom mittleren Drittel der Speiseröhre (Ösophagus) bis zum Sphinkter ani durch glatte, nicht willkürlich steuerbare Muskulatur bewerkstelligt wird. Die glatte Muskulatur setzt sich aus einer äußeren Längsmuskulatur, einer dicken inneren Ringmuskulatur und dünnen Muskelfasern

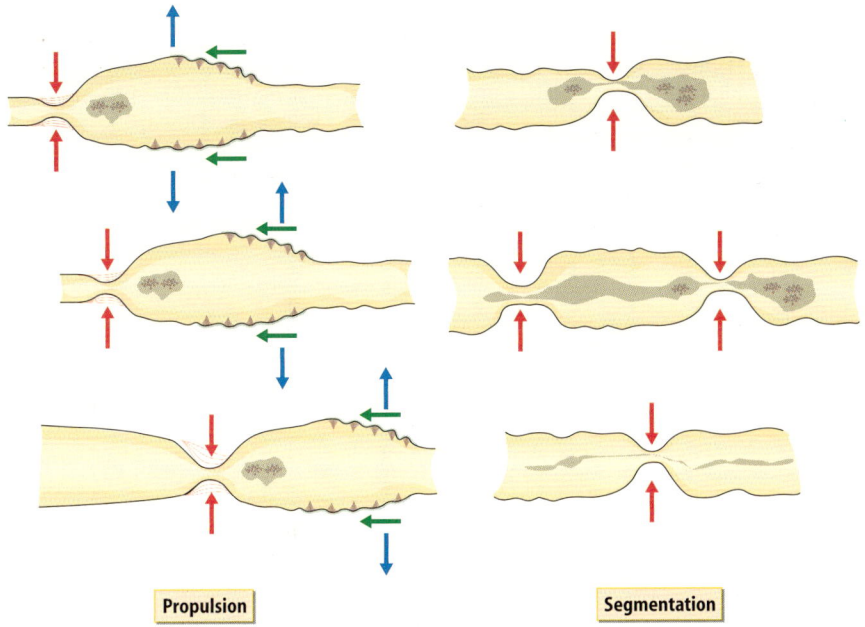

| Propulsion | Segmentation |

Abb. 18.1. Propulsions- und Segmentationsbewegungen. Rot: Kontraktion der Ringmuskulatur; Blau: Erschlaffung der Ringmuskulatur; Grün: Kontraktion der Längsmuskulatur

innerhalb der Darmschleimhaut (Muscularis mucosae) zusammen (s. Abb. 18.2).

Automatie der Darmmotorik. Auch ohne Beeinflussung von außen und ohne Füllung des Lumens mit Speisebrei wird die Membran der Muskelzellen 3- bis 12mal pro Minute periodisch depolarisiert („slow waves"). Die Depolarisationen nehmen den Anfang in sogenannten Schrittmacherzellen (wahrscheinlich nichtneuronale interstitielle Zellen) und breiten sich von dort aboral aus (*basaler elektrischer Rhythmus*). Erreicht die Depolarisation die Schwelle, so entstehen entsprechende spontane Kontraktionswellen, die u.a. den myoelektrischen Motorkomplex bei Leerkontraktionen des Magens hervorrufen.

Regulation der Darmmotorik. Die koordinierte Aktivität der glatten Muskulatur wird durch das *enterale Nervenplexussystem* gewährleistet (s. Abb. 18.2), eine Ansammlung „intramuraler" Nervenzellen

zwischen Längs- und Ringmuskulatur (Plexus myentericus, Auerbach) sowie zwischen Ringmuskulatur und Schleimhaut (Plexus submucosus, Meissner). Die Nervenzellen beeinflussen sich gegenseitig, die glatten Muskelzellen und die Epithelzellen über eine Vielzahl unterschiedlicher Transmitter und gastrointestinaler Hormone (s. Tabelle 18.5). Ihre Aktivität wird durch lokale Mechanorezeptoren moduliert, die auch Affe-

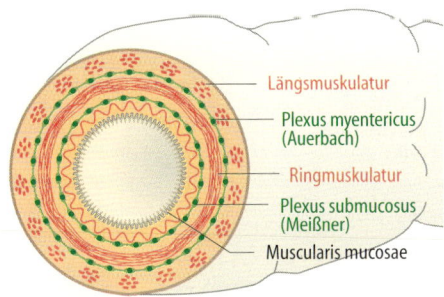

Längsmuskulatur
Plexus myentericus (Auerbach)
Ringmuskulatur
Plexus submucosus (Meißner)
Muscularis mucosae

Abb. 18.2. Lage der Muskelschichten und der Nervenplexus

Tabelle 18.5. Gewebshormone im Magen-Darm-Trakt (alle genannten Hormone sind Peptide)

Hormon	Hauptbildungsort	Freisetzungsstimuli (+), Freisetzungshemmer (−)	Wirkungen (+ fördernd, − hemmend, z. T. bei pharmakologischen Dosen)
Gastrin	G-Zellen Magenantrum	+ Vagus (?), Polypeptide, Kalzium, Alkohol, Dehnung, Gallensäuren	+ HCl- und Pepsin-Sekretion Magen; Mischbewegungen Magen; Hypertrophie Magenmukosa; Motilität Ösophagus, Gallenblase, Darm; Elektrolytsekretion Magen, Pankreas, Leber (Galle), Darm; Ausschüttung Insulin
		− H^+, Sekretin, GIP, VIP, Prostaglandin E	− Magenentleerung
Sekretin	S-Zellen Duodenum	+ H^+, Vagus	+ Elektrolytsekretion Pankreas, Galle; Pepsinsekretion Magen; Vasodilatation; Ausschüttung Insulin;
		− HCO_3^-	− Ausschüttung Gastrin, Glukagon; Magen-Darmmotilität
Pankreozymin, Cholecystokinin	I-Zellen Duodenum	+ Aminosäuren, Fettsäuren, Polypeptide, Gallensäuren, Kalzium	+ Enzymsekretion Pankreas; Darmmotilität; Mischbewegungen Magen; Kontraktion Gallenblase; Sekretion Darm, Galle;
			− Magenentleerung; Elektrolytresorption, Darm; Säuresekretion Magen; Gastrinausschüttung
(Entero-) Glukagon	A-Zellen Magen, EG-Zellen Darm	+ Kohlenhydrate, Fettsäuren	wie Glukagon (s. Tab. 21.3) − H^+-Sekretion, Magen-Darm-Motilität
Somatostatin	D-Zellen	+ Glukose etc.	
Motilin	Mo-Zellen Duodenum	− H^+ (?)	+ Magen-Darmmotilität; Pepsinsekretion Magen
Gastric inhibitory polypeptide (GIP)	K-Zellen Darm	+ Glukose, Fett, Aminosäuren, H^+	+ Insulinausschüttung; Elektrolytsekretion Pankreas; − HCl-Pepsinsekretion; Magenmotilität
Vasoactive intestinal polypeptide (VIP)	D_I-Zellen Darm	+ Vagus, H^+	+ Vasodilatation; Dünndarmmotilität; Elektrolytsekretion Pankreas; Glykogenolyse; Insulinausschüttung; Sekretion Darm; − HCl-Pepsinsekretion Magen; Magen-Dickdarmmotilität
Pancreatic polypeptide (PP)	Pankreas	+ Fett, Protein, Vagus, Hypoglykämie, Fasten, Arbeit	+ Darm-, Gallenblasenmotilität − Magen-, Pankreassekretion

renzen zum zentralen Nervensystem abgeben. Die intramuralen Nervenzellen stehen unter dem extrinsischen Einfluß des *vegetativen Nervensystems*. Der Parasympathikus (Acetylcholin) wirkt fördernd und der Sympathikus (Noradrenalin) hemmend auf die gastrointestinale Motorik. Der Sympathikus wirkt dabei vorwiegend durch Hemmung der cholinergen parasympathischen Übertragung. Der Sphincter ani wird andererseits durch den Sympathikus stimuliert, wodurch die Defäkation gehemmt wird (s. unten). Der Einfluß des extrinsischen vegetativen Nervensystems ist für die koordinierte Aktivität der Darmmuskulatur nicht erforderlich, sondern modifiziert lediglich die Intensität der motorischen Aktivität. Die Darmmotilität wird ferner durch **Hormone** beeinflußt (s. Tabelle 18.5 und 21.2). Wie das vegetative Nervensystem modulieren die Hormone die Aktivität der Darmmuskulatur. Schließlich wird die Darmmuskulatur direkt und über das enterale Nervensystem durch **Dehnung des Lumens** aktiviert. Auf diese Weise wird der Darminhalt weiterbefördert und eine Überdehnung des jeweiligen Darmabschnittes normalerweise verhindert.

Kauen und Schlucken. Durch das Kauen werden die aufgenommenen Speisebestandteile zerkleinert und mit dem Speichel vermischt. Der Speisebrei wird dann durch die Zunge zum Gaumen geschoben und damit der Schluckvorgang eingeleitet, wobei der Nasopharynx durch Anheben des Gaumensegels und die Atemwege durch Zurückklappen der Glottis verschlossen werden. Der Schluckvorgang wird durch Afferenzen aus dem Gaumen reflektorisch ausgelöst (*Schluckreflex*), wobei die Afferenzen vorwiegend über den Nervus laryngeus superior zum Nucleus tractus solitarii und Nucleus ambiguus geleitet werden, die Efferenzen über die Nerven vagus (V_1), facialis (VII) und hypoglossus (XII). Im Ösophagus wird der Speisebolus durch eine Propulsionsbewegung weiterbefördert (s. Abb. 18.3) und erreicht binnen etwa 10 Sekunden

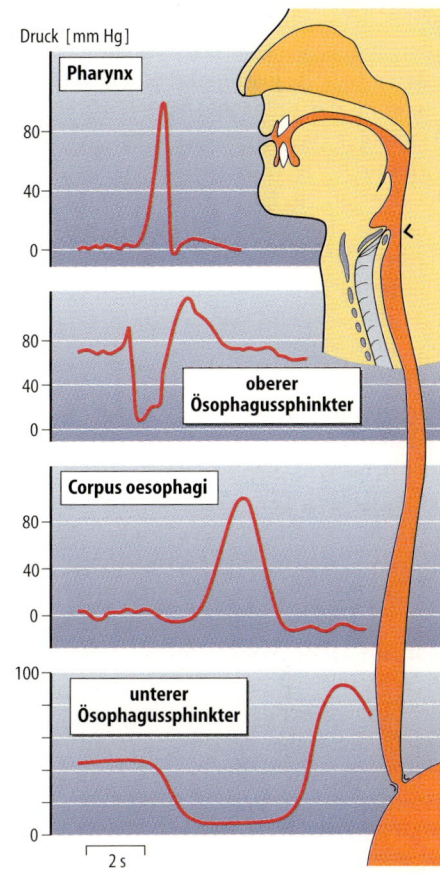

Abb. 18.3. Druckverläufe im Pharynx (oben) und verschiedenen Abschnitten des Ösophagus beim Schlucken. Beachte, daß im oberen und unteren Ösophagussphinkter der Druck in Ruhe deutlich höher ist als in angrenzenden Abschnitten und beim Schlucken vorübergehend abnimmt (nach Vaupel aus Schmidt et al. 2000)

den Magen. Ein Zurückweichen des Speisebolus wird vor allem durch die beiden Ösophagussphinkteren verhindert, Verstärkungen der Ringmuskulatur, die in Ruhe einen relativ hohen Muskeltonus aufweisen und einen entsprechenden hohen luminalen Druck von bis zu 40 mmHg (5 kPa) erzeugen. Sie erlauben durch kurzfristiges Erschlaffen die Passage des Speisebolus und behalten nach Passage des Speisebolus einen gesteigerten Tonus bei. Der obere Ösophagussphinkter liegt im Bereich des Kehlkopfes, der untere Ösophagussphinkter am Übergang zum Magen. Die Erschlaffung des unteren Ösophagussphinkters setzt bereits ein, wenn der Bolus das obere Drittel des Ösophagus passiert hat (s. Abb. 18.3). Sie wird durch VIP vermittelt (s. Tabelle 18.5). Bei der genetisch bedingten Ösophagusachalasie bleibt die Erschlaffung des unteren Ösophagussphinkters aus und es kommt bei den betroffenen Neugeborenen unmittelbar nach Nahrungsaufnahme zu schwallartigem Erbrechen.

Magenmotorik. Durch den Schluckreflex und durch Dehnung des Ösophagus wird über den Vagus eine Erschlaffung der Magenmuskulatur ausgelöst (*rezeptive Relaxation*), die eine Dehnung des Magens bis zu etwa 1,5 l ohne luminale Drucksteigerung zuläßt. Die beteiligten Transmitter sind weder (Nor)adrenalin noch Acetylcholin (**n**onadrenergic, **n**oncholinergic = NANC). Die rezeptive Relaxation des Magens erlaubt die vorübergehende Speicherung der aufgenommenen Nahrung. Durch Propulsionsbewegungen wird dann der Mageninhalt in Richtung des *Pylorus* befördert. Bei Ankunft einer Kontraktionswelle kontrahiert der Pylorus mit kurzer Verzögerung, sodaß nur ein kleiner Teil (ca. 10 ml) und nur kleine Partikel des transportierten Speisebolus in das Duodenum entweichen kann. Der Rest prallt an den fest verschlossenen Pylorus und wird wieder in den Magen zurückgeschleudert. Auf diese Weise wird erreicht, daß nur ein kleiner Teil des Mageninhaltes auf einmal in das Duodenum gelangt und daß der restliche Teil des Bolus wirkungsvoll durchmischt wird. Flüssigkeiten passieren den Pylorus wesentlich schneller als feste Nahrungsbestandteile (Verweildauer 1–5 Stunden). Auch bei leerem Magen tritt etwa alle zwei Stunden eine etwa fünf Minuten dauernde Serie von peristaltischen Wellen mit einer Frequenz von etwa 3/min auf (*Leerkontraktionen*), Folge der periodischen Überschwelligkeit des basalen elektrischen Tonus (s. oben).

Dünndarmmotorik. Bei Übertritt von Speisebrei in den Dünndarm treten Segmentationsbewegungen mit einem Rhythmus von etwa 1/min auf. Diese Bewegungen werden immer wieder durch Propulsionsbewegungen unterbrochen, die flüssigen Darminhalt in etwa zwei Stunden, feste Bestandteile in über drei Stunden vom Duodenum zum Zäkum transportieren. Am Übergang zum Zäkum ist die Ringmuskulatur verstärkt und erzeugt einen luminalen Druck von etwa 20 mmHg (2 kPa). Der Tonus dieses Sphinkters wird bei Drucksteigerung im terminalen Ileum gesenkt, bei Drucksteigerung im initialen Zäkum gesteigert. Auch bei *leerem Dünndarm* treten etwa alle 2 Stunden Phasen von Segmentationsbewegungen auf, die nach Minuten bis Stunden von einer Serie von über hundert Propulsionsbewegungen (ca. 10/min) abgelöst werden. Grundlage dieser Bewegungen ist die basale elektrische Aktivität der Muskelzellen.

Dickdarmmotorik. Das Kolon wird durch lokalisierte Kontraktionen der Ringmuskulatur segmentiert (Haustren). Bis zu drei Mal am Tag tritt eine massive Propulsionbewegung auf (*colon rush*), die sich über das gesamte Kolon erstreckt. Das Auftreten dieses colon rush wird durch Magendehnung bei Nahrungsaufnahme stimuliert. Im Kolon jedoch treten nicht nur Segmentationsbewegungen und Propulsionsbewegungen auf, sondern auch retrograde Peristaltik, welche den Darminhalt wieder vom Sigmoid in das Zäkum zurücktransportieren kann. Die Verweildauer von Darminhalt im Kolon ist sehr variabel (12–24 Stunden).

Defäkation. Der Anus wird durch den parasympathisch innervierten (S2–S4) Sphincter ani internus und den somatomotorisch innervierten (Nervus pudendus aus S4) Sphincter ani externus verschlossen. Stimulus für die Einleitung der Defäkation ist eine Zunahme des Druckes im Rektum. Sie fördert einerseits die Zunahme der Propulsionsbewegungen im Dickdarm und andererseits die Erschlaffung des internen

Sphincter ani. Ist eine Defäkation unerwünscht, dann kann sie durch willkürliche Kontraktion des äußeren Sphinkters, des Musculus puborectalis und des Musculus levator ani unterbunden werden. Die Muskulatur des Rektum erschlafft dann und paßt sich dem neuen Dehnungszustand an. Wird die Defäkation willkürlich zugelassen, dann setzt der Defäkationsreflex ein. Die Darmmuskulatur in Sigmoid und Rektum kontrahieren und beide Sphinkteren erschlaffen. Der Defäkationsreflex wird durch die Bauchpresse unterstützt, eine willkürliche Drucksteigerung im Bauchraum durch Kontraktion der thorakalen Exspirationsmuskulatur bei geschlossener Epiglottis und Kontraktion der Bauchmuskulatur.

Erbrechen. Erbrechen wird durch Reizung von Neuronen im Bereich des Nucleus tractus solitarii ausgelöst („Brechzentrum"). Sie erhalten Afferenzen aus dem Magen-Darmtrakt, von Neuronen der Area postrema (s. Kap. 11.2) und von verschiedenen sensorischen Hirnrealen. Erbrechen soll in erster Linie die Aufnahme schädlicher Nahrungsbestandteile verhindern. Es kann durch

- ekelerregende Gerüche oder
- visuelle Reize,
- durch Berührung der Rachenhinterwand,
- durch Reizung der Magenschleimhaut (Gifte, Entzündung),
- durch Überdehnung des Magens,
- durch Kontakt von einigen Giften mit der im Hirnstamm gelegenen Area postrema
- durch Hirndrucksteigerungen,
- durch Überreizung der Gleichgewichtsorgane und
- durch massive Schmerzen

ausgelöst werden. Schließlich tritt Erbrechen aus nicht hinreichend geklärten Gründen zu Beginn einer Schwangerschaft gehäuft auf. Einige Substanzen lösen Erbrechen durch direkte Reizung von Neuronen aus.

Beim *Ablauf des Erbrechens* sind glatte und quergestreifte Muskeln beteiligt: Durch Kontraktion von Zwerchfell, thorakaler Exspirationsmuskulatur bei geschlossener Epiglottis und Kontraktion der Bauchmuskulatur wird der Druck im Bauchraum erhöht und damit der Mageninhalt aus dem erschlafften Magen katapultiert. Durch retrograde Peristaltik der Dünndarmmuskulatur und durch Kontraktion der Gallenblase können Dünndarminhalt und Galle in den Magen befördert und damit erbrochen werden. *Begleitphänomene* von Erbrechen sind häufig Übelkeit, Speichelfluß, Blutdruckabfall, Tachykardie, periphere Vasokonstriktion (Blässe) und Schweißausbruch.

18.3 Gastrointestinale Sekretion

In den verschiedenen Abschnitten des Gastrointestinaltraktes wird eine Vielzahl unterschiedlicher Sekrete in das Lumen abgegeben. Insgesamt erreicht das Volumen täglich sezernierter Flüssigkeit etwa 8 Liter (s. Abb. 18.4, Tabelle 18.6). Die Sekrete sind für eine normale Verdauung und Absorption von Nahrungsbestandteilen erforderlich.

Speichel. Durch die Flüssigkeit und den Schleim des Speichels werden aufgenommene Nahrungsbestandteile aufgeweicht und für den Schluckvorgang geschmeidig gemacht. Das kohlenhydratverdauende Enzym α-Amylase erlaubt bereits im Mund den Beginn der Verdauung (s. Tabelle 18.7). Der hohe Bikarbonatgehalt des Speichels schützt die Zähne vor Entmineralisierung (s. Kap. 17.5). Schließlich enthält der Speichel einige Bestandteile der Immunabwehr (v.a. Immunglobulin A, Lysozym, Rhodanidionen, s. Kap. 12.3). Der Speichel wird von den jeweils paarigen Glandulae parotides, submandibulares und sublinguales sezerniert. Dabei ist der Speichel der Parotiden dünnflüssig, der Speichel der Glandulae submandibulares und in noch stärkerem Ausmaß der Speichel der Glandulae sublinguales durch den Gehalt an Glykosaminoglykanen (Schleim) zähflüssig. Der Primärspeichel wird in den Azini der Speicheldrüsen gebil-

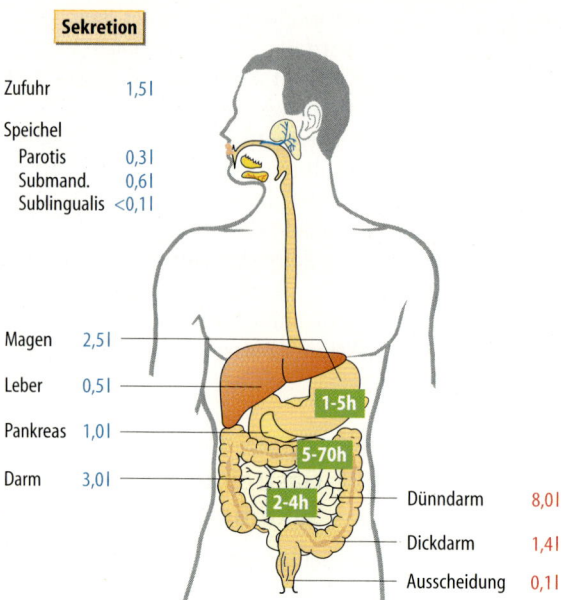

Sekretion	
Zufuhr	1,5 l
Speichel	
Parotis	0,3 l
Submand.	0,6 l
Sublingualis	<0,1 l
Magen	2,5 l
Leber	0,5 l
Pankreas	1,0 l
Darm	3,0 l

1-5h	
5-70h	
2-4h	
Dünndarm	8,0 l
Dickdarm	1,4 l
Ausscheidung	0,1 l

Tabelle 18.6. Mittlere Konzentrationen (mmol/l) von Elektrolyten in gastrointestinalen Sekreten und Stuhlwasser (die Werte unterliegen im allgemeinen großen Schwankungen)

	Speichel	Magen-saft	Pankreas-saft	Leber-galle	Darm-sekrete	Stuhl-wasser
Na^+	80	60	140	140	120	30
K^+	20	20	5	5	5	70
Ca^{++}	1,5	1,5	1,5	2	1,5	70
Cl^-	40	100	60	90	100	10
HCO_3^-	60	–	70	40	30	–
pH	7,8	2	7,8	7,7	7,5	–
Volumen (l/24 h)	1	2	1	1	3	0,2

det. Seine Elektrolytzusammensetzung entspricht derjenigen des Extrazellulärraums, d.h. der Primärspeichel weist hohe Na^+-und Cl^--Konzentrationen auf. Entlang der Drüsengänge werden nun Na^+ und Cl^- resorbiert und HCO_3^- sezerniert. Die beteiligten zellulären Mechanismen sind in Abbildung 18.5 dargestellt. Die Drüsengänge sind wenig wasserpermeabel, NaCl wird also resorbiert, ohne daß Wasser folgen kann. Am Ende der Drüsenausführungsgänge tritt somit bei mittlerer Sekretionsrate ein kochsalzarmer, hypotoner, HCO_3^--reicher Speichel aus (s. Abb. 18.5). Bei Zunahme der Sekretionsrate steigen Na^+-Konzentration und Osmolarität an (s. Abb. 18.5). Sowohl Sympathikus als auch Parasympathikus können die Speichelsekretion stimulieren. Unter dem Einfluß des Parasympathikus (Acetylcholin) werden große Mengen

Tabelle 18.7. Kohlenhydratspaltende Enzyme

Enzym	Lokalisation	Mangelsymptome
α-Amylase	Parotis, Pankreas, Darm	
Oligo-1,6-Glukosidase (Isomaltase)	Darmepithel	Isomaltoseintoleranz
α-Glukosidase (Maltase)	Darmepithel	
β-Galaktosidase (Laktase)	Darmepithel	Laktoseintoleranz
β-Fruktosidase (Saccharase)	Darmepithel	Saccharoseintoleranz
Endopeptidasen		
Pepsine (A, B, C)	Hauptzellen, Magen	
Trypsin, Chymotrypsin (A, B, C)	Pankreas	Eiweißmangel
Elastase (Pankreatopeptidase)	Pankreas	
Enterokinase (Enteropeptidase)	Darmepithel	Eiweißmangel
Exopeptidasen		
Karboxypeptidasen (A, B)	Pankreas	
Leucinaminopeptidase	Gallenwegs-, Darmepithel	
sonstige Peptidasen		
Dipeptidasen, Tripeptidasen	Darmepithel	
(Kallikrein A, B	Pankreas)	
Fettspaltende Enzyme		
Lipase (Triacylglyzerinlipase), Colipase	Pankreas	Fettstühle
Phospholipase A, B	Pankreas	
Sterinesterhydrolase	Pankreas	
sonstige Enzyme		
Ribonukleasen (A–D)	Pankreas	
Desoxyribonukleasen (A–D)	Pankreas	

dünnflüssigen Speichels sezerniert. Der Sympathikus (Noradrenalin) stimuliert die Sekretion von zähflüssigem, stark schleimhaltigem Speichel. Bei längerer Sympathikuswirkung versiegt die Speichelsekretion völlig.

Über Aktivierung des Parasympathikus stimulieren

- appetitliche Düfte,
- Erregung von Geschmacksrezeptoren,
- die visuelle Wahrnehmung oder
- auch nur die Vorstellung von Eßbarem bzw. die Erwartung der Nahrungszufuhr die Speichelsekretion (s. Kap. 10.5).

Salzsäuresekretion im Magen. Im Magen werden durch die Belegzellen Salzsäure, und durch die Hauptzellen Pepsinogen, die inaktive Vorstufe des für die Proteinverdau-

ung wichtigen Enzyms *Pepsin* (s. Tabelle 18.7) sezerniert. Die Belegzellen sezernieren ferner den *Intrinsic factor*, ein Glykoprotein, das für die Absorption von Vitamin B_{12} erforderlich ist (s. unten). Der zelluläre Mechanismus der Salzsäuresekretion ist in Abbildung 18.6 dargestellt. Die Belegzelle ist in der Lage, nahezu isotone Salzsäure zu sezernieren. Im Magenlumen wird ein pH von etwa 2 erreicht. Durch das saure Magenlumen werden etwa aufgenommene Erreger vernichtet und Nahrungsbestandteile angegriffen. Zudem wird im sauren Magenmilieu Pepsinogen zu Pepsin aktiviert, ein Enzym, das seine höchste Aktivität in saurem Milieu erzielt.

Regulation der H^+-Sekretion im Magen. Wegen der besonderen pathophysiologi-

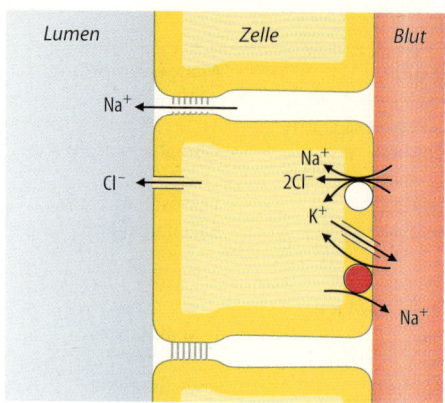

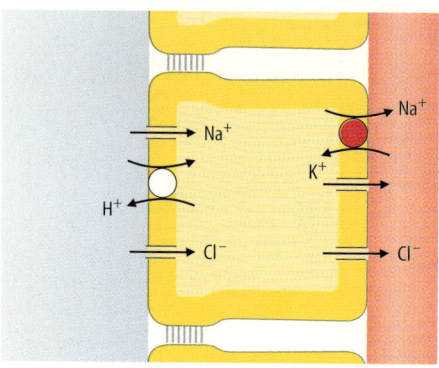

Elektrolyt-Konzentration [mmol/l]

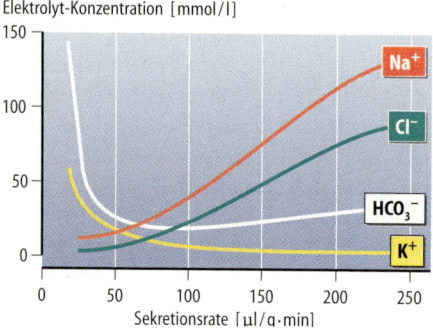

Abb. 18.5. Speichelsekretion

(s. Tab. 18.5). Gastrin wird in G-Zellen der Magenwand gebildet. Seine Ausschüttung wird u.a. durch den Parasympathikus (Vagus) stimuliert. Dabei ist der parasympathische Transmitter nicht Acetylcholin, sondern vermutlich ein Peptid (gastrin releasing peptide). Die Wirkung beider Mediatoren wird durch Histamin (über H_2-Rezeptoren) aus Mastzellen in der Magenwand potenziert. Hemmung der Histaminwirkung durch entsprechende H_2-Antagonisten (z. B. Cimetidin) bringt die gastrale HCl-Sekretion zum Erliegen.

Wie die Speichelsekretion wird auch die Gastrin- und Salzsäuresekretion über den Parasympathikus stimuliert

● durch sensorische Einflüsse, Vorstellungen von Eßbarem bzw. Erwartung von Nahrungszufuhr (*zephalische Phase*).

● durch Magendehnung und bestimmte Nahrungsbestandteile, wie Oligopeptide und Aminosäuren (betrifft die Gastrinsekretion, s. Abb. 18.7).

● direkt durch Nahrungsbestandteile, wie Kaffee (auch koffeinfrei), Kalzium, Alkohol, Wein und Bier (auch alkoholfrei) (betrifft Salzsäuresekretion, *gastrische Phase*).

Nach Übertritt von Mageninhalt kommt es zu einer Ansäuerung des Duodenallumens. Der pH-Abfall stimuliert die Ausschüttung von Sekretin aus sogenannten S-Zellen des Duodenums. Sekretin hemmt einerseits die Gastrinsekretion im Magen und stimuliert andererseits die Sekretion von HCO_3^--reichem Pankreassaft, der den Inhalt des Duodenum neutralisiert (*intestinale Phase*, s. unten). Neben Sekretin werden im Darm einige weitere Mediatoren gebildet, welche die Sekretion im Magen hemmen, v.a. Gastric inhibitory polypeptide (GIP), Cholecystokinin (CCK), Peptide YY, und Neurotensin (s. Tabelle 18.5).

Ulkuskrankheit. Die *Aggressivität der Salzsäure* beschränkt sich nicht nur auf Nahrungsbestandteile, sondern greift auch körpereigene Substanz an. Bei übermäßigem

schen Bedeutung inadäquater H^+-Sekretion im Magen (s. unten) erlangt die *Regulation der gastralen Salzsäuresekretion* besonderes medizinisches Interesse. Die Salzsäuresekretion wird durch den Parasympathikus (Acetylcholin) und durch Gastrin stimuliert

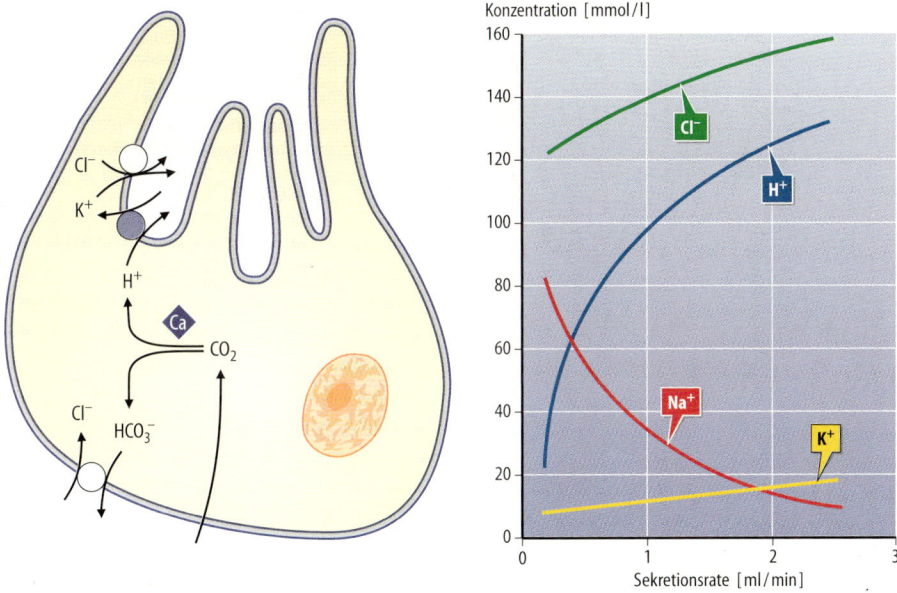

Abb. 18.6. Salzsäuresekretion im Magen. Zelluläre Mechanismen (links, ca. = Karboanhydrase), Zusammensetzung des Magensaftes in Abhängigkeit von der Sekretionsrate (rechts)

Übertritt von saurem Mageninhalt in das ungeschützte Duodenum „brennt" die Salzsäure Löcher in die Darmwand. Die Magenwand wird normalerweise durch die Sekrete der Nebenzellen geschützt, welche die Oberfläche mit einem Schleim überziehen, den sie durch HCO_3^--Sekretion alkalisch halten. Die Sekretion der Nebenzellen wird durch Prostaglandine stimuliert, die somit eine protektive Wirkung auf die Magenschleimhaut ausüben. Darüber hinaus hemmen Postaglandine die H^+-Sekretion und bewirken eine Vasodilatation. Hemmung der Prostaglandinsynthese durch Pharmaka (nichtsteroidale antientzündliche Pharmaka) oder durch Kortisol (s. 21.10) mindert den Schutz und begünstigt die Entwicklung von Ulzera. Bei Infektion mit dem Erreger Helicobacter pylori werden nicht nur die protektiven Mechanismen geschwächt, sondern auch die Gastrinsekretion stimuliert. Ca^{++} aktiviert über einen Ca^{++}-Rezeptor die Sekretion von Gastrin. Gleichzeitig hemmt Ca^{++} über den gleichen Rezeptor die HCO_3^--Sekretion im Pankreas.

Hyperkalzämie führt daher gleichfalls häufig zur Ulkuskrankheit. Schließlich begünstigen Alkoholkonsum und Rauchen über eine Stimulation der H^+-Sekretion und Schwächung der protektiven Mechanismen die Entwicklung von Ulzera. Die Ulkuskrankheit kann durch Hemmer der K^+/H^+-ATPase oder durch H_2-Rezeptoren-Blocker wirkungsvoll behandelt werden (s. oben).

Pankreas. Der Pankreassaft erlaubt einerseits die Neutralisierung des aus dem Magen in das Duodenum gelangten sauren Nahrungsbreis (s. Abb. 18.8), zum anderen enthält er eine Vielzahl von Verdauungsenzymen (s. Tabelle 18.7). Die *Bikarbonatsekretion* ist eine Leistung der Schaltzellen des Pankreasganges, die HCO_3^- im Austausch gegen Cl^- in das Lumen sezernieren (s. Abb. 18.8). Der HCO_3^--Gehalt steigt mit dem sezernierten Volumen des Pankreassaftes (s. Abb. 18.8), da Sekretin gleichzeitig die Bikarbonat- und Flüssigkeitssekretion stimuliert. Im Gegensatz zum Mundspeichel ist der Pankreassaft immer isoton (s. Abb.

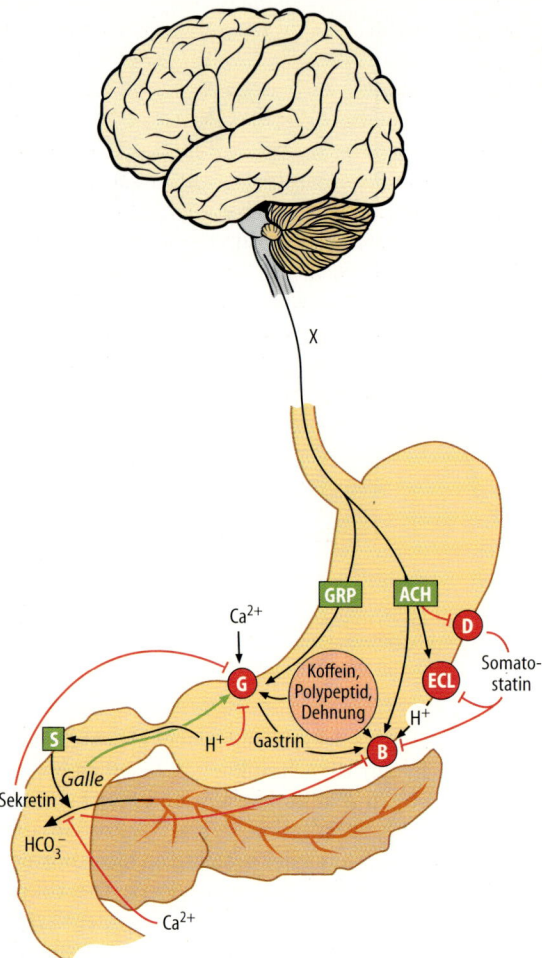

18.8). Die *Enzymsekretion* ist eine Leistung der Azinuszellen des Pankreas. Die peptidspaltenden Enzyme und die Phospholipase A werden als inaktive Proenzyme sezerniert. Damit soll eine Selbstverdauung des Pankreas bei Rückstau von Pankreassaft vermieden werden (s. unten). Dennoch kommt es nicht selten zu einer vorzeitigen Aktivierung der Enzyme und damit zu einer Zerstörung des Pankreasgewebes (akute Pankreatitis). Die Sekretion elektrolytreichen Pankreassaftes wird durch *Sekretin* stimuliert (s. oben), die Sekretion von Enzymen durch *Cholecystokinin* (CCK, s. Tabelle 18.5). CCK wird aus CCK Zellen des Duodenum und Jejunum freigesetzt. Die Sekretion von CCK wird u.a. durch kurze Fettsäuren, Glukose, Aminosäuren und Ca^{++} stimuliert. Der Pankreasgang mündet gemeinsam mit dem Gallengang im Duodenum. Die Öffnung kann durch den Oddi-Sphinkter verschlossen werden, wodurch ein Reflux von Darminhalt verhindert werden soll. Inadäquate Kontraktion des Sphinkters kann freilich einen Rückstau von Galle und Pankreassaft zur Folge haben.

Galle. Die Galle enthält mit den *Gallensäuren* Emulgatoren, welche Lipide im Darminhalt in Lösung bringen können. Die Gal-

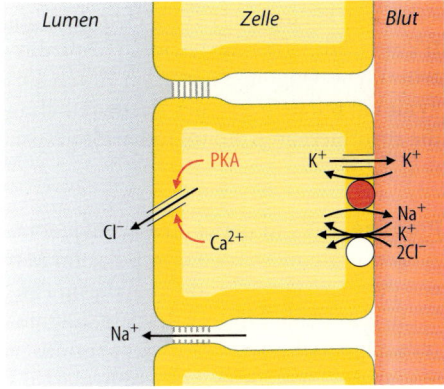

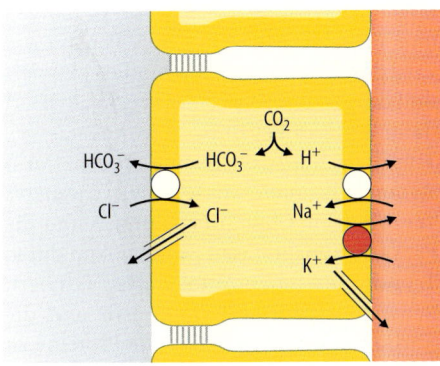

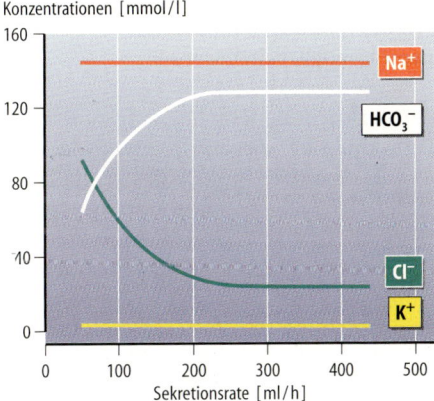

Konzentrationen [mmol/l]

Abb. 18.8. Sekretion von Pankreassaft. Zelluläre Mechanismen der Sekretion in den Azinuszellen (oben) und des Transports in den Gangzellen (Mitte), Zusammensetzung des Pankreassaftes in Abhängigkeit von der Flußrate (unten)

lensäuren sind amphipathisch, d.h. sie haben wasser- und lipidlösliche Anteile. Sie bilden Mizellen, an deren Oberfläche die Gallensäuren mit ihrem wasserlöslichen Anteil in die wässrige Lösung tauchen und mit ihrem lipidlöslichen Anteil einen lipophilen Mantel um die emulgierten Lipide bilden. Bei Mangel an Gallensäuren ist die Lipidabsorption gestört. Die Gallensäuren werden im Ileum wieder sekundär aktiv absorbiert (s. Tabelle 18.8) und stehen damit erneut in der Leber zur Sekretion bereit (enterohepatischer Kreislauf der Gallensäuren). Weitere organische Bestandteile der Galle sind

- *Cholesterin*,
- *Phospholipide*,
- *Pharmaka* und sonstige körperfremde Stoffe (*Xenobiotica*),
- *Steroide* und
- *Gallenfarbstoffe* (Abbauprodukte des Häms aus Hämoglobin).

Die Substanzen werden teilweise zuvor durch Oxidierung und Koppelung an Glukuronsäure (siehe Biotransformation) wasserlöslich gemacht, sodaß sie nicht mehr aus den Gallenwegen oder dem Darmlumen zurückdiffundieren können. Die Elektrolytzusammensetzung der Galle geht aus Tabelle 18.6 hervor. Die Galle wird von Hepatozyten in die *Gallenkanalikuli* sezerniert, Hohlräume, die von zwei benachbarten Hepatozyten gebildet werden. Unter anderem werden negativ geladene Gallensäuren und Bikarbonat in die Kanalikuli sezerniert, das Lumen wird dadurch negativ. Na^+ folgt an den Zellen vorbei (parazellulär) dem elektrischen und Wasser dem osmotischen Gradienten. Die Galle der Kanalikuli wird in den Gallengängen gesammelt, die sich schließlich zum Ductus choledochus vereinen. Über den Ductus cysticus steht der Ductus choledochus mit der *Gallenblase* in Verbindung, deren Epithel die Galle bis auf das Achtfache eindicken kann. Auch das Epithel der Gallengänge kann die Gallenzusammensetzung modifizieren. Cholecystokinin (CCK) stimuliert die Kontraktion der

Gallenblase, bewirkt eine Erschlaffung des Oddi-Sphinkter und stimuliert damit die Entleerung von Galle in den Darm.

Darm. Die sogenannten Brunner'schen Drüsen in der Duodenalwand sezernieren enzym- und bikarbonatreiches wässriges Sekret. Becherzellen in der Darmschleimhaut sezernieren andererseits Glykosaminoglykane (Schleim). In den Krypten des Darmepithels wird schließlich NaCl sezerniert, wobei wiederum die gleichen Mechanismen eingesetzt werden wie bei der Sekretion von primärem Pankreassaft (s. Abb. 18.8). Die Cl^--Kanäle und damit die NaCl-Sekretion werden u.a. durch VIP stimuliert. VIP wirkt über Aktivierung der Adenylatzyklase und damit Bildung von cAMP. Choleratoxin stimuliert gleichfalls die Adenylatzyklase und imitiert damit die Wirkung von VIP. Die bei Cholera massiv gesteigerte NaCl-Sekretion verursacht die wässrigen Durchfälle.

18.4 Verdauung

Die mit der Nahrung aufgenommenen Kohlenhydrate, Proteine und Fette liegen zum Teil in Form von Makromolekülen vor, die als solche nicht absorbiert werden können und die als körperfremde Substanzen antigene Eigenschaften aufweisen, also bei Übertritt in das Blut das Immunsystem aktivieren können. Durch die Verdauung werden die Moleküle gespalten und in absorbierbare, nicht mehr antigen wirksame Einzelkomponenten überführt.

Kohlenhydrate. Die mit der Nahrung aufgenommene Stärke wird durch α-Amylase aus dem Speichel, dem Pankreassaft und den Brunner'schen Drüsen des Darmes aufgespalten (s. Tabelle 18.7 und Abb. 18.9). Das Enzym kann nur 1,4 glykosidische Verbindungen spalten, nicht jedoch 1,6 glykosidische Verbindungen oder 1,4 glykosidische Verbindungen in unmittelbarer Nachbarschaft von 1,6 glykosidischen Verbindungen. Abbauprodukte der α-Amylase sind das Di-

saccharid Maltose, das Trisaccharid Maltotriose und Oligosaccharide (Grenzdextrine). Die Oligomere werden durch Enzyme am Bürstensaum des Darmepithels in die absorbierbaren Monosaccharide gespalten.

Proteine. Die mit der Nahrung aufgenommenen Proteine werden durch das im Magen gebildete Pepsin und durch die im Pankreas gebildeten Enzyme Trypsin, Chymotrypsin, Elastase und Karboxypeptidasen gespalten (s. Tabelle 18.7 und Abb. 18.9). Bis auf die Elastase werden die Enzyme zunächst in inaktiver Form sezerniert (Pepsinogen, Trypsinogen, Chymotrypsinogen und Prokarboxypeptidasen). Pepsinogen wird durch das saure Magenmilieu aktiviert und das dabei entstehende Pepsin aktiviert dann weiteres Pepsinogen (Autokatalyse). Trypsinogen wird durch eine aus dem Darm stammende Enterokinase aktiviert, weiteres Trypsinogen, Chymotrypsinogen und die Prokarboxypeptidasen werden dann durch Trypsin und durch Autokatalyse aktiviert. Pepsin, Trypsin, Chymotrypsin und die Karboxypeptidasen bauen die Proteine zu Oligopeptiden ab, die durch enterale Oligopeptidasen, Peptidasen und Aminopeptidasen in einzelne Aminosäuren, Di- und Tripeptide aufgespalten werden.

Fette. Durch die Nahrung aufgenommene Fette sind überwiegend Triglyzeride. Weitere Bestandteile sind Cholesterin, Cholesterinester, Phospholipide und Glykolipide. Die Fette sind in Wasser nicht löslich und fließen ohne Emulgierung zu großen Fetttröpfchen (etwa 100 nm) zusammen, die keine Spaltung und Absorption erlauben. Durch die Gallensäuren werden die Fette in etwa 5 nm große Mizellen aufgelöst, wodurch die einzelnen Fette dem Abbau und der Absorption zugänglich gemacht werden. Die Spaltung von Triglyzeriden wird vor allem durch Lipasen (A,B) aus dem Pankreas bewerkstelligt (s. Tabelle 18.7 und Abb. 18.9). Darüber hinaus wird noch von der Zunge (vorwiegend bei Säuglingen) und

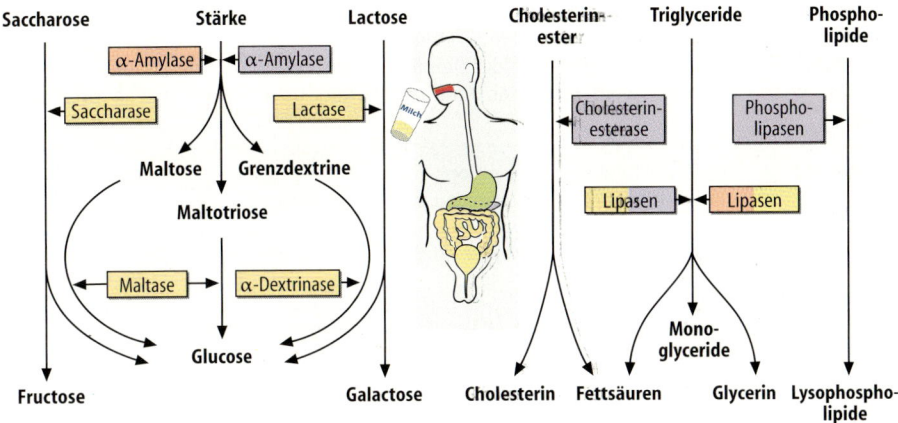

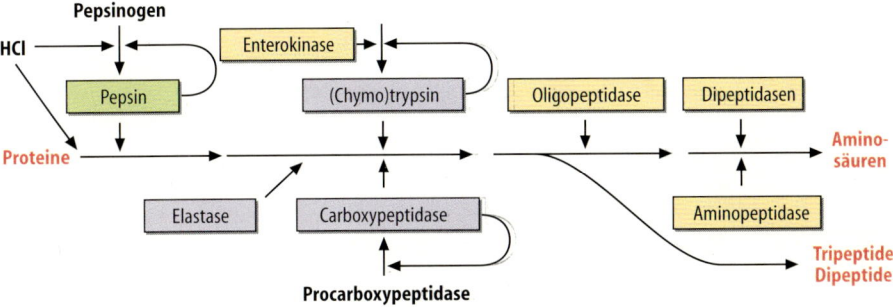

Abb. 18.9. Verdauung von Kohlenhydraten, Fetten und Proteinen

dem Darm Lipase abgegeben. In der Muttermilch ist ferner eine Lipase, welche bei der Fettverdauung des Neugeborenen mitwirkt. Die Lipasen spalten aus Triglyzeriden einzelne Fettsäuren ab, wodurch freie Fettsäuren, Glyzerin, Mono- und Diglyzeride entstehen. Phospholipide werden durch Phospholipasen aus dem Pankreas (v.a. Phospholipase A_2) zu absorbierbaren Lysophospholipiden abgebaut. Die Phospholipasen werden im Gegensatz zu den Lipasen in inaktiver Form in den Pankreassaft abgegeben und (normalerweise) erst im Darmlumen durch Gallensäuren (und Ca^{++}) aktiviert. Cholesterinester werden durch eine aus dem Pankreas stammende Cholesterinesterase gespalten, Glykolipide durch die Bürstensaumlaktase-Phlorizinhydrolase.

18.5 Absorption

Strukturelle Organisation enteralen Transports. Die enterale Absorption ist eine Aufgabe der Epithelzellen von Dünn- und Dickdarm. Durch die Bildung von Falten, Zotten und Mikrovilli wird die Oberfläche des **Dünndarms** um einen Faktor von etwa 600 auf 200 m² vergößert. Die Absorption findet an der Zottenoberfläche statt, während in den Krypten zwischen den Zotten hauptsächlich sezerniert wird. In den Krypten werden durch Zellteilung ständig neue Epithelzellen gebildet, die zur Zottenspitze wandern und dort abgestoßen werden. Auf diese Weise wird das Dünndarmepithel alle 3–6 Tage erneuert. Während der Wanderung zur Zottenoberfläche wandeln sich die

Tabelle 18.8. Resorption von Nahrungsbestandteilen. Dabei ist derjenige Resorptionsort angegeben, welcher unter normalen Bedingungen die Masse der jeweiligen Substanz resorbiert. Bei entsprechendem Angebot können auch die distaleren Darmabschnitte (z. B. Ileum für Jejunum) in die Resorption einbezogen werden, d.h. der Dünndarm verfügt über eine erhebliche funktionelle Reserve

Substanz	hauptsächlicher Resorptionsort	Resorptions-mechanismus	isolierte Resorptionsdefekte	Folgen
Glukose	Duodenum	sekundär aktiv		Diarrhö, Dehydration
Galaktose	Jejunum	sekundär aktiv	Glukose-Galaktose Malabsorption	
Fruktose	Jejunum	passiv	–	–
neurale Aminosäuren	Jejunum	sekundär aktiv	Hartnup-Krankheit	Störungen des ZNS
Tryptophan	Jejunum	sekundär aktiv	Tryptophanmal-absorption	Wachstums-störungen
Methionin	Jejunum	sekundär aktiv	Methioninmal-absorption	Störungen des ZNS
Zystin	Jejunum	sekundär aktiv	Zystinurie	Nephrolithiasis
Glyzin (Hydroxy-)Prolin	Jejunum	sekundär aktiv	Iminoglyzinurie	meist symptom-los
basische Aminosäuren	Jejunum	tertiär aktiv	familiäre Protein-intoleranz	Diarrhö
saure Aminosäuren	Jejunum	tertiär aktiv	–	
Lipide inkl. fett-lösl. Vitamine (ADEK)	Duodenum bis Ileum	passiv	Morbus Whipple	Fettstühle Vitaminmangel
Gallensäuren	Ileum	aktiv	–	–
Vitamin B_{12}	Ileum	aktiv	Mangel an Intrinsic factor	Anämie, Myelose
Aneurin	Jejunum	aktiv	–	–
Folsäure	Jejunum	aktiv	–	–
Natrium	gesamter Darm	aktiv	–	–
Chlorid	gesamter Darm	passiv	Chloridorrhoe	Diarrhö, Alkalose
Wasser	gesamter Darm	osmotisch	–	–
Kalzium	Duodenum	aktiv, passiv	Vitamin-D-Mangel	Osteomalazie
Phosphat	Dünndarm	sekundär aktiv	Vitamin-D-Mangel	Osteomalazie
Eisen	Dünndarm	sekundär aktiv	Gastroferrin-Mangel	Anämie

Zellen von sekretorischen Zellen in absorbierende Zellen um. Im *Dickdarm* wird die Oberfläche durch Haustren (s. Kap. 18.2), Krypten und Mikrovilli vergrößert. Auch im Dickdarm wird in den Krypten hauptsächlich sezerniert und an der Oberfläche absorbiert.

Na^+, K^+, H_2O. Die Masse gastrointestinaler Absorption wird durch den Dünndarm, d.h. Duodenum, Jejunum und Ileum bewerkstelligt. Im Dünndarm werden täglich etwa 8 Liter isotone Flüssigkeit absorbiert, zum größten Teil isotone Sekrete des Gastrointestinaltraktes (s. Tabelle 18.6). Darüber hinaus müssen oral zugeführte Elektrolyte, Mineralien und organische Nahrungsbestandteile absorbiert werden. Die zellulären Mechanismen der Absorption im Dünndarm (Tabelle 18.8, Abb. 18.10) gleichen den Mechanismen proximal-tubulären Transportes. Zum Teil werden die gleichen Transportproteine eingesetzt, z.T. stark verwandte Transportmoleküle: In der Bürstensaummembran wird die zelluläre Aufnahme einer Reihe von Substraten durch Na^+-gekoppelten Transport bewerkstelligt, wobei

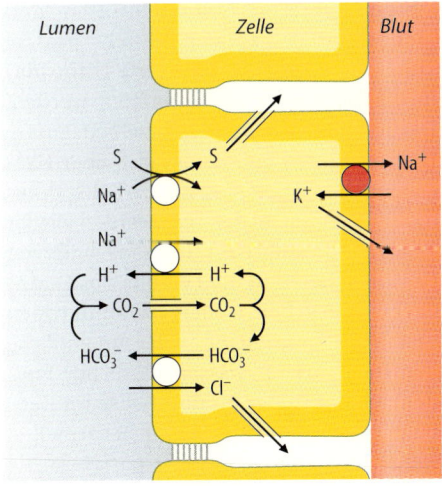

Abb. 18.10. Zelluläre Mechanismen der Absorption von NaCl und von Na^+-gekoppelten organischen Substraten im Dünndarm

das steile elektrochemische Gefälle von Na^+ in die Zelle die treibende Kraft liefert. Na^+ wird an der basolateralen Membran durch die Na^+/K^+-ATPase wieder aus der Zelle gepumpt. Das dabei transportierte K^+ verläßt die Zelle wieder über K^+-Kanäle. Die K^+-Kanäle sind im wesentlichen für das Membranpotential verantwortlich. Die Na^+-gekoppelten Transportprozesse hinterlassen ein (geringes) lumen-negatives Potential, das Na^+ durch Tight junctions treibt. Ferner werden Elektrolyte (v.a. Na^+ und K^+, aber auch Cl^-) über Solvent drag durch die Tight junctions getrieben. Der Wasserstrom folgt einem osmotischen Gradienten, der durch die zelluläre Na^+-Absorption geschaffen wird. Die Tight junctions sind im Duodenum sehr durchlässig (für Kationen mehr als für Anionen) und ermöglichen dort etwa 90 % der Na^+-Resorption. Zum Ileum nimmt die Permeabilität kontinuierlich ab und ist im Dickdarm sehr gering. Cl^- wird zum Teil transzellulär über einen Cl^-/HCO_3^--Austauscher absorbiert, HCO_3^- als CO_2, das im Darmlumen durch Sekretion von H^+ gebildet wird. Im Dickdarm weisen die Transportprozesse viel Ähnlichkeit mit den Transportprozessen im renalen Sammelrohr auf (s. Abb. 16.11). Wie in den Hauptzellen des Sammelrohres wird Na^+ über Na^+-Kanäle absorbiert. Die Depolarisation der luminalen Membran fördert die K^+-Sekretion durch K^+-Kanäle in dieser Membran. Zelluläres Na^+ wird über eine basolaterale Na^+/K^+-ATPase im Austausch gegen K^+ zur Blutseite transportiert. Die Na^+-Absorption und K^+-Sekretion im Dickdarm werden durch Aldosteron stimuliert, das die Kanäle und die ATPase aktiviert. Bei K^+-Mangel kann, wiederum wie im Sammelrohr, K^+ auch durch eine luminale K^+/H^+-ATPase zellulär resorbiert werden.

Ca^{++}. Ca^{++} kann sowohl passiv (über Tight junctions) als auch aktiv (transzellulär) absorbiert werden. An der luminalen Zellmembran tritt Ca^{++} über einen passiven, sättigbaren Transport ein, der durch das extrem hohe elektrochemische Gefälle für freies Ca^{++} getrieben wird. An der basolateralen Membran wird Ca^{++} durch eine Ca^{++}-ATPase und in geringem Umfang durch einen Na^+/Ca^{++}-Austauscher aus der Zelle gepumpt. Für den transzellulären Ca^{++}-Transport sind zelluläre Bindungsproteine bedeutsam, die als zelluläre Puffer bzw. Transportproteine wirken. Die transzelluläre Ca^{++}-Absorption wird durch Kalzitriol (s. Kap. 17.5) stimuliert, das Ca^{++}-Einstrom, Bindungsproteine und Ca^{++}-ATPase-Aktivität steigert.

Phosphat. Phosphat wird durch alkalische Phosphatase der Bürstensaummembran aus organischen Verbindungen freigesetzt. Es wird Na^+-gekoppelt in die Zelle aufgenommen. Der Transport wird durch Kalzitriol stimuliert.

Sulfat. Sulfat wird durch einen Na^+-gekoppelten Transport sekundär aktiv absorbiert. Der Transport hat eine ausgesprochen begrenzte Transportkapazität, sodaß durch Sulfatzufuhr eine osmotische Diarrhö ausgelöst werden kann.

Eisen. Eisen wird als zweiwertiges Kation (Fe^{2+}) über einen H^+-Fe^{2+}-Cotransporter in die Zelle aufgenommen. Fe^{3+} muß erst durch eine Ferrireduktase zu Fe^{2+} reduziert werden, um transportiert werden zu können. In der Zelle wird Fe^{2+} an Ferritin gebunden. Wird es nicht an das Blut weitergegeben, so gelangt es letztlich bei Untergang der Epithelzelle wieder in das Darmlumen. Bei Eisenmangel bindet ein „iron-regulating protein" (IRP) an die mRNA von Ferritin und hemmt auf diese Weise die Ferritinsynthese. Die herabgesetzte Bindung an Ferritin fördert die Weitergabe an das Blut, wo Fe^{2+} durch das Plasmaprotein Coeruloplasmin zu Fe^{3+} oxidiert wird und dann an das Plasmaprotein Apotransferrin bindet. Transferrin (Apotransferrin + 2 Fe^{3+}) wird v.a. von Erythroblasten aufgenommen, die Fe^{3+} herauslösen und Apotransferrin wieder ins Blut abgeben.

Zucker. Glukose und Galaktose werden durch ein Na^+-gekoppeltes Transportsystem der Bürstensaummembran in die Zelle aufgenommen und verlassen die Zelle wieder über ein Na^+-unabhängiges System. Auch der Polyalkohol Inositol wird Na^+-gekoppelt über die Bürstensaummembran transportiert. Fruktose wird hingegen durch einen passiven, Na^+-unabhängigen Transport (erleichterte Diffusion) in die Zelle aufgenommen.

Aminosäuren und Peptide. Die Absorption von Aminosäuren wird durch mehrere parallele Na^+-gekoppelte Transportsysteme (s. Tabelle 18.8, Abb. 18.10) und einen Aminosäureaustauscher bewerkstelligt. Der Austauscher profitiert von der zellulären Na^+-gekoppelten Akkumulation von neutralen Aminosäuren, die als Austauschpartner den Transport von basischen Aminosäuren und Zystein treiben („tertiär aktiver Transport"). Neben einzelnen Aminosäuren können auch Dipeptide und Tripeptide durch jeweils spezifische Transportsysteme über die Bürstensaummembran aufgenommen werden. Innerhalb der Zelle werden sie dann abgebaut und als Aminosäuren ins Blut abgegeben.

Lipide. Glyzerin, freie Fettsäuren und Monoglyzeride können durch passive Transportprozesse (erleichterte Diffusion) in die Darmzelle aufgenommen werden. Darüber hinaus können kurze Fettsäuren, Hydroxysäuren und Ketosäuren über Na^+-gekoppelten Transport in der Zelle akkumuliert werden. In der Zelle werden wieder Triglyzeride aufgebaut und innerhalb von Chylomikronen in die Lymphe des Dünndarms abgegeben. In den Chylomikronen vermitteln Apoproteine an der Außenfläche den Transport von wasserunlöslichen Lipiden, welche in der lipiden Phase im Zentrum akkumuliert werden. Gleichermaßen werden Lysophospholipide passiv in die Zelle aufgenommen, dort wieder zu Phospholipiden aufgebaut und in den Chylomikronen abgegeben. Auch Cholesterin wird über ein passives Transportsystem in die Zelle aufgenommen und in Chylomikronen eingebaut. Die Gallensäuren werden jedoch am Ende des Ileum Na^+-gekoppelt in die Zellen aufgenommen und passiv ins Pfortaderblut abgegeben. Auf diese Weise stehen sie einer erneuten Sekretion in die Galle zur Verfügung (enterohepatischer Kreislauf der Gallensäuren).

Vitamine. Die Absorption *fettlöslicher Vitamine* (A, D, E, K) erfordert wie die Absorption von Fetten die Emulsion durch Gallensäuren. Sie werden in der Zelle in Chylomikronen eingebaut und auf diese Weise in die Lymphe abgegeben. Für eine Reihe von *wasserlöslichen Vitaminen* existieren Na^+-gekoppelte Transportprozesse (C, Biotin, Thiamin, wahrscheinlich auch Pantothensäure, Riboflavin), sie werden also sekundär aktiv in die Zelle aufgenommen. Für Cholin, Nikotinsäure, Folsäure und Pyridoxalphosphat (bzw. Pyridoxine) ist kein spezifisches, aktives Transportsystem bekannt. Vitamin B_{12} (Kobalamin) wird von R-Proteinen des Speichels vor Zerstörung durch die Magensäure geschützt. Seine Resorption im Ileum erfordert die Bindung an den Intrinsic factor aus dem Magen.

Durchfall. Eine der häufigsten Erkrankungen des Gastrointestinaltraktes ist Diarrhö, also eine gesteigerte Ausscheidung von Darminhalt.
Mehrere Ursachen können Diarrhö auslösen:
- Die diätetische Zufuhr *nichtabsorbierbarer Nahrungsbestandteile* oder die Zufuhr von Mengen, welche das Transportmaximum übersteigen, führt zu einem Zurückbleiben dieser Nahrungsbestandteile im Darmlumen.
- Auch bei massiv *gesteigerter Sekretion* kann die Absorptionskapazität des Darms überfordert werden.
- Ferner kann bei *gestörter Verdauung* die Aufschlüsselung in absorbierbare Bestandteile verzögert sein.
- Schließlich können bei Vorliegen von *Transportdefekten* die aufgeschlossenen

Nahrungsbestandteile nicht hinreichend absorbiert werden.

Die nicht absorbierten Substanzen üben einen osmotischen Druck aus, der die Absorption von Wasser beeinträchtigt. Die folgende Dehnung des Darmlumens stimuliert die Darmmotorik, wodurch die Darmpassage beschleunigt wird (s. unten). Damit wird auch die Absorption normal zugeführter Nahrungsbestandteile beeinträchtigt. Eine *primär oder sekundär gesteigerte Darmmotorik* beschleunigt die Passage zugeführter Nahrungsbestandteile. Dadurch ist die Kontaktzeit für Verdauung und Absorption zu kurz, Nahrungsbestandteile werden nicht vollständig absorbiert und gelangen in distale Darmabschnitte, welche eine nur geringe oder keine Transportkapazität für die jeweiligen Substanzen aufweisen. Die nicht absorbierten Nahrungsbestandteile üben einen osmotischen Druck aus, der Wassereinstrom in das Lumen dehnt den Darm und fördert dann zusätzlich die Darmmotorik.

18.6 Aufgaben der Leber

Gallebildung. Die Leber ist die größte Drüse des Körpers. Die Hepatozyten bilden die Galle, die bei der Fettabsorption eine entscheidende Rolle spielt (s. Kap. 18.4). Über die Galle scheidet die Leber ferner eine Reihe von Substanzen aus. Noch wichtiger sind jedoch die vielen Stoffwechselleistungen der Leber (s. Tabelle 18.9).

Energiestoffwechsel. Die Leber spielt eine zentrale Rolle im Energiestoffwechsel. Die Leberzellen speichern Glykogen. Bei Hypoglykämie bauen sie das gespeicherte Glykogen ab und geben die freiwerdende Glukose in das Blut ab. Darüber hinaus können die Leberzellen aus Laktat und einer Reihe von Aminosäuren Glukose bilden (Glukoneogenese). Die meisten Aminosäuren werden letztlich in der Leber abgebaut. Ausnahme sind die verzweigtkettigen Aminosäuren

Tabelle 18.9. Aufgaben der Leber

Aufgabe	Störung bei Leberzellschädigung
Kohlenhydratstoffwechsel	
Glykogenaufbau	Hyperglykämie
Glukosebildung aus Glykogen, Glukoneogenese aus Aminosäuren und Milchsäure	Hypoglykämie, Aminoazidämie (s.unten) Laktazidämie
Fruktoseumbau in Glukose	Fruktosurie, Hypoglykämie
Galaktoseumbau in Glukose	Galaktosämie
Bildung von Plasmaproteinen	
Albumin	Ödeme
Gerinnungsfaktoren	Blutungsneigung
Transferrin	verminderte Eisenbindungskapazität
Lipoproteine	Hypolipidämie, Organverfettung
LCAT (Lecithin-Cholesterin-Acyltransferase)	Organverfettung, Abnahme der Cholesterinester im Plasma
Plasmacholinesterase	Überempfindlichkeit gegen Succinylcholin
Aminosäurenstoffwechsel	
Harnstoffsynthese	Hyperammoniämie
Abbau von Aminosäuren, Regulation der Plasmakonzentration von Aminosäuren	Anstieg der meisten Aminosäuren und ihrer Abbauzwischenprodukte, Abfall von Leu, Ileu, Val im Plasma, dadurch Beeinflussung der Synthese von Neurotransmittern
Fettstoffwechsel (Lipoproteine und LCAT s.o.)	
Auf- und Abbau von Fettsäuren, Triglyzeriden, Phospholipiden und Cholesterin	Hypolipidämie, Hyperlipidazidämie
Bildung von Azetazetat und β-Hydroxybutyrat	stärkere Abhängigkeit vor allem des Gehirns von Glukose
Bildung und Ausscheidung von Gallensäuren aus Cholesterin	Störung der Resorption von Fetten und fettlöslichen Vitaminen (K!)
Biotransformation	
Konjugierung von Bilirubin, Inaktivierung von Hormonen	Hyperbilirubinämie, stärkere Empfindlichkeit gegen Pharmaka, verzögerter Abbau von Sexualhormonen, Kortikoiden, Schilddrüsenhormonen
Sonstiges	
Eisenspeicherung	Anstieg des Serumeisens

(Valin, Leucin, Isoleucin). Die Leber bildet aus Fettsäuren Azetazetat und β-Hydroxybutyrat, potentielle Substrate für das Gehirn, das keine Fettsäuren zur Energiegewinnung heranziehen kann.

Plasmaproteinsynthese. In der Leber werden die meisten Plasmaproteine gebildet, wie etwa die Gerinnungsfaktoren (s. Kap. 12.4), die Lipoproteine und Transferrin (s. Kap. 12.5).

Harnstoffsynthese. Durch die Harnstoffsynthese entgiftet die Leber das Ammoniak, das beim Abbau von Aminosäuren entsteht. Andererseits kann die Leber Glutamin bilden, das in der Niere zur NH_4^+-Produktion verwendet wird. Über die Harnstoff- bzw. Glutaminsynthese beeinflußt die Leber den *Säure-Basenhaushalt* (s. Kap. 17.6).

Biotransformation. Über die Stoffwechselwege der Biotransformation verändert die Leber körpereigene (z. B. Häm) und körperfremde Substanzen (Xenobiotika, z. B. Pharmaka). Unter anderem werden die Substanzen oxidiert und an Glukuronsäure gekoppelt (Konjugation). Sie werden dadurch wasserlöslich und können über die Galle und die Niere ausgeschieden werden.

Weitere spezifische Stoffwechselleistungen. Die Leber bewerkstelligt u.a. den Fruktoseabbau und -umbau in Glukose, Galaktoseumbau in Glukose, sowie den Abbau von Cholesterin zu Gallensäuren.

Eisenspeicherung. Schließlich speichert die Leber **Eisen** und ist zur Erythropoiese befähigt. Beim Erwachsenen findet freilich keine hepatische Erythropoiese statt.

19.1 Energiestoffwechsel

Der menschliche Körper benötigt für die Aufrechterhaltung seiner Funktionen die ständige Zufuhr von Energie. Die Energie wird durch Verbrennung von Nahrungsbestandteilen gewonnen (chemische Energie).

Die Zellen unseres Körpers sind auf die Nutzung der energiereichen (makroenergen) Phosphatbindungen (v.a. ATP) angewiesen. Andere Energieformen können wir nicht nutzen. Die Nutzform der chemischen Energie kann für Syntheseleistungen eingesetzt werden, also wiederum in chemische Energie umgewandelt werden (s. Abb. 19.1).

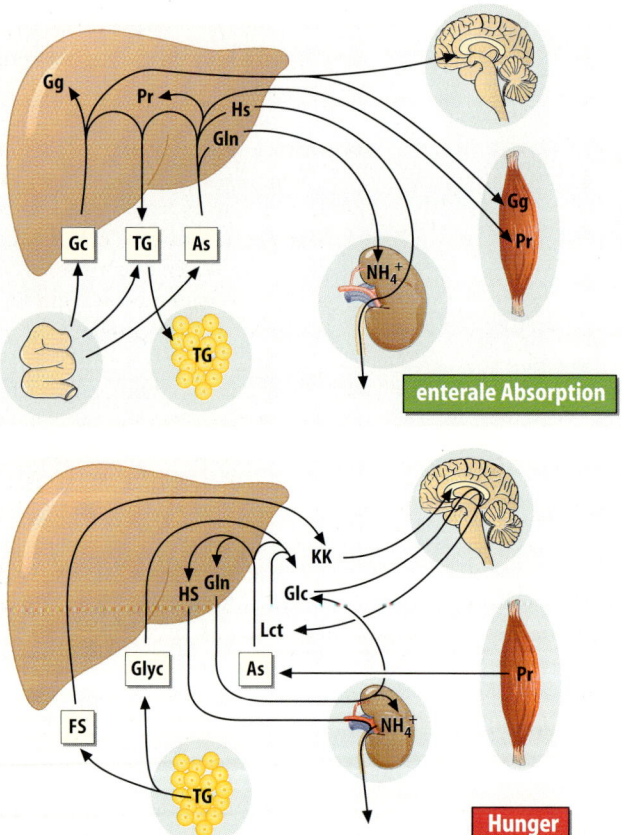

Abb. 19.1. Energiestoffwechsel bei enteraler Absorption (oben) und bei Hunger (unten). AS = Aminosäuren, FS = Fettsäuren, Gc = Glukose, Gg = Glykogen, Gln = Glutamin, $Glyc$ = Glyzerin, HS = Harnstoff, Lct = Laktat, Pr = Proteine, TG = Triglyzeride

Durch Kontraktion von Muskeln kann andererseits mechanische Arbeit (Energie) geleistet werden, wie etwa beim Heben einer Last. Durch aktiven (energieverbrauchenden) Transport von Substanzen über eine Membran wird ein Konzentrationsgradient geschaffen (osmotische Arbeit), wie etwa für Natrium über die Zellmembran. Sind diese Substanzen (wie Na^+) geladen, dann kann ein elektrisches Potential über die Membran aufgebaut werden (elektrische Energie). Schließlich entsteht im Körper Wärme (thermische Energie).

Grundlagen biologischer Energetik. Bei allen Vorgängen im Körper muß die Energie konstant bleiben, d.h. wird eine bestimmte Menge chemischer Energie verbraucht, dann muß dabei die gleiche Menge an anderer Energie (chemisch + mechanisch + osmotisch + elektrisch + thermisch) entstehen (1. Hauptsatz der Thermodynamik). Wird beispielsweise mit Hilfe einer Muskelkontraktion eine Hantel hochgehoben, dann wird die durch Spaltung von ATP freiwerdende chemische Energie in mechanische Energie (Heben der Hantel) und thermische Energie (der Muskel wird wärmer) umgewandelt. Der zweite Hauptsatz der Thermodynamik sagt darüber hinaus, daß ein Vorgang nur dann abläuft, wenn die Entropie dabei zunimmt, bzw. wenn das System in einen wahrscheinlicheren Zustand versetzt wird. Der wahrscheinlichere Zustand ist dabei (vereinfacht gesagt) die gleichmäßigere Verteilung der Energie („sozialistischer" Hauptsatz der Thermodynamik). Die gleichmäßigste Verteilung von Energie ist in Form von Wärme möglich, da Wärme sich auf alle benachbarten Moleküle gleichmäßig verteilt. Bei energieverbrauchenden Prozessen im Körper entsteht daher in aller Regel auch Wärme.

Energiestoffwechsel. Der bei weitem wichtigste Energielieferant für aktive Prozesse im Körper ist ATP. Es wird im wesentlichen aus dem Abbau von Nährstoffen (Kohlenhydraten, Fetten und Proteinen) gewonnen (s. Abb. 19.1). Nährstoffe sind in verschiedenen Körperdepots gespeichert (Speicherform der chemischen Energie). Diese Reserven reichen für die Erneuerung von verbrauchten energiereichen Phosphatverbindungen bei einem ruhenden Menschen normalerweise etwa 30–40 Tage. Trotzdem sind wir es gewohnt, durch regelmäßige Nahrungsaufnahme die verbrauchten Nahrungsreserven mehrmals täglich zu ersetzen und dabei das Körpergewicht erstaunlich konstant zu halten. Die Nahrungsaufnahme wird dabei durch Regelkreise kontrolliert, die Hunger- und Sättigungsgefühle entstehen lassen (s. Kap. 9.3). Der Nährstoffabbau führt einerseits direkt zur Bildung von ATP, andererseits zur Bildung von gebundenem Wasserstoff (H_2) etwa in Form von $NADH + H^+$. In der Atmungskette reagiert über eine Kaskade von Reaktionen H_2 mit O_2. Die dabei freiwerdende chemische Energie wird wiederum teilweise zur Bildung von ATP genutzt. Insgesamt werden bei Kohlenhydratverbrennung etwa 40 % der chemischen Energie von Glukose in chemische Energie von ATP umgewandelt. Die übrige Energie wird in thermische Energie (Wärme) verwandelt. Bei der Verbrennung von Proteinen werden nur etwa 30 % der Energie in chemische Energie von ATP umgesetzt. Wiederum wird der Rest in Wärme umgewandelt. Bei Muskelkontraktionen wird gleichermaßen nur ein kleiner Anteil der chemischen Energie von ATP in mechanische Arbeit umgesetzt, der größte Teil der Energie wird in thermische Energie umgewandelt. Der *Wirkungsgrad*, d.h. die geleistete Arbeit pro verbrauchte Energie ist also gering (< 25 %). Zur Energiegewinnung werden die Nahrungsbestandteile letztlich mit Sauerstoff zu CO_2 und Wasser „verbrannt": Für die „Verbrennung" von Glukose läßt sich z. B. folgende Bilanz aufstellen:

$$C_6H_{12}O_6 + 6\,O_2 = 6\,CO_2 + 6\,H_2O$$

Auch Triglyzeride werden vollständig zu CO_2 und H_2O verbrannt, wie z. B. Tripalmitoylglyzerin:

$$C_{51}H_{98}O_6 + 72{,}5\,O_2 = 51\,CO_2 + 49\,H_2O$$

Kohlenhydrate und Fette werden somit im Körper wie bei einer physikalischen Verbrennung vollständig verbrannt. Der *biologische Brennwert* von Kohlenhydraten und Fetten ist damit praktisch identisch mit dem *physikalischen Brennwert*. Der Brennwert von Fetten (ca. 39 kJ/g) ist dabei etwa doppelt so groß wie der Brennwert von Kohlenhydraten (ca. 17 kJ/g). Der Stickstoff der Aminosäuren wird jedoch im Gegensatz zur physikalischen Verbrennung nicht oxidiert, sondern zum größten Teil als Harnstoff ausgeschieden. Die chemische Energie des Harnstoff bleibt also vom Körper ungenutzt und der biologische Brennwert der Proteine (ca. 17 kJ/g) ist damit geringer als deren physikalischer Brennwert (ca. 24 kJ/g). Darüberhinaus ist ja der Wirkungsgrad der ATP-Bildung aus Proteinen mit etwa 30 % relativ gering (s. oben), d.h. die bei der Eiweißverbrennung entstehende Energie geht in relativ hohem Maße als thermische Energie „verloren".

Bei der Verbrennung von Glukose wird ebenso viel O_2 verbraucht wie CO_2 gebildet wird. Der sogenannte *respiratorische Koeffizient* (*RQ*), d.h. der Quotient aus CO_2-Bildung zu O_2-Verbrauch ist also 1. Bei der Verbrennung von Fetten wird hingegen relativ zum O_2-Verbrauch weniger CO_2 gebildet, der respiratorische Quotient liegt bei 0,7. Der respiratorische Quotient für die Eiweißverbrennung liegt bei etwa 0,81.

Die Energie, welche pro verbrauchtem O_2 gewonnen wird (*kalorisches Äquivalent*), ist bei Verbrennung von Fetten (19,6 kJ/lO_2), Kohlenhydraten (21,1 kJ/lO_2) und Eiweißen (18,8 kJ/lO_2) ähnlich.

Energieumsatz. Der Energieumsatz des Körpers hängt naturgemäß von den Leistungen ab, die jeweils erbracht werden müssen (s. Tabelle 19.1). In körperlicher und geistiger Ruhe und im Nüchternzustand ist der Umsatz gering (Grundumsatz, ca. 300 kJ/Std.). Bei rein geistiger Arbeit steigt der Umsatz nur geringfügig, bei körperlicher Arbeit kann er jedoch über das Zehnfache ansteigen. Auch Nahrungszufuhr führt zu einer Zunahme der Umsatzes, da für Verdauung, Absorption und metabolische Verarbeitung der Nahrungsstoffe Energie verbraucht wird. Bei Zufuhr von Kohlenhydraten steigt der Umsatz um etwa 10 %, bei Zufuhr von Proteinen um bis zu 30 % der zugeführten Energie (*spezifische dynamische Wirkung*).

Kalorimetrie. Der Energieumsatz wird bei der *direkten Kalorimetrie* über die Wärmeabgabe des Körpers ermittelt. Bei der *indirekten Kalorimetrie* schätzt man den Energieverbrauch aus dem O_2-Verbrauch ab. Der Energieumsatz ($\dot{W}$) kann aus der O_2-Aufnahme ($\dot{V}_{O_2}$) und dem mittleren *kalorischen Äquivalenten* (20 kJ/lO_2) errechnet werden:

$$\dot{W} = \dot{V}_{O_2} \cdot 20 \ [kJ]$$

Nimmt eine Versuchperson etwa pro Minute 300 ml O_2 auf, dann errechnet sich ihr Energieumsatz aus der indirekten Kalorimetrie aus: 0,3 [l/min] · 20 [kJ/l] = 6 kJ/min.

Dabei wird vernachlässigt, daß die Energiegewinnung pro O_2-Verbrauch bei Verbren-

Tabelle 19.1. Energiebedarf

	kJ/Tag · kg	MJ/Tag · m^2	kcal/Tag · kg	Mcal/Tag · m^2
Grundumsatz	100	4	24	1,0
Ruheumsatz	120	5	29	1,2
Freizeitumsatz	140	6	33	1,4
sehr schwere Arbeit	280	12	67	2,9

nung von Kohlenhydraten, Eiweiß und Fetten nicht identisch ist (s. Tabelle 18.2). Genauere Werte erhält man, wenn man zunächst ermittelt, welche Nahrungssubstrate verbrannt wurden, wobei die renale Stickstoffausscheidung ein Maß für den Eiweißabbau, und der *respiratorische Quotient* (RQ) ein Maß für die relative Fett- und Kohlenhydratverbrennung sind. Bei reiner Fettverbrennung ist der RQ = 0,7, bei reiner Kohlenhydratverbrennung 1,0. Bei Verbrennung von Fetten und Kohlenhydraten in jeweils gleichem Ausmaß ist der RQ = 0,85. Die Berechnung des Energieumsatzes setzt ein metabolisches und respiratorisches Gleichgewicht voraus. Wird etwa im Körper aus zugeführten Kohlenhydraten Fett gebildet oder wird durch *Hyperventilation* relativ viel CO_2 abgeatmet, dann kann der RQ-Wert über 1,0 ansteigen und reflektiert nicht mehr unverfälscht die Verbrennung der jeweiligen Nährstoffe.

Substratbedarf einzelner Organe. Die verschiedenen Organe decken ihren Energiebedarf in unterschiedlichem Ausmaß aus Glukose, Aminosäuren und Fettsäuren.

- Die *Erythrozyten* decken ihren Energiebedarf ausschließlich aus glykolytischem Abbau von Glukose, da sie keine Mitochondrien besitzen und zum oxidativen Abbau von Substraten nicht befähigt sind.
- Das *Gehirn* deckt seine Energieversorgung in erster Linie durch oxidative Verbrennung von Glukose. Die Neurone verfügen über keine Glykogenvorräte und sind daher auf ständige Zufuhr von Glukose über das Blut angewiesen. Hypoglykämie führt wie Ischämie sehr schnell zum Funktionsausfall und zu irreversibler Schädigung des Gehirns. Allerdings entnimmt das Gehirn normalerweise nur etwa 10 % der arteriell angebotenen Glukose. Bei längerem Fasten deckt das Gehirn einen erheblichen Anteil seines Energiebedarfes aus der Verbrennung von β-Hydroxybutyrat und Azetazetat, die von der Leber aus Fettsäuren bereitgestellt werden. Gleichzeitig wird Glukose

dann überwiegend nur noch zu Laktat abgegeben, das dann zur Glukoneogenese wiederverwendet werden kann.
- In der *Niere* verbrauchen die proximalen Tubuli in erster Linie Fettsäuren zur Energiegewinnung. Das hohe O_2-Angebot in der Nierenrinde begünstigt dabei den oxidativen Abbau der Fettsäuren. In Nierenmark, distalem Tubulus und Sammelrohr wird Glukose als Substrat bevorzugt.
- Der *Skelettmuskel* verbrennt bei entsprechendem Angebot Fettsäuren, bei Mangel an Fettsäureangebot auch β-Hydroxybutyrat und Azetazetat sowie Glukose. Bei mangelhaftem Angebot an Substraten über das Blut deckt der Skelettmuskel seinen Energiebedarf aus der Verbrennung von Glukose, die durch den Abbau von Muskelglykogen bereitgestellt wird. Bei Hypoxie weicht der Skelettmuskel auf anaerobe Glykolyse aus.
- Der *Herzmuskel* kann Fettsäuren, β-Hydroxybutyrat und Azetazetat, Laktat und Glukose zur Energiegewinnung einsetzen. Vor allem bei schwerer Arbeit verbrennt der Herzmuskel zum Teil das im Skelettmuskel erzeugte Laktat. Bei Ischämie ist der Herzmuskel jedoch selbst auf anaerobe Energiegewinnung angewiesen und bildet über anaerobe Glykolyse Laktat (Laktatumkehr).
- Die *Leber* kann ihren Energiebedarf aus dem Abbau von verschiedensten Substraten decken, wobei sie ihren Stoffwechsel nach den Bedürfnissen der übrigen Organe richtet. So verwendet sie bei gesteigerter Laktatproduktion der Skelettmuskulatur das überschüssige Laktat zur Glukoneogenese, bei gesteigertem Angebot an Fettsäuren bildet sie β-Hydroxybutyrat und Azetazetat.

19.2 Wärmehaushalt

Temperaturabhängigkeit von Körperfunktionen. Alle Funktionen des Körpers, wie chemische Reaktionen, Transport, Kontraktion etc. werden durch die Temperatur beeinflußt. Bei einer Temperatursenkung um 10 °C nimmt die Diffusion um etwa 3 % ab, die Reaktionsgeschwindigkeit energieverbrauchender enzymatischer Reaktionen auf weniger als ein Viertel (Q_{10}-Wert). Eine Temperaturänderung beeinflußt somit die verschiedenen Funktionen in ganz unterschiedlichem Ausmaß. Es ist leicht vorstellbar, daß eine Temperaturänderung auf diese Weise erhebliche Verschiebungen von Fließgleichgewichten, Ionenkonzentrationen, Membranpotential etc. nach sich ziehen muß. Um temperaturbedingte Änderungen ihrer Leistungsfähigkeit zu vermeiden, hält der Mensch wie die anderen endothermen Tiere seine Körpertemperatur im Inneren weitestgehend konstant. Voraussetzung dazu ist, daß die Wärmeabgabe – unabhängig von den klimatischen Bedingungen – der Wärmeproduktion angeglichen wird. Wirkliche Homoiothermie wird nur für den Körperkern erreicht, d.h. für das zentrale Nervensystem und die inneren Organe, während die Temperatur der Haut und der Extremitäten durchaus erheblichen Schwankungen unterworfen wird.

Messung der Körpertemperatur. Die Körperkerntemperatur kann im Rektum, unter der Zunge oder auch in Gehörgang gemessen werden. Weniger zuverlässig ist die Temperaturmessung unter der Achselhöhle.

Wärmehaushalt. Bei allen chemischen und physikalischen Prozessen des Körpers entsteht Wärme. Bereits die Aufrechterhaltung der Minimalfunktionen des Körpers ist mit Wärmeproduktion verbunden. Bei nach außen geleisteter Arbeit in Form von Muskelkontraktionen wird maximal ein Wirkungsgrad von etwa 25 % erreicht, d.h. mindestens 75 % der eingesetzten Energie gehen in Wärme über. Die *Wärmeproduktion* ist eine Leistung (Energie/Zeit) und wird deswegen in Watt angegeben (1 Watt = 1 J/s). Die Ruhewärmeproduktion eines Menschen beträgt 85–100 W (= 300–360 kJ/h oder 7,2–8,6 MJ/Tag). Mit dieser Leistung wäre es möglich, etwa 70 Liter Wasser innerhalb von einer Stunde um 1 °C zu erwärmen. Da unsere Körpermasse auch etwa 70 kg beträgt, kann man annehmen, daß wir uns in einer Stunde um 1 °C und in 6 Stunden auf tödliche Werte von 43 °C erwärmen würden, wenn die Wärmeabgabe verhindert wäre. Die Ruhewärmebildung unterschiedlich großer Menschen nimmt weniger zu als das Körpergewicht, jedoch stärker als die Körperoberfläche.

In doppellogarithmischer Darstellung läßt sich die Beziehung zwischen dem Energieumsatz und dem Körpergewicht am besten durch eine Gerade mit einer Steigung von 0,75 darstellen. Bei direkter Proportionalität zum Körpergewicht wäre die Steigung 1,0, bei direkter Proportionalität zur Körperoberfläche 0,66. Früher wurde fälschlicherweise angenommen, daß die Wärmebildung proportional zur Körperoberfläche sein muß, über die die Wärmeabgabe erfolgt. Daher findet man in den medizinischen Lehrbüchern die Angaben der Ruhewärmebildung auf die Oberfläche bezogen (z. B. bei einem 20jährigen Mann etwa 45 Watt/m²).

Bei schwerer Arbeit oder sportlicher Leistung kann die Wärmebildung für kurze Zeit um mehr als das Zwanzigfache des Ruhewertes ansteigen. Der Tagesumsatz erreicht bei langfristiger Arbeit etwa 20 MJ, das sind etwa das Dreifache des Grundumsatzes (7 MJ). In Ruhe wird die Wärme zu annähernd zwei Dritteln in den inneren Organen gebildet (Gehirn etwa 18 %) und nur zu etwa einem Viertel in der Skelettmuskulatur. Bei schwerer Muskelarbeit entstehen umgekehrt bis zu 90 % der Wärme in der Skelettmuskulatur.

Wärmetransport. Die pro Zeiteinheit gebildete Wärme muß nach außen abgeführt werden, wenn die Körpertemperatur konstant bleiben soll. Die Wärme wird zum größten Teil über die Haut abgegeben (Körperschale). Die in den inneren Organen und der Skelettmuskulatur gebildete Wärme muß also zunächst *zur Hautoberfläche* transportiert werden. Das Blut nimmt in den Organen und den Skelettmuskeln Wärme auf und transportiert sie in die Gefäße der Haut. In der Haut diffundiert die Wärme vom Gefäß zur Hautoberfläche. Für den Wärmefluß ist dabei neben der Diffusionsfläche die Temperaturdifferenz zwischen Blutgefäß und Hautoberfläche, sowie der Abstand des Gefäßes von der Hautoberfläche und die effektive Diffusionsfläche maßgebend (s. Tabelle 19.2).

Von der Hautoberfläche wird die Wärme durch Strahlung, Diffusion und durch Verdunstung von Wasser abgegeben. Neben der Fläche spielen dabei folgende Parameter eine Rolle:

- Bei Wärmeabgabe durch *Strahlung* die Hauttemperatur und die Temperatur strahlender Körper in der Umgebung.
- Bei Wärmeabgabe durch *Diffusion* die Temperaturdifferenz zwischen Haut und umgebender Luft sowie die Dicke der stehenden Luftschicht über der Haut. Außerhalb der stehenden Luftschicht wird die Wärme über Konvektion abtransportiert, die einen sehr viel schnelleren Transport gewährleistet als die Diffusion und damit nicht limitierend ist. Die Dicke der stehenden Luftschicht ist bei nach außen gekrümmten Oberflächen wesentlich kleiner als bei geraden Oberflächen. Sie ist somit an den Fingern (Akren) besonders gering. Die akralen Hautpartien (akrale Wärmeaustauscher) verfügen über arteriovenöse Anastomosen. Nach ihrer Öffnung kann die Durchblutung bis zu einem Faktor 100 ansteigen und damit kann der Wärmetransport

zur Oberfläche wesentlich beschleunigt werden. Die stehende Luftschicht nimmt bei Luftbewegungen (Wind, Ventilator) massiv ab (und damit die Wärmeabgabe zu). Umgekehrt wird die stehende Luftschicht durch Haare und Tragen von Kleidung vergrößert.

- Bei Wärmeabgabe durch *Verdunstung* (2400 kJ/l) der Dampfdruck der Haut und der Luft. Der Dampfdruck hängt wiederum von der Temperatur und der Feuchtigkeit der Hautoberfläche bzw. der Luft ab. Wärme über Verdunstung kann nur dann abgegeben werden, wenn der Wasserdampfdruck der Haut größer ist als derjenige der Luft. Selbst bei vollständig wasserdampfgesättigter Luft ist das noch möglich, wenn die Hauttemperatur höher ist als die Temperatur der umgebenden Luft. Ferner kann Wärme über Verdunstung bei trockener Luft auch dann noch abgegeben werden, wenn die Luft heißer ist als die Hautoberfläche. Nur bei heißer, wasserdampfgesättigter Luft versagt die Wärmeabgabe über Verdunstung. Der gebildete Schweiß rinnt dann über die Hautoberfläche, ohne zu verdunsten, also ohne der Haut Wärme zu entziehen. Trockene Hitze, wie sie z. B. in der Wüste herrscht, wird demnach besser vertragen als feuchte Hitze (Schwüle). Die Haut ist auch ohne Schweißsekretion nicht völlig trocken, sondern verliert durch Diffusion Wasser und durch das Verdunsten des Wassers Wärme. Ferner wird die Atemluft

Tabelle 19.2. Wärmetransport

Diffusion von Gefäß zur Haut	$W_{G \to H} = (T_G - T_H) \cdot F / x_{G \to H}$
Wärmestrahlung:	$W_S = (T_H^4 - T_K^4) \cdot F$
Diffusion von der Haut in die Luft:	$W_D = (T_G - T_H) \cdot F / x_S$
Verdunstung:	$W_V = (p_H - p_L) \cdot F$

T_G = Temperatur Blutgefäß
T_H = Hauttemperatur
F = effektive Hautoberfläche
T_K = Temperatur strahlender Körper in der Umgebung
T_L = Lufttemperatur
x_S = Dicke der stehenden Luftschicht über der Haut
p_H = Dampfdruck auf der Haut
p_L = Dampfdruck in der Luft

auf 37° C erhitzt und mit Wasserdampf gesättigt. Auch auf diese Weise geht Wärme verloren. Die extraglanduläre Wasserdampfabgabe mit der Atmung und die Wasserdiffusion durch die Haut bezeichnet man als *Perspiratio insensibilis.*

19.3 Temperaturregulation

Die Regulation der Körpertemperatur erfordert die Messung der Temperatur durch sogenannte Temperaturfühler, den Vergleich zwischen der gemessenen Temperatur (Istwert) mit dem jeweils gewünschten Wert (Sollwert) und die Korrektur durch Beeinflussung der sogenannten Stellglieder, die Wärmeproduktion und/oder Wärmeabgabe verändern.

Fühler. Die Fühler sind Warm- und Kaltrezeptoren der Haut (s. Kap. 4.1), wenig definierte Temperaturfühler in den inneren Organen und temperaturempfindliche Neurone im zentralen Nervensystem, v.a. im Rückenmark und im Hypothalamus. Die Afferenzen werden in temperaturregulierenden Neuronen des Hypothalamus verrechnet, die teilweise selbst temperaturempfindlich sind. Von diesen Neuronen aus werden die temperaturregulierenden Mechanismen ausgelöst, wobei vegetatives Nervensystem, Motorik und Hormonausschüttung beeinflußt werden.

Sollwert. Der Sollwert wird in den Neuronen des Hypothalamus festgesetzt. Er kann von übergeordneten zentralnervösen Strukturen, von Mediatoren und von Hormonen verstellt werden. Praktisch wichtiges Beispiel ist die Verstellung des Temperatursollwertes durch Gestagene um etwa 0,5 °C nach oben (s. Kap. 21.12) Auch Schilddrüsenhormone und Nebennierenrindenhormone können die Kerntemperatur steigern. Schließlich unterliegt die Kerntemperatur einem Tagesrhythmus mit einem Maximum während des späten Nachmittags und einem Minimum zwischen 0 und 6 Uhr morgens.

Unterschreiten des Sollwertes. Ist die Körpertemperatur zu niedrig, dann wird einerseits die Wärmeproduktion stimuliert, andererseits die Wärmeabgabe gedrosselt.

- Beim Erwachsenen wird die Wärmeproduktion in erster Linie durch Stimulation der Muskeltätigkeit (*Muskelzittern*) gesteigert.
- Neugeborene sind in der Lage, die Wärmeproduktion durch Lipolyse und direkte Bildung von Wärme ohne ATP-Bildung (Entkopplung der Oxidation von der Phosphorylierung) in gut durchblutetem braunem Fettgewebe zu steigern (*zitterfreie Wärmeproduktion*). Erwachsene verfügen über kein braunes Fettgewebe mehr.
- Die Wärmeabgabe wird bei Hypothermie über Herabsetzung der Körperoberfläche durch *Zusammenkauern* und andere Verhaltensmaßnahmen eingeschränkt.
- Darüber hinaus wird die Wärmeabgabe durch *Vasokonstriktion in der Haut* gedrosselt. Das Blut aus den Extremitäten wird vorwiegend über die tiefen Venen beiderseits der Arterien zurückgeführt. Das abgekühlte Blut der Venen nimmt die Wärme vom absteigenden arteriellen Blut auf, dessen Temperatur auf diese Weise bereits vor Erreichen der peripheren Kapillaren sinkt. Durch die periphere Vasokonstriktion nimmt die Temperatur nicht nur in der Haut, sondern auch in den tieferen Schichten der Extremitäten ab (s. Abb. 19.2). Bei Abkühlung unter 10 °C kommt es periodisch (ca. alle 20 Sekunden) zu einer kurzfristigen Vasodilatation, wahrscheinlich als Folge einer Lähmung der Gefäßmuskulatur durch die Kälte (Lewis-Reaktion).

Überschreiten des Sollwertes. Ist die Körpertemperatur zu hoch, dann wird durch *Vermeidung von Muskelarbeit* die Wärmeproduktion eingeschränkt. Darüber hinaus wird die Wärmeabgabe durch *Vasodilatation* in der Haut begünstigt. Das venöse Blut der Extremitäten wird nun bevorzugt über die oberflächlichen Venen zurückgeführt. Wichtigster Mechanismus zur Wärmeab-

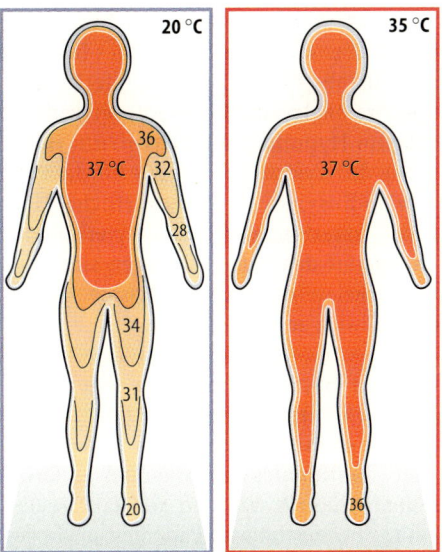

Abb. 19.2. Temperaturprofil des menschlichen Körpers bei Kälte (links) und bei warmer Umgebung (rechts) (nach Simon aus Schmidt et al. 2000)

Indifferenztemperatur. Ferner spielt die Temperatur der umgebenden Körper eine Rolle. Ein Raum mit kalten Wänden wird auch bei erhöhten Lufttemperaturen als unangenehm empfunden, da Wärme durch Strahlung verloren geht. Schließlich spielt für die Behaglichkeit die relative Luftfeuchtigkeit eine Rolle, ein Betrag von etwa 50 % wird am angenehmsten wahrgenommen.

Besonderheiten von Neugeborenen. Die Indifferenztemperatur liegt bei nackten Neugeborenen mit 34 °C deutlich über der Indifferenztemperatur des Erwachsenen, da Neugeborenen eine, im Vergleich zu ihrer Wärmeproduktion, relativ große Körperoberfläche und eine geringe subkutane Fettschicht aufweisen. Andererseits verfügen Neugeborene im Gegensatz zu Erwachsenen noch über braunes (gut durchblutetes) Fettgewebe, das der Thermoregulation dient (s. oben).

gabe ist jedoch die *Schweißsekretion*, die dem Körper über Verdunstung Wärme entzieht. Damit wird die Haut abgekühlt und das die Haut passierende Blut kann die Wärme abgeben. Kann die Kerntemperatur nur unter Einsatz massiver thermoregulatorischer Mechanismen beim Sollwert gehalten werden, dann werden die Umgebungsbedingungen (Raumklima) als unangenehm empfunden.

Indifferenztemperatur. Die Außentemperatur, bei der ein Minimum an Regulationsmechanismen eingesetzt wird (Indifferenztemperatur), liegt beim sitzenden erwachsenen Menschen im Bereich von 27 – 32 °C. Darunter setzt Kältezittern, darüber Schweißsekretion ein. Im Wasser liegt die Indifferenztemperatur bei 35 – 36 °C, da die Wärmediffusion in Wasser etwa 20mal größer ist als in Luft. Der genaue Wert der Indifferenztemperatur hängt von Stoffwechsellage, Körperbau und Masse an Unterhautfettgewebe ab. Die Indifferenztemperatur in Luft sinkt mit zunehmender Kleidung, bei Sommerkleidung z. B. auf etwa 23 °C. Luftbewegungen steigern die

19.4 Störungen des Temperaturhaushaltes

Änderungen der Kerntemperatur sind entweder Folge von Verstellungen des Sollwertes (aktive Hypo- oder Hyperthermie) oder von äußeren Einwirkungen bei Überforderung der thermoregulatorischen Mechanismen (passive Hypo- oder Hyperthermie). Eine Abkühlung oder Erwärmung des Körperkerns ist nur in engen Grenzen mit dem Leben vereinbar. Zum einen droht die Entgleisung temperaturabhängiger Funktionen, zum anderen gefährdet bei passiven Änderungen der Kerntemperatur der massive Einsatz temperaturregulierender Mechanismen das Überleben des Menschen.

Passive Hypothermie. Bei passiver Hypothermie setzt zunächst thermoregulatorisches Muskelzittern ein, das die Wärmeproduktion trotz Dämpfung des übrigen Stoffwechsels steigert. Bei Kerntemperaturen unter 35 °C sinkt jedoch die Wärmeproduktion ab, bei Kerntemperaturen um 30 °C setzt Bewußtlosigkeit, bei ca. 26 °C Kammerflimmern ein. Da der Energieverbrauch der Gewebe bei Hypothermie massiv abnimmt, überleben die Organe relativ lange trotz Ausfall der Blutversorgung. So ist es immer wieder möglich, hypotherme Patienten (z. B. Lawinenopfer) trotz bereits eingetretenem Herzstillstand zu reanimieren und weitgehend wiederherzustellen.

Aktive Hypothermie. Eine mässige Hypothermie kann durch Verstellung des Sollwertes auf niedrigere Temperaturen auftreten, wie im Alter (um etwa 1–2 °C) oder im Schlaf (um etwa 0,5 °C). Die Thermoregulation ist bei Bewußtlosigkeit, Narkose und Schlafmittelvergiftung weitgehend ausgeschaltet und läßt die Entwicklung einer Hypothermie zu.

Passive Hyperthermie. Bei Steigerung der Körpertemperatur über den Sollwert erschweren periphere Vasodilatation und Wasserverluste durch Schweißsekretion die Aufrechterhaltung des Blutdrucks und es droht ein Hitzekollaps. Darüber hinaus führt eine Temperaturerhöhung über 40 °C zu Entgleisungen des Stoffwechsels und der neuromuskulären Erregbarkeit. Die Stoffwechselentgleisungen steigern zusätzlich die Wärmebildung und verschärfen auf diese Weise das Mißverhältnis von Wärmebildung und Wärmeabgabe. Folge kann letztlich ein Hitzschlag sein, der mit Bewußtlosigkeit verbunden ist. Temperaturen über 43 °C werden selten überlebt. Die Entwicklung einer Hyperthermie wird durch Volumenmangel (Dehydration) begünstigt, der die Schweißsekretion beeinträchtigt.

Fieber. Beim Fieber liegt eine Hyperthermie durch Sollwertverstellung vor. In der Folge wird die Wärmebildung durch Muskelzittern (bzw. Schüttelfrost) gesteigert und die Wärmeabgabe durch Vasokonstriktion in der Haut gedrosselt, bis der Istwert den angehobenen Sollwert erreicht hat. Bei Normalisierung des Sollwertes (Entfieberung) setzen umgekehrt Schweißsekretion und Vasodilatation der Haut ein. Bei Infektionen wird Fieber durch Mediatoren des Immunsystems ausgelöst, das über Interleukine und Prostaglandin E_2 die Sollwertverstellung im Hypothalamus hervorruft. Hemmung der Cykloxygenase, des für die Prostaglandinsynthese verantwortlichen Enzyms, unterbindet die Sollwerterhöhung und damit das Fieber. Dagegen sind Wadenwickel weitgehend wirkungslos, solange der Sollwert gesteigert bleibt.

Maligne Hyperthermie. Die sogenannte maligne Hyperthermie entsteht durch massive Muskelkontraktionen nach Verabreichung bestimmter Narkosemittel (z. B. Halothan). Sie tritt während der Narkoseeinleitung bei bestimmten Patienten auf, in deren Muskeln der sarkoplasmatische Ca^{++}-Kanal aufgrund seiner genetisch bedingten besonderen Struktur durch die Narkosemittel aktiviert werden kann (s. Kap. 2.3).

Arbeit. Bei intensiver Arbeit kann die Wärmebildung die Kapazität der Wärmeabgabemechanismen übersteigen, und die Kerntemperatur auf Werte über 41 °C ansteigen, ohne daß der Sollwert ansteigt. Bei extremen Leistungen kann es u. a. aufgrund der starken Einschränkung der Darmdurchblutung zum Übertritt von Darmbakterien oder deren Toxine in den Blutkreislauf kommen und dadurch Fieber erzeugt werden, das sich an der Temperatursteigerung beteiligt.

Akklimatisation. Die wiederholte Konfrontation mit extremen Temperaturen fördert die Entwicklung von Mechanismen, welche die Toleranz gegenüber diesen Temperaturen steigern (Akklimatisation). Bei wiederholter Kälteexposition wird die Kälte weniger wahrgenommen und die Zitterschwelle sinkt ab. Bei wiederholter Wärmeexposition setzt die Schweißsekretion bei geringeren Temperaturen ein, erreicht größere maximale Werte und ist, wegen gesteigerter NaCl-Resorption in den Schweißdrüsenausführungsgängen, mit geringeren NaCl-Verlusten verbunden.

Äußere oder innere Antriebe stellen an den Körper Anforderungen, die als *Belastungen* bezeichnet werden. Diesen Anforderungen versucht er durch Erbringen adäquater *Leistungen* zu entsprechen. Die jeweilige *Beanspruchung* des Körpers beim Erbringen einer Leistung hängt von dem Verhältnis zwischen Leistung und Leistungsfähigkeit ab. So wird der Körper eines Spitzensportlers im Gewichtheben durch das Tragen eines 30 kg schweren Koffers weniger beansprucht als der Körper einer zierlichen Frau. Die *Leistungsfähigkeit* ist von genetischen Faktoren (Begabung, Geschlecht), Trainings- und Ernährungszustand und einer Reihe äußerer Faktoren (Außentemperatur, Luftfeuchtigkeit etc.) abhängig. Die geforderten bzw. erbrachten Leistungen können intellektueller oder emotionaler Natur sein. Die Arbeits-, Leistungs- bzw. Sportphysiologie beschäftigt sich jedoch in erster Linie mit den Mechanismen, welche zum Erbringen von Muskelarbeit beitragen.

20.1 Lokale Voraussetzungen für Muskelarbeit

Energieversorgung. Bei der Muskelkontraktion wird *ATP* verbraucht (s. Abb. 20.1). Anhaltende Muskelarbeit ist ohne Energiezufuhr nicht möglich. Die ATP-Reserven eines Muskels reichen bei fehlender Energiezufuhr nur für etwa zwei Sekunden. Das ADP kann unter Verbrauch von *Kreatinphosphat* wieder zu ATP aufgebaut werden, wobei der Bestand an Kreatinphosphat normalerweise etwa 20 Sekunden reicht. Weitere Muskeltätigkeit ist nur unter Energiegewinnung möglich. Limitierender Faktor kann dabei das O_2-Angebot werden. Der an

Myoglobin gebundene O_2 reicht wenige Sekunden und stellt daher keine nennenswerte Reserve dar. Bei mangelndem O_2-Angebot muß der Muskel seine Energie aus *anaerober Glykolyse* beziehen. Insbesondere die mitochondrienarmen Typ-IIb-Muskelfasern nutzen zur Energiegewinnung die anaerobe Glykolyse. Die Glukose kann der Muskel z.T. aus eigenen Glykogenvorräten beziehen. Der Energiegewinn durch anaerobe Glykolyse ist mit 2 ATP pro Glukose gering, im Vergleich zu den 36 ATP, die beim oxidativen Abbau von Glukose gewonnen werden. Zudem werden bei anaerober Glykolyse H^+ und Laktat gebildet. Folge ist eine Azidose, die Muskelkontraktion und Glykolyse hemmt. Die Energiegewinnung durch anaerobe Glykolyse kann daher den Energiebedarf nur für eine weitere halbe Minute decken. Langfristige Mus-

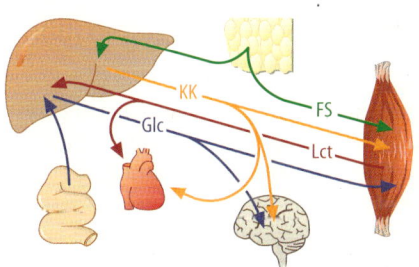

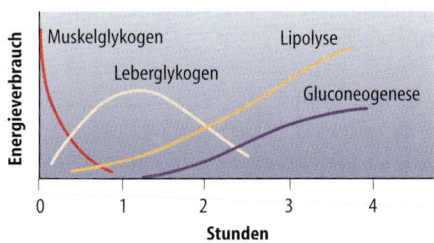

Abb. 20.1. Substratverbrauch bei körperlicher Arbeit. *FS* = Fettsäuren, *Glc* = Glukose, *KK* = Ketonkörper, *Lct* = Laktat

kelarbeit erfordert die oxidative Verbrennung von Glukose und Fettsäuren. Voraussetzung ist die hinreichende Versorgung mit O_2, also die adäquate Durchblutung des Muskels.

Muskeldurchblutung. Die erforderliche Steigerung der Muskeldurchblutung wird über Aktivierung dilatierender sympathischer (β_2-Rezeptoren) und cholinerger Fasern sowie durch lokale Faktoren, wie H^+, K^+ und Metabolite erzielt (s. Kap. 14.4). Gleichzeitig wird durch Steigerung des Herzminutenvolumens (s. Kap. 20.2) die Voraussetzung für gesteigerte Muskeldurchblutung geschaffen. Durch die gesteigerte Muskeldurchblutung wird nicht nur der adäquate Antransport von O_2 und Substraten, sondern auch der Abtransport von Laktat, CO_2 und Wärme gewährleistet. Während einer Muskelkontraktion werden die Gefäße im Muskel komprimiert und die Durchblutung eingeschränkt. Eine *statische Muskelarbeit* ist daher schwerer zu erbringen als eine *dynamische Muskelarbeit*, bei der ein Wechsel von Kontraktion und Erschlaffung die Durchblutung fördert.

20.2 Systemische Anpassung bei Arbeit

Bei Muskelarbeit muß gewährleistet werden, daß die jeweils arbeitenden Muskeln hinreichend mit O_2 und Substraten versorgt sowie von CO_2 und Laktat entsorgt werden. Voraussetzungen sind neben hinreichender Durchblutung der arbeitenden Muskulatur Anpassung von Kreislauf, Atmung und Stoffwechsel.

Kreislaufanpassung. Die zentralen Neurone, welche die Muskelarbeit auslösen, aktivieren gleichzeitig die kreislaufregulierenden Neurone und damit den Sympathikus. Ferner kommt es durch Rückmeldungen aus freien Nervenendigungen in den arbeitenden Muskeln (Ergorezeptoren) zur Stimulation des sympathischen Nervensystems. Trotz der begleitenden Vasodilatation in der arbeitenden Muskulatur (s. Kap. 20.1) und der damit verbundenen erheblichen Abnahme des peripheren Widerstandes bei schwerer Arbeit großer Muskelgruppen kommt es selten zu einem Blutdruckabfall, da die Aktivierung des Sympathikus einerseits *Herzfrequenz* und *Schlagvolumen* steigert und andererseits eine Vasokonstriktion im Splanchnikusgebiet (Magen-Darm-Trakt), in der Niere und in der nicht arbeitenden Muskulatur auslöst. Da die Muskelarbeit Wärme erzeugt, die über die Haut abgegeben werden muß, kann die Hautdurchblutung in aller Regel nicht gedrosselt werden. Die Frequenz kann bei kurzfristigen Leistungen normalerweise bis zu 200/min, das Schlagvolumen um bis zu 100 % gesteigert werden. Das Herzminutenvolumen kann demnach bei Ausdauerathleten auf über 30 l/min, bei Weltklasseathleten auf über 40 l/min ansteigen. Wegen der Zunahme von Schlagvolumen und Herzminutenvolumen steigt der *systolische Blutdruck* bei Arbeit trotz Abnahme des peripheren Widerstandes. Bei starker Beanspruchung einer kleinen Muskelgruppe sinkt der periphere Widerstand kaum ab und der Blutdruckanstieg ist entsprechend ausgeprägter. Bei einer Leistung, die über einen längeren Zeitraum (z. B. Arbeitsschicht von 8 Stunden) erbracht werden kann, erreicht die Herzfrequenz einen neuen Steady-state-Wert, der in der Regel unter 130/Minute bleibt (s. Abb. 20.2). Bei einer erschöpfenden Leistung wird kein Steady state erreicht, sondern die Pulsfrequenz steigt kontinuierlich an, bis die Arbeit aus Erschöpfung abgebrochen wird.

Atmung. Die Erbringung einer anhaltenden Leistung ist ohne gesteigerte O_2-Aufnahme und CO_2-Abgabe durch die Atmung nicht möglich. Eine Steigerung der O_2-Aufnahme wird teilweise durch stärkere Ausschöpfung des angebotenen O_2 im Gewebe erreicht, der die arteriovenöse O_2-Differenz steigert. Ferner nimmt die O_2-Aufnahme mit dem Herzminutenvolumen zu, die maximale O_2-

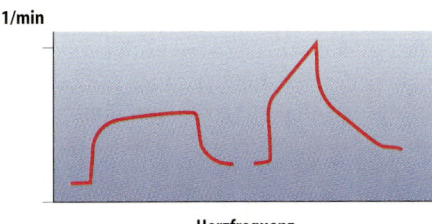

1/min

Herzfrequenz

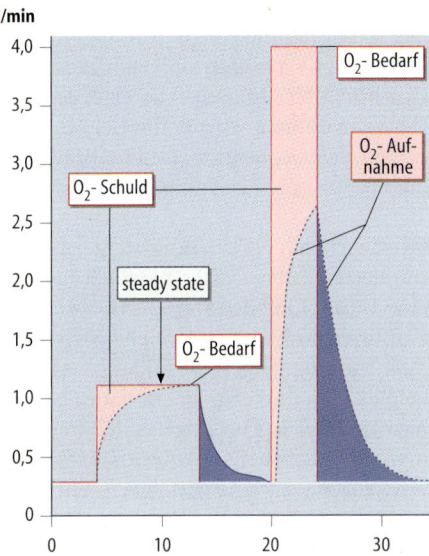

l/min

Abb. 20.2. Herzfrequenz (oben) und O_2-Verbrauch bei nichterschöpfender (links) und erschöpfender (rechts) körperlicher Arbeit. Zu Beginn der Arbeit (und bei erschöpfender Arbeit während der gesamten Arbeit) wird mehr O_2 verbraucht als aufgenommen wird (hellrote Fläche). Die Schuld wird nach geleisteter Arbeit wieder durch Hyperventilation aufgenommen (blaue Fläche)

Aufnahme ist daher eine Funktion von Herzfrequenz und Schlagvolumen. Da das Blut nach der Lungenpassage ohnehin mit O_2 gesättigt ist, kann eine Steigerung der Ventilation allein keine weitere Zunahme der O_2-Aufnahme bewirken. Die Ventilations-Steigerung dient in erster Linie der Abatmung von CO_2, die der Entwicklung einer Azidose entgegenwirkt. Kurz vor der Erschöpfung nimmt die Atemfrequenz aufgrund massiv gesteigerten Atemantriebes steil zu.

O_2-Defizit und Anpassung des Stoffwechsels. Die O_2-Aufnahme hält auch bei mäßiger Muskelarbeit zunächst nicht mit dem Energieverbrauch Schritt und der Körper geht damit ein *O_2-Defizit* ein. Nach etwa 2–3 Minuten erreicht die O_2-Aufnahme über die Lunge den Verbrauch und es stellt sich ein Gleichgewicht (steady state) ein. Nach Absetzen der Muskelarbeit hält die Atmungssteigerung noch längere Zeit an, um die *O_2-Schuld* abzutragen. Der zusätzlich aufgenommene O_2 dient unter anderem zur Auffüllung der Kreatinphosphatspeicher, der Wiederherstellung der Ionengradienten über die Zellmembran und vor allem der Verbrennung von Laktat. Bei schwerer Arbeit größerer Muskelgruppen muß der Stoffwechsel das in der Muskulatur gebildete Laktat entsorgen und die Versorgung der Muskulatur mit Substraten sicherstellen. Laktat wird vom Herzen und den mitochondrienreichen Typ-I-Muskelfasern verbrannt sowie in der Leber wieder zu Glukose aufgebaut. Zudem stellt die Leber bei schwerer Arbeit unter dem Einfluß von Katecholaminen Glukose aus ihren Glykogenvorräten und aus der Glukoneogenese zur Verfügung. Die Katecholamine und das bei Abfall der Glukosekonzentration ausgeschüttete Somatotropin stimulieren bei länger andauernder Arbeit die Lipolyse im Fettgewebe und sorgen damit für die Bereitstellung von Fettsäuren, die in der arbeitenden Muskulatur verbraucht werden (s. Abb. 20.1).

Bei mäßig intensiver Arbeit stellt sich ein Gleichgewicht zwischen Laktatproduktion im Muskel und Laktatverbrauch in Leber und Herz ein. Bei Leistungen, die deutlich unter der Leistungsgrenze liegen und daher über längere Zeit erbracht werden können, erreicht die *Laktatkonzentration* ein Steady state. Die maximale Laktatkonzentration, die im Steady state erreicht werden kann, wird als *aerobe Schwelle* bezeichnet. Unterhalb dieser Schwelle liegt der sogenannte aerobe/anaerobe Übergangsbereich.

Meßgrößen für die Leistungsfähigkeit.
Meßgrößen sind neben der Ermittlung maximaler Leistungen im Stufentest, Laufband, Fahrradergometer etc., die Kreislaufparameter. Die maximale O_2-Aufnahme ist als Maß für die Fähigkeit, Ausdauerleistungen zu erbringen, umstritten: Ein anderes Maß ist die anaerobe Schwelle (s. oben) und die Zeitdauer, die das Schwellentempo durchgehalten wird. Mittelzeittests von etwa drei Minuten prüfen die Fähigkeit, Muskelarbeit unter Bildung von Laktat zu leisten (glykolytisches System). Bei Belastungen von wenigen Sekunden (Kurzzeittests) werden Leistungen erbracht, die von der bereitgestellten Menge an ATP und Kreatinphosphat abhängen. Bei Patienten ist die Ermittlung der Leistungsgrenze mit erheblichen Gefahren verbunden. Um ihre maximale Leistung zu ermitteln, können Patienten mehreren submaximalen Belastungen ausgesetzt und ihre Herzfrequenz jeweils gemessen werden. Nachdem eine etwa lineare Korrelation zwischen Herzfrequenz und Belastung besteht und bei einer Herzfrequenz von etwa 200/Minute die maximale Leistungsfähigkeit erreicht ist, wird in einer Grafik, in der die submaximalen Leistungen gegen die jeweiligen Herzfrequenzen aufgetragen werden, durch lineare Extrapolation auf 200/Minute die maximale Leistungsfähigkeit ermittelt.

20.3 Training

Muskel. Muskeltraining steigert die Leistungsfähigkeit der betroffenen Muskeln durch präzisere und ökonomischere Bewegungen, Rekrutierung von mehr motorischen Einheiten bei trainierten Bewegungen, durch Zunahme der Muskelfaserdicke, von kontraktilen Proteinen, Mitochondrien- und Kapillardichte, ATP und Kreatinphosphat. Da das Bindegewebe nicht zunimmt, ist der trainierte Muskel in besonderem Maße verletzungsgefährdet.

Kreislauf. Unter Trainingseinfluß kommt es auch zur Zunahme des Blutvolumens, der Herzgröße (Sportlerherz) und damit des maximalen Schlagvolumens. Wird bei Zunahme des Blutvolumens auch die Zahl der Erythrozyten gesteigert, dann nimmt auch die O_2-Transportkapazität zu. Eine ausschließliche Zunahme des Plasmavolumens (Hämatokrit sinkt) steigert die Herzfüllung und erleichtert die Thermoregulation. Die Zunahme der Herzgröße hat zur Folge, daß das Schlagvolumen auch in Ruhe sehr viel größer ist als bei untrainierten Personen. Das für den Ruheumsatz erforderliche Herzzeitvolumen wird daher bei sehr niedrigen Herzfrequenzen erreicht (Bradykardie des ruhenden Leistungssportlers).

Stoffwechsel. Die Leistungssteigerung bei trainierten Personen ist schließlich auch auf eine Umstellung des *Stoffwechsels* zurückzuführen. Kohlenhydratreiche Kost nach dem Training steigert die Bildung von Muskelglykogen und ermöglicht daher bei der nächsten Beanspruchung ein höheres Ausmaß an anaerober Glykolyse. Durch Training kann auch eine gesteigerte Eliminierung von *Laktat*, u.a. durch Zunahme der Masse an Herzmuskel und Typ-I-Skelettmuskeln, sowie eine herabgesetzte Laktatproduktion durch bevorzugte Rekrutierung von S-Muskelfasern erzielt werden. Die herabgesetzten Laktatplasmaspiegel tragen dann zur Leistungssteigerung bei. Schließlich ist die Ausschüttung von *Hormonen* wie Adrenalin beim Trainierten gesteigert.

20.4 Ermüdung, Erholung, Erschöpfung

Der Leistung sind durch die Ermüdung Grenzen gesetzt. Die Ermüdung kann den Muskel, den Kreislauf oder das Nervensystem erfassen.

Ermüdung des Muskels. Sie folgt dem Zusammenbrechen der Energieversorgung, bzw. einem Mangel an Kreatinphosphat, an O_2, Glukose und Fettsäuren. Ein Absinken des Verhältnisses von ATP/ADP gefährdet nicht nur die Muskelkontraktion, sondern auch die Aufrechterhaltung der Ionengradienten über die Zellmembran. Darüber hinaus führt Anhäufung von Laktat zur Ermüdung des Muskels, da die Azidose einen hemmenden Einfluß auf die Glykolyse und die Kontraktion ausübt.

Ermüdung des Kreislaufes. Eine systemische Ermüdung tritt auf, wenn bei Beanspruchung großer Muskelgruppen der periphere Widerstand in einer Weise absinkt, daß der *Blutdruck* nicht mehr aufrecht erhalten werden kann, wenn also die Anpassungsmechanismen (s. Kap. 20.2) überfordert sind. Die Ermüdung kann beispielsweise durch hohe Umgebungstemperaturen beschleunigt werden, da die erschwerte Wärmeabgabe eine gesteigerte Durchblutung der Haut erzwingt.

Hypoglykämie. Ermüdung kann schließlich eintreten, wenn die Bereitstellung von Glukose den Bedarf nicht mehr decken kann und die Entwicklung einer Hypoglykämie die Versorgung des Gehirns mit Glukose beeinträchtigt.

Leistungsbereitschaft. Normalerweise wird die Leistung wegen Erschöpfung abgebrochen, längst bevor die theoretisch erreichbare maximale Leistung erbracht worden ist. Die Leistungsbereitschaft unterliegt zirkadianen Schwankungen mit Leistungsspitzen am Morgen und am frühen Abend. Durch massive Motivation, wie etwa bei einem bedeutsamen Wettkampf, können zusätzliche Einsatzreserven mobilisiert werden. Der autonom geschützte Bereich der Leistungsfähigkeit kann selbst durch äußerste Motivation nicht ausgeschöpft werden. Er ist jedoch unter dem Einfluß bestimmter Pharmaka mobilisierbar (Doping), wobei Gesundheit und Leben des Sportlers gefährdet werden.

Muskelkater. Die Überbeanspruchung von Muskeln führt mit einer Verzögerung von Stunden bis Tagen zum Muskelkater. Ursache sind lokale Schwellung sowie kleine Muskelrisse, die zum Austritt von Proteinen, damit zu lokaler Entzündung und zur Reizung von Nozizeptoren durch die Entzündungsmediatoren führen.

Erholung. Nach Beendigung einer Leistung müssen im Muskel Kreatinphosphat und Glykogen aufgebaut, Laktat und H^+ abtransportiert und die Ionengradienten über die Muskelzellmembran wiederhergestellt werden. Laktat kann in der Leber wieder zu Glukose aufgebaut bzw. in Herz und mitochondrienreichen Skelettmuskelzellen abgebaut werden. CO_2 muß abgeatmet und die O_2-Schuld abgetragen werden. Auch die geplünderten Glykogenvorräte von Muskeln und Leber müssen wieder aufgefüllt sowie die Flüssigkeits- und Kochsalzverluste durch den Schweiß wieder ausgeglichen werden. Schließlich werden die intramuskulären Triglyzeride und – bei entsprechender Ernährung leider auch die Fettdepots – wieder aufgebaut. Diese Vorgänge bilden die Erholung des Muskels bzw. des Körpers von einer Beanspruchung. Je nach Intensität und Dauer der Leistung sowie je nach Erholungsparameter nimmt die Erholung wenige Minuten bis Wochen in Anspruch. Die erbrachte Leistung stimuliert die Schaffung von Energiereserven im Muskel etwa in Form von Glykogen, sodaß eine sogenannte Superkompensation eintritt. Sie ist letztlich ein wesentliches Element des Trainings.

Die Abstimmung der Leistungen jeweils verschieden spezialisierter Zellen im Organismus sowie die Anpassung des Organismus an sich ständig ändernde äußere Bedingungen erfordert eine Kommunikation zwischen den verschiedenen Zellen. Sie wird einerseits durch direkten Kontakt über Gap junctions (s. Kap. 1) gewährleistet, zum anderen geben Zellen *Signalstoffe* ab, die Funktionen anderer Zellen beeinflussen. Die Signalstoffe erreichen Zellen anderer Organe über die Blutbahn (*endokrin*), benachbarte Zellen des gleichen Organes (*parakrin*) oder wirken auf die sezernierende Zelle selbst zurück (*autokrin*). Hormone im engeren Sinn entfalten ihre Wirkungen vorwiegend auf endokrinem Wege. Ihre endokrine Wirksamkeit setzt voraus, daß sie im Blut nicht vor Erreichen der Zielzellen inaktiviert werden. Hormone werden meist in spezialisierten Zellen des Körpers (endokrinen Drüsen) gebildet. Allerdings gibt es einen fließenden Übergang von Hormonen im engeren Sinn zu vorwiegend parakrin wirkenden Mediatoren und zu Transmittern des Nervensystems. Tatsächlich haben einige Hormone bzw. Mediatoren auch die Funktion von Transmittern im Nervensystem.

Im folgenden werden Hormone beschrieben, die in endokrinen Drüsen gebildet werden und über den Kreislauf wirksam sind. Einige Hormone werden an anderer Stelle diskutiert und hier nicht mehr dargestellt: Adrenalin, das von der Nebenniere ausgeschüttete Hormon, wird in Kapitel 9.1, die gastrointestinalen Hormone in Kapitel 18.2, Erythropoietin und die Entzündungsmediatoren in Kapitel 12.3, die natriuretischen Hormone in 17.2, sowie die bei der Regulation des Mineralhaushaltes beteiligten Hormone in 17.5 erläutert.

21.1 Allgemeine Aspekte endokriner Regulation

Hormonelle Regelkreise. Die Ausschüttung der Hormone unterliegt der Kontrolle von einem oder mehreren Regelkreisen: Hormone wirken direkt oder indirekt auf jene Faktoren, die ihre Ausschüttung fördern oder hemmen. Der einfachste mögliche Regelkreis *mit negativer Rückkopplung* ist in Abbildung 21.1 dargestellt: Die Ausschüttung von Glukagon wird durch einen Abfall der Glukosekonzentration im Blut stimuliert. Glukagon stimuliert den Glykogenabbau in der Leber und steigert u.a. auf diese Weise die Glukosekonzentration im Blut. Der hormonelle Regelkreis hält also in diesem Fall die Glukosekonzentration im Blut konstant. Die Regelkreise von Hormonen, die vom Hypothalamus aus kontrolliert werden (s. unten), sind komplexer, folgen jedoch den gleichen Prinzipien wie die einfachen Regelkreise. Ein hormoneller Regelkreis reagiert prinzipiell *in zwei Richtungen*. In unserem Beispiel führt eine Zunahme der Glukosekonzentration zu einer Abnahme, eine Abnahme der Glukosekonzentration zu einer Zunahme der Glukagonausschüttung. Der Regelkreis wirkt somit sowohl einer Abnahme als auch einer Zunahme der Glukosekonzentration entgegen. Wesentliche Eigenschaften eines hormonellen Regelkreises sind die Belastbarkeit auf der einen Seite und die Ansprechzeit auf der anderen. *Belastbarkeit* bzw. *Regelbreite* eines hormonellen Regelkreises beschreibt die Fähigkeit, maximale Störgrößen zu kompensieren. Sie hängt davon ab, in welchem Ausmaß das Hormon die Leistung eines Organs beeinflussen kann. Sie

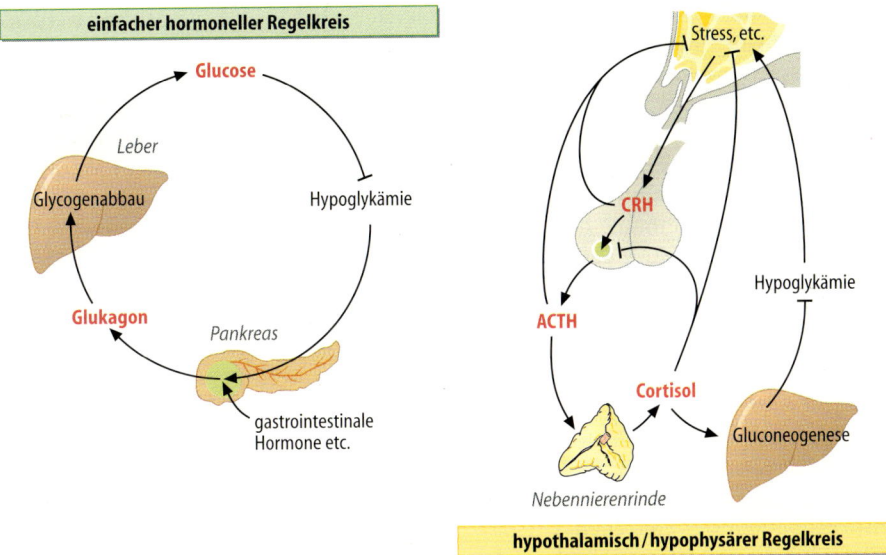

Glucose

Leber

Glycogenabbau

Hypoglykämie

Glukagon

Pankreas

gastrointestinale
Hormone etc.

Stress, etc.

CRH

ACTH

Hypoglykämie

Cortisol

Gluconeogenese

Nebennierenrinde

hypothalamisch / hypophysärer Regelkreis

Abb. 21.1. Einfacher hormoneller Regelkreis (links, Beispiel Glukagon) und hypothalamisch/hypophysärer Regelkreis (rechts, Beispiel Kortisol). Gezeigt ist jeweils nur eine der Wirkungen von Glukagon und Kortisol

ist eingeschränkt bei herabgesetzter Hormonempfindlichkeit oder Leistungsfähigkeit des Zielorgans. Die *Ansprechzeit* eines hormonellen Regelkreises hängt davon ab, wie schnell die Hormonausschüttung auf eine Änderung des kontrollierten Stoffwechselparameters reagiert, wie lange das Hormon im Blut aktiv zirkuliert (Halbwertszeit), wie schnell die Wirkung im Zielorgan einsetzt und wie lange sie anhält (s. Tabelle 21.1).

Steuerung der Hormonausschüttung. Steuernde Einflüsse verstellen die Empfindlichkeit der endokrinen Druse für den Stoffwechselparameter und erlauben damit seine Änderung. Die Hormonausschüttung wird vor allem über das Nervensystem vielfach kontrolliert. Über Acetylcholin, Noradrenalin und Adrenalin steuert das vegetative Nervensystem die Ausschüttung der meisten Hormone (s. Tabelle 9.1). Darüber hinaus wird die Ausschüttung vieler Hormone durch glandotrope Hormone aus der Hypophyse reguliert, deren Ausschüttung wiederum unter der Kontrolle des Hypothala-

Tabelle 21.1. Ungefähre Halbwertszeiten (in Minuten) einiger Hormone im Plasma. Die biologischen Halbwertszeiten sind im allgemeinen wesentlich länger

Liberine, Statine (RH, RIH)	5
Corticotropin (ACTH)	25
Thyrotropin (TSH)	70
Follitropin (FSH)	240
Lutropin (LH)	210
Choriongonadotropin (hCG)	500
Prolaktin	30
Somatotropin (STH)	25
Adiuretin (ADH)	6
Oxytozin	5
Adrenalin	<2
Kortisol	90
Kortikosteron	60
Aldosteron	20
Testosteron	15
Thyroxin	10 000 (7 Tage)
Trijodthyronin	1 500 (1 Tag)
Insulin	<10
Glukagon	<10
Parathormon (PTH)	20
Kalzitonin	20
Östron	90
Progesteron	20
Bradykinin	<1

mus steht (s. Kap. 21.3). Damit können Hormonausschüttung und hormonabhängige Regulation von peripheren Parametern dem jeweiligen Verhalten bzw. dem vom Nervensystem eingeschätzten Bedarf angepaßt werden. Beispielsweise fördert Adrenalin im Streß u.a. durch Stimulation der Glukagonausschüttung und Hemmung der Insulinausschüttung einen Anstieg der Blutglukosekonzentration.

Vermaschung von Regelkreisen. Ein Hormon ist in der Regel Teil mehrerer Regelkreise. So wird die Glukagonausschüttung nicht nur durch Glukose, sondern u.a. auch durch Aminosäuren stimuliert.

Ansprechbarkeit der Zielzellen. Die Zielzellen reagieren nicht immer gleich auf den Einfluß eines Hormons. Vielmehr können Zellen ihre Empfindlichkeit gegenüber einem Hormon steigern oder herabsetzen. Darüber hinaus stehen die Zellen meist gleichzeitig auch unter dem Einfluß anderer Hormone, welche die Zellfunktion ebenfalls beeinflussen. Schließlich werden die regulierten Stoffwechselparameter auch durch Zellen beeinflußt, die nicht unter der Kontrolle des jeweiligen Hormons stehen.

Störungen hormoneller Regelkreise. Sie treten auf, wenn die Hormonausschüttung inadäquat hoch (z. B. bei einem hormonproduzierenden Tumor) oder für die Erfordernisse zu gering ist (z. B. bei Schädigung der hormonproduzierenden Zellen). Auch eine gesteigerte oder herabgesetzte Ansprechbarkeit der Zielorgane führt zu entsprechenden Störungen. Schließlich können bei Hormonen, die in mehr als einen Regelkreis eingebaut sind, durch die Vernetzung von Regelkreisen Störungen auftreten, wenn die verschiedenen Regelkreise unterschiedliche Hormonkonzentrationen erfordern.

Synthese von Hormonen. Die meisten Hormone sind Proteine bzw. Peptide, die von Ribosomen des rauhen endoplasmatischen Retikulums synthetisiert und dann in sekretorischen Vesikeln gespeichert werden. Bei der Biosynthese werden zunächst Präkursoren (Präprohormone) gebildet, aus denen die peripher wirksamen Hormone abgespalten werden. Dabei können aus einem Präkursor mitunter mehrere unterschiedliche Hormone synthetisiert werden. Die Synthese der Schilddrüsenhormone (jodierte Aminosäurederivate) und der Steroidhormone (Derivate von Cholesterin) wird noch etwas ausführlicher dargestellt (s. Kap. 21.6, 21.10).

Mechanismen der Hormonausschüttung. Proteohormone werden durch Exozytose der hormonhaltigen Vesikel ausgeschüttet. Bei den meisten Hormonen (wichtige Ausnahmen Parathormon und das Enzym Renin) wird die Ausschüttung durch eine Zunahme der intrazellulären Ca^{2+}-Konzentration ausgelöst. Über eine CaM-Kinase bewirkt Ca^{2+} die Lösung der Vesikel vom Zytoskelett. In der Folge lagern sich die Vesikel unter Vermittlung von bestimmten kleinen G-Proteinen (Rab) und weiteren Signalmolekülen an die Zellmembran an und verschmelzen mit der Zellmembran. Dabei wird der Inhalt der Vesikel in den Extrazellulärraum abgegeben. Schilddrüsenhormone werden nicht durch Exozytose ausgeschüttet, sondern aus einem Speicherprotein (Thyreoglobulin) freigesetzt (s. Kap. 21.6). Steroidhormone verlassen die Zellen zumindestens z.T. über Transportproteine (Carrier).

Periphere Aktivierung von Hormonen. Einige Hormone werden in einer inaktiven bzw. nur gering aktiven Form ausgeschüttet. Sie bedürfen einer Aktivierung im Gewebe, um ihre volle Wirksamkeit zu entfalten (z. B. die Umwandlung von T_4 in T_3, und von Testosteron in Dihydrotestosteron).

Inaktivierung von Hormonen. Die Proteohormone werden durch proteolytische Spaltung vorwiegend in der Leber und der Niere inaktiviert. Die Steroidhormone werden vorwiegend in der Leber in unwirksame

Metabolite abgebaut, die dann über Galle und Niere ausgeschieden werden. Eine eingeschränkte Funktion dieser beiden Organe hat demnach erhebliche Konsequenzen für den Hormonhaushalt.

Hormonbindung an Plasmaproteine. Im Blut sind einige Hormone z.T. an Plasmaproteine gebunden. Insbesondere für Schilddrüsenhormone ist der gebundene Anteil mit 99,9 % sehr hoch. Steroidhormone werden meist zwischen 60 % (Aldosteron) und 90 % (Kortisol) an Proteine gebunden, Testosteron sogar zu 98 %. Da die Plasmaproteine die Blutbahn nicht in nennenswertem Ausmaß verlassen, kann der an Plasmaproteine gebundene Hormonanteil die Zielzellen außerhalb der Blutbahn nicht erreichen und bleibt wirkungslos. Andererseits entzieht sich der Plasmaprotein-gebundene Anteil auch der Inaktivierung. Durch die Bindung der Hormone an Plasmaproteine nimmt die Halbwertszeit zu.

21.2 Intrazelluläre Transmission

Die Zellen verfügen über Mechanismen, welche die verschiedenen Zellfunktionen miteinander koordinieren und einer besonderen, nach außen gerichteten Leistung unterordnen. Diese Mechanismen regulieren Enzymaktivitäten und Transportprozesse an der Zellmembran, den Zustand der Elemente des Zytoskeletts etc. Hormone und sonstige Signalstoffe, welche die Zellfunktion beeinflussen, wirken auf die Zielzellen unter Vermittlung dieser intrazellulären Mechanismen. Ein Teil der Hormone bindet an intrazelluläre (zytosolische oder nukleäre) Rezeptoren, andere Hormone über Rezeptoren an der Zellmembran. Die Koppelung der Hormone an die Zellmembran führt zur Aktivierung von Ionenkanälen, zur Bildung intrazellulärer Transmitter und/oder zur Phosphorylierung intrazellulärer Proteine. Dabei können einige Hormone über unterschiedliche Rezeptoren mehrere Signalwege gleichzeitig aktivieren.

Intrazelluläre Rezeptoren. Steroidhormone (Glukokortikoide, Mineralokortikoide, Östrogene, Progesteron, Androgene, Kalzitriol) binden in erster Linie an intrazelluläre Rezeptoren (s. Abb. 21.2). Der Hormon-Rezeptor-Komplex wandert in den Zellkern und bindet dort an spezifische hormonresponsive Elemente (HRE) der Desoxyribonukleinsäure (DNA). Damit wird die Bildung von bestimmter, hormonabhängiger messenger ribonucleic acid (mRNA) stimuliert (Transkription). Die mRNA wandert zum rauhen endoplasmatischen Retikulum, wo die Ribosomen die mRNA in Proteine übersetzen (Translation). Die auf diese Weise gebildeten Proteine (induced proteins), wie Enzyme und Transportproteine, vermitteln die sogenannten genomischen Wirkungen der Hormone. Sie wirken über Beeinflussung vielfältiger Stoffwechsel- und Transportleistungen der Zelle. Die Schilddrüsenhormone T_3/T_4 wirken in analoger Weise über Rezeptoren im Zellkern. Die Regulation über genomische Wirkungen ist relativ langsam, da die Proteine erst synthetisiert werden müssen. Steroidhormone und Schilddrüsenhormone können jedoch auch die Aktivität vorhandener Proteine, wie etwa Ionenkanäle, beeinflussen (nichtgenomische Wirkung).

Membranständige Rezeptoren. Die meisten Hormone (u.a. alle Peptidhormone) entfalten ihre Wirkung über Rezeptoren der Zellmembran und folgende Aktivierung von membranständigen Enzymen oder Ionenkanälen. Dabei kann ein bestimmtes Hormon an mehrere, unterschiedliche Rezeptoren binden, die jeweils verschiedene intrazelluläre Transmissionsmechanismen in Gang setzen. Die Rezeptoren sind keine Konstanten, sondern können von den Zielzellen reguliert werden. Rezeptoren werden bei anhaltend hohen Hormonkonzentrationen meist downreguliert, d.h. die Zielzelle vermindert die Zahl der Rezeptoren und da-

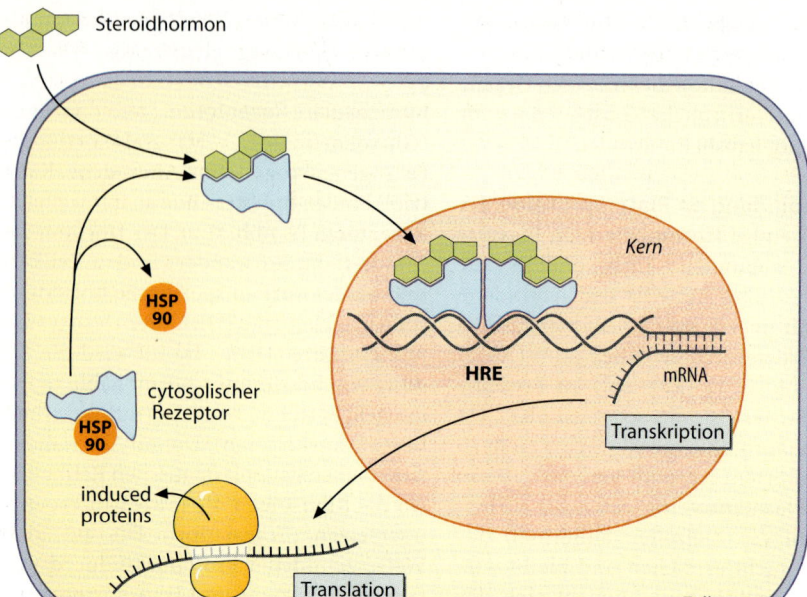

Abb. 21.2. Wirkung von Hormonen über intrazelluläre Rezeptoren. Das Hormon (Steroidhormon) bindet an den zytosolischen Rezeptor. Der Hormon-Rezeptor-Komplex wandert in den Zellkern und bindet dort an hormonresponsive Elemente (*HRE*). Dadurch wird die Transkription hormonregulierter Gene stimuliert (Bildung von Messenger RNA, mRNA). Durch Translation der mRNA in den Ribosomen des rauhen endoplasmatischen Retikulums entstehen die vom Hormon induzierten Proteine (Transportproteine, Enzyme etc.)

mit ihre Empfindlichkeit gegenüber dem Hormon. Damit entzieht sie sich einer Überbeanspruchung durch das Hormon.

G-Proteine. Häufig werden die Wirkungen membranständiger Rezeptoren durch GTP-bindende Proteine vermittelt (s. Abb. 21.3).

Heterotrimere G-Proteine bestehen aus drei Untereinheiten (α, ß, γ). Bei Aktivierung durch den besetzten Hormonrezeptor bindet die α-Untereinheit GTP im Austausch gegen GDP und spaltet die βγ-Untereinheit ab. Die Wirkungen des G-Proteins werden vorwiegend durch die GTP-bindende α-

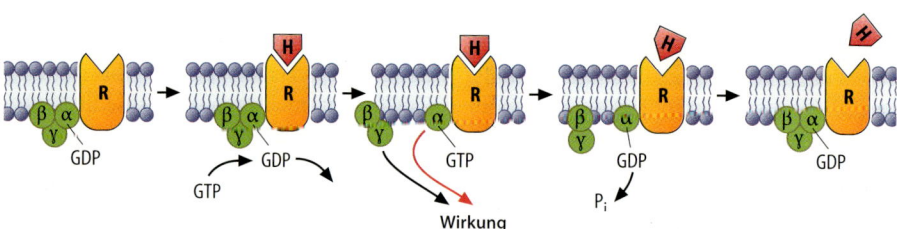

Abb. 21.3. Aktivierung von heterotrimeren G-Proteinen: Nach Bindung des Hormons (*H*) an den Rezeptor (*R*) wird an der α-Untereinheit eines heterotrimeren G-Proteins ein *GDP* durch ein *GTP* ersetzt und die βγ-Untereinheit abgespalten. In dieser Konfiguration werden die Hormonwirkungen ausgelöst. Das G-Protein wird durch Abspaltung eines Phosphates (Bildung von *GDP*) wieder inaktiviert. Dabei bindet die α-Untereinheit wieder die βγ-Untereinheit

Untereinheit ausgelöst. Die α-Untereinheit besitzt GTPase-Aktivität, durch die ein Phosphat vom GTP abgespalten und damit die α-Untereinheit wieder inaktiviert wird. Die inaktive α-Untereinheit lagert schließlich wieder die βγ-Untereinheit an. Die Inaktivierung des G-Proteins ist einer der Mechanismen, durch die die Hormonwirkung limitiert wird. Neben den heterotrimeren G-Proteinen spielen bei der zellulären Signaltransduktion noch weitere GTP-bindende Proteine eine Rolle, wie z. B. Ras und Rac. Sie weisen Ähnlichkeit mit der α-Untereinheit heterotrimerer G-Proteine auf und werden u.a. auch als „kleine G-Proteine" bezeichnet. Auch diese Proteine werden durch Bindung von GTP aktiviert und durch Abspaltung von Phosphat inaktiviert.

Adenylatzyklase. Über ein stimulierendes heterotrimeres G-Protein (Gs) wird die Adenylatzyklase aktiviert, ein Enzym der Zell-membran, das ATP zu zyklischem AMP (cAMP) umwandelt (s. Abb. 21.4). Die Adenylatzyklase kann über ein weiteres G-Protein (Gi) gehemmt werden. cAMP aktiviert wiederum bestimmte Proteinkinasen (A-Kinasen), die Enzyme und Transportproteine durch Einbau von Phosphat (Phosphorylierung) aktivieren oder inaktivieren. Durch cAMP kann auch die Synthese von Enzymen und Transportproteinen stimuliert werden. cAMP wird durch Phosphodiesterasen gespalten und damit inaktiviert. Phosphatasen gewährleisten die Dephosphorylierung der Substrate von Proteinkinasen und damit die Beendigung der Hormonwirkung, wenn kein neues cAMP gebildet wird. Über gesteigerte Bildung von cAMP wirken u.a. die glandotropen Hormone der Hypophyse, Liberine, Statine, Glukagon, Parathormon (PTH), Kalzitonin, Adiuretin (ADH), Gastrin, Sekretin, Gastric inhibitory peptide (GIP), Vasoactive intestinal

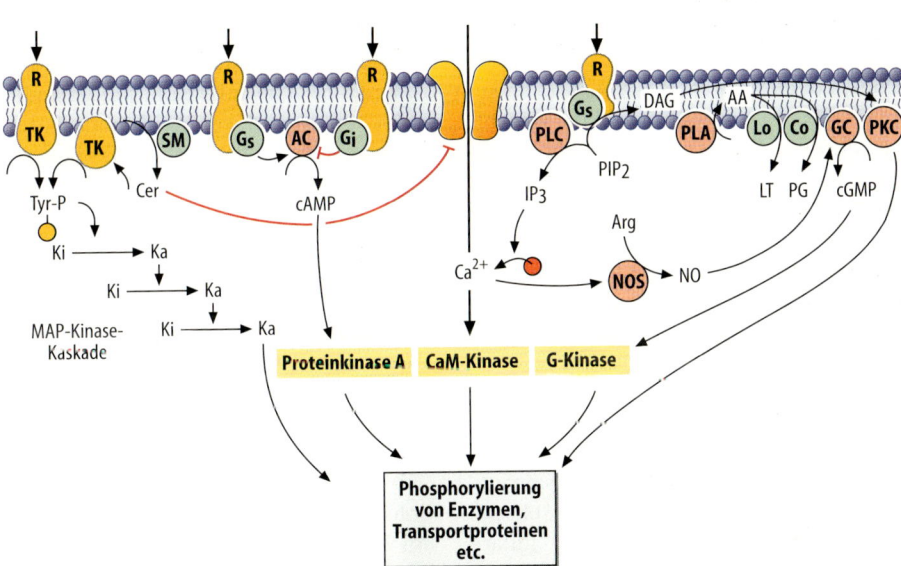

Abb. 21.4. Zusammenstellung der wichtigsten Elemente intrazellulärer Signaltransduktion: R = Rezeptor, TK = Tyrosinkinase, Tyr-P = phosphoryliertes Tyrosin, Ki und Ka = inaktive und aktivierte Kinasen, MAP-$Kinase$ = Mitogen Activated Kinase, SM = Sphingomyelinase, Cer = Ceramid, G_s und G_i = stimulierendes und hemmendes G-Protein, AC = Adenylatzyklase, PLC = Phospholipase C, PLA_2 = Phospholipase A_2, IP_3 = Inositoltriphosphat, PIP_2 = Phosphatidylinositolbisphosphat, DAG = Diacylglyzerol, AA = Arachidonsäure, LO = Lipoxygenase, CO = Zykloxigenase, LT = Leukotriene, PG = Prostaglandine, GC = Guanylatzyklase, PKC = Proteinkinase C, Arg = Arginin, NOS = NO-Synthase, NO = Stickoxid, $cAMP$ = zyklisches Adenosinmonophosphat, $cGMP$ = zyklisches Guanosinmonophosphat

peptide (VIP), Adrenalin (β-Rezeptoren), Dopamin, Histamin, Serotonin, und Prostaglandine. Die cAMP-Bildung wird u.a. durch Adrenalin (α_2-Rezeptoren), Insulin und Somatostatin gehemmt.

Guanylatzyklase. Ein weiterer „second messenger" ist das zyklische Guanosinmonophosphat (cGMP), das durch die Guanylatzyklase gebildet wird (s. Abb. 21.4). Die Guanylatzyklase kann Teil des Rezeptormoleküls sein oder als lösliche Guanylatzyklase im Zytosol vorliegen. cGMP erzielt seine Wirkungen unter Vermittlung von G-Kinasen und cGMP-abhängigen Ionenkanälen. Ein Substrat der G-Kinasen ist die Ca^{2+}-ATPase in der Zellmembran und in Organellen, welche Ca^{2+} aus dem Zytosol pumpt und damit die zytosolische Ca^{2+}-Konzentration senkt. Über cGMP wirken Stickoxid (NO, endothelial derived relaxant factor) und Atriopeptin (atrialer natriuretischer Faktor, ANF). NO aktiviert die lösliche Guanylatzyklase, Atriopeptin wirkt über einen Rezeptor mit integrierter Guanylatzyklase.

Phospholipase C. Einige Hormone stimulieren – wiederum unter Vermittlung von entsprechenden G-Proteinen – die Phospholipase C, ein Enzym, das Phosphatidylinositolbisphosphat (PIP_2) in Diacylglyzerol (DAG) und 1,4,5-Inositoltrisphosphat (1,4,5-IP_3) spaltet (s. Abb. 21.4). 1,4,5-IP_3 setzt Ca^{2+} aus intrazellulären Speichern frei. Unter anderem entsteht aus 1,4,5-IP_3 1,3,4,5-Tetrakisphosphat (1,3,4,5-IP_4), das möglicherweise den Ca^{2+}-Einstrom aus dem Extrazellulärraum fördert. Aus 1,4,5-IP_3 und 1,3,4,5-IP_4 werden noch weitere, weitgehend inaktive Inositolphosphate gebildet. Das durch 1,4,5-IP_3 und 1,3,4,5-IP_4 gesteigerte zytosolische Ca^{2+} aktiviert oder hemmt intrazelluläre Enzyme, Ionenkanäle und andere Transportproteine. Ca^{2+} entfaltet seine Wirkungen zum Teil durch Bindung an das Protein Calmodulin. Der Ca^{2+}-Calmodulin-Komplex aktiviert „Calmodulinabhängige Kinasen" (CaM-Kinasen), die bestimmte Enzyme und Transportproteine phosphorylie-

ren. Diacylglyzerol (DAG) aktiviert den Na^+/H^+-Austauscher, der H^+ im Austausch gegen Na^+ aus der Zelle pumpt. Die folgende Alkalinisierung der Zelle beeinflußt wiederum eine Reihe von Zellfunktionen. Die Bildung von 1,4,5-IP_3 und DAG wird u.a. durch Adrenalin (α_1-Rezeptoren), Acetylcholin, Histamin (H_1-Rezeptoren), Adiuretin (ADH), Pankreozymin, Angiotensin, Thyroliberin, Substanz P, und Serotonin stimuliert.

Eicosanoide. Die Phospholipase A_2 spaltet aus Triglyzeriden der Zellmembran die mehrfach ungesättigte Fettsäure Arachidonsäure ab. Aus Arachidonsäure werden die sogenannten Eicosanoide gebildet, eine Gruppe von Mediatoren mit einer Vielzahl z.T. antagonistischer Wirkungen. Die wichtigsten Vertreter sind die Prostaglandine (u.a. PGE_2 und $PGF_{2\alpha}$), die Thromboxane (u.a. TxA_2), sowie die Leukotriene (u.a. LTC_4 und LTD_4). Auf der einen Seite sind Eicosanoide intrazelluläre Signalmoleküle, die durch Hormone aber auch andere Faktoren freigesetzt werden und die Funktion der betroffenen Zelle beeinflussen. Auf der anderen Seite werden Eicosanoide auch durch die Zelle in die Umgebung und das Blut abgegeben und modifizieren die Funktion anderer Zellen.

Ceramid. Einige Hormone, Mediatoren bzw. Zytokine (z.B. tumor necrosis factor TNFα) aktivieren das Enzym Sphingomyelinase, das aus Sphingomyelin der Zellmembran Ceramid abspaltet. Ceramid aktiviert u.a. Kinasen und Cl^--Kanäle und hemmt Ca^{++}- und K^+-Kanäle.

Kinasekaskaden. Insulin und eine Vielzahl von Wachstumsfaktoren (z.B. epidermal growth factor EGF, nerve growth factor NGF, platelet derived growth factor PDGF und fibroblast growth factor FGF) binden an Rezeptoren, die selbst Proteinkinaseaktivität aufweisen und ihre Zielproteine an der Aminosäure Tyrosin phosphorylieren (Tyrosinkinasen). Andere Mediatoren, wie der tumor necrosis factor (TNFα) binden an Rezeptoren, die zytosolische Tyrosinkinasen binden und aktivieren können. Der Rezeptor für den tumor growth factor TGF-β verfügt über intrazelluläre Serin-Threonin-Kinase-Aktivität, d.h. die von ihm regulierten Proteine werden an den Aminosäuren Serin oder Threonin phosphoryliert. Die Aktivierung der Tyrosinkinasen ist Ausgangspunkt von Kinasekaskaden, wie der Mitogen-activated-protein-kinase-(MAP-Kinase-)Kaskade. Da jede aktivierte Kinase mehrere Kinasen aktivieren kann, können die Kinasekaskaden das intrazelluläre Signal explosionsartig verstärken.

Transkriptionsfaktoren. Ca^{++} und verschiedene Kinasekaskaden führen zur Aktivierung bestimmter Transkriptionsfaktoren, wie etwa c-Fos und c-Jun. Die Transkriptionsfaktoren wandern in den Kern und regulieren dort die Genexpression.

Caspasen. Bestimmte Enzyme (Caspasen) beeinflussen ihre Zielproteine durch proteolytische Spaltung. Sie spielen vor allem bei der Signalkaskade des apoptotischen Zelltodes (s. Kap. 21.15) eine wesentliche Rolle.

Bax, Bad, Bcl$_2$. Die Proteine Bad und Bax können sich an Mitochondrien anlagern und über Öffnung von Poren Zytochrom C freisetzen. Zytochrom C stimuliert wiederum Caspasen, welche den apoptotischen Zelltod auslösen können. Bcl$_2$ hemmt die Wirkung von Bax und Bad und wirkt auf diese Weise dem Zelltod entgegen.

NO und O$_2^-$. Stickoxid (NO) und Superoxid (O$_2^-$) wirken sowohl als intrazelluläre Signalmoleküle, als auch als Mediatoren zur Beeinflussung benachbarter Zellen. NO wird durch verschiedene NO-Synthasen gebildet, die z. B. in Endothelzellen durch intrazelluläres (zytosolisches) Ca^{2+} aktiviert oder bei Entzündungen verstärkt exprimiert werden (induzierbare NO-Synthase, iNOS). O$_2^-$ wird durch die NADPH-Oxidase gebildet.

Zellvolumen. In der Signalübermittlung kann auch das Zellvolumen als „second messenger" dienen: So führt Insulin durch Aktivierung des Na^+/H^+-Austauschers und des Na^+-K^+-$2\,Cl^-$-Cotransporters zur zellulären Elektrolytaufnahme und damit zur osmotischen Schwellung von Leberzellen. Diese Zellschwellung hemmt den Abbau und fördert den Aufbau von Makromolekülen, v.a. von Proteinen. Glukagon führt umgekehrt durch Aktivierung von Ionenkanälen zu zellulären Elektrolytverlusten, Zellschrumpfung und Aktivierung der Proteolyse.

21.3 Hormone des Hypothalamus

Peripher wirkende Hormone des Hypothalamus sind Oxytozin und ADH, Nonapeptide, die sich in nur zwei Aminosäuren unterscheiden. Sie werden in Neuronen der hypothalamischen Nuclei paraventricularis und supraopticus gebildet. Allerdings bildet ein Neuron nicht gleichzeitig beide Hormone. Über die Axone der Neurone werden sie bei Bedarf zum Hinterlappen der Hypophyse transportiert und dort ausgeschüttet (Neurosekretion). Der Hypothalamus bildet ferner eine Reihe von Hormonen, welche die Ausschüttung von Hormonen im Hypophysenvorderlappen regulieren (hypophysiotrope Hormone). Schließlich bilden Neurone im Hypothalamus (aber auch extrahypothalamische Neurone) noch Calcitonin gene related peptide (CGRP), ein Peptid aus 37 Aminosäuren, das u.a. starke periphere Vasodilatation auslöst. Der Name des Hormons bzw. Transmitters wurde gewählt, da es aus dem gleichen Gen wie Kalzitonin (s. Kap. 17.5) gebildet wird.

Oxytozin. Oxytozin fördert die Kontraktion der Uterusmuskulatur (im Orgasmus oder bei der Geburt), der glatten Muskulatur der Milchdrüsen (beim Stillen) und der Samenkanälchen (bei der Ejakulation). Oxytozin beeinflußt die Psyche und trägt so wahrscheinlich zur emotionalen Bindung der stillenden Mutter an den Säugling bei.

ADH. Adiuretin (antidiuretisches Hormon ADH, Vasopressin) dient in erster Linie der Regulation des Körperwassers. Es wird bei Verminderung des intra- und/oder extrazellulären Volumens ausgeschüttet und bewirkt eine Herabsetzung der renalen Wasserausscheidung.

ADH-Ausschüttung. Adiuretin wird aus einem größeren Protein (Präproadiuretin) abgespalten. Die Ausschüttung von Adiuretin aus den Nervenendigungen wird durch Aktionspotentiale ausgelöst. Die Depolarisation öffnet spannungssensitive Ca^{2+}-Kanäle, die Zunahme der Ca^{2+}-Konzentration vermittelt dann die Entleerung der Vesikel. Wichtigste Stimuli für die Ausschüttung von Adiuretin sind eine Zunahme der extrazellulären Osmolarität und eine Abnahme des Plasmavolumens. Die Osmolarität wird im Hypothalamus selbst und möglicherweise in der Leber registriert. Wahrscheinlich ist die Zellschrumpfung der adäquate Reiz für die Adiuretinausschüttung. Die Zellschrumpfung führt in den Neuronen des Hypothalamus zur Aktivierung von unselektiven Ionenkanälen, die bei normalem Zellvolumen durch die Dehnung der Zellmembran gehemmt werden (stretch inhibited channels). Die Aktivierung der unselektiven Ionenkanäle depolarisiert die Zellmembran und löst damit Aktionspotentiale aus. Infusion hypertoner Harnstofflösung führt zu keiner Stimulation der Adiuretinausschüttung, wahrscheinlich deshalb, weil Harnstoff leicht die Zellmembran passieren kann und eine hypertone Harnstofflösung somit keine osmotische Zellschrumpfung auslöst. Bei K^+-Überschuß ist die Adiuretinausschüttung gehemmt, möglicherweise deshalb, weil die zelluläre Aufnahme von K^+ zu einer Zellschwellung führt. Das Plasmavolumen wird durch Dehnungsrezeptoren im linken Vorhof registriert. Eine Zunahme des Vorhofdrucks hemmt, eine Abnahme des Vorhofdrucks fördert die Ausschüttung von Adiuretin. Die Adiuretinausschüttung ist ferner bei Streß, Angst, Erbrechen und sexueller Erregung gesteigert, bei Kälte dagegen herabgesetzt. Sie wird durch Angiotensin II, Dopamin und Endorphine gefördert, durch GABA gehemmt.

ADH-Wirkungen. Die antidiuretische Wirkung von Adiuretin wird durch Steigerung der Wasserpermeabilität der luminalen Zellmembran in distalem Konvolut und Sammelrohr erzielt. Adiuretin stimuliert den Einbau von Wasserkanälen (Aquaporinen) in die Zellmembran. Dadurch kann Wasser dem osmotischen Gradienten folgend das Lumen verlassen (s. Kap. 16.4). In Abwesenheit von Adiuretin scheidet die Niere große Mengen (bis zu 20 Liter/Tag) hypotonen (< 300 mosmol/l) Harns aus. Bei maximaler Adiuretinausschüttung erreicht die Harnosmolarität die Osmolarität des Nierenmarks (bis zu 1200 mosmol/l). In hohen Konzentrationen wirkt Adiuretin vasokonstriktorisch. Dabei wirkt es v.a. auf die Kapazitätsgefäße. Auf diese Weise erreicht Adiuretin eine Steigerung des zentralen Venendrucks und ermöglicht die Aufrechterhaltung des Herzminutenvolumens auch bei herabgesetztem Blutvolumen.

ADH-Mangel. Ein Mangel an Adiuretin kann Folge einer Schädigung des Hypothalamus, einer Hemmung der Adiuretinausschüttung durch Toxine (z. B. Alkohol, Opiate) oder in seltenen Fällen eines genetischen Defektes in der Adiuretinsynthese sein (zentraler Diabetes insipidus). Eine Unempfindlichkeit der Niere gegenüber der Wirkung von Adiuretin kann selbst bei intakter Ausschüttung von Adiuretin einen Diabetes insipidus hervorrufen (renaler Diabetes insipidus). Die renale Wirksamkeit von Adiuretin ist dann eingeschränkt, wenn der Einbau der Wasserkanäle ausbleibt (z. B. genetische Defekte) oder wenn durch herabgesetzte Osmolarität im Nierenmark der osmotische Gradient für die Wasserresorption fehlt, wie etwa bei Hemmung der Kochsalzresorption in der dicken Henle'schen Schleife durch Schleifendiuretika, durch K^+ Mangel oder durch Hyperkalzämie, bei Mangel an Harnstoff durch proteinarme Diät oder bei Auswaschen des Nierenmarks durch Entzündungen (s. Kap. 16.4). Ein absoluter Mangel an Adiuretin hat die Ausscheidung großer Mengen hypotonen Harns zur Folge. Die Patienten müssen am Tag bis zu 20 Liter trinken, um eine lebensbedrohliche Dehydratation abzuwenden. Ein mäßiger Mangel an Adiuretin (-Wirkung) ist häufig daran erkennbar, daß die Patienten nachts Wasser lassen müssen (Nykturie).

ADH-Überschuß. Ein Überschuß an Adiuretin kann durch Bildung von Adiuretin in einem Tumor (z. B. kleinzelliges Bronchialkarzinom) hervorgerufen werden. Der Adiuretinüberschuß führt zur Retention von Wasser mit drohender Zunahme des Extra- und Intrazellulärvolumens.

Hypophysiotrope Hormone des Hypothalamus. Über Regulation der Freisetzung von Hormonen durch den Hypophysenvorderlappen beeinflußt der Hypothalamus die Ausschüttung einer Vielzahl von Hormonen und peripheren Parametern. Der Hypothalamus bildet sogenannte *Liberine* (releasing hormones) und *Statine* (release inhibiting hormones), die über Nervenendigungen in das Portalblut der Hypophyse abgegeben werden (Abb. 21.6). Über diesen Weg erreichen die Liberine und Statine Zellen im Hypophysenvorderlappen, die neben direkt peripher wirkenden Hormonen Tropine (glandotrope Hormone) bilden. Die glandotropen Hormone beeinflussen die entsprechenden Hormondrüsen in der Peripherie. Die durch die peripheren Hormone beeinflußten Stoffwechselparameter wirken z. T. auf den Hypothalamus zurück. Darüber hinaus üben die peripheren Hormone einen hemmenden Einfluß auf Hypothalamus und Hypophyse aus. Schließlich kann das glandotrope Hormon oder sogar das Liberin selbst die Liberinausschüttung im Hypothalamus hemmen. „Gonadoliberin" (*Gonadotropin releasing hormone, GnRH*) stimuliert die Ausschüttung der Gonadotropine „Lutropin" (*luteotropes Hormon, LH*) und „Follitropin" (*Follikel-stimulierendes Hormon, FSH*). Die Gonadotropine regulieren die Ausschüttung der Sexualhormone Östrogene, Gestagene und Testosteron (s. Kap. 21.12, 21.13). „Kortikoliberin" (*Corticotropin releasing hormone, CRH*) fördert die Ausschüttung von „Kortikotropin" (*adrenocorticotropes Hormon, ACTH*). ACTH stimuliert v.a. Wachstum und Hormonausschüttung der Nebennierenrinde (s. Kap. 21.10). „Thyroliberin" (*Thyrotropin releasing hormone, TRH*) stimuliert die Ausschüttung von „Thyrotropin" (*Thyreoidea stimulierendes Hormon, TSH*), das Wachstum und Hormonbildung in der Schilddrüse fördert (s. Kap. 21.6), und von Prolaktin (s. Kap. 21.4). *Somatoliberin* stimuliert und *Somatostatin* hemmt die Ausschüttung von Somatotropin (s. Kap. 21.5). Somatostatin hemmt ferner die Ausschüttung von Prolaktin. Somatostatin wird nicht nur im Hypothalamus, sondern in einer Vielzahl von Geweben gebildet, unter anderem in den Inseln der Bauchspeicheldrüse, wo es die Ausschüttung von Insulin (s. Kap. 21.7) und Glukagon (s. Kap. 21.8) hemmt. Im Gastrointestinaltrakt reguliert es als lokaler Mediator eine Vielzahl von Funktionen (s. Kap. 18.2). Regulation der Ausschüttung und Wirkungen der einzelnen, vom Hypothalamus kontrollierten Hormone sollen in den folgenden Abschnitten noch ausführlicher beschrieben werden.

Unterbrechung des Einflusses vom Hypothalamus auf den Hypophysenvorderlappen. Dabei kommt es neben gesteigerter Auschüttung von Prolaktin zu herabgesetzter Ausschüttung von Somatotropin, Kortikotropin, Melanotropin, Thyrotropin und Gonadotropinen. Ohne Ersatz der peripheren Hormone wird ein Ausfall der Hypophyse nicht überlebt.

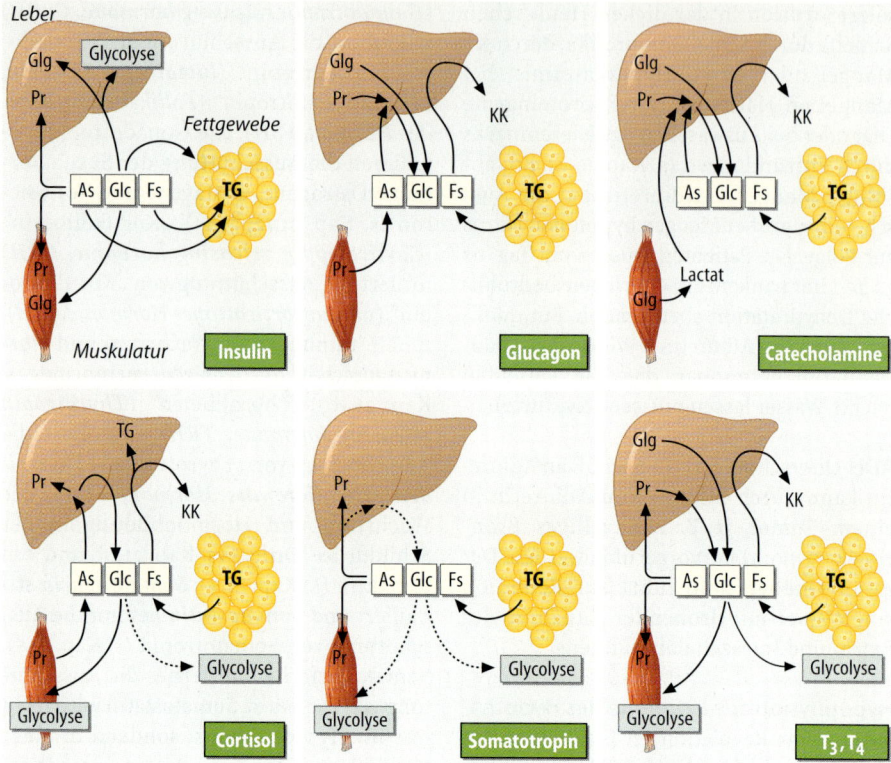

Abb. 21.5. Wirkungen von Hormonen auf die Energiesubstrate im Körper. *Insulin* fördert den Aufbau von Proteinen, Glykogen und Triglyzeriden. Es stimuliert die Aufnahme von Glukose in Muskel- und Fettzellen und von Glukose, Aminosäuren und freien Fettsäuren in Fettzellen. In der Leber fördert es die Glykolyse. *Glukagon* stimuliert den Abbau von Proteinen in Leber und Muskel und fördert die Glukoneogenese in der Leber. Es fördert den hepatischen Glykogenabbau und die Lipolyse. *Katecholamine* stimulieren den Abbau von Glykogen in Leber und Muskel, wobei der Muskel Glukose weiter zu Laktat abbaut. Katecholamine fördern den Proteinabbau und die Glukoneogenese in der Leber. Sie stimulieren die Lipolyse und die hepatische Bildung von Ketonkörpern aus den freigesetzten Fettsäuren.
Die Glukokortikosteroide (*Kortisol*) stimulieren den Abbau von Proteinen im Muskel, wobei die Aminosäuren in der Leber zur Proteinsynthese (v.a. Plasmaproteine) und Glukoneogenese verwendet werden. Sie fördern die Lipolyse und die hepatische Bildung von Ketonkörpern aus den freigesetzten Fettsäuren und hemmen die Glukoseaufnahme und Glykolyse in Muskel und Fettgewebe. *Somatotropin* fördert den Proteinaufbau in Leber und Muskel. Es hemmt die Glukoneogenese in der Leber sowie die Glukoseaufnahme und Glykolyse im Muskel und Fettgewebe. Es stimuliert die Lipolyse. Die Schilddrüsenhormone (T_3, T_4) fördern die Proteinsynthese, aber auch die hepatische Glukoneogenese aus Aminosäuren. Sie stimulieren den hepatischen Glykogenabbau, die Lipolyse, die hepatische Bildung von Ketonkörpern sowie die Glukoseaufnahme und Glykolyse in Muskel und Fettgewebe. *Abkürzungen:* Glc = Glukose; As = Aminosäuren; Fs = freie Fettsäuren, KK = Ketonkörper. Glg = Glykogen; Pr = Proteine; TG = Triglyzeride. *Solide Pfeile* = gesteigerter Substratflux, *unterbrochene Pfeile* = herabgesetzter Substratflux. Normale Substratfluxe sind nicht eingetragen

21.4 Prolaktin

Prolaktin ist ein Peptidhormon (199 Aminosäuren), das im Hypophysenvorderlappen gebildet wird.

Regulation der Ausschüttung. Die Prolaktinausschüttung wird durch Thyroliberin, Endorphine, Angiotensin II und Vasointestinal peptide (VIP) stimuliert und durch Dopamin sowie ein weiteres Prolaktostatin (PIH) gehemmt. Der Einfluß von Dopamin auf die Prolaktinausschüttung überwiegt, d.h. bei Unterbrechung des Einflußes vom Hypothalamus wird vermehrt Prolaktin ausgeschüttet. Die Prolaktinausschüttung ist bei der Laktation (Stillen) sowie u.a. bei Streß gesteigert.

Wirkungen. Prolaktin fördert Wachstum, Differenzierung und Tätigkeit der Brustdrüse, hemmt die Ausschüttung von Gonadotropinen (LH, FSH) und beeinflußt die Immunabwehr.

21.5 Somatotropin

Die Wirkungen von Somatotropin (growth hormone, GH) zielen in erster Linie auf das Wachstum von Skelett und Organen, sowie die Schaffung der dafür erforderlichen metabolischen Voraussetzungen ab.

Synthese und Ausschüttung. Somatotropin, ein Protein mit 191 Aminosäuren, wird im Hypophysenvorderlappen gebildet. Seine Ausschüttung wird durch Somatoliberin (Somatotropin releasing factor oder growth hormone releasing hormone, GHRH) gefördert sowie durch Somatostatin (Somatotropin release inhibiting factor oder growth hormone release inhibiting factor, GHRIF) gehemmt. Somatoliberin (41 Aminosäuren) und Somatostatin (14 Aminosäuren) sind Peptide aus dem Hypothalamus, die in das Portalblut der Hypophyse abgegeben werden. Über Beeinflussung der Somatoliberin und Somatostatinausschüttung stimulieren

- Aminosäuren (v.a. Arginin),
- Hypoglykämie,
- Glukagon,
- Schilddrüsenhormone,
- Östrogene,
- Dopamin,
- Serotonin,
- Noradrenalin (α),
- Endorphine,
- NREM-Schlaf und
- Streß

die Somatotropinausschüttung.

Die Ausschüttung wird durch

- Hyperglykämie,
- Hyperlipidämie,
- Gestagene,
- Kortisol,
- Somatomedine,
- Thyroliberin,
- Adrenalin (β),
- GABA,
- Adipositas und
- Kälte

gehemmt. Die Somatotropinausschüttung ist im frühen Erwachsenenalter am höchsten und nimmt dann mit zunehmendem Alter ab.

Somatotropinwirkungen. Die Wirkungen von Somatotropin werden z.T. durch Somatomedine (insulin like growth factors, IGF's) vermittelt, Peptide, die in der Leber unter dem Einfluß von Somatotropin gebildet werden.

Somatotropin

- fördert das Längenwachstum von Knochen und die Hypertrophie von Eingeweiden,
- fördert die für das Wachstum erforderliche Synthese von Proteinen (u.a. Kollagen),
- hemmt die Glukoneogenese aus Aminosäuren,
- drosselt den Glukoseverbrauch durch Hemmung der Glukoseaufnahme und Glykolyse in Fett- und Muskelzellen (Abb. 21.5) und fördert damit die Entwicklung einer Hyperglykämie,
- stimuliert direkt die Ausschüttung von Insulin, wodurch es eine vorübergehende Abnahme der Glukosekonzentration im Blut erzielen kann,
- fördert die Lipolyse, eine Wirkung, die teilweise durch Sensibilisierung der Fettzellen für Katecholamine erzielt wird,
- bewirkt eine renale Elektrolytretention.
- Über Somatomedine fördert Somatotropin die Zellproliferation in vielen Geweben, wie Knorpelzellen (Knochenwachstum) und Blutstammzellen (Erythropoiese).

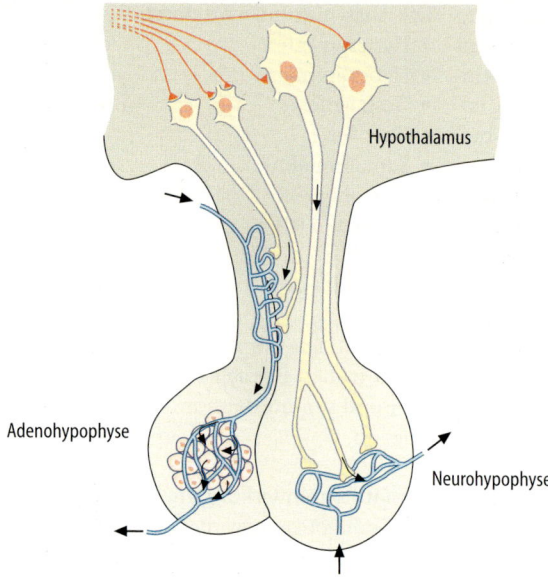

Abb. 21.6. Hypophyse: Neuroendokrine Zellen des Thalamus bilden Liberine (releasing hormones) und Statine (release inhibiting hormones), die sie über das Axon zu den Blutkapillaren transportieren. Über das Blut gelangen die Mediatoren zur Hypophyse und stimulieren bzw. hemmen dort die Ausschüttung der Tropine, die über die Blutbahn zu den peripheren Hormondrüsen transportiert werden. Weitere spezialisierte Zellen des Hypothalamus bilden ADH und Oxytozin, transportieren die Hormone über Axone zur Neurohypophyse und schütten sie dort in das Blut aus (Neurosekretion)

Hypothalamus

Adenohypophyse

Neurohypophyse

- Über Stimulation der T-Lymphozyten und Makrophagen unterstützt es die Immunabwehr.

Somatotropinüberschuß. Ein Überschuß an Somatotropin tritt bei einem Tumor von somatotropinproduzierenden Zellen auf. Folge eines Somatotropinüberschußes vor Abschluß der Pubertät und damit des Längenwachstums ist Riesenwuchs. Nach Abschluß des Längenwachstums (Schluß der Epiphysenfugen) bleibt die Körpergröße gleich. Statt dessen kommt es zur Akromegalie, zu gesteigertem appositionellem Knochenwachstum. Besonders auffällig ist eine Vergrößerung von Kinn und Nase, eine Verbreiterung von Kiefer- und Backenknochen, Händen und Füßen. Bedeutsam ist auch eine Größenzunahme der Eingeweide, wie Herz, Leber, Niere und Schilddrüse, sowie der Zunge (Makroglossie).

Somatotropinmangel. Ein Mangel an Somatotropin kann bei globaler Schädigung der Hypophyse (Hypophyseninsuffizienz) oder isoliert auftreten. Auch bei normaler Somatotropinausschüttung ist die Somatotropinwirkung unzureichend, wenn etwa die Bildung von Somatomedinen in der Leber eingeschränkt ist (z. B. bei Leberinsuffizienz). Ein Mangel an Somatotropin oder an Somatotropinwirkung führt beim Kind zum *hypophysären Zwergwuchs.* Beim Erwachsenen bleibt ein isolierter Mangel an Somatotropin oft unerkannt. Die Abnahme der Somatotropinkonzentration trägt zum Überwiegen des Proteinabbaus und der eingeschränkten Immunabwehr im Alter bei.

21.6 Schilddrüsenhormone T_3, T_4

In der Schilddrüse werden Hormone gebildet, die ganz unterschiedliche Aufgaben erfüllen. Die wichtigsten Hormone der Schilddrüse sind Thyroxin (T_4) und Trijodthyronin (T_3), die eine hervorragende Bedeutung für Entwicklung und Stoffwechsel besitzen. In der Schilddrüse wird ferner Kalzitonin gebildet, das in die Regulation des Mineralhaushaltes ($CaHPO_4$-Stoffwechsels) eingreift (s. Kap. 17.5).

Aufgabe von Thyroxin und Trijodthyronin. Die Schilddrüsenhormone Thyroxin (T_4)

und Trijodthyronin (T_3) dienen der Entwicklung und wahrscheinlich der Aufrechterhaltung spezialisierter Leistungen.

Synthese. Trijodthyronin (T_3) und Thyroxin (T_4) sind dreifach bzw. vierfach jodierte Tyrosinderivate, die in den Follikeln der Schilddrüse gebildet werden. Zur Synthese von T_3/T_4 ist die Aufnahme von Jod in die Epithelzellen der Follikel (Thyrozyten) erforderlich (Abb. 21.7). Diese Aufgabe wird von einem Na^+-J^--Cotransportsystem übernommen, das unlängst molekular aufgeklärt wurde. Die treibende Kraft für die J^--Aufnahme wird durch den Na^+-Gradienten geschaffen. J^- verläßt die Thyrozyten über Kanäle in der luminalen Membran. Die Thyrozyten sezernieren in das Lumen ferner Thyreoglobulin, ein tyrosinreiches Protein. Unter Einwirkung einer Peroxidase wird J^- im Lumen zu J_2 oxidiert und anschließend an Tyrosinreste des Thyreoglobulins gekoppelt. Dadurch entsteht Mono- und Dijodtyrosin-Thyreoglobulin. In einem weiteren Schritt wird ein jodierter Tyrosinrest auf einen zweiten jodierten Tyrosinrest unter Abspaltung von Alanin übertragen. Dadurch entstehen in Thyreoglobulin eingebaute T_4 (3,5,3',5'-Tetrajodthyronin) und T_3 (3,5,3'-Trijodthyronin, Abb. 21.7). Bei Bedarf wird das Thyreoglobulin von den Thyreozyten endozytotisch aufgenommen, T_3 und T_4 freigesetzt und die Hormone in das Blut abgegeben. Im Blut wird der größte Anteil von T_3/T_4 an Plasmaproteine gebunden (s. Tabelle 21.1), v.a. an Albumin, thyroxinbindendes Präalbumin (TBPA) und thyroxinbindendes Globulin (TBG). Die Bildung von TBG und damit die Bindung von T_3/T_4 ist u.a bei einer Schwangerschaft gesteigert. Die Bindung an Plasmaproteine resultiert in einer extrem langen Halbwertszeit der Hormone (ca. 1 Tag für T_3, ca. 7 Tage für T_4). Die Schilddrüse sezerniert überwiegend das weit weniger wirksame T_4. In der Peripherie wird jedoch T_4 zu T_3 dejodiert. Bei schweren Erkrankungen wird statt T_3 das unwirksame reverse rT_3 (3,3',5'-Trijodthyronin) gebildet und damit die Schilddrüsen-

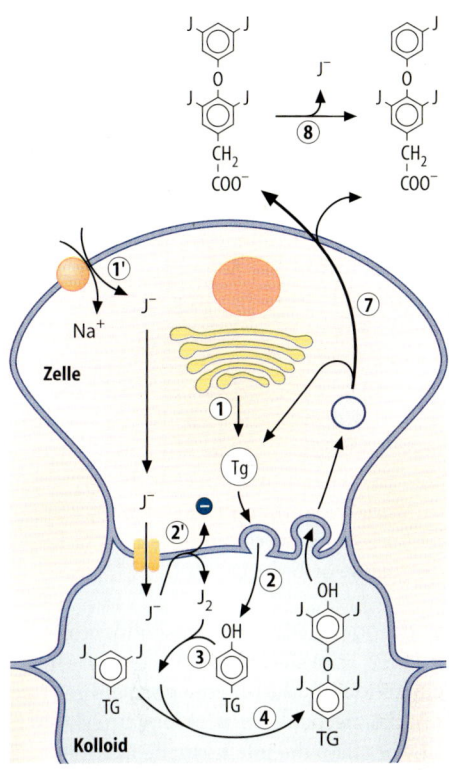

Abb. 21.7. Biosynthese von Thyroxin (T_4) und Trijodthyronin (T_3). Die Follikelzellen der Schilddrüse synthetisieren im Golgi-Apparat Thyreoglobulin (*Tg*), ein Protein, das reich an der Aminosäure Tyrosin ist (*1*). Thyreoglobin wird in das Lumen der Follikel, das Kolloid sezerniert (*2*). Dort wird an Tyrosin Jod gekoppelt (*3*). Das dazu erforderliche Jod muß zunächst in Form von Jodidionen aus dem Blut aufgenommen (Na^+-gekoppelter Transport, *1'*), zum Lumen transportiert und oxidiert werden (*2'*). Nun wird ein jodiertes Tyrosin an ein zweites jodiertes Tyrosin gekoppelt (*4*). Durch Spaltung des Thyreoglobins werden dann Thyroxin (T_4) und Trijodthyronin (T_3) abgespalten (*7*). Die Schilddrüsen bilden hauptsächlich das wenig wirksame T_4. In der Peripherie wird jedoch T_4 zum wesentlich wirksameren T_3 dejodiert (*8*)

hormonwirkung herabgesetzt. Die Schilddrüsenhormonbildung kann pharmakologisch an mehreren Stellen gehemmt werden (*Thyreostatika*): Perchlorate, Pertechnat und Thiozyanat hemmen die Jodaufnahme in die Thyrozyten und Thioamide die Peroxidase. Die Bildung, Freisetzung von T_3 und T_4 kann ferner durch J^--Überschuß gehemmt werden.

Ausschüttung. Die Ausschüttung von T_3 und T_4 steht unter der Kontrolle des Hypothalamus. Dort wird Thyreoliberin (Thyrotropin releasing hormone, TRH) gebildet, ein Tripeptid, das im Hypophysenvorderlappen die Bildung von Thyrotropin (Thyreoidea stimulierendes Hormon, TSH) stimuliert. Thyrotropin stimuliert wiederum das Wachstum der Schilddrüse sowie die Bildung und Ausschüttung von T_3 und T_4. Die Bildung von Thyrotropin wird durch T_4 gehemmt, über einen Regelkreis mit negativer Rückkopplung werden somit die T_3- und T_4-Konzentrationen im Blut weitgehend konstant gehalten. Die Ausschüttung von Thyrotropin wird ferner durch Somatostatin, Dopamin und Glukokortikoide gehemmt sowie durch Noradrenalin (α) und Östrogene gefördert.

Wirkungen. Die Schildrüsenhormone T_3 und T_4 stimulieren die Proteinsynthese, eine Wirkung, die für eine normale geistige und körperliche *Entwicklung* unerläßlich ist. Vor allem die intellektuelle Entwicklung hängt in kritischer Weise von diesen Hormonen ab.

Die Schilddrüsenhormone T_3/T_4

- fördern während der Hirnentwicklung das Auswachsen von Dendriten und Axonen, die Bildung von Synapsen, Myelinscheiden etc.,
- stimulieren, teilweise über Steigerung der Somatotropinbildung und -ausschüttung, das *Längenwachstum* des Knochens,
- stimulieren die Synthese einer Vielzahl von Enzymen, Transportproteinen (z. B. der Na^+/K^+-ATPase), G-Proteinen und Rezeptoren,
- fördern die enterale *Glukoseabsorption*, die hepatische Glykogenolyse und Glukoneogenese und die Glykolyse in vielen Organen,
- steigern durch die Stimulation der *Lipolyse* die Fettsäurekonzentration im Blut,
- stimulieren andererseits den Abbau von VLDL und den Umbau von *Cholesterin* in Gallensäuren,

- steigern den Umsatz von Bindegewebsgrundsubstanz (*Glykosaminoglykanen*) und die Umwandlung von Karotin in Vitamin A,
- zwingen zur peripheren Vasodilatation durch den gesteigerten Energieverbrauch in peripheren Geweben,
- sensibilisieren ferner u.a. das *Herz* für Katecholamine (Folgen sind gesteigerte Herzfrequenz und Herzkraft, z.T. durch Steigerung der Expression von β-Rezeptoren)
- erhöhen durch die Wirkungen auf Herz und Gefäße den systolischen Blutdrucks und erniedrigen den diastolischen Blutdruck,
- steigern renalen Blutfluß, glomeruläre Filtrationsrate und tubuläre Transportkapazität in der *Niere,*
- stimulieren die Aktivität von Schweiß- und Talgdrüsen der *Haut*
- fördern die *Darmmotilität* und steigern die *neuromuskuläre Erregbarkeit*.

Aufgrund ihrer Wirkungen steigern T_3 und T_4 den Energieverbrauch. Folge ist eine Zunahme des *Grundumsatzes*, der die Temperaturregulation zu verstärkter Wärmeabgabe zwingt.

Schilddrüsenhormonmangel. Ein Mangel an T_3/T_4 (Hypothyreose) kann Folge einer herabgesetzten Stimulation der Schilddrüse durch Thyrotropin sein oder einer primär eingeschränkten Ausschüttung von T_3/T_4, wie bei Jodmangel, bei defekten oder gehemmten Enzymen der Schilddrüsenhormonsynthese oder bei Schädigung der Schilddrüse. Liegt die Ursache der verminderten Schilddrüsenhormonbildung in der Schilddrüse selbst, dann führt die fehlende negative Rückkopplung durch T_3/T_4 zu einer gesteigerten Ausschüttung von Thyroliberin und Thyrotropin. Die Stimulation des Schilddrüsenwachstums durch Thyrotropin führt dann (z. B. bei Jodmangel) zu bisweilen massiver Zunahme des Schilddrüsengewebes.

Folgen eines Mangels an T_3/T_4. Mangel an T_3/T_4 führt beim Kleinkind zu massiver, binnen weniger Wochen nach der Geburt irreversibler Einschränkung der Intelligenz sowie zu verzögertem Längenwachstum (*Kretinismus*). Kinder mit angeborener *Hypothyreose* sind häufig taub. Intrauterin kann jedoch mütterliches T_3/T_4 die Entwicklung des Feten aufrechterhalten. Beim Erwachsenen führt T_3/T_4-Mangel zu herabgesetzter neuromuskulärer Erregbarkeit, Hyporeflexie, Antriebslosigkeit und Depressionen. Die fehlenden Stoffwechselwirkungen äußern sich in einer Zunahme des Fettgewebes, einer Hypercholesterinämie und einem Absinken des Grundumsatzes. Die Patienten neigen zu Hypoglykämien. Herabgesetzter Abbau von Glykosaminoglykanen im Unterhautfettgewebe führt zu deren Ablagerung (*Myxödem*), die Haut ist zudem kalt, trocken und schuppig. Schließlich ist die Darmmotorik herabgesetzt (*Obstipation*). Ist der Mangel Folge gestörter Bildung von T_3 und T_4 in der Schilddrüse (z. B. bei Jodmangel), dann ist die Bildung von Thyrotropin gesteigert, dessen trophische Wirkung zur Größenzunahme der Schilddrüse führt (*Struma, Kropf*, s.o.).

Schilddrüsenhormonüberschuß. Ein Überschuß an T_3/T_4 (*Hyperthyreose*) kann bei gesteigerter Ausschüttung von Thyrotropin oder bei thyrotropinunabhängiger Überfunktion der Schilddrüse auftreten. Sehr viel häufiger ist der Morbus Basedow, der durch einen Autoantikörper ausgelöst wird. Der Autoantikörper ist gegen den Thyrotropinrezeptor in der Schilddrüse gerichtet und bewirkt über Aktivierung des Rezeptors eine gesteigerte Bildung von T_3/T_4 und eine Größenzunahme der Schilddrüse. Eine weitere Konsequenz der Autoimmunerkrankung ist eine retrobulbäre Entzündung, welche die Augen hervortreten läßt (*Exophthalmus*).

Folgen eines Überschusses an Schilddrüsenhormonen. T_3/T_4-Überschuß steigert die Herzfrequenz mitunter bis zum Vorhofflimmern. Das gesteigerte Schlagvolumen und die periphere Vasodilatation führen zu einer großen Blutdruckamplitude. Die neuromuskuläre Erregbarkeit ist gesteigert, es treten Hyperreflexie, Zittern und Schlaflosigkeit auf. Gesteigerte Darmmotorik führt zu Durchfällen. Der Grundumsatz ist gesteigert, die Patienten schwitzen häufig. Das Fettgewebe wird eingeschmolzen, durch gesteigerte Expression proteolytischer Enzyme überwiegt der Proteinabbau, die Patienten magern ab. Die Konzentration freier Fettsäuren im Blut ist erhöht und die Plasmakonzentration von Cholesterin herabgesetzt.

21.7 Insulin

Insulin wird in den B-Zellen der Langerhans' schen Inseln des Pankreas gebildet. Die B-Zellen stellen 80 % der Inselzellen, 15 % sind glukagonproduzierende A-Zellen und nur wenige Zellen bilden Somatostatin (D-Zellen) oder das pankreatische Polypeptid.

Insulinsynthese. Insulin ist ein Peptid (51 Aminosäuren) aus zwei Ketten, einer A-Kette mit 21 Aminosäuren und einer B-Kette mit 30 Aminosäuren, die über zwei Disulfidbrücken miteinander verbunden sind. Insulin wird durch Abspaltung eines C-Peptids aus Proinsulin gebildet. Das C-Peptid wird gemeinsam mit Insulin ausgeschüttet. Seine Plasmakonzentration ist ein Maß für die Insulinausschüttung.

Wirkung von Substraten auf die Insulinausschüttung. Die Ausschüttung von Insulin ist pulsierend. Sie wird durch einen Anstieg der Plasmakonzentrationen von Glukose, Aminosäuren (v.a. Leucin, aber auch Arginin und Alanin), Azetazetat und in weit geringerem Ausmaß von Fettsäuren gefördert. Die Glukoseplasmakonzentration ist der weitaus wichtigste Regulator der Insulinausschüttung.

Zelluläre Mechanismen der Insulinausschüttung. Wie in Abbildung 21.8 dargestellt wird, wirkt Glukose z.T. über eine Beeinflussung der *Ionenkanäle* an der Zellmembran. Glukose wird in die B-Zelle aufgenommen und glykolytisch abgebaut. Dabei entsteht ATP, das ATP-sensitive K^+-Kanäle (K_{ATP}-Kanäle) in der Zellmembran hemmt. Diese Kanäle sind zur Aufrechterhaltung des Zellmembranpotentials erforderlich. Ihre Hemmung hat eine Depolarisation zur Folge, die spannungsabhängige Ca^{2+}-Kanäle öffnet. Die folgende Erhöhung der intrazellulären Ca^{2+}-Konzentration führt dann zur Stimulation der Insulinausschüttung. Die Glukokinase, welche Glukose in die Glykolyse einschleust, hat in den B-Zellen eine ungewöhnlich geringe Affinität und wird erst bei 10 mmol/l Glukose halb gesättigt. Damit ist gewährleistet, daß die Insulinausschüttung auch bei hohen Glukosekonzentrationen noch auf deren Änderungen reagiert. Eine Hemmung des K_{ATP}-Kanales führt auch unabhängig von Glukose zu einer Depolarisation der Zellmembran und damit zur Insulinausschüttung. Auf diese Weise wirken die Sulfonylharnstoffe, die über Hemmung des K_{ATP}-Kanales eine gesteigerte Ausschüttung von Insulin er-

zwingen (orale Antidiabetika). Durch den Einfluß auf das Membranpotential wirkt Hyperkaliämie fördernd, Hypokaliämie hemmend auf die Insulinausschüttung.

Zeitverlauf der Insulinausschüttung. Wird die Glukosekonzentration im Blut plötzlich gesteigert und dann auf dem erhöhten Wert gehalten, kommt es zu einer *biphasischen Insulinausschüttung*: Eine schnelle transiente Insulinausschüttung innerhalb der ersten 10 Minuten wird gefolgt von einer zweiten, langsamer ansteigenden Ausschüttung des Hormons. Bei anhaltend hohen Glukosekonzentrationen nimmt die Insulinausschüttung nach etwa 2–3 Stunden wieder ab.

Stimulation der Insulinausschüttung durch Hormone und Transmitter. Die Insulinausschüttung wird durch

- Acetylcholin (wirkt z.T. über depolarisierende Na^+ Kanäle),
- Cholecystokinin (wirkt über IP_3 und Diacylglyzerol), sowie
- durch Glukagon,
- Glukagon like peptide (GLP),
- Sekretin,
- Gastric inhibitory peptide (GIP),
- Gastrin,
- Pankreozymin,
- Kortikotropin und
- Somatotropin (wirken über cAMP)

stimuliert. Die Wirkung der Hormone verstärkt den Einfluß von Glukose auf die Insulinausschüttung, d.h. sie sensibilisieren die B-Zellen für den Einfluß von Glukose. Bei niederen Plasmaglukosekonzentrationen sind die Hormone jedoch wirkungslos. Die verstärkende Wirkung von *Acetylcholin* und von *gastrointestinalen Hormonen* auf die Insulinausschüttung kommt bei Nahrungszufuhr zum Tragen: Bereits bevor die Nahrungsbestandteile enteral absorbiert werden, also bevor es zu einem deutlichen Anstieg der Plasmakonzentrationen von Glukose und Aminosäuren kommt, wird die Insulinausschüttung gesteigert. Daher fällt die Insulinausschüttung bei oraler Glukose-

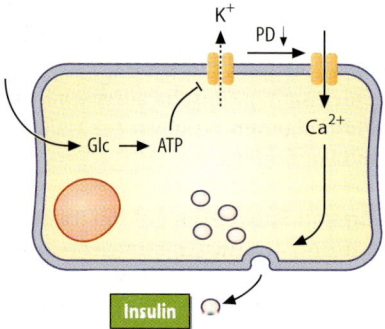

Abb. 21.8. Regulation der Insulinausschüttung durch Glukose. Glukose wird in die Zelle aufgenommen und abgebaut. Dabei entsteht *ATP*, das die ATP-sensitiven K^+-Kanäle hemmt. Der herabgesetzte Ausstrom von K^+ führt zur Depolarisation der Zellmembran und damit zur Öffnung von spannungssensitiven Ca^{2+}-Kanälen. Ca^{2+} strömt ein und stimuliert die Insulinausschüttung

zufuhr deutlich stärker aus als bei intravenöser Zufuhr von Glukose. Der *Sympathikus* mindert über Noradrenalin (α-Rezeptoren) und den Cotransmitter Galanin die Insulinausschüttung. Sie wirken zumindest teilweise über eine Aktivierung von K^+-Kanälen, die zur Hyperpolarisation der Zellen führt. Selektive Aktivierung von β-Rezeptoren stimuliert die benachbarten A-Zellen zur Ausschüttung von Glukagon, das wiederum parakrin die Insulinausschüttung fördert. Die Insulinausschüttung wird durch *Somatostatin* gehemmt, das in benachbarten D-Zellen der Langerhans'schen Inseln gebildet und ausgeschüttet wird. Dessen Ausschüttung wird durch Glukose, Aminosäuren, Fettsäuren, Acetylcholin, Adrenalin (β-Rezeptoren), Glukagon, Vasoactive intestinal peptide (VIP), Sekretin und Cholecystokinin stimuliert.

Stoffwechselwirkungen von Insulin. Das im Pankreas ausgeschüttete Insulin gelangt zunächst mit dem *Pfortaderblut* in die Leber, wo die Hormonkonzentration daher ein Vielfaches der Konzentration im peripheren Blut beträgt. Die Wirkungen von Insulin zielen zunächst auf eine Speicherung der Energiesubstrate ab (s. Abb. 21.9).
Insulin

- stimuliert die zelluläre Aufnahme (v.a. in Muskel- und Fettzellen) von Glukose, Aminosäuren und Fettsäuren,
- fördert den Abbau von Triglyzeriden in Chylomikronen des Blutes,
- beeinflußt die Aufnahme freiwerdender Fettsäuren und Glyzerin in das Fettgewebe und die Speicherung dieser als Triglyzeride,
- stimuliert die Bildung von Glykogen und von Proteinen,
- hemmt die Lipolyse,
- bremst die Glykogenolyse, Proteolyse und Glukoneogenese und
- stimuliert die Glykolyse.

Wirkungen auf Elektrolyte. Insulin wirkt z.T. über eine Aktivierung des Na^+/H^+-Austauschers und des Na^+-K^+-$2 Cl^-$-Cotrans-

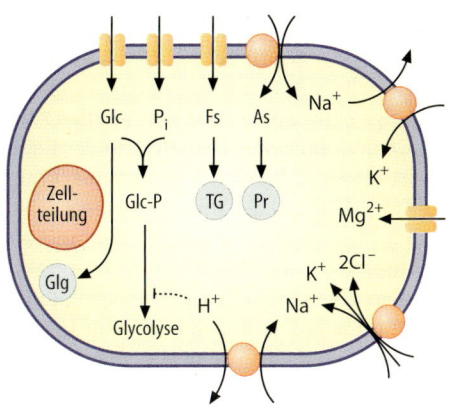

Abb. 21.9. Zelluläre Wirkungen von Insulin. Insulin stimuliert (in Fett- und Muskelzellen) die zelluläre Aufnahme von Aminosäuren (*As*), Fettsäuren (Fs), Glukose (*Glc*), Phosphat (*Pi*) und Mg^{2+}. Die Substrate werden zu Proteinen (*Pr*), Glykogen (*Glg*) und Triglyzeriden (*TG*) aufgebaut. Ferner stimuliert Insulin den Na^+/H^+-Austauscher, den Na^+-K^+-$2 Cl^-$-Cotransport und die Na^+/K^+-ATPase. Folgen sind zelluläre K^+-Aufnahme und intrazelluläre Alkalose. Die Alkalose stimuliert die Glykolyse und begünstigt die Zellteilung

porters in der Zellmembran. Die Aktivität beider Carrier führt zu einer Zellschwellung, die – zumindest in der Leber – den Abbau der Makromoleküle (Glykogen und Proteine) hemmt. Die Aktivierung des Na^+/H^+-Austauschers führt ferner zu einer zellulären Alkalose. Da die Schrittmacherenzyme der Glykolyse ihr pH-Optimum im alkalischen Bereich haben, stimuliert Insulin über eine intrazelluläre Alkalose die Glykolyse. Das über den Na^+/H^+-Austauscher in die Zelle gelangte Natrium wird durch die Na^+/K^+-ATPase im Austausch gegen K^+ wieder aus der Zelle gepumpt. Folge ist eine zelluläre Aufnahme von K^+. Die Bindung von Phosphat an die in die Zelle aufgenommene Glukose führt ferner zu einer zellulären Aufnahme auch von Phosphat. Schließlich fördert Insulin die zelluläre Aufnahme von Mg^{2+}.

Weitere Wirkungen von Insulin. Insulin stimuliert die renaltubuläre Na^+-Resorption und steigert die Herzkraft. Insulin fördert die Zellteilung und begünstigt das Längenwachstum.

Insulinmangel. Ein Mangel an Insulin kann absolut oder relativ sein:

- Ein absoluter Insulinmangel ist meist Folge einer Zerstörung der B-Zellen (*Typ I*, früher *juveniler Diabetes*). In der Regel ist die Ursache eine Autoimmunerkrankung, bei welcher Antikörper gegen Bestandteile der B-Zellen gebildet und die Inselzellen durch das eigene Immunsystem vernichtet werden. Der absolute Insulinmangel ist auf Zufuhr von Insulin angewiesen (insulin dependent diabetes mellitus, IDDM).
- Beim relativen Mangel an Insulin (*Typ II, früher Altersdiabetes*) ist die Insulinkonzentration im Blut mitunter sogar erhöht, die Zielorgane sind jedoch unempfindlich gegen das Hormon. Ursache ist eine Down-Regulation der Rezeptoren oder genetische Defekte der Rezeptoren oder von Elementen intrazellulärer Signaltransduktion. Die Patienten mit relativem Insulinmangel leiden häufig unter Fettleibigkeit, welche die Insulinempfindlichkeit der Peripherie herabsetzt. Ein relativer Mangel an Insulin kann schließlich bei gesteigerter Ausschüttung von Hormonen auftreten, die die Plasmaglukosekonzentration steigern, wie Somatotropin, Schilddrüsenhormone, Glukagon, Glukokortikoide (Steroiddiabetes) und Katecholamine. Der relative Insulinmangel kann durch Diät und orale Antidiabetika behandelt werden (non insulin dependent diabetes mellitus, NIDDM).

Unmittelbare Folgen des absoluten Mangels an Insulin. Dies sind Einschmelzung von Glykogen, Fett und Proteinen und Anstieg der Plasmakonzentrationen von Glukose, Aminosäuren und Fettsäuren im Blut. Die Akkumulation von Fettsäuren, Acetacetat und β-Hydroxybutyrat führt zur metabolischen Azidose. Die respiratorische Kompensation der metabolischen Azidose erfordert eine vertiefte Atmung (Kußmaul-Atmung). Der verzögerte Abbau von Lipoproteinen führt zur Hyperlipoproteinämie. Übersteigt die Plasmaglukosekonzentration

die Nierenschwelle (s. Kap. 16.12), so kommt es zur Glukosurie und durch die nichtresorbierte Glukose zur osmotischen Diurese mit entsprechenden Verlusten an Wasser und Elektrolyten. Die Notwendigkeit, häufig große Mengen Wasser zu lassen, kann ein erster Hinweis auf das Vorliegen eines Diabetes mellitus sein. Die Patienten sind meist dehydriert. Die Zellen verlieren K^+ und Phosphat, die sie bei Zufuhr von Insulin wieder aufnehmen. Die Zufuhr von Insulin bei einem Patienten mit Diabetes mellitus zieht daher eine mitunter lebensbedrohliche Abnahme der K^+- und Phosphatkonzentration im Plasma nach sich. Die Störungen des Energiehaushaltes sowie des Wasser- und Elektrolythaushalts bei „entgleistem" Diabetes mellitus kann die Funktion des Nervensystems massiv beeinträchtigen, sodaß Bewußtlosigkeit auftritt (Coma diabeticum).

Folgen des relativen Mangels an Insulin. Beim relativen Insulinmangel überwiegt die Hyperglykämie, da die Wirkungen auf den Lipid- und Proteinstoffwechsel geringere Konzentrationen des Hormons erfordern als die Wirkungen auf den Kohlenhydratstoffwechsel. So tritt bei relativem Insulinmangel z. B. kaum Azidose auf.

Folgen von anhaltendem Insulinmangel. Anhaltender Insulinmangel führt vor allem durch Hyperglykämie und Hyperlipidämie zu einer Reihe von weiteren Störungen. Sie ziehen v.a. die Gefäße in Mitleidenschaft. Folgen sind u.a. Herzinfarkte, periphere Durchblutungsstörungen und Zerstörung der Netzhaut des Auges (*diabetische Retinopathie*).

Insulinüberschuß. Am häufigsten ist ein Insulinüberschuß Folge zu hoher Dosierung von Insulin oder oralen Antidiabetika bei der Behandlung eines Diabetes mellitus. Seltener ist die Ursache eines Insulinüberschusses ein insulinproduzierender Tumor oder eine inadäquate Stimulation der Insulinausschüttung. Bei hohen Aminosäurekonzentrationen im Blut, z. B. kann die Insulinausschüttung für die Plasmaglukosekonzentration zu hoch sein.

Folgen eines Insulinüberschusses. Wichtigste Folge eines Insulinüberschusses ist eine häufig bedrohliche Hypoglykämie, die zur Aktivierung des Sympathikus mit den entsprechenden Auswirkungen führt (u.a. Tachykardie, Blutdruckanstieg, Schweißausbruch und Zittern). Die Hypoglykämie gefährdet insbesondere die Funktion und das Überleben von Hirnzellen, die ja auf Glukose als Energieträger angewiesen sind.

21.8 Glukagon

Die Aufgabe von Glukagon ist in erster Linie die Bereitstellung von Substraten für die Energieversorgung bei Hypoglykämie oder gesteigertem Energiebedarf.

Glukagonausschüttung. Glukagon ist ein Peptid (29 Aminosäuren), das in A-Zellen der Langerhans'schen Inseln des Pankreas und in Intestinalzellen aus einer Vorstufe (Präproglukagon) gebildet wird. Aus Präproglukagon entstehen auch *Glucagon-like peptides* (GLP), die Glukagon sehr ähnlich sind. Die Ausschüttung von Glukagon wird durch Hypoglykämie, Anstieg der Aminosäurenkonzentration und Abfall der Konzentration an freien Fettsäuren stimuliert. Darüberhinaus wird die Glukagonausschüttung durch Acetylcholin, Adrenalin (β-Rezeptoren) und gastrointestinale Hormone gefördert. Die Ausschüttung wird durch den Transmitter γ-Aminobuttersäure (GABA) und durch Somatostatin gehemmt.

Glukagonwirkungen. Die Wirkungen des Glukagon zielen zunächst auf eine Mobilisierung von Energiesubstraten ab.
Glukagon fördert
- die Glykogenolyse,
- die Lipolyse,
- die Bildung von Ketonkörpern aus Fettsäuren,

- den Abbau von Proteinen und
- die Glukoneogenese aus Aminosäuren.

Die Wirkungen von Insulin und Glukagon sind somit weitgehend antagonistisch. Bei Zufuhr von Aminosäuren verhindert die Ausschüttung beider Hormone eine Änderung der Plasmakonzentrationen von Glukose und freien Fettsäuren. Weitere Wirkungen von Glukagon bestehen in einer Steigerung der Herzkraft (bei sehr hohen Konzentrationen) sowie einer Steigerung der renalen glomerulären Filtrationsrate.

Glukagonmangel. Ein Mangel an Glukagon tritt bei Schädigungen des Pankreas auf. Im Vordergrund steht dabei jedoch der gleichzeitige Insulinmangel. Der isolierte Mangel von Glukagon zieht keine tiefgreifenden Störungen nach sich, da er durch Ausschüttung agonistischer Hormone (u.a. Adrenalin) und durch herabgesetzte Ausschüttung von Insulin kompensiert werden kann.

Glukagonüberschuß. Ein Überschuß an Glukagon durch einen Tumor der A-Zellen ist selten. Er erfordert eine gesteigerte Ausschüttung von Insulin, und es kann zu einem relativen Mangel an Insulin kommen.

21.9 Leptin

Leptin ist ein Protein (167 Aminosäuren), das in Fettzellen gebildet wird. Seine Ausschüttung steigt proportional zur Fettmasse. Zusätzlich zum Ausmaß an gespeichertem Fett wird die Bildung und Ausschüttung von Leptin durch Mediatoren gesteuert. Seine Bildung wird u.a. durch Adrenalin (β-Rezeptoren) gehemmt und durch den Entzündungsmediator Interleukin 1 stimuliert. Die Leptinausschüttung ist u.a. bei Entzündungen und bei Kälteanpassung herabgesetzt.

Wirkungen.
- Wichtigste Wirkung von Leptin ist die Hemmung der Nahrungsaufnahme über

Beeinflussung von Neuronen im Hypothalamus.

- Darüber hinaus stimuliert Leptin die Expression des mitochondrialen Entkopplerproteins und steigert somit den Energieverbrauch.
- Schließlich mindert Leptin die periphere Wirksamkeit von Insulin und wirkt natriuretisch.

Störungen. Nachdem das Hormon erst vor wenigen Jahren entdeckt wurde, kann noch keine sichere Aussage über seine pathophysiologische Bedeutung beim Menschen getroffen werden. Ein genetischer Defekt des Leptingens führt bei Mäusen zu massiver Fettsucht. Daher wird vermutet, daß eine gestörte Funktion oder Regulation von Leptin oder seinem hypothalamischen Rezeptor auch beim Menschen zu Fettsucht führen kann.

21.10 Glukokortikoide

Glukokortikoide dienen in erster Linie der Mobilisierung von Reserven in Streßsituationen, d.h. bei akuter psychischer (Wut, Angst) oder physischer (z. B. Blutverlust) Belastung.

Synthese. Glukokortikoide werden in der Zona fasciculata der Nebennierenrinde gebildet, wichtigster Vertreter ist Kortisol. Abbildung 21.10 stellt die Syntheseschritte der Nebennierenrindenhormone und die dafür erforderlichen Enzyme dar. Neben den in der Zona fasciculata gebildeten Glukokortikoiden werden in der Nebennierenrinde noch in der Zona glomerulosa Mineralokortikoide (Aldosteron) und in der Zona reticularis Sexualhormone (fast ausschließlich Androgene, v.a. Dihydroepiandrosteron) gebildet.

Hypothalamisch-hypophysäre Regulation der Kortisolausschüttung. Die Bildung und Ausschüttung der Glukokortikoide steht unter der Kontrolle von Hypothalamus und

Hypophyse: Im Hypothalamus wird das Peptid (44 Aminosäuren) Kortikoliberin (Corticotropin releasing hormone, *CRH*) gebildet, das in POMC- (Proopiomelanocortin-) Zellen der Hypophyse die Ausschüttung von Kortikotropin (Adrenocorticotropes Hormon, *ACTH*), ein Peptid mit 39 Aminosäuren, stimuliert. Die POMC-Zellen synthetisieren zunächst ein höhermolekulares Protein, aus dem unter dem Einfluß von Kortikoliberin (CRH) nicht nur Kortikotropin (ACTH), sondern auch γ-Melanotropin (γ-MSH) und β-Lipotropin freigesetzt werden. β-Lipotropin ist wiederum Vorstufe für die Bildung von Endorphinen. Kortikotropin (ACTH) enthält auch noch die Sequenz von α-Melanotropin (α-MSH), das aus Kortikotropin (ACTH) durch Abspaltung der 13 aminoterminalen Aminosäuren gebildet wird. γ-Melanotropin fördert die Pigmentierung der Haut. Kortikotropin (ACTH) fördert das Wachstum der Nebennierenrinde und stimuliert die Synthese von Glukokortikoiden, von adrenalen Androgenen sowie in geringerem Ausmaß von Mineralokortikoiden. Kortikotropin (ACTH) stimuliert die Expression mehrerer Enzyme der Steroidhormonsynthese, unter anderem fördert es den ersten Schritt, die Mobilisierung von Cholesterin. Darüber hinaus stimulieren unphysiologisch hohe Konzentrationen von Kortikotropin (ACTH) einerseits die Lipolyse und andererseits die Insulinausschüttung (wobei Insulin die Lipolyse wieder hemmt, s. Kap. 21.7). Kortikotropin (ACTH) beeinflußt schließlich die Funktion von Lymphozyten. Neben seiner Wirkung auf die POMC-Zellen aktiviert Kortikoliberin (CRH) den Sympathikus und mindert die Nahrungs- und Flüssigkeitsaufnahme.

Negative Rückkopplung der Kortisolausschüttung. Die Ausschüttung von Kortikoliberin (CRH) und Kortikotropin (ACTH) wird durch die Kortisolkonzentration im Blut gehemmt. Diese *negative Rückkopplung* dient der Regulation der Plasmakonzentration von Kortisol. Bei Hemmung der

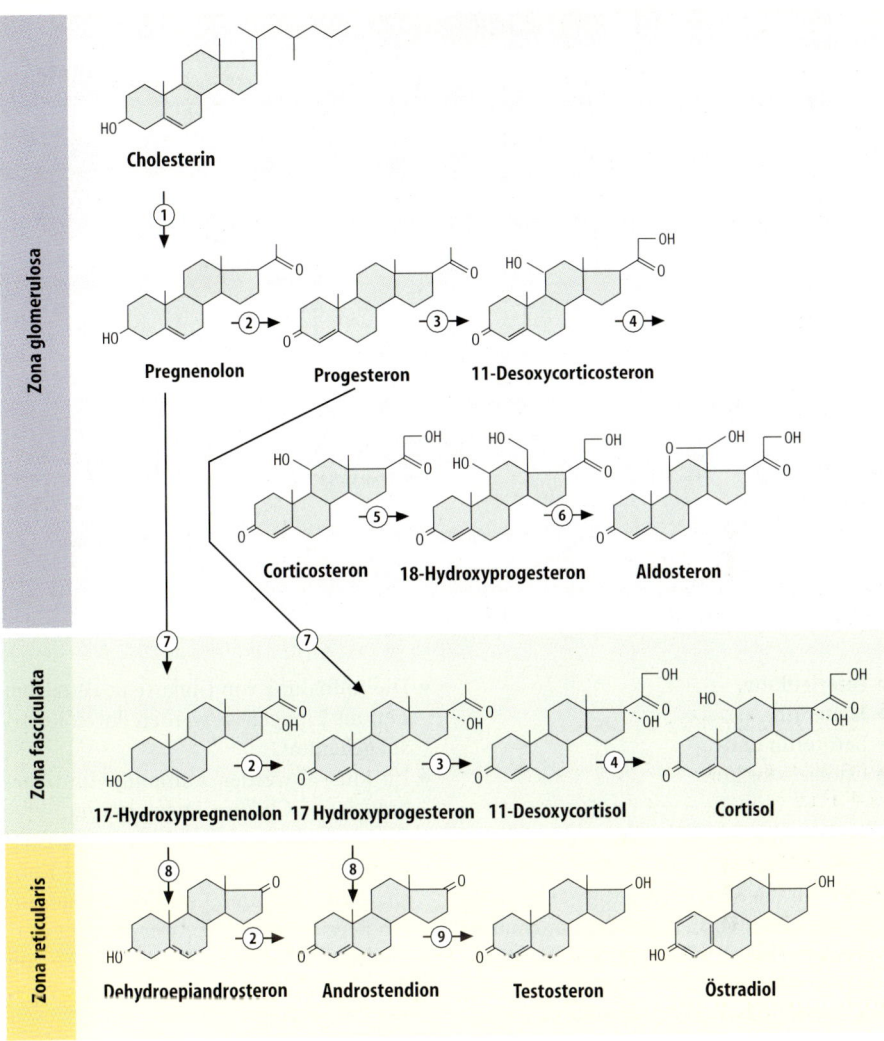

Abb. 21.10. Synthese der Nebennierenrindenhormone. In der Zona glomerulosa werden die Mineralo-kortikosteroide gebildet, in der Zona fasciculata die Glukokortikosteroide, in der Zona reticularis die Vorstufen der Sexualhormone, die in der Peripherie zu den Sexualhormonen umgewandelt werden. Normalerweise synthetisiert die Nebennierenrinde nur Spuren von Östradiol und Testosteron. Beteiligte Enzyme: *1* = 20,22-Desmolase; *2* = 3β-Dehydrogenase; *3* = 21β-Hydroxylase; *4* = 11β-Hydroxylase; *5* = 18-Hydroxylase; *6* = 18-Methyloxidase; *7* = 17α-Hydroxylase; *8* = 17,20-Lyase; *9* = 17-Reduktase

Kortisolbildung (z. B. durch den diagnostisch genutzten 11β-Hydroxylase-Hemmer Metopiron®) wird normalerweise die Ausschüttung von CRH und ACTH gesteigert.

Stimulatoren der Kortisolausschüttung.
Die Ausschüttung von Kortikotropin (ACTH) wird durch Endorphine gehemmt und stimuliert durch

- Adiuretin (ADH),
- Noradrenalin (α),
- Angiotensin II,
- Atriopeptin (ANF),
- Vasoactives intestinales Peptid (VIP),

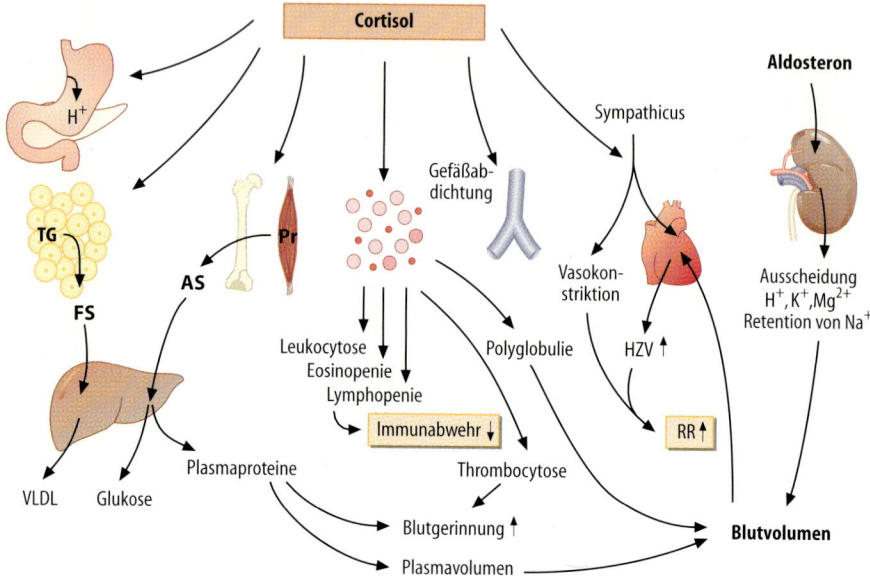

Abb. 21.11. Wirkungen der Nebennierenrindenhormone

- Interleukine,
- Histamin,
- Serotonin und
- Cholecystokinin

Die Ausschüttung folgt einer ausgeprägten *Tagesrhythmik* (s. Kap. 10.3). Kortisol erreicht in den frühen Morgenstunden (6 Uhr) einen Gipfel und fällt normalerweise während des Tages laufend ab. Wichtigster Stimulus für die Ausschüttung von Kortikoliberin (CRH), Kortikotropin (ACTH) und Kortisol ist Streß. Die Kortisolausschüttung ist bei schwerer physischer (z. B. Arbeit, Infektionen) und psychischer (z. B. Angst) Belastung, bei Schmerzen, Blutdruckabfall und Hypoglykämie gesteigert.

Stoffwechselwirkungen. Die metabolischen Wirkungen von Kortisol zielen auf eine Bereitstellung von Energiesubstraten ab (s. Abb. 21.11):

- Durch Stimulation der Lipolyse werden Fettsäuren freigesetzt, die in der Leber z. T. zur Bildung von Ketonkörpern (Azetazetat und β-Hydroxybutyrat), z. T. zur Bildung von VLDL verwendet werden.

- Die Aufnahme von Glukose in Fettzellen und die Lipogenese werden durch Kortisol gehemmt.
- Im Muskel werden Aufnahme und Verbrauch von Glukose eingeschränkt.
- Durch Abbau von Proteinen in der Peripherie (Bindegewebe, Muskel und Knochengrundsubstanz) werden Aminosäuren bereitgestellt. Die Aminosäuren werden in der Leber z. T. zur Synthese von Plasmaproteinen, z. T. zur Glukoneogenese eingesetzt.
- Die gesteigerte Glukosebildung in der Leber und der herabgesetzte Glukoseverbrauch in der Peripherie begünstigen einen Anstieg der Plasmakonzentration von Glukose.

Wirkungen auf Blutzellen, Immunabwehr und Wundheilung. Glukokortikoide fördern die Bildung von Thrombozyten und steigern damit die Gerinnbarkeit des Blutes (s. Abb. 21.11). Sie stimulieren ebenso die Bildung von Erythrozyten und von neutrophilen Granulozyten. Gleichzeitig hemmen Glukokortikoide die Bildung von eosinophilen und basophilen Granulozyten,

Monozyten und Lymphozyten. Sie hemmen die Bildung bzw. Ausschüttung von Entzündungsmediatoren, wie Prostaglandinen, Interleukinen, Lymphokinen, Histamin und Serotonin. Ferner hemmen sie die Freisetzung lysosomaler Enzyme und die Bildung von Antikörpern. Damit unterdrücken Glukokortikoide die Immunabwehr *(immunsuppressive bzw. entzündungshemmende Wirkung)*. Sie hemmen Zellteilung und Wachstum, sie hemmen die Kollagensynthese und stören auf diese Weise Reparationsvorgänge bei Verletzungen oder Entzündungen. Glukokortikoide erzielen diese Wirkungen z.T. über Stimulation der Expression der Proteine Vasocortin, das die Histaminausschüttung unterdrückt, und Lipocortin, das die Phospholipase A_2 hemmt. Aufgrund ihrer hemmenden Wirkung auf die Immunabwehr werden Glukokortikoide therapeutisch bei Erkrankungen eingesetzt, die durch überschießende Immunabwehr verursacht werden. Dabei nimmt man freilich die anderen Wirkungen der Hormone in Kauf (s. unten).

Wirkungen auf den Knochen. Im *Knochen* hemmen die Glukokortikosteroide die Tätigkeit der Osteoblasten und fördern die Tätigkeit der Osteoklasten. Darüber hinaus hemmen sie die intestinale Absorption und renale Resorption von Ca^{2+}. Unter dem Einfluß der Glukokortikosteroide überwiegt demnach der Knochenabbau.

Wirkungen auf den Magen. Glukokortikoide stimulieren die Sekretion von Salzsäure im *Magen*. Gleichzeitig hemmen sie die Schleimproduktion und die Bildung vasodilatierender Prostaglandine (s. oben). Unter dem Einfluß von Glukokortikoiden ist die Magenschleimhaut damit in geringerem Maße gegen die aggressive Wirkung der sezernierten Salzsäure geschützt.

Wirkungen auf Lunge und Kreislauf. Im Feten fördern die Glukokortikoide die Entwicklung der *Lunge* und die rechtzeitige Bildung von Surfactants. An *Herz* und *Gefäßen*

wirken Glukokortikoide u.a. über Stimulation der Ausschüttung von Katecholaminen. Dadurch steigern sie einerseits die Herzkraft und andererseits den peripheren Widerstand. Folge ist eine Steigerung des Blutdrucks.

Wirkungen auf die Niere. Glukokortikoide passen auch in den Mineralokortikoidrezeptor und üben bei hohen Konzentrationen eine relevante mineralokortikoide Wirkung aus, d.h. sie fördern die *renale Retention von Na^+* und die *renale Eliminierung von K^+*. Andererseits hemmen sie die Adiuretin- (ADH-) Ausschüttung. Über eine Hypervolämie begünstigen sie einen Blutdruckanstieg, der durch gesteigerte Katecholaminwirkung verstärkt wird (s. oben). In den Zielzellen der Mineralokortikoide (u.a. Niere, s. Kap. 16) werden Glukokortikosteroide allerdings sehr schnell durch eine 11β-Hydroxysteroid-Dehydrogenase inaktiviert. Obwohl das wichtigste Glukokortikosteroid Kortisol eine um den Faktor 100 höhere Plasmakonzentration an freiem Hormon aufweist als das wichtigste Mineralokortikoid Aldosteron, ist die mineralokortikoide Wirkung von Kortisol daher normalerweise weitaus geringer als die von Aldosteron. Glukokortikoide steigern die Ausschüttung von Atriopeptin (ANF, s. Kap. 17.2) und die glomeruläre Filtrationsrate in der Niere.

Überschuß. Ein Überschuß an Glukokortikoiden kann Folge einer gesteigerten Kortikotropin-(ACTH-)Ausschüttung durch die Hypophyse (Morbus Cushing) oder durch einen dedifferenzierten Tumor (z. B. kleinzelliges Bronchialkarzinom) sein. Andererseits kann die Ausschüttung von Glukokortikoiden auch ohne vermehrte Kortikotropin- (ACTH-) Ausschüttung bei einem Nebennierentumor gesteigert sein (primärer Hyperkortisolismus, Cushing-Syndrom). Dabei ist die Ausschüttung von Kortikotropin (ACTH) durch negative Rückkopplung erniedrigt. Häufig ist ein Überschuß an Glukokortikoiden Folge einer therapeutischen Zufuhr durch den Arzt (iatrogen). Auch dabei ist die Kortikotropin-(ACTH-) Ausschüttung unterdrückt.

Folgen des Überschusses. Bei Überschuß an Glukokortikoiden ist der Abbau von Fett und Proteinen (v.a. Muskeln, Bindegewebe, Knochengrundsubstanz) in der Peripherie (v.a. Extremitäten) gesteigert. Die Glykolyse ist gehemmt und die Glukoneogenese gesteigert. Die resultierende Hyperglykämie stimuliert die Ausschüttung von Insulin, dessen lipogenetische Wirkung die lipolytische Wirkung von Glukokortikoiden am Rumpf, nicht aber in den Extremitäten übersteigt. Die Folge ist eine Umverteilung des Fettgewebes zugunsten von Stamm und Nacken (*Vollmondgesicht, Stammfettsucht, Stiernacken*). Ist die Insulinausschüttung unzureichend, kann sich ein Diabetes mellitus entwickeln (*Steroiddiabetes*). Der Anstieg an freien Fettsäuren fördert die hepatische Bildung von VLDL. Die Kortisolwirkungen auf den Kreislauf führen zu Blutdruckanstieg, die Wirkungen auf den Magen zu Schleimhautläsionen (**Magenulkus**). Im Blut sind die Konzentrationen von Erythrozyten, Thrombozyten und neutrophilen Granulozyten gesteigert, die Immunabwehr jedoch durch Verminderung der Lymphozyten, die Einschränkung der Antikörperbildung und durch Drosselung der Ausschüttung von Entzündungsmediatoren beeinträchtigt. Durch die Hemmung von Zellproliferation und Kollagensynthese ist die Wundheilung erschwert. Ein Mangel an Kollagenfasern schwächt die Festigkeit des Bindegewebes und es kommt in der Haut zu *Striae distensae*. Bei Kindern ist das Knochenwachstum verzögert, beim Erwachsenen kann der Knochenabbau zu Osteoporose führen. Die gesteigerte mineralokortikoide Wirkung unterstützt die Entwicklun der Hypertonie, senkt die Plasma-K^+-Konzentration und begünstigt die Entwicklung einer metabolischen Alkalose.

Kortisolmangel. Ein Mangel an Glukortikosteroiden kann durch herabgesetzte Ausschüttung von Kortikotropin (ACTH) oder eine gestörte Bildung von Glukokortikoiden in der Nebennierenrinde hervorgerufen werden. Eine primäre Nebenniereninsuffizienz (z. B. durch entzündliche Zerstörung der Nebennieren) nennt man Morbus Addison. Die Kortikotropin (ACTH)-Ausschüttung kann u.a. nach Entfernung eines Kortisol- oder Kortikotropin-(ACTH-) produzierenden Tumors bzw. nach plötzlichem Absetzen einer Glukokortikoidtherapie unzureichend sein. Bei einem kortisol- oder kortikotropinproduzierenden Tumor oder unter einer Behandlung mit Glukokortikoiden sind nämlich durch die negative Rückkopplung die Kortikoliberin-(CRH-) und Kortikotropin-(ACTH-) Ausschüttung unterdrückt. Folge ist eine Atrophie der POMC-Zellen und v.a. der Nebennierenrindenzellen. Dem plötzlichen Abfall der Plasmakortisolkonzentration kann dann nicht mit einer angemessenen Kortikotropin-(ACTH-)Ausschüttung gegengesteuert werden. Bei einem primären Defekt in der Nebennierenrinde ist hingegen die Ausschüttung von Kortikotropin (ACTH) durch fehlende Rückkopplung gesteigert.

Adrenogenitales Syndrom. Ist die Bildung von Glukokortikoiden durch einen genetischen Enzymdefekt eingeschränkt, dann führt das gesteigert ausgeschüttete Kortikotropin (ACTH) zu einer Hypertrophie der Nebennierenrinde und einer gesteigerten Bildung der Vorstufen von Kortisol. Die Hormone vor dem Enzymdefekt häufen sich an. Auf diese Weise können – je nach Enzymdefekt – vermehrt oder vermindert mineralokortikoid oder androgen wirksame Hormone gebildet werden. Beim 21β-Hydroxylase-Defekt werden z. B. gesteigerte Mengen an Androgenen bei herabgesetzter Bildung von Glukokortikoiden und Mineralokortikosteroiden gebildet, beim 11β-Hydroxylase-Defekt werden sowohl Androgene als auch Mineralokortikoide (11-Desoxykortikosteron) vermehrt gebildet (adrenogenitales Syndrom).

Folge eines Mangels an Glukokortikosteroiden. Bei Kortisolmangel führt die Stimulation des Glukoseverbrauchs im Muskel zur Hypoglykämie, die zur Gegenregulation (v.a. durch Adrenalin) zwingt.
Damit kommt es indirekt zu
- gesteigerter Glykogenolyse,
- Lipolyse,
- Proteinabbau,
- Muskelschwund und
- Gewichtsverlust.

Die herabgesetzte Kortisolwirkung auf den Kreislauf führt zu lebensbedrohlichem Blutdruckabfall, der durch die Na^+- und Wasserverluste bei herabgesetzter mineralokortikoider Wirkung verstärkt wird. Im Blut ist bei Kortisolmangel die Zahl der Erythrozyten, Thrombozyten und neutrophilen Granulozyten vermindert, die Zahl der Lymphozyten und eosinophilen Granulozyten erhöht. Die Sekretion von Salzsäure im Magen ist eingeschränkt.

Bei primärem Mangel an Nebennierenrindenhormonen ist wegen der gesteigerten Stimulation der POMC-Zellen durch Kortikoliberin (CRH) die Ausschüttung von Kortikotropin (ACTH) und Melanotropin gesteigert, die Wirkung von Melanotropin führt zur Braunfärbung der Haut (Morbus Addison).

21.11 Mineralokortikoide

Aldosteron, das wichtigste Mineralokortikoid dient in erster Linie der Konservierung von Na^+ bei Verminderung des Blutvolumens.

Synthese. Aldosteron ist ein Steroid, das in der Zona glomerulosa der Nebennierenrinde synthetisiert wird. Neben Aldosteron üben noch 18-Hydroxykortikosteron, Kortikosteron und 11-Deoxykortikosteron eine mineralokortikoide Wirkung aus. Auch das vorwiegend glukokortikoid wirkende Nebennierenrindenhormon Kortisol (s. Kap. 21.10) paßt in den zytosolischen Mineralokortikoidrezeptor. Kortisol wird freilich normalerweise in den Zielzellen der Mineralokortikoide durch die 11β-Hydroxysteroid-Dehydrogenase inaktiviert.

Ausschüttung. Die Ausschüttung von Aldosteron wird durch einen relativen Mangel an Blutvolumen stimuliert. Bei Mangel an Blutvolumen kommt es zu einer Senkung des zentralen Venendrucks und verminderter Herzfüllung. Durch die Abnahme der Herzfüllung drohen Abnahme von Schlagvolumen, Herzminutenvolumen und Blutdruck. Folge ist eine Aktivierung des Sympathikus, der u.a. die Nierendurchblutung einschränkt. Die Abnahme der renalen Perfusion führt wiederum zur Ausschüttung von Renin in der Macula densa (s. Kap. 16.1). Renin spaltet aus dem in der Leber gebildeten Protein Angiotensinogen das Peptid Angiotensin I ab. Durch ein ubiquitär (v.a. in der Lunge) vorkommendes *Angiotensin converting enzyme* (ACE) wird eine weitere Aminosäure abgespalten, und es entsteht Angiotensin II. Angiotensin II wirkt selbst massiv vasokonstriktorisch (40mal stärker als Adrenalin) und stimuliert die Ausschüttung von Adiuretin (ADH) und Aldosteron. Es hemmt die weitere Ausschüttung von Renin.

Die Ausschüttung von Aldosteron wird ferner durch K^+-Überschuß (Zellschwellung) stimuliert und durch K^+-Mangel gehemmt. Kortikotropin (ACTH) löst nur eine kurzfristige Steigerung der Aldosteron-Ausschüttung aus. Untergeordnete Stimulatoren der Aldosteronausschüttung sind ferner Melanotropin, β-Endorphin, Adiuretin (ADH), Katecholamine und Serotonin. Die Ausschüttung von Aldosteron wird durch Atriopeptin (ANF), Dopamin und Somatostatin gehemmt.

Wirkung. Wichtigste Wirkung von Aldosteron ist die Steigerung der Na^+-Resorption im distalen Nephron durch Aktivierung bzw. Neusynthese von Na^+-Kanälen und Na^+/H^+-Austauschern in der luminalen Zellmembran, die Synthese von Na^+/K^+-

ATPase in der basolateralen Zellmembran sowie von Enzymen, die der Energiebereitstellung dienen. Dadurch wird nicht nur die Na^+-Resorption, sondern auch die K^+-Sekretion gefördert. K^+ gelangt über die Na^+/K^+-ATPase in die Zelle und verläßt sie vorwiegend über die durch den Na^+-Einstrom depolarisierte luminale Zellmembran. Ähnliche Wirkungen entfaltet Aldosteron auch auf andere Na^+-transportierende Epithelien, wie Dickdarm, Schweißdrüsenausführungsgänge, Milchdrüsen und Speicheldrüsen. Auch die Wirkungen auf diese Epithelien dienen in erster Linie der Na^+-Konservierung. So ist die NaCl-Konzentration im Schweiß bei gesteigerter Aldosteronausschüttung erniedrigt.

Neben seiner stimulierenden Wirkung auf die renale Na^+-Resorption und K^+-Sekretion fördert Aldosteron noch die renale Mg^{2+}-Resorption, sowie die distal-tubuläre H^+-Sekretion und die NH_4^+-Ausscheidung. Schließlich werden Aldosteronrezeptoren auch in nichtepithelialen Geweben gefunden, wie etwa im Gehirn, wo Aldosteron möglicherweise bei der Regulation der Wasseraufnahme eine Rolle spielen könnte.

Primärer Aldosteronüberschuß. Ein primärer Überschuß an Mineralokortikoiden kann Folge eines aldosteronproduzierenden Tumors (Morbus Conn) sein, oder von bestimmten Enzymdefekten im Kortisolstoffwechsel, die zu herabgesetzter Kortisolbildung führen. Die fehlende negative Rükkkopplung durch Kortisol führt über gesteigerte Ausschüttung von Kortikotropin (ACTH) zu einer Zunahme der Mineralokortikoide. Beim 11β-Hydroxylase-Defekt, z. B., wird das mineralokortikoid wirksame 11-Desoxycorticosteron vermehrt gebildet.

Pseudohyperaldosteronismus. Gesteigerte Mineralokortikoidwirkung liegt bei einem (sehr seltenen) genetischen Defekt oder bei Hemmung (Lakritzeabusus) der 11β-Hydroxysteroid-Dehydrogenase (s. oben) vor. Der fehlende intrazelluläre Abbau erlaubt Kortisol die Bindung an und Aktivierung von Mineralokortikoidrezeptoren. Einige sehr seltene Defekte der Aldosteronrezeptoren führen zu gesteigerter Aktivierbarkeit durch andere Hormone (v.a. Progesteron).

Sekundärer Hyperaldosteronismus. Sehr viel häufiger als der primäre Hyperaldosteronismus ist der sekundäre Hyperaldosteronismus, der Folge einer gesteigerten Reninausschüttung ist. Die Reninausschüttung ist bei gedrosselter Nierendurchblutung erhöht, wie etwa bei Nierenarterienstenose. Die Nierendurchblutung ist ferner immer dann beeinträchtigt, wenn der Blutdruck nur durch massive Aktivierung des Sympathikus aufrecht erhalten werden kann, wie bei Hypovolämie, bei Herzinsuffizienz oder bei peripherer Vasodilatation (z. B. bei Sepsis).

Folgen eines Hyperaldosteronismus. Ein Überschuß an Mineralokortikoiden (bzw. von Mineralokortikoidwirkung) führt zu einer Retention von Na^+ und Wasser und einer gesteigerten Eliminierung von K^+ und H^+.

Folgen eines primären Aldosteronüberschusses sind demnach

- Blutdruckanstieg,
- Hypokaliämie und
- metabolische Alkalose.

Bei einem sekundären Hyperaldosteronismus kann – je nach Ursache – das Blutvolumen erhöht, normal oder erniedrigt sein, jedenfalls droht die Entwicklung einer Hypokaliämie und einer metabolischen Alkalose.

Aldosteronmangel. Ein Mangel an Mineralokortikosteroiden kann bei Schädigung der Nebennierenrinde und bei bestimmten Enzymdefekten der Nebennierenrinden-Hormonsynthese auftreten, die zu einer herabgesetzten Bildung der Mineralokortikoide führen. Darüber hinaus kann die Ansprechbarkeit des distalen Nephron für Aldosteron herabgesetzt sein, wie bei genetischen Defekten des Rezeptors oder des Na^+-Kanals (Pseudohypoaldosteronismus).

Folgen eines Hypoaldosteronismus. Folgen des Mangels an Mineralokortikoiden oder deren Wirkung sind

- Blutdruckabfall,
- Hyperkaliämie und
- metabolische Azidose.

21.12 Weibliche Sexualhormone

Unter dem stimulierenden Einfluß pulsatil ausgeschütteten Gonadoliberins (GnRH) werden bei beiden Geschlechtern die Gonadotropine des Hypothalamus Follitropin (FSH) und Lutropin (LH) freigesetzt. Die Gonadotropine fördern Bildung und Ausschüttung der Sexualhormone, deren Wirkungen für die Reproduktionsmechanismen unerläßlich sind. Bei den weiblichen Hormonen sind es die Östrogene und Gestagene. Freilich werden auch bei der Frau Androgene (Testosteron) gebildet.

Ontogenetische Entwicklung. Beim Kind sind die Gonadotropinspiegel und damit die Konzentrationen an Sexualhormonen verschwindend gering. Erst mit der *Pubertät* setzt die pulsatile Ausschüttung von Gonadoliberin (GnRH) und damit der Gonadotropine ein und die Sexualhormone werden gebildet. Bei der Frau sind die meisten Follikel in der fünften Lebensdekade verbraucht, das Ovar stellt seine Produktion an Östrogenen und Gestagenen ein und die bei der geschlechtsreifen Frau mehr oder weniger regelmäßigen Regelblutungen (s. Abb. 21.12) bleiben aus. Der Zeitpunkt der letzten Regelblutung wird als *Menopause*, die Zeit danach als *Postmenopause* bezeichnet.

Regulation der weiblichen Sexualhormone. Follitropin (FSH) fördert die Reifung der Follikel und die Östrogenproduktion in den Granulosazellen der Follikel des Ovars (s. Abb. 21.12). Die Östrogene (Östron, Östradiol, Östriol) hemmen bei niedrigen Konzentrationen die Ausschüttung der Gonadotropine (negative Rückkopplung).

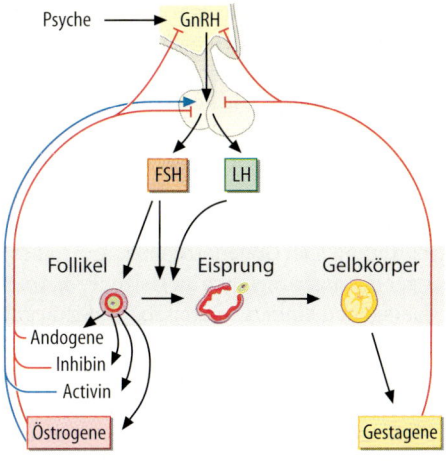

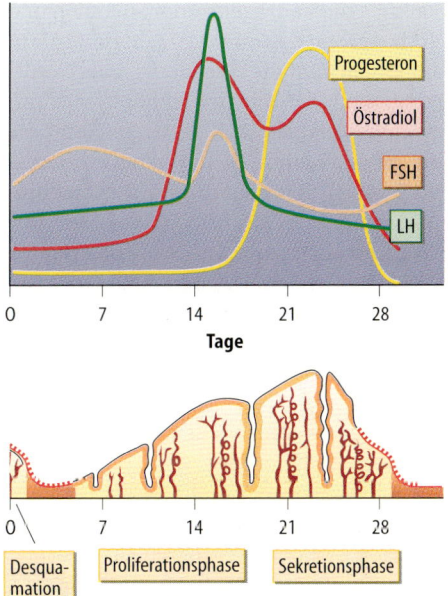

Abb. 21.12. Weiblicher Zyklus. Regulation der Ausschüttung weiblicher Sexualhormone (oben), Proliferation, Sekretion und Desquamation der Uterusschleimhaut (unten)

Durch die weitere Entwicklung der Follikel nimmt die Östrogenproduktion jedoch weiter zu und bei hohen Östrogenkonzentrationen schlägt die Hemmung in eine Stimulation der Gonadotropinausschüttung um (positive Rückkopplung), die zu einem massiven Anstieg der Gonadotropinkonzentration und damit zum Eisprung führt. Nach dem Eisprung wandeln sich die Zellen des geplatzten Follikels zum Gelbkörper (Corpus luteum) um. Die vom Corpus luteum unter dem Einfluß von Lutropin gebildeten Gestagene sowie nach dem Eisprung auch die Östrogene hemmen die weitere Ausschüttung von Gonadotropinen, die Konzentrationen an Gonadotropinen und mit einiger Verzögerung auch an Östrogenen und Gestagenen sinken wieder ab. In der Regel nimmt dieser Zyklus 28 Tage in Anspruch, wobei die Dauer zwischen Menstruation und Ovulation äußerst variabel ist.

Die Granulosazellen bilden außer Östrogenen *Inhibin* und *Activin* sowie mit den Thekazellen die Androgene Androstendion und Testosteron (s. Kap. 21.13). Activin fördert, Inhibin hemmt die Gonadotropinausschüttung. Auch das aus der Hypophyse stammende *Prolaktin* (s. Kap. 21.4) hemmt die GnRH-Ausschüttung und damit die Ausschüttung von Gonadotropin. Darüber hinaus mindert es die Ansprechbarkeit des Ovars für Gonadotropine. Schließlich bilden die Corpus-luteum-Zellen noch Oxytozin (s. Kap. 21.3) und Relaxin, die Muttermund bzw. Schambeinfuge auflockern und damit für eine etwaige Geburt vorbereiten.

Wirkungen weiblicher Sexualhormone auf die Geschlechtsorgane. Östrogene fördern die Entwicklung der Müller'schen Gänge in Eileiter und Gebärmutter, der Scheide, der Ovarien und der sekundären Geschlechtsmerkmale (u.a. Entwicklung der Mammae, die weibliche Fettverteilung). Für die Stimulation der Scham- und Achselbehaarung benötigen die Östrogene die Kooperation mit den Androgenen. Östrogene beeinflussen ferner die psychische Entwicklung zur Frau.

Bei geschlechtsreifen Frauen fördern Östrogene die Proliferation, Gestagene die Reifung und Sekretionstätigkeit der Uterusschleimhaut. Gestagene mindern ferner die Kontraktilität der Uterusmuskulatur. Bei Abfall von Progesteron gegen Ende des Zyklus wird die Uterusschleimhaut abgesto-

ßen (Regelblutung, s. Abb. 21.12). Östrogene vermindern, Gestagene steigern die Konsistenz des Zervixschleims. Gestagene verengen den Muttermund und hemmen die Eileitermotilität. Östrogene steigern, Gestagene hemmen die Proliferation und Abschilferung von Vaginalepithel, dessen Glykogen von der Vaginalflora zu Milchsäure abgebaut wird. Der durch Milchsäure gesenkte pH hemmt das Vordringen pathogener Keime. Östrogene fördern die Ausbildung von Drüsenschläuchen, Gestagene die Ausbildung von Alveolen der Milchdrüsen.

Wirkung der Sexualhormone auf den Stoffwechsel.

Östrogene
- fördern Proteinaufbau,
- mindern die Insulinempfindlichkeit des Fettgewebes,
- stimulieren die Bildung von HDL (high density lipoproteins) und von VLDL (very low density lipoproteins), senken die Plasmakonzentrationen der LDL (low density lipoproteins)und setzen damit das Arterioskleroserisiko herab,
- steigern andererseits die Gerinnungsbereitschaft des Blutes,
- fördern die renale Elektrolytretention
- unterstützen über Hydroxylierung von Vitamin D_3 die Mineralisierung des Knochens,
- fördern bei Kindern Knochenwachstum und -reifung und beschleunigen den Epiphysenschluß.

Gestagene
- steigern den Grundumsatz,
- erhöhen die Körpertemperatur,
- lösen eine Hyperventilation aus,
- üben eine mäßige glukokortikoide und antimineralokortikoide (natriuretische) Wirkung aus, und
- senken die Produktion von Cholesterin und die Plasmakonzentrationen von HDL und LDL.

Überschuß an weiblichen Sexualhormonen. Er ist meist Folge exogener Zufuhr (Kontrazeptiva). Ferner bilden einige Tumore Sexualhormone. Dabei ist die Gonadotropinausschüttung unterdrückt, die Reifung der Follikel bleibt aus, eine geregelte Abstoßung der Uterusschleimhaut kommt nicht zustande und die Patientinnen sind unfruchtbar. Bei Kindern leiten hohe Östrogenkonzentrationen eine frühzeitige Geschlechtsreife ein und beschleunigen das Wachstum. Dabei führt allerdings der vorzeitige Epiphysenschluß letztlich zu einem Minderwuchs. Die Einnahme von Kontrazeptiva steigert das Risiko für das Auftreten von tiefen Venenthrombosen und Lungenembolien. Durch Reduktion des Östrogenanteils kann das Risiko herabgesetzt werden.

Mangel an weiblichen Sexualhormonen.
Er ist häufig Folge herabgesetzter Gonadoliberinausschüttung bei massiver psychischer (z. B. Streß) und physischer (z. B. schwere Allgemeinerkrankungen, Mangelernährung) Belastung. Die Bildung von Östrogenen und/oder Gestagenen ist ferner beeinträchtigt bei einer Funktionsstörung des Ovars.
Ein Mangel läßt wie auch ein Überschuß an weiblichen Sexualhormonen einen normalen Zyklus nicht zu. Bei Östrogenmangel fehlt die Proliferationsphase des Uterus und die Gestagene sind nicht in der Lage, die Reifung herbeizuführen. Bei Gestagenmangel entfällt die Reifung der Uterusschleimhaut. In beiden Fällen sind die Patientinnen unfruchtbar. Die Regelblutungen bleiben aus (Amenorrhö). Der Mangel an Östrogenen äußert sich ferner in herabgesetzter Ausprägung äußerer Geschlechtsmerkmale, in Anfälligkeit gegenüber Vaginalinfektionen, in Osteoporose und bei Kindern in verzögertem Epiphysenschluß, der trotz verlangsamtem Wachstum letztlich zu einem Hochwuchs führen kann. Der Mangel an Östrogenen in der Postmenopause beschleunigt die im Alter ohnehin fortschreitende Entmineralisierung des Knochens. Ein Mangel an Östrogenen führt im übrigen auch beim Mann zu beschleunigtem Knochenabbau.

Hormonelle Regulation während der Schwangerschaft. Die Befruchtung des mütterlichen Eis durch die väterlichen Spermien geschieht in der Regel bereits im Eileiter. Bis zum Erreichen des Uterus hat das Ei dann viele Teilungen durchlaufen. Das Endometrium in der Sekretionsphase ist ein hervorragender Nährboden für die Einnistung des Keimlings. In wenigen Tagen bildet das Chorion des Keimlings *humanes Choriongonadotropin*, das im Corpus luteum der Mutter die weitere Ausschüttung von Gestagenen stimuliert. Damit wird ein Abfall der Gestagenkonzentration verhindert und die Regelblutung bleibt aus. Ab der 8. bis 10. Schwangerschaftswoche übernimmt die *Plazenta* des Keimlings die Produktion von Progesteron, sodaß der weitere Verlauf der Schwangerschaft vom Ovar unabhängig ist. Der Fetus bildet in seinen Nebennierenrinden Dihydroepiandrosteron (DHEA), das in der Plazenta zur Östriolproduktion eingesetzt wird. Die Plazenta bildet ferner humanes Chorionsomatomammotropin (HCS, Plazentares laktogenes Hormon, HPL), das somatotropinähnliche Wirkungen entfaltet (s. Kap. 21.5). Das Hormon kann bereits 6 – 8 Tage nach der Befruchtung im Blut der Schwangeren nachgewiesen werden (*Schwangerschaftstest*).

Hormonelle Regulation der Geburt. Durch Abfall der Östrogen- und Progesteronkonzentrationen gegen Ende der Schwangerschaft wird die *Geburt* eingeleitet. Dabei ist bedeutsam, daß der Uterus durch die hohen Östrogenkonzentrationen während der Schwangerschaft für die Wirkung von Oxytozin sensibilisiert wurde. Oxytozin stimuliert die Uteruskontraktionen, der Keimling wird gegen den Muttermund und die Vagina gepreßt, die eine hohe Dichte von Mechanorezeptoren aufweisen. Reizung dieser Mechanorezeptoren stimuliert die weitere Ausschüttung von Oxytozin, sodaß der Geburtsvorgang an Dynamik gewinnt. Schließlich treten Preßwehen auf, die Kind und Plazenta austreiben.

Regulation der Laktation. Die in der Schwangerschaft hohen Östrogen- und Gestagenkonzentrationen fördern die Entwicklung der Milchdrüse, hemmen aber die Sekretionstätigkeit. Bei Abfall der Östrogene und Gestagene mit der Geburt setzt unter der stimulierenden Wirkung die Milchsekretion ein. Die Berührung der Brustwarze durch den Säugling löst über einen Reflex die Ausschüttung von Oxytozin aus, das eine Kontraktion der myoepithelialen Zellen und damit die Milchejektion veranlaßt. Gleichzeitig wird die Kontraktion der Uterusmuskulatur angeregt, eine nach der Geburt erwünschte Nebenwirkung.

Kontrazeptiva. Durch Zufuhr von Östrogenen oder Gestagenen wird die Ausschüttung der Gonadotropine (v.a. der für die Auslösung der Ovulation erforderliche Sekretionsgipfel) gehemmt (*Ovulationshemmer*). Durch Zufuhr von Progesteron kann die Konsistenz des Zervixschleims gesteigert und damit der Durchtritt von Spermien verhindert werden. Hohe Dosen an Östrogenen können die Einnistung des Keimlings kurz nach der Befruchtung verhindern.

Progesteronantagonisten. Im Gegensatz zu den Kontrazeptiva sind Progesteronrezeptorantagonisten auch noch nach der Einnistung des Eis wirksam. Sie unterbinden die Wirkungen von Progesteron und lösen somit einen Schwangerschaftsabbruch aus.

21.13 Männliche Sexualhormone

Das wichtigste männliche Sexualhormon ist *Testosteron*, das in den Leydig'schen Zwischenzellen des Hodens gebildet wird (Syntheseschritte s. Abb. 21.10). Die Testosteronproduktion und Ausschüttung wird durch Lutropin (LH, ICSH = interstitial cell stimulating hormone) gefördert, das in der Hypophyse unter dem stimulierenden Einfluß von Gonadoliberin (GnRH) aus dem Hypothalamus gebildet wird (s. Kap. 21.3).

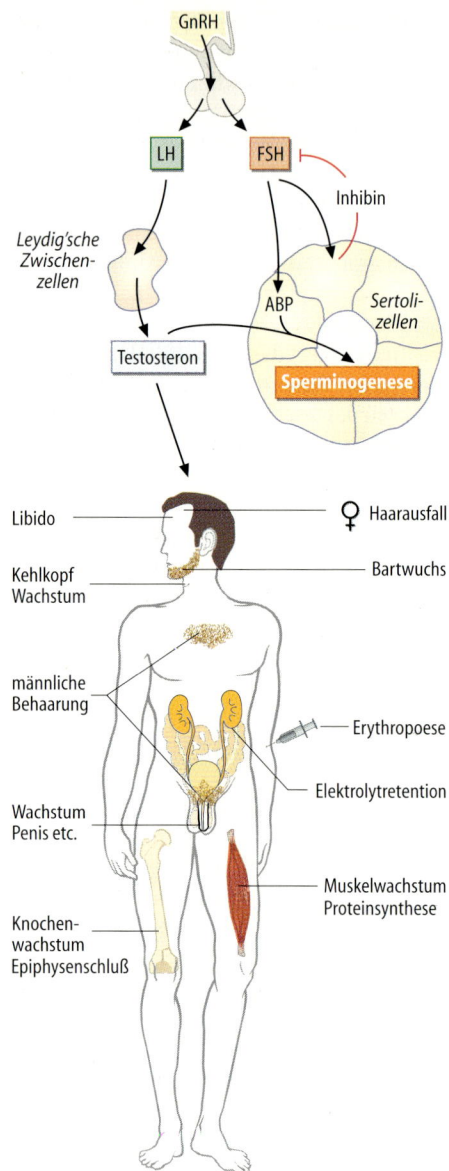

Abb. 21.13. Bildung und Wirkung männlicher Sexualhormone

Testosteron hemmt die Ausschüttung von Gonadoliberin und damit von Lutropin und Follitropin. Unter dem Einfluß von Follitropin (FSH) bilden die Sertolizellen des Hodens *Inhibin*, das die Ausschüttung von Follitropin hemmt, und androgenbindendes

Protein (ABP), das den Transport von Testosteron in die Samenkanälchen vermittelt. Beim Mann werden aus Testosteron im übrigen auch Östrogene gebildet, die offenbar für die Mineralisierung des Knochens wichtig sind (s. Kap. 21.12).

Genitale Wirkungen von Testosteron. Sie dienen in erster Linie der Entwicklung und Tätigkeit der Reproduktionsorgane. Testosteron fördert Wachstum und Entwicklung von Tubuli seminiferi, Samenleiter, Samenblase, Prostata, Skrotum und Penis. Testosteron gelangt unter Vermittlung von androgenbindendem Protein in die Samenkanälchen und fördert dort, gemeinsam mit Follitropin, die Bildung und Reifung der Spermatozyten. Testosteron fördert ferner die Reifung der Spermien im Nebenhoden und die Sekretionstätigkeit von Prostata (vermindert Ejakulatviskosität) und Samenblase (Beimengung von Fruktose und Prostaglandinen).

Wirkungen auf sekundäre Geschlechtsmerkmale. Testosteron ist für die Ausbildung der sekundären Geschlechtsmerkmale verantwortlich, wie

- Bartwuchs,
- männliche Schambehaarung,
- Hautdicke,
- Pigmentierung des Skrotum,
- Kehlkopfwachstum (Stimmbruch),
- Verdickung der Stimmbänder sowie
- Sekretionstätigkeit der Talgdrüsen und Schweißdrüsen in Achselhöhlen und Genitalbereich.

Die Anwesenheit von Testosteron ist für den männlichen Haarausfall verantwortlich.

Weitere Wirkungen. Testosteron

- steigert über Stimulation der Erythropoietinausschüttung die Erythropoiese
- steigert z.T. über Stimulation von Proteinaufbau das Muskel- und Knochenwachstum,
- senkt die Konzentration an HDL (high density lipoproteins) im Blut,

- beeinflußt die Fettverteilung und
- fördert die renale Retention von Elektrolyten.

Zwar beschleunigt Testosteron bei Jugendlichen und Kindern das Längenwachstum, gleichzeitig leitet es den Verschluß der Epiphysenfugen ein und beendet damit das Längenwachstum. Ein Überschuß von Testosteron führt somit letztlich zu herabgesetzter Körpergröße, während Mangel an Testosteron zu Riesenwuchs führt (eunuchoider Hochwuchs).
Durch Beeinflussung von limbischem System und Hypothalamus steigert Testosteron die Libido.

Dihydrotestosteron. Die Wirkungen von Testosteron werden teilweise nicht durch das Hormon selbst, sondern durch Dihydrotestosteron ausgelöst, das unter Vermittlung des Enzyms 5α-Reduktase in Sertolizellen und Peripherie aus Testosteron gebildet wird. Die Sertolizellen bilden ferner aus Testosteron Östrogene, die wie Testosteron selbst die Entwicklung der Spermatozyten fördert.

Störungen. Wichtigste Störung bei herabgesetzter Testosteronproduktion durch Hodeninsuffizienz oder Mangel an 5α-Reduktase ist Infertilität. Ferner werden in Abhängigkeit vom Entwicklungsstadium die sekundären Gschlechtsmerkmale weniger stark ausgeprägt. Bei langdauernder exogener Zufuhr von Testosteron (z. B. Anabolikamißbrauch) wird über die Hemmung der Follitropin-(FSH-) und Lutropin-(LH-)Ausschüttung im Hoden weniger Testosteron und androgenbindendes Protein gebildet, was zu Hodenatrophie und Verlust der Fertilität führen kann. Bei Frauen folgen Vermännlichung (Virilisierung) bei gleichzeitiger Störung des weiblichen Hormonhaushaltes und damit ebenfalls Infertilität.

Reifung der Spermien. Unter dem Einfluß von Follitropin, Testosteron und den aus Testosteron gebildeten Östrogenen werden in den Tubuli seminiferi aus Spermatogonien über Spermatiden die Spermatozyten gebildet. Dabei spielen die Sertolizellen eine wesentliche Rolle. Die Spermatozyten gelangen dann in den Nebenhoden (Epididymis) und reifen dort zu Spermien. Bis zur Ejakulation werden sie in Nebenhoden und den Vasa deferentia gespeichert. Mit den Sekreten von Samenblase, Prostata und Schleimdrüsen werden sie schließlich bei der Ejakulation ausgeworfen.

21.14 Geschlechtsentwicklung

Die Entwicklung der Gonadenanlagen zu Ovar oder Testis wird durch An- oder Abwesenheit des testisdeterminierenden Faktors (TDF) festgelegt, der auf der SRY (Sex determining region of Y) des Y-Chromosoms kodiert wird und die Entwicklung der Testis bewirkt. Bei Fehlen des TDF entwickelt sich ein Ovar. Die Gonaden entscheiden über die Bildung von weiblichen oder männlichen Sexualhormonen. In den Leydig'schen Zwischenzellen der Testis wird Testosteron, in den Sertolizellen des Hodens Anti-Müller-Hormon (Müller-Inhibitionsfaktor, MIF) gebildet. Im Ovar werden Gestagene und Östrogene, aber in geringen Konzentrationen auch Androgene (vorwiegend Androstendion) gebildet. Umgekehrt bildet der Mann nicht nur Androgene, sondern auch Gestagene (z.T. Vorstufen der Testosteronbildung) und Östradiol (überwiegend durch periphere Umwandlung von Testosteron). Die Entwicklung der Wolff'schen Gänge zum männlichen inneren Genitale (Nebenhoden und Samenleiter) wird von Androgenen gefördert, die Entwicklung von Müller'schen Gängen zum weiblichen inneren Genitale (Eileiter, Uterus, Vagina) vom Anti-Müller-Hormon unterdrückt. Die äußeren Geschlechtsmerkmale werden in erster Linie durch die Konzentrationen an Androgenen determiniert (s. Kap. 21.13), die Entwicklung weiblicher Genitale und einiger weiblicher Geschlechtsmerkmale werden durch Östrogene gefördert.

Über die männliche oder weibliche Prägung des Gehirns entscheidet wahrscheinlich die Anwesenheit von Androgenen in der zweiten Schwangerschaftshälfte.

Definition des Geschlechtes. Das Geschlecht kann nun aufgrund des Chromosomensatzes (XX bzw. XY), aufgrund der Gonaden (Ovar oder Testis), der inneren Genitale, der äußeren Erscheinungsform, aber auch der psychischen Geschlechterrolle definiert werden. Intersexualität tritt auf, wenn sich die verschiedenen Geschlechtsmerkmale nicht eindeutig oder in unterschiedlicher Ausprägung ausbilden.

Pseudohermaphroditismus. Beim Pseudohermaphroditismus entsprechen die Gonaden dem Chromosomengeschlecht. Der männliche Pseudohermaphroditismus weist jedoch intersexuelle oder weibliche Geschlechtsmerkmale auf. Ursache kann Mangel an Gonadotropinen sein, z. B. bei Unterdrückung der Gonadotropinausschüttung durch gesteigerte Bildung weiblicher Sexualhormone durch einen Tumor. Weitere Ursachen sind defekte Hoden, fehlende Konversion von Testosteron in Dihydrotestosteron (5α-Reduktase-Mangel, s. Kap. 21.13) sowie defekte Androgenrezeptoren. Der weibliche Pseudohermaphroditismus kann Folge iatrogener Zufuhr oder gesteigerter Bildung von Androgenen sein, wie bei einem androgenproduzierendem Tumor oder bei Enzymdefekten von Nebennierenrindenhormonen, die zu gesteigerter Bildung von Androgenen führen. Eine mangelhafte Bildung von weiblichen Sexualhormonen kann über Steigerung der Gonadotropinausschüttung die Bildung von Androgenen fördern.

21.15 Regulation von Zellproliferation und Zelltod

Täglich sterben Millionen an Zellen in unserem Körper, die durch Neubildung von Zellen (Zellproliferation) ständig neu gebildet werden müssen. Bei genauer Betrachtung lassen sich grob zwei Formen von Zelltod unterscheiden, die Apoptose (sogenannter programmierter Zelltod) und die Nekrose. Bei der Apoptose wird der Zelltod durch ein intrazelluläres Programm aktiv eingeleitet, bei der Nekrose durch äußere Bedingungen der Zelle aufgezwungen (s. unten). Während also Nekrose ein a priori pathologischer Prozeß ist, sind Zellproliferation und Apoptose physiologische Vorgänge, welche normalerweise in allen Geweben (außer den Neuronen) ständig parallel ablaufen, um den jeweils erforderlichen Bestand an funktionierenden Zellen zu gewährleisten. Beide Vorgänge werden durch eine komplizierte intrazelluläre Signalkaskade vermittelt, die in den sich teilenden bzw. den sterbenden Zellen ablaufen. Pathologisch sind Zellproliferation und Apoptose nur, wenn sie unkontrolliert ablaufen.

Zellproliferation. Die kontrollierte Teilung einer Zelle in ihre Tochterzellen erfordert den Ablauf einer komplizierten Sequenz von Ereignissen, die unter anderem die Aktivierung von K^+-Kanälen und Ca^{++}-Kanälen, von Na^+/H^+-Austauscher und weiterer Transportproteine und eine Zellvolumenzunahme erfordert. Bei der Stimulation der Zellproliferation werden unter Vermittlung von G-Proteinen $1,4,5$-IP_3 und $1,3,4,5$-IP_4 gebildet, Tyrosinkinasen aktiviert und mehrere Kinasekaskaden ausgelöst (Einzelheiten s. Lehrbücher der Biochemie). Der konzertierte Ablauf dieser Signalwege ist Voraussetzung für eine geordnete Zellteilung. Durch Hemmung einzelner Elemente der Signalkaskade, z. B. durch Hemmung der K^+- oder Ca^{++}-Kanäle kann die Zellproliferation gestoppt werden. Unkontrollierte Zellproliferation kann unter anderem durch Mutationen einzelner Signalmoleküle zustande kommen, die auch ohne Stimulation durch Wachstumsfaktoren aktiviert bleiben. So führen bestimmte Mutationen von Ras dazu, daß das Protein nicht mehr schnell genug durch GTPase inaktiviert werden kann. Auch ohne Stimulation durch Wachstums-

faktor wird in der betroffenen Zelle die Proliferation stimuliert. Die Zelle teilt sich autonom und gibt diese Eigenschaft an ihre Tochterzellen weiter. Auf diese Weise können Tumore entstehen.

Mitogene. Die Signalkaskade der Zellproliferation wird durch Mediatoren (Mitogene bzw. Wachstumsfaktoren) und einige Hormone (z. B. Insulin) ausgelöst. Beispielsweise wird bei Gefäßverletzung von den Blutplättchen ein Mediator abgegeben, der unter anderem die Zellproliferation stimuliert (platelet derived growth factor) und auf diese Weise die Heilung einleitet.

Apoptose. Auch die Apoptose wird durch eine Signalkaskade vermittelt, die zur Aktivierung von Caspasen, aber auch von Tyrosinkinasen und von Cl^--Kanälen führt. Darüber hinaus werden Na^+/H^+-Austauscher und bestimmte K^+-Kanäle gehemmt. Schließlich spielt die Freisetzung von mitochondrialem Zytochrom C eine wichtige Rolle. Die Signalkaskade wird durch bestimmte Mediatoren ausgelöst, wie etwa durch den Tumor necrosis facor (TNFα) oder den CD95-Liganden. Letztlich werden die DNA und intrazelluläre Proteine abgebaut und die Zelle schrumpft zu kleinen Partikeln, die mühelos von Makrophagen aufgenommen werden können. Damit verschwindet die Zelle, ohne daß intrazelluläre Makromoleküle freigesetzt werden. Solche Makromoleküle würden sonst eine Entzündung auslösen (s. Kap. 12.3). Die Signalkaskade, welche zur Apoptose führt, kann durch Strahlen und Gifte ausgelöst werden. Folge ist der vom Körper nicht geplante Untergang der Zelle. Gehen viele Zellen eines Organismus apoptotisch zugrunde, dann kann das Organ seine Funktion nicht mehr hinreichend erfüllen (Organinsuffizienz). Wird andererseits der apoptotische Zelltod unterbunden, dann droht die Entwicklung von Tumorzellen. Bestimmte Viren können z. B. die Apoptose der von ihnen befallenen Zellen hemmen und damit Tumore erzeugen.

Nekrose. Im Gegensatz zur Apoptose ist die Nekrose keine geordnete Entfernung von Zellen. Nekrose wird beispielsweise dann ausgelöst, wenn die Energie nicht mehr ausreicht, um die Na^+/K^+-ATPase zu betreiben. In der Folge schwellen die Zellen, bis die Integrität der Zellmembran nicht mehr aufrecht erhalten werden kann. Das Aufbrechen der Zellmembran besiegelt in der Regel das Schicksal der Zelle, da es zum endgültigen Zusammenbruch der Gradienten führen muß. Auch eine direkte Schädigung der Zellmembran, etwa durch mechanische Einflüsse, Strahlen oder Gifte, kann Nekrose auslösen. Folge ist schließlich die Freisetzung intrazellulärer Makromoleküle und damit die Auslösung einer lokalen Entzündung (s. Kap. 12.3).

Tabelle 21.2. Bildungsorte, Stimulatoren und Wirkungen der Hormone

Hormone (Synonym)	Bildungsort	wichtigste Stimulatoren (+) und Hemmer (–) der Ausschüttung	wichtigste Wirkungen (+ Stimulation, - Hemmung)
Kortikoliberin (CRF)	Hypothalamus	+ Streß	+ Ausschüttung von Kortikotropin (ACTH)
Gonadoliberin (GnRH)	Hypothalamus	– Gestagene, Testosteron +/– Östrogene	+ Ausschüttung von Lutropin (LH), Follitropin (FSH) und Prolaktin
Prolaktoliberin (PRF)	Hypothalamus	+ Berührung Brustwarze	+ Prolaktinausschüttung
Prolaktostatin (PIF)	Hypothalamus	– Berührung Brustwarze	– Prolaktinausschüttung
Thyroliberin (TRH)	Hypothalamus	– T_3, T_4	+ Ausschüttung von Thyrotropin (TSH) und Prolaktin
Somatoliberin (GHRH)	Hypothalamus	+ Aminosäuren, Hypoglykämie	+ Ausschüttung von Somatotropin
Somatostatin (GHRIH)	Hypothalamus, übriges ZNS Pankreas, Darm	– NREM-Schlaf, Streß	– Ausschüttung von Somatotropin, Thyrotropin, Kortikotropin, Insulin, Glukagon, VIP, Gastrin, Pankreozymin, Renin; exokrine Sekretion in Magen und Pankreas; Darmmotilität; Blutplättchenaggregation
Oxytozin	Hypothalamus	+ Berührung Brustwarze, Dehnung Uteruszervix	+ Uteruskontraktion, Laktation
Adiuretin (ADH, Vasopressin)	Hypothalamus	+ Zellschrumpfung, Streß, Angiotensin II – Vorhofdehnung	+ Steigerung renaler Wasserresorption, (Kortikotropinausschüttung, Vasokonstriktion)
Kortikotropin (adrenokortikotropes Hormon = ACTH)	Hypophyse	+ Kortikoliberin	+ Ausschüttung von Kortikosteroiden, v.a. Kortisol, Pigmentdispersion (Lipolyse, Insulinausschüttung)

Tabelle 21.2. *(Fortsetzung)*

Hormone (Synonym)	Bildungsort	wichtigste Stimulatoren (+) und Hemmer (–) der Ausschüttung	wichtigste Wirkungen (+ Stimulation, - Hemmung)
Follitropin (Follikel-stimulierendes Hormon = FSH)	Hypophyse	+ Gonadoliberin – Inhibin	+ Follikelreifung und Bildung von Östradiol in Follikeln, Spermiogenese
Lutropin (luteinisie-rendes Hormon = LH)	Hypophyse	+ Gonadoliberin – Inhibin	+ Testosteronproduktion in Leydig'schen Zwischenzellen des Hodens), Follikelsprung und Umwandlung in Corpus luteum, Progesteron-bildung
Thyrotropin (Thyreo-idea stimulierendes Hormon = TSH)	Hypophyse	+ Thyroliberin, Noradrenalin	+ Bildung und Ausschüttung von Schilddrüsenhormonen, Schilddrüsenwachstum
Somatotropin (Growth hormone = GH, somatotropes Hormon = STH)	Hypophyse	+ Somatoliberin – Somatostatin	+ Bildung von Somatomedinen in der Leber, Proteinaufbau, Lipolyse, renale Elektrolyt-retention, Erythropoiese, Wachstum – Glukoseaufnahme in Zellen, Glykolyse, Glukoneogenese aus AS
Prolaktin	Hypophyse	+ Prolaktoliberin, Gonadoliberin – Prolaktostatin	+ Milchproduktion; Laktoge-nese; Galaktopoese (Mammo-genese); Bildung von Sexual-hormonen
Melanotropin (Melanozytenstimu-lierendes Hormon = α-, β-, γ-MSH)	Hypophyse	+ Kortikoliberin	+ Pigmentdispersion
Lipotropin (lipotropes Hormon, β-, γ-LPH)	Hypophyse	+ Streß	+ Lipolyse (s. auch Endorphine)
Melatonin	Zirbeldrüse	– Licht (Retina)	+ Melanophorenkontraktion, Melanotropinantagonist, bio-logische Rhythmen (?)
Glukokortikoide z.B. Kortisol	Nebennieren-rinde	+ Kortikoliberin	+ Glukoneogenese aus Amino-säuren und Glyzerin; Protein-abbau in Binde- und Muskel-gewebe; Proteinaufbau in Leber; Lipolyse; Bildung von Erythrozyten, Thrombozyten und neutrophilen Granulozy-ten; Salzsäuresekretion Magen; Herzkraft; Vasokon-striktion

21.15 Regulation von Zellproliferation und Zelltod | 359

Tabelle 21.2. *(Fortsetzung)*

Hormone (Synonym)	Bildungsort	wichtigste Stimu-latoren (+) und Hemmer (–) der Ausschüttung	wichtigste Wirkungen (+ Stimulation, - Hemmung)
			– Schleimproduktion (Magen); Glykolyse; Bildung von Lymphozyten; eosinophilen Granulozyten, Plasmazellen und Antikörpern; Bildung von Prostaglandinen, Zellteilung
Mineralokortiko-ide, z. B. Aldosteron	Nebennieren-rinde	+ Angiotensin II, Kortikotropin,	+ Natriumresorption in distalem Nephron, Darm, Schweiß- und Speicheldrüsen, Ausscheidung von K⁺, Mg²⁺, H⁺
Östrogene, z. B. Östradiol-17β	Ovar, Plazenta	+ FSH	+ Ausbildung der Geschlechtsorgane und -merkmale, Wachstum von Uterusschleimhaut (Proliferationsphase) und Milchdrüsenschläuchen; Blutgerinnung, Thrombose; Proteinaufbau; Elektrolytretention; Quellung von Bindegewebe und Schleimhäuten; Bindegewebs- und Knochenaufbau und -reifung; – Insulinempfindlichkeit Fettzellen; Zervixschleimkonsistenz
Gestagene, z. B. Progesteron	Ovar, Plazenta	+ LH	+ Erschlaffung Uterus; Ausreifung von Uterusschleimhaut (Sekretionsphase) und Milchdrüsenalveolen; Zervixschleimkonsistenz; Temperaturanstieg; Glukokortikoidwirkungen – Aldosteronempfindlichkeit Niere
Androgene, z. B. Testosteron	Nebennieren-rinde, Testis	+ LH	+ Spermiogenese; Ausbildung der Geschlechtsorgane und -merkmale; Libido; Proteinaufbau, renale Elektrolytretention; Bindegewebs-, Muskel- und Knochenaufbau und -reifung; Hämatopoese
Inhibin	Ovar, Testis	+ FSH	– Follitropinausschüttung, Differenzierung von Erythrozyten

Tabelle 21.2. *(Fortsetzung)*

Hormone (Synonym)	Bildungsort	wichtigste Stimu-latoren (+) und Hemmer (–) der Ausschüttung	wichtigste Wirkungen (+ Stimulation, - Hemmung)
Antimüllerhormon	Testis	+ FSH	– Entwicklung Vagina, Uterus
Schilddrüsenhormone, Thyroxin, Trijodthyronin	Thyreoidea	+ Thyrotropin	+ Enzymsynthese und Grundumsatz; körperliche und geistige Entwicklung, Lipolyse, Glykolyse; Glykogenolyse; Glukoneogenese, Cholesterinabbau, Herzfrequenz, Darmmotilität
Kalzitonin	Thyreoidea	+ Hyperkalzämie	– renale Kalzium- und Phosphatresorption; Osteolyse
Parathormon (Parathyrin, PTH)	Parathyreoidea	+ Hypokalzämie	+ renale Kalziumresorption, Osteolyse, Bildung von Kalzitriol in der Niere – renale Phosphatresorption
Kalzitriol, D-Hormon $(1,25(OH)_2D_3)$	Niere, Plazenta	+ Parathyrin, Phosphatmangel, Hypokalzämie	+ Reifung des Knochens, renale und enterale Kalzium- und Phosphatresorption
atrialer natriuretischer Faktor (Atriopeptin)	Herz	+ Vorhofdehnung	+ Natriurese, GFR, Vasodilatation
Ouabain	Nebenniere	+ Na^+-Überschuß	+ Herzkraft, Natriurese
Erythropoietin	Niere	+ Hypoxie	+ Erythropoiese
Insulin	Pankreas	+ Glukose, Aminosäuren, Gastrin, Sekretin – Somatostatin	+ zelluläre (v.a. Leber, Fett, Skelettmuskel); Aufnahme von Fettsäuren, Aminosäuren, Glukose, Kalium, Magnesium und Phosphat; Glykolyse; Synthese von Triglyzeriden, Proteinen, Glykogen; Zellteilung – Glukoneogenese, Ketogenese, Lipolyse, Proteinabbau
Glukagon	Pankreas	+ Hypoglykämie, Aminosäuren, Sekretin – Somatostatin	+ Glykogenolyse, Glukoneogenese; Proteolyse; Lipolyse; Ketogenese, – Darmmotilität
Somatomedine	Leber, Niere	+ Somatotropin	+ Synthese von Kollagen und Chondroitinsulfat, Knochenbildung, Insulinwirkungen, Wachstum, Zellteilung
Angiotensin II, III	Niere, Lunge	– Perfusionsdruck Niere	+ Ausschüttung Aldosteron und ADH, Blutdrucksteigerung

Tabelle 21.2. *(Fortsetzung)*

Hormone (Synonym)	Bildungsort	wichtigste Stimulatoren (+) und Hemmer (–) der Ausschüttung	wichtigste Wirkungen (+ Stimulation, - Hemmung)
Prostaglandin PGE_2	viele Organe	+ gewebsspezifisch, z. B. Entzündung, Ischämie, Zellschädigung	+ Gefäßpermeabilität; Vasodilatation; Bronchodilatation; Kontraktion von Pulmonalgefäßen, Darm und schwangerem Uterus; Ausschüttung von Kortikotropin, Nebennierenrindenhormonen, Somatotropin, Prolaktin, Gonadotropinen, Glukagon, Renin, Erythropoietin; GFR; Natriurese, Kaliurese, Fieber, Schmerz, Osteolyse – Salzsäuresekretion Magen, ADH-Wirkung, Insulinausschüttung, Lipolyse, Verschluß des Ductus arteriosus Botalli, zelluläre Immunabwehr
$PGF_{2\alpha}$			+ Kontraktion Bronchien, Uterus, Darm, Vasokonstriktion (z. B. Haut), Vasodilatation (z. B. Muskel); Ausschüttung von Kortikotropin, Somatotropin, Prolaktin
Prostazyklin PGI_2			+ Vasodilatation, Reninausschüttung, Natriurese, Bronchodilatation, Osteolyse, Schmerz, Fieber – Thrombozytenaggregation, Magensaftsekretion
Thromboxan TxA_2			+ Thrombozytenaggregation, Reninausschüttung, Kontraktion Gefäße, Darm, Bronchien
Leukotriene	Leukozyten, Makrophagen	+ Entzündung	+ Kontraktion Bronchien, Darm, Gefäße; Gefäßpermeabilität Chemotaxis; Adhäsion; Ausschüttung Histamin, Insulin, Prostaglandine, lysosomale Enzyme
Kinine (Bradykinin)	viele Organe	+ Entzündung, aktivierte Blutgerinnung	+ Vasodilatation; Kapillarpermeabilität, Herzkraft, Herzfrequenz; Bronchospasmus; Schmerz; Ausschüttung Katecholamine, Prostaglandine, Verschluß des Ductus arteriosus Botalli

Tabelle 21.2. *(Fortsetzung)*

Hormone (Synonym)	Bildungsort	wichtigste Stimulatoren (+) und Hemmer (−) der Ausschüttung	wichtigste Wirkungen (+ Stimulation, − Hemmung)
Serotonin	viele Organe	gewebsspezifisch, z. B. + Thrombozytenaktivierung	+ Kontraktion von Bronchial- und Darmmuskulatur; Vasokonstriktion v.a. Lungen- und Nierengefäße; Kapillarpermeabilität; Freisetzung von Histamin; Adrenalinausschüttung
Histamin	Gewebsmastzelllen, Leukozyten	+ Antigen-IgE-Antikörperkomplexe	+ Vasodilatation, Kapillarpermeabilität; Kontraktion von Bronchialmuskulatur, Darm, Uterus, größere Gefäße; Schmerz, Jucken; Magensaftsekretion; Herzkraft; Ausschüttung Katecholamine
Adenosin	ubiquitär	+ Energiemangel	+ Vasodilatation (Herz, Gehirn), Vasokonstriktion; Niere − Fettabbau, Noradrenalinausschüttung
Endorphine	ZNS, Magen, Darm	+ Streß	+ Schmerzdämpfung, Beruhigung, Euphorisierung, Prolaktinausschüttung − Atmung, Herzfrequenz und Blutdruck; Darmmotilität

Studentischer Beirat

Dominic Hartl, geboren 1977 in Augsburg. Studium der Humanmedizin an der Technischen Universität München seit 1996. Erstes Staatsexamen im Sommer 1999. Derzeit im 7. Semester. Doktorarbeit in molekularer Neurobiologie (genetische Suizidforschung). Fortbildung in medizinischer Informatik. Rezensent und Skriptenbeauftragter der Fachschaft Medizin.

Michael Mühlstädt, geboren 1976 in Alzenau. Studium der Humanmedizin an der Ludwig-Maximilians-Universität München seit dem Wintersemester 1996. Erstes Staatsexamen im Sommer 1999. Derzeit im 4. klinischen Semester und als Doktorand am Institut für klinische Radiologie in München-Großhadern.

Ursula Schuller-Munteanu, geboren 1975 in Hermannstadt/ Rumänien. 1995 Aufnahme des Studiums der Humanmedizin an der Phillips-Universität Marburg. Erstes Staatsexamen 1998, derzeit im 5. Klinischen Semester. MEDI-Learn-Dozentin für das Fach Physiologie.

Quellenangaben

BESSIS M (1974) Corpuscules. Atlas of red blood cells. Springer Berlin Heidelberg New York

DEETJEN P, SPECKMANN EJ (1999) Physiologie, 3. Aufl. Urban & Fischer, München

GREYER R, WINDHORST U (1996) Comprehensive human physiology. Springer Berlin Heidelberg New York Tokyo

KANDEL ER, SCHWARZ JH, JESSEL TM (1991) Principles of neural science, 3. Aufl. Appleton & Lange, East Norwalk, CT, USA

KLINKE R, SILBERNAGL S (1996) Lehrbuch der Physiologie, 2. Aufl. Thieme Stuttgart New York

LEYDHECKER W, GREHN F (1993) Grundriss der Augenheilkunde, 24. Aufl. Springer Berlin Heidelberg New York Tokyo

SCHMIDT RF, THEWS G, LANG F (2000) Physiologie des Menschen, 28. Aufl. Springer Berlin Heidelberg New York Tokyo

Quellenangaben

Sachverzeichnis

ARAS (aufsteigendes retikuläres aktivie-
  rendes System)   61, 119ff
Arbeit   201, 312ff, 319ff
– Atmung   217, 222, 226
– Hypothalamus   106
– Kalium   271
– Kreislauf   179, 188, 192
– Pancreatic polypeptide   292
Arbeitsmyokard   159
Area (s.a. Zytoarchitektonische Felder)
  113
Area 8   80, 113
Area 18-21   76, 113
Area 39   76ff, 113, 125
Area entorhinalis   127
Area postrema   132, 295
Area praetectalis   79
Areflexie   41
A-Rezeptoren   197
Arginin   255, 339
Armleuchterzellen   112
Arrectores pilorum   100
Arrhythmien   161ff, 274
Arteria arcuata   235
Arteria carotis   196
Arteria cerebri media   45
Arteria femoralis   185f
Arteria hepatica   203
Arteria iliaca interna   203
Arteria interlobaris   235f, 238
Arteria interlobularis   235, 257
Arteria pulmonalis   157, 172, 176, 203f
Arteria renalis   235
Arteria tibialis   185f
Arteria umbilicalis   203
Arterien   100, 185ff, 189
Arteriolen   185f, 189, 194
Arteriosklerose   352
Arteriovenöse Anastomosen   189, 315
Arteriovenösen O_2-Differenz   226, 320
Artikulation   92f
Ascorbinsäure (s.a. Vitamine)   287f
Aspartat   46, 255
Asphyxie   231
Assoziationsfasern   44, 111f
Assoziationskortex   37, 48f
Astereognosie   64
Asthma   147, 217
Astigmatismus   68

Astroglia   23
Astrozyten   24, 132
Astrup-Nomogramm   284f
Asynthesie   77
Aszites   203
Ataxie   48, 64, 83
Atelektase   227
Atemarbeit   216
Atemgrenzwert   220
Atemmechanik   211
Atemregulation   229f
Atemruhelage   213
Atemspende   233
Atemstillstand   226, 233
Atemstoß   219
Atemwege   208f, 215, 227
Atemzeitvolumen   218, 226
Atemzugvolumen   210, 218
Atmung   208ff
– Diabetes mellitus   342
– Hämodynamik   187, 199
– Herz   172
– Hormone   363
– Muskelarbeit   320
– Schlaf   117
– Wärmehaushalt   315
Atmungskette   3, 5, 289, 311
ATP   3, 310f
– Endothel   195
– Erythrozyten   136
– Insulin   340
– Kontraktilität   25, 31
– Muskelarbeit   319, 322
– Neurotransmitter   22, 99, 102, 195
– Thrombozyten   149
– Transportprozesse   5
ATPS (ambient temperature, pressure,
  saturated)   221
Atrialer natriuretischer Faktor
  siehe Atriopeptin
Atriopeptin   157, 361
– Blutdruckregulation   198
– Intrazelluläre Transmission   330
– Nebennierenhormone   345, 347, 349
– Niere   237
– Wasser- und Kochsalzhaushalt   267f
Atrioventrikularknoten   158
Atropin   69, 102, 181
Auerbach   99, 291

C

Glykoprotein IIa/IIIb   152
α2-Glykoprotein   154
β_2-Glykoprotein   155
Glykosaminoglykane   302, 338
Glykosylierung   2f
Glyzerin   303, 306, 310, 341
Glyzerophosphorylcholin   266
Glyzin
– Transmitter   21f, 36, 38
– Transport   244, 252, 262, 304
– Vitamine   288
GM-CSF (Granulocyte-macrophage colony
   stimulating factor)   139
Goldberger   163
Golgi-Apparat   2f
Golgi-Sehnenorgane   42, 55
Golgi-Zellen   46f
Gonaden   356
Gonadoliberin   333, 351, 354, 358f
Gonadotropin releasing hormone (GnRH)
   siehe Gonadoliberin
Gonadotropine   333, 335, 351f, 354f, 358ff
G-Proteine   328ff
– Geruch   95
– Geschmack   94
– Herz   180
– Hormonausschüttung   326
– Neurotransmitter   17
– Retina   71
– T_3, T_4 338
– Zellproliferation   357
Granulärer Kortex   112
Granulosazellen   351f
Granulozyten   133f, 137f, 140, 144, 147
– Hormone   346, 348f, 359f
– Ischämie   205
Grauer Star   69
Grenzdextrine   302
Grenzstrangganglien   97
Größenwahn   128
Großhirnrinde   60f, 111f, 120
– Blutdruckregulation   197
– Geruch   96
– Kleinhirn   46
– Miktion   104
Großhirntod   44
Growth hormone siehe Somatotropin
Grünblindheit   77
Grundumsatz   312

– Hormone   338f, 352, 361
Grünschwäche   77
GTP   149, 328
GTPase   329, 357
Guanylylzyklase   20, 124, 193, 330
Gyrus cinguli   60, 120, 127f
Gyrus dentatus   127
Gyrus parahippocampalis   127
Gyrus postcentralis   58, 61, 83, 95
Gyrus praecentralis   44f
G-Zellen   292f

H

H^+ (s.a. Azidose, Alkalose)   227f, 277ff
– Atmung   227ff
– Gliazellen   24
– Herz   162, 171
– Hormone   292, 360
– Intrazelluläre Transmission   330
– Kalium   272f
– Kreislauf   162, 193
– Magen-Darm-Trakt   292, 297ff, 305
– Muskelarbeit   319f, 321, 323
– Niere   245f, 251f, 255, 257, 259
– NNR-Hormone   347, 349ff, 359
– Rezeptoren   55, 57, 58, 94
– Transportprozesse   5
H^+/K^+-ATPase   5, 251
H^+-ATPase   5, 251f
H^+-Fe^{2+}-Cotransporter   306
H_2 234
H_2CO_3 228, 278
H_2O siehe Wasser
H_2-Rezeptoren   298f
Haarausfall   289, 354f
Haarfollikel-Rezeptoren   54ff
Haarscheibe   54
Haarzellen   81ff, 87f, 90
Habituation   121
Hageman-Faktor   151
Hagen-Poiseuille'sches Gesetz   183f
Halbseitenläsion   64
Halbwertszeiten   325
Haldane-Effekt   227f
Halluzinationen   119, 121
Halothan   34, 318
Halsvenen   188

Myosin   3, 7, 24ff, 29, 31f
Myosin
– Herz 170
Myosin light chain kinase   26
Myotonie   34
Myxödem   339

N

N_2 220, 234
Na^+ 8, 131, 264, 266ff
– Absorption   304f
– Hormone   341, 347, 349, 360
– Kalium   271
– Kreislauf   198
– Niere   237, 242ff, 248, 257
– Rezeptoren   52, 81
– Säure-Basen-Haushalt   281
– Temperaturregulation   318
– Transportprozesse   5
– Zellmembranpotential   8ff, 17, 32
Na^+-, HCO_3^--Cotransport   6, 244
Na^+-, SO_4^{2-}-Cotransport   6
Na^+/Ca^{++}-Austauscher   6, 27, 72, 124, 268
– Darm   237, 306
– Herz   160, 163, 171
– Niere   237, 246, 250
Na^+/H^+-Austauscher   6, 27, 266, 270, 357
– Hormone   330f, 341, 349
– Niere   237, 244ff, 252, 254, 257
– Säure-Basenhaushalt   277, 282
Na^+/K^+-ATPase   5ff, 135f, 205, 358
– Darm   305
– Elektrolythaushalt   265, 268ff, 273f, 289
– Herz   162, 186, 171
– Hormone   338, 341, 349f
– Niere   237, 244ff, 250f
– Sensorik   72, 81, 87
Na^+-Cl^--Cotransport   6, 252
Na^+-Dicarboxylattransporter   245
Na^+-Glukose-Cotransport   252
Na^+-HPO_4^--Cotransport   6, 237
Na^+-J^--Cotransportsystem   337
Na^+-K^+-2Cl^--Cotransport   6, 266, 270, 272, 278
– Hormone   237, 331, 341
– Innenohr   81, 87, 90
– Niere   246, 249, 252, 254

Na^+-Kanäle   6, 10, 12
– Atemwege   209
– Darm   305
– Elektrolyte   266, 274, 285
– Herz   159ff, 186
– Mineralokortikoide   349
– Nervensystem   18, 20, 33, 65, 94
– Niere   237, 250ff, 254f
Na^+-Osmolyt-Cotransport   6
Na^+-Phosphat-Cotransport   252
Nachlast   174, 176
Nachpotential   10
Nachtblindheit   72, 74, 288
NaCl siehe Na^+, Cl^-
NaCl-Cotransport   250, 254
NAD^+/NADH   136, 288, 311
$NADP^+$/NADPH   136, 288, 331
NADPH-Oxidase   331
Nahakkomodation   79
Nahpunkt   67
Nahrungsaufnahme   109, 343
Nahrungsstoffe   287
NANC (nonadrenergic-noncholinergic)   101
Narkolepsie   119
Narkose   65, 318
Natriurese   267, 344, 352, 361f
Natriuretische Peptide siehe Atriopeptin
Natürliche Killerzellen   141, 143
Nebenhoden   355f
Nebennereninsuffizienz   348
Nebennierenmark   97f
Nebennierenrindenhormone
   (s.a. Aldosteron, Kortisol)   344ff
Nebenschilddrüse (s.a. Parathormon)   275
Nebenzellen   299
Nehb   164
Nekrose   8, 57, 205, 357f
Neospinothalamische Bahn   59
Nephrolithiasis   252f, 270, 304
Nernst'sche Gleichung   4
Nerve growth factor   7, 330
Nervenfaserklassen   15
Nervenfasern   14ff
Nervenleitungsgeschwindigkeit   16
Nervi splanchnici   98
Nervus dorsalis penis   106
Nervus facialis   87, 93, 95, 293
Nervus glossopharyngeus   95, 197

Paravermale Anteile   46
Parazellulärer Transport   246, 251, 257, 301
Parenterale Ernährung   290
Pargylin   129
Parietallappen   62
Parietotemporale Assoziationsareale   80, 126
Parkinson   50f, 96, 289
Parosmie   96
Parotis   295ff
Pars recta   244
Partialdruck   221f, 225, 233, 285
Partielle Thromboplastinzeit (PTT)   152
Parvozelluläres System   76
Patellarsehnenreflex   39f
Pawlow   122
PD-Fühler siehe Proportional-Differential-Fühler
PDGF (platelet derived growth factor)   149, 330
Pellagra   288
Penicillamin   95
Penis   100f, 117, 354f
Pentosephosphatweg   136
Penumbra   205
Pepsin(ogen)   292, 297, 302f
Peptidasen   255, 302
Peptide   255, 302, 306
Peptide YY   298
Perchlorat   337
Perforine   142
Perfusion   188, 231f, 235ff
Perilymphe   81f, 87
Perimetrie   73
Periodische hyperkaliämische Lähmung   34
Periportale Zellen   280
Peristaltik   294ff
Peritonealraum   259, 263
Peritubuläre Kapillaren   235
Perivenöse Zellen   280
Permeabilität   4
Permselektivität   239
Peroxidase   154, 337
Perseveration   128
Perspiratio insensibilis   316
Pertechnat   337
Petechien   152
Pfortader   99, 203

PGF$_2$ siehe Prostaglandine
pH   229, 253, 264, 277ff
Phagosomen   143
Phagozyten   143
Phagozytose   7, 23, 70, 238
– Blutzellen   138, 140, 144, 148, 155
Phantomschmerz   64
Pharmaka   32, 64, 155, 256, 309
Phase-4-Depolarisation   Herz 160, 162, 180, 272
Phasischer Fühler   53
Phenoxybenzamin   129
Phentolamin   129
Phenylalanin   21, 287
Phlorizinhydrolase   303
Phon   85f
Phonation   92f
Phonokardiographie   172, 179
Phosphat   257, 264, 273ff
– Absorption   304, 306
– Hormone   341f, 361
– Liquor   131
– Magnesium   273
– Niere   244f, 256, 258, 260
– Säure-Basenhaushalt   278f, 282
Phosphatasen   273, 289, 329f
Phosphatidylinositolbisphosphat   330
Phosphaturie   252
Phosphodiesterase   71f, 329
Phosphofruktokinase   277
Phospholamban   180
Phospholipase A$_2$ 149, 329f, 347
Phospholipase C   94, 149, 329f
Phospholipasen   297, 303
Phospholipide   301ff, 306
Photochemische Adaptation   73
Photopisches Sehen   70
Photorezeptoren   70, 72
Phyllochinon   287f
Physikochemie der Gase   220
Physostigmin   33
Pia   196
Pigmentdispersion   358f
Pigmentepithel   70, 74
Pilocarpin   102
Pinozytose   7, 256
Plasma   263f
Plasmacholinesterase   308
Plasmamembran (s.a. Zellmembran)   1ff

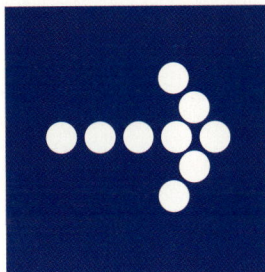

Liebe Leserin, lieber Leser,

Autoren und Verlag haben sich Mühe gegeben, dieses Lehrbuch für Sie so zu schreiben und gestalten, daß Sie optimal damit lernen und repetieren können.
Ist uns dies gelungen?

Wir freuen uns, wenn Sie uns über Ihre Erfahrungen berichten. Bitte schreiben Sie uns oder besuchen Sie uns im Internet!

Unsere Internet-Adresse:
http://www.studmedforum.springer.de/

Unsere e-mail Adresse:
med.lehrbuch@springer.de

Unsere Postadresse:
Springer-Verlag
Programmplanung Med. Lehrbuch
z. Hd. Anne C. Repnow
Tiergartenstraße 17
69121 Heidelberg